Lernfeld Bautechnik

Fliesen-, Platten- und Mosaikleger

Fachstufen

Herausgeber: Bernd Jänicke

Autoren:

Robert Ackermann
Mario Appel
Friedemann Enßle
Dietrich Erdmann
Bernd Jänicke
Carmen Kurth
Erol Morali
Jonathan Prunu
Imrich Šille

6., überarbeitete Auflage

Handwerk und Technik – Hamburg

Vorwort

Dieses Buch baut auf den sechs Lernfeldern der Grundstufe auf und deckt mit den Lernfeldern 7 … 17 den Lehrstoff des Fliesen-, Platten- und Mosaiklegers für das 2. und 3. Ausbildungsjahr ab. In Aufbau und Gliederung hält es sich eng an die Vorgaben des Bundesrahmenlehrplans. Die Mathematik und das technische Zeichnen wurden integriert.

Das didaktische Prinzip, den jeweils relevanten Inhalten eine Projektaufgabe voranzustellen, bietet den Schülern Anreize für die Lösung baulicher Problemstellungen und fördert ganzheitliches und eigenverantwortliches Lernen.

Besonderer Wert wurde auf anschauliche Darstellung und einfache Sprache gelegt. Die zusätzliche Strukturierung der Inhalte durch entsprechende Farbgebung und die zahlreichen farbigen Abbildungen steigern die Motivation und tragen zu einem verbesserten Lernerfolg bei. Aktuelle Entwicklungen von Technik und Normung sind berücksichtigt.

Die Verfasser

Vorwort zur 6. Auflage

Die Neuauflage wurde von den Autoren hauptsächlich genutzt, um den Weiterentwicklungen im Bereich von Technik und Normung Rechnung zu tragen. Im Zuge der Überarbeitung wurden darüber hinaus zahlreiche Abbildungen ausgetauscht, aktualisiert und verbessert.

Zu Verbesserungen trugen auch die zahlreichen Hinweise und Vorschläge aus dem Kreis der Nutzer bei. Ihnen möchten wir an dieser Stelle ausdrücklich danken. Weitere **Verbesserungen** ergaben sich aus dem **ständigen intensiven Dialog** mit den Benutzern.

Wir danken an dieser Stelle deshalb ausdrücklich allen, die durch Hinweise und Vorschläge zur **Weiterentwicklung** dieses Werkes beigetragen haben.

Solche Anregungen nehmen wir unter **bau@handwerk-technik.de** auch weiterhin sehr gerne entgegen.

Die Verfasser

ISBN 978-3-582-30120-8 Best.-Nr. 3588

Die Normblattangaben werden wiedergegeben mit Erlaubnis des DIN Deutsches Institut für Normung e.V. Maßgebend für das Anwenden der Norm ist deren Fassung mit dem neuesten Ausgabedatum, die bei der Beuth Verlag GmbH, Burggrafenstraße 6, 10787 Berlin, erhältlich ist.

Verlag Handwerk und Technik GmbH,
Lademannbogen 135, 22339 Hamburg; Postfach 63 05 00, 22331 Hamburg – 2022
E-Mail: info@handwerk-technik.de – Internet: www.handwerk-technik.de

Umschlagabbildung: stock.adobe.com (©Sven Bähren)/Hintergrundfoto
Satz und Layout: tiff.any GmbH, 10999 Berlin; CMS – Cross Media Solutions GmbH, 97082 Würzburg
Druck: Himmer GmbH Druckerei & Verlag, 86167 Augsburg

Das Projekt

Ein junger Unternehmer in der Schmuckbranche möchte in Nachbarschaft zu seinem Betrieb ein Einfamilienhaus errichten. Das Baugrundstück ist auf seiner Nordseite durch eine Anliegerstraße erschlossen. Es ist ein Südhang mit Aussicht nach Süden auf den Ortskern.

Die Familie des Bauherrn hat 2 Kinder. Ein Hobby der Bauherrschaft ist Baden, Saunen und Fitness.

Die Vorschriften des Bebauungsplans sind: eingeschossige Bauweise mit Nutzung des Hanggeschosses, Dachneigung 25°… 30° und Firstrichtung parallel zur Straße in Ost-West-Richtung.

Der Architekt schlägt vor:
Eingang ebenerdig von Norden überdacht in Verbindung mit Carports. Wohnbereich nach Süden und Westen mit vorgelagerten Terrassen.

Neben dem Eingang nach Westen Küchenbereich mit Essplatz in Verbindung zum Wohnbereich. Nach Osten und Süden links vom Eingang Schlafbereich der Eltern und Kinder mit zugeordneten Bädern und einem Balkon.

Darüber im **Obergeschoss**, mit Treppe aus dem Wohnbereich erreichbar, ein Gästezimmer mit Gästebad. Über dem Küchenbereich ein Studio mit Sichtverbindung zum Wohnraum mit Südoberlichtfenstern.

Im **Hanggeschoss** ist der Hobbybereich mit einem Spaßbad, Fitnessraum, Umkleiden, Duschen und Sauna geplant. Die Technikräume sind in den Hang eingegraben.

Die Terrassen des Erdgeschosses sind mit einer Treppe mit den zum Teil überdeckten Terrassen des Hanggeschosses verbunden.

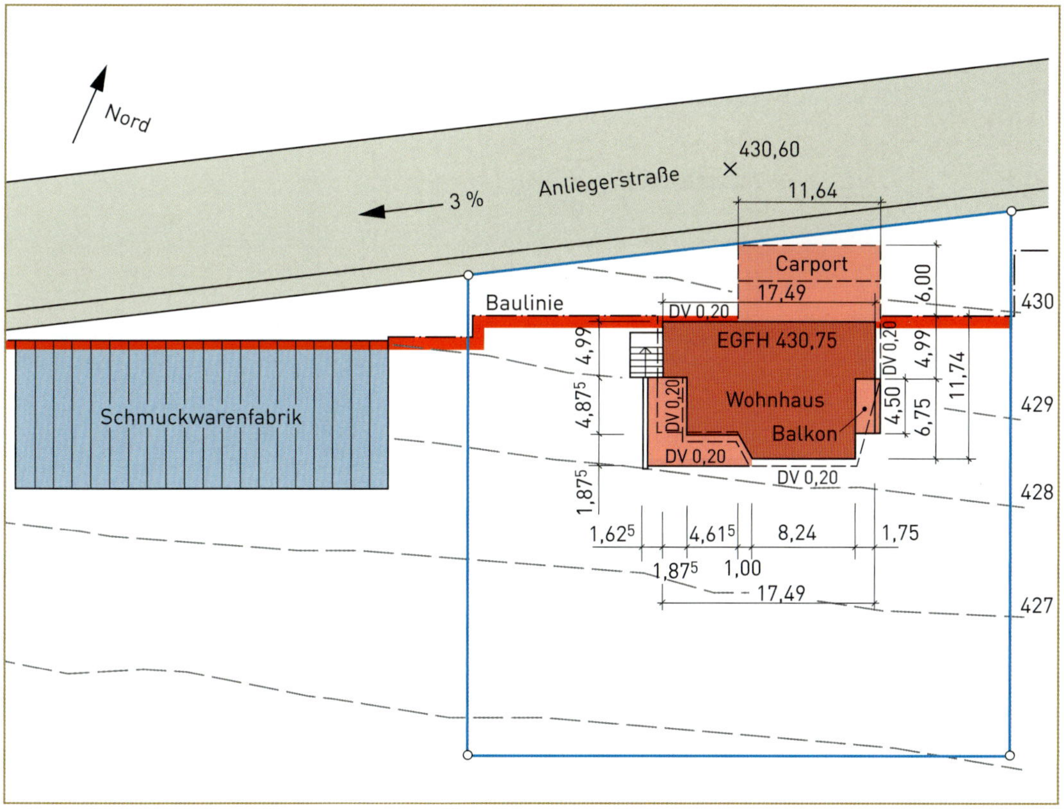

Lageplan

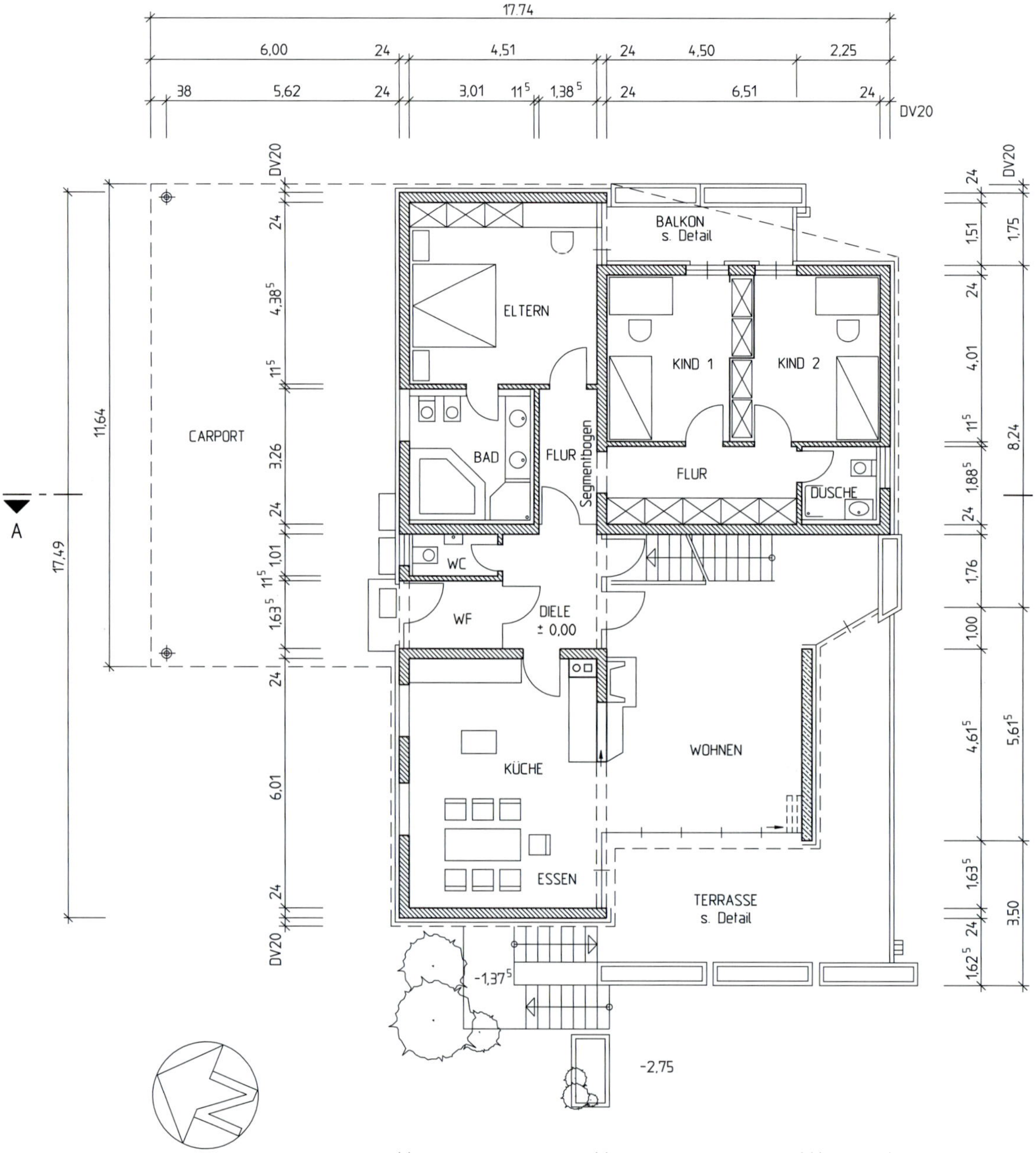

Grundriss Erdgeschoss

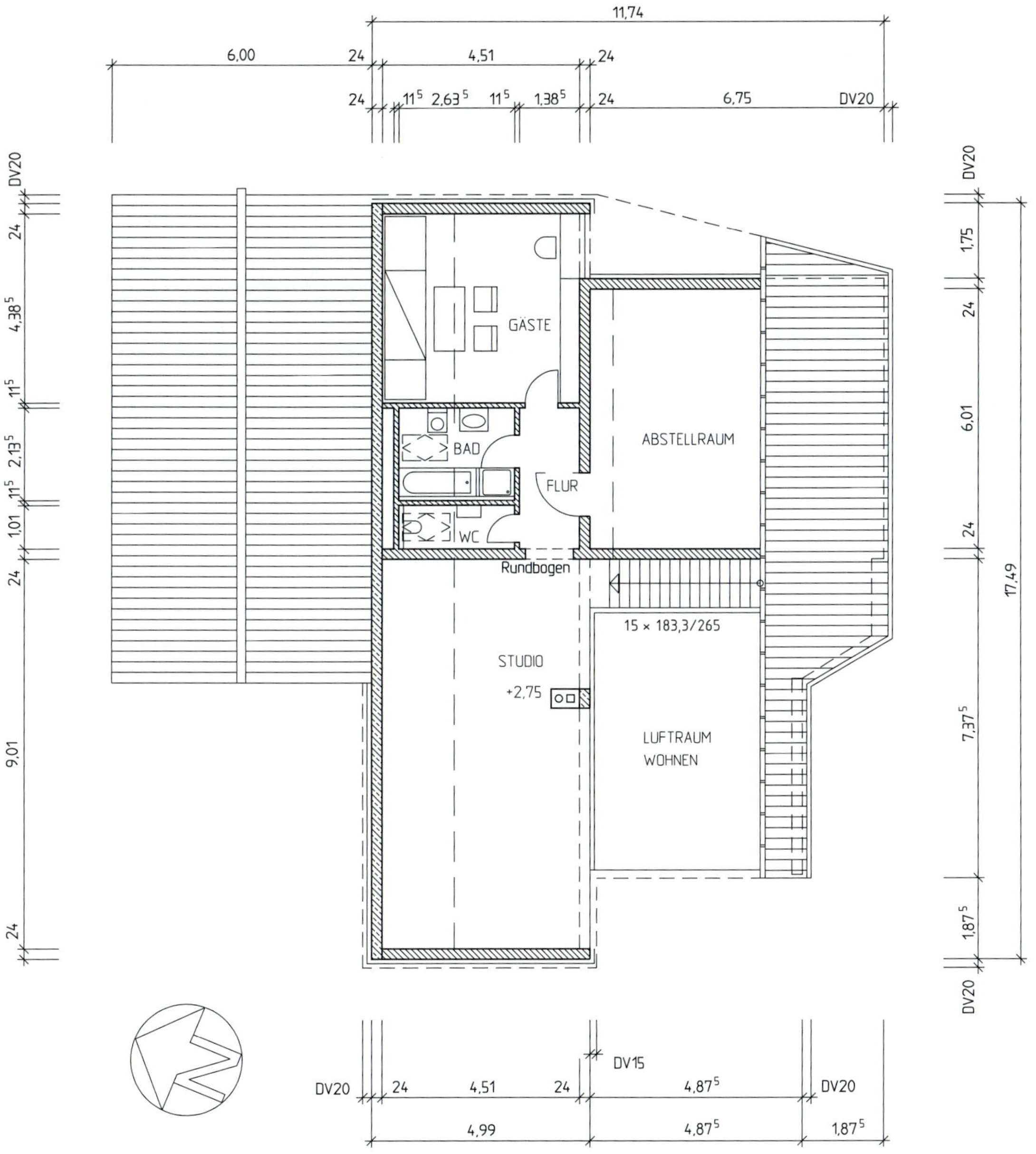

Grundriss Obergeschoss

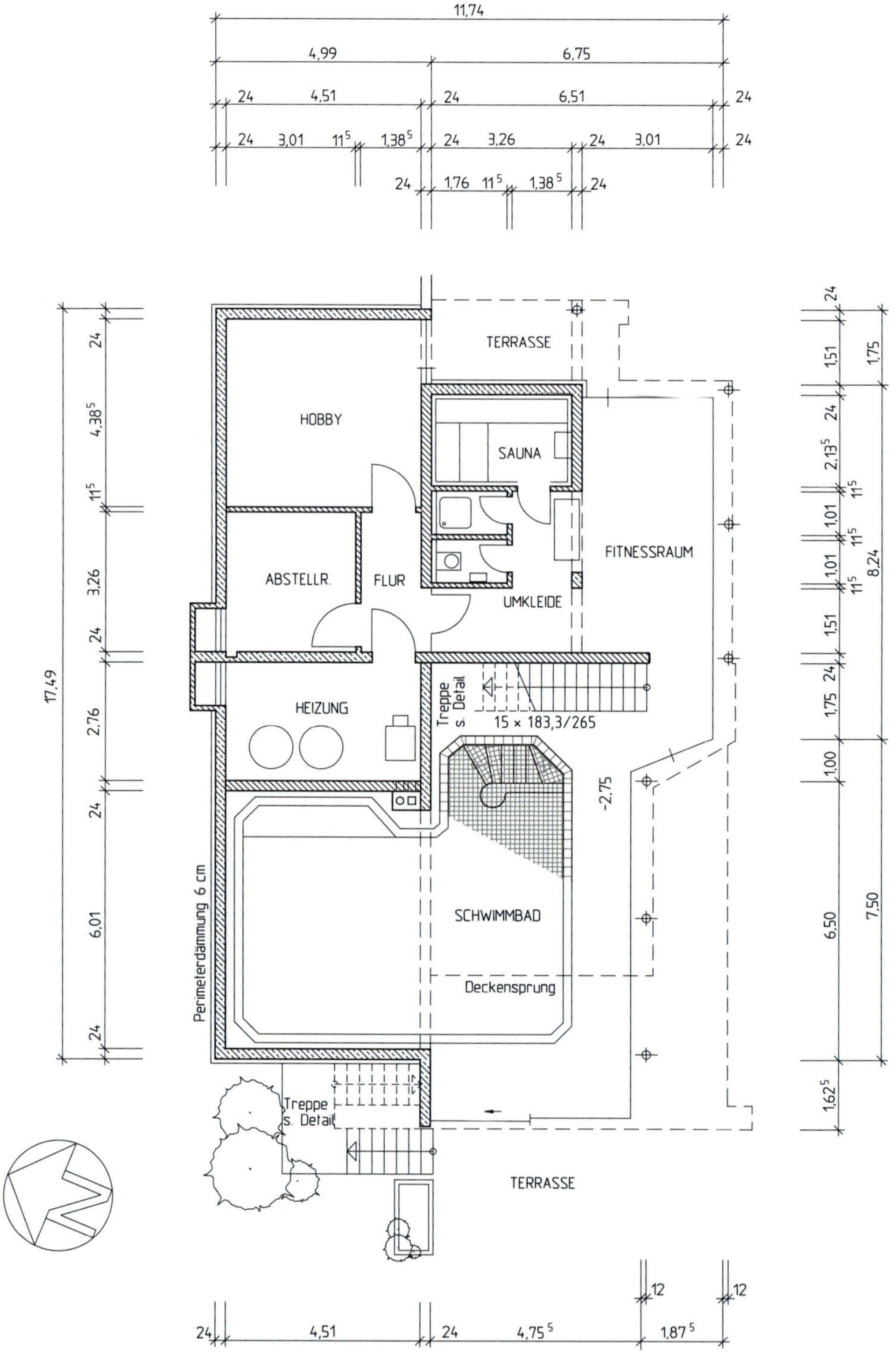

Grundriss Hanggeschoss

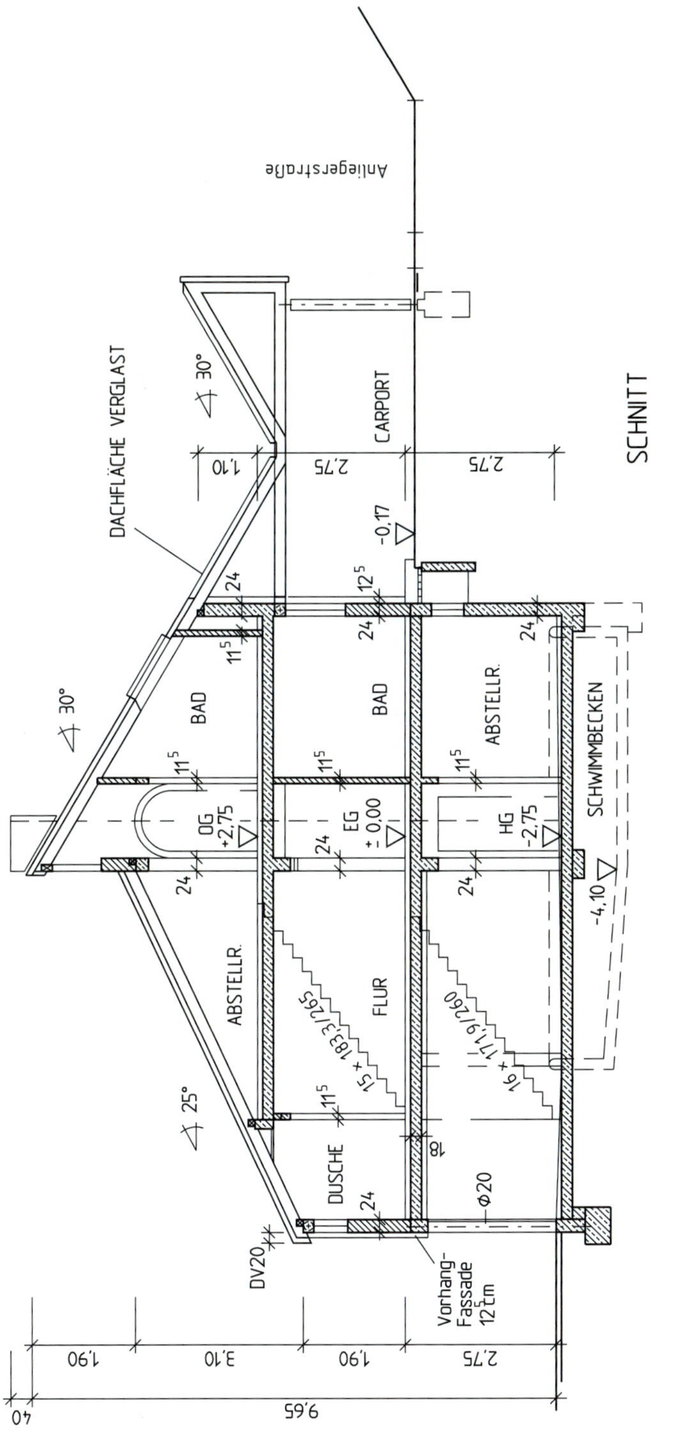

Schnitt A – A, siehe Bild Seite 2

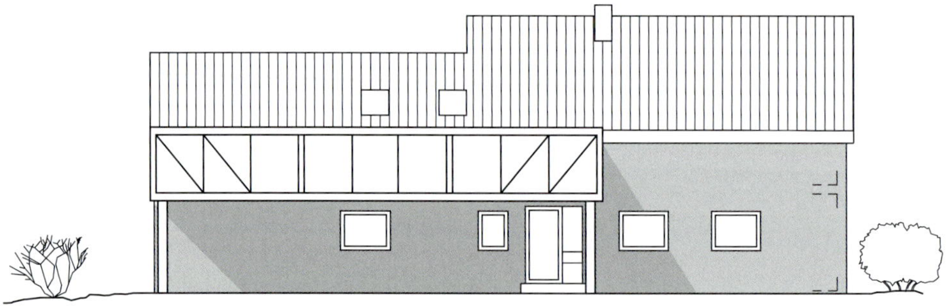

Ansicht Nord

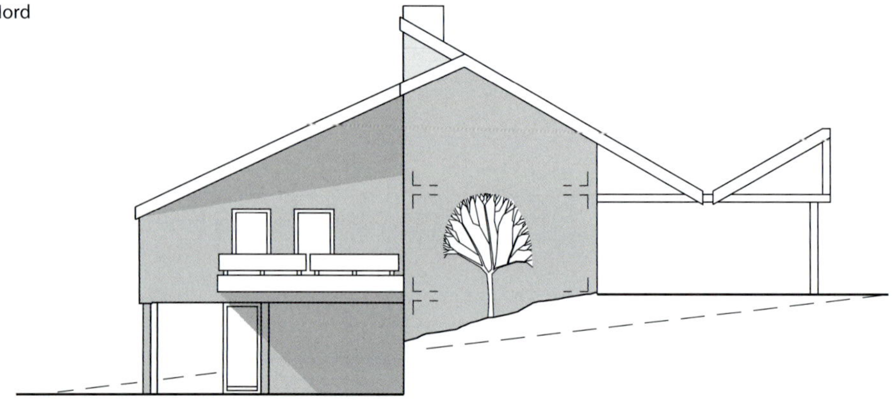

Ansicht Ost

Ansicht Süd

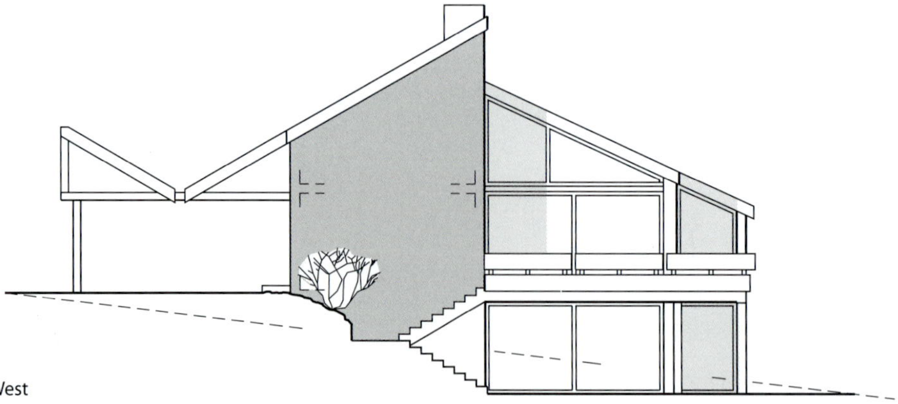

Ansicht West

Baubeschreibung

Außenwände:
Mauerwerk $d = 24$ cm (Kalksandstein)
Hanggeschoss: Stahlbeton $d = 24$ cm

Trennwände:
Mauerwerk $d = 11{,}5$ cm (Kalksandstein)

Rohdecke:
Stahlbeton $d = 18$ cm

Bodenplatte:
Stahlbeton $d = 15$ cm auf kapillarbrechender Kiesschicht

Dachkonstruktion:
Pultdach mit Zwischensparrendämmung

Dachdeckung:
Flachdachpfannen

Dachneigung:
- Südseite 25°
- Nordseite 30°

Höhenlagen:
OKFFB EG ± 0,00 m = 300,25 m ü. NHN

Türen:
- 1,01 × 2,135 m
- 88,5 cm × 2,135 m
- 76 cm × 2,135 m
- 63,5 cm × 2,135 m

Fenster mit Rollladen:
- Fenstertüren 1,51 × 2,135 m
- Fenstertüren 1,01 × 2,135 m
- Fenster 1,26 × 1,01 m
- Fenster 76 cm × 1,01 m
- Fenster 1,01 m × 63,5 cm

Innentreppe:
Stahlbetontreppenläufe mit aufbetonierten Stufen, einläufig, gerade
- zwischen Hanggeschoss und Erdgeschoss:
  - 16 × 171,9 / 260 mm
  - 3 cm Unterschneidung
- zwischen Erdgeschoss und Dachgeschoss:
  - 15 × 183,3 / 265 mm

Außentreppe:
zweiläufige gerade Treppe
- erster Lauf: Blockstufen auf abgetrepptem Fundament
- zweiter Lauf: Stahlbetonfertigteil mit Winkelstufen 16 × 172 / 290 mm

Schornstein:
zweizügig
- Durchmesser = 16 cm
- quadratisch 20 × 20 cm

Fußbodenaufbau:
- EG/DG: CA – Heizestrich $d = 65$ mm, Dämmplatten 25 mm, Trittschalldämmung 25 mm / 20 mm
- HG: CT – Heizestrich $d = 50$ mm, Dämmplatten mit integrierter Fußbodenheizung 80 mm, Abdichtung, Gefälleestrich

Beläge:
- Eingang: Feinsteinzeug / Dünnbett $d = 10$ mm
- Wohnen: Natursteinplatten 20 mm / Mittelbett $d = 10$ mm
- Küche / Essen: Feinsteinzeug / Dünnbett $d = 10$ mm
- Schlafzimmer: Steinzeug oder Feinsteinzeug / Dünnbett $d = 10$ mm
- Bäder: Steinzeug / Dünnbett $d = 10$ mm
- Schwimmbad: non-slip Mosaik / Dünnbett $d = 10$ mm
- Hobby: Spaltplatten / Mittelbett $d = 25$ mm
- Abstellraum: Feinsteinzeug / Dünnbett $d = 10$ mm
- Heizung: Zementestrich (Glattstrich) $d = 20$ mm auf Gefälleestrich

Balkonbelag:
Spaltplatten / Dickbett $d = 25$ mm auf Abdichtung und Gefälleestrich

Terrassenbelag:
Naturwerkstein $d = 30$ mm im Feinkies (Riesel) auf Abdichtung verlegt

Außenwandbekleidung:
- Spaltriemchen / bewehrter Unterputz $d = 40$ mm, Wärmedämmung 85 mm
- hinterlüftete Fassade aus Naturwerksteinplatten $d = 40$ mm, Luftschicht 20 mm, Wärmedämmung 60 mm

Innenwandbekleidung:
Steingutfliesen / Dünnbett $d = 10$ mm auf Unterputz

Ausführungszeichnungen

Arten von Ausführungszeichnungen

Ausführungszeichnungen, auch **Werkpläne** oder **Arbeitspläne** genannt, enthalten alle für die Bauausführung erforderlichen Maße, Angaben und Hinweise. Sie stellen die Arbeitsgrundlage für die Bauausführung dar. Ausführungszeichnungen dienen als Grundlage der Leistungsbeschreibung. Bei der Leistungsbeschreibung werden auch Beiträge anderer, die an der Planung fachlich beteiligt sind, berücksichtigt.

Arten von Ausführungszeichnungen sind:
- Grundrisse,
- Schnitte,
- Bestandspläne.

Ausführungszeichnungen werden als Grundriss, Schnitt und Bestandsplan im Maßstab 1:50 gefertigt.

Ergänzungen zur Ausführungszeichnung sind:
- Teilzeichnungen,
- Detailzeichnungen,
- Sonderzeichnungen.

So werden bestimmte Bauteile und Ausschnitte, z. B. Treppen, Sockelanschlüsse, Fliesenverlägepläne, Türen, Fenster, dargestellt. Der Maßstab kann 1:20, 1:10, 1:5, 1:2 und 1:1 sein.

Lage der Grundrisse und Schnitte im Haus

Den Zeichnungen liegt die DIN 1356, Linienarten und Linienbreiten, Schraffuren und Symbole zu Grunde. Die Norm gilt für Bauzeichnungen, die manuell und computergestützt hergestellt werden.

Linienarten und Linienbreiten

Nach DIN 1356-1 gibt es die **Linienarten**:
- Volllinie,
- Strichlinie,
- Strichpunktlinie,
- Punktlinie.

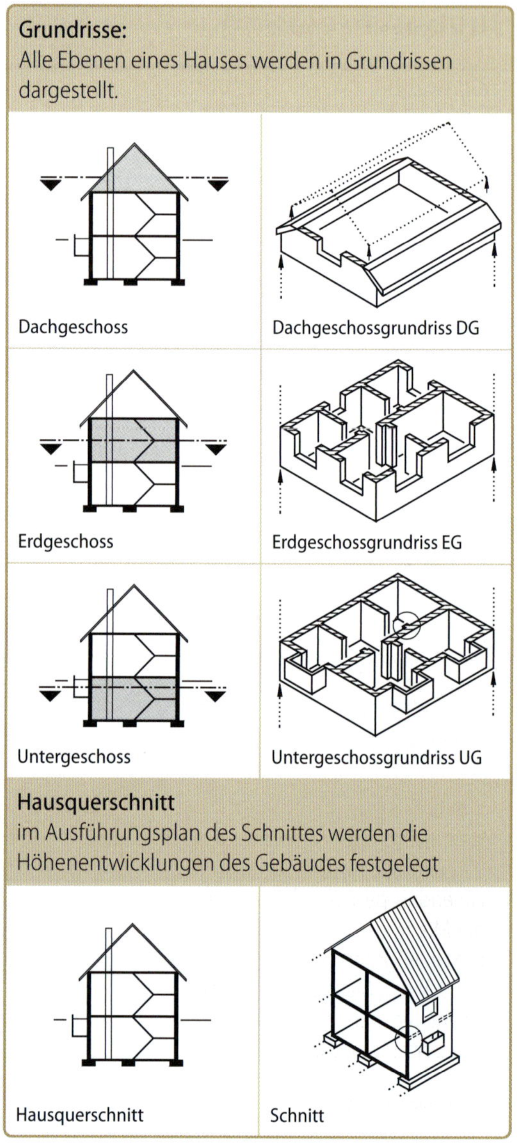

Lage der Grundrisse und Schnitte

Volllinie	Strichlinie	Strich-punktlinie	Punktlinie
———	– – – –	—·—·—	··············

Linienarten und Linienbreiten

Die **Linienbreiten** sind ebenfalls in DIN 1356-1 festgelegt. Die Tabelle zeigt eine Zusammenfassung.

Spalte	1	2	3	4	5	6
Zeile	Linienart	Anwendungsbereich	Liniengruppe			
			I	II	III[1]	IV[2]
			Zuordnung zu Maßstab			
			≤ 1 : 100		≥ 1 : 50	
			Linienbreite			
1	Volllinie	Begrenzung von Schnittflächen	0,50	0,50	1,00	1,0
2	Volllinie	2 sichtbare Kanten und sichtbare Umrisse von Bauteilen, Begrenzung von Schnittflächen von schmalen oder kleinen Bauteilen	0,25	0,35	0,50	0,7
3	Volllinie	Maßlinien, Maßhilfslinien, Hinweislinien, Lauflinien, Begrenzung von Ausschnittdarstellungen, vereinfachte Darstellung	0,18	0,25	0,35	0,5
4	Strichlinie	Verdeckte Kanten und verdeckte Umrisse von Bauteilen	0,25	0,35	0,50	0,7
5	Strichpunktlinie	Kennzeichnung der Lage der Schnittebenen	0,50	0,50	1,00	1,0
6	Strichpunktlinie	Achsen	0,18	0,25	0,35	0,5
7	Punktlinie	Bauteile vor bzw. über der Schnittebene	0,25	0,35	0,50	0,7
8	Maßzahlen	Schriftgröße	2,50	3,50	5,00	7,0

[1] Die Liniengruppe I ist nur dann anzuwenden, wenn eine Zeichnung mit der Liniengruppe III angefertigt, im Verhältnis 2 : 1 verkleinert wurde und die Verkleinerung weiterbearbeitet werden soll. In der Zeichnung mit der Liniengruppe III ist dann die Schriftgröße 0,5 mm zu wählen. Die Lineingruppe I erfüllt nicht die Anforderungen der Mikroverfilmung.

[2] Die Liniengruppe IV ist für Ausführungszeichnungen anzuwenden, wenn eine Verkleinerung z. B. vom Maßstab 1 : 50 in den Maßstab 1 : 100 vorgesehen ist und die Verkleinerung den Anforderungen der Mikroverfilmung zu entsprechen hat. Die Verkleinerung kann dann gegebenenfalls mit den Breiten der Liniengruppe II weiterbearbeitet werden.

Linienbreiten nach DIN 1356-1

Bemaßung

Die Bemaßung besteht aus:

- Maßzahl,
- Maßlinie,
- Maßlinienbegrenzung,
- Maßhilfslinie.

Maßzahlen sind in der Regel über der zugehörigen durchgezogenen Maßlinie anzuordnen. Sie sollen von unten bzw. von rechts lesbar sein. Mehrere Maßketten sind entsprechend der Lage der zu bemaßenden Bauteile von innen nach außen anzuordnen. Die zusammenfassenden Maße stehen immer außen.

Innerhalb des Grundrisses sind Türöffnungen, Wandvorsprünge, Wandanschläge usw. zu bemaßen.

Bei der Bemaßung von Grundrissen gibt es Besonderheiten bei

- Wandöffnungen,
- Brüstungen,
- Querschnitten,
- Höhen.

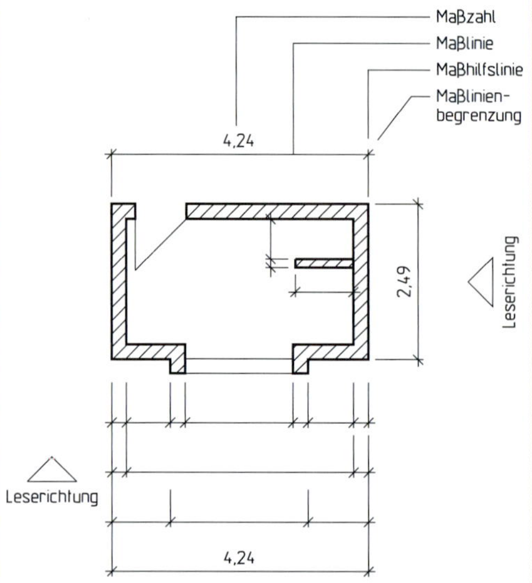

1. Maßlinie : Wandöffnung, Teillängen, Pfeilermaße
2. Maßlinie: lichte Rohbaumaße und Wanddicke
3. Maßlinie: Bauteilabschnitte
4. Maßlinie: Gesamtwandlänge

Bemaßung

Bei der **Bemaßung von Wandöffnungen**, insbesondere für Türen und Fenster, sind anzuordnen:

- über der Maßlinie: die Maßzahl für die Breite der Öffnung,
- unter der Maßlinie: die Maßzahl für die Höhe der Öffnung.

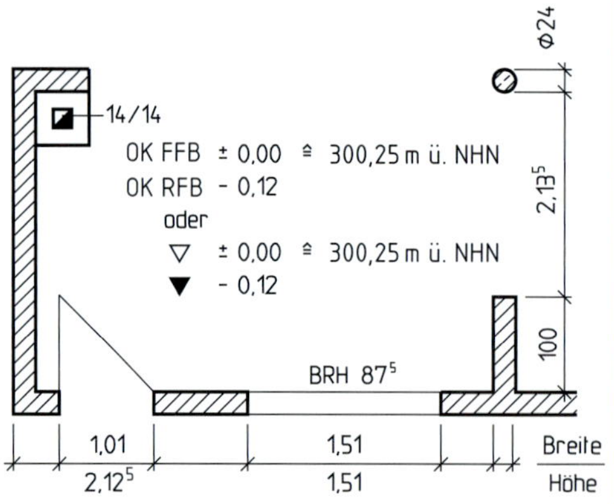

Bemaßung von Wandöffnungen und Brüstungen

Bei der **Bemaßung von Brüstungen** wird die Rohbauhöhe über Oberfläche Fertigfußboden angegeben.

Bei der **Bemaßung von Querschnitten** ist zu unterscheiden:
- Rechteckquerschnitt,
- runder Querschnitt.

Rechteckquerschnitte dürfen durch Angabe ihrer Seitenlängen bemaßt werden.

Runde Querschnitte erhalten vor der Maßzahl das Durchmesserzeichen Ø.

Höhenangaben sind in Grundrissen und Schnitten einzutragen. Das Vorzeichen + oder – der Maßzahlen bezieht sich im Regelfall auf die Höhenlage des Fertigfußbodens im Eingangsbereich des Erdgeschosses, bezogen auf NHN.

Für die Höhenlage der Fußböden wird bei Beginn der Ausbauarbeiten ein sogenannter **Meterriss** angebracht. Der Meterriss dient der exakten Höhenfestlegung des Ausbaus. Er wird i. d. R. einen Meter über dem FF eines wichtigen Raumes, z. B. Treppenzugang, Treppenhaus, Wohnzimmer, angelegt. Die Ausbauhandwerker beziehen ihre in den Werkplänen angegebenen Höhen auf diesen Meterriss.

Die Wahl der **Maßeinheiten** richtet sich nach der Bauart oder der Art des Bauwerks. Die unten stehende Tabelle zeigt drei mögliche Anwendungen.

Spalte	1	2	3	4
Zeile	Maßeinheit Bemaßung in	Maße unter 1 m z. B.		Maße über 1 m z. B.
1	cm	24	88,5[1)]	388,5[1)]
2	m und cm	24	88,5[1)]	3,885[1)]
3	mm	24	885	3885

[1)] Anstelle des Kommas darf auch ein Punkt gesetzt werden.

Maßeinheiten

In der Regel kommt Zeile 2 zur Anwendung.

Bei Abweichungen ist die Maßeinheit zweckmäßigerweise im Schriftfeld anzugeben.

Grundrisse und Schnitte

Vereinfachte Darstellungen, Schnittflächen und Symbole

Die Tabelle unten zeigt die vereinfachte Darstellung der Symbole, die Tabelle auf der folgenden Seite die Schnittflächen verschiedener Bauteile.

Einläufige Treppe	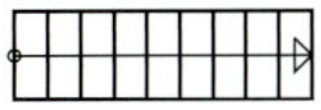	Pendelflügeltür, einflüglig	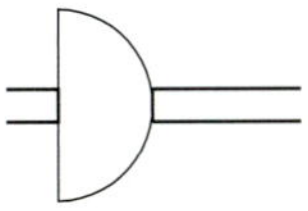
Zweiläufige Treppe	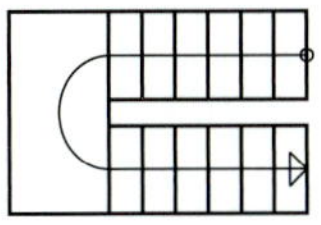	Drehflügel mit Schwelle	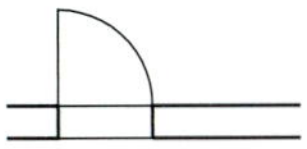
Treppenlauf, horizontal geschnitten, mit darunterliegendem Lauf		Hebe-Drehflügel	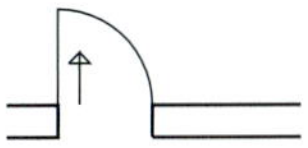
Treppenlauf, horizontal geschnitten, mit Darstellung des Laufes oberhalb der Schnittebene		Schiebeflügel	
Rampe, die Darstellung von geschnittenen Rampen erfolgt sinngemäß der Darstellung von geschnittenen Treppen.	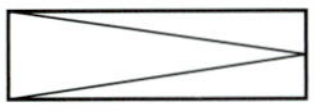	Hebe-Schiebeflügel	
Drehflügel, einflüglig	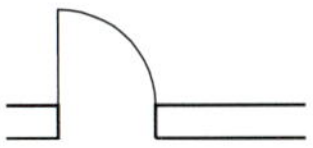	Falttür, Faltwand	
Drehflügel, zweiflüglig		Drehflügel mit Anschlag	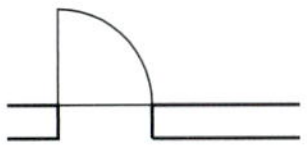

Symbole

Boden	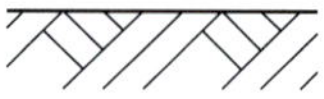	Holz, längs zur Faser geschnitten	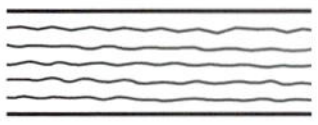
Kies	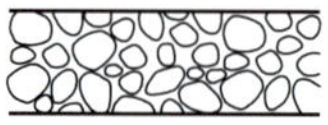	Dichtstoffe	
Sand	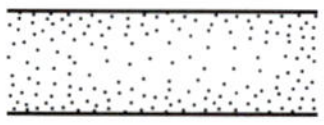	Betonfertigteile	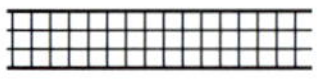
Beton (unbewehrt) Estrich	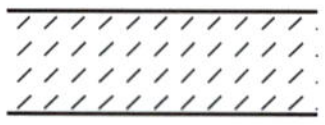	Metall	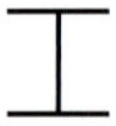
Beton (bewehrt)	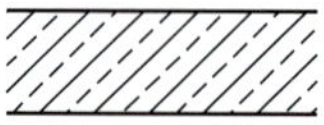	Mörtel, Putz	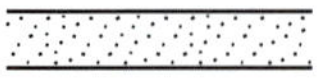
Mauerwerk Fliesen	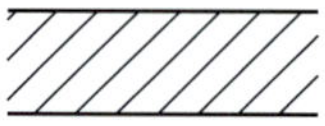	Dämmstoffe (Wärme / Schall)	
Holz, quer zur Faser geschnitten	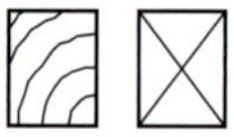	Abdichtungen	
		Naturwerkstein	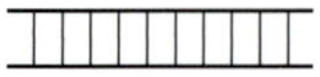

Kennzeichnung der Schnittflächen

Das unten stehende Bild zeigt die Anwendung der Hinweislinien zur Kennzeichnung der Schnittflächen. Wird die Schnittfläche nur als Ausschnitt dargestellt, ist die Begrenzung des Ausschnittes durch eine Volllinie zu zeichnen, Abbildung darunter.

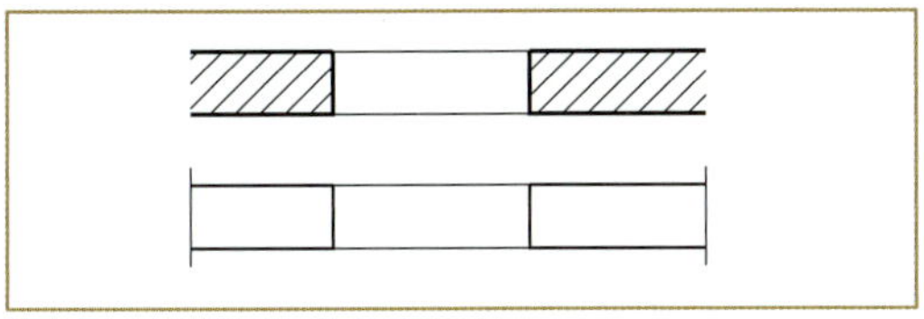

Abgenzung durch Volllinie

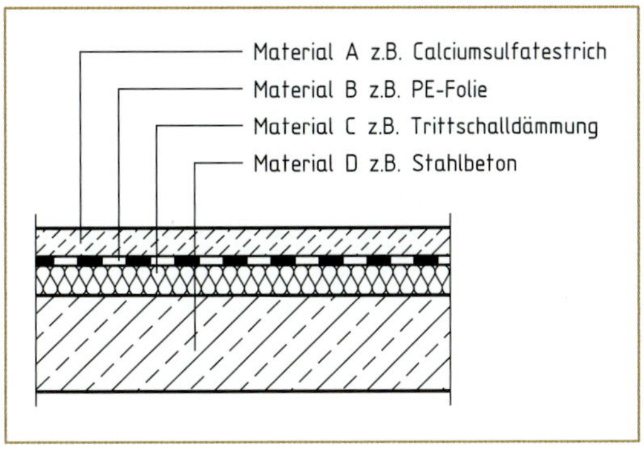

Estrich auf Dämmschicht

Grundriss

Der Grundriss ist die Draufsicht auf den unteren Teil eines horizontal geschnittenen Bauobjektes. Die horizontale Schnittebene liegt z. B. im Erdgeschoss mit einem Fertigfußboden auf ± 0,00 in der Höhe von + 1,00. Dabei werden von oben sichtbare Begrenzungen und Knickkanten der Bauteiloberseiten als sichtbare Kanten durch Volllinien dargestellt. Unter dieser Oberfläche liegende Kanten werden als verdeckte Kanten durch Strichlinien, Kanten, die oberhalb der Schnittebene liegen, durch Punktlinien dargestellt.

Die Abbildung auf der folgenden Seite zeigt einen Erdgeschossgrundriss im Maßstab 1:50.

Erforderliche Planeintragungen und Angaben im Erdgeschoss sind:

- Bezeichnung der Räume,
- Fußbodenaufbau (OKFFB, OKRFB),
- Schlitze und Durchbrüche,
- Türanschlag, evtl. Türart,
- Brüstungshöhe,
- Treppe mit Anzahl der Steigungen, Steigungsverhältnis und Lauflinie,
- Schornstein mit Querschnitt und Bauart,
- Lage Gurtroller (GR) für Rollläden,
- Regenfallrohre (RR).

Im Erdgeschossgrundrissplan sind zusätzlich folgende Bemaßungen und Planeintragungen erforderlich:

- Kellerlichtschächte,
- Kelleraußentreppe,
- Reinigungsöffnung (Putztür, PT) des Schornsteins,
- Feuer hemmende (Fh) und feuerbeständige (Fb) Türen,
- Bodeneinläufe (Sinkkasten) mit Gefälleangaben,
- Kontrollschacht, Revisionsschacht,
- Be- und Entlüftung des Heiz- und Tankraumes,
- Anstrich des Tankraumes
- Durchbrüche für Hausanschlüsse von Strom, Wasser, Gas und Telefon.

Die horizontale Schnittebene liegt im Dachgeschoss 1,50 m über Fertigfußboden. Abkürzungen nach der Tabelle auf Seite 15 haben sich in Ausführungszeichnungen bewährt. Diese Abkürzungen können auch kombiniert werden.

Beispiele:

- OKFFB: Oberkante Fertigfußboden
- OKRFB: Oberkante Rohfußboden
- UKRD: Unterkante Rohdecke
- VKSB: Vorderkante Sichtbeton

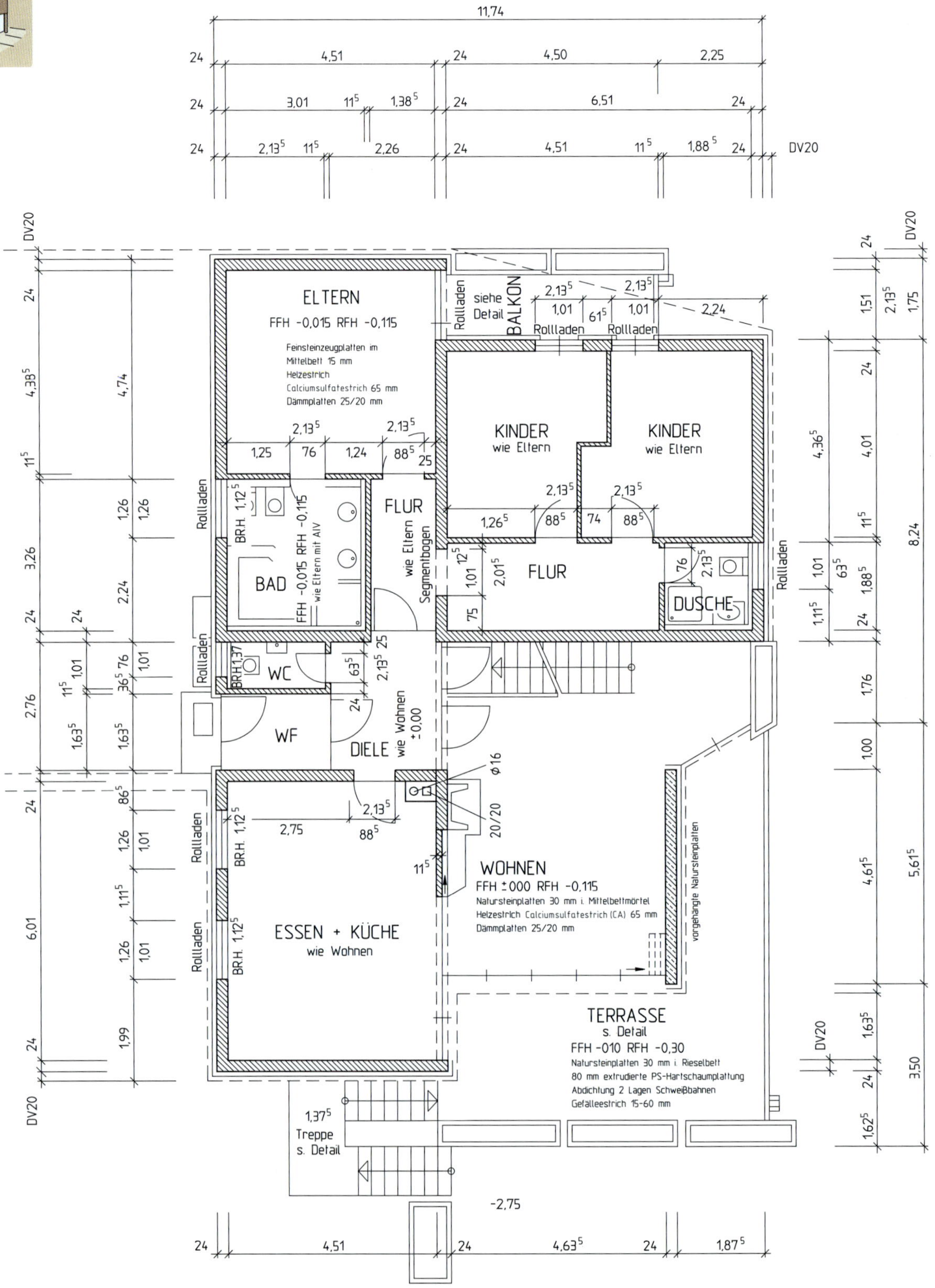

Beispiel Erdgeschossgrundriss

Für Bauteile							
B	Boden	AB	abgehängte Decke	KS	Kanalsohle	FBS	Fußbodenschlitz
D	Decke	AS	Anschlagschiene	LK	Lichtkuppel	FFB	Fertigfußboden
F	Fundament	BD	Bodendurchbruch	OL	Oberlicht	GEF	Gefälle
W	Wand	BE	Bodeneinlauf	RD	Rohdecke	RFB	Rohfußboden
		BK	Bodenkanal	RH	Rohrhülse	STG	Steigung
		BS	Bodenschlitz	RK	Rohkante	SWS	senkrechter Wandschlitz
		DA	Deckenaussparung	SB	Sichtbeton		
		DS	Deckenschlitz	SO	Sohle	WWS	waagerechter Wandschlitz
		FB	Fußboden	VK	Vorderkante		
		FD	Fundamentdurchbruch	WD	Wanddurchbruch		
		HK	Heizkörper	WN	Wandnische		
		JS	Ankerschiene	WS	Wandschlitz		
Für Maßbezug							
FK	Fertigkante	NHN	Normalhöhennull ± 0.00	OK	Oberkante	UK	Unterkante
HG	Hausgrund						
Für Lagebezeichnung							
aD	an der Decke	üB	über Boden	üT	über Terrain	dg	durchgehend
uD	unter der Decke			uT	unter Terrain		
Für Nutzungszwecke							
W	Wasserinstallation	H	Heizungsinstallation	L	Lüftungsinstallation	E	Elektroinstallation
G	Gasinstallation						

Abkürzungen in Ausführungszeichnungen

Schnitte

Der Schnitt ist die Ansicht des hinteren Teils eines vertikal geschnittenen Bauobjekts. Die Schnittebene liegt – auch verspringend – so im Bauwerk, dass die wesentlichen Einzelheiten, z. B. Wände, Decken, Treppen, Öffnungen, geschnitten werden. Schnittebenen werden in der Regel rechtwinklig oder parallel zu den Außenflächen des Bauwerks gelegt. Die Lage der Schnittebene ist im Grundriss anzugeben, z. B. Schnitt A – A. Die Darstellung erfolgt mit Strichpunktlinien; sie braucht aber nicht durchgehend markiert zu werden, siehe Bild „Allgemeine Zeichen bei Schnitten". Verspringt der Schnitt, so ist die Stelle des Versprunges anzugeben, siehe Bild „Angabe des Schnittverlaufes mit Blickrichtung und Versprung".

Angabe der Schnittführung in Blickrichtung	▲ - · — · — · ▲
Angabe der horizontalen Schnittführung für den Grundriss	▲▼ - · — · — · ▲▼
Höhenangabe • Fertigkonstruktion • Rohkonstruktion	▽ ▼
Höhenangabe Unterfläche • Fertigkonstruktion • Rohkonstruktion	△ ▲

Allgemeine Zeichen bei Schnitten

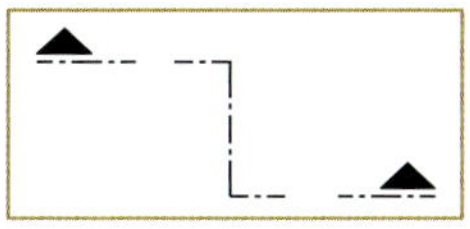

Angabe des Schnittverlaufes mit Blickrichtung und Versprung

Im Schnitt auf Seite 5 werden folgende Bemaßungen und Angaben dargestellt:

- Geschosshöhen,
- lichte Raumhöhen,
- Konstruktionsstärke der Decken,
- Höhe der Fundamente, Kellerfenster, Lichtschächte, Brüstungen, Stürze, Unterzüge,
- Konstruktion des Dachstuhls mit Angabe der Dachneigung und der Holzabmessungen,
- Ausbildung und Höhe des Schornsteins über Dach, Reinigungsöffnung (RÖ) oder Putztür (OT),
- Dachvorsprung (DV),
- Treppenanlagen (innen und außen) mit Angabe des Steigungsverhältnisses,
- Höhenlage der Ebene durch gleichseitiges Dreieck (OK, RFB, OKFFB),
- Dränung mit Filterschichten,
- waagerechte und senkrechte Sperrschichten,
- Anschluss Außengelände am Gebäude,
- Aussparungen (siehe nebenstehende Abbildungen).

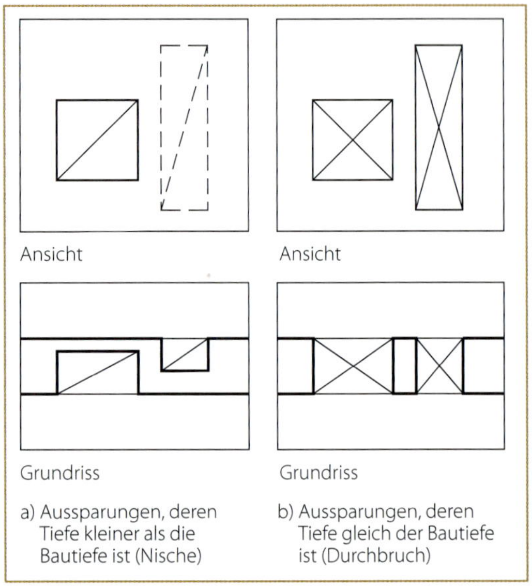

Darstellung von Aussparungen in Grundriss und Ansicht

Lernfeld 7 | Ansetzen eines Wandbelages

Zielformulierung:	Die Schülerinnen und Schüler planen das Bekleiden einer Wandfläche innerhalb eines Raumes ohne Feuchtigkeitsbelastung. Sie wenden dabei die Technik „Dickbett auf Rohwand" an. Sie beachten die Wirkungsweise der Mörtelhaftung, beurteilen Untergründe und leiten Vorbereitungsmaßnahmen ab. Die Schülerinnen und Schüler wählen einen Ansetzmörtel aus und beschreiben die Arbeitsschritte für die Herstellung. Auf der Grundlage des gewählten Belagmaterials teilen sie die Fläche unter Berücksichtigung der Symmetrie ein. Sie stellen die Wand in Grundriss und Ansicht zeichnerisch dar und ermitteln die Baustoffmengen.
Lerninhalte:	• Mauerwerk • Mörtelberechnung • Keramische Wandfliesen • Fugen

Warum Verlegen im Dickbettverfahren?

Nicht nur bei der Sanierung, d.h. beim Abriss alter Wandbeläge, trifft man auf Beläge, die im Dickbett angesetzt sind. So, wie es zur Ausbildung eines Fliesenlegers gehört, diese Technik zu beherrschen – siehe Ausbildungsrahmenplan –, ist diese Verlegeart ein wesentliches Unterscheidungsmerkmal zu anderen Berufsgruppen. In bestimmten Situationen ist es eine Notwendigkeit, z.B. beim Verlegen des Beckenkopfes in einem Schwimmbad oder in Bereichen, bei denen es zeitaufwendiger wäre, einen Putz aufzubringen und anschließend im Dünnbettverfahren zu bekleiden.

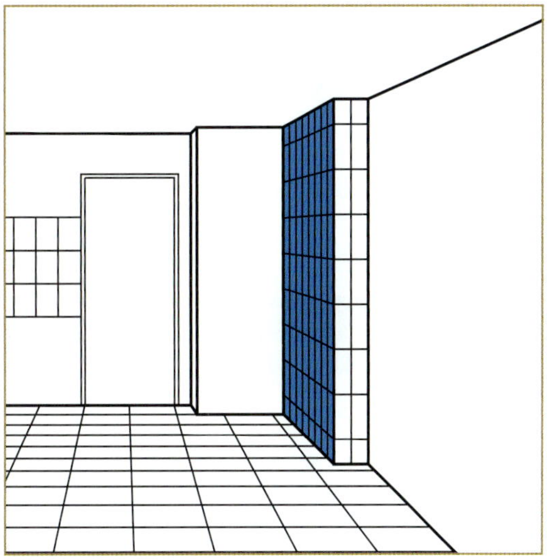

Küchenwand zum Wohnzimmer aus dem Projekt

Wichtig:
- Eine korrekte Beurteilung des Untergrundes sowie eine sorgfältige Ausführung ist erforderlich.
- Das setzt eine richtige Arbeitsvorbereitung voraus und die richtige Anwendung der zur Verfügung stehenden Werkzeuge.
- Das passende Belagmaterial ist auszuwählen.
- Der Belag ist nach gestalterischen Kriterien einzuteilen.
- Die erforderlichen Materialmengen sind bereitzustellen.

7.1 | Projekt: Ansetzen eines Wandbelages

Die zum Wohnzimmer angrenzende Küchenwand erhält einen Wandbelag, der im Dickbett angesetzt werden soll. An der einen Seite grenzt die Wand an den Kamin, an der anderen ist die Wand frei auslaufend und an der Stirnseite ebenfalls mit Fliesen bekleidet.

Die Wand ist ein unverputztes Mauerwerk aus Kalksandstein, das im Halbverband gemauert ist.

Stellen Sie sich vor, dass Sie den Auftrag übernehmen und nach den Regeln der Technik planen und ausführen.

Welche Überlegungen müssen Sie anstellen, um den Wandbelag fachgerecht anzusetzen und um dem ästhetischen Anspruch an seine Ausführung zu genügen?

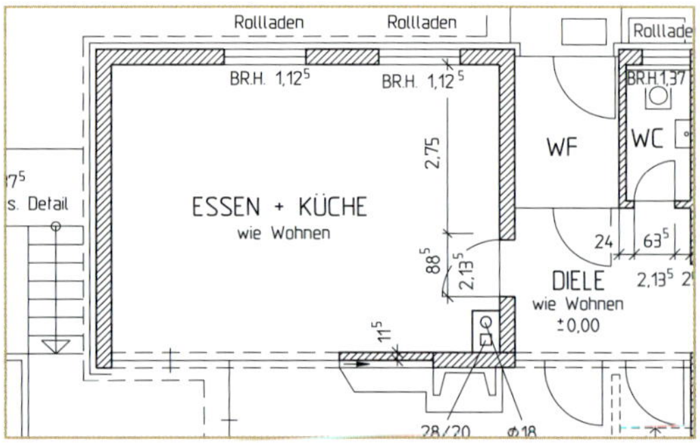

Grundriss der Küche aus dem Projekt

Welche Kenntnisse über Materialien und ihre Verarbeitung benötigen Sie?
Antworten darauf finden Sie auf den folgenden Seiten.

Baustelle Arbeitsvorbereitung

Mauerwerk Untergründe

Ansetzmörtel

Keramisches Belagmaterial

Arbeitsablauf

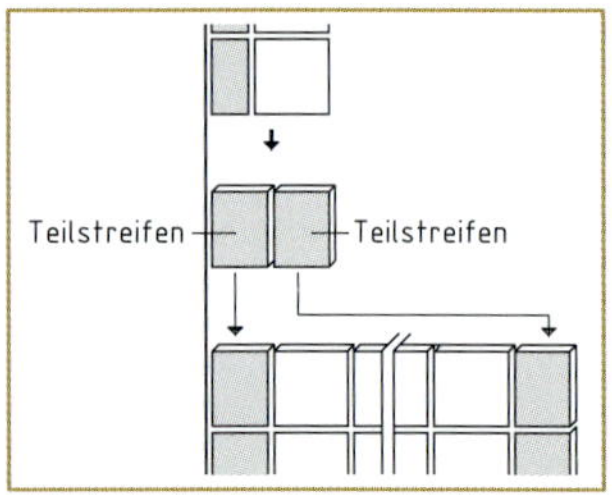

Belageinteilung

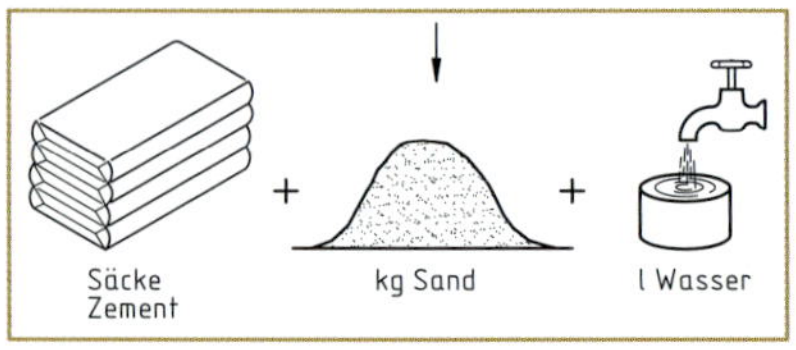

Ermittlung der Baustoffmengen

7.2 | Baustelle

7.2.1 | Arbeitsvorbereitung

Bevor am Bau mit den Arbeiten begonnen werden kann, sind wichtige Vorarbeiten zu leisten, ohne die die eigentlichen Arbeiten nicht zufriedenstellend ausgeführt werden können.

- Es muss überprüft werden, ob die Vorleistungen anderer Gewerke sachgerecht ausgeführt wurden.

Bei Fehlleistungen des Vorgewerkes müssen Bedenken angemeldet werden

7.2.2 | Baustelleneinrichtung

Die Baustelle wird eingerichtet.

- Arbeitsmittel, Material, Geräte, Werkzeuge, Maschinen und Fördergeräte werden angeliefert.
- Ein geeigneter abschließbarer Raum für die Unterbringung derselben sollte bereitgestellt werden.
- Das Vorhandensein von Bautoiletten und Aufenthaltsräumen ist zu überprüfen.

7.2.3 | Arbeitssicherheit

Arbeitsstellen müssen sicher sein. Arbeitsunfälle verursachen Schmerzen, Krankheitskosten und Arbeitsausfall.

- Das **Gewerbeaufsichtsamt** und
- die **Bauberufsgenossenschaft**

überwachen die Einhaltung der gesetzlichen Vorschriften.

Jeder Unternehmer ist für die Einhaltung

- der Arbeitsstättenverordnung und
- der Unfallverhütungsvorschriften verantwortlich.

Jeder Arbeitnehmer ist verpflichtet, alle der Arbeitssicherheit dienenden Maßnahmen zu unterstützen.

1 Wasserwaage	7 Schnurstifte
2 Stahlwinkel	8 Fliesenlegerschnur
3 Meterstab	9 Lot
4 Teleskop-Messstab	10 Fliesenlegerecken (Fliesenhexe)
5 Setzlatte	11 Fugenkeile
6 Anschlaghaken	

Messgeräte und Hilfsmittel zur Kontrolle und Ausführung von Fliesenlegearbeiten

Arbeitsstättenverordnung (ArbStättV)

Die Arbeitsstättenverordnung (ArbStättV) enthält die Mindestanforderungen an den Arbeitsplatz. Sie verpflichtet den Unternehmer, Verhältnisse am Arbeitsplatz zu schaffen, die eine sichere Arbeit ermöglichen.

Die wichtigsten Anforderungen sind:

- Arbeitsplätze und Verkehrswege sind so herzurichten, dass sich die Arbeitnehmer bei jedem Wetter sicher bewegen können.

Reizende Stoffe wie Zementmörtel können zu Allergien, Hauterkrankungen führen. Unsachgemäßer Umgang mit Werkzeugen wie mit Zangen, kann zu Verletzungen führen

- Arbeitsplätze und Verkehrswege müssen zu beleuchten sein.
- Werden an einer Baustelle ständig mehr als vier Arbeitnehmer oder weniger als vier Arbeitnehmer länger als eine Woche beschäftigt, so sind Tagesunterkünfte zur Verfügung zu stellen.
- Tagesunterkünfte sind Räume in Gebäuden, Baracken, Containern oder Raumzellen, in denen sich Arbeitnehmer in Pausen oder bei sonstigen Arbeitsunterbrechungen aufhalten können.

Unfallverhütungsvorschriften (UVV)

Die Berufsgenossenschaften, die für die Versicherung der Arbeitnehmer am Arbeitsplatz zuständig sind, haben Unfallverhütungsvorschriften ausgearbeitet.

Sie überwachen den vorschriftsmäßigen Umgang mit Arbeits-, Hilfs- und Betriebsstoffen. Nachfolgend sind einige Bereiche aufgeführt:

Umgang mit Werkzeugen, die schneidende, quetschende, sich drehende Teile aufweisen

z. B. Messer, Meißel, Zangen, Scheren, Sägen, Schleifgeräte, Rührstäbe, Mischer, Bohr-, Fräs- und Hobeleinrichtungen.

Umgang mit elektrischem Strom

Alle Anlagen und Betriebsmittel müssen den Bestimmungen des Verbandes Deutscher Elektrotechniker (VDE) entsprechen und dieses Zeichen tragen.

Umgang mit Hebezeug an Aufzügen, Fördereinrichtungen

Die zur Beförderung von Lasten zugelassenen Einrichtungen dürfen meist nicht zur Personenbeförderung benutzt werden. Ausnahmen bedürfen einer besonderen Zulassung. Wichtig: Gehweg im Arbeitsbereich absperren.

Aufbau, Abbau und Benutzung von Gerüsten, Leitern und Tritten

Jeder Benutzer einer Leiter, von Tritten, Treppen oder Gerüsten hat deren Sicherheit selbst nachzuprüfen (siehe LF 12, Gerüste).

Arbeiten, die gesundheitsschädlichen Staub erzeugen

z. B. Steinsägen, Schleifen, Trennschleifen sowie Sandstrahlgebläse.

1 Schutzhelm
2 Schutzbrille
3 Kapselgehörschutz
4 Gehörschutzstöpsel
5 Knieschoner
6 Sicherheitsschuhe
7 Arbeitshandschuhe
8 Gummihandschuhe
9 Staubmasken

Schutzausrüstung einer Fliesenlegerin / eines Fliesenlegers

Warnung vor giftigen oder tödlichen Stoffen

Warnung vor leicht- oder hochentzündlichen Stoffen

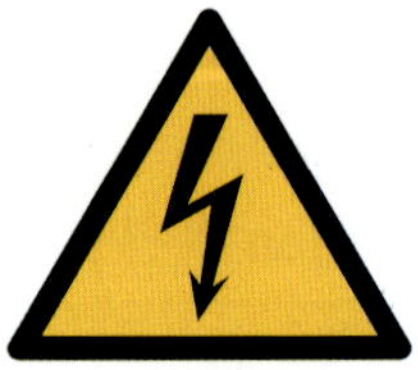

Warnung vor gefährlicher elektrischer Spannung

Warnung vor schwebender Last

Gefahrenzeichen

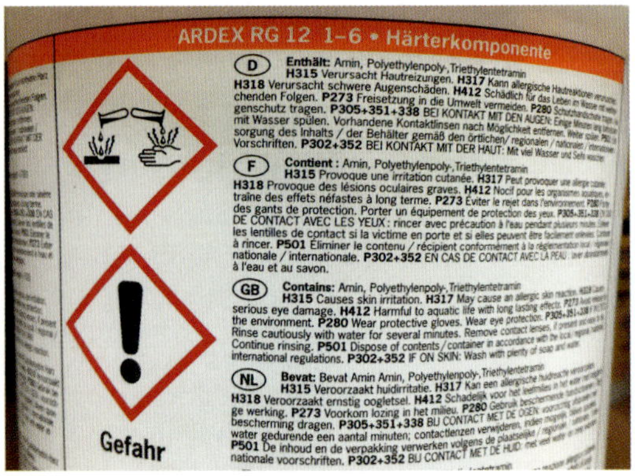

Schadstoffinhalte stehen auf den Gebinden
Verarbeitungsvorschriften werden vom Hersteller aufgeführt

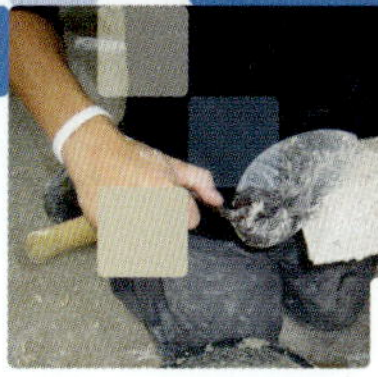

Arbeiten mit Stoffen, die gesundheitsschädliche oder gefährliche Dämpfe entstehen lassen

z. B. Lösungsmittel, Reinigungsmittel, Kraftstoffe, Kleber und Anstrichmittel.

Umgang mit ätzenden Stoffen

Am Bau werden ätzende Stoffe wie Säuren und Laugen oft verwendet. Zement und Kalk sind Laugen, die die Haut, insbesondere Schleimhäute (Augen, Lippen), verätzen. Reinigungsmittel enthalten meist Laugen oder Säuren.

Umgang mit Flüssiggas und offenen Flammen

Bei Löt-, Schweiß- und Klebearbeiten wird meist Flüssiggas verwendet. Es muss auf jeden Fall verhindert werden, dass Gas unkontrolliert ausströmt und sich mit Luft vermischt. Gasflaschen, Absperr- und Druckregelarmaturen, Schlauchverbindungen und Verbrauchseinrichtung müssen deshalb stets in einwandfreiem Zustand sein und laufend überprüft werden.

Arbeiten unter der Einwirkung von gesundheitsschädlichem Lärm

Presslufthämmer, Sägen, Schleif- und Rüttelgeräte erzeugen Lärm, der sich schädigend auf das Nervensystem und das Gehör auswirkt. Bei einer Lärmintensität von 90 dB(A) und mehr ist deshalb ein Gehörschutz vorgeschrieben.

Schutzausrüstung am Körper

Zu geeigneten Schutzausrüstungen gehören:

- Kopfschutz (Schutzhelm, Kapselgehörschutz),
- Handschutz (Handschuhe),
- Fußschutz (Sicherheitsschuhe),
- Augen- und Gesichtsschutz (Schutzbrillen),
- Atemschutz (Schutzmasken),
- Körperschutz (Schutzanzug, Schutzkleidung, Schutzhandschuhe).

Arbeiten in einseitig belastender Körperhaltung

Viele Arbeiten erfordern eine unnatürliche einseitige Körperhaltung bei ihrer Ausführung. Beim Verlegen von Estrichen oder Bodenbelägen werden das Rückgrat und die Beine besonders belastet. Beim Verputzen einer Decke werden der Schultergürtel und die Arme einseitig belastet. Durch Beengung des Arbeitsplatzes können sich Verkrampfungen der Muskulatur ergeben.

Flüssigkeitsdichte Handschuhe schützen vor Nässe und Hautreizungen, die Zement verursacht

Gefahren-/Sicherheitshinweise für einen zementhaltigen Fugenmörtel

Mithilfe eines fahrbaren Arbeitstisches können Fliesen im Stehen zugeschnitten werden. Das Rückgrat und die Beine werden geschont

7.2.4 | Arbeitsmittel

Werkzeuge, Geräte und Maschinen sind Hilfen, die dem Zwecke dienen, Werkstücke herzustellen oder bestimmte Arbeitsgänge auszuführen.
Sie erleichtern, vereinfachen und beschleunigen die Ausführung und steigern die Qualität von Arbeiten. Werkzeuge, Geräte und Maschinen stellen einen erheblichen wirtschaftlichen Wert dar. Sie sollten deshalb schonend behandelt und gepflegt, nach Gebrauch gereinigt, getrocknet und Metallteile evtl. leicht eingefettet werden.

Die für die Fliesenverarbeitung wichtigsten werden nachfolgend vorgestellt:

Werkzeuge zum Messen und Ausrichten

Sie erleichtern und ermöglichen das maßgenaue, fluchtgerechte Arbeiten sowie die Kontrolle und das Aufmaß der Leistung.

- Maßstäbe und Maßbänder verschiedener Ausführung
- Lot, Wasserwaage, Schlauchwaage
- Baulaser, Nivelliergerät
- Setzlatte, Fluchtschnur, Fliesenecken, Stahlwinkel

Werkzeuge zum Bearbeiten von Fliesen, Platten und Untergründen

Sie sind Hilfen zum Vorbereiten des Untergrundes und zum Bearbeiten des Belagmaterials.

- verschiedene Fliesenhämmer aus Metall und Kunststoff
- Fäustel, Meißel
- Glasschneider, Widiakratzer
- verschiedene Zangen, Scheren, Sägen
- Lochgeräte, Fliesenschneidegeräte

Werkzeuge zum Ansetzen, Verlegen und Ausfugen von Belägen

Sie dienen zur Bereitung von und zum Arbeiten mit Mörtel.

- Kellen und Spachtel unterschiedlicher Form mit und ohne Zahnleisten
- Fugenkellen unterschiedlicher Breite
- Fugengummi, Gummischieber
- Reibebrett

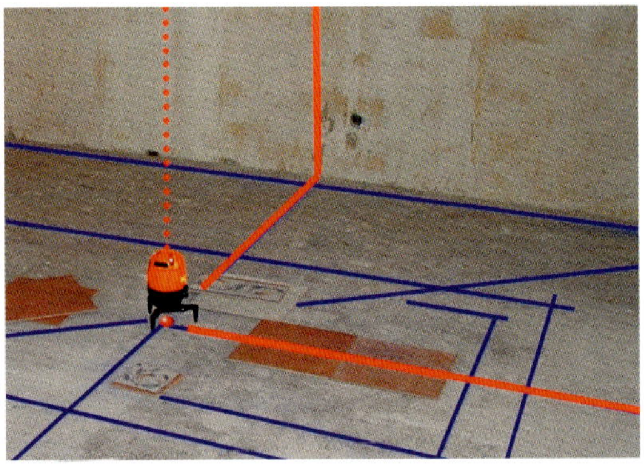

Lasergerät

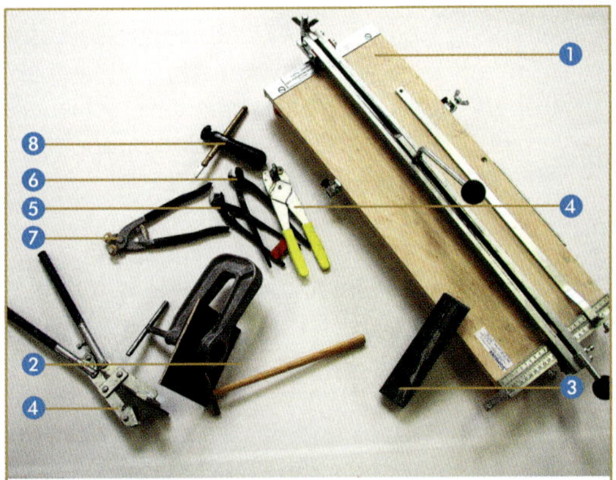

1 Fliesenschneidegerät
2 Lochgerät und Spitzhammer
3 Schleifstein
4 Fliesenbrechzange
5 Fliesenlochzange
6 Rabitzzange
7 Fliesenschneidezange
8 Glasschneider

Bearbeitungswerkzeuge

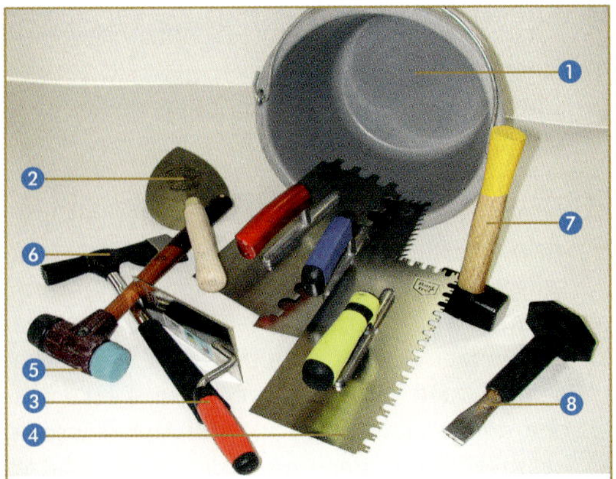

1 Baueimer
2 Herzkelle
3 Viereckkelle
4 Rillenkelle (Zahntraufel)
5 Plastikhammer
6 Gipserbeil
7 Fäustel
8 Meißel

Werkzeuge zum Ansetzen und Verlegen

Hilfsmittel

Sie sind Mittel für Ansetz- und Verlegearbeiten und dienen zum Reinigen der Beläge und zum Säubern der Baustelle.

- Reinigungsgegenstände wie Besen, Schwämme
- Behälter als Messgefäße, zur Mörtelbereitung
- Transportmittel
- Hebegeräte für z. B. Platten
- Handleuchten, Strahler
- Schnurstifte, Anschlaghaken
- Fliesenkeile und Fugenkreuze

Maschinen

Sie erleichtern die Arbeitsgänge in kraftaufwendiger und zeitlicher Hinsicht.

- Winkelschleifer, Plattensägen
- Schlagbohrmaschinen, Meißelhammer
- Rührgeräte
- Rüttelplatten, Rüttelbohlen
- Ausfugmaschinen, Fußbodenschleifmaschinen
- Mischmaschinen, Beton- oder Mörtelpumpen
- Bauaufzüge

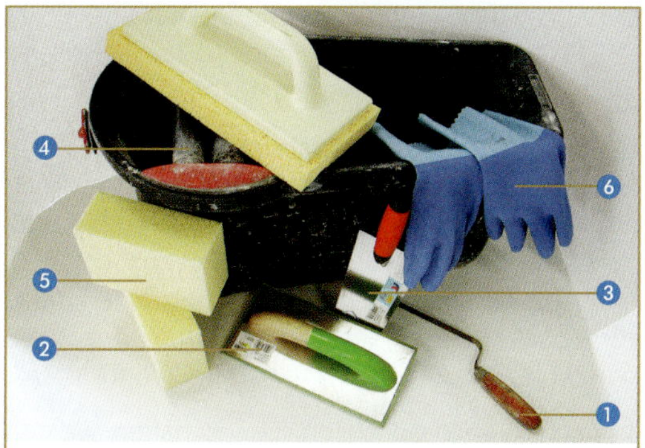

1 Fugenkelle
2 Reibebrett
3 Viereckkelle
4 Rollwaschset
5 Kunststoff-Schwämme
6 Gummihandschuhe

Werkzeuge zum Ausfugen, Hilfsmittel zum Säubern

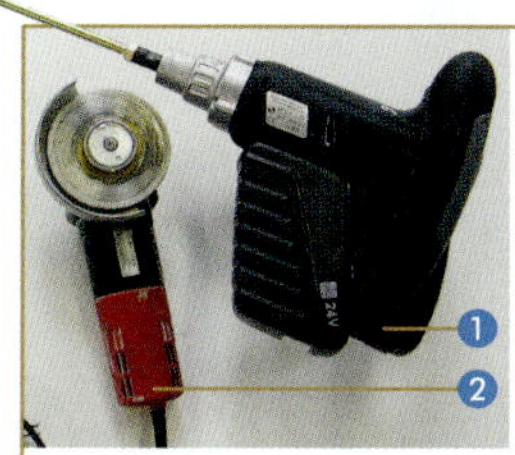

1 Rührgerät
2 Winkelschleifer

Freifallmischer

Maschinen zum Schneiden und Anrühren

7.3 | Keramische Belagmaterialien

7.3.1 | Keramische Fliesen und Platten (Baukeramik)

Definition

Als Keramik werden Produkte bezeichnet, die aus den Rohstoffen

- Ton, Kaolin, Quarz und Feldspat und anderen mineralischen Zusätzen

hergestellt werden. Zerkleinert, gemahlen und gereinigt werden sie

- geformt – trocken oder nass –

und anschließend

- gebrannt

bei Temperaturen zwischen 1100 °C und 1300 °C. Der Fliesenleger verarbeitet die Baukeramik (Fliesen und Platten).

Die Herstellung und Verarbeitung keramischer Produkte hat eine sehr lange Tradition. Gebrauchskeramik wurde schon etwa 6000 v. Chr. gefertigt. Auch das Glasieren war schon etwa 4000 v. Chr. bekannt.

Spanische Fliese 16.–17. Jh., Cuerda-Technik

Jugendstilfliese, Deutschland, Anfang 20. Jh.

Historische Wandfliesen

Fassadenanwendung von keramischen Fliesen (Steinzeugfliesen, Mosaik)

Die Kunst der Keramikherstellung kam aus Ägypten, Persien, Arabien über Spanien, Italien, Holland und England schließlich auch nach Deutschland.

Die früher ausschließlich handwerklich hergestellte Keramik ist zur Massenware geworden und wird in großen Stückzahlen billiger und in gleichbleibender Qualität hergestellt.
Auch heute tragen die keramischen Erzeugnisse zur Verschönerung des Lebensraumes des Menschen bei.

Je nach ihren besonderen Eigenschaften werden keramische Fliesen und Platten als Bekleidung für Wände oder als Belag für Böden im Innen- oder Außenbereich verwendet.

Allgemeine Eigenschaften

Als anorganischer, nichtmetallischer Werkstoff ergeben sich generelle Vorteile für dieses Belagmaterial.

- Keramik ist weitgehend lichtecht, d. h., die Farbe verändert sich kaum.
- Keramik ist druck-, stoß- und kratzfest. Schuhabsätze oder Stühle hinterlassen keine, oder leicht zu entfernende Spuren. Offenporige, unglasierte Oberflächen benötigen allerdings eine Schutzimprägnierung.
- Keramik ist hygienisch. Staub und Milben können sich nicht festsetzen und sind leicht zu entfernen.
- Keramik ist meistens fleckunempfindlich. Spritzer von Fett, verschüttete Getränke usw. lassen sich einfach beseitigen.
- Keramik ist nicht brennbar. Die Glut eines Kaminfeuers kann keinen Schaden anrichten.

Einteilung keramischer Fliesen und Platten

Aufgrund ihres unterschiedlichen Herstellungsverfahrens – Rohstoffmischung – Formgebung – Brennverfahren – lassen sich keramische Fliesen und Platten in

- Feinkeramik und
- Grobkeramik einteilen.

Der Scherben von Feinkeramik ist feinkörnig. Beispiele sind:

- trocken gepresste Fliesen und Platten (Gruppen BI_a, BI_b, BII_a, BII_b, BIII)

Der Scherben von Grobkeramik ist grobkörnig. Beispiele sind:

- stranggepresste Fliesen und Platten (Gruppen AI, AII, Gruppe AIII)

Feinkeramik (Unifliesen)

Feinkeramik (Feinsteinzeug)

Grobkeramik (Terrakotta, glasiert)

Grobkeramik (Terrakotta, unglasiert))

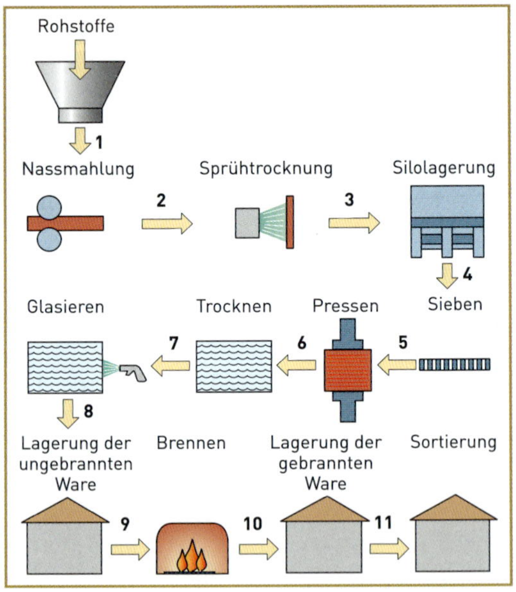

Herstellungsablauf

Die europäische Norm DIN EN 14411 teilt keramische Fliesen und Paletten ein nach ihrer

- Formgebung und
- Wasseraufnahme

Wasseraufnahme in Massen-% / Formgebung	Gruppe I $E_b \le 3$ %	Gruppe II_a 3 % < $E_b \le 6$ %	Gruppe II_b 6 % < $E_b \le 10$ %	Gruppe III $E_b > 10$ %
Verfahren A stranggepresst	Gruppe AI_a $E_b \le 0{,}5$ % (Porzellankeramik-fliese/-platte) Gruppe AI_b 0,5 % < $E_b \le 3$ %	Gruppe AII_{a-1} 1)	Gruppe AII_{b-1} 1)	Gruppe AIII
		Gruppe AII_{a-2} 1)	Gruppe AII_{b-2} 1)	
Verfahren B trocken gepresst	Gruppe BI_a $E_b \le 0{,}5$ % (Porzellankeramik-fliese/-platte)	Gruppe BII_a	Gruppe BII_b	Gruppe BIII 2) (Steingut)
	Gruppe BI_b 0,5 % < $E_b \le 3$ % (Steinzeug)			

1) Die Gruppen AII_a und AII_b werden in die Teile 1 und 2 mit verschiedenen Produktanforderungen unterteilt.
2) Die Gruppe BIII trifft ausschließlich für glasierte Fliesen und Platten zu.

Tabelle aus der DIN EN 14411

Begriffserklärung

Die traditionellen Bezeichnungen „Steingut" und „Steinzeug", wie auch der Begriff „Feinsteinzeug" kommen in der europäischen Norm nicht (mehr) vor, werden aber von Herstellern wie Anwendern weiterhin benutzt.

Man geht dabei von folgenden Zuordnungen aus:

- Feinsteinzeug entspricht der Gruppe BI_a.
- Steinzeug entspricht der Gruppe BI_b.
  Merkmale: schwach saugend, dicht gesinterter Scherben, geschlossene Poren, frostbeständig, heller Klang
- Steingut entspricht der Gruppe BIII.
  Merkmale: stark saugend, poröser Scherben, offene Poren, nicht frostbeständig, dumpfer Klang
- Porzellankeramikfliese/-platte: Gruppen AI_a und BI_a.
  Merkmale: vollkommen dicht gesintert

7.3.2 | Trocken gepresste keramische Fliesen und Platten, Formgebung, Verfahren B

Herstellung

Mischung der Rohstoffe

Die Eigenschaften der feinkeramischen Fliesen werden vor allem durch den prozentualen Anteil der Rohstoffe am Gesamtgemisch bestimmt.

Ton, Quarz und Feldspat kommen in der Natur in großen Mengen vor.

Ton, der Grundstoff, ist durch Verwitterung von Feldspaten entstanden. In reinster Form heißt er Kaolin und ist weiß, verunreinigt durch Sande heißt er Lehm.

Aus dieser Tongrube werden rot brennende Tone abgebaut

Rohstoffe	Tone	Quarze	Feldspate	Sonstiges	Gruppe
Aufgaben	Als Grundstoff geben sie der Masse vor allem die verlangte Plastizität, die die Formgebung positiv begünstigt.	Als Magerungsmittel verändern sie die Plastizität der Masse, erzeugen ein starres Gerüst, verhindern das übermäßige Schwinden beim Trocknen und Brennen. Weniger Trockenrisse und Haarrisse bilden sich.	Als Flussmittel ermöglichen sie die **Sinterung** der anderen Rohstoffe (Sinterung = Zusammenbacken durch Anschmelzen).	Hersteller-spezifische Flussmittel	
Anteil am Gesamtgemisch	etwa 50 %	etwa 45 %	etwa 5 %		BIII
	etwa 60 %	etwa 20 %	etwa 20 %		BI_b
	etwa 20 %	etwa 25 %	etwa 40 %	etwa 15 %	BI_a

Rohstoffe und ihre Mischungen

Die angelieferten Rohstoffe werden gebrochen, zerkleinert und in Nassmühlen gemahlen. Es entsteht eine nasse Masse, ein dünnflüssiger Schlicker, mit etwa 60 % Wassergehalt, der dann durch Siebe und Magnete von Fremdstoffen gereinigt wird. Dieser Masse wird im Sprühturm bei einer Temperatur bis etwa 300 °C Wasser entzogen.

Im etwa 70 m hohen Sprühturm wird die aufbereitete Masse getrocknet

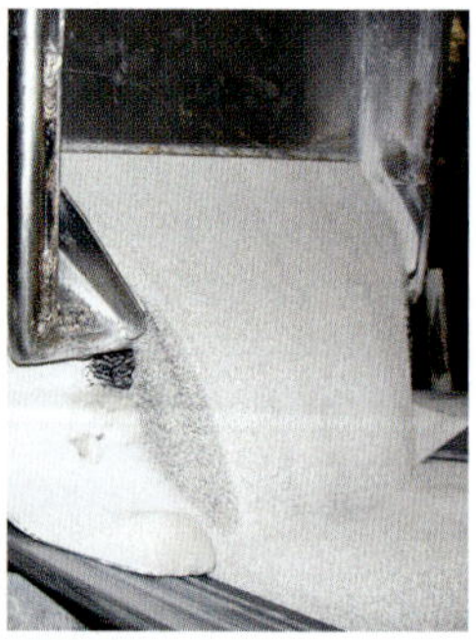

Das Granulat wird zur Presse befördert

Formgebung, Verfahren B – trocken gepresst

Es entsteht pressfertige, pulverförmige Rohmasse, das Granulat, mit einem Wassergehalt von etwa 6 %, da eine völlig getrocknete Rohmasse in der Presse nicht die gewünschte Form behalten würde.

Die körnige Rohmasse wird zu den hydraulischen Stempelpressen transportiert und mit einem Druck bis zu 45 MPa (MN/m²) in die gewünschte Form gebracht. Die Rohlinge werden kontrolliert und in einem Trockenofen bei 150 °C getrocknet. Hierbei wird dem Rohling die Pressfeuchtigkeit entzogen, um Schwindrisse und Verformungen zu vermeiden. Erhält die Fliese im Einbrandverfahren eine Glasur, wird diese nun aufgetragen (siehe Glasur).

In der Trockenpresse erhält der Rohling seine Form, hier: Großformat

Brennen

Anschließend folgt das Brennen in computergesteuerten Schnellbrandrollenöfen. Die Durchlaufzeit der Rohlinge durch den etwa 50 m langen

Rollenofen beträgt etwa 50 Minuten, wobei das Ansteigen der Temperatur bzw. das Abkühlen langsam erfolgt, um Scherbenrisse zu verhindern. Während des Brennvorgangs werden die Tonmineralien zerstört, es bildet sich ein poröser Scherben, der mit zunehmender Temperatur weiter durchgesintert wird. Diesen ersten Brand bezeichnet man als Schrühbrand, der Scherben wird als Schrühscherben bezeichnet.

Die Eigenschaften trocken gepresster Fliesen werden durch die Zusammensetzung (der Rohstoffe) und durch die Höhe der Brenntemperatur bestimmt:

Gruppe	Brenntemperatur	Sinterung
BIII	etwa 1100 °C	nicht gesintert
BI_b	über 1100 °C	gesintert
BI_a	bis zu 1250 °C	gesintert

Brenntemperatur und Sinterung bei verschiedenen Fliesenarten

Die Rohlinge werden getrocknet

Im etwa 50 m langen Rollenofen wird der Rohling gebrannt

Glasur

Nicht gesinterte Fliesen (BIII) haben grundsätzlich eine Glasur. Gesinterte Fliesen (BI_a, BI_b) können glasiert sein, brauchen es aber nicht, da sie einen dichten Scherben haben.

Verfahren

Man unterscheidet drei Verfahren bei der Herstellung der Glasur:

- Einbrandverfahren,
- Zweibrandverfahren,
- „Firestream"-Verfahren.

Beim Einbrandverfahren wird die Glasur, wenn Art und Dekor es zulassen, vor dem Brennen aufgetragen.

Im Zweibrandverfahren wird sie auf den Schrühscherben aufgetragen und beim zweiten Brand, bei einer Temperatur von etwa 1000 °C aufgeschmolzen.

Das „Firestream"-Verfahren stellt eine besondere Art des Glasurauftrags dar. Hierbei wird die Glasurmasse auf den glühenden Scherben aufgetragen. Sie verbindet sich mit diesem zu einer homogenen (gleichartigen) Schicht, die besonders widerstandsfähig gegen Oberflächenverschleiß ist.

Erste Qualitätskontrolle

Aufbringen der Glasur im „Schleierverfahren"

Die Glasur wird hier aufgewalzt

Aufbereitung und Aufbringen der Glasur

Für die Herstellung der Glasur werden folgende Rohstoffe verwendet:

- Quarz,
- Flussmittel (Feldspat, Soda, Borax),
- eventuell Kreide,
- Bleioxid, Zinkoxid (durchscheinende Glasuren),
- Zinnoxid, Zinkoxid (deckende Glasuren).

Herstellung der Glasur:
- Mischen der Rohstoffe,
- Schmelzen der Rohstoffe bei 1250...1500 °C,
- Abschrecken der Schmelzmasse im Wasser, wodurch die sogenannte „Fritte" entsteht,
- Zusatz von Metalloxiden und Flussmitteln,
- Pulverisierung der Masse in der Trockenmühle,
- Aufbereitung mit Wasser zu einer gießfähigen Glasurmasse.

Beim Aufbringen der Glasurmasse wird das Wasser der Glasurmasse vom Fliesenscherben aufgesaugt. Es gibt verschiedene Verfahren, z. B.
- das Siebdruckverfahren,
- das Schleierverfahren,
- per Hand/als Abziehbilder.

Sortierung und Verpackung

Anschließend werden die nun fertig gestellten Fliesen auf Beschädigungen, Risse, Unregelmäßigkeiten und Farbunterschiede teils manuell, teils elektronisch kontrolliert, sortiert, gekennzeichnet und verpackt.

Arten trocken gepresster keramischer Fliesen und Platten

Gruppen BI_a und BI_b

Unglasierte und glasierte Fliesen dieser Gruppe sind gekennzeichnet durch einen feinkörnigen, kristallinen, **dicht gesinterten Scherben**.

Gruppe BIII

Glasierte Fliesen dieser Gruppe sind gekennzeichnet durch einen feinkörnigen, kristallinen, **porösen** und meist hellen Scherben.
Farbige Scherben werden traditionell als Irdengut bezeichnet. Sie werden in der Regel bei Temperaturen von 900...1000 °C gebrannt.

Die Unterteilung erfolgt vorwiegend nach der Glasurart.

Hier wird die Glasur manuell auf einen profilierten Scherben aufgetragen

Vor dem Verpacken erfolgt die Qualitätskontrolle der Glasur

Fliesenarten	Glasur
Weiß- und Elfenbeinfliesen	Die Glasur ist farblos, transparent. Die Farbe ist durch den Farbton des Scherbens gegeben.
Majolikafliesen	Die Glasur ist farbig, transparent oder deckend.
Unifliesen	Sie haben eine einfarbige Glasur.
Dekorfliesen	Das Muster ist oft mehrfarbig, mittels verschiedener Techniken wie Siebdruck, Abziehbild, handbemalt oder unter der Glasur aufgetragen. Die glasierte Oberfläche kann glänzend, halbmatt oder matt sein, je nach Glasurmasse eben, profiliert oder wellig, durch die Pressform gegeben, oder auf andere Weise gestaltet sein.

Dekorfliesen im Bad

Majolikafliesen

Großformatiges Feinsteinzeug

Fliesenarten	Eigenschaften und Verwendung
Gruppe BI_a (Feinsteinzeug)	Als niedrigste Werte für die Wasseraufnahme werden 0,05 Masse-% genannt. Es ist extrem frostbeständig. Es hat eine sehr hohe Ritzhärte (gängige Angaben: Härte 8). Die Formatgröße reicht bis zu 150 cm in der Breite und 305 cm in der Länge (z. B. 150 × 300 cm, 135 × 305 cm). Es eignet sich auch zur Imitation von Naturwerksteinen, da das unglasierte Material dem Aussehen natürlicher Materialien sehr nahe kommt. Es ist sehr maßgenau, da es feinstufig kalibriert (mit Presskante) oder rektifiziert (mit einer 90° scharfen Kante) angeboten wird (siehe Großplatten). Der glasartige, dichte Scherben erschwert aber die Haftung im Mörtelbett. Nur speziell dafür geeignete, kunststoffvergütete Dünnbettmörtel können für die Verlegung verwendet werden. Seine Härte erfordert oft den Einsatz von diamantbestückten Nassschneidegeräten.
Gruppe BI_b unglasiert (Steinzeug)	Sie sind sehr widerstandsfähig, schwach saugend und frostbeständig. Scherben oder Oberflächen sind einfarbig (uni), mehrfarbig, geflammt oder porphyriert. Die Oberfläche kann eben oder verschiedenartig profiliert sein.
Gruppe BI_b glasiert	Sie sind etwas weniger widerstandsfähig, haben eine geringere Ritzhärte der Oberfläche als unglasiertes Material dieser Gruppe. Die glasierte Oberfläche kann glänzend, halbmatt oder matt, eben, profiliert oder auf andere Weise gestaltet sein.
Gruppe BI_b Mosaik • Mikromosaik, • Kleinmosaik, • Mittelmosaik, • Streifenmosaik, • Kombimosaik, • Rundmosaik, • Florinetten usw.	„Das sind Teile, die in eine Fläche von 7 × 7 cm hineinpassen." (DIN EN 14411) Die einzelnen Mosaikplättchen werden werksmäßig zu Tafeln zusammengefügt, was die Verlegung erleichtert. Die Tafeln werden mit vorder- oder rückseitiger Klebung hergestellt. Für die Klebung werden verschiedene Materialien verwendet, z. B. Kraftpapier, Rundlochpapier, Bänder, Kunststoffnetze. Vorteile sind seine Anpassungsfähigkeit, z. B. bei Rundungen, die geringe Konstruktionsdicke, die rutschhemmende Wirkung durch den hohen Fugenanteil, die Vielfalt an Gestaltungsmöglichkeiten wie Muster, Bildmosaike.
Gruppe BII_a und BII_b	Die physikalischen Eigenschaften wie Wasseraufnahme, Bruchlast oder Widerstand gegen Verschleiß liegen zwischen denen der Gruppen BI_b und BIII. Hersteller-Angaben beachten!
Gruppe BIII	Sie sind stark saugend, haben einen porösen Scherben, sind nicht frostbeständig, leicht zu bearbeiten und grundsätzlich glasiert.
Riemchen	Fliesen, bei denen das Verhältnis der Kantenlängen mindestens 1 : 3 beträgt und deren Fläche größer als 90 cm^2 ist

Fortsetzung nächste Seite ▶

Fliesenarten	Eigenschaften und Verwendung
Formstücke	z. B. Sockel, Rinnen, Treppenfliesen, Passstücke für Eckausbildungen usw.
rutschhemmende Fliesen	Die Trittsicherheit kann durch zweierlei Maßnahmen verbessert werden: Entweder wird (z. B. durch eine Säurebehandlung) die Glasur rutschhemmend ausgebildet oder die Fliesenoberfläche wird genockt, geriffelt, gekuppt, gekörnt, pyramidenförmig oder auf andere Weise gestaltet.
Großplatten	Formatgrößen bis 600 × 600 mm gehören heute zum Standardprogramm vieler Hersteller. Noch größere Platten, mit Kantenlängen bis zu mehreren Metern, benötigen in der Regel spezielle Herstellungsverfahren, die meist der Geheimhaltung unterliegen (z. B. Keraion). In den vergangenen 20 Jahren gab es etliche Hersteller für diesen speziellen Markt, wobei manche Produkte schon nach wenigen Jahren wieder vom Markt genommen wurden. („Keraflair", „MegaCeram"). Heute spielt Keramik der Gruppe BI_a (Feinsteinzeug) eine immer größere Rolle bei der Herstellung von Großplatten. Anders als bei der Herstellung der übrigen Keramikprodukte, werden diese Platten nach dem Brennen (meist mit der Wasserstrahltechnik) exakt auf die gewünschte Größe geschnitten – mit geringsten Toleranzen für die Rechtwinkligkeit und die Kantenlänge. Diese Technik des exakten Zuschneidens nennt man „rektifizieren". Durch das Rektifizieren wird die rundliche Fliesenkante entfernt und es entsteht eine bis zum Rand ebene Fliesenoberfläche. Die exakten Kanten erlauben eine Verlegung der Großplatten mit sehr schmalen Fugenbreiten. Dadurch entsteht optisch die Wirkung einer zusammenhängenden (oft natursteinähnlichen) Oberfläche. **Produktbeispiele:** Fa. R.A.K. ceramics (Ras Al Khaima) in den Vereinigten Arabischen Emiraten, Formate: 3050 × 1350 × 14,5 mm. Anwendung: raumhohe Wandbekleidung oder Trennwand Die Keraion-Platten (Markenname) sind Großplatten, die in den Buchtal-Werken entwickelt wurden. Das Material ist steinzeugähnlich. **Eigenschaften:** Dichter Scherben, geringe Wasseraufnahme, frost-, chemisch und lichtbeständig, maßgenau (im Werk aufgeschnitten). **Formate/Ausführung:** Quadratische und rechteckige Formate 600 × 600 mm, bis Größe 1250 × 1600 mm lieferbar. Dicke 8 mm. Hergestellt in mehr als 30 Farbmustern mit strukturierter Oberfläche, dadurch sehr dekorativ. **Verwendung:** Wand- und Bodenbeläge, Innenraumgestaltung, Fassadenbekleidungen. **Verarbeitung:** Verlegen und Ansetzen grundsätzlich im Dünnbett, beidseitiger Auftrag.
Labortischfliesen	Labortischfliesen sind in ihren Werkstoffeigenschaften und Maßen den Anforderungen an Labortische angepasst. **Eigenschaften:** Feinkörniger Scherben, dicht, geringe Wasseraufnahme. Gleiche physikalische und chemische Eigenschaften wie feinkeramische Fliesen mit niedriger Wasseraufnahme.

Fortsetzung nächste Seite ▶

Fliesenarten	Eigenschaften und Verwendung
	Formate/Ausführung: Quadratische und rechteckige Formate mit Fabrikationsmaßen bis 120 cm Kantenlänge. Randplatten mit Wulst, Winkelplatten, Lochplatten. Glasiert (weiß) und unglasiert (rot, rotbraun, grau). **Verwendung:** Arbeitsflächen und Becken in Labors. **Bearbeitung:** Labortischfliesen werden auf geeignetem Trägermaterial in einem chemisch beständigen Mörtel verlegt und chemisch beständig verfugt.

Formen, Maße und Anforderungen nach DIN EN 14411

Der Formatvielfalt sind keine Grenzen gesetzt. Dennoch werden die Produkte norm- und vorschriftengerecht gefertigt.

Maße

Maße sind nach DIN EN 14411 genormt bei rechtwinkligen Fliesen und Platten der ersten handelsüblichen Güteklasse. Die Norm gilt auch für dekorative Zubehörteile wie Kanten, Ecken, Sockel, Bördelränder … Mosaik. Die Norm gilt nicht für keramische Fliesen und Platten an Decken.

Beispiel für großformatige Fliesen im Bad

Beschreibung verschiedener Maße

Maße	Beschreibung
Nennmaß (N)	ist das Maß zur Beschreibung einer Fliese oder Platte, Angabe in cm
Werkmaß *(W)*	ist das für die Herstellung vorgesehene Maß, Angabe in mm
Istmaß	ist das Maß einer Fliese, das bei der Prüfung tatsächlich gemessen wird, Angabe in mm
Koordinierungsmaß *(C)*	ist das Maß, das sich aus Werkmaß *(W)* + Fuge *(J)* zusammensetzt, Angabe in mm
Modulares Maß	Das Maß baut auf der Grundlage des Moduls M (1 M = 100 mm) auf. Fliesenmaße sind Vielfache oder Bruchteile davon, d. h., alle Fliesen einer Serie sind in Breite, Länge und Dicke aufeinander abgestimmt.

Maße für Fliesen nach Norm

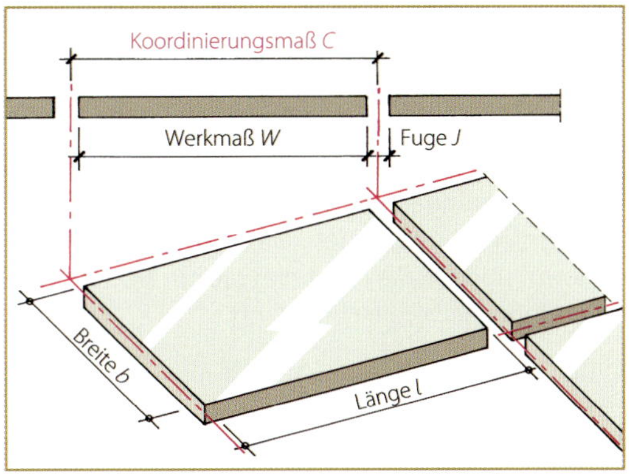

Fliesen- und Plattenmaße nach DIN EN 14411

Modulare Maße gelten ab einer Größe von 90 cm^2 Ansichtsfläche.

Verwendet man Fliesen im Modulmaß, können
- Verlegeflächen im cm-Raster geplant,
- Wand- und Bodenflächen mit durchlaufenden Fugen leichter eingeteilt werden.

Die Größen nicht modularer Fliesen und Platten orientieren sich an anderen Gesichtspunkten.

Folgende **Beispiele** verdeutlichen den Unterschied.

Bei einem modularen Fliesenformat, z. B. M 20 × 20 cm, ist das Werkmaß mit 197 × 197 mm angegeben. Das heißt, das Format soll mit einer 3 mm Fuge verlegt werden:

- modulares Maß = Koordinierungsmaß.

Bei einem nicht modularen Fliesenformat, z. B. Nennmaß 15 × 15 cm, ist das Werkmaß mit 152 × 152 mm angegeben. Das heißt, das Koordinierungsmaß ist nicht festgelegt, es kann z. B. 15,5 cm sein, je nach gewählter Fuge:

- Nennmaß ≠ Koordinierungsmaß.

Anforderungen nach DIN EN 14411

Eine fundierte Materialkenntnis ist die Voraussetzung, um einen Kunden bei der Auswahl der „richtigen“ Fliese zu beraten. Der Belag darf nämlich nicht nur optisch-ästhetischen Ansprüchen gerecht werden, sondern er muss auch funktionalen Ansprüchen genügen.

DIN EN 14411 schreibt die Anforderungen vor.

- Maße und Oberflächenbeschaffenheit gelten nur für die erste handelsübliche Güteklasse,
- physikalische und chemische Eigenschaften gelten für die erste handelsübliche Güteklasse und die Mindersortierung (MS).

Unter Mindersortierung (MS) versteht man verlegbare Fliesen mit größeren Maßabweichungen bzw. mit erkennbaren Mängeln der Fliesenoberfläche.

Die Anforderungen werden ergänzt durch die Festlegung der Prüfmethoden. Die Prüfmethoden sind genormt und für alle Hersteller gleich, wodurch die Prüfergebnisse vergleichbar sind.

In der Tabelle sind einige Anforderungen aufgeführt.

Durchlaufende Fugen im Wand- und Bodenbereich

Verschiedene Fliesengrößen können aufeinander abgestimmt werden

Eigenschaften Gruppe B III (Auswahl)	**Anforderungen bei Nennmaß** ≥ 7 cm <15 cm	N ≥ 15 cm	
Länge und Breite Abweichung *(W)*	± 0,75 mm	± 0,5 %	± 2,0 mm
modulare Fliesen/ Platten	So, dass eine Nennfugenbreite zwischen 2 mm und 8 mm zugelassen wird		
Dicke Abweichung *(W)*	± 0,5 mm	± 10 %	± 0,5 mm
Geradheit der Seiten Abweichung *(W)*	± 0,5 mm	± 0,3 %	± 1,5 mm
Rechtwinkligkeit Abweichung *(W)*	± 0,75 mm	± 0,5 %	± 2,0 mm
Ebenflächigkeit Abweichung *(W)*			
diagonale Mittelwölbung	+ 0,75 mm – 0,50 mm	+ 0,5 % – 0,3 %	+ 2,0 mm – 1,5 mm
Kantenwölbung	+ 0,75 mm – 0,50 mm	+ 0,5 % – 0,3 %	+ 2,0 mm – 1,5 mm
diagonale Windschiefe	± 0,75 mm	± 0,5 %	± 2,0 mm
Oberflächenbeschaffenheit	Mindestens 95 % der Fliesen und Platten müssen frei von sichtbaren Fehlern sein, die das Aussehen einer größeren Belagfläche beeinträchtigen würden.		
Biegefestigkeit in MPa (N/mm^2)	Dicke ≥ 7,5 mm ≥ 12 MPa (N/mm^2) Dicke < 7,5 mm ≥ 15 MPa (N/mm^2)		
Wasseraufnahme in Massen-%	im Mittel > 10 Massen-%		

Normanforderungen (Auswahl) am Beispiel der Gruppe B III

Feinsteinzeug im Eingangsbereich eines Hotels

Stark beanspruchte trocken gepresste Bodenfliesen im gewerblichen Bereich

Für die einzelnen Gruppen der Formgebung, Verfahren B gelten unterschiedliche Anforderungen. Maßgebliche Eigenschaften sind:

- ihre Frostbeständigkeit (nur BI_a und BI_b),
- ihre Temperaturwechselbeständigkeit,
- ihr Widerstand gegen Glasurrisse,
- ihre rutschhemmenden Eigenschaften,
- ihre Verbundfestigkeit/Haftfestigkeit für (zementhaltige) Mörtel, Dispersions- und Reaktionsharzklebstoffe,
- ihre Beständigkeit gegen Fleckenbildner,
- ihre Beständigkeit gegen Säuren und Laugen, außer gegen Flusssäure und deren Verbindungen.

Die Widerstandsfähigkeit des Scherbens und der Oberfläche entscheiden über den jeweiligen Einsatzbereich.

- Fliesen der Gruppen BI_a und BI_b sind widerstandsfähiger als die der Gruppe BIII.
- Unglasierte Oberflächen sind widerstandsfähiger als glasierte Oberflächen.
- Bei glasierten Fliesen hängt die Widerstandsfähigkeit von der Glasur ab.

Der Widerstand gegen Verschleiß wird für glasierte und unglasierte Oberflächen unterschiedlich bestimmt.

- unglasierte Fliesen und Platten:
  Ein vorgeschriebenes Prüfverfahren misst den **Volumenverlust** (Tiefenverschleiß) in mm^3. Der Wert von 175 mm^3 darf nicht überschritten werden.
- glasierte Fliesen und Platten:
  Ein vorgeschriebenes Prüfverfahren misst die sichtbaren Veränderungen der Oberfläche jeweils nach einer festgelegten Anzahl von Schleifzyklen (Umdrehungen) und ordnet sie **Verschleißklassen** von 0 (nach 100 Umdrehungen) bis 5 (nach > 12 000 Umdrehungen) zu.

Verschleißklasse	Anwendungsbeispiele
0	Nicht zur Herstellung von Bodenbelägen empfohlen
1	Schlafräume, häusliches Bad
2	Wohnräume
3	Dielen, Küchen, Balkone
4	Büros, Schulen, Hotels
5	Einkaufszentren, Banken

Verschleißklassen bei glasierten Oberflächen

Sortierung/Kennzeichnung/Bezeichnung:

Für Fliesen/Platten nach DIN EN 14411 gilt: Auf der Rückseite oder der Kante muss das Herstellerland (der Ort des ersten Brandes) angegeben sein. Wei-

terhin muss jede Verpackung mit folgenden Angaben gekennzeichnet sein:

Hersteller, Land der Herstellung, Verweis auf die Norm, Güteklasse, Formgebung, Nenn- und Werkmaße, Oberflächenbeschaffenheit (GL, UGL), Oberflächenbehandlung (z. B. poliert) sowie die Gesamttrockenmasse der Verpackungseinheit in kg.

Der Hinweis auf die DIN EN 14411 bedeutet, dass das Produkt die Anforderungen der Norm erfüllt, es sich also um Fliesen und Platten der ersten Güteklasse handelt.

Beispiel:

Keramische Fliese der 1. Güteklasse nach DIN EN 14411, Anhang K, BIII, M 20 × 20 (*W* 197 × 197 × 8 mm) GL, max. Trockenmasse: … kg

7.3.3 | Stranggepresste Platten, Formgebung, Verfahren A

DIN EN 14411 unterscheidet die Gruppen AI_a, AI_b, AII_a, AII_b und AIII (Grobkeramik). Aufgrund der verschiedenen Produktanforderungen werden die Gruppen in AII in Teil 1 und Teil 2 unterteilt.

Herstellung

Mischung der Rohstoffe

Die Eigenschaften der Grobkeramik werden durch Mischung und Aufbereitung der Rohstoffe sowie durch die Eigenschaften der Rohstoffe selbst bestimmt.

Rohstoffe für keramische Spaltplatten sind
- Tone,
- Quarz,
- Feldspat,
- Schamotte.

Ihr prozentualer Anteil am Gesamtgemisch ist unterschiedlich und abhängig von der Güte der verwendeten Tone.

Schamotte sind feuerfeste Werkstoffe aus tonerdhaltigen Mineralien, die schon einmal gebrannt sind. Sie wirken als Magerungsmittel und Stabilisatoren zur Verbesserung der Feuerfestigkeit.

Die nicht so fein gemahlenen Rohstoffe werden aufbereitet. Es entsteht eine plastische Masse, die durchgemischt wird und vor der Formgebung entlüftet werden muss. Der erforderliche Wassergehalt für die Formgebung beträgt etwa 20 %.

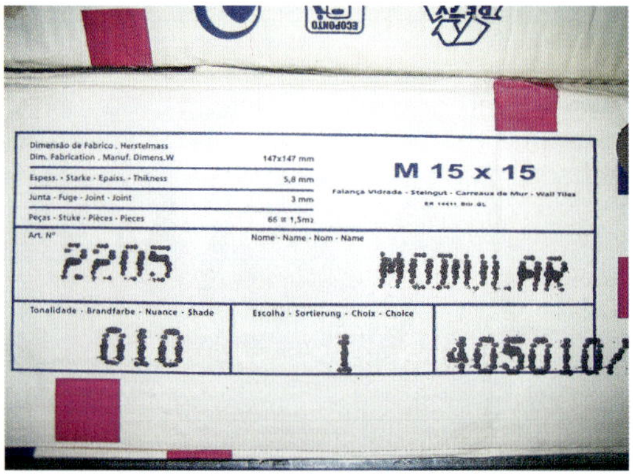

Kennzeichnung der Fliesen auf der Verpackung

Der Ton wird durch das formende Mundstück gepresst

Die Platten werden auf Maß abgelängt

Formgebung, Verfahren A – stranggepresst

Plastisch aufbereitete Tonmasse wird durch ein Fördersystem (Schnecke) in ein Mundstück mit der Querschnittsform des Belag- oder Formteils gepresst und auf einem Förderband in die einzelnen Formate geschnitten.

Nach einer Vortrocknungsphase, mit der ein deutlicher Schwindprozess einhergeht, erhalten die Rohlinge, falls gewünscht, einen Glasurauftrag.

Anschließend durchlaufen einzeln gezogene Platten den Flachbrandofen, Spaltplatten und Formteile dagegen den Tunnelofen, wobei es zu einem noch stärkeren Schwindprozess kommt.

Doppelplatten werden in der Regel im Werk nach dem Brennen in Einzelplatten gespalten, daher ihre Bezeichnung Spaltplatten.

Anschließend werden die Platten auf Beschädigungen, Risse, Unregelmäßigkeiten und Farbunterschiede teils manuell, teils elektronisch kontrolliert, sortiert gekennzeichnet und verpackt.

Typische Formen sind:
einzeln gezogene Platten, Spaltplatten, Sockelleisten, Hohlkehlsockel, Schenkelplatten für Treppenstufen und Balkonrand, Mauerabdeckung, Rinnensteine (Wiesbadener Rinne).

Schwindprozess einer stranggepressten Platte
gebrannt – vorgetrocknet – geformter Rohling

Winkelplatte – ungespalten

Winkelplatte – gespalten

Arten stranggepresster Fliesen und Platten

Stranggepresstes Belagmaterial hat in der Regel einen grobkörnigen Aufbau. Der deutliche Schwindprozess beim Brennen kann zu größeren Maßabweichungen führen.

Platten	Eigenschaften
einzeln gezogene Platten	Sie können glasiert und unglasiert sein mit einer Wasseraufnahme von höchstens 6 Massen-%. Die Platten haben auf der Rückseite Rillen und eignen sich daher für die Dünnbettverlegung.
Spaltplatten	Die keramischen Spaltplatten haben eine Sonderstellung unter den grobkeramischen Erzeugnissen, da die Rohstoffe fein gemahlen werden. Die Korngröße des Scherbens liegt unter 0,1 mm Durchmesser, dadurch wird eine hohe Dichte des Scherbens erreicht. Da sie in Einzelplatten gespalten werden, ergeben sich Stege auf der Rückseite, die den Platten eine gute Haftsicherheit verleihen. Sie sind unglasiert oder glasiert. Die Glasur wie auch die Oberfläche können verschieden ausgeführt werden (verschiedene Farben, Strukturen etc.).
Spaltplatten-zubehör	Schenkel, Hohlkehlen, Kehlsockel, Sohlbanksteine, Schwimmbecken-Formstücke, Trennwand- oder Zellenwandsteine und sonstige Formstücke.

Fortsetzung nächste Seite ▶

Platten	Eigenschaften
Cotto Terrakotta Ziegelplatten	Original Cotto sind Ziegeltonplatten, deren Rohstoffe (Tonerde) aus der Toskana, nahe Florenz, kommen. Es werden auch die Bezeichnungen Terrakotta und Ziegelplatten benutzt. Das meist unglasierte Material wird in unterschiedlicher Qualität angeboten und weist einen eher rustikalen Charakter auf. **Eigenschaften:** Sehr unterschiedlich, je nach Hersteller. Poröser Scherben, trotzdem werden Ritzhärten von 6...8 nach Mohs erreicht. Es werden auch frostbeständige Belagmaterialien hergestellt. Durch plastische Formgebung (handgeformt bzw. Strangpresse) ergeben sich große Maßabweichungen. **Formate/Ausführung:** Meistens quadratische und rechteckige Formate (etwa 80 verschiedene Formate auf dem Markt, auch gespaltene Platten, Vorzugsformat 115 × 240 mm). Dicke ab 12 mm. **Verwendung:** Wegen der verschiedenen Oberflächenstrukturen wird Cotto als Bodenbelag in Räumen mit rustikalem Charakter, z. B. in Kirchen, Schlössern, Wohnräumen und Gaststätten, verlegt. Wegen der hohen Abriebfestigkeit ist Cotto auch für Räume mit hohem Publikumsverkehr geeignet. Wegen hoher Wasseraufnahme sind nur manche Sorten für Außenbeläge geeignet. **Verarbeitung:** Das Material wird patiniert bzw. gewachst oder unbehandelt belassen.
Bodenklinker-platten Spaltklinker Riemchen	Bodenklinkerplatten werden im Gegensatz zu stranggepressten Platten im Trockenpressverfahren geformt. **Eigenschaften:** Die Platten haben ein dichtes Materialgefüge mit geringer Wasseraufnahme (max. 3 Massen-%). Sie sind biege-, druck- und abriebfest, witterungsbeständig und chemisch belastbar. **Formate/Ausführung:** Vorzugsformate: 300 × 300 mm, 250 × 250 mm, 200 × 200 mm, 100 × 200 mm. Spaltklinker haben das Format der Spaltplatten 115 × 240 mm, Riemchen 52 × 240 mm. Die Dicke beträgt 10...40 mm. Weitere Formate sind z. B. Polygonale, Rosenspitz, Sechseck etc. Die Ansichtsflächen können eben oder profiliert sein, der Scherben bleibt meist unglasiert.

Maße

Wie bei den trocken gepressten Fliesen und Platten gibt es modulare und nicht modulare Maße.

Anforderungen nach DIN EN 14411 an die Gruppen AII_{a-1} und AII_{a-2}

Allgemeines

Die Vielfalt an traditionellen oder industriellen Herstellungstechniken, an Anwendungsbereichen und Anforderungen führte zur Aufteilung der Gruppen AII_a und AII_b jeweils in die Teile 1 und 2. Jeder der Teile gliedert sich wiederum auf in die Produktanforderungen „Präzision" und „Natur".

Wandbelag aus einzeln gezogenen Platten

Anforderungen nach DIN EN 14411 am Beispiel der Gruppe AII_{a-1} (Auswahl)

Platten der ersten handelsüblichen Güteklasse müssen folgende Güteanforderungen erfüllen:

Anforderungen	Abweichung	
	AII_{a-1}	
	Präzision	Natur
Länge und Breite Abweichung in % *(W)*	± 1,25	± 2,0
Dicke Abweichung in % *(W)*	± 10	± 10
Geradheit der Seiten Abweichung in % *(W)*	± 0,5	± 0,6
Rechtwinkligkeit Abweichung in % *(W)*	± 1,0	± 1,0
Ebenflächigkeit Abweichung in % diagonale Mittelwölbung (M) Kantenwölbung *(W)* Windschiefe, bezogen auf das Diagonalmaß *(W)*	± 0,5 ± 0,5 ± 0,8	± 1,5 ± 1,5 ± 1,5
Oberflächenbeschaffenheit	mindestens 95 % der Fliesen und Platten müssen frei von sichtbaren Fehlern sein	
Wasseraufnahme in Masse-%	im Mittel $3 < E_b \leq 6$	
Biegefestigkeit in MPa (N/mm²)	min. 20	
Widerstand gegen Verschleiß a) **Tiefenverschleiß** von unglasierten Fliesen und Platten Volumenverlust in mm³ b) **Oberflächenverschleiß** von glasierten Spaltplatten	max. 393 Die Verschleißklasse und die Anzahl der Schleifzyklen sind anzugeben.	

Anforderungen

Verlegung im Fischgrätverband

Klinkerplatten im gewerblichen Bereich

Verlegung im Blockverband

Weitere Anforderungen klassifizieren die Eigenschaften der Platten (Auswahl):
- ihre Frostbeständigkeit,
- ihre Temperaturwechselbeständigkeit,
- ihr Widerstand gegen Glasurrisse,
- ihre rutschhemmenden Eigenschaften,
- ihre Verbundfestigkeit/Haftfestigkeit für (zementhaltige) Mörtel, Dispersions- und Reaktionsharzklebstoffe,
- ihre chemische Beständigkeit gegen Säuren und Laugen, außer gegen Flusssäure und deren Verbindungen,
- ihre Säurebeständigkeit für den Säureschutzbau bzw. chemischen Apparatebau.

Auch hier gilt, dass unglasierte Oberflächen widerstandsfähiger als glasierte Oberflächen sind.

Sortierung/Kennzeichnung/Bezeichnung:

Beispiel:

Keramische Fliese/Platte der 1. Güteklasse nach DIN EN 14411, Anhang B, Natur, 15 × 15 cm (*W* 150 × 150 × 12,5 mm) UGL, max. Trockenmasse: … kg

Zusammenfassung

Keramische Produkte werden seit Generationen in die Gruppen „Feinkeramik" und „Grobkeramik" eingeteilt. Ebenso wie „Steingut" oder „Steinzeug" sind diese Bezeichnungen in der europäischen Norm nicht enthalten.

Die europäische Norm EN 14411 unterscheidet
- nach der Formgebung zwei Gruppen: stranggepresst (A) – trocken gepresst (B)
- nach der Wasseraufnahme vier Gruppen: niedrig (I) – mittel (II_a, II_b) – hoch (III)

Die Güteanforderungen der einzelnen Gruppen sind in der DIN EN 14411 festgelegt. Die Prüfung erfolgt nach weiteren EN-Normen. Belagmaterial der ersten Güteklasse muss diese Anforderungen erfüllen.
Trocken gepresstes Material mit niedriger Wasseraufnahme (früher: Steinzeug) wird meist als Bodenbelagmaterial für innen und außen verwendet, Material mit hoher Wasseraufnahme (früher: Steingut) dagegen für Wandbeläge innen.
Stranggepresste Fliesen und Platten haben meist einen sehr widerstandsfähigen Scherben, sind glasiert oder unglasiert, einmal gebrannt, Spalt- oder Einzelplatte.

Riemchen

Formstücke

Verpackung und Kennzeichnung der Plattenart

Bodenbelag aus Cotto

7.4 | Mauerwerk

7.4.1 | Verbände

Handwerklich ausgeführtes Mauerwerk ist im Verband zu mauern, um senkrechte und waagerechte Lasten sicher aufzunehmen. Die Überbindung der Steine (Fugenversatz) sorgt für die Standsicherheit und muss mindestens das 0,4-Fache der Steinhöhe sein (≥ 4,5 cm). Sie gewährleistet eine gleichmäßige Lastabtragung ohne Rissbildung.

Mauerwerkswände setzen sich zusammen aus
- Fugen und
- Mauersteinen.

Das unterschiedliche Fugenbild kennzeichnet die verschiedenen Verbände.

Ein Beispiel ist der Blockverband:
- Binder- und Läuferschicht wechseln ab.
- Die Stoßfugen der Läufer und der Binder sind um eine halbe Steinbreite versetzt.

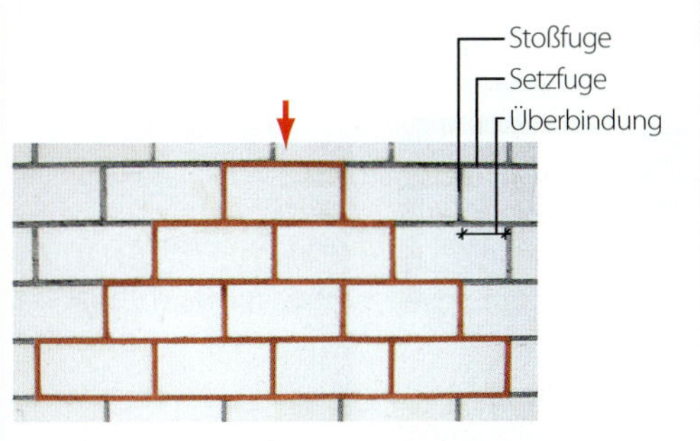

Lastverteilung im Mauerwerk, Läuferverband

Blockverband
Als Läufer bezeichnet man die lange Seite, als Binder die kurze Seite eines Steins.

7.4.2 | Mauersteine

Das Mauerwerk kann aus verschiedenen Mauersteinen mit unterschiedlichen Eigenschaften hergestellt sein. Um Rissen vorzubeugen, sollten deswegen Mischmauerwerke vermieden werden.

Häufig anzutreffende Mauersteine sind in der Übersicht aufgeführt.

	Ausgangsstoffe und Herstellung	Eigenschaften
Mauerziegel 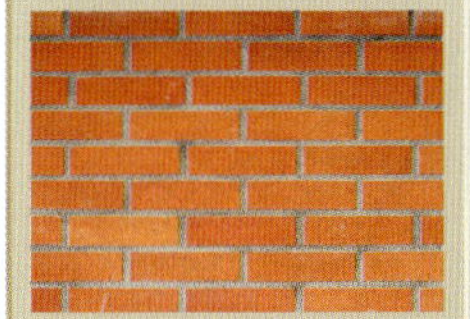	Sie sind aus Ton oder anderen tonhaltigen Stoffen mit oder ohne Sand oder anderen Zusätzen bei einer ausreichend hohen Temperatur gebrannt, um einen keramischen Verbund zu erzielen.	• gute Druckfestigkeit • je nach Rohdichte unterschiedliche Wärmedämm- und Wärmespeichereigenschaften • feuer- und raumbeständig • größere Maßabweichungen • gegen Säuren und Laugen beständig • kapillares Gefüge • geringer Widerstand gegen Wasserdampfdiffusion
Kalksandsteine 	Sie bestehen vorwiegend aus einer Mischung aus Kalk und natürlichen kieselsäurehaltigen Stoffen (Sand, gebrochenem oder ungebrochenem kieselsäurehaltigem Kies oder Gestein oder einem hieraus bestehenden Gemisch), die unter Dampfdruck erhärtet wird.	• hohe Druckfestigkeit • große Rohdichte • gute Werte für Wärmespeicherung und für den Schallschutz • maßgenau • winkelrechte, scharfkantige, planebene Oberflächen • im Kantenbereich bruchgefährdet • geringe Kapillarität

Fortsetzung nächste Seite ▶

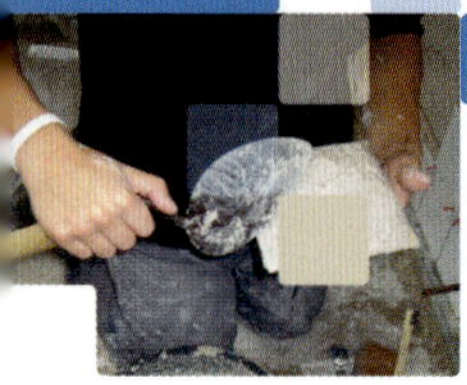

	Ausgangsstoffe und Herstellung	Eigenschaften
Porenbetonsteine 	Sie sind aus hydraulischen Bindemitteln wie Zement und/oder Kalk sowie fein gemahlenen, kieselsäurehaltigen Stoffen, unter Verwendung von Poren bildenden Zusätzen und Wasser hergestellt und unter Dampfdruck in Autoklaven erhärtet.	• relativ gute Druckfestigkeit • geringe Rohdichte • hohe Wärmedämmfähigkeit • leicht be- und verarbeitbar • hohe Kapillarität und Wasserdampfdiffusion • maßgenau
Leichtbetonsteine 	Sie sind aus mineralischer, gemischter Gesteinskörnung mit porigem Gefüge und Zement hergestellt. Die Erhärtung erfolgt an der Luft oder unter Dampf.	• geringe Rohdichte • gute Wärmedämmeigenschaften • geringere Maßabweichungen • Kapillarität abhängig von verwendeter Gesteinskörnung

Übersicht der Mauersteine

7.5 | Ansetzmörtel

Für die Bekleidung einer Wandfläche im Dickbett wird der Ansetzmörtel verwendet.

7.5.1 | Bestandteile und Wirkungsweise des Mörtels

Der Ansetzmörtel besteht aus Gesteinskörnung, Bindemittel und Anmachwasser. In verarbeitbarem, plastischen Zustand füllt er den Raum zwischen Untergrund und Wandbelag und sorgt nach Abbinden des Mörtels für eine feste Verbindung zwischen Untergrund und Belag.

Als Gesteinskörnung verwendet man gemischtkörnigen Sand mit einer Körnung >0…4 mm. Die Gesteinskörnung bildet das Gerüst im Mörtel. Sie verhindert als Magerungsmittel die Rissbildung beim Abbinden des Zements.

Das Anmachwasser ist physikalisch notwendig, es macht den Mörtel verarbeitbar. Es ist chemisch erforderlich beim Abbinden des Zements.

Das durch das Anmachen des Zements entstehende Gemisch aus Zement und Wasser wird als Zementleim bezeichnet. Er muss im Mörtel die Gesteinskörnung miteinander verkleben und verkitten und vorhandene Hohlräume zwischen ihnen ausfüllen.

Im Zementleim erfolgt durch das Wasser eine hydraulische Umlagerung, die zur Erstarrung und Erhärtung des Zementleims führt. Diesen Vorgang nennt man Hydratation. Bei der Hydratation kristallisieren Salzhydrate aus, die auch als Zementgel bezeichnet werden.

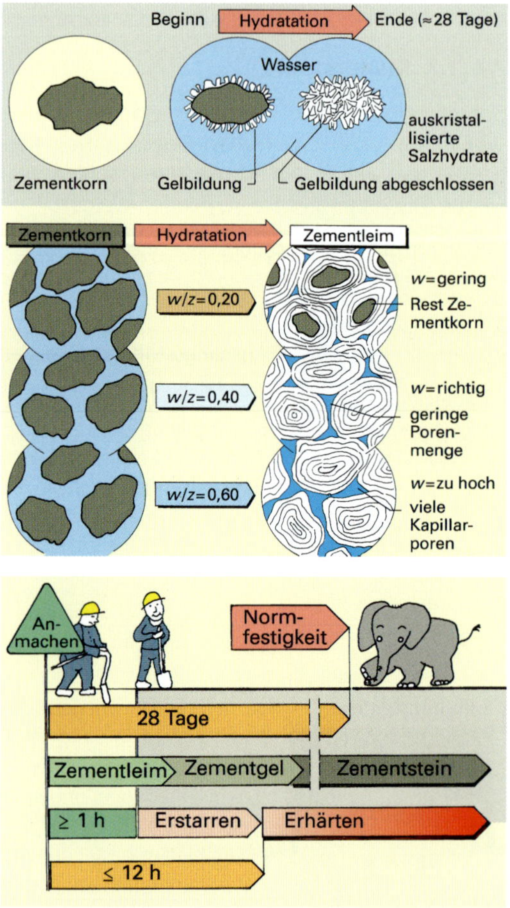

Abbinden und Erhärten von Zement

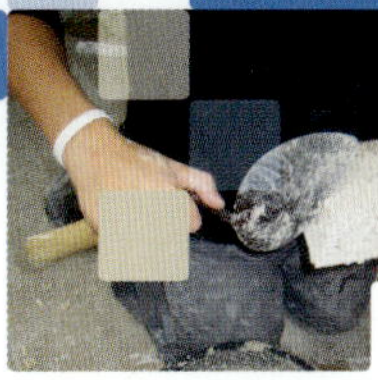

Dabei versteift sich der Zementleim zu Zementstein. Das Zementsteingefüge weist eine Unzahl von winzigen Kristallen auf, die ineinander verwachsen und miteinander verkittet sind.

Der Erstarrungsbeginn setzt nach etwa einer Stunde nach Anmachen des Ansetzmörtels ein.

Die Haftung des Ansetzmörtels an Mauerwerk und Fliese beruht auf der Verkrallung der langfasrigen Kristalle des Zementsteins in den Poren beider Materialien. In die kapillaren Poren von Untergrund und Fliese dringt der Zementleim des Mörtels ein und bildet nach der Erhärtung eine feste Verbindung.

Die Adhäsion zwischen Mauerwerk und Mörtel und Mörtel und Fliese spielt bei großer Porosität eine untergeordnete Rolle.

7.5.2 | Mischungsverhältnis

Die Zusammensetzung des Ansetzmörtels wird als Mischungsverhältnis von Zement und Sand in Raumteilen angegeben. Die Menge des Anmachwassers richtet sich nach der Saugfähigkeit des Untergrundes und der gewünschten Konsistenz (weich oder plastisch). Die Zusammensetzung ist abhängig von der Beschaffenheit des vorhandenen Untergrundes und des Belagmaterials und liegt im Bereich von 1:4…1:8.
Bei porösem Material kann der Sandanteil verkleinert werden. Dieser Mörtel wird auch als fetter Mörtel bezeichnet.
Mörtel mit geringerem Zementanteil – auch magerer Mörtel genannt – wird bei dichteren Materialien verwendet.

Beispiel für die Zusammensetzung eines Dickbettmörtels:

CEM I 32,5R, Sand, gemischtkörnig (>0…4) MV 1:5, gut durchmischt, plastische Konsistenz.

7.6 | Untergründe

Der Wandbelag gestaltet die Oberfläche und ist über lange Zeit dem prüfenden Blick der Benutzer ausgesetzt.

Die fachgerechte Ausführung der Belagarbeit in technischer und optischer Hinsicht ist abhängig von der Qualität der zuvor geleisteten Mauerarbeiten. Der Untergrund muss deshalb auf seine Eignung überprüft werden.

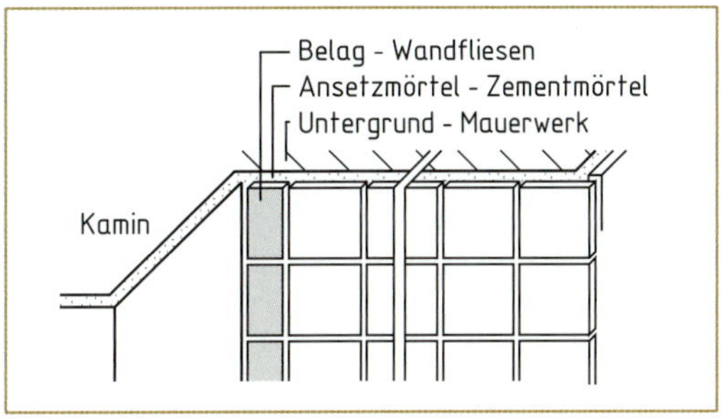

Aufbau eines Wandbelags

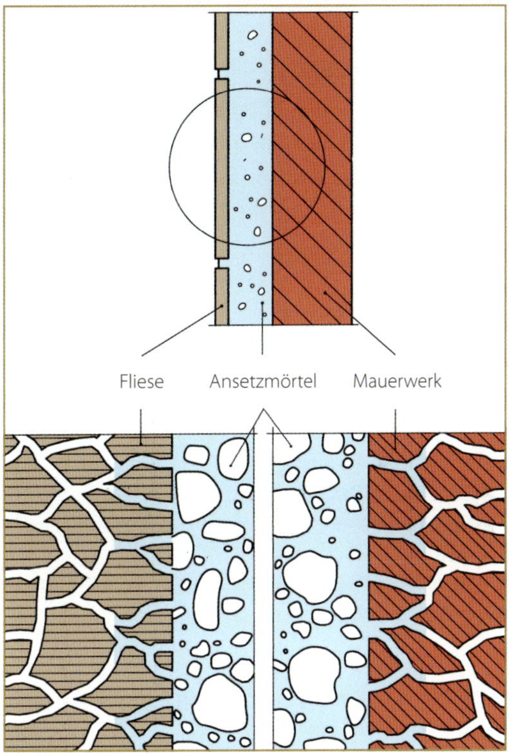

In die Poren eingedrungener Zementleim bildet nach der Erhärtung Zementsteindübel

Unsaubere Fugen eines Ziegelmauerwerks

7.6.1 | Anforderungen

Maßhaltigkeit

Der Untergrund muss
- ausreichend eben,
- fluchtrecht,
- waagerecht sein.

Technische Anforderungen

Der Untergrund muss
- tragfähig,
- trocken,
- sauber,
- nicht zu glatt,
- nicht zu stark oder zu schwach saugend sein.

Nach der VOB ist der Auftragnehmer verpflichtet, den Untergrund zu prüfen, ob er für die Durchführung seiner Leistung geeignet ist. Findet er Mängel vor, die einen späteren Belagschaden verursachen können, so hat er unverzüglich beim Auftraggeber (Architekt und Bauherr) schriftlich Bedenken anzumelden.

Die DIN 18352 (Allgemeine Technische Vertragsbedingungen – ATV) nennt folgende Beispiele:
- grobe Verunreinigungen,
- fehlerhafte Abdichtungen,
- Ausblühungen,
- zu glatte Flächen,
- zu feuchte Flächen,
- verölte Flächen,
- gefrorene Flächen,
- Risse,
- größere Unebenheiten als nach DIN 18202 zulässig,
- fehlende Höhenbezugspunkte,
- fehlendes, ungenügendes oder abweichendes Gefälle.

Schlecht vermörteltes Kalksandsteinmauerwerk

Stark saugender Untergrund

7.6.2 | Prüfen

Maßkontrollen

Der Untergrund für keramische Bekleidungen sollte vom Vorunternehmer so vorbereitet sein, dass weder größere Stemmarbeiten noch ein übermäßig dickes Mörtelbett notwendig werden. Prüfungen:
- die Senkrechte,
- die Waagerechte,
- die Flucht,
- das Gefälle,
- die Ebenheit.

Vorhandene Maßabweichungen werden mithilfe geeigneter Messgeräte festgestellt.

Ebenheit des Untergrundes kontrollieren

Ebenheit

Die Ebenheit des Untergrundes ist genau zu prüfen, um keine zu großen Unterschiede in der Mörteldicke zu erhalten.

Prüfen auf technische Mängel

Unter technischen Mängeln sind solche zu verstehen, die die Tragfähigkeit des Untergrundes und die Haftung des aufzubringenden Belags infrage stellen.

Einfache Kontrollen sind:
- Inaugenscheinnahme,
- Kratzprüfung,
- Benetzungsprüfung,
- Wischprüfung,
- Klopfprüfung.

Die meisten technischen Mängel erkennt man mit dem **bloßen Auge**, z. B. ausbröckelnde Fugen, Spannungs- oder Setzrisse, Ausblühungen, Verunreinigungen usw.

Die **Wisch- und Kratzprüfung** mit der Hand oder einem harten Gegenstand zeigt, ob die Oberfläche beispielsweise absandet und damit keine ausreichende Festigkeit hat.

Die **Benetzungsprüfung** gibt über das Saugverhalten Aufschluss, ob z. B. Gefahr besteht, dass dem Ansetz- oder Verlegemörtel das Anmachwasser zu rasch entzogen wird.
Lässt sich ein Untergrund nicht benetzen – verhält er sich also Wasser abweisend –, so kann dies auf eine Verschmutzung durch Öl oder ölhaltige Mittel zurückzuführen sein.

Die **Klopfprüfung** deckt Hohlstellen auf.

7.6.3 | Vorbereitung des Wanduntergrundes

Vorbereitung

Sind keine besonderen Mängel anzumelden oder zu beseitigen, geht dem Ansetzen in der Regel voraus:
- das Säubern des Ansetzgrundes von Staub, losen Teilen und sonstigen Verunreinigungen,
- gegebenenfalls das Aufbringen eines Spritzbewurfs,
- das Annetzen des Untergrundes,
- das Einrichten der Ansetzlatte,
- das Bereitstellen des Ansetzmörtels.

Aufbringen des Spritzbewurfs

Der Spritzbewurf gehört zur fachgerechten Ausführung eines Wandbelags auf einer unverputzten Mauerwerkswand.

Er hat die Aufgaben
- die Mörtelhaftung der Ansetzfläche zu verbessern durch Erzeugen einer einheitlich festen, rauen, in der Oberfläche vergrößerten Ansetzfläche,
- die Saugfähigkeit des Untergrundes zu vermindern,
- kleinere Unebenheiten im Ansetzgrund auszugleichen.

Auf den gereinigten und angenässten Untergrund wird Zementmörtel MV 1 : 2…3 in Raumteilen aus Normzement und scharfem, gewaschenem Sand (> 0…4 mm) deckend mit der Kelle aufgeworfen.

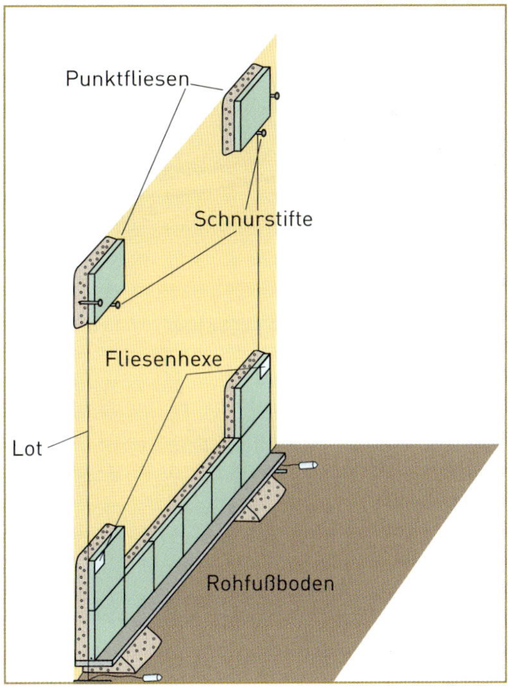

Ansetzen im Mörtelbett

7.7 | Arbeitsablauf – Arbeitsschritte

- Setzlatte auf OKFFB und Anschlussfuge im Wasser setzen (eventuell Sockelhöhe einbeziehen);
- Wandbelag einteilen durch Auslegen der Fliesen und Belagbreite auf Setzlatte markieren;
- auf beiden Seiten der Belagfläche Punktfliesen (ganze oder errechnete Teilfliese) setzen und mit der Wasserwaage ausrichten;
- Fliesenhexe einhängen und Fliesen entlang der Gummischnur ansetzen;
- Fehlstellen im Mörtelbett auffüllen;
- nächste Schicht ansetzen.

7.7.1 | Ausrichtung der Setzlatte

Wird die Wand vor dem Boden gefliest, muss die Belagunterkante bestimmt werden.
Ausgangspunkt ist die Höhe des fertigen Bodenbelags (OKFFB), die sich z. B. über den Meterriss oder einen fertigen Nebenraumbelag bestimmen lässt.

Setzlatte setzen

Obere Punktfliesen ausrichten

Untere Punktfliesen ausrichten und Fliesenhexe einhängen

Höhe für die Oberkante der Ansetzlatte:

Sockelausbildung	Abweichung
ohne Sockel	OK Latte = OKFFB + Anschlussfuge
mit Sockel	OK Latte = OKFFB + Anschlussfuge + Sockel + Fuge
mit Kehlsockel	OK Latte = OKFFB + Kehlsockel + Fuge

Wandbelag

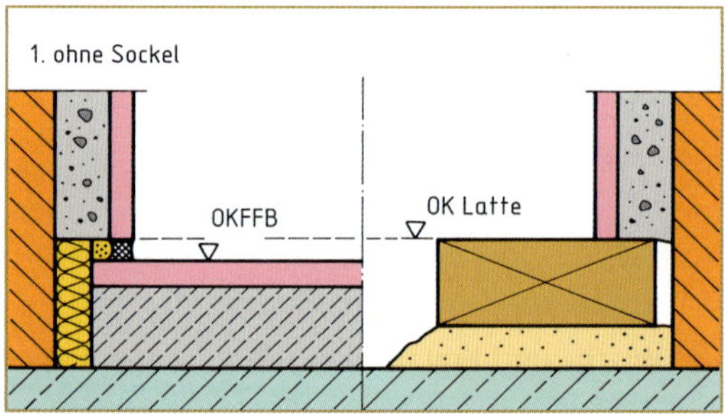

Wand- und Bodenanschluss ohne Sockelausbildung

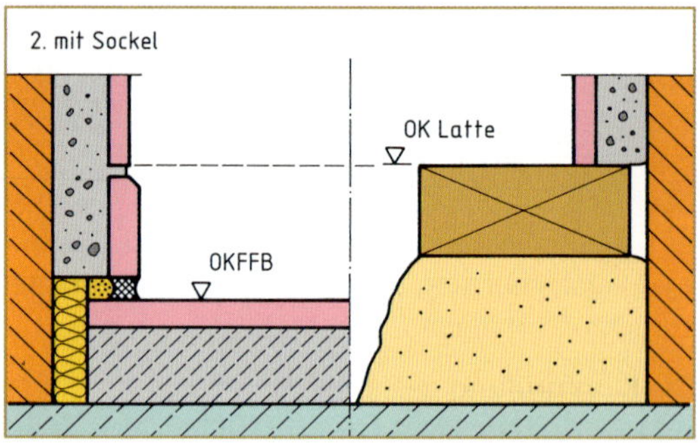

Wand- und Bodenanschluss mit Sockelausbildung

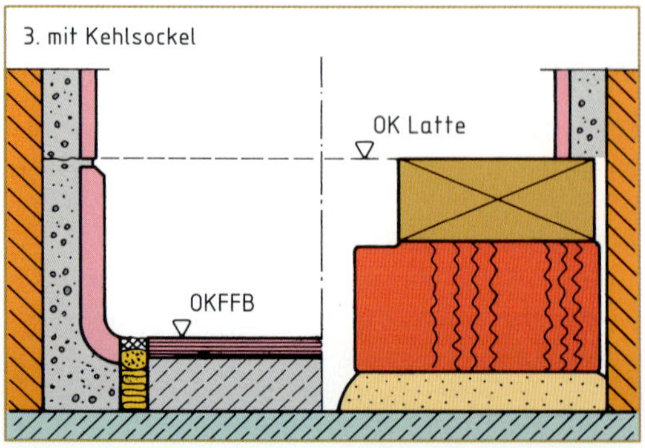

Wand- und Bodenanschluss mit Kehlsockelausbildung

7.7.2 | Ansetzen

Die Fugenbreite zwischen den einzelnen Fliesen ist durch kleine Keile aus Holz und Kunststoff zu sichern.

Fliesen sind **hohlraumfrei** anzusetzen. Stark saugende Fliesen sind vorher zu stauchen, d.h. 1...3 Sekunden in sauberes Wasser zu tauchen.

Hohe Haftwerte durch Anreicherung der Kontaktstelle mit Zement erreicht man mit dem **schwedischen Ansetzverfahren**. Dabei wird die Fliesenrückseite vor dem Mörtelauftrag mit einer Zementschlämme oder einem breiigen Zementmörtel MV 1 : 1 bestrichen.

Durch Anklopfen mit dem Kellenstiel bringt man die Fliese in die richtige Lage. Dabei wird der Zementleim in die Poren des Scherbens gedrückt.

Das Nachklopfen zur Korrektur der Lage sollte so rasch wie möglich erfolgen. Späteres Nachklopfen lässt die bereits gebildeten Zementkristalle brechen und führt zu verminderter Haftung.

7.7.3 | Reinigung

Besonders bei glasierten Oberflächen sind Mörtelreste möglichst sofort wegzuwischen, da die Glasur von der Mörtellauge angegriffen wird.
Die Fugen werden mit einem Holzstift ausgekratzt, um dem späteren Fugenmörtel genügend Halt zu verschaffen.
Der Belag wird mit einem Schwamm abgewaschen.

Zusammenfassung

Der fertige Fliesen- oder Plattenbelag darf keine Mängel aufweisen.
Voraussetzung dafür ist ein geeigneter Untergrund: tragfähig, trocken, sauber, nicht zu glatt, nicht zu stark oder zu schwach saugend, ausreichend eben, fluchtrecht, waagerecht oder im angegebenen Gefälle.

Im Allgemeinen gehört der Spritzbewurf zu der Normalausführung, wenn anschließend im Mörtelbett angesetzt wird. Er soll die Mörtelhaftung verbessern, die Saugfähigkeit vermindern und kleine Unebenheiten ausgleichen. Er ist deckend auszuführen.
Vor dem Ansetzen im Dickbett sind in der Regel folgende Vorarbeiten zu erledigen:

Fliesen entlang der der Gummischnur ansetzen

Anklopfen der Fliese mit dem Kellenstiel

Flucht kontrollieren

Fehlstellen im Mörtelbett auffüllen

Weitere Schichten ansetzen

- Säubern des Untergrundes von Staub und losen Teilen, insbesondere von Gipsresten (Treibwirkung!),
- Annetzen des Untergrundes,
- Einrichten der Ansetzlatte auf Höhe der Wandunterkante.

Der Ansetzmörtel soll gut durchgemischt und von plastischer Konsistenz sein. Es ist gemischtkörniger Sand (>0...4 mm) und Normzement zu verwenden.

Beim Ansetzen ist auf ein hohlraumfreies Mörtelbett und auf ein gutes Anklopfen zu achten. Trocken angesetzte Fliesen sollen nicht nachgeklopft werden.

Großer Fugenanteil bei einem Mosaikbelag

7.8 | Fuge

Die Qualität einer Belagfläche hängt wesentlich von der richtigen Auswahl des Fugenmörtels und der sorgfältigen Ausführung der Fuge ab. Fugen stellen den empfindlichsten Teil einer Belagfläche dar.
Ihr Anteil an der Gesamtoberfläche beträgt je nach Wahl des Formats und der Fugenbreite zwischen 2 % bei Großformaten und 30 % bei Kleinmosaik.

Kleiner Fugenanteil bei Großformaten

7.8.1 | Aufgaben der Fuge

Belagoberfläche schließen

Die geschlossene Fuge macht den Belag hygienisch.
Sie verhindert Schmutzablagerungen, Bildung von Pilzen oder Bakterienherden. Sie schützt die Belagkanten und verklammert die Belagteile mit dem Mörtelbett und der Unterkonstruktion.

Maßtoleranzen aufnehmen

Fliesen und Platten weisen Maßunterschiede auf, die eine ausreichend breite Fuge ausgleichen kann. Knirsch- oder Pressfugen sind dazu nicht in der Lage und sollten deshalb vermieden werden.

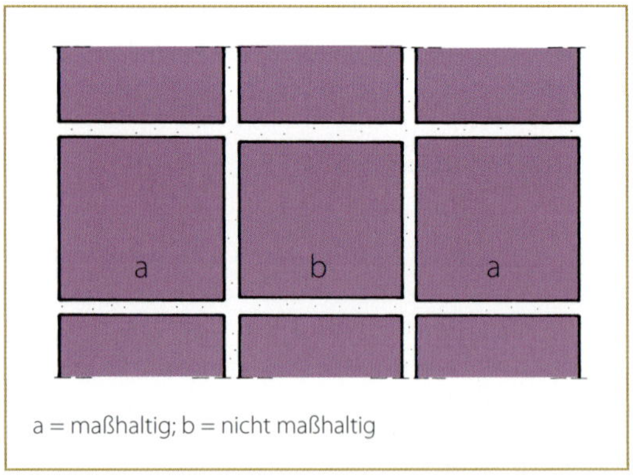

Fugen gleichen Maßtoleranzen der Fliesen aus

Spannungen aufnehmen

Durch die vielfältigen Einflüsse, wie Quellen oder Schwinden des Untergrunds, des Mörtelbetts oder des Belagmaterials oder Längenänderungen durch Temperaturunterschiede, treten im Belag Spannungen auf.

Die starre Mörtelfuge kann Stauchungen oder Dehnungen nur bis 0,25 % der Fugenbreite schadlos aufnehmen. Belagflächen mit hohem Fugenanteil (Mosaik) weisen hier Vorteile auf.
Bei größeren und unregelmäßigen Flächen müssen jedoch in jedem Falle besondere Bewegungsfugen vorgesehen werden.

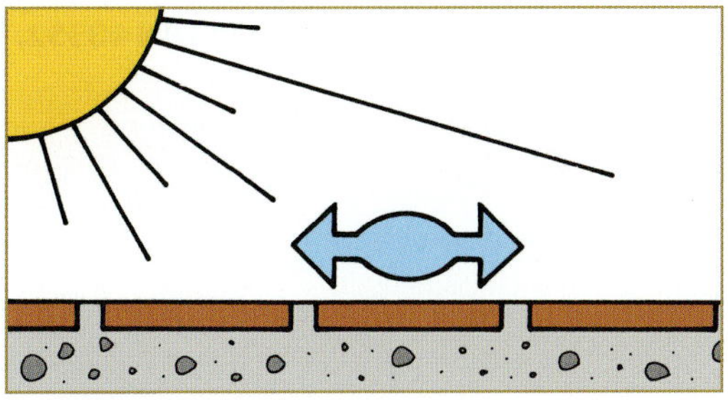

Fugen nehmen Spannungen auf

Dampfdiffusion ermöglichen

Ist Überschusswasser im Verlegemörtel vorhanden oder Wasser in den Verlegemörtel eingedrungen, muss die Fuge diese Feuchtigkeit in Form von Dampf wieder an die Luft abgeben können, sonst führt es bei Hitze zu Dampfdruck und damit zu Schäden. Da das Belagmaterial selbst praktisch dampfundurchlässig ist, kann nur die Fuge diese Aufgabe erfüllen.

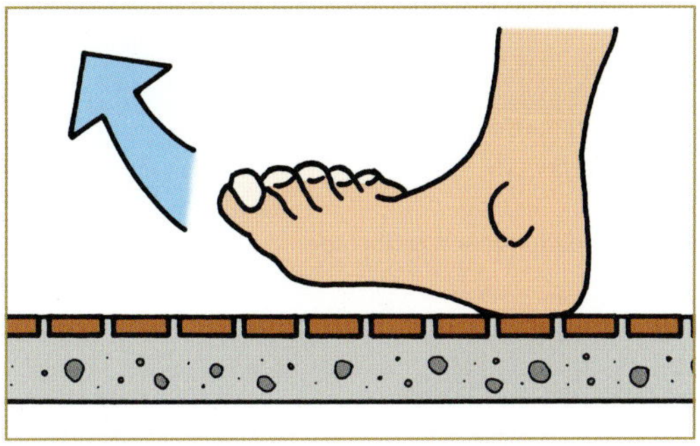

Der hohe Fugenanteil wirkt rutschhemmend

Sicheres Begehen ermöglichen

Im Bodenbelag unterbricht die Mörtelfuge die meist glatte (glasierte) Belagoberfläche und gibt somit dem Fuß Halt. Ein hoher Fugenanteil unterstützt die rutschhemmende Wirkung.

Schmuckwirkung

Die Schönheit eines Belages hängt weitgehend von der Sorgfalt der Fugenplanung ab.
Die Anordnung der Fugen (Fugenschnitt, Verband, Ziermuster) spielt neben Farbe, Oberflächenbeschaffenheit und Format des Belagmaterials eine wichtige Rolle für die harmonische Gesamtwirkung eines Raumes.

7.8.2 | Fugenbreiten und Fugenmaterial

Fugen sind grundsätzlich gleich breit anzulegen.
Die Breite richtet sich nach der Art der Fliesen oder Platten, nach Zweck und Beanspruchung des Belags und nach der Art der Verfugung. Die DIN 18352 (VOB, Teil C) gibt an, welche Fugenbreiten und welches Fugenmaterial zu verwenden ist, falls in der Leistungsbeschreibung nichts anderes vorgeschrieben ist.

Gestalterisch gliedernde Fugen

Tabelle zusammengestellt nach DIN 18352, 18332 und 18333

Art der Fliesen oder Platten	Seitenlänge in cm	Fugenbreite in mm	Fugenmaterial (Standardausführung)
keramische Fliesen und Platten		2 … 8 (bei größeren Maßabweichungen mehr)	grauer oder weißer Portlandzement • ohne Magerungsstoffe • mit Magerungsstoffen, z. B. Quarzmehl (bei breiteren Fugen)
• Großformate		≥ 3	
• Mosaik in Platten		vom Hersteller vorgegeben	
Natursteinfliesen, Betonwerkstein	≤ 60 > 60	≥ 3 ≥ 5	

Fugenausbildung für Wandbeläge

Zementmörtelfuge

Nach DIN 18352 (Allgemeine Technische Vertragsbedingungen – ATV) ist eine hydraulisch abbindende Fugenmasse zu verwenden, wenn die Leistungsbeschreibung nichts anderes vorschreibt.

Für bauseitig hergestellte Fugenmörtel ist das Mischungsverhältnis in Abhängigkeit vom Belagmaterial
bei stark saugenden Fliesen (STG) 1 : 1,5 … 1 : 2,
bei schwach saugenden Fliesen (STZ) 1 : 2 … 1 : 4.

Fertige Fugenmörtel

Die Vorteile von fertigen Fugenmörteln sind:
- Zeitersparnis durch ihre rasche Verarbeitbarkeit,
- gleichbleibende Qualität der Zusammensetzung.

Die DIN EN 13888 regelt die Anforderungen an Fugenmörtel. Sie unterscheidet zwei Hauptgruppen:
- zementhaltige Fugenmörtel (CG) und
- Reaktionsharz-Fugenmörtel (RG).

Das G steht für „grout", das englische Wort für Fuge. Die Gruppe der zementhaltigen Fugenmörtel teilt sich auf in
CG1 = normale Fugenmörtel und
CG2 = verbesserte Fugenmörtel mit
- (W) verringerter Wasseraufnahme und
- (Ar) erhöhter Abriebbeständigkeit.

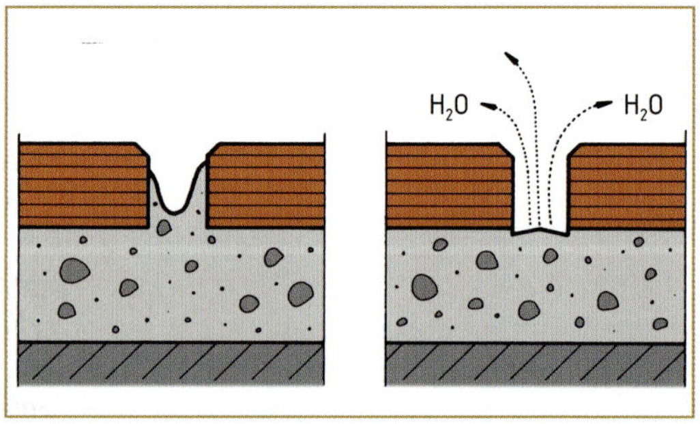

Das Dickbett darf keine Hohlräume aufweisen; die Fugen sind sorgfältig auszukratzen

Exakte Dosierung, Wartezeit zwischen Verlegen und Ausfugen, Reifezeit, Topfzeit, Standzeit (Wartezeit zwischen Verfugen und Benutzung) sind entsprechend den Herstellerangaben einzuhalten.

Die Farbauswahl ist abhängig vom jeweiligen Produkt. Allgemein lässt sich aber feststellen, dass mit zunehmender Fugenbreite die Auswahlmöglichkeit eingeschränkt ist. Es überwiegen dann helle bis dunklere Grautöne.

Beim Einschlämmen des Fugenmaterials ist bei unglasierten Bodenflächen oder bei Mattglasuren besondere Vorsicht geboten, da sich Farbpigmente in den Poren festsetzen können und sich nicht mehr restlos beseitigen lassen.

7.8.3 | Ausfugen von Wandbelägen

Nach dem Ansetzen eines Belages soll nicht sofort ausgefugt werden.

- Das Überschusswasser aus dem Ansetzmörtel kann nur durch die offenen Fugen entweichen, da das Belagmaterial selber dicht ist.
- Die offenen Fugen dienen als Bewegungsfugen, da bei der Erhärtung in den ersten Tagen ein Schwindprozess im Mörtel stattfindet.
- Zu frühes Ausfugen kann zu Verfärbung von Fuge und Belag führen.

Arbeitsschritte

Das Verfugen von Fliesen-, Platten- und Mosaikbelägen erfolgt durch Einschlämmen, falls in der Leistungsbeschreibung nichts anderes verlangt wird.

Die Arbeiten sind in der folgenden Reihenfolge auszuführen:

- trocken Reinigen des Fugenbereiches,
- Annässen zur Regulierung der Kapillarität,
- Einstreichen und Verdichten der plastischen Fugenmasse mit dem Fuggummi,
- Nachfugen nach dem Einziehen des Mörtels,
- Abwaschen des Belags, den Schwamm dabei diagonal führen,
- Nachreiben.

7.9 | Belageinteilung

7.9.1 | Anforderungen

Soll eine Fläche gefliest werden, so passt das zu verlegende Fliesenformat nur selten exakt und ohne Schneideaufwand in die Flächenmaße hinein.

In aller Regel muss die Fliesenlegerin oder der Fliesenleger sich vor Beginn der Verlegung überlegen, **wo** sie oder er den **Fliesenstreifen** setzt und **welche Streifenbreite** zu erwarten ist. Oft ergeben sich auch mehrere Möglichkeiten der Belageinteilung.

Lösungen sollten keine kleineren Streifen als eine halbe Fliesenbreite ergeben und möglichst zu **symmetrischen** Belageinteilungen führen. Solche Einteilungen sind in der Regel gestalterisch die ansprechendsten Lösungen.

Zusammenfassung

Die Fuge ist der empfindlichste Teil der Belagfläche. Um ihre wichtigen Aufgaben erfüllen zu können, muss sie besonders sorgfältig ausgeführt werden:

Sie muss gleichmäßig breit angelegt werden. Für das Verfugen ist eine hydraulisch abbindende Fugenmasse zu verwenden.

Fugenbreite und Mischungsverhältnis richten sich nach Art des Belagmaterials, der Beanspruchung des Belags und der Art der Verfugung. Weiße und farbige Fugen werden auf der Grundlage von Weißzement mit einem sorgfältig dosierten Zusatz von Farbpigmenten hergestellt.

Heute werden meist fertige Fugenmaterialien verwendet. Hierbei sind die Herstellerangaben genau einzuhalten.

Mit dem Ausfugen soll so lange gewartet werden, bis der größte Teil des Überschusswassers aus dem Verlege- oder Ansetzmörtel durch die offene Fuge entwichen ist.

Der Verlegeplan zeigt die Einteilung eines „ausgemittelten" Belags. Die Fugen sind durchlaufend und parallel zu den angrenzenden Bauteilen. Der Grundriss zeigt den Wandaufbau im Horizontalschnitt.

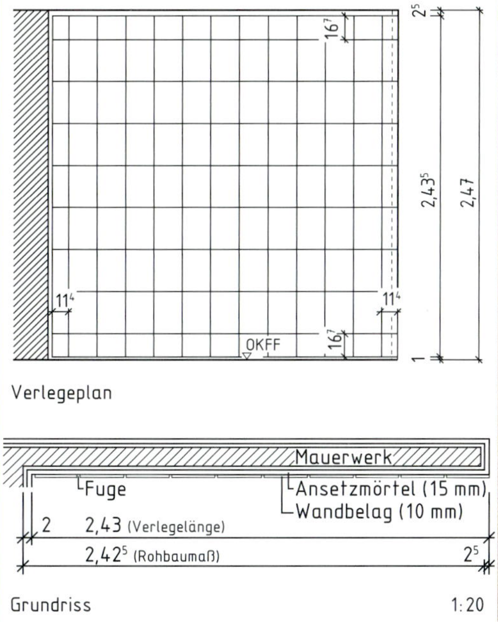

Küchenwand zum Wohnzimmer, Verlegeplan

Die Belageinteilung gehört zu den vorbereitenden Tätigkeiten einer Fliesenlegearbeit. Sie stellt sicher, dass die Verlegearbeiten sachgerecht und effektiv ausgeführt werden können.

Die Belageinteilung kann erfolgen:

- auf der Baustelle,
- zeichnerisch.

Auf der Baustelle findet Belageinteilung häufig durch das sogenannte „Auslegen" des Belagmaterials statt. Die zeichnerische Belageinteilung ist der Verlegeplan.

Er hat folgende Vorteile:

- Die Zusammenarbeit mit anderen Gewerken kann unabhängig vom Baufortschritt abgestimmt werden.
- Gestaltungswünsche des Kunden können in ihrer Wirkung aufgezeigt werden.
- Ansetzpläne und Verlegepläne zu erstellen oder nach ihnen zu arbeiten, sind für den Fliesenleger besondere Leistungen und können extra abgerechnet werden.

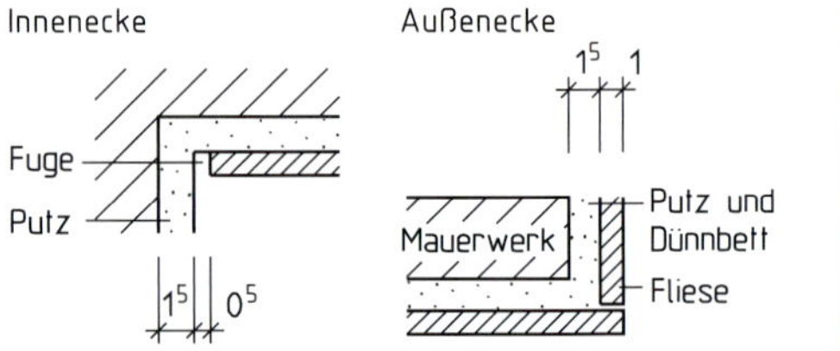

Detailzeichnungen stellen einen Ausschnitt aus einer Bauzeichnung vergrößert dar. Sie geben Auskunft über die gewünschte Art der Ausführung auf der Baustelle.

Detailzeichnungen

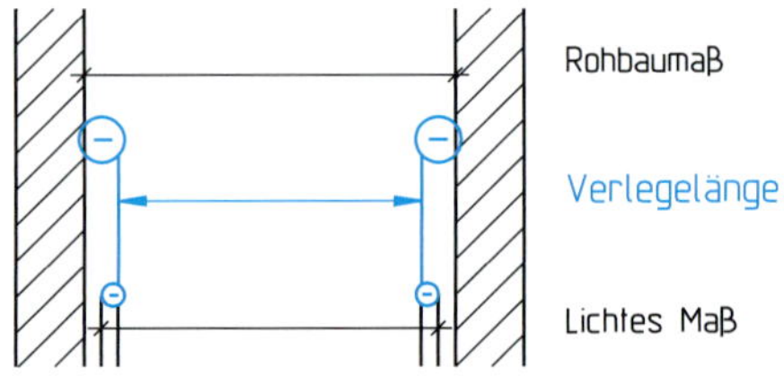

Verlegelängen bei Innenmaßen, z. B. Innenwände

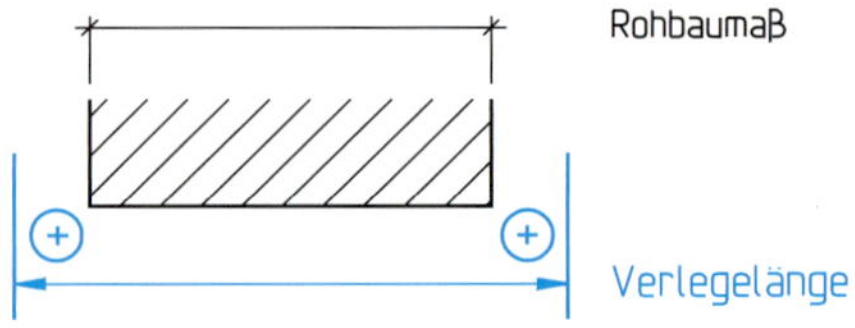

Verlegelängen bei Außenmaßen, z. B. Stützen

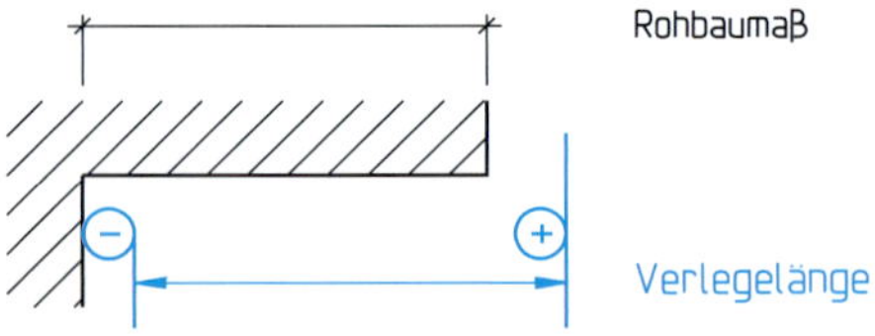

Verlegelängen bei Anbaumaßen, z. B. Raumteiler im Bad

7.9.2 | Angaben aus dem Projekt, Küchenwand zum Wohnzimmer

Waagerechte Einteilung (Breite)

- Rohbaumaß in waagerechter Richtung 2,875 m – 0,45 m (Kaminbreite) = 2,425 m,
- links: Wandanschluss, Innenecke, Putz 15 mm, Anschlussfuge 5 mm,
- rechts: Wandabschluss, Außenecke, Stirnseite gefliest, Ansetzmörtel 15 mm, Fliesendicke 10 mm.

Senkrechte Einteilung (Höhe)

- Rohbaumaße in senkrechter Richtung 2,75 m (Geschosshöhe) – 0,18 m (Rohdecke) – 0,10 m (Fußbodenaufbau) = 2,47 m,
- Deckenputz 15 mm, Anschlussfuge 10 mm,
- Anschlussfuge zum Fertigfußboden 10 mm.

Belagmaterial

- Fliesenformat *W* 198 × 298 × 10 mm, Fugenbreite 2 mm.

7.9.3 | Begriffe

Verlegelänge

Die Verlegelänge ist die einzuteilende Länge der Belagfläche.
Die Verlegelänge wird von Außenkante Belag bis Außenkante Belag gemessen.

Der Abstand der Außenkanten des Belags, das Maß der Verlegelänge, leitet sich aus den Rohbaumaßen ab.

Rohbaumaße sind Abstände zwischen unverputzten Flächen.

Beim **Innenmaß** wird die Verlegelänge **kürzer** als das Rohbaumaß, z.B. durch Putz und Fugen angrenzender Bauteile. Beispiel: Fensterwand der Küche.

Beim **Außenmaß** wird die Verlegelänge **länger** als das Rohbaumaß, da der Belag z.B. Putz und Laibungsfliesen überdeckt. Beispiel: Wandfläche zwischen den Fenstern in der Küche.

Beim **Anbaumaß** ist die Verlegelänge **kürzer** an der Innenecke und **länger** an der frei endenden Seite. Beispiel: Küchenwand zum Wohnzimmer.

Teilermaß

Das Teilermaß ist eine Größe, die die Verlegelänge in eine bestimmte Anzahl von Einheiten teilt. Die Größe des Teilermaßes bestimmt sich aus einer Fliesenlänge und einer Fugenbreite, es ist das Koordinierungsmaß des jeweiligen Fliesenformates bei paralleler Verlegung (siehe Verlegeart).

Teilt man die Verlegelänge durch das Teilermaß, erhält man
- die Anzahl der ganzen Fliesen (Teiler) und
- in der Regel auch einen Rest.

Das Ergebnis ist wichtig für Anzahl und Größe der Teilstreifen, mit denen der Rest ausgeglichen wird.

Verlegearten

Zwei Verlegearten mit durchlaufender Fuge („Fuge auf Fuge") werden unterschieden.

Die Fugen verlaufen zu den angrenzenden Bauteilen
- parallel (parallele Verlegung),
- diagonal (Diagonalverlegung).

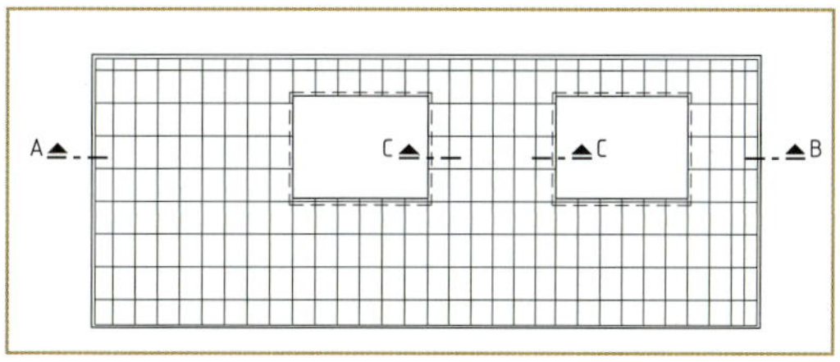

Fensterwand in der Küche

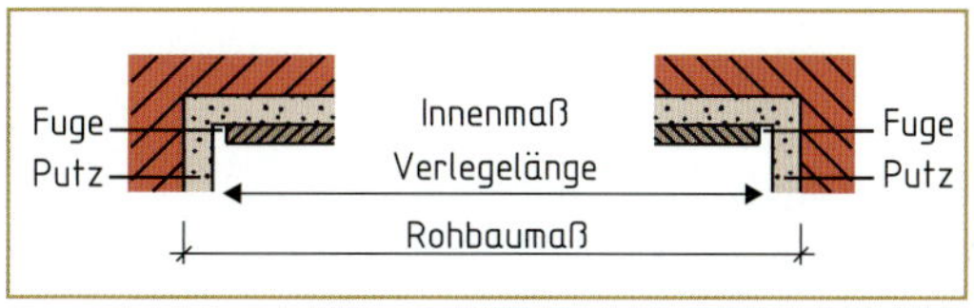

Fensterwand in der Küche im Schnitt A – B

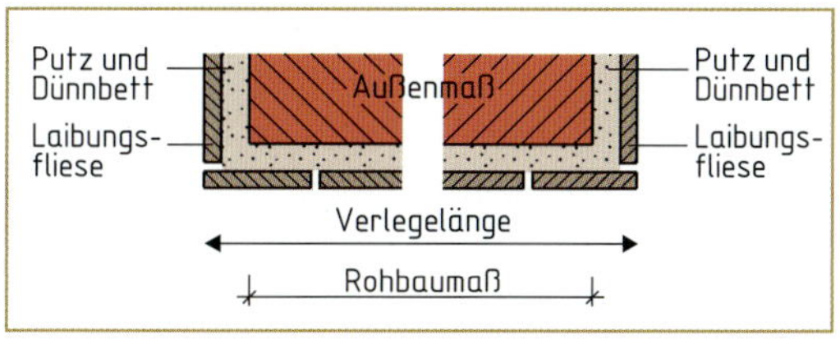

Wandfläche zwischen den Fenstern in der Küche im Schnitt C – C

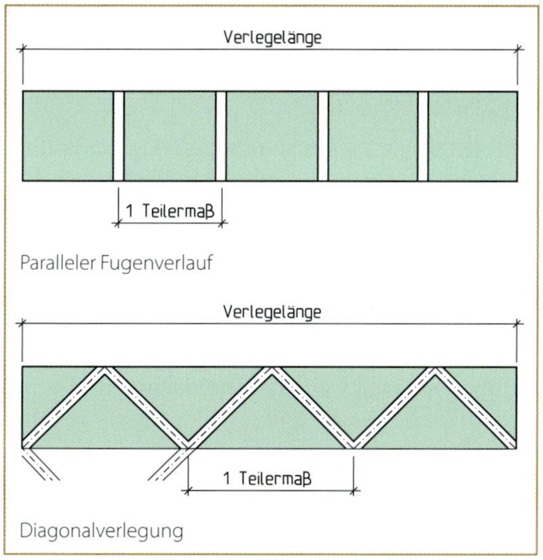

Teilermaße und Verlegearten

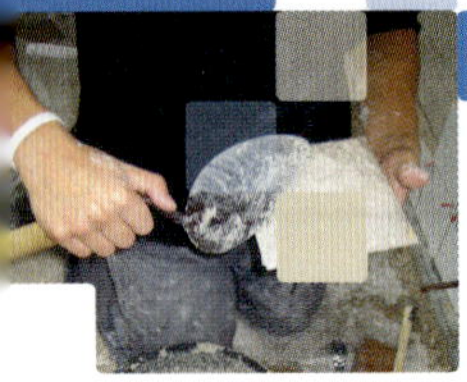

Die beiden Verlegearten unterscheiden sich hinsichtlich des Teilermaßes in ihrem Einfluss auf die Belageinteilung.

- Bei parallelem Fugenverlauf gilt:
  1 Fliesenlänge + 1 Fugenbreite = 1 Teilermaß (hier: Teilermaß = Koordinierungsmaß).
- Bei Diagonalverlegung gilt:
  1 Fliesendiagonale + 1 Fugendiagonale = 1 Teilermaß.

Bei anderen Verlegearten legt man für das Verlegemuster in gleicher Weise das Teilermaß fest.

Teilstreifen

Teilstreifen spielen eine wichtige Rolle, wenn man eine optisch ansprechende Belageinteilung erreichen will. Teilstreifen ergeben sich aus der Differenz zwischen Verlegelänge und Summe aller Teilermaße.

Ergibt sich eine Differenz aus Verlegelänge und Summe aller Teilermaße, so ist zu prüfen, ob diese Differenz, der Rest,

- größer als ½ Fliese oder
- kleiner als ½ Fliese ist.

Ist der Rest größer als eine ½ Fliese, plant man **einen** Teilstreifen ein, d.h., der Rest **ist** der Teilstreifen.
Ist der Rest kleiner als eine ½ Fliese, plant man **zwei** Teilstreifen ein. Die Anzahl der Teilermaße wird um einen Teiler verkleinert und mit dem Rest addiert. Vom neuen Rest zieht man eine Fuge ab und erhält zwei gleich große Teilstreifen, wenn der Rest dann halbiert wird. Der Belag ist „ausgemittelt" (siehe Abb. „Vorgehensweise bei der Belageinteilung").

Aus gestalterischen Gründen kann man den Belag auch **ausmitteln**, obwohl der Teilstreifen groß genug ist. In aller Regel ist diese Variante auch vorzuziehen – sie ergibt ein **symmetrisches** und somit optisch sauberes und ruhiges Bild. Allerdings erhöhen sich Arbeitszeit und Verschnitt.

7.9.4 | Vorgehensweise bei der parallelen Belageinteilung

Die Vorgehensweise bei der parallelen Belageinteilung ist:

- Rohbaumaß aus dem Werkplan ablesen und übertragen,
- Verlegelänge bestimmen,
- Belag einteilen, das heißt, Anzahl der Teilermaße und Teilstreifen berechnen.

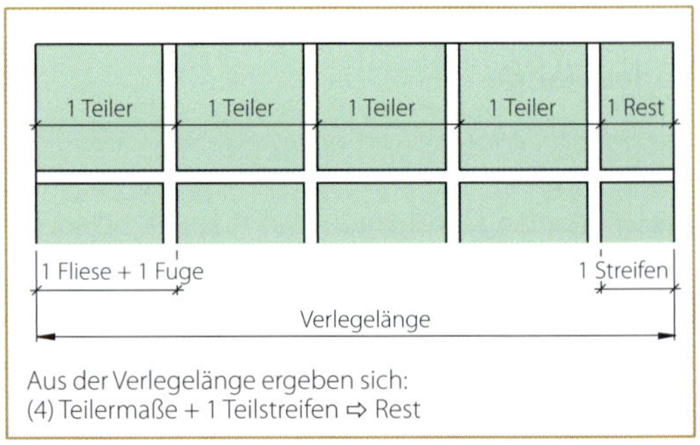

Belageinteilung mit einem Teilstreifen, der größer als ½ Fliese ist

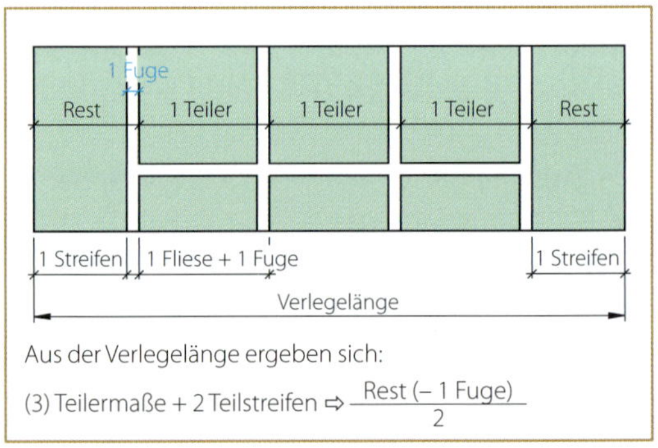

Symmetrische Belageinteilung mit zwei Teilstreifen

Beispiele symmetrischer Belageinteilung: Ruheliege und Wandbelag

Parallele Belageinteilung skizzieren und berechnen

Die Belageinteilung wird in waagerechter und in senkrechter Richtung durchgeführt.

Eine Skizze soll helfen, das Vorgehen bei der Belageinteilung zu veranschaulichen. Die Belageinteilung erfolgt in drei Schritten:

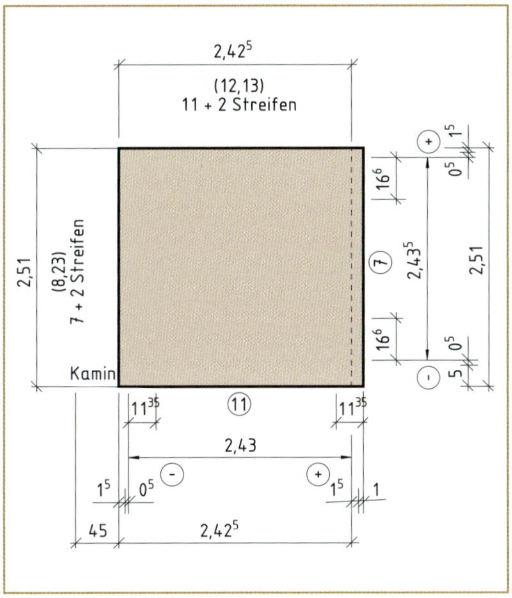

Symmetrische Belageinteilung mit zwei Teilstreifen

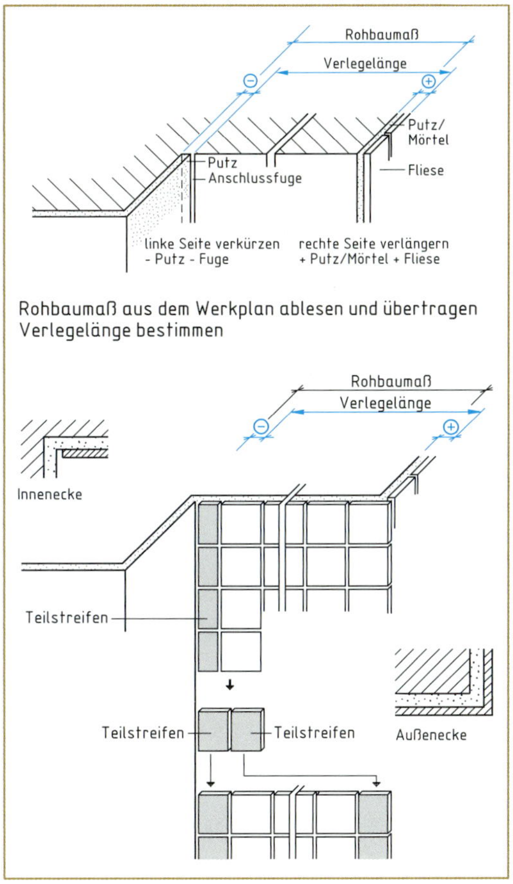

Vorgehensweise bei der Belageinteilung

Waagerechte Belageinteilung	Senkrechte Belageinteilung
I. Verlegelänge *VL* ermitteln	
Beispiel Kaminwand Rohbaumaß: 2,425 m Fliesen: *W* 197 × 297 × 7 mm, hochkant verlegt Fuge zwischen den Fliesen: 3 mm Dünnbett: 3 mm Putz: 1,5 cm Anschlussfuge: 5 mm	Rohbaumaß: 2,51 m Bodenaufbau: 5 cm
links Abzug von Putz und Anschlussfuge rechts Addition von Putz, Mörtel und Fliesendicke $VL_1 = 242{,}5\ \text{cm} - 1{,}5\ \text{cm} - 0{,}5\ \text{cm} + 1{,}5\ \text{cm} + 0{,}3\ \text{cm} + 0{,}7\ \text{cm} = 243\ \text{cm}$	oben Abzug von Putz und Anschlussfuge unten Abzug von Bodenaufbau und Anschlussfuge $VL_2 = 251\ \text{cm} - 1{,}5\ \text{cm} - 0{,}5\ \text{cm} - 5\ \text{cm} - 0{,}5\ \text{cm} = 243{,}5\ \text{cm}$

Fortsetzung nächste Seite ▶

Waagerechte Belageinteilung	Senkrechte Belageinteilung
II. Anzahl ganzer Fliesen berechnen	
Anzahl Ganzer $= \frac{\text{Verlegelänge } VL}{\text{Koordinierungsmaß } C} = \frac{243\text{ cm}}{(19{,}7\text{ cm} + 0{,}3\text{ cm})}$ $= 12{,}2$ Stück abrunden: 12 Stück	Anzahl Ganzer $= \frac{243{,}5\text{ cm}}{(29{,}7\text{ cm} + 0{,}3\text{ cm})} = 8{,}1$ Stück abrunden: 8 Stück
III. Restmaß berechnen	
Restmaß = Verlegelänge VL – (Anzahl Ganzer · Koordinierungsmaß C) $= 243\text{ cm} - (12 \cdot 20\text{ cm}) = 3\text{ cm}$ Wenn Restmaß < halbe Fliese, dann ⇨ 2 Teilstreifen wählen. Bei gewünschter symmetrischer Einteilung immer 2 Teilstreifen wählen.	Restmaß $= 243{,}5\text{ cm} - (8 \cdot 30\text{ cm}) = 3{,}5\text{ cm}$ Restmaß < halbe Fliese, dann 2 Teilstreifen
IV. Streifenbreite ermitteln	
bei 1 Teilstreifen: Restmaß ist die Streifenbreite bei 2 Teilstreifen: Streifenbreite $= \frac{(\text{Restmaß} + \text{Werkmaß einer Fliese})}{2}$ $= \frac{(3\text{ cm} + 19{,}7\text{ cm})}{2} = 11{,}35\text{ cm}$	Streifenbreite $= \frac{(3{,}5\text{ cm} + 29{,}7\text{ cm})}{2} = 16{,}6\text{ cm}$

7.9.5 | Parallele Belageinteilung zeichnen mithilfe des Strahlensatzes

Um die Belageinteilung in einem Verlegeplan sauber zu zeichnen, wendet man den Strahlensatz an. Je nach gewähltem Zeichnungsmaßstab ist es schwierig, die Fliesen genau einzuzeichnen, da man Bruchteile eines Millimeters zeichnen müsste. Beispiel: Koodinierungsmaß 7,5 cm,
Maßstab 1 : 10 ⇨ 7,5 mm. Mithilfe des Strahlensatzes ist eine genaue Einteilung möglich.

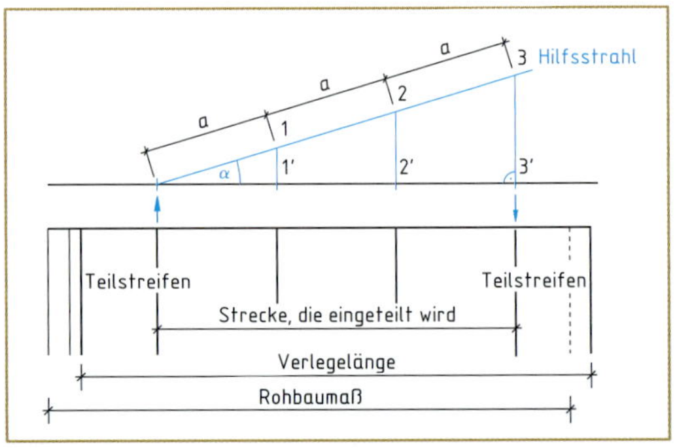

Belageinteilung mithilfe des Strahlensatzes zeichnen

Dabei geht man so vor:

- Verkürzungen und Verlängerungen einmessen und Anschlussfuge(n) in darstellbarer Größe einzeichnen. Damit ist die zeichnerische Verlegelänge dargestellt.
- Teilstreifen einzeichnen.
- Länge *a* so wählen, dass sie größer als die Fliesenbreite und gut zu unterteilen ist, z. B. 1 cm.
- Anzahl der Teile • *a* ergibt die Länge des Hilfsstrahls: Diesen so einzeichnen, dass das Ende genau über dem Ende der einzuteilenden Strecke liegt.
- Den Hilfsstrahl in Teile mit der Länge *a* teilen.
- Die Einteilung senkrecht auf die waagerechte Strecke und den Verlegeplan übertragen. Die Fugen sind mit einer Linie dargestellt.

7.10 | Ermittlung der Baustoffmengen

Um den Wandbelag in der Küche ansetzen zu können, müssen Fliesen in ausreichender Anzahl auf die Baustelle gebracht und der Ansetzmörtel in ausreichender Menge angemacht werden.

Es müssen deswegen

- die Fläche des Wandbelags und
- das Volumen für den Ansetzmörtel

berechnet werden.

Die Baustoffmengen für Fliesen, Zement und Sand können daraus berechnet werden.

7.10.1 | Fliesenbedarf

Angaben:

Abmessungen der Wand:
Breite 2,43 m, Höhe 2,435 m

Fliesengröße:
W 198 × 298 × 10 mm, 2 mm Fugen

Bruch und Verschnitt 5 %

Anzahl der Fliesen pro Paket 17 Stück

Größe der Wandfläche und Fliesenfläche

$A = 2{,}43\ \text{m} \cdot 2{,}435\ \text{m} = 5{,}92\ \text{m}^2$
Fläche einer Fliese (Koordinierungsmaße)
$A = 0{,}20\ \text{m} \cdot 0{,}30\ \text{m} = 0{,}06\ \text{m}^2$

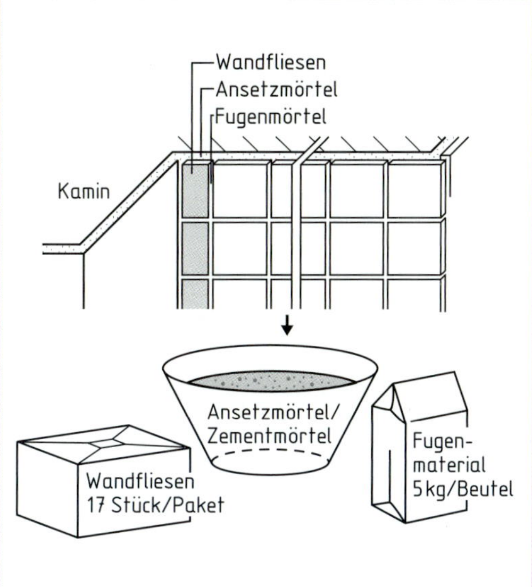

Benötigte Baustoffmengen

Hinweis:

Die gleiche Einheit für Belagfläche und Fliesengröße wählen. Die Fliesenanzahl immer aufrunden, sonst fehlt ein Teil im Belag.

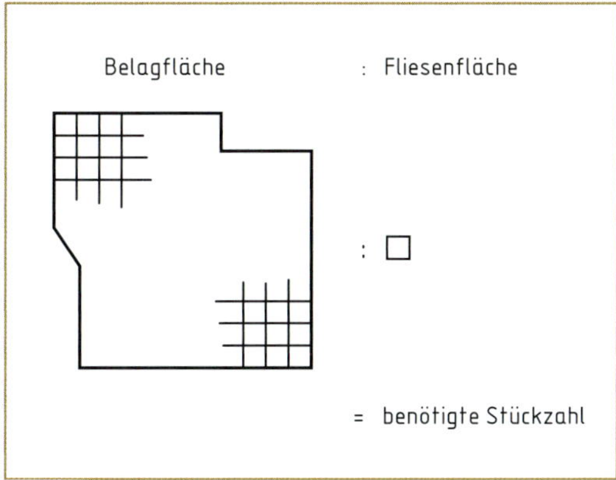

Ermittlung der benötigten Fliesenanzahl

Hinweis:

Wegen Bruch und Verschnitt werden zum Herstellen des Wandbelags z. B. 5 % mehr Fliesen benötigt als die zu belegende Wandfläche groß ist. Also braucht man insgesamt 105 % Fliesen. Das entspricht einem Faktor von 1,05.

$105\,\% = \frac{105}{100} = 1{,}05$

Anzahl der Fliesen

ohne Verschnitt
Belagfläche/Fliesenfläche = Anzahl der Fliesen
5,92 m^2/0,06 m^2 = 99 Stück (98,67)

mit Verschnitt
99 Stück · 1,05 = 104 Stück

Pakete
Anzahl der Fliesen/Stück pro Paket = Anzahl der Pakete
104 Fliesen/17 Stück = 7 Pakete (6,1)

Für den Wandbelag werden 104 Fliesen, das sind 7 Pakete, benötigt.

7.10.2 | Menge des Ansetzmörtels

Angaben

Mörtelauftrag: 15 mm
Mischungsverhältnis des Anmachmörtels: 1 : 4,
1 Teil Zement + 4 Teile Sand
Der Sand ist baufeucht, der Mörtelfaktor: 1,6
Dichte von Zement und Sand: $\varrho_{Zement} = 1{,}25$ kg/l
$\varrho_{Sand} = 1{,}8$ kg/l
Fugenmörtel: 5 kg/Beutel
Verbrauch: 0,5 kg/m^2

Volumen

Ansetzmörtel
Volumen = Wandfläche · Auftragsmenge in Liter/m^2
$V = 5{,}92\ m^2 \cdot 15\ l/m^2 = 88{,}8$ l Mörtelmenge

Lose Mörtelmenge
88,8 l · 1,6 = 142,1 l

Mengen der Bestandteile

Zement
142,1 l · 1 Teil/5 Teile = 28,4 l Zement

Sand
142,1 l · 4 Teile/5 Teile = 113,7 l Sand

Probe
28,4 l Zement + 113,7 l Sand = 142,1 l lose Menge

Für die Herstellung von 142,1 l Ansetzmörtel werden 28,4 l Zement und 113,7 l Sand gebraucht, was einer losen Menge von 142,1 l entspricht.

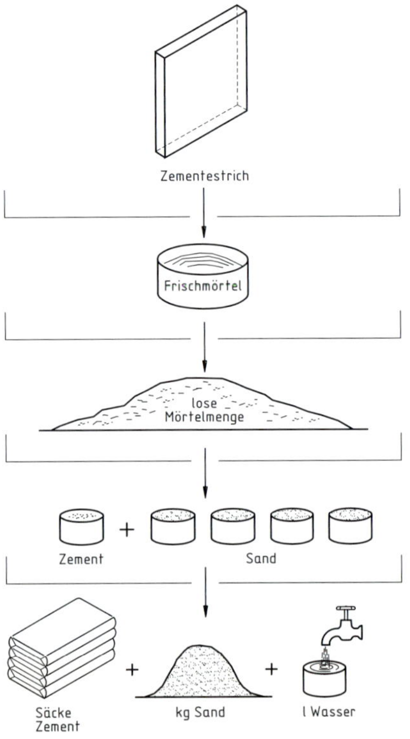

Berechnung der Baustoffmengen für den Ansetzmörtel

Hinweis:

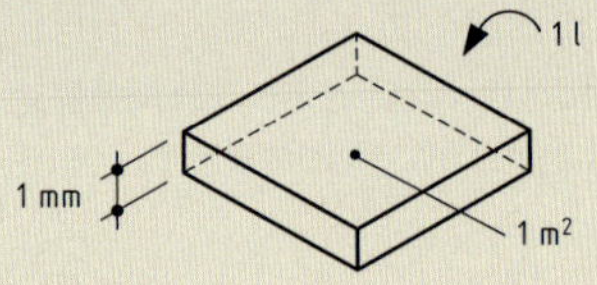

Für 1 m^2 braucht man bei 1 mm Mörtelaufzug 1 l Mörtel. 1 mm/m^2 ≙ 1 l Mörtel

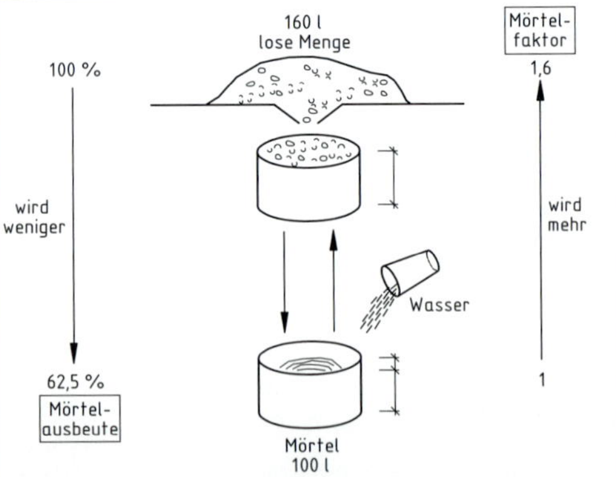

Mörtelausbeute und Mörtelfaktor

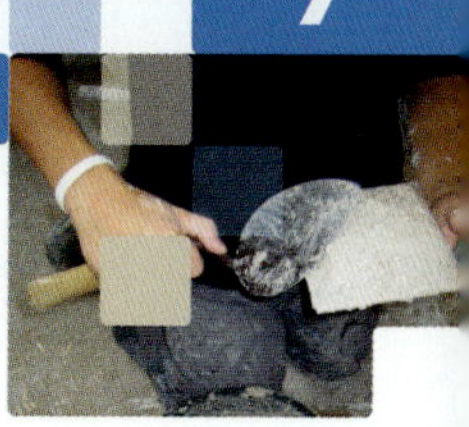

Anzahl der erforderlichen Säcke Zement und der Sandmenge in kg

Zement
$m = 28{,}4\ l \cdot 1{,}25\ kg/l$
$m = 35{,}5\ kg$

Anzahl der Säcke Zement
Anzahl = 35,5 kg/25 kg
Anzahl = 2 Säcke (1,42)

Sand
$m = 113{,}7\ l \cdot 1{,}8\ kg/l$
$m = 204{,}66\ kg$ oder 0,205 t Sand

Um den Zementmörtel herzustellen, benötigt man 2 Säcke Zement und etwa 205 kg Sand.

Fugenmörtel
$2{,}43\ m \cdot 2{,}435\ m \cdot 0{,}5\ kg/m^2 = 2{,}96\ kg$

Zum Ausfugen der Wand muss 1 Beutel von 5 kg Fugenmörtel mitgebracht werden.

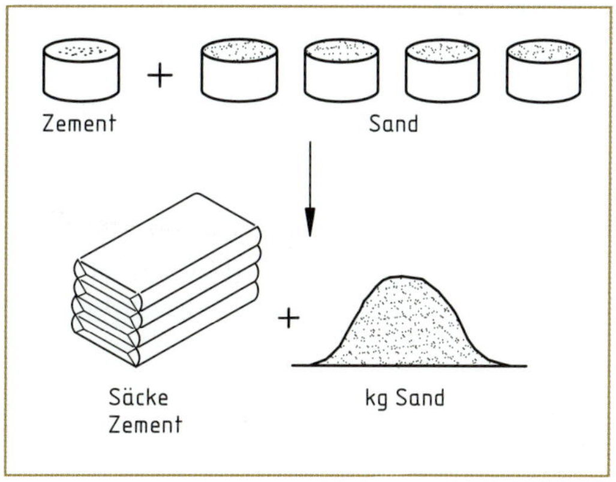

Zement- und Sandmenge als Volumen und als Masse

Hinweis:

$$\text{Dichte} = \frac{\text{Masse}}{\text{Volumen}} \qquad \varrho = \frac{m}{V} = \text{in kg / dm}^3 \text{ oder kg / l} \qquad m = \varrho \cdot V$$

$$\text{Anzahl der Säcke Zement} = \frac{\text{Gesamtmasse}}{\text{Masse pro Sack}}$$

7.11 | Aufgaben

7.11.1 | Projektaufgaben

1 | Die Esszimmerwand der Westseite erhält einen Wandbelag, der im Dickbett (15 mm) angesetzt werden soll.
Der Belag (*W* 198 × 298 × 10 mm, 2 mm Fuge) soll parallel zum Boden im Hochformat und Fugenschnitt verlegt werden.
Von folgenden Angaben ist auszugehen:
- Höhe (Rohbaumaß): 257 cm; Deckenputz: 15 mm; Bodenaufbau einschließlich Fliesenbelag hier 10 cm; Anschlussfugen zum Deckenputz und zum Bodenbelag hier je 5 mm
- Breite (Rohbaumaß): 451 cm; Belagdicke der Seitenwand einschließlich Mörtel und Fliese: 25 mm; Anschlussfugen zur Seitenwand und zur Fenstertür je 5 mm

a) Teilen Sie den Belag rechnerisch ein.
b) Zeichnen Sie die Belageinteilung im Maßstab 1 : 20.
c) Zeichnen Sie die Westwand im Horizontalschnitt mit Anschluss an die Fensterwand. Bezeichnen und bemaßen Sie die einzelnen Teile. Maßstab 1 : 2.
d) Berechnen Sie die erforderliche Anzahl der Fliesen bei 5 % Verschnitt.
e) Wie viel Zement und Sand sind erforderlich für den 15 mm dicken Ansetzmörtel bei einem Mischungsverhältnis von 1 : 4?

2 | Die Wände im Windfang sollen einen Wandbelag bis zu einer Höhe von etwa 1,60 m erhalten. Oberhalb des Belags erhalten die Wände einen Strukturputz. Belaggröße: *W* 305 × 305 × 10 mm, Fugenbreite 2 mm.
a) Teilen Sie den Belag rechnerisch ein.
b) Zeichnen Sie die Belageinteilung einer Wand im Maßstab 1 : 20.
c) Wie viele Fliesen werden benötigt bei 3 % Verschnitt?

7.11.2 | Technologische Aufgaben

Zu 7.1 und 7.2

1 | Erläutern Sie Sinn und Zweck der Arbeitsstättenverordnung.

2 | Nennen Sie besondere Gefahrenpunkte für Unfälle am Arbeitsplatz.

3 | Nennen Sie wichtige Schutzausrüstungen und geben Sie Beispiele, wo sie eingesetzt werden.

4 | Nennen Sie Messwerkzeuge des Fliesenlegers und beschreiben Sie deren Verwendung.

5 | Nennen Sie Werkzeuge, die vom Fliesenleger benutzt werden:
a) zum Schneiden
b) zum Lochen.

Zu: 7.3

6 | Trocken gepresste keramische Fliesen und Platten mit hoher Wasseraufnahme (Gruppe BIII) sowie trocken gepresste keramische Fliesen und Platten mit niedriger Wasseraufnahme (Gruppe BI_b) werden aus denselben Rohstoffen hergestellt, haben jedoch unterschiedliche Eigenschaften. Nennen Sie Gründe dafür.

7 | Beschreiben Sie die Herstellung von unglasierten, trocken gepressten keramischen Fliesen und Platten.

8 | Nennen Sie jeweils mindestens fünf wichtige Anforderungen, die an
a) trocken gepresste keramische Fliesen und Platten der Gruppe BIII,
b) stranggepresste keramische Fliesen und Platten der Gruppe AII_{a-1} gestellt werden.

9 | Beschreiben Sie die Eigenschaften folgender keramischer Produkte:
a) Feinsteinzeug,
b) einzeln gezogene Platten,
c) Bodenklinkerplatten,
d) Terrakotta.

Zu 7.4–7.8

10 | Vergleichen Sie die unterschiedlichen Eigenschaften eines Mauerwerks, das hergestellt ist
a) aus Mauerziegeln,
b) aus Kalksandsteinen,
c) aus Porenbeton.

11 | Beschreiben Sie die Haftung zwischen Fliese – Ansetzmörtel – Untergrund.

12 | Stellen Sie die Anforderungen zusammen, die an einen Ansetzuntergrund zu richten sind.

13 | Der Spritzbewurf gehört zur fachgerechten Ausführung eines Wandbelags im Mörtelverfahren.
a) Welche Aufgabe hat er?
b) Wie soll er zusammengesetzt sein?

14 | Beim Ansetzen im Dickbett liegt die unterste Fliesenschicht auf einer Ansetzlatte.
Geben Sie die Höhe ihrer Oberkante an, wenn der Boden mit einem Hohlkehlsockel anschließen soll.

15 | Nennen Sie die Zusammensetzung eines geeigneten Ansetzmörtels (Bindemittel, Gesteinskörnung, Mischungsverhältnis, Konsistenz).

16 | Fliesen mit hoher Wasseraufnahme werden in der Regel vor dem Ansetzen gestaucht.
a) Was versteht man unter „Stauchen"?
b) Was wird damit bezweckt?

17 | Warum soll eine Mörtelschicht möglichst überall dieselbe Dicke aufweisen?

18 | Was versteht man unter dem „schwedischen Ansetzverfahren"?

19 | Begründen Sie, warum nach dem Ansetzen einer Schicht der Mörtel schräg aufgestrichen wird.

20 | Aus welchem Grund soll mit dem Abwaschen frisch angesetzter Fliesen nicht zu lange gewartet werden?

21 | Geben Sie die wichtigsten Aufgaben der Fuge an.

22 | Nennen Sie die richtigen Fugenbreiten für
a) trocken gepresste keramische Fliesen und Platten mit einer Seitenlänge über 10 cm.
b) stranggepresste keramische Fliesen und Platten mit einer Seitenlänge bis 30 cm.

23 | Beläge werden häufig zu früh ausgefugt. Nennen und begründen Sie Folgen dieses Fehlers.

24 | Welchen Durchmesser darf das Größtkorn einer Gesteinskörnung höchstens haben, wenn die Fugenbreite 3 mm beträgt?

7.11.3 | Aufgaben: Belageinteilung – Materialmengen

1 | Die Wand eines Badezimmers soll mit Fliesen 10 × 10 cm bekleidet werden. Die Fugenbreite beträgt 3 mm. Folgende Verlegelängen sind bereits ermittelt:
Höhe 240 cm
Breite 458 cm
a) Berechnen Sie Anzahl und Größe der Reststreifen.
b) Führen Sie die Probe durch.

2 | Die im Grundriss dargestellte Rückwand soll – im Anschluss an die beiden Seitenwände – einen Fliesenbelag erhalten. Die Belagdicke der Seitenwände einschließlich der Fliese beträgt 22 mm.
Zwischen dem seitlichen Belagrand und dem fertigen Belag ist eine Anschlussfuge von 8 mm einzuplanen. Angaben:
Fliesenformat 20 × 20 cm
Fugenbreite 3 mm
a) Teilen Sie den Raum ein und ermitteln Sie die Verlegelänge,
b) Anzahl der Ganzen sowie Anzahl und Größe der Reststreifen (mit Probe).

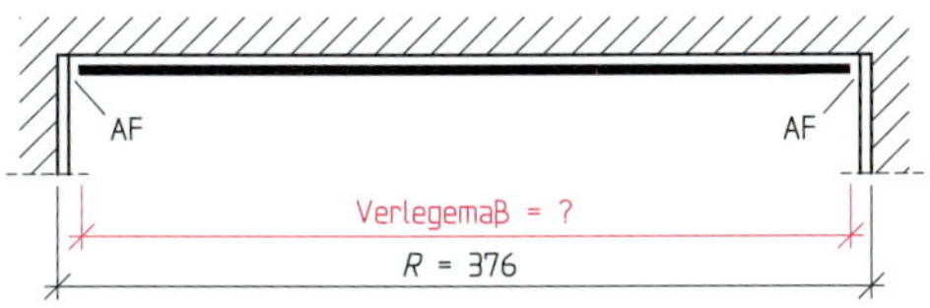

3 | Berechnen Sie für nachfolgende Fliesen- und Plattengrößen die Anzahl pro m².
a) Fliesen einschließlich Fugen 200 × 200 mm,
b) Fliesen einschließlich Fugen 300 × 300 mm.

4 | Wie viele Fliesen 108 × 108 mm einschließlich Fugen werden für 64,80 m² Wandfläche bei 6 % Verhau benötigt?

5 | Die dargestellte Wandfläche eines Dachgeschosses soll mit Wandfliesen 15 × 15 cm bekleidet werden.
a) Berechnen Sie die Fläche und ermitteln Sie den Fliesenbedarf in m² bei 7 % Verschnitt.
b) Berechnen Sie das Volumen des Ansetzmörtels, 15 mm.
c) Wie viel Zement und Sand braucht man für den Mörtel, MV 1 : 4, Mörtelfaktor 1,6?

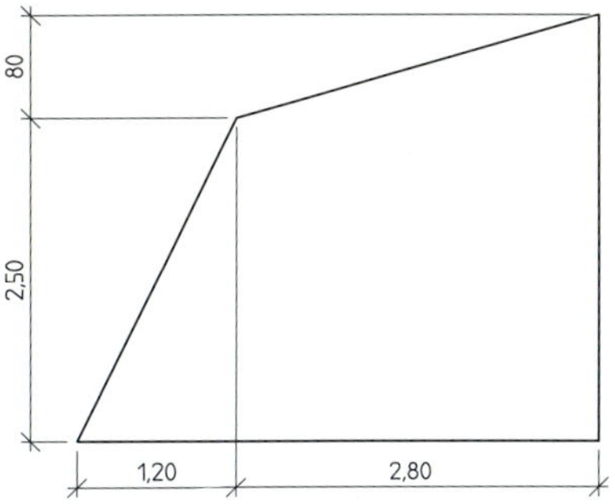

6 | Die dargestellte Treppenraumwandfläche soll einen 10 cm hohen Sockel und einen Fliesenbelag erhalten.
a) Wie viele m Sockelfliesen werden bei 6 % Verhau benötigt?
b) Wie viele Fliesen (15 × 15 cm) werden für Sockel- und Fliesenbelag bei 8 % Verhau benötigt?

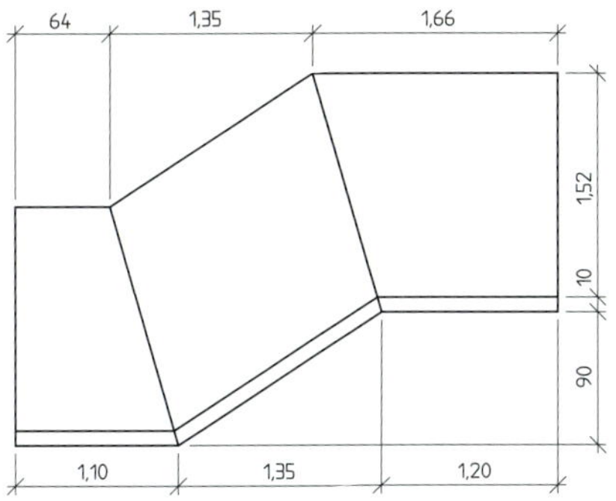

7 | Die Nische einschließlich Laibung erhält ein Kleinmosaik.

a) Wie viele m² Kleinmosaik sind erforderlich bei 5 % Verschnitt?

b) Wie viele Fliesen benötigt man für die restliche Wandfläche, wenn die Fliesen mit Fugen 150 × 150 mm groß sind und man mit einem Verschnitt von 8 % rechnet?

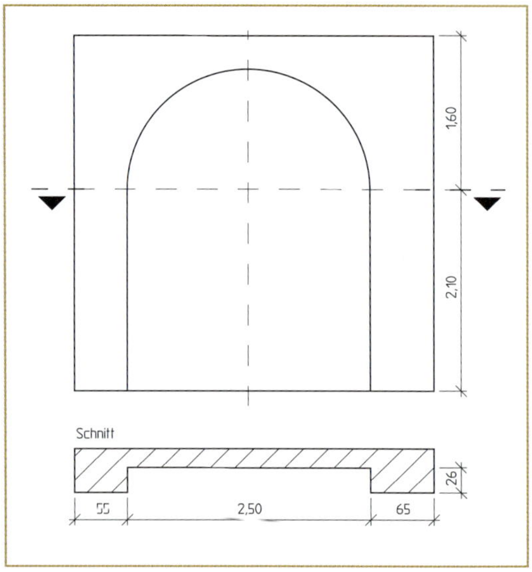

8 | Für einen gegliederten Wandbelag sollen 2 Belagflächen in der Breite eingeteilt werden.

Angaben:

Rohbaumaß R_1	226,0 cm
Rohbaumaß R_2	62,5 cm
Fliesen W	150 × 150 × 7 mm
Mörtel/Putz	15 mm
Fugenbreite	3 mm
Verlegeart	Fuge auf Fuge

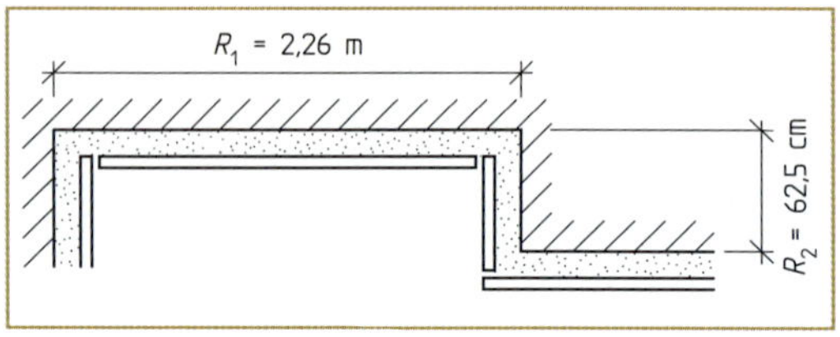

9 | Der Mosaikbelag einer denkmalgeschützten Orangerie muss restauriert werden.

a) Berechnen Sie die abgebildete Wandfläche.

a) Wie groß ist die Laibungsfläche der drei Bögen, wenn die Laibung 20 cm breit ist?

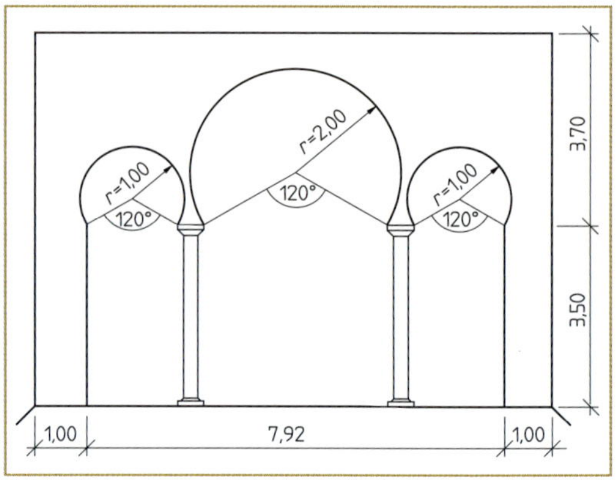

Lernfeld 8 | Herstellen eines gedämmten Fußbodenaufbaus

Ziel-formulierung:	Die Schülerinnen und Schüler planen die Herstellung eines wärme- und trittschallgedämmten Fußbodenaufbaus und achten auf die Vermeidung von Schall- und Wärmebrücken. Sie wählen Dämmstoffe aus und beschreiben den Einbau. Die Schülerinnen und Schüler unterscheiden Bauarten von Estrichen und kennen Verfahren zur Sanierung von Rissen und Hohlstellen. Sie bestimmen Maßnahmen zur Untergrundvorbereitung und vergleichen Verlegeverfahren hinsichtlich Haftung, Verlegeleistung und ergonomischer Arbeitsweise. Sie planen die Anordnung und den Einbau von Bewegungsfugen.
Lerninhalte:	• Bodenfliesen • Wärme-, Trittschalldämmstoffe • Abdeckung • Estrich auf Dämmschicht, Lastverteilungsschicht • Heizestrich, Aufheizprotokoll • Estricheinbau, nichtstatische Bewehrung, Nachbehandlung • Belegreife • Ebenheitsabweichungen • Wandanschluss, Sockel • Scheinfugen, Bewegungsfugen • Türdurchgang • Materialbedarf • Wand-Boden-Anschluss

Warum ein „gedämmter" Fußbodenaufbau?

Massivdecken leiten wegen ihrer hohen Rohdichte den Körperschall. Sie besitzen somit keine ausreichende Trittschalldämmung. Schwimmende Deckenauflagen – z. B. ein Estrich auf Dämmschicht – können den schallerzeugenden Stoß abfedern und dadurch den Trittschall dämmen. Schwimmend bedeutet, dass die Auflage keinerlei direkte Verbindung zu Rohdecke und Wand hat.

Wichtig:
Trittschall kann nur direkt am Entstehungsort wirkungsvoll gedämmt werden.

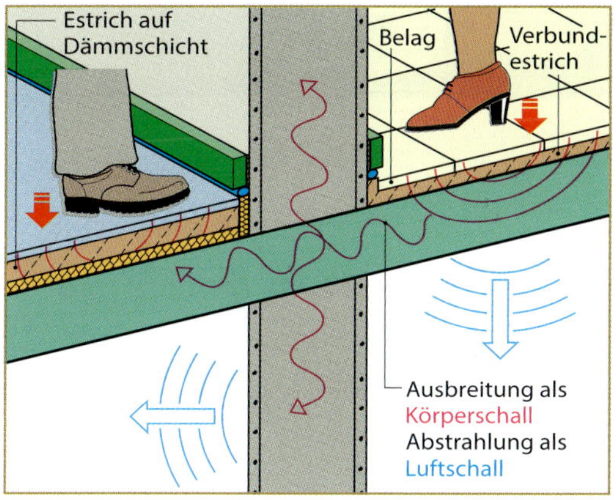

Trittschall in nicht gedämmter und gedämmter Decke

Bodenfliesen

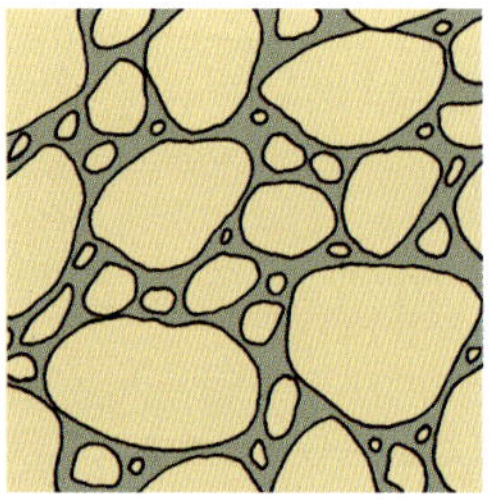

Lastverteilungsschicht

Risse sanieren

Abdeckung

Tragender Untergrund

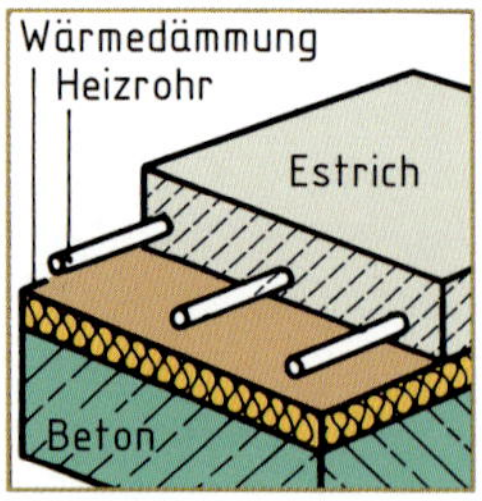

Heizestrich

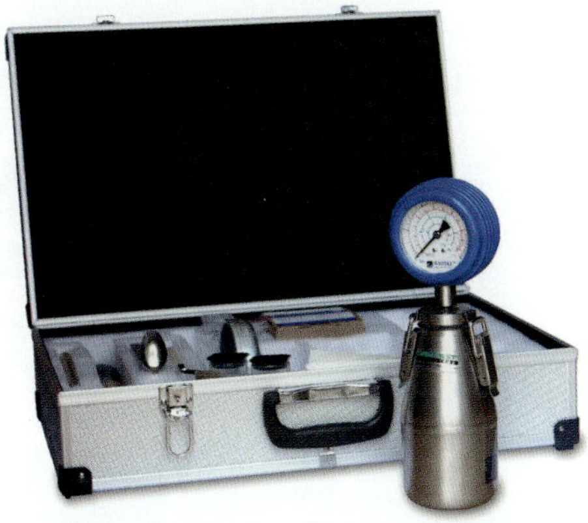

Belegreifemessung

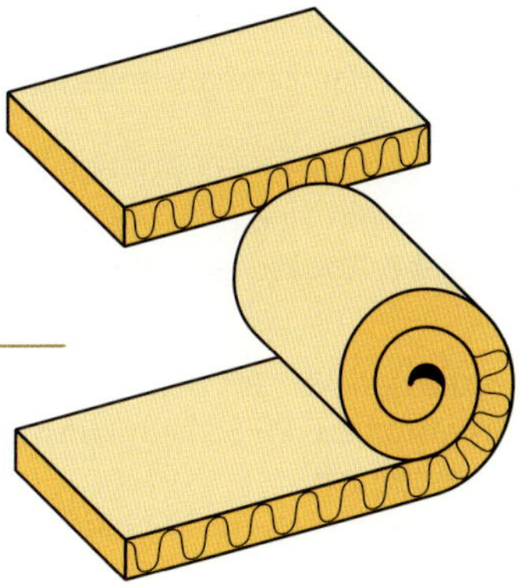

Wärmedämmstoffe

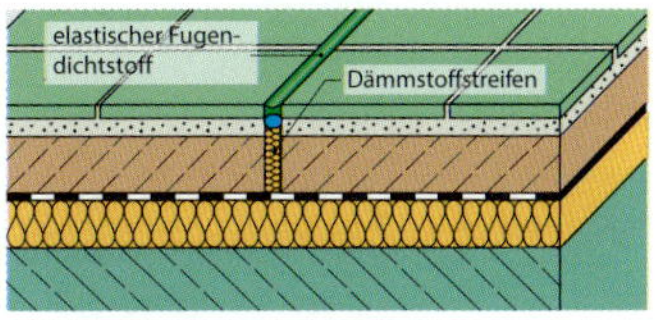

Trittschalldämmstoffe

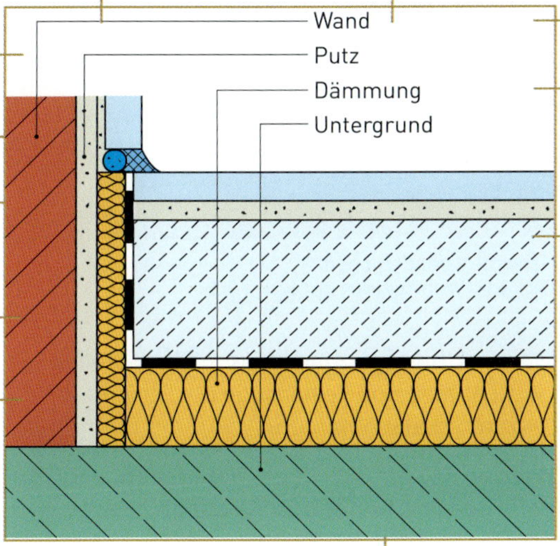

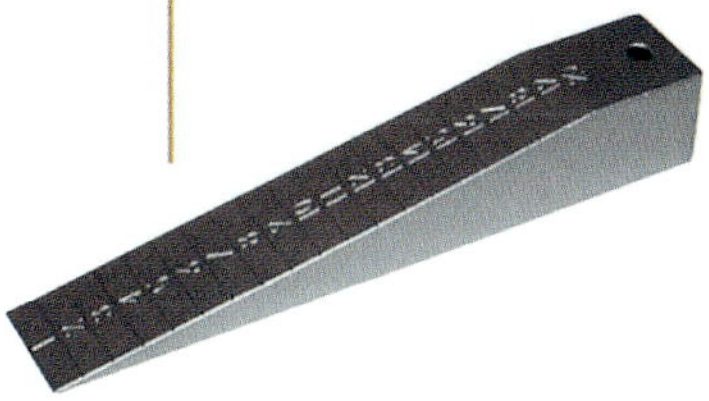

Messkeil

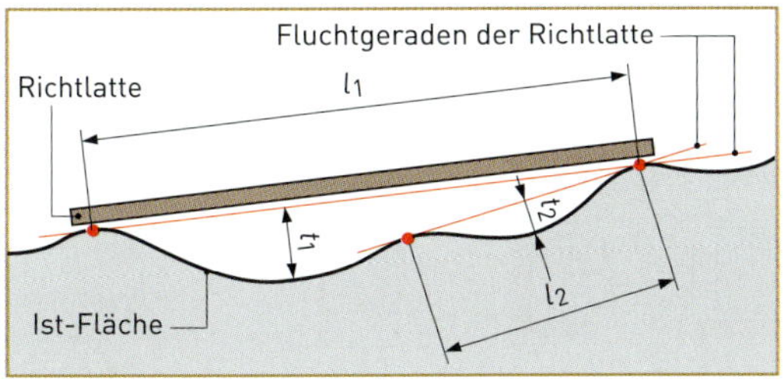

Ebenheitsabweichungen

8.1 | Projekt: Herstellen eines gedämmten Fußbodenaufbaus

In einem Mehrfamilienhaus sollen die Wohnungen saniert werden.
Die Wohnungseinheiten bestehen aus jeweils zwei Zimmern, einem Flur, einem Bad und einer Kochnische (siehe Abb.). Der Fußboden hat folgenden Aufbau:

- Geschossdecken aus Beton,
- Dämmstoff aus PS-Schaumkunststoff,
- Zementestrich,
- Belag: Textilbelag in den beiden Zimmern, Bodenfliesen 10 cm × 10 cm in Flur und Bad.

Folgende Veränderungen sind vorgesehen:
- Die Wand zwischen Küche und Wohnzimmer entfällt, sodass eine offene Küche entsteht.
- Das Badezimmer soll Platz für eine Waschmaschine und neue Sanitärobjekte enthalten: eine Dusche, ein Waschbecken und ein wandhängendes WC.
- Die komplette Wohnung soll einen einheitlichen Bodenbelag aus Feinsteinzeug erhalten.

Nachdem der Textilbelag entfernt ist, stellt sich heraus, dass der Zementestrich in sehr schlechtem Zustand ist:
Risse und größere Unebenheiten bringen den Architekten zu der Vermutung, dass schon im Aufbau Fehler gemacht wurden, z. B. in der Wahl des geeigneten Dämmstoffes. Der Architekt holt deshalb auch die Meinung des Fliesenlegers ein. Sie kommen zu folgendem Ergebnis:

Es bleibt nichts Anderes übrig, als den schadhaften Estrich herauszureißen und einen kompletten Neuaufbau vorzunehmen.

Stellen Sie sich also vor, Sie sollen als Fliesenleger diesen Auftrag übernehmen und nach den Regeln der Technik planen und ausführen.

Außenansicht des Mehrfamilienhauses

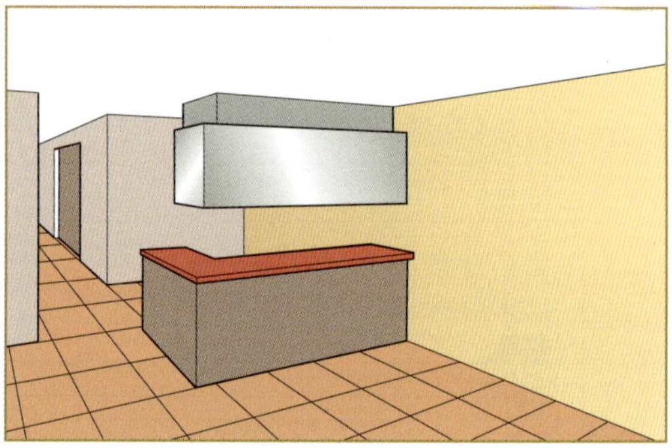

Geplante Veränderungen:
Blick vom Wohnzimmer Richtung Küche

Welche Überlegungen müssen Sie anstellen
- zu Aufbau und Reihenfolge der Schichten?
- zum Schallschutz?

Welche Kenntnisse über Materialien und ihre Verarbeitung benötigen Sie dazu?

Antworten darauf finden Sie auf den folgenden Seiten.

Tipp: Lesen Sie die in Lernfeld 8 genannten Ziele und Inhalte sorgfältig durch.

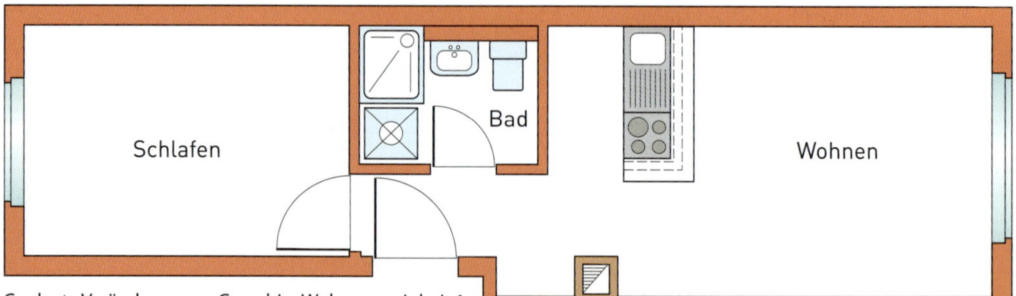

Geplante Veränderungen: Grundriss Wohnungseinheit 1

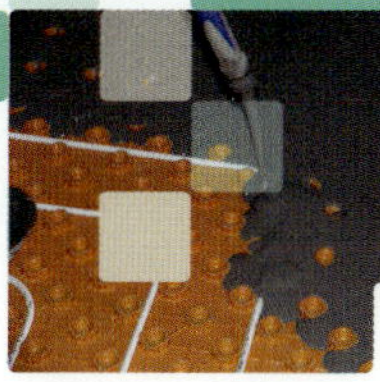

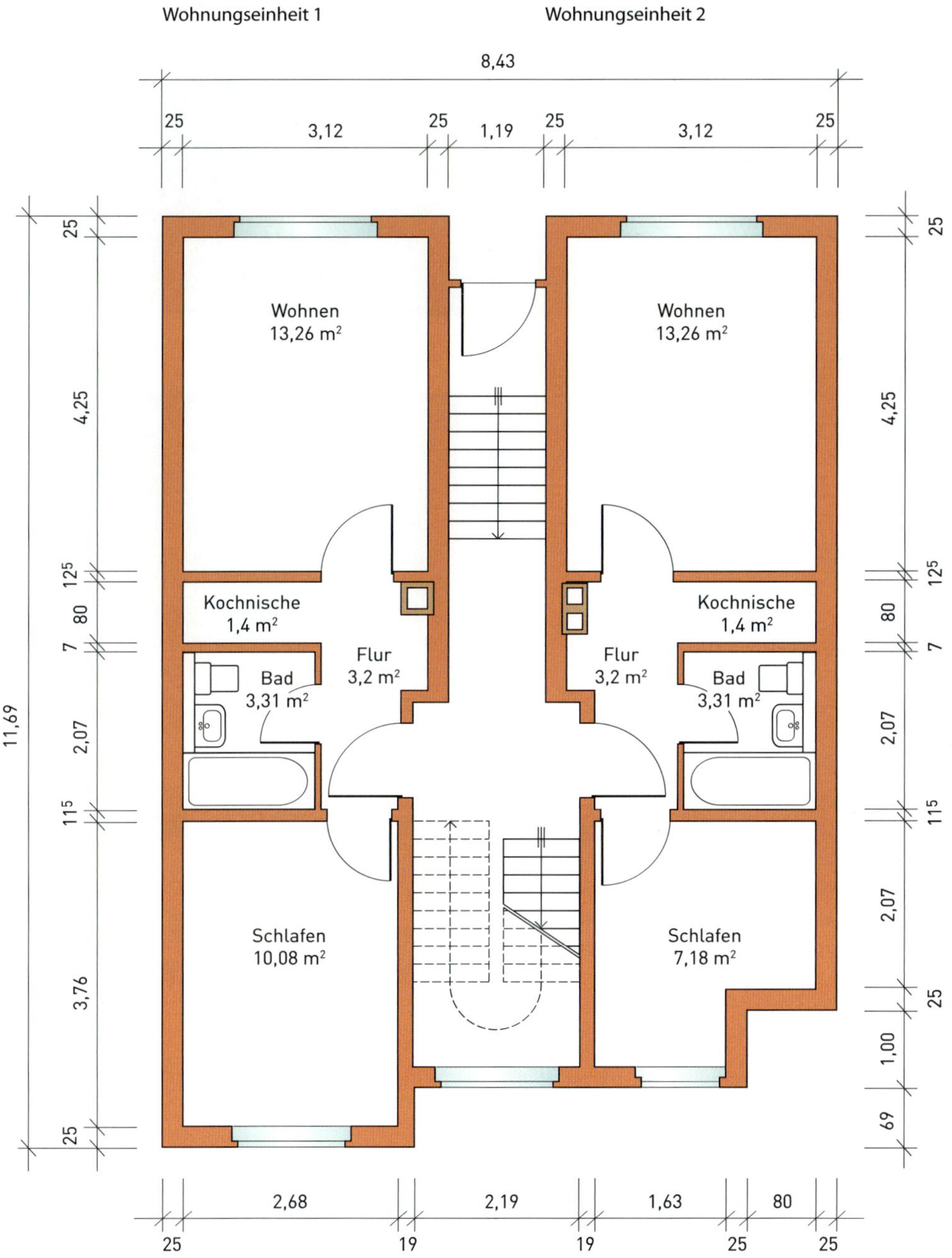

Grundriss vor der Sanierung

8.2 | Estriche: Definition – Aufgaben

8.2.1 | Definition

Estriche sind gesondert hergestellte Schichten, die als Teil der Fußbodenkonstruktion auf einen tragenden Untergrund oder auf einer zwischenliegenden Trenn- oder Dämmschicht aufgebracht werden und als glatter Untergrund für Bodenbeläge dienen.

Sie werden in der Regel in Räumen verlegt; im Industriebau und in untergeordneten Räumen im Wohnungsbau kann der Estrich den Bodenbelag selbst darstellen.

Kennzeichnend für die Herstellung des Estrichs ist sein Einbringen in plastischem oder in pumpfähigem Zustand sowie das Ebnen und Glätten seiner Oberseite als Untergrund für nachfolgenden Bodenbelag. Die Schichtdicke von Estrichen liegt im Allgemeinen zwischen 10 mm und 80 mm, sie können ein- oder mehrschichtig hergestellt werden.

Estrich: Einbringen in plastischem Zustand

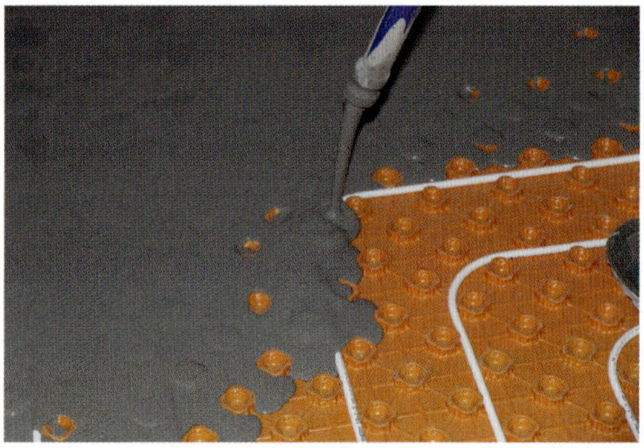

Einbringen mit der Mörtelpumpe

8.2.2 | Aufgaben des Estrichs

Estriche können verschiedene Aufgaben übernehmen, z. B.
- im Schallschutz: als Lastverteilungsschicht über Schalldämmstoffen,
- im Wärmeschutz: als Lastverteilungsschicht über Wärmedämmstoffen,
- als Schutzschicht über Abdichtungen,
- als Ausgleichsestrich bei Unebenheiten,
- als Gefälleestrich in Nassräumen oder auf Balkonen,
- als Heizestrich im Wohnungsbau.

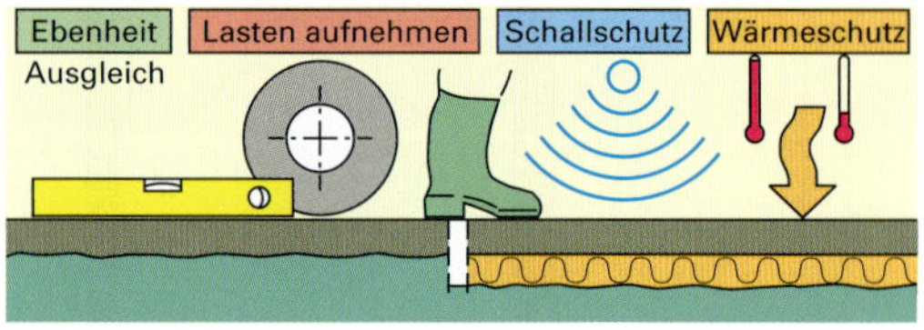

Aufgaben von Estrichen

8.2.3 | Estricharten und Einteilung in Klassen

Estriche werden unterschieden

nach dem verwendeten Bindemittel (DIN EN 13813)	nach der Verlegeart (DIN 18560)	nach der Verlegetechnik
• Zementestrich (CT) • Calciumsulfatestrich (CA) (Anhydritestrich) • Magnesiaestrich (MA) • Gussasphaltestrich (AS) • Kunstharzestrich (SR)	• Verbundestrich (V) • Estrich auf Trennschicht (T) • Estrich auf Dämmschicht (schwimmender Estrich) (S)	• hand-/kellenverlegter Estrich • Fließestrich, selbstnivellierend • Fertigteilestrich (Trockenestrich)

Den Kurzzeichen ist die Druckfestigkeit C und die Biegefestigkeit F anzufügen.

Bezeichnung nach DIN

EN 13813 CT – C 25 – F4

≙ Zementestrich mit Druckfestigkeit ≥ 25 MPa (N/mm²) und Biegezugfestigkeit ≥ 4 MPa (N/mm²).

Die deklarierten Werte dürfen um max. 10 % unterschritten werden!

Klassen	C5	C7	C12	C16	C20	C25	C30	C35	C40	C50	C60	C70	C80
Druckfestigkeit in MPa (N/mm²)	5	7	12	16	20	25	30	35	40	50	60	70	80

Druckfestigkeitsklassen für Estrichmörtel

Klassen	F1	F2	F3	F4	F5	F6	F7	F10	F15	F20	F30	F40	F50
Biegezugfestigkeit in MPa (N/mm²)	1	2	3	4	5	6	7	10	15	20	30	40	50

Biegezugfestigkeitsklassen für Estrichmörtel

8.3 | Arten nach dem Bindemittel

8.3.1 | Zementestrich (CT)

Zementestrich besteht aus Zement als Bindemittel, mineralischer Gesteinskörnung – Korngruppe 0/8 für 4 cm dicke Estriche, Korngruppe 0/16 für Estriche über 4 cm Dicke – und Anmachwasser. Durch Zusätze wie z. B. Verflüssiger, Kunstharz oder Bitumen können verbesserte Eigenschaften erzielt werden. Durch einfache Herstellung, große Festigkeit und seine Feuchtebeständigkeit ist er der im Wohnungsbau am weitesten verbreitete Estrich.

Zementestriche schwinden beim Erhärten relativ stark. Um die Gefahr von Rissbildungen zu vermindern, sind sie daher in möglichst quadratische Felder zu unterteilen, deren Seitenlängen sich nach der Konstruktionsart richten:

Bei Verbundestrichen sind Flächen bis ca. 200 m² denkbar, bei Estrichen auf Dämmschicht dagegen weniger, je nach Gegebenheiten (siehe auch 8.4.3).

Die Estrichdicke sollte – außer im Falle von Gefälle- oder Ausgleichsestrichen – möglichst überall gleich sein. Die Estrichtemperatur sollte drei Tage mindestens 5 °C betragen. Um die Festigkeitsentwicklung (Hydratation) zu unterstützen, ist es vorteilhaft, den Estrich sieben Tage feucht zu halten, z. B. durch Abdecken mit einer Folie. Eine Zwangstrocknung darf erst frühestens nach 14 Tagen erfolgen.

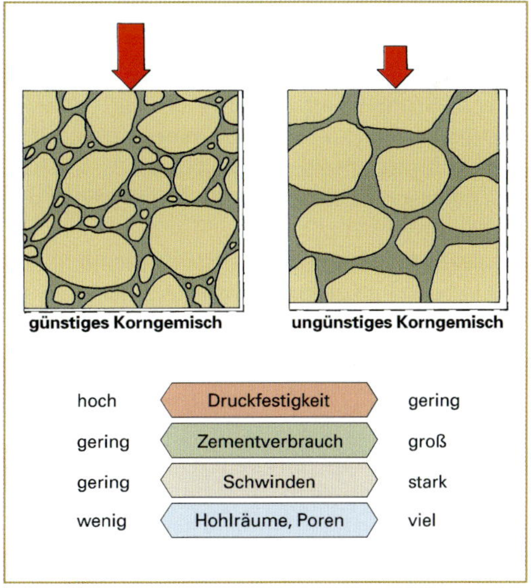

Kornzusammensetzung

Zementestriche mit Kunstharzzusätzen

Zu den Ausgangsstoffen des Zementestrichs kommen „Kunstharzdispersionen" hinzu. Die Zusätze betragen meist 5…20 Massen-%, bezogen auf den Zement. Durch den Kunstharzzusatz können wichtige Eigenschaften des Zementestrichs verändert werden:

- bessere Verarbeitbarkeit,
- die Haftfestigkeit am Untergrund wird verbessert,
- die Rissneigung und die Sprödigkeit werden verringert.

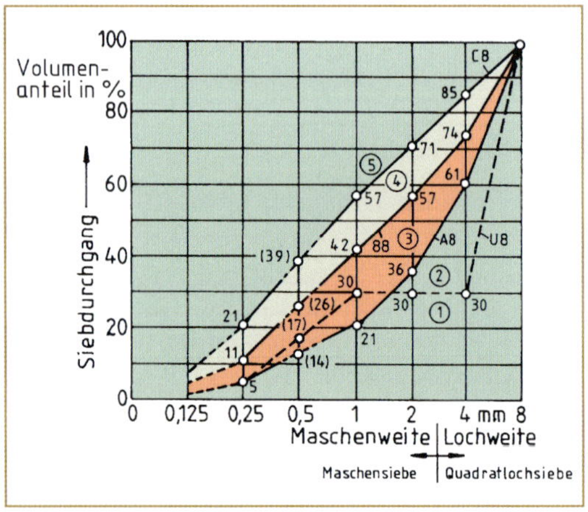

Sieblinien mit einem Größtkorn von 8 mm

8.3.2 | Calciumsulfatestrich (CA)

Zur Herstellung wird Anhydrit (wörtlich „ohne Wasser") aus wasserfreiem Calciumsulfat ($CaSO_4$) mit einem geringen Zusatz von Zement oder Kalk als Anreger verwendet. Neben Naturanhydrit wird heute vor allem synthetischer Anhydrit – ein Nebenprodukt der Flusssäureherstellung – und Anhydrit aus Abgasentschwefelungsanlagen verwendet. Calciumsulfatestrich soll unbehindert austrocknen können und darf einer dauernden Feuchtigkeitsbeanspruchung nicht ausgesetzt werden.
Bei Anwendung in Feuchträumen werden Abdichtungsmaßnahmen erforderlich (siehe Lernfeld 9). Er wird jedoch im Trockenbereich immer mehr anstelle von Zementestrich eingesetzt, vor allem weil er

- schneller erhärtet und daher früher belast- und begehbar ist,
- praktisch spannungsfrei erhärtet, sodass Flächen (auf Dämmschichten) erst nach ca. 20 m Seitenlänge durch Bewegungsfugen zu unterteilen sind,
- keine Bewehrung benötigt.

Konventioneller Calciumsulfatestrich als Heizestrich, (fugenlos) eingebracht in einer Hotelhalle

	Begehbarkeit	Belegbarkeit mit keramischem Belagmaterial oder Naturstein
Zementestrich	nach 3 Tagen	nach Erreichen der Belegreife: max. 2,0 M.-% Feuchtigkeit
Calciumsulfatestrich	nach 3 Tagen	nach Erreichen der Belegreife: max. 0,5 M.-% Feuchtigkeit
Gussasphaltestrich	nach 2 Stunden	2…4 Stunden nach Abkühlung

8.3.3 | Gussasphaltestrich (AS)

Gussasphaltestrich besteht aus Bitumen, Gesteinskörnung (Sand, Splitt) und Füllstoffen. Da er bei Temperaturen von 210…240 °C eingebaut wird, kann er nur auf hitzebeständigen Trenn-, Dämm- und Dichtungslagen aufgebracht werden. Gussasphaltestrich zeichnet sich durch seine sehr schnelle Belastbarkeit aus. Das plastische Verhalten des Gussasphaltestrichs führt dazu, dass bei Überschreitung der zulässigen Flächenpressung (z.B. durch Punktlasten) Verformungen auftreten können. Er kann in Räumen und im Freien verwendet werden. Unter Gussasphaltestrichen dürfen nur Dämmstoffe verlegt werden, deren Zusammendrückbarkeit höchstens 2 mm beträgt. Beläge dürfen nicht mit lösemittelhaltigen Klebern verlegt werden!

8.3.4 | Magnesiaestrich (MA)

Hauptvorteile von Magnesiaestrich sind: geringe Masse, niedrige Wärmeleitfähigkeit, hohe Verschleißfestigkeit, gute Lösemittelbeständigkeit, keine elektrostatische Aufladung. Er kann fugenlos verlegt werden, darf aber keinesfalls einen „dampfdichten" Belag (z. B. Fliesen) erhalten. Bei Anwesenheit von Wasser wirkt der Mörtel korrosionsfördernd. Er ist nicht feuchtebeständig.

8.3.5 | Kunstharzestrich (SR)

Kunstharzestrich wird aus Reaktionsharz (z. B. Epoxidharz) und Füllstoffen aus mineralischen bzw. synthetischen Gesteinskörnungen hergestellt.
Die Estrichnenndicke beträgt mind. 5 mm, zur Ausführung kommen Dicken zwischen 8 und 15 mm, im Sanierungsbereich kann die Dicke vergrößert werden.
Mit diesem Estrich kann auf wirtschaftliche Weise eine hohe mechanische Beanspruchbarkeit bei gleichzeitig guter chemischer Widerstandsfähigkeit erzielt werden.

Einbau von Gussasphaltestrich auf Dämmschicht

Abziehen eines fugenlos eingebrachten Magnesiaestrichs

8.4 | Konstruktiver Aufbau

8.4.1 | Estricharten nach der Konstruktion

Es werden vier Konstruktionsarten unterschieden:

Art	Verwendung im Bauwesen als
Verbund-estrich	• Nutzestrich, z. B. als Kellerboden • Industrieestrich • Gefälle- und Ausgleichsschicht
Estrich auf Trennschicht	• Industrieestrich über Abdichtungen • Schutzschicht über Abdichtungen
Estrich auf Dämmschicht	• Schallschutz im Wohnungs-, Schul- und Verwaltungsbau
Fertigteil-estrich	• Schall-/Wärmeschutz im Wohnungs-, Schul- und Verwaltungsbau und in der Altbausanierung

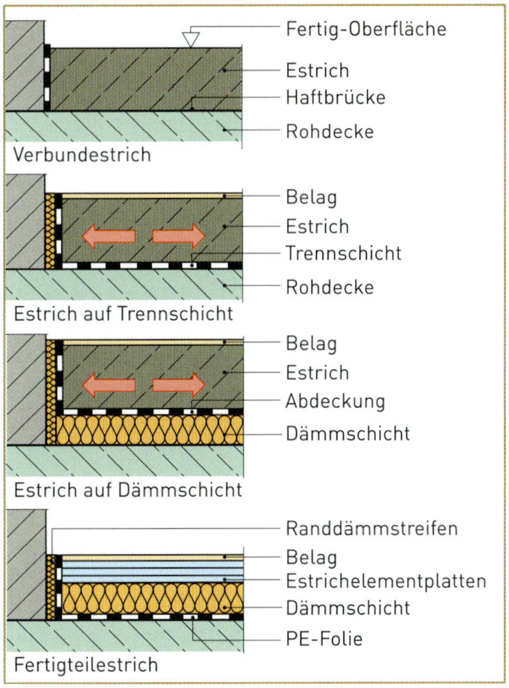

8.4.2 | Estrich auf Dämmschicht

In Gebäuden mit Aufenthaltsräumen ist der Estrich auf Dämmschicht innerhalb Deutschlands die häufigste Fußbodenkonstruktion. Die Gründe liegen auf der Hand: Verbesserung des Luftschall- und Trittschallschutzes oder des Wärmeschutzes, z. B. im Zusammenhang mit Fußbodenheizungen. Anders als bei Verbundestrichen muss der auf einer Dämmschicht „schwimmende" Estrich Lasten aufnehmen und sie verteilen. Dabei werden große Anforderungen an die Festigkeit des Estrichs gestellt, weil er – wie eine Deckenkonstruktion – auch auf Biegung beansprucht wird. Auch deshalb ist beim Einbringen auf eine gute Verdichtung zu achten.

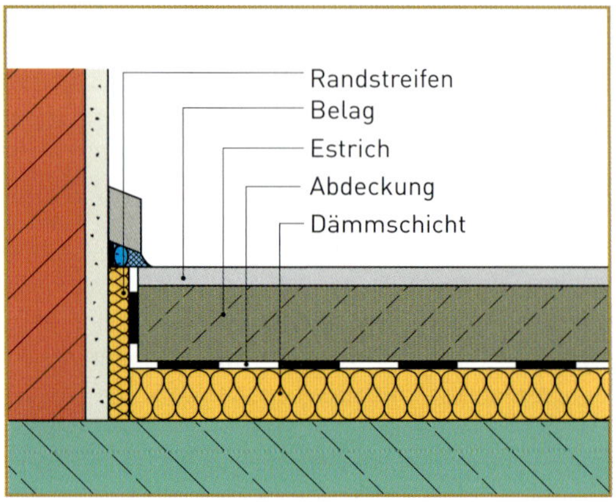

Estrich auf Dämmschicht (Schwimmender Estrich)

Untergrund

Der Untergrund zur Aufnahme der Fußbodenkonstruktion auf Dämmschichten muss ausreichend eben, fest und trocken sein. Die Ebenheit muss den Anforderungen der DIN 18202 für flächenfertige Böden entsprechen (Näheres s. 8.6). Bei den derzeit üblichen Formaten ist es sinnvoll, die erhöhten Anforderungen einzuhalten.

Mörtelreste, grobe Verunreinigungen oder punktförmige Erhebungen müssen entfernt sein. Rohrleitungen auf der Rohdecke müssen befestigt und in eine Ausgleichsschicht mit ebener Oberfläche eingebettet sein. Schüttungen müssen mit Bindemittel gebunden sein. Diese Maßnahmen sind notwendig, um eine vollflächige Auflage der Dämmschicht und den Einbau einer gleichmäßig dicken Estrichschicht sicherzustellen.

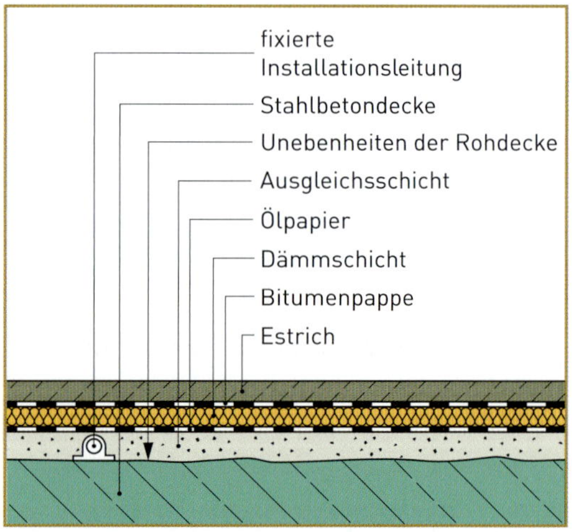

Estrich auf Dämmschicht mit Ausgleichsschicht

Dämmstoffe

Randdämmstreifen

Vor dem Einbau der Dämmschichten sind am Rand der Fußbodenkonstruktion an allen aufgehenden Bauteilen wie Wänden, Stützen, Türzargen Randstreifen aus einem Dämmmaterial anzubringen. Sie müssen eine Bewegung von mindestens 5 mm zulassen, was eine Dicke von ca. 10 mm voraussetzt. Sie sind **vor** die Dämmschicht zu stellen: umlaufend, dicht gestoßen, gegen Verschieben gesichert und sollen vom Rohfußboden bis über den fertigen Fußboden reichen. Sie dürfen erst nach dem Verlegen und Ausfugen des Belags abgeschnitten werden. Randstreifen gibt es auch vorgefertigt in verschiedenen Breiten, mit einer Folie kaschiert und einseitig selbstklebend.

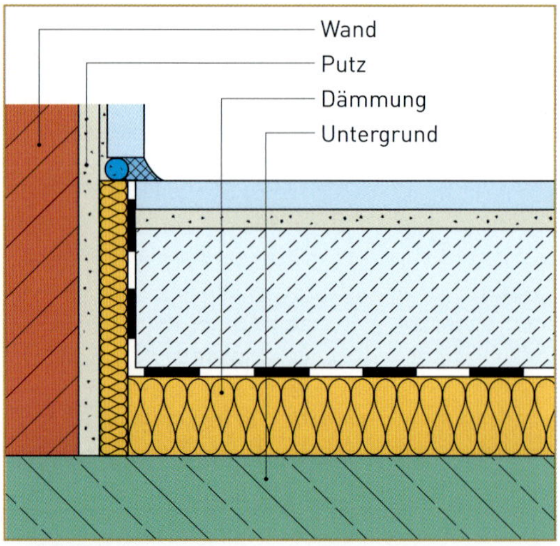

Der Randdämmstreifen muss eine Bewegung von mind. 5 mm zulassen

Dämmstoffe für den Trittschall gibt es als

- **Platten** aus **Schaumkunststoffen** nach DIN EN 13163
  Kürzel = EPS (expandiertes Polystyrol) oder
- **Matten** aus **Mineralwolle** nach DIN EN 13162
  Kürzel = MW (Mineralwolledämmstoffe).

Entscheidende Kennwerte für Trittschalldämmstoffe sind

1. **das Federungsvermögen**, das in der „dynamischen Steifigkeit“ (SD) in MN/m^3 ausgedrückt wird. Je niedriger der Wert, desto besser ist die Trittschalldämmung, aber auch desto weicher der Dämmstoff.
2. **das Maß der Zusammendrückbarkeit (*c*):**
   Es stellt die Differenz zwischen der Lieferdicke d_L und der Dicke unter Belastung d_B dar (Normprüfung). Die Dämmstoffe sind, abhängig von der zulässigen Nutzlast auf dem Estrich, in die Stufen CP5, CP4, CP3 und CP2 eingeteilt.

   Beispiel aus dem Wohnungsbau:
   Bei einem Dämmstoff der (niedrigsten) Stufe CP5
   - darf die Nutzlast auf dem Estrich **max. 2 kPa** betragen (entspricht 200 kg/m^2 = übliche Lastannahme),
   - darf die Zusammendrückbarkeit **max. 5 mm** betragen.

   Bei höheren Belastungen (Gewerbe) wird z. B. die Stufe CP3 gewählt. Für CP3 gelten folgende Höchstwerte:
   Nutzlast = 4 kPa;
   Zusammendrückbarkeit = 3 mm

Wichtig:
Bei mehreren Schichten sind die Maße zu addieren. Sie dürfen den geforderten Grenzwert nicht überschreiten.

Dämmstoffe zur Wärmedämmung

Trittschalldämmstoffe sind gleichzeitig auch Wärmedämmstoffe und können daher in die Berechnung einbezogen werden. Dabei ist das Maß der Dicke unter Belastung (d_B) anzusetzen. Bei Dämmstoffen für die Wärmedämmung spielt das Federungsvermögen keine Rolle – es kann also eine hohe dynamische Steifigkeit gewählt werden, z. B. SD ≤ 30…SD ≤ 50.

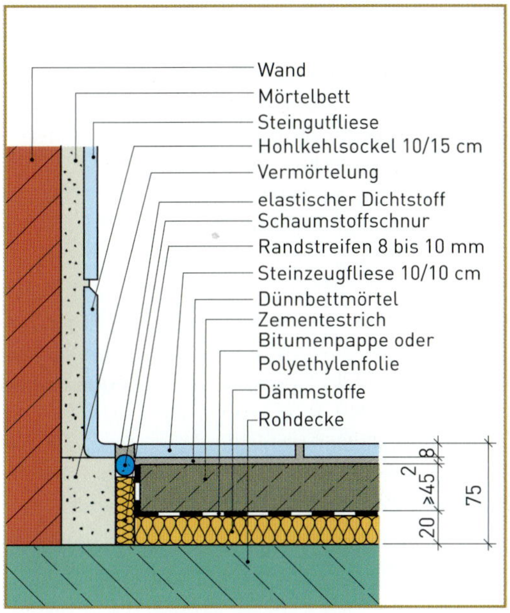

Randausbildung mit stehendem Kehlsockel

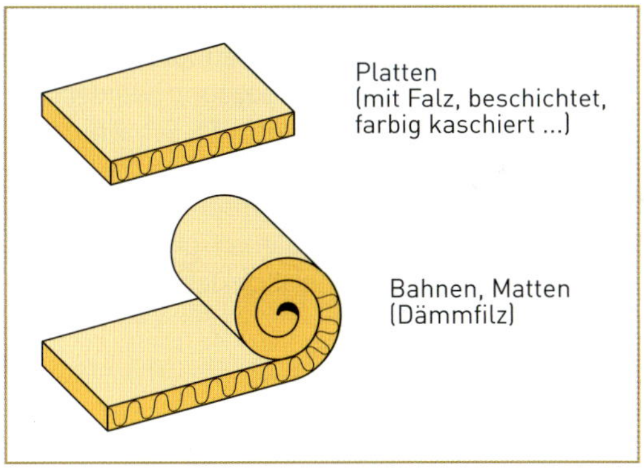

Lieferformen von Dämmstoffen

Mikroaufnahme der Zellstruktur von Polystyrolschaum

Weitere geeignete Dämmstoffe sind z. B.:

- Produkte nach DIN EN 13164 aus extrudiertem Polystyrolschaum (XPS) (extrudiert = im plastischen Zustand durch eine Düse gepresst),
- Produkte nach DIN EN 13165 aus Polyurethan-Hartschaum (PUR),
- Dämmstoffe aus Schaumglas,
- aus expandiertem Kork u. a.

Einbau der Dämmschichten

Die Dämmstoffe sind dicht gestoßen und mit versetzten Fugen einzubauen. Empfohlen wird eine Verlegung in zwei Lagen, wobei die Fugen nicht übereinander liegen sollen. Ist eine Wärme- und eine Trittschalldämmschicht vorgesehen, soll die (steifere) Wärmedämmschicht mit dem geringeren Maß der Zusammendrückbarkeit oben liegen.

Abdeckung

Die Dämmschichten werden mit einem wasserundurchlässigen und ausreichend festen Material abgedeckt, z. B. einer Polyethylenfolie mit mindestens 0,15 mm Dicke oder einem Rohglasvlies (bei AS). Die Abdeckung soll bei 8 cm Überlappung über den seitlichen Randstreifen hochgezogen werden. Sie unterbindet so die Entstehung von Schallbrücken durch einlaufenden Estrichmörtel und verhindert die Durchfeuchtung der Dämmschicht durch das Anmachwasser. Bei Fließestrichen und Kunstharzestrichen müssen die Stöße abgeklebt werden.

Ausführung

Normen

Für Estriche auf Dämmschicht gelten die Anforderungen der DIN EN 13813 und der DIN 18560-2.

Einbaubedingungen

Außenwandöffnungen sollten für mindestens drei Tage geschlossen sein (keine Zugluft!) und die Temperatur mindestens 5 °C betragen.

Nenndicke des Estrichs

Die Estrichdicke muss auf die Dämmschicht und auf die Nutzlast abgestimmt und möglichst überall gleich dick sein. Unter Belägen aus Naturstein oder Keramik gelten folgende **Mindestmaße** für die Lage im Gebäudeinnern (Wohnräume):

- Zementestriche (CT): 45 mm
- Calciumsulfatestriche (CA): 45 mm
- Calciumsulfatfließestriche (CAF): 40 mm
- Gussasphaltestriche (AS): 40 mm

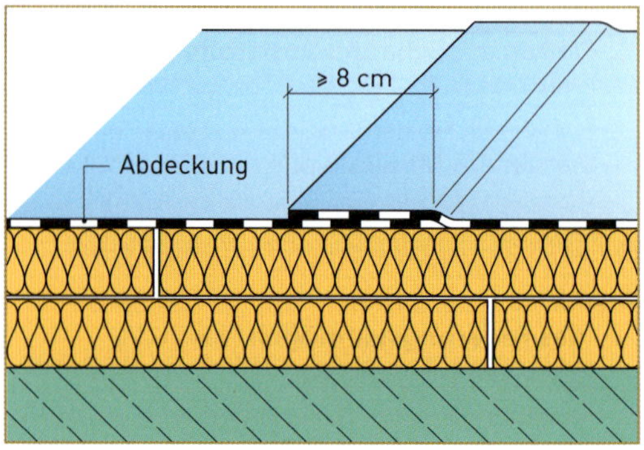

Zweilagige Dämmschicht, fugenversetzt

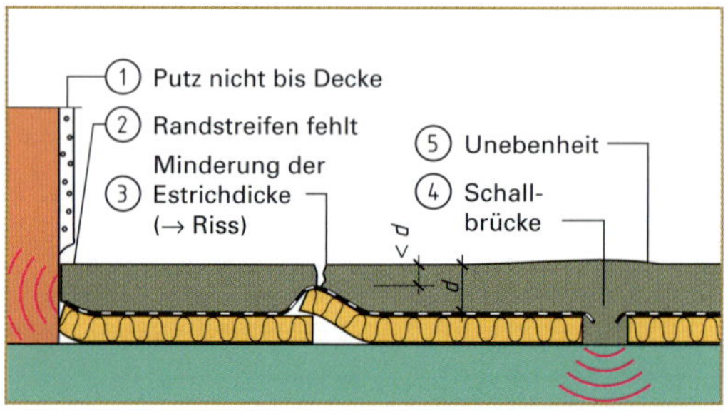

Mängel bei der Ausführung können den Trittschallschutz zunichte machen

Eine Falte in der Abdeckungsfolie:
Die Schwächung der Estrichdicke führte zum Riss

Estrichmörtelart	Festigkeitsklasse bzw. Härteklasse nach DIN EN 13813
Calciumsulfatestrich	≥ F4
Kunstharzestrich	≥ F7
Magnesiaestrich	≥ F4
Zementestrich	≥ F4
Gussasphaltestrich	
• für beheizte Räume	ICH10
• für nicht beheizte Räume	IC10

Estrich auf Dämmschicht – Biegezugfestigkeitsklasse, Härteklasse

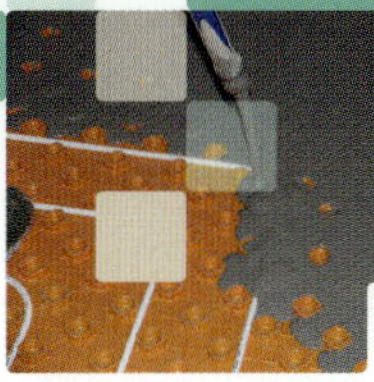

Bewehrung

Grundsätzlich ist eine Bewehrung nicht erforderlich. Bei Zementestrichen entscheidet der Planer, ob und welche Art von Bewehrung sinnvoll sein kann, z.B.

- Baustahlgitter 2 mm, Maschenweite 50 mm oder
- Faserbewehrung.

Nach allgemeiner Ansicht kann eine Bewehrung nicht verhindern, dass Risse entstehen, aber sie kann

- den Höhenversatz der Risskanten verhindern,
- entstandene Risse kleiner (schmäler) halten.

Belegreife

Mit den Verlegearbeiten auf Estrichen muss so lange gewartet werden, bis die Belegreife erreicht ist (siehe auch 9.4.1)

Es gelten folgende Grenzwerte für die Restfeuchte:

- Zementestrich (CT), 2 %
  bei großformatigen Fliesen mit l > 60 cm 1,8 %
- Calciumsulfatestriche (CA), unbeheizt 0,5 %
- Calciumsulfatestriche (CA), beheizt 0,3 %

Gliederung in Felder/Bewegungsfugen

Estriche auf Dämmschicht benötigen Bewegungsfugen: am Rand, über Bauwerksfugen, bei starken Versprüngen der Fläche, bei Türdurchgängen und als Begrenzung von Feldern (siehe dazu 8.7).

Die Estrichfelder sollten nicht schmal und lang sein (max. Verhältnis der Längen von 2 : 1).

Bei beheizten Estrichen gelten folgende max. Seitenlängen:

- Zementestrich 8 m
- Calciumsulfatestrich 10 m

Bei besonderen Gegebenheiten (Großformate, Sonneneinstrahlung) sollten die Felder kleiner ausgebildet werden.

Scheinfugen (angeschnittene Fugen) sind keine Bewegungsfugen, sondern Sollbruchstellen. Sie trennen den Estrichquerschnitt als Verlegeuntergrund nur bis ⅓ oder ½ seiner Höhe und werden in der Regel durch Einschneiden des frischen Estrichmörtels hergestellt. Diese Fugen dienen der Aufnahme der baustoffbedingten Schwindung des Estrichs. Sie sollen nicht diagonal angeordnet werden.

Sie bleiben offen und werden (ebenso wie aufgetretene Risse) frühestens 28 Tage nach Herstellung des Estrichs kraftschlüssig mit Kunstharz geschlossen und ggf. zusätzlich verdübelt. So behandelte „Fugen" werden bei der Herstellung der Bodenbeläge nicht berücksichtigt.

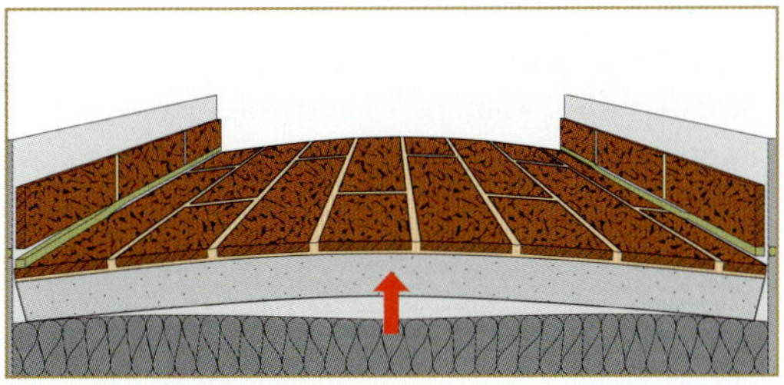

Folgen von zu frühem Verlegen:
Die starre Keramikschale behindert das Schwinden des Estrichs, wodurch er sich aufwölbt

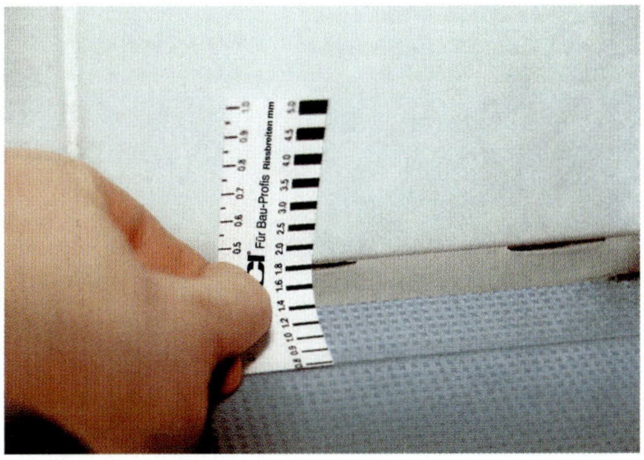

Durch das Aufwölben senken sich die Ränder ab, die Randfugen reißen

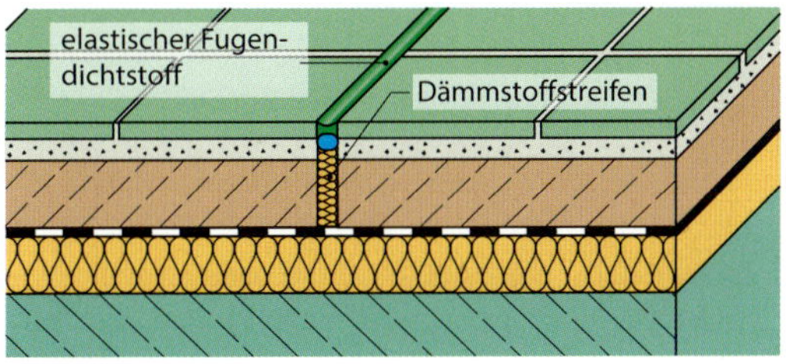

Ausbildung einer Bewegungsfuge

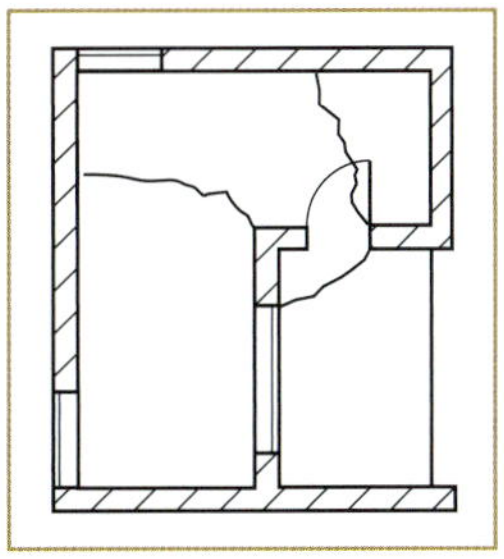

Schwindrisse bei Estrich ohne Fugenteilung

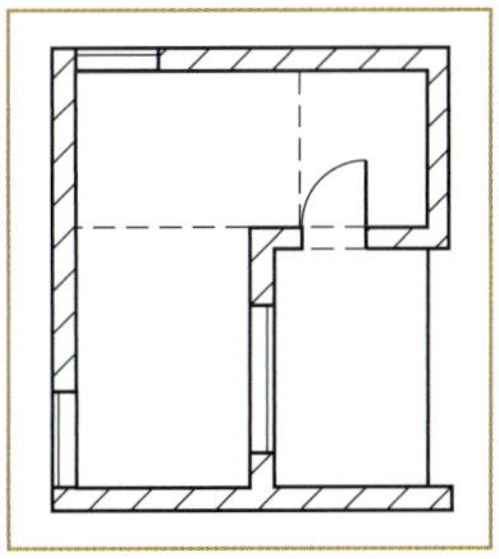

Geplante Fugenteilung

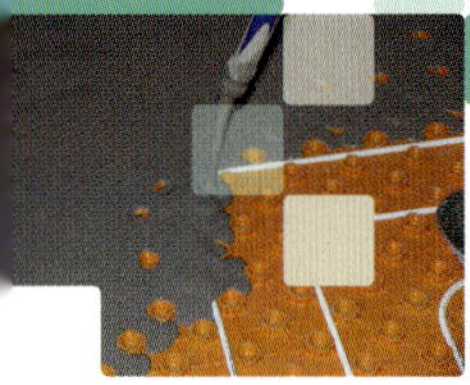

Estrich auf Dämmschicht im Wohnungsbau: Konstruktiver Aufbau – Übersicht				
Stoff/ Bauteil/ Schicht	**Aufgabe**	**geforderte Eigenschaften**	**Worauf ist deshalb bei der Ausführung zu achten?**	**gewählt:**
1. Rohdecke: Stahlbeton 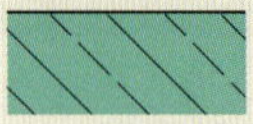	tragender Untergrund	fest, trocken, frei von • groben Verunreinigungen, • Mörtelresten, • punktförmigen Erhebungen, • Rohrleitungen o. Ä. eben: Oberfläche muss den **erhöhten** Anforderungen der DIN 18202 entsprechen. Grund: • Gefahr von Schallbrücken, • unterschiedliche Estrichdicke	• Untergrund genau prüfen: Ebenheit: z. B. mit dem Richtscheit Festigkeit: Wisch-, Kratz-, Klopfprobe usw. • unzulässige Unebenheiten vorher ausgleichen, • Rohrleitungen befestigen, Zwischenräume auffüllen, ebene Oberfläche herstellen, • lose Schüttungen aus Sand sind nicht zulässig	ist vom Planer vorgegeben: z. B. C 25/30
2. Randdämmstreifen 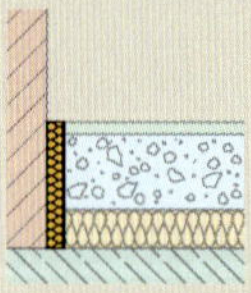	Schalldämmung	er muss eine Bewegung (Zusammendrückung) von mind. 5 mm zulassen, dies bedeutet: • Dicke mindestens 10 mm	Verlegung: • umlaufend, • **vor** der Dämmschicht, • dicht gestoßen, • fixiert Höhe: • vom tragenden Untergrund bis zur Belagoberfläche, • darf erst zusammen mit der Abdeckung nach Fertigstellung des Belags abgeschnitten werden	Material wie bei Dämmstoffen, z. B.: • Mineralwolle nach DIN EN 13162 (MW), • PE-Schaum evtl. vorgefertigt
3. Dämmschicht: ein- oder zweischichtig 	verhindert die Übertragung von Trittschall in den Untergrund oder in angrenzende Bauteile falls vorgesehen: Dämmstoff für die Wärmedämmung	Schalldämmstoff: • braucht Federungsvermögen (dynamische Steifigkeit), um Schwingungen abzufangen, • darf sich insgesamt nicht mehr als 5 mm unter der Belastung zusammendrücken lassen Wärmedämmstoff: • möglichst druckfestes Produkt einsetzen	sie muss möglichst vollflächig aufliegen Verlegung: • möglichst zweischichtig, • mit versetzten Fugen, • dicht gestoßen, damit keine Lücken entstehen Grund: sonst Gefahr von Schall- oder Wärmebrücken bei Kombination von Schall- und Wärmedämmschicht: steifere Schicht (Wärmedämmschicht) oberhalb der Trittschalldämmschicht	genormte Materialien, z. B.: • Mineralwolle nach DIN EN 13162 (MW), • Polystyrol-Hartschaum nach DIN EN 13163 (EPS) Auswahl entsprechend der geforderten Stufe der Zusammendrückbarkeit (CP), z. B. 30 – CP5 Erklärung: 30 = Lieferdicke (d_L) in mm CP5 = 5 mm Zusammendrückbarkeit bei mehreren Lagen: Maß c = Gesamtmaß!

Fortsetzung nächste Seite ▶

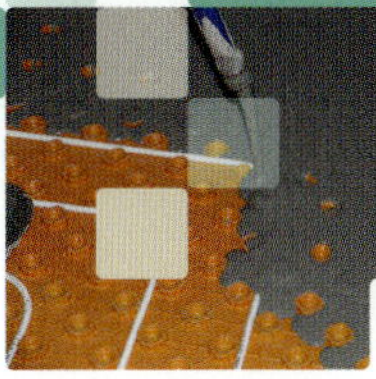

Estrich auf Dämmschicht im Wohnungsbau: Konstruktiver Aufbau – Übersicht (Fortsetzung)				
Stoff/Bauteil/ Schicht	**Aufgabe**	**geforderte Eigenschaften**	**Worauf ist deshalb bei der Ausführung zu achten?**	**gewählt:**
4. Abdeckung 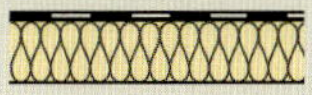	verhindert, dass Mörtel in die Lücken zwischen Dämmstoffplatten eindringt (= Schallbrücken!) verhindert die Durchfeuchtung der Dämmschicht (= Wärmebrücken!)	reißfest, wasserabweisend Achtung: • sie ersetzt keine Abdichtung, • sie ersetzt keine Dampfsperre	Bahnen müssen sich mindestens 8 cm überlappen bei Fließestrichen und Kunstharzestrichen Stöße abkleben	Polyethylenfolie (PE) • für beheizte und unbeheizte Estriche (CT und CA); Dicke: mindestens 0,15 mm alternativ: Rohglasvlies (AS)
5. Lastverteilungsschicht als • Zementestrich (CT) alternativ: • Calciumsulfatestrich (CA) • Calciumsulfatfließestrich (CAF) oder als (Zement-) Mörtelbett	Last aufnehmen und verteilen = Lastverteilungsschicht als Heizestrich dazu: Wärme aufnehmen und weiterleiten	Dicke: möglichst überall gleich CT: mind. 45 mm CA: mind. 45 mm CAF: mind. 40 mm Bewehrung: grundsätzlich nicht gefordert; ob und welcher Art eine Bewehrung sein soll, entscheidet der Planer. Zur Wahl stehen z. B.: • Baustahlgitter 2 mm • Faserbewehrung	auf gute Verdichtung achten Nachbehandlung als Schutz vor Hitze und Zugluft (Gefahr von Rissebildung und „Aufschüsseln"): • geschlossenen Raum schaffen oder • Folienabdeckung z. B. 4...7 Tage	Estrich nach DIN 18560-2 Mörtelbett nach ATV DIN 18352 (VOB) • Dicke mind. 45 mm • MV 1:4...1:5 • Korngröße 0...8 (AS-Estrich möglich mit speziellen Einbauregeln)

8.4.3 | Verbundestrich

Verbundestriche werden im Wohnungsbau hauptsächlich als Zementestriche in Nebenräumen, Kellern, Garagen und als Ausgleichsschichten von Rohdecken ausgeführt. Verbundestriche können als unmittelbar begangene **Nutzestriche** oder als Untergrund für Oberbeläge vorgesehen werden. Durch diese Verwendung entstehen unterschiedliche Anforderungen an Ebenheit, Festigkeit und Oberfläche des Verbundestrichs.

Konstruktive Hinweise

Ein Verbundestrich ist ein mit dem tragenden Untergrund verbundener Estrich.

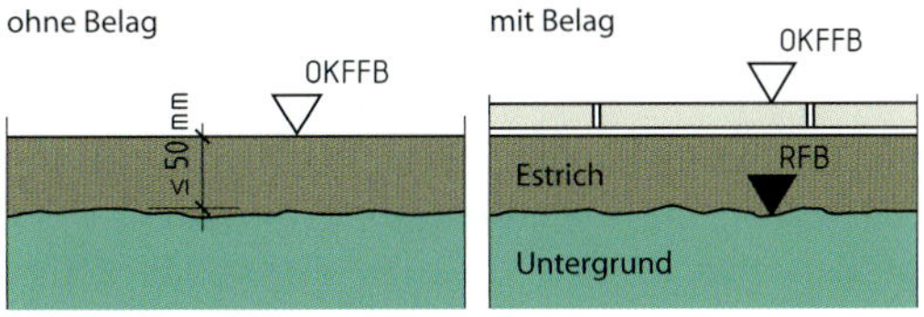

Ausgleich von Unebenheiten

Bauteile/Funktion	Stichmaße als Grenzwerte in mm bei Messpunktabständen in m bis				
	0,1 m	1 m[1])	4 m[1])	10 m[1])	15 m
Fertige Oberfläche	2	4	10	12	15

[1]) Zwischenwerte sind gradlinig einzuschalten und auf mm zu runden

Grenzwerte für Ebenheitsabweichungen für einen Verbundestrich

Die Dicke von Verbundestrichen sollte nicht weniger als etwa das Dreifache des Größtkorns der Gesteinskörnung betragen und bei einschichtigem Estrich
- 40 mm bei Gussasphalt- und
- 50 mm bei Calciumsulfat-, Magnesia-, Kunstharz- und Zementestrichen

nicht überschreiten.

Empfohlene Estrichdicken sind 30 mm bei einschichtigem und 10 bis 15 mm je Einzelschicht bei mehrschichtigem Estrich.

Hartstoffestriche eignen sich als Verschleißestriche, z. B. in Parkhäusern und Industrieanlagen. Sie bestehen meist aus zweilagigem Verbundestrich: aus einer Übergangsschicht (CT) und einer 0,5...2 cm dicken Hartstoffschicht.

Als Gesteinskörnung für die Hartstoffschicht kommen harter Natursteinsplitt, Korund oder Siliciumcarbid infrage.

Untergrund

Der Untergrund von Verbundestrichen muss ausreichend fest (mindestens C20/25) und rissfrei, eben sowie möglichst rau sein, um den Verbund zu gewährleisten.

Haftbrücke

Um eine kraftschlüssige Verbindung zwischen Estrich und Untergrund zu gewährleisten, kann eine Haftbrücke notwendig sein. Nach einer geeigneten Untergrundvorbereitung (z. B. Fräsen, Kugelstrahlen, Sandstrahlen, Schleifen) ergeben Haftbrücken aus Reaktionsharzen oder wasseremulgierbaren Reaktionsharzen einen optimalen Verbund.

Konstruktive Hinweise für CT

Der Zementestrich soll aus einer Gesteinskörnung ≤ 8 mm, Sieblinie AB, hergestellt werden. Auf das Mischen von mindestens 3 min im Zwangsmischer ist zu achten. Max. 350 kg Zement pro m^3 Fertigmörtel, Wasserzementwert ≤ 0,6, Konsistenz steif (F1) bis plastisch (F2). Durch Verflüssiger kann die Verarbeitbarkeit verbessert werden.

Einbau

Estrich sollte auf die gerade erstarrte bzw. maximal 1 bis 2 Tage alte und feuchte Betonoberfläche aufgetragen werden. Bei trockenem und erhärtetem Untergrund ist 24 Stunden vorher anzunässen. Eine aufgebürstete Zementsandschlämme oder eine Kunstharzdispersion dient als Haftbrücke.
Nach dem Einbringen des Mörtels sollte er mit einer Rüttelbohle oder einem Oberflächenrüttler gleichmäßig verdichtet werden, er ist eben abzuziehen und zu glätten. Maßtoleranzen der DIN 18202 sind einzuhalten.

Sauberer Untergrund

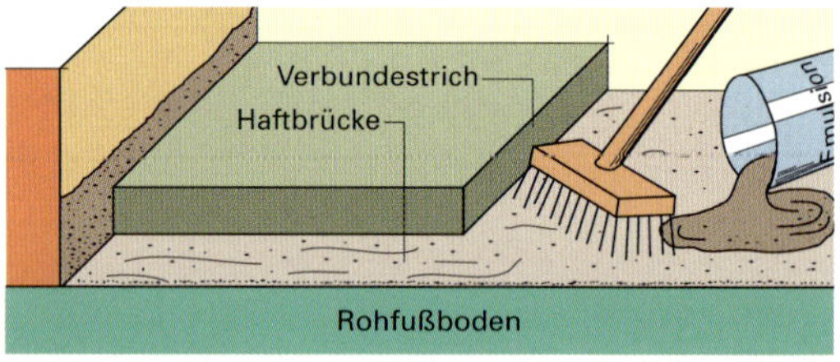

Wichtig: kraftschlüssiger Verbund

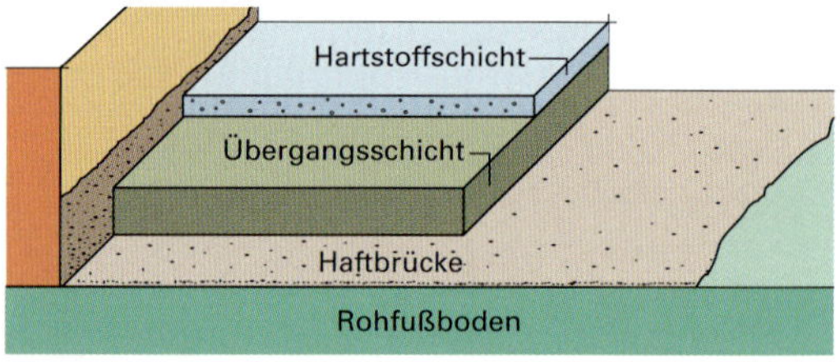

Aufbau des Hartstoffestrichs

Estrichmörtelart	Festigkeitsklasse bzw. Härteklasse nach DIN EN 13813 bei Nutzung	
	mit Belag	ohne Belag
Calciumsulfatestrich	≥ C20/F3	≥ C25/F4
Kunstharzestrich	≥ C20/F3	≥ C25/F4
Magnesiaestrich	≥ C20/F3	≥ C25/F4
Zementestrich	≥ C20/F3	≥ C25/F4
Gussasphaltestrich	IC10, IC15 (beheizte Räume)	

Verbundestrich – Festigkeitsklasse, Härteklasse

Der fertige Estrich muss mindestens 7 Tage vor Austrocknung geschützt werden. Der Zugang zu frisch hergestellten Estrichflächen ist zu sperren.

8.4.4 | Estrich auf Trennschicht

Zwischen Untergrund und Estrich wird eine Trennschicht angeordnet, damit die beiden Bauteile sich unabhängig voneinander bewegen können. Sie sollte aus mindestens zwei Lagen PE-Folie mit einer Dicke von 0,1 mm bestehen. Ist eine Abdichtung vorhanden, ist es zweckmäßig, ebenfalls zwei Lagen Trennfolie zu verlegen.
An angrenzenden Bauteilen sind Randdämmstreifen anzuordnen.
Die Estrichnenndicke sollte bei einschichtigem Estrich

- 15 mm bei Kunstharzestrichen,
- 25 mm bei Gussasphaltestrichen,
- 30 mm bei Calciumsulfat- und Magnesiaestrichen sowie
- 35 mm bei Zementestrichen

nicht unterschreiten.

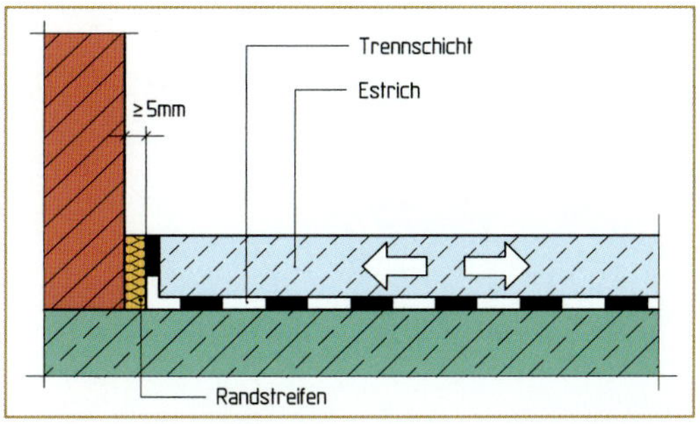

Estrich auf Trennschicht

Estrichmörtelart	Festigkeitsklasse bzw. Härteklasse nach DIN EN 13813 bei Nutzung	
	mit Belag	ohne Belag
Calciumsulfatestrich	≥ F4	≥ F5
Kunstharzestrich	≥ F7	≥ F7
Magnesiaestrich	≥ F4	≥ F7
Zementestrich	≥ F4	≥ F4
Gussasphaltestrich	IC10, IC15 (beheizte Räume)	

Estrich auf Trennschicht – Festigkeitsklasse, Härteklasse

8.4.5 | Fertigteilestrich

Unter Fertigteilestrich versteht man eine Estrichart, die aus vorgefertigten kraftübertragenden, miteinander verbundenen Platten, z. B. aus faserverstärkten Gipsplatten, besteht.
Da durch den trockenen Einbau keinerlei Baufeuchte entsteht, müssen für nachfolgende Arbeiten keine Wartefristen berücksichtigt werden. Fertigteilestriche eignen sich daher besonders für den Einsatz im Altbau. Vor dem Verlegen müssen Unebenheiten in der tragenden Konstruktion durch Trockenschüttungen (Perlite) ausgeglichen werden.

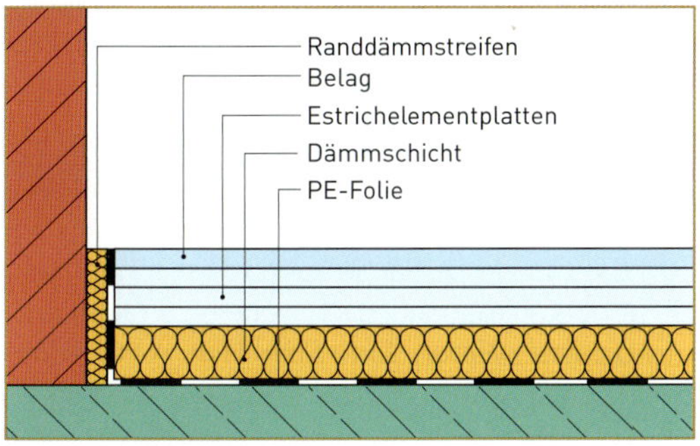

Fertigteilestrich

8.4.6 | Fließestrich

Eine Weiterentwicklung im Estricheinbau ist der Fließestrich, der an den Einsatzort gepumpt wird und von selbst eine glatte, waagerechte Oberfläche bildet.
Nach dem verwendeten Bindemittel unterscheidet man **Zementfließestriche** und **Calciumsulfatfließestriche**. Vor allem im trockenen Innenbereich wird immer häufiger Calciumsulfat mit Anregern verwendet, dem Verflüssiger, Wasser und Gesteinskörnung zugemischt werden.

Arbeiten mit der Schwabbelstange

Typische Sinterschicht bei einem Calciumsulfatestrich, links bereits durch Anschleifen entfernt

Calciumsulfatfließestrich

Nach Einbringen des Estrichs muss innerhalb von 30 Minuten die Fläche längs und quer mit einer Schwabbelstange durchgearbeitet werden. Der Estrich darf nicht bei Temperaturen unter +5 °C, bezogen auf den Fußboden, eingebaut werden. Zugluft und direkte Sonnenbestrahlung sind in den ersten 2 Tagen zu vermeiden, anschließend ist für gute Be- und Entlüftung zu sorgen.

Der Calciumsulfatfließestrich (CAF) erreicht ein höheres Festigkeitsniveau bei guter Volumenstabilität – fugenlose Ausführung großer Flächen ist möglich! Die Estrichoberfläche kann meist schon nach 24 Stunden begangen, nach weiteren 3 Tagen normal belastet werden. Gute Ebenflächigkeit bei hoher Verlegeleistung ergänzt die Eigenschaften.

Vor dem Aufbringen eines keramischen Belags oder einer sonstigen Nutzschicht ist die Oberfläche des Estrichs grundsätzlich anzuschleifen und abzusaugen, außer bei anderslautenden Herstellerangaben. Es wird empfohlen, dies zwischen dem 7. und 9. Tag zu tun, weil sich dann die Austrocknungszeit verkürzen lässt (Belegreife = max. 0,5 Massen-% Feuchtigkeitsgehalt).

Zeitgemäße Beschichtungssysteme bieten Schutz vor Feuchtigkeit und Belag in einem. Grundlage ist ein lösemittelfreies Zweikomponenten-Epoxidharz, das in zwei Arbeitsgängen – Imprägnierung (Komponenten) und Beschichtung (Komponenten mit Quarzsand bis 4 mm) – aufgebracht wird. Optische Effekte lassen sich durch Einstreuen von Farbchips in die Beschichtung erzielen.

8.4.7 | Estrichschäden

Risse und Hohlstellen in Zementestrichen können mit Reaktionsharzen saniert werden (siehe Abb.).

Folgende Maßnahmen haben sich in der Praxis bewährt:

1. Die Risse werden mechanisch verbreitert, der Staub wird sorgfältig abgesaugt, danach dünnflüssiges Reaktionsharz eingefüllt.
2. Quer zum Riss wird der Estrich in Abständen auf etwa ⅔ der Estrichdicke eingeschnitten, gewellte Klammern als Bewehrung eingelegt, danach verfüllt.
3. Bei Verbundestrichen werden Hohlstellen mittels Klopfprobe ermittelt und ihre Ränder mit Kreide markiert. Die Schadstelle wird schachbrettartig angebohrt (Injektions- und Entlüftungslöcher), Injektionsharz eingepresst, die Hohlräume ausgefüllt und so ein kraftschlüssiger Verbund hergestellt.

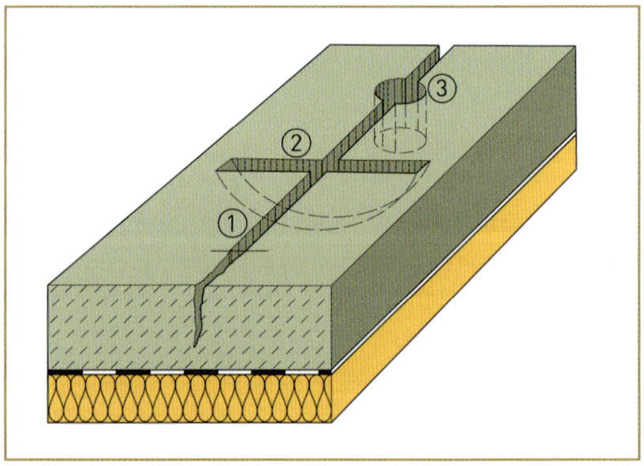

Sanierung von Rissen

Gewellte Klammern zum Verbinden von Estrichrissen

Zusammenfassung

Estriche sind Teile der Fußbodenkonstruktion und dienen als glatter Untergrund für Bodenbeläge. Hohe Druckfestigkeit und Verschleißwiderstand sind positive Eigenschaften, auftretende Längenänderungen erfordern eine konstruktive Fugenplanung (Zementestrich).

Es werden Verbundestriche, Estriche auf Trennschicht, Estriche auf Dämmschicht und Fertigteilestriche als Konstruktionssysteme unterschieden.

Nach den verwendeten Bindemitteln bezeichnet man Estriche als Zementestrich, Calciumsulfatestrich, Magnesiaestrich, Kunstharzestrich und Gussasphaltestrich.

Verbundestriche sind Nutzestriche, dienen als Gefälle- und Ausgleichsschichten und benötigen einen guten Haftverbund mit dem Untergrund.

Bei Estrich auf Trennschicht können sich Untergrund und Estrich unabhängig voneinander bewegen.
Mit einer auf Dämmschicht schwimmend verlegten Estrichkonstruktion können Luftschall- und Trittschallschutz von Rohdecken verbessert werden.

8.5 | Beheizter Fußboden

Beläge aus Keramik oder Naturstein fühlen sich an ihrer Oberfläche kalt an. Auch eine darunterliegende Dämmschicht ändert nichts an dieser Tatsache. Dies hängt in erster Linie damit zusammen, dass keramisches Belagmaterial dicht und schwer ist und deshalb eine gute Wärmeleit- und Wärmespeicherfähigkeit besitzt. Die Wärme des Fußes wird also rasch abgeleitet und löst damit eine Kälteempfindung aus.

Der Gedanke lag deshalb nahe, durch Beheizen des Estrichs – sei es durch Heizdrähte oder durch Warmwasserrohre – diesen Nachteil auszugleichen.

Da die darunterliegende Dämmschicht eine Wärmeableitung nach unten verhindert, wirkt die Belagfläche als „Heizkörper" und kann bei niedrigen Oberflächentemperaturen (25 bis 28 °C) für angenehme Raumwärme sorgen.

Neuere Heizsysteme, die die Wärmeenergie aus der Umwelt beziehen – aus Sonne, Wind, Wasser, Erde –, arbeiten wirtschaftlicher, wenn sie keine hohen Temperaturen erzeugen müssen.

Die Warmwasserfußbodenheizung, die eine Vorlauftemperatur von höchstens 55 °C benötigt, bietet sich dafür als Ergänzung an.

Bei der Planung muss allerdings berücksichtigt werden, dass beheizte Beläge einen wesentlich höheren Aufbau benötigen. Für den nachträglichen Einbau in Altbauten sind verschiedene Systeme auf dem Markt, die mit geringen Höhen auskommen. Es handelt sich meist um profilierte Schaumstofffertigteile, in deren Aussparungen Kunststoffrohre verlegt und mit festen Platten als Träger des Oberbelages abgedeckt werden.

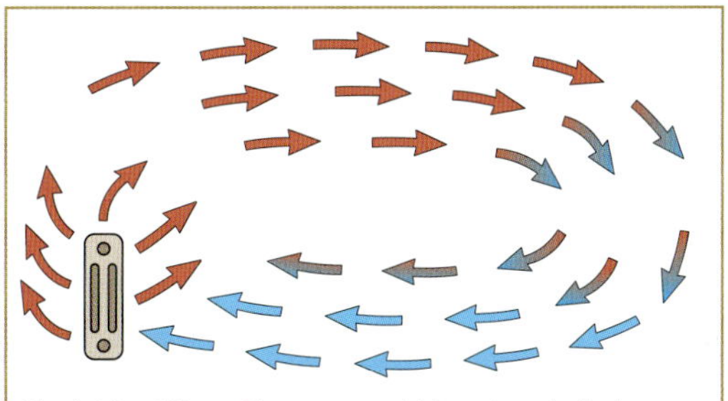

Ungleichmäßigere Temperaturschichten innerhalb des Raumes, kühlere Zonen im Fußbereich.

Temperaturverteilung bei der Radiatorheizung

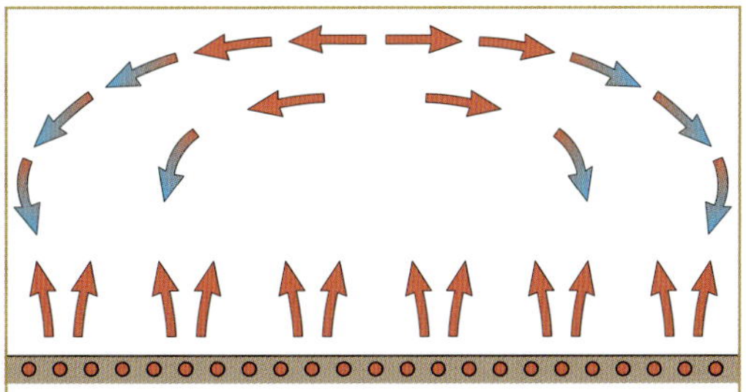

Gleichmäßiger aufsteigende Wärme, Abkühlung unter der Decke und an den Außenwänden, geringere Luftbewegung im Raum.

Temperaturverteilung bei der Fußbodenheizung

8.5.1 | Warmwasserheizung

Um Korrosionsschäden von vornherein auszuschließen, verwendet man heute vorwiegend Kunststoffrohre, die einen Vor- und Rücklaufanschluss an die Warmwasserheizung haben. Sie werden nach einem vorher festgelegten Ringsystem meist auf Klemmhaltern oder mit Klettbändern befestigt und in den Estrich eingegossen.

Die Abstände zwischen den Rohren richten sich nach dem jeweiligen Wärmebedarf. So werden sie an kälteren Außenwandzonen enger gewählt als z. B. in Raummitte.

Auch können einzelne Felder Ringsysteme erhalten, die später wahlweise zu- oder abgeschaltet werden. Für einen Wohnraum kann z. B. die Vorlauftemperatur 55 °C, die Rücklauftemperatur 25 °C betragen. Es tritt damit innerhalb eines Belages eine Temperaturdifferenz von 30 °C auf. Je größer die Differenz, desto größer die Spannung zwischen Belagmaterial und Estrich (vgl. Elektroheizung). Örtliche Wärmestaus, z. B. durch einen nachträglich ausgelegten Bodenteppich, sollten daher möglichst vermieden werden. Die Temperaturunterschiede können hier hohe Werte annehmen und dadurch Spannungen hervorrufen, die sich in Form von Rissen entladen.

Die Aufheizzeit ist deutlich länger als bei Elektroheizungen. Auch reagiert die Regelung träger auf wechselnde Temperaturen, z. B. bei einem Wetterumschlag.

8.5.2 | Aufbau

Untergrund

Der Untergrund muss tragfähig, trocken und eben sein. An die Ebenheit sind **erhöhte Anforderungen** nach DIN 18202 zu stellen. Falls ein Gefälle vorgesehen ist, muss es unterhalb der Dämmschicht liegen.

Dämmschichten

Nach DIN 18560-2 gelten für Heizestriche und für Estriche auf Dämmschicht dieselben Anforderungen.

Dämmschichten aus Schaumkunststoff oder aus Mineralwolle werden in „Stufen der Zusammendrückbarkeit" eingeteilt. Die Auswahl richtet sich nach der späteren Nutzlast auf dem Belag. So ist z. B. für eine Nutzlast von 2,0 kPa (≙ 200 kg/m²) ein Dämmstoff der Stufe CP5 gefordert. Trittschalldämmstoffe müssen außerdem noch die geforderte dynamische

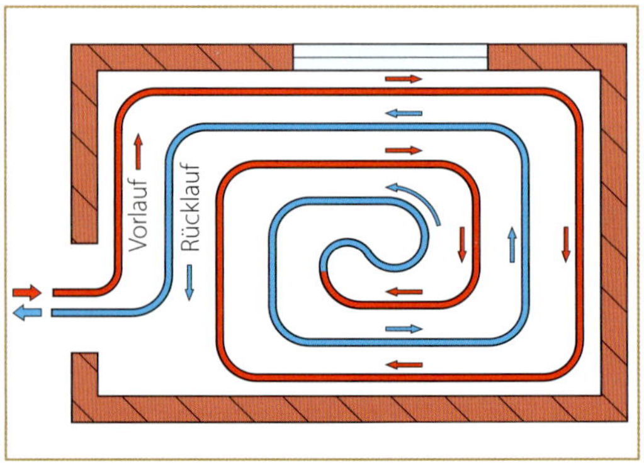

Bifilare Verlegung
Vor- und Rücklauf liegen nebeneinander. Die Wärme verteilt sich gleichmäßiger

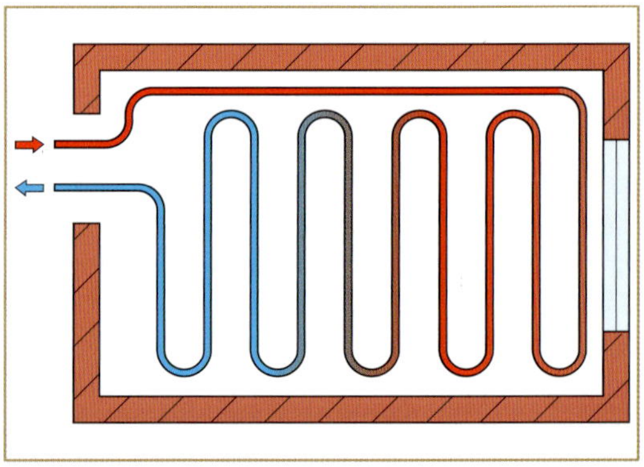

Mäanderförmige Verlegung
Die Fensterseite bekommt mehr Wärme

Befestigung mit Klemmhaltern

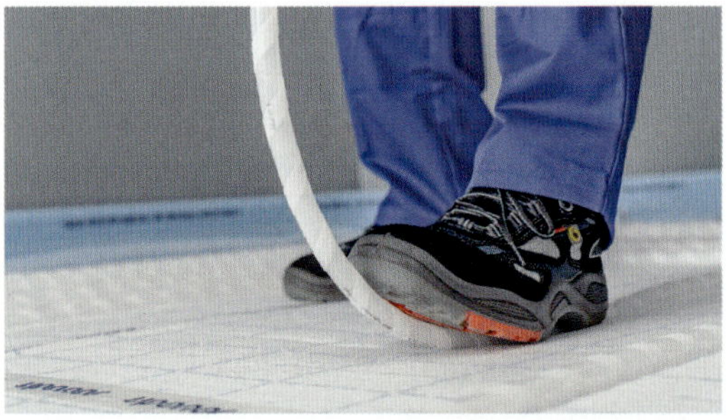

Befestigung mit Klettbändern auf beschichteten Dämmplatten

Steifigkeit (SD) aufweisen (siehe 8.4.2). Unter Heizestrichen darf das Maß der Zusammendrückbarkeit max. 5 mm (bei Calciumsulfatestrichen max. 3 mm) betragen. Bei zweilagiger Ausführung sind die steiferen Platten fugenversetzt über den weicheren zu verlegen. Die Dämmschicht ist mit einer Polyethylenfolie von mindestens 0,15 mm Dicke (oder einem gleichwertigen Material) abzudecken. Sie soll bei ca. 8 cm Überlappung bis über den seitlichen Randstreifen hochgeführt werden.

Querschnitt: Fließestrich auf Fußbodenheizung

Querschnitt: Konventioneller erdfeuchter Estrich auf Fußbodenheizung, ungenügend verdichtet

Estrich

Der Estrich auf Dämmschicht hat mehrere Funktionen. Er muss
- die Last tragen und verteilen,
- die Warmwasser- oder Elektroheizung aufnehmen,
- die Wärme gleichmäßig verteilen und speichern.

Um die Bildung von breiten Rissen zu verhindern, kann der Estrich bewehrt werden.

Um Verluste bei der Wärmeübertragung zu vermeiden, ist es zwingend erforderlich, dass die Heizrohre vollständig – also ohne Zwischenraum – vom Estrichmörtel umhüllt sind.

Konventionell (in plastischem Zustand) eingebrachten Mörteln (CT) werden daher üblicherweise plastifizierende und stabilisierende Zusätze beigemischt; außerdem achtet man besonders auf eine gute Verdichtung.
Fließestriche (CAF) weisen hier naturgemäß deutliche Vorteile auf:
- das flüssige Einbringen,
- praktisch keine Schwindneigung beim Erhärten und
- die hohe Gefügedichte

ermöglichen die vollständige Umhüllung der Heizrohre und führen dazu, dass die Wärme schnell an den Raum abgegeben wird.

Die Gesamtdicke des Estrichs richtet sich nach der Lage und dem Durchmesser der Heizrohre. Man unterscheidet dabei die folgenden Bauarten:

Bauart A

Liegen die Heizrohre unmittelbar auf der Abdeckung oder mit einem geringen Abstand darüber, beträgt die Estrichdicke oberhalb des Heizrohrs mindestens 45 mm (bei CT).

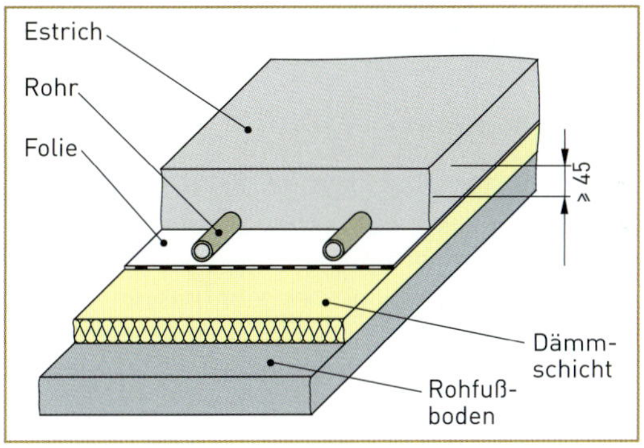

Bauart A

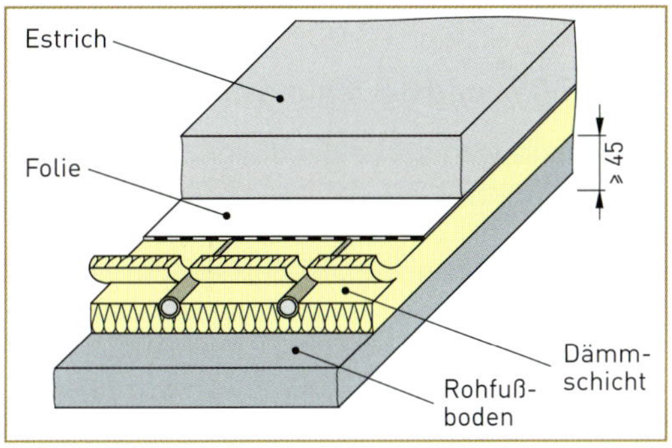

Bauart B

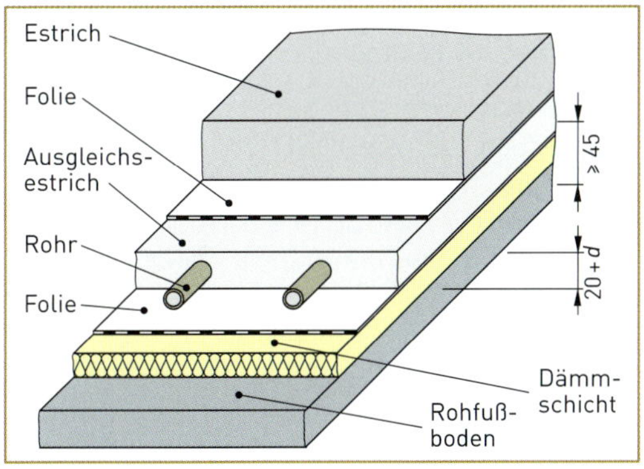

Bauart C

Bauart B

Liegen die Heizrohre in Aussparungen der Dämmplatten, so muss die Estrichdicke oberhalb der Abdeckung mindestens **45 mm** (CT) betragen.

Bauart C

Liegen die Heizrohre auf der Abdeckung in einem eben abgezogenen Ausgleichsestrich, so muss dieser mindestens **20 mm + *d*** dick sein. Darüber ist auf einer Gleitschicht (z. B. aus zwei Lagen PE-Folie) ein Estrich als Lastverteilungsschicht mit einer Mindestdicke von **45 mm** (CT) einzubauen.

Rohrbefestigung

Je nach System und Lage der Rohre – ob sie z. B. direkt auf einer beschichteten oder genoppten Dämmschicht oder auf einer PE-Folie oder auf einem Baustahlgitter liegen, gibt es sehr unterschiedliche Befestigungsarten wie z. B.

- auf Steckclips,
- auf Stahlclipschienen,
- getackert,
- mit Klebestreifen oder Klettbändern,
- zwischen Noppen geklemmt usw.

Feldgrößen und Bewegungsfugen

Die Seitenlängen der Felder dürfen 8 m (CT) bzw. 10 cm (CA) nicht überschreiten. Das Seitenverhältnis darf höchstens 1:2 sein. Je nach örtlichen Gegebenheiten (z. B. Sonneneinstrahlung, Großformate) sind die Feldlängen zu verkleinern. Bei der Ausführung der Fuge darf bis auf die Abdeckung hinunter keine starre Verbindung sein. Bewehrungen sind zu unterbrechen, kreuzende Heizrohre sind durch Rohrhülsen o. Ä. vor einer Kraftübertragung zu schützen. Damit sich die beiden Estrichkanten nicht gegeneinander versetzen, sollten ca. alle 50 cm bewegliche Dübel (Höhenversatzeisen) eingebaut werden.

Dasselbe gilt zwischen beheizten und unbeheizten Belagflächen. Die Lage der Feldbegrenzungsfugen muss genau auf das Fugenraster des Belags abgestimmt sein. Zwischen Bodenbelag und Sockelleiste ist eine mindestens 5 mm breite Randfuge vorzusehen.

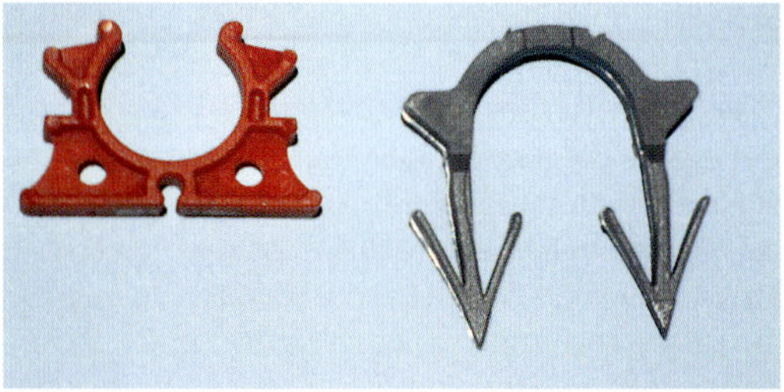

Rohrbefestigung: Steckclip auf Stahlgitter (links), Tacker (rechts)

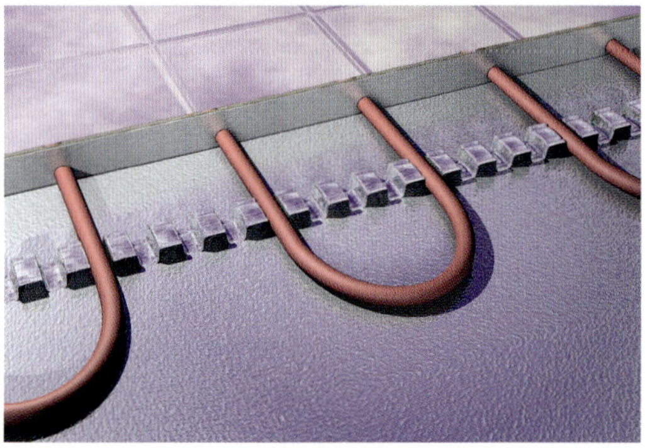

Stahlclipschiene auf Dämmplatte

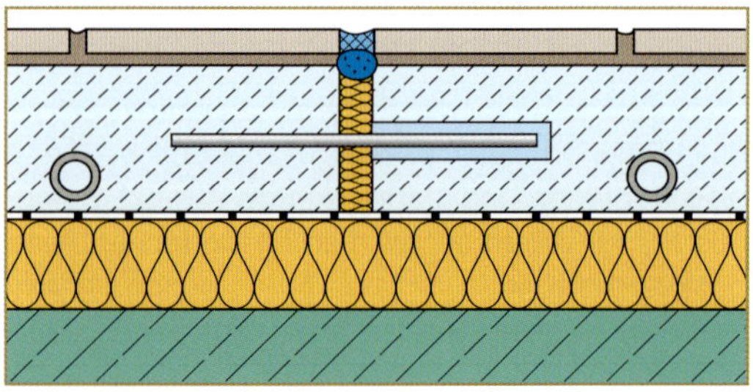

Sichern der Estrichkanten gegen Höhenversatz

Fließestrich für eine Fußbodenheizung

8.5.3 | Verlegen

Es wird empfohlen, den Belag im Fugenschnitt zu verlegen, insbesondere bei großformatigen Fliesen. Grundsätzlich sollte die Methode „vorgezogenes Mörtelbett" nur bei kleinen Flächen angewandt werden.

Verlegung im frischen Estrich

Auf das frisch vorgezogene Mörtelbett wird eine Kontaktschicht aufgetragen. Diese besteht entweder aus einer Zement-/Sandschlämme, MV 1 : 1, oder einer Schlämme aus hydraulisch erhärtendem Dünnbettmörtel. Darauf können gleichmäßig dicke Platten verlegt werden. Belagstoffe, die zu Verfärbungen neigen wie z. B. heller Marmor, sollten aber auf keinen Fall frisch in frisch verlegt werden.

Verlegung auf erhärtetem Estrich

Der eingebrachte Heizestrich braucht zunächst eine Ruhezeit, bis der erste große Schwindprozess abgeklungen und eine ausreichende Festigkeit für den folgenden Aufheizvorhang entwickelt ist.
Um die einwandfreie Funktion der Heizung feststellen zu können, beginnt man – frühestens nach 21 Tagen, bei CA nach 7 Tagen – mit dem **Funktionsheizen**: die ersten drei Tage mit einer Vorlauftemperatur von 25 °C; danach hält man vier Tage lang die vorgeschriebene Höchsttemperatur. Gemäß dem Merkblatt „Schnittstellenkoordination" ist der Auftraggeber verpflichtet, über diesen Aufheizvorgang ein **Protokoll** zu fertigen, das dem Fliesenleger vor Beginn der Verlegearbeiten vorzulegen ist.

Ob nach dem Aufheizen schon die geforderte Belegreife erreicht ist, kann man z. B. auf einfache Weise mit einem elektronischen Messinstrument überprüfen oder ersatzweise auch mittels einer 50 cm × 50 cm großen, an den Rändern abgeklebten Folie, die – bei maximaler Vorlauftemperatur – nach 24 Stunden keinerlei Feuchtigkeitsspuren zeigen darf.

Verlegen von großformatigem Belagmaterial im Fugenschnitt

Falls die geforderten Feuchtigkeitswerte nicht erreicht sind, sollte sich direkt das **Belegreifheizen** anschließen. Dabei beginnt man mit einer Vorlauftemperatur von 25 °C, steigert diese täglich um 10 K bis zur Höchsttemperatur, hält sie bis zum Erreichen der Belegreife (Messung) und senkt sie dann in Schritten von 10 K täglich bis zur Ausgangstemperatur von 25 °C.

Vor Beginn der Verlegearbeiten hat der Fliesenleger mit einer CM-Messung die Belegreife nachzuweisen. Diese ist erreicht, wenn das CM-Gerät eine Restfeuchte von höchstens 2,0 Massen-% anzeigt (bei Calciumsulfatestrichen höchstens 0,3 Massen-%). Da für die vorgeschriebenen CM-Messungen Proben aus dem Estrich zu entnehmen sind, müssen pro 200 m^2 Fläche 3 Messstellen in einem Plan festgehalten und für den Fliesenleger auf dem Boden markiert sein.

Wegen der Wärmedehnungen sollten verformungsfähige Dünnbettmörtel verwendet werden. Auf eine möglichst hohlraumfreie Einbettung ist zu achten.

8.5.4 | Systeme mit niedriger Aufbauhöhe

Wenn es, wie z. B. in Altbauten, auf jeden Zentimeter der Aufbauhöhe ankommt, sind solche Konstruktionen von Vorteil. Es lassen sich zwei typische Systeme unterscheiden:

Typ 1
- Rohre liegen in Aussparungen eines mit Aluminium oder Kupfer beschichteten Dämmstoffs,
- Verzicht auf Estrich, dafür Dünnbett-Verlegemörtel auf einer Trennfolie (siehe Abb.),

Typ 2
- auf einer (zusätzlichen) Trittschalldämmung liegt eine Noppenplatte aus EPS,

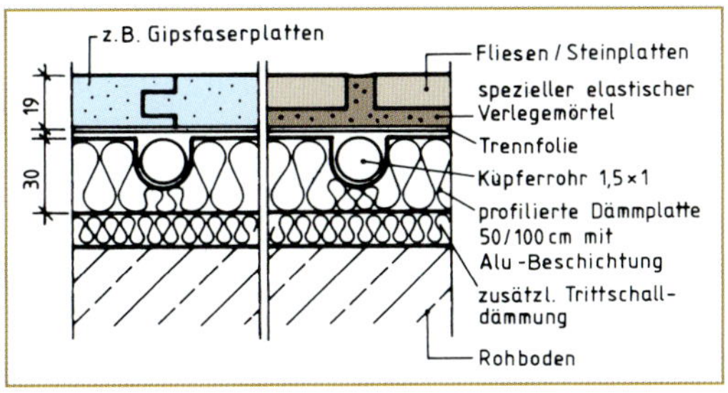

Für den Einbau in Altbauten: Fußbodenheizung mit besonders niedrigem Aufbau (Typ 1)

- Heizrohre werden zwischen die Noppen eingeklemmt,
- der **Estrich** (CT, CA oder CAF), **max. 32 mm dick**, reicht nur bis 8 mm über die Noppen,
- sobald Begehbarkeit erreicht ist, kann er mit einer **Entkopplungsmatte** abgedeckt und darauf im Dünnbett verlegt werden.

Als weitere Vorteile solcher Konstruktionen werden genannt:

- Spannung wird rissfrei und verwölbungsarm abgebaut,
- kürzere Bauzeit: kurze Wartezeiten bis zum Aufheizen, Begehen und Belegen,
- Estrich benötigt keine Feldbegrenzungsfugen,
- wegen der dünnen Estrichschicht reagiert die Heizung schneller auf Temperaturänderungen.

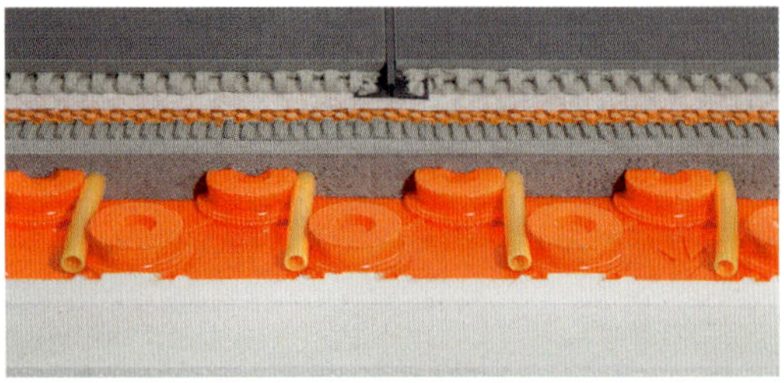

Fußbodenheizung (Typ 2)

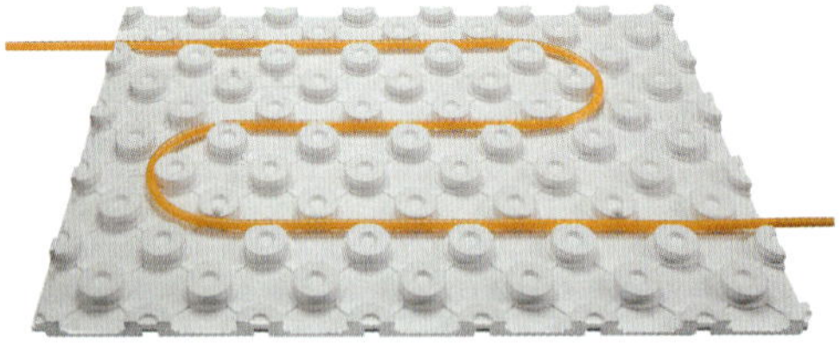

Noppenplatte für Typ 2

8.5.5 | Elektroheizung

Lage im Estrich

Fußbodenheizungen dieser Art finden schon seit Längerem Verwendung, um beispielsweise Fußgängerunterführungen, Garageneinfahrten und Gehwege schnee- und eisfrei zu halten. Das Prinzip ist einfach. In den Estrich werden Matten aus speziellen Wärmekabeln eingelegt.

Bei der **Direktheizung** ist die Aufheizzeit sehr kurz. Dabei können um die Heizdrähte herum Temperaturen bis 75 °C auftreten. In Verbindung mit keramischem Belagmaterial kann dies aber zu gefährlichen Spannungen führen, da das Wärmeausdehnungsverhalten von Estrich und Belag unterschiedlich ist. Je nach Belagmaterial beträgt das Verhältnis etwa 2:1 (vgl. Tabelle „Lineare Ausdehnungskoeffizienten", Abschnitt 8.7.3).

Bei der **Speicherheizung** wird der billigere Nachtstrom zur Wärmeerzeugung genutzt. Eine zusätzlich aufgebrachte, 4...6 cm dicke Estrichschicht gibt dann die gespeicherte Wärme den Tag über gleichmäßig ab.

Für den Altbaubereich wurden in den letzten Jahren verschiedene platzsparende Systeme entwickelt, wie z. B. Heizflächen in Folienform, die in das Dünn- oder Mittelbett eingelegt werden.

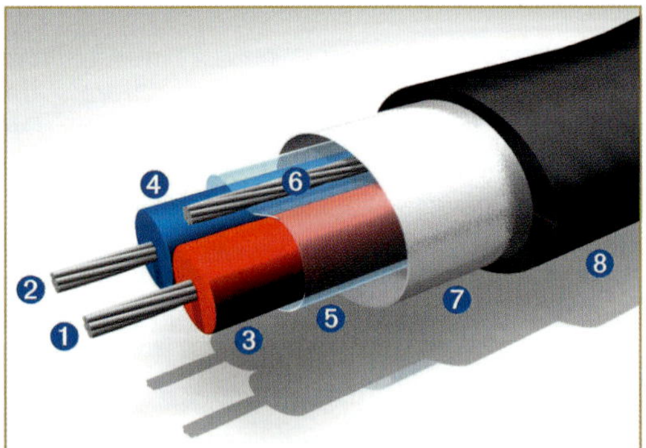

1 Heizleiter: 7-drähtige Widerstandslitze
2 Kaltleiter: blanke Kupferlitze
3 Isolierhülle: Silikonkautschuk-Isolation 0,8 mm
4 Isolierhülle: PVC 0,8 mm
5 Schutzfolie: Polyester
6 Schutzleiter: Kupfer verzinnt
7 Aluminiumkaschierte Folie
8 Außenmantel: PVC 0,8 mm

Aufbau eines Heizleiters für die Lage im Estrich

Lage auf dem Estrich

Ein anderes bewährtes System besteht aus einer Heizmatte mit einem Textilgewebe von 30 cm Breite, in das Heizleiter mäanderförmig eingewirkt sind.

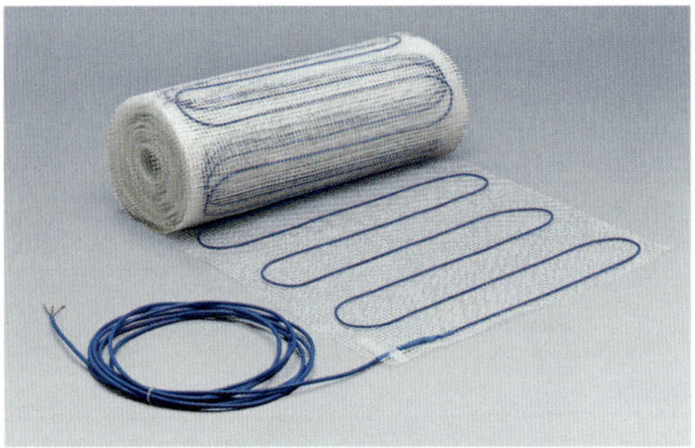

Textilgewebe mit den Heizleitern: Aufbauhöhe = 2 mm (Lage auf dem Estrich)

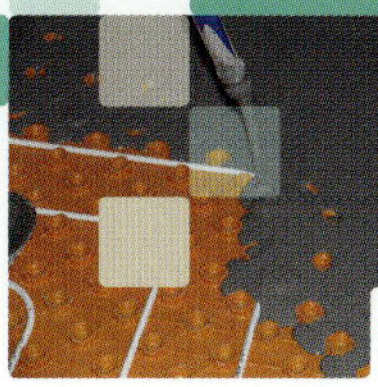

Neben der geringen Aufbauhöhe von 2 mm liegt ein wesentlicher Vorteil in der leichten Verarbeitbarkeit: Mit einer Haushaltsschere kann die Heizmatte zwischen den Heizleitern aufgeschnitten werden. So lassen sich leicht Teilflächen und Aussparungen herstellen, die man problemlos an die Flächenform, z. B. eines Badezimmers, anpassen kann.

Bevor die Heizmatte vollflächig auf dem Estrich verklebt wird, führt man einen Temperaturfühler in ein vorbereitetes Leerrohr ein. Die Anschlussleitungen werden – ebenfalls über Leerrohre – zu einer Anschlussdose geführt und später von einem Elektrofachmann angeschlossen.

Das Dünnbettmaterial muss für Temperaturen bis 80 °C beständig sein. Oberhalb der Heizmatte sollte es aus Sicherheitsgründen mindestens 5 mm dick sein.

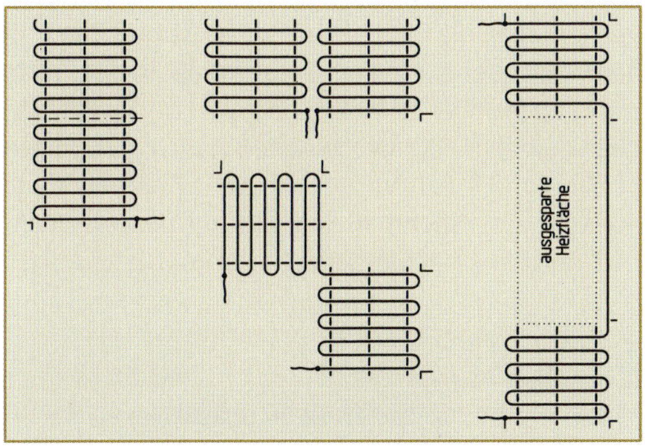

Anordnungsbeispiele von aufgeschnittenen Gewebeflächen

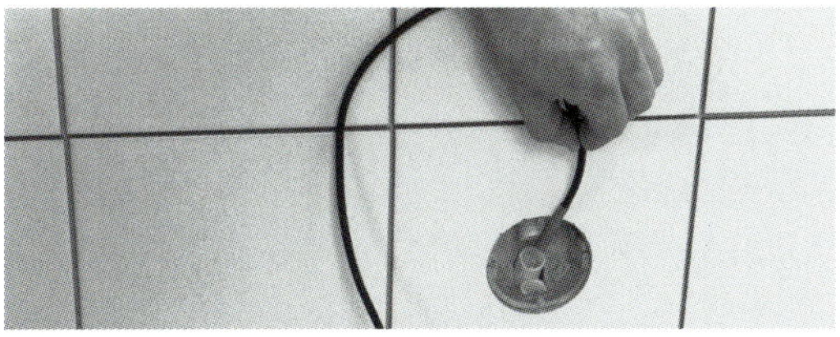

Der Temperaturfühler wird in das Leerrohr eingeführt

Verlegen auf Textilgewebe

Zusammenfassung

Keramik und Naturstein eignen sich wegen ihrer Dichte und Wärmespeicherfähigkeit hervorragend als Oberbelag auf beheizten Estrichen.

Bei der Planung muss die notwendige Aufbauhöhe berücksichtigt werden.

Fußbodenheizungen gibt es als Elektroheizung (Direkt- oder Speicherheizung) und als Warmwasserheizung. Die Heizkabel der Elektroheizung heizen den Estrich sehr schnell auf. Sie erzeugen am Anfang hohe Temperaturen, die dem keramischen Belag gefährlich werden können.

Die Metall- oder Kunststoffrohre der Warmwasserheizung heizen den Estrich langsamer auf. Örtliche Wärmestaus sowie große Temperaturdifferenzen zwischen Vor- und Rücklauf müssen vermieden werden.

Eine temperaturbeständige Dämmschicht über dem trockenen und ebenen Untergrund verhindert die Ableitung der Wärme nach unten.

Der Zementestrich trägt und verteilt die Last; er soll Wärme gleichmäßig verteilen und speichern.

Die Estrichdicke ist von der Dicke der Dämmschicht, der Lage und der Dicke der Heizrohre abhängig.

Beheizte Estrichflächen (CT) dürfen höchstens 8 m Seitenlänge haben. Die einzelnen Felder sind durch Feldbegrenzungsfugen, die bis auf die Abdeckung hinunterreichen, voneinander zu trennen.

Feldbegrenzungsfugen werden durch Höhenversatzeisen gegen Aufkanten gesichert.

Nach frühestens 21 Tagen soll der Zementestrich vorschriftsmäßig aufgeheizt werden.

Die Messstellen zur Prüfung der Belegreife müssen markiert und in einen Plan eingetragen sein.

Grundsätzlich soll großformatiges Belagmaterial auf dem erhärteten Estrich verlegt werden, vorzugsweise im Fugenschnitt.

Wird nicht im Verbund gearbeitet, so ist zuerst eine eben abgezogene Ausgleichsschicht zur Aufnahme der Heizrohre herzustellen. Nach der Erhärtung kann darüber eine Trennschicht (z. B. zwei Lagen PE-Folie) und eine mindestens 45 mm dicke Lastverteilungsschicht als Estrich oder als Mörtelbett aufgebracht werden.

8.6 | Maßtoleranzen

8.6.1 | Maßkontrollen

Der Untergrund für keramische Bekleidungen sollte vom Vorunternehmer so vorbereitet sein, dass weder größere Stemmarbeiten noch ein übermäßig dickes Mörtelbett notwendig werden. Überprüft werden daher:

- die Senkrechte,
- die Waagerechte,
- die Flucht,
- das Gefälle,
- die Ebenheit.

Vorhandene Maßabweichungen werden mithilfe von Meterstab, Wasserwaage, Richtscheit, Schnur und Lot festgestellt. Im Einzelfall können auch Schlauchwasserwaage, Nivelliergerät oder Baulaser nützlich sein.

8.6.2 | Ebenheitsabweichungen

Die Ebenheit des Untergrundes ist insbesondere dann genau zu überprüfen, wenn anschließend im Dünnbettverfahren gearbeitet wird, da die dünne Mörtelschicht fast keinen Ausgleich zulässt.

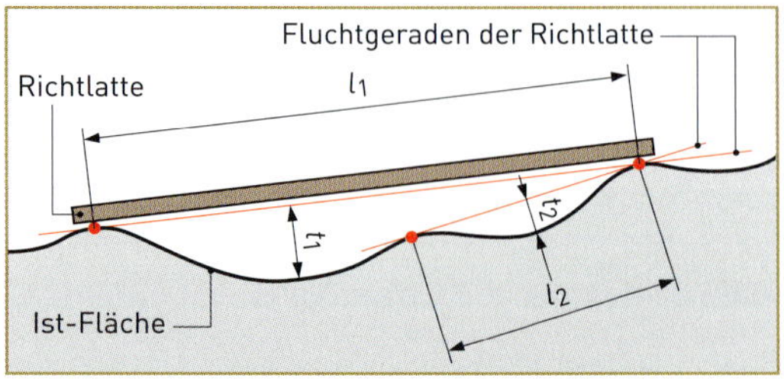

Zuordnung der Stichmaße t_1 und t_2 zum Messpunktabstand l_1 und l_2 bei der Überprüfung mit Messlatte und Messkeil

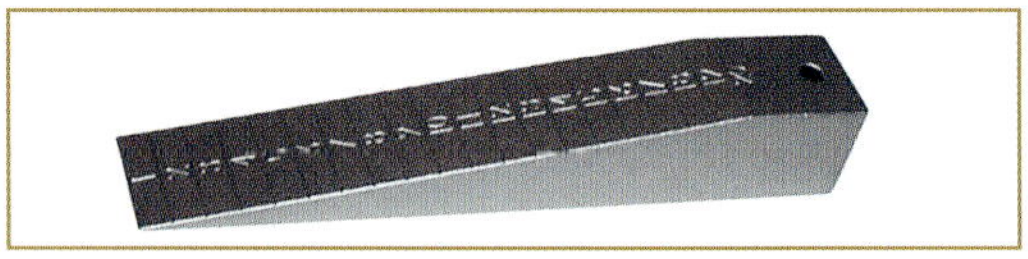

Messkeil aus Leichtmetall, Messbereich 0…20 mm

Die DIN 18202, „Toleranzen im Hochbau", gibt die Grenzwerte für Maßabweichungen von Wänden, Decken und Bodenflächen an. Unter „Maßabweichung" versteht man die Differenz zwischen **Istmaß** (tatsächlich vorhandenes Maß) und **Nennmaß** (in der Zeichnung angegebenes Maß). Die zulässige Maßabweichung ist vom Abstand zwischen zwei Messpunkten abhängig (= Hochpunkte, auf denen die Richtlatte aufliegt). Das **Stichmaß** wird an der tiefsten Stelle, evtl. mithilfe eines Messkeils, bestimmt (siehe Abb.).

Grenzwerte Ebenheitsabweichungen nach DIN 18202						
Boden		Stichmaße als Grenzwerte in mm bei Messpunktabständen in mm bis				
Anforderungen	Art des Bauteils	0,1 m	1 m¹)	4 m¹)	10 m¹)	15 m²)
1 – nicht flächenfertig	Rohdecken, Unterbeton und Unterböden	10	15	20	25	30
2 – nicht flächenfertig **– erhöhte Anforderungen**	Rohdecken zur Aufnahme von schwimmenden Estrichen, Fliesen- und Plattenbelägen	5	8	12	15	20
3 – flächenfertig	Nutzestriche; Estriche zur Aufnahme von Bodenbelägen	2	4	10	12	15
4 – flächenfertig **– erhöhte Anforderungen**	gespachtelte und geklebte Oberbeläge; Estriche für Fliesen- und Plattenbeläge; fertige Fliesen- u. Plattenbeläge	1	3	9	12	15
Wand						
1 – nicht flächenfertig	unverputzte, rohe Wand	5	10	15	25	30
2 – flächenfertig	geputzte Wand, Sichtbeton, -mauerwerk	3	5	10	20	25
3 – flächenfertig **– erhöhte Anforderungen**	geputzte Wand, Sichtbeton, Sichtmauerwerk	2	3	8	15	20

¹) Zwischenwerte sind gradlinig einzuschalten und auf mm zu runden.
²) Die Grenzwerte für Ebenheitsabweichungen dieser Spalte gelten auch für Messpunktabstände über 15 m.

8.7 | Bewegungsfuge

8.7.1 | Ursachen der Bewegung

Jedes Bauwerk unterliegt Bewegungen, die entweder einmalig bzw. zeitlich begrenzt oder aber ständig vorhanden sind.

Einmalige oder zeitlich begrenzte Bewegungen

Hauptursachen:
- Schwinden des Betons beim Erhärten. Dies verursacht Längenänderungen bis zu 0,8 mm/m.
- Kriechen des Betons (Kriechen = Formveränderung unter Belastung). Dies kann z. B. bei Decken zu Durchbiegungen führen.
- Unterschiedliches Setzen von Gebäudeteilen.

Ständige Bewegungen

Hauptursachen:
- Erschütterungen oder Stoßbelastungen.
- Längenänderung einzelner Bauteile unter Einfluss von Wasser oder Wärme:
  - Wasser: Beim Durchfeuchten quellen Baustoffe, beim Austrocknen schwinden sie.
  - Wärme: Bei steigender Temperatur dehnen sich Baustoffe aus, bei sinkender Temperatur ziehen sie sich zusammen.

Da diese Bewegungen von Bauteil zu Bauteil, von Baustoff zu Baustoff unterschiedlich groß sind, führen sie unvermeidlich zu Spannungen. Diese Spannungen sind im Allgemeinen so groß, dass sie – ohne Gegenmaßnahmen – zu unkontrollierter Rissbildung und zu schweren Bauschäden führen. Richtig geplante Bewegungsfugen können diese Spannungen jedoch aufnehmen und unschädlich machen.

8.7.2 | Arten

Die DIN 18352 nennt vier Arten von Bewegungsfugen:
- Gebäudetrennfugen,
- Feldbegrenzungsfugen,
- Randfugen,
- Anschlussfugen.

Gebäudetrennfugen

Gebäudetrennfugen sind **im tragenden Bauwerk** vorhandene Bewegungsfugen.

Die Ursache für einen derartigen Riss im Keramikbelag ist häufig das Fehlen der Bewegungsfuge an entsprechender Stelle

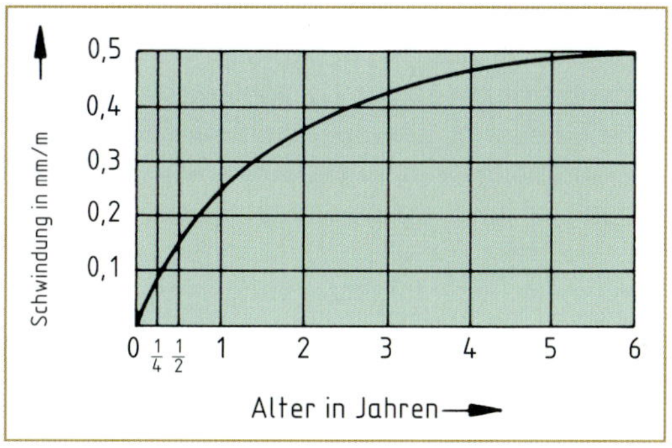

Schwinden eines Betons mit einem Zementgehalt von 350 kg/m³

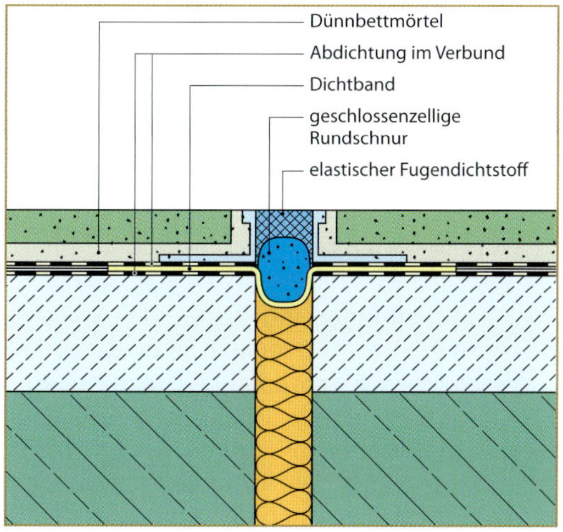

Gebäudetrennfuge über einer Abdichtung im Verbund

Sie werden vom planenden Architekten oder Statiker vorgegeben. Der Fliesen- oder Estrichleger findet diese Fugen im Untergrund vor. Er hat sie **an gleicher Stelle** und in **ausreichender Breite** in den Belag zu übernehmen. Diese Forderung bereitet dem Ausbau-Handwerker häufig Schwierigkeiten bei der Belageinteilung. Allerdings entstehen immer wieder schwere Belagschäden, wenn diese Forderung nicht beachtet wird, wie z. B. Abscheren von Belagteilen im Bereich der Trennfuge.

Gebäudetrennfugen sind an gleicher Stelle und in ausreichender Breite in den Belag zu übernehmen.

Feldbegrenzungsfugen

Feldbegrenzungsfugen sind **Bewegungsfugen im Belag** oberhalb des Verlegeuntergrunds. Sie sind vor allem dort wichtig, wo starke Temperaturunterschiede zu Spannungen führen wie bei Belägen im Freien (Balkone, Terrassen oder Fassaden). Auch die Belagfarbe ist hier von Bedeutung. Dunkle Beläge heizen sich in der Sonnenbestrahlung stärker auf als helle. Ebenso müssen beheizte Belagflächen (Fußbodenheizung) von unbeheizten Flächen durch Feldbegrenzungsfugen getrennt werden.
Aber auch im Gebäudeinnern können starke Spannungen im Belag auftreten, insbesondere bei großen oder unregelmäßig zugeschnittenen Flächen. Diese müssen durch Feldbegrenzungsfugen in kleinere Teilflächen gegliedert werden.

Über deren Größe lassen sich aber wegen der vielfältigen Einflüsse keine allgemein gültigen Angaben machen.

Bei beheizten Estrichen auf Dämmschichten gelten für rechtwinklige Flächen folgende Richtwerte:
Zementestrich: größte Seitenlänge = 8 m.
Calciumsulfatestrich: größte Seitenlänge = 10 m.

Bei unregelmäßigen Flächen:

Überall dort, wo die Breite des Estrichs stark springt, z. B. bei U-, L- oder T-förmigen Flächen, sollten zumindest **Scheinfugen** angelegt werden. Diese Fugen werden vom Estrichleger in Form von „Kellenschnitten" im noch nicht erhärteten Mörtel oder als nachträglich eingefräste Scheinfugen ausgeführt. Dies sind Schlitze, deren Tiefe etwa der halben Estrichdicke entspricht. Der Fliesenleger muss diese Fugen nicht berücksichtigen, wenn sie nach frühestens 28 Tagen nach Herstellung des Estrichs kraftschlüssig mit Kunstharz geschlossen werden.

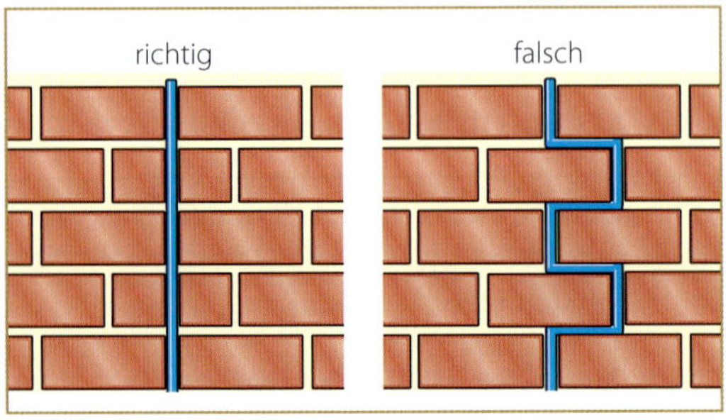

Bewegungsfuge bei Belägen im Halbverband

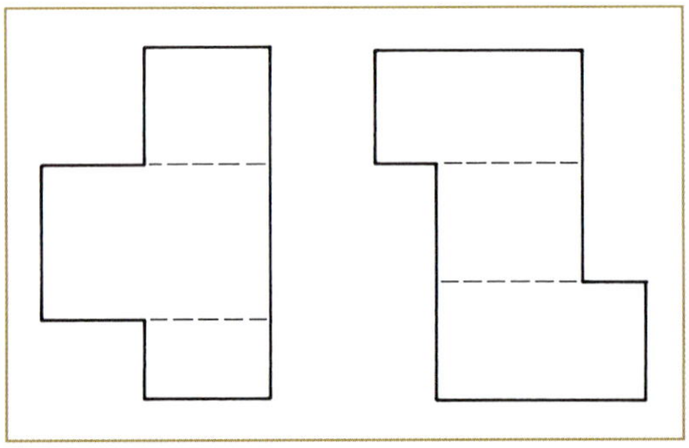
Die Anordnung von Bewegungsfugen richtet sich nach dem Zuschnitt der Belagfläche

Galerie im Bereich der voll verglasten Außenhaut eines Hallenbades: Der Belag auf einem Verbundestrich wird durch nachträglich eingeschnittene Bewegungsfugen in Felder unterteilt

Weitere gängige Richtwerte sind

- bei Fluren:
  Bewegungsfugen spätestens nach dem 3-fachen Maß der Breite anordnen;
- bei Fassaden:
  senkrechte Bewegungsfuge alle 3...6 m, waagerechte Fuge an der Unterkante der Geschossdecke;
- bei Terrassenbelägen:
  alle 2...5 m.

Anschlussfugen

Anschlussfugen **verbinden Bauteile** unterschiedlicher Art.

Anschlüsse zwischen verschiedenen Materialien sind immer Schwachpunkte im Belag. Werden sie starr vermörtelt, treten früher oder später Risse auf. Der Grund liegt in der unterschiedlichen Längenausdehnung unter dem Einfluss von Wärme und Wasser oder im Übertragen von Erschütterungen. Häufig kommen auch alle diese Faktoren zusammen wie z. B. beim Anschluss einer Badewanne an den keramischen Belag. Unterschiedliche Materialien sollten voneinander getrennt und die Fuge mit einem elastischen Dichtstoff geschlossen werden.

Typische Beispiele hierfür sind:

- Anschlüsse zwischen keramischem Belag und
  - Sanitärkeramik wie Waschbecken, WC-Sitz usw.,
  - Bodeneinläufen,
  - Dampfleitungen,
  - Holzfenstern,
  - Holztürrahmen,
  - Maschinenfundamenten.

Bei Anschlussfugen um einen Bodenbelag rechnet man mit einer Breite von 10 mm.

Bei Wandbelägen sollte die elastisch gefüllte Anschlussfuge mindestens 5 mm breit sein.

Zwischen Wandbelag und Wandbelag

Raumecken, in denen verschiedenartige Untergründe aufeinander treffen, z. B.:
Betonwand – Gipsplattenwand,
tragende Wand – nicht tragende Wand.

Anschlussfugen in einem Bad

Überdehnte Randfuge; Randabsenkung vermutlich wegen Aufwölbung der Belagkonstruktion

Randfugen

Sie ergeben sich **am Rand eines jeden Bodenbelags**. Ein Randstreifen trennt Mörtelbett oder Estrich von allen angrenzenden Bauteilen und soll eine Bewegung von mindestens 5 mm zulassen. Ist ein Sockel vorhanden, liegt die Randfuge meist darunter in der Wandebene. Die Breite soll im Innenbereich 5...10 mm betragen, außen mindestens 10 mm.

8.7.3 | Fugenbreite und Fugentiefe einer Bewegungsfuge

Die Fugenbreite einer Bewegungsfuge richtet sich nach dem Maß der auftretenden Dauerbewegung. Die Dauerbewegung entsteht hauptsächlich durch die Ausdehnung der Baustoffe bei Erwärmung (= Dilatation) und das Zusammenziehen bei der Abkühlung (= Kontraktion). Jeder Baustoff hat einen bestimmten Ausdehnungswert, den „linearen Ausdehnungskoeffizienten", der mit dem griechischen Buchstaben α bezeichnet wird.

Diese **Temperaturdehnzahl** α gibt an, um wie viele mm sich ein Stab von 1 m Länge bei Erwärmung um 1 K ausdehnt. Die Ausdehnungskoeffizienten der wichtigsten Baustoffe zeigt untenstehende Tabelle.

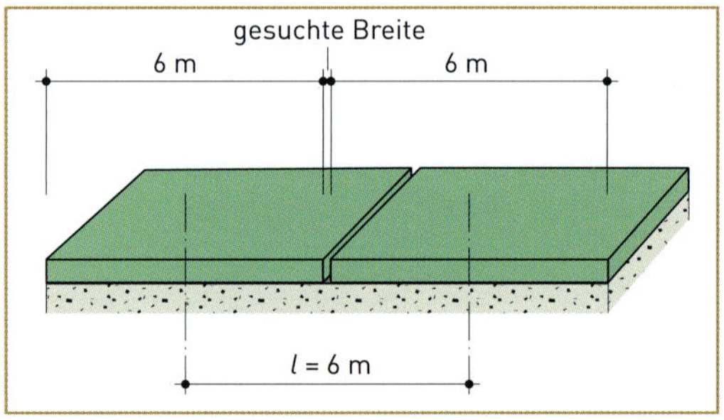

Bewegungsfuge: Ermitteln der zugehörigen Anfangslänge

Um die notwendige Breite einer Bewegungsfuge (b_F) zu berechnen, braucht man außerdem folgende Angaben:

l = Anfangslänge in m
α = Temperaturdehnzahl im mm/m · K
Δ_T = max. Temperaturdifferenz in K
ZGV = zulässige Gesamtverformung des Dichtstoffs in %

Mindestbreite einer Feldbegrenzungsfuge: Berechnung am Beispiel eines Zementestrichs

Die Breite der Estrichfelder soll 6 m betragen, somit ist $l = 6$ m. Die Temperaturdehnzahl für den Zementestrich beträgt 0,012 mm/m · K. Als größte Temperaturdifferenz werden 20 °C angenommen. ZGV Dichtstoff = 20 %.

Die Breite der Bewegungsfuge berechnet sich nach der Formel:

$$b_F = l \cdot \alpha_T \cdot \Delta_T \cdot (100\,\% : \text{ZGV})$$
$$= 6\text{ m} \cdot 0{,}012\text{ mm/m} \cdot \text{K} \cdot 20\text{ K} \cdot (100\,\% : 20\,\%)$$
$$= 7{,}2\text{ mm}$$

Diese Berechnung hat allerdings nur eine theoretische Bedeutung, da in Wirklichkeit weit mehr Faktoren zusammenwirken wie Schwinden beim Erhärten, Feuchtigkeitsdehnung, Kriechen, Reibungswiderstände usw.

Baustoff	$\frac{\text{mm}}{\text{m} \cdot \text{K}}$
Calciumsulfatestrich	0,008
Normalbeton, Stahlbeton	0,01
Zementestrich	0,012
zementäre Spachtelmasse	0,012
Gussasphaltestrich	0,03
Marmor	0,004
Glas	0,004...0,005
Kalkstein	0,005
Granit	0,006
Steingut/Steinzeug	0,007
polyesterharzgebundene Kunststeine	0,03
Stahl	0,01...0,014
Kupfer	0,017
Aluminium	0,024
Zinkblech	0,021...0,033
Fichtenholz • längs zur Faser	0,003...0,005
• quer zur Faser	0,03...0,035

Lineare Ausdehnungskoeffizienten wichtiger Baustoffe bei Temperaturen von 20 °C (293 K)

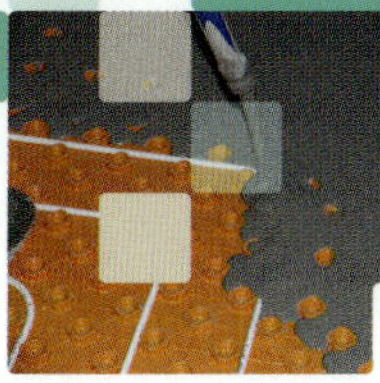

Die Breiten von Gebäudetrennfugen werden vom planenden Architekten oder Statiker festgelegt. Die Breite von Anschluss- oder Feldbegrenzungsfugen innerhalb eines Fliesen- oder Plattenbelags muss häufig vom Handwerker selbst entschieden werden. Dazu lassen sich folgende Empfehlungen geben:

- keine Anschlussfuge schmaler als 5 mm,
- keine Feldbegrenzungsfuge schmaler als 8 mm,
- Mindesttiefe des Dichtstoffes in Fugenmitte 6 mm,
- Mindesttiefe des Dichtstoffes an den Flanken 10 mm.

8.7.4 | Dichtstoffe

Dichtstoffe von Bewegungsfugen müssen Bewegungen aufnehmen können, d.h., sie müssen sich schadlos verformen lassen.

Plastische Stoffe (P) lassen sich verformen, bleiben aber nach der Krafteinwirkung im verformten Zustand.

Elastische Stoffe (E) lassen sich verformen, nehmen aber nach der Krafteinwirkung wieder ihre ursprüngliche Form an.

Das unterschiedliche Verhalten dieser Stoffe verdeutlicht die nebenstehende Schemazeichnung einer Bewegungsfuge. Die Dauerbewegung ist in verschiedenen Stufen festgehalten.

Für Fliesen- und Plattenbeläge kommen in der Regel nur elastische Dichtstoffe infrage.

Baudichtstoffe werden in Typ F (Fassade) und Typ S (Sanitärfugen) unterschieden.

Die in der Norm verwendeten Kürzel für die Dichtstoffklassen haben folgende Bedeutung:

Klasse 1–3:	Widerstand gegen Schimmelbildung (1 = hoch)
ZGV:	zulässige Gesamtverformung in %
INT:	nur für Innenbereich
CC:	bis –30° C verwendbar

Fugentiefe

Um Schäden durch Überdehnung des Dichtstoffes zu vermeiden, sollte folgendes Verhältnis von Fugenbreite zu Fugentiefe eingehalten werden:

Fugenbreite	Verhältnis	Fugentiefe (Mindestdicke des Dichtstoffes)
8 mm	1 : 1	8 mm
15 mm	3 : 2	10 mm
30 mm	2 : 1	15 mm

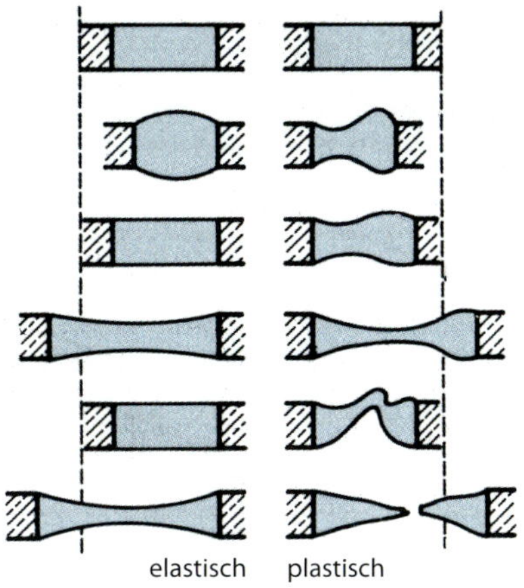

Bewegungsfuge

Bezeichnung	Dichtstoffklasse	Zulässige Gesamtverformung (ZGV)	Materialbasis, z. B.
plastisch	7,5 P	7,5 %	Öl, Butylkautschuk
	12,5 P	12,5 %	Polyacrylat
elastisch	12,5 E		
	20 HM	20 %	Polysulfidkautschuk (Thiokol), Siliconkautschuk, Polyurethan, spezielles Acrylat
	20 LM		
	25 HM	25 %	
	25 LM		

Klassifizierung der Baudichtstoffe (Typ F) nach DIN EN ISO 11600

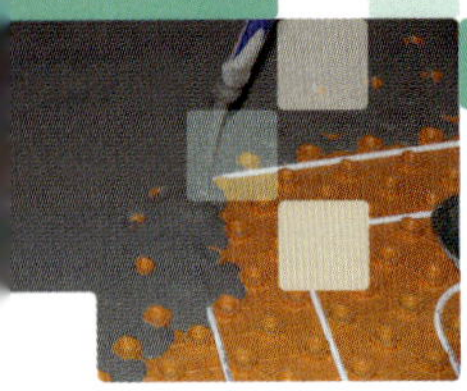

8.7.5 | Verarbeitung

Nach der Verarbeitung unterscheidet man:

1-komponentiges Material,

- z. B. Siliconkautschuk

Wird spritzfertig geliefert, meist in Kartuschen.

2-komponentiges Material,

- z. B. Polyurethan, Polysulfidkautschuk

Harz und Härter müssen im angegebenen Verhältnis gemischt und innerhalb der vorgeschriebenen Verarbeitungszeit (in der Regel 2…4 Stunden) verspritzt werden. Sie erhärten durch chemische Vernetzung innerhalb von 4…7 Tagen.

Dichtstoff	Eigenschaften/Besonderheiten	Anwendungsbeispiel
	alle aufgeführten Dichtstoffe • sind 1-komponentig • erhärten durch Aufnahme von Luftfeuchtigkeit	
Siliconkautschuk • sauer reagierend	Acetat (Essigsäure) vernetzend	für keramische Wand- und Bodenbeläge im Wohnungsbau und im Sanitärbereich
• neutral reagierend	Alkoxy vernetzend	• an Belagstoffen, die zu Verfärbungen neigen, z. B. Natursteine • Schwimmbad • hoch beanspruchte Bodenfugen (Industrie) • Fassadenbekleidung (Keramik, Glas)
MS-Polymer (MS = **M**odifiziertes **S**ilan	• primerlose Haftung • hochelastisch, auch bei tiefen Temperaturen • anstrichverträglich	• Fassadenbekleidung (Keramik, Glas) • Industriefußböden (begeh- und befahrbar) • Keramikbeläge auf Terrassen und Balkonen
Polyurethan	• manche Produkte bilden Blasen beim Aushärten in feuchter Luft	

Wichtige Stoffgruppen und ihre Verwendung

8.7.6 | Ausfugen

Bewegungsfugen im Belag müssen bis auf den Verlegeuntergrund durchgehen und frei von Mörtelresten sein. Schon bei der Mörtelverfugung müssen die Bewegungsfugen so ausgekratzt und gesäubert werden, dass die Fugenflanken geradlinig und parallel verlaufen. Vor Beginn des Ausfugens muss die offene Fuge absolut ölfrei, fettfrei und trocken sein, damit der Dichtstoff sicher an den Seitenflanken haftet. Durch Auftragen eines Primers (engl. = Voranstrich) kann die Flankenhaftung noch verbessert werden. Primer enthalten meist Lösemittel und sind feuergefährlich. Die angegebene Ablüftezeit ist genau einzuhalten.

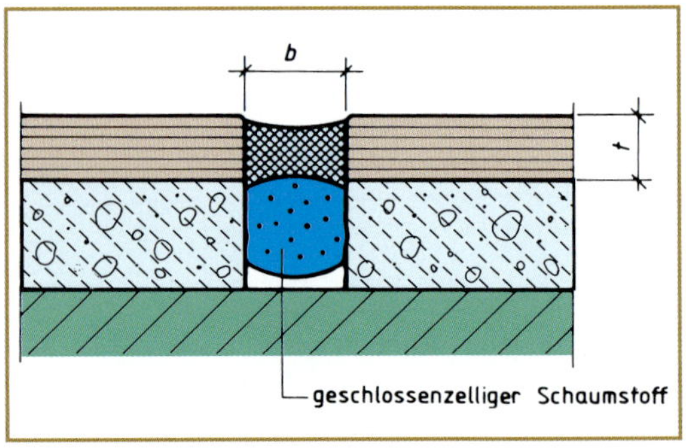

Die Fugenmasse soll einen möglichst symmetrischen Querschnitt haben und nur an den seitlichen Kanten haften

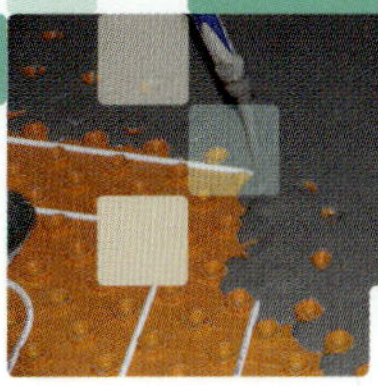

In jedem Fall muss verhindert werden, dass der Dichtstoff auch am Fugengrund haftet. Eine solche „Dreiflankenhaftung" führt unweigerlich zu Schäden im Dichtstoff, wie die Zeichnungen zeigen.

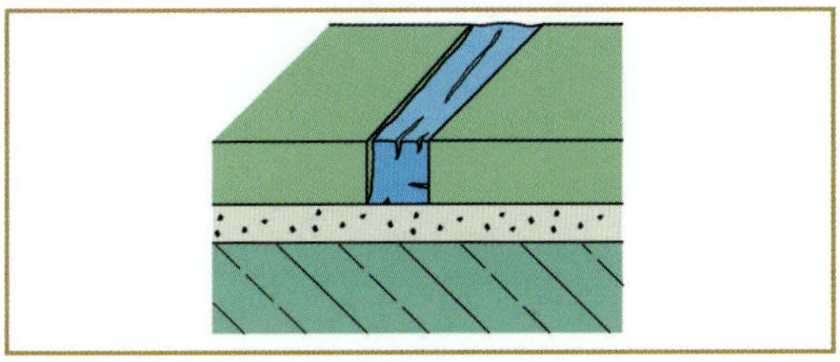

Dreiflankenhaftung: Dichtstoff reißt

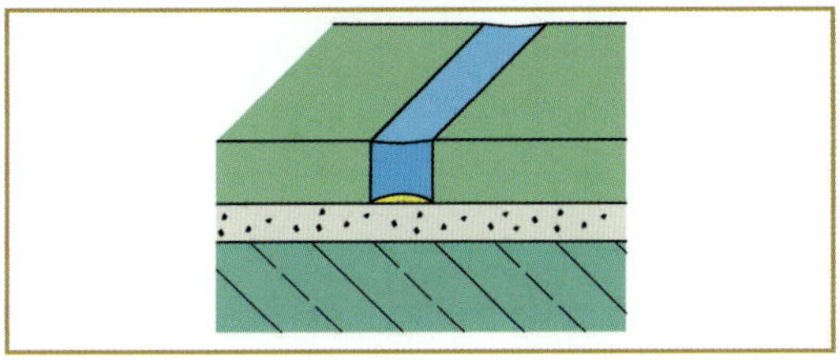

Verwendung eines Trennmittels

Bei der Dünnbettverlegung kann die Bodenhaftung durch Verwendung eines Trennmittels verhindert werden. Bei tiefen Mörtelfugen verwendet man besser ein **Hinterfüllmaterial** in Form einer geschlossenporigen runden Schaumstoffschnur aus Polyethylen. Ihr Durchmesser sollte etwa 30 % größer als die Fugenbreite sein, damit ihr der seitliche Anpressdruck einen festen Halt gibt. Das Hinterfüllmaterial hat die Aufgaben,

- die Fugentiefe gleichmäßig zu begrenzen,
- Dreiflankenhaftung zu verhindern,
- einen möglichst symmetrischen Querschnitt des Dichtstoffes zu ermöglichen.

Arbeitsablauf in Stichworten

① Reinigen der Fugenflanken und Abkleben der Fugenränder mit wasserfestem Klebeband

② Einbringen des Hinterfüllmaterials

③ Primern der Fugenflanken

④ Mischen und Einbringen des Dichtstoffes

⑤ Glätten des Dichtstoffes mit dem Spachtel

⑥ Abziehen der Klebebänder

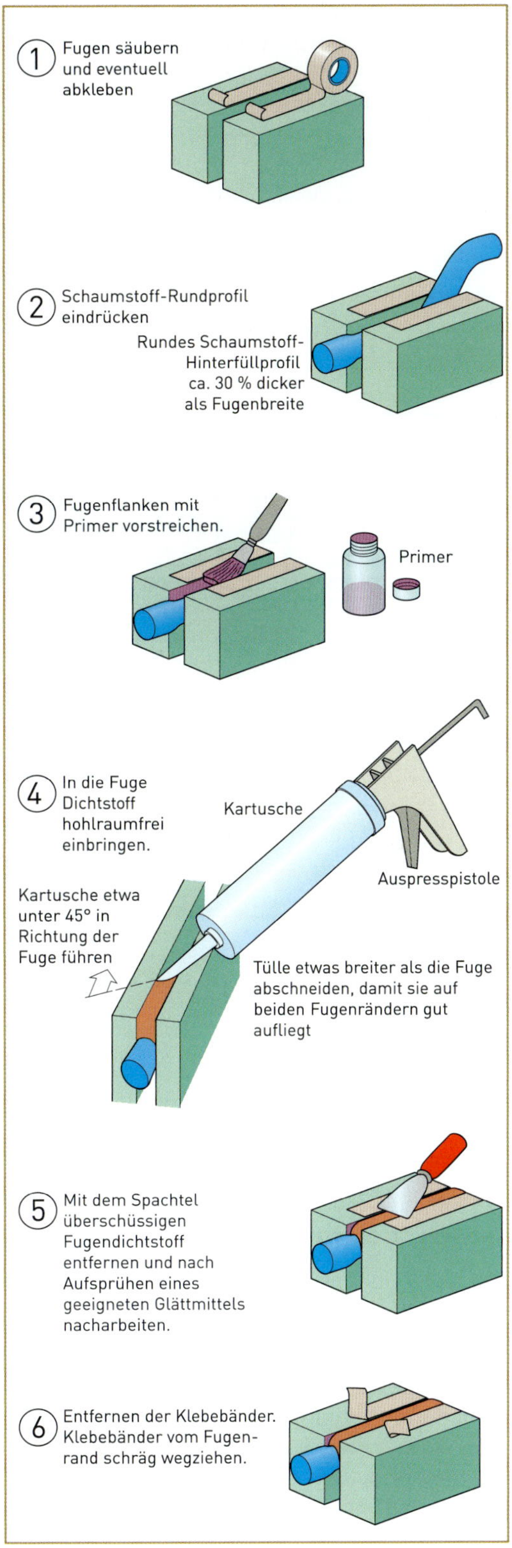

Technik der Fugenabdichtung

8.7.7 | Fugenausbildung in Gängen und Fahrbahnen

Überall, wo Beläge besonderer Beanspruchung ausgesetzt sind – sei es in Schalterhallen öffentlicher Gebäude oder in Gängen und Fahrbereichen im industriellen oder gewerblichen Bereich –, müssen auch die dort vorhandenen Bewegungsfugen besonders geschützt werden.

Für Fugenbreiten bis 8 mm können Profile aus Hart-PVC mit Doppelschenkel und abriebfester Oberfläche eingesetzt werden (s. Abb.).

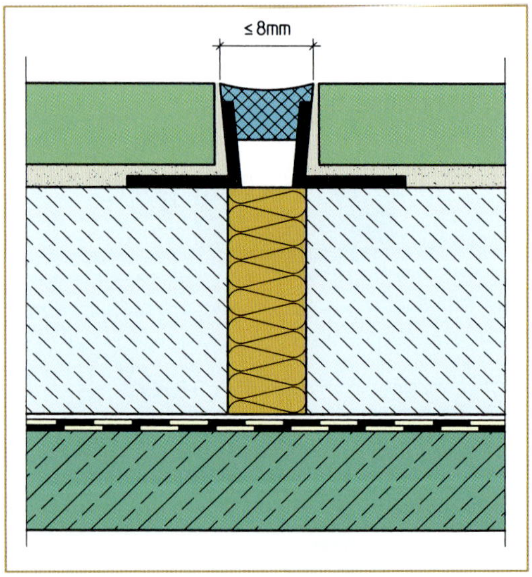

Bewegungsfuge mit leichtem Kantenschutz in Höhen von 6...16 mm

Gegen Stöße und Schläge rollender Lasten schützen dagegen besser Metallwinkel aus Messing oder rostfreiem Stahl.

Wird der Belag im Dünnbett verlegt, können die Profile unmittelbar auf dem Verbundestrich verdübelt und verschraubt werden.

Bei der Mörtelverlegung werden sie meist mithilfe von Schladern im Mörtelbett verankert.

Bei Gebäudetrennfugen mit Breiten bis 120 mm und einem Fugenspiel bis etwa 34 mm (± 17 mm) bietet die Industrie ein großes Angebot an Bewegungsfugen-Dichtungen. Sie bestehen meist aus ineinander verschiebbaren Aluminium-Trägerprofilen mit elastischen Kunststoffeinlagen. Der gelochte untere Profilschenkel kann auf den Untergrund oder auf den Estrich aufgeschraubt werden.

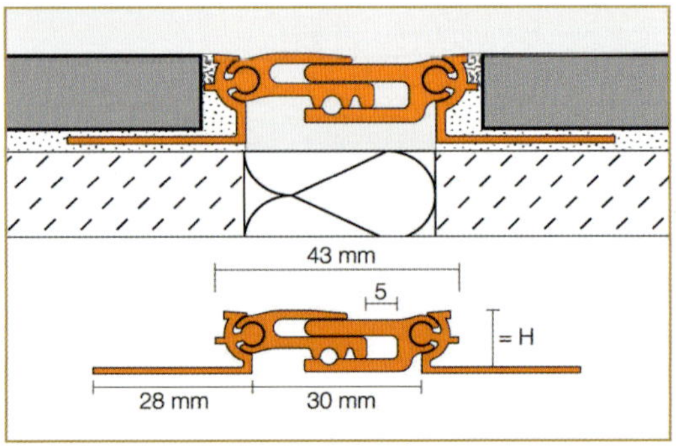

Profil aus Alu oder Messing ermöglicht Bewegungen nach drei Seiten

Höhenverstellbares PVC-Profil, gedacht für die Mörtelverlegung

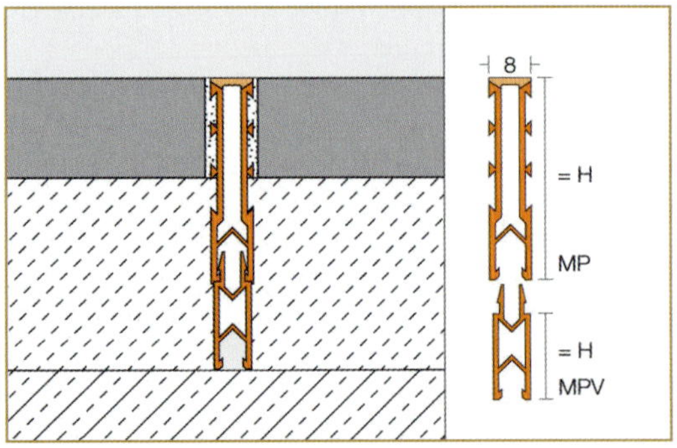

Einzelelemente des Steckprofils

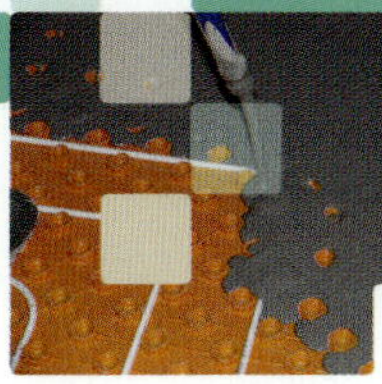

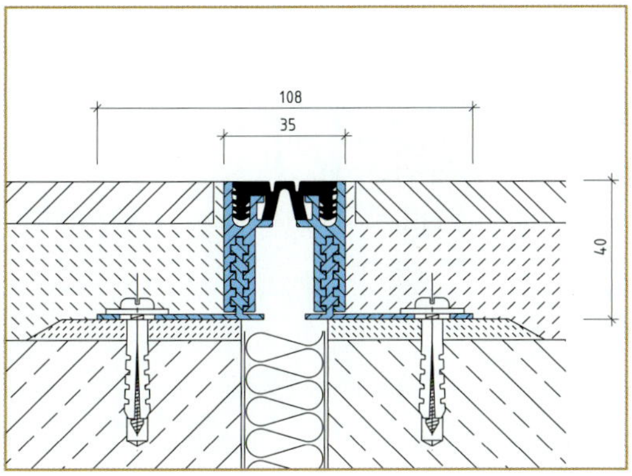

Fugenprofil für hohe Belastungen: hier auf dem tragenden Untergrund befestigt

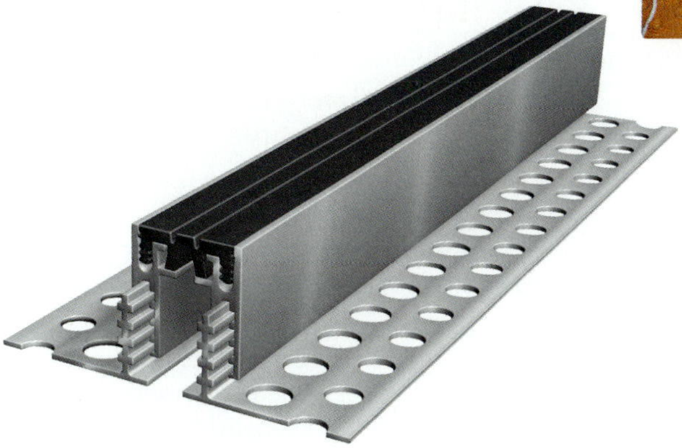

Fugenprofil bestehend aus

- Alu-Trägerprofil
- Alu-Befestigungswinkel (gelocht)
- Kunststoff-Einlage, elastisch

Zusammenfassung

Bewegungsfugen nehmen im Bauwerk vorhandene Spannungen auf und verhindern Schäden.

Man unterscheidet Gebäudetrennfugen, Feldbegrenzungsfugen, Randfugen und Anschlussfugen.

Die Fugenbreite und Fugentiefe richten sich nach dem Maß der auftretenden Dauerbewegung und dem Maß der zulässigen Gesamtverformung (ZGV) des Dichtstoffs.

Die Dichtstoffe können 1- oder 2-komponentig sein.

Durch Einbringen von Hinterfüllmaterial oder Trennmitteln wird eine Dreiflankenhaftung vermieden.

Die Herstellerangaben müssen genauestens beachtet werden.

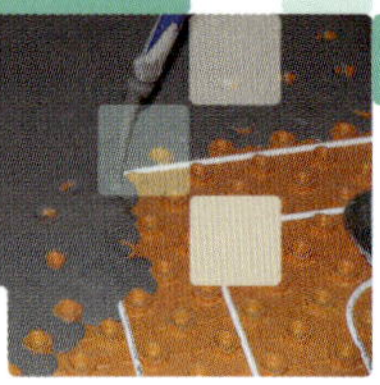

8.8 | Rüttelverfahren

8.8.1 | Großflächenverlegung im Rüttelverfahren

Bodenbeläge in Messehallen, Großwerkstätten und Supermärkten werden immer häufiger mit keramischem Belagmaterial ausgestattet. Dies liegt zum einen daran, dass sich die Keramikindustrie mit einem breiten Angebot an geeigneten Belagstoffen auf diesen Anwendungsbereich eingestellt hat, zum anderen aber auch daran, dass Verlegetechniken gefunden wurden, die bei kostensparendem Maschineneinsatz besonders ebenflächige und hoch belastbare Beläge ergeben. Als besonders vorteilhaft hat sich dabei die Verwendung von Rüttelgeräten erwiesen, die bei einer Frequenz von 10.000 Schlägen/min die Belagteile eben einrütteln und das Mörtelbett verdichten.

Bei den heute üblichen Verfahren handelt es sich meist um Weiterentwicklungen des früheren R-Verfahrens (Rüttel- oder Rominger-Verfahren). Je nach den baulichen Gegebenheiten, können Mörtelzusammensetzung oder Einzelheiten der Ausführung voneinander abweichen. Allen Verfahren gemeinsam ist aber das Prinzip des Einrüttelns.

8.8.2 | Belagmaterial

An Beläge im Industriebereich werden besonders hohe Anforderungen gestellt. Sie sollen
- hohe Punkt- und Flächenlasten aushalten,
- stoß- und abriebfest sein,
- chemischen Angriffen widerstehen,
- leicht zu pflegen sein.

Dazu verlangt das Rüttelverfahren ein Belagmaterial, das besonders maßhaltig und ebenflächig ist (Pressfugen!).

Format:
Bevorzugt werden die Formate 10 × 20 cm, 20 × 20 cm, 30 × 30 cm. Formate bis 40 × 40 cm und 30 × 60 cm sind möglich. Die Kanten sind abgefast und meist leicht abgeschrägt oder mit kleinen Abstandshaltern versehen (Spacer). Mosaik und Großtafeln sind ungeeignet.

Material:
Geeignet sind z. B. trocken gepresste Bodenklinker, unglasierte Steinzeug- oder Feinsteinzeugfliesen.

8.8.3 | Verlegemörtel

Gesteinskörnung:
gemischtkörniger Quarzsand mit idealer Kornabstufung (0…8 mm)

Rüttelverlegter keramischer Belag

Typisches Belagmaterial: dick, hochbelastbar, maßgenau, gefast

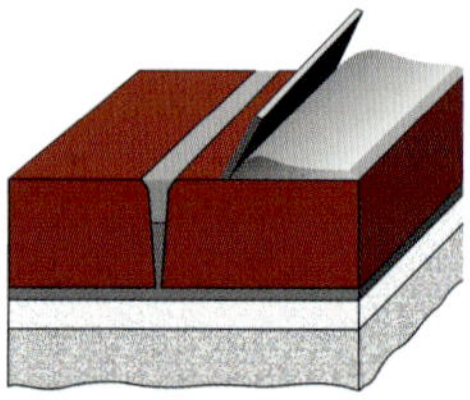

„V-Spacer": die Belagteile berühren sich nur an der unteren Kante und halten dadurch die Oberkanten exakt auf dem vorgesehenen Abstand. Die V-Form begünstigt das Verfüllen der Fuge von oben (Trichtereffekt).

Einbringen und Verteilen des Mörtels

„Pudern" des Verlegemörtels mit Zement

Bindemittel:
Normzement, evtl. mit einem Zusatz von Kunststoff (Dünnbettkleber) zur Verbesserung des Wasserrückhaltevermögens und der Plastizität.

Mischungsverhältnis:
- sehr mager, zwischen 1:6 und 1:12 in RT,
- Konsistenz: erdfeucht oder plastisch,
- *w/z*-Wert: so niedrig wie möglich, um das Schwindmaß gering zu halten,
- Zusatzmittel: Erstarrungsverzögerer (VZ) mit einer Wirkung bis zu 8 Stunden; Betonverflüssiger (BV).

Die Zusatzmittel werden im Betonmischer an der Baustelle zugemischt.

Die Dicke der Mörtelschicht sollte folgende Werte nicht unterschreiten:
- Verbundestrich 4,0 cm
- Estrich auf Trennschicht 6,5 cm
- Estrich auf Dämmschicht 8,5 cm

Um die geforderte gleichmäßige Mörtelqualität sicherzustellen, wird im Allgemeinen Transportmörtel verwendet. Dieser wird über Motordumper oder Betonpumpen zum Einsatzort befördert.

8.8.4 | Ausführung

Typisch für das Verlegen im Rüttelverfahren sind gut eingespielte Kolonnen von etwa 6 Mann. Die durchschnittliche Tagesleistung einer Kolonne liegt bei 250 … 300 m².

Da die einzelnen Verlegeverfahren doch recht stark voneinander abweichen, wird als Beispiel für den Arbeitsablauf das „cpr-Verfahren" gewählt.
- Auf den gut vorbereiteten Untergrund (nicht zu trocken!) kann der Verlegemörtel auf zweierlei Arten eingebracht werden:
  1. Handelt es sich um eine freie Großfläche, so werden am Vortag Mörtelstege gezogen. Der Mörtel wird nun in Bahnen eingefüllt und mit der Rüttelbohle abgezogen (vorverdichtet). Eingelegte Rohre geben die genaue Höhe an.
  2. Handelt es sich um eine Fläche, die z. B. durch ein System von Entsorgungskanälen in klar begrenzte Einzelfelder aufgeteilt ist, wird der **plastische** Mörtel eingefüllt und mit einer Latte abgezogen.
- Das Oberflächenwasser wird durch abgestreuten Zementpuder gebunden.
- Das Belagmaterial wird von Hand eingelegt und spätestens alle 3 m mithilfe einer Latte ausgerichtet.

Einlegen der Belagteile

Einlegen von Kunststoffprofilen als Feldbegrenzungsfugen

Profil

Wässern vor dem Einrütteln

Einrütteln des Belags

Reinigen

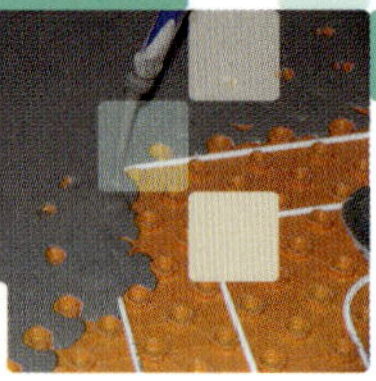

- Bewegungsfugen aus Kunststoffprofilen (PVC) können **in einem** Arbeitsgang im Abstand von 8 ... 12 m mit eingelegt werden. Felder bis zu 200 m^2 Fläche sind möglich!
- Vor dem ersten Abrütteln wird die Oberfläche mit Wasser begossen. Grund:
  1. Der Rüttler bekommt weniger Reibungswiderstand.
  2. Aus der Puderschicht unter dem Belag bildet sich Zementleim, der beim Rütteln von unten her in die Fugen eingedrückt wird.
- Nach dem ersten Abrütteln ruht der Belag ca. 20 Minuten.
- Die Oberfläche wird mit Zement und Quarzsand im Verhältnis 2 : 1 abgestreut.
- Beim zweiten Einrütteln, z.B. mit dem Rollenrüttler bei etwa 50 Hz, werden Zement und Quarzsand von oben in die Fugen eingedrückt.
- Die Oberfläche wird mit dem Gummischieber abgezogen.
- Zum Reinigen mit der Rotationsmaschine wird zuerst eine Trockenmischung, dann feuchtes (Weichholz-)Sägemehl verwendet.
- Nach dem Abfegen wird der Belag mit trockenem Sägemehl abgestreut.

8.9 | Bodenbelag – rechnerische Einteilung

Die rechnerische Belageinteilung ermöglicht es dem Fliesenleger, die Verlegeflächen in einem Raum genau zu planen, lange bevor auch nur eine Wand des Bauwerks steht. Nur wenn man vorher rechnerisch eingeteilt hat, kann man einen wirklichkeitsgetreuen Verlegeplan zeichnen. Der Verlegeplan wiederum ist unbedingt erforderlich, wenn beispielsweise verlangt wird, dass Sanitäranschlüsse im Fugenkreuz sitzen sollen oder dass sich die Sanitärobjekte eines Badezimmers (Duschwanne, Waschbecken, WC-Sitz usw.) symmetrisch in das Fugennetz einfügen sollen.

Zu schmale Ausgleichsstreifen, asymmetrisch angelegte Belagflächen, ungleiche Friese, die Kanten von Öffnungen oder Nischen ohne Abstimmung auf das Fugennetz, all dies lässt sich vermeiden, wenn man vorher rechnerisch einteilt. Besonders wichtig ist dies bei Belagflächen aus **Unifliesen** (Fliesen ohne Dekor), weil hier die Wirkung vor allem von der einwandfreien Fugenplanung abhängt. Die folgenden Beispiele beziehen sich daher auf Unifliesen, rechteckig oder quadratisch, mit der Verlegeart „Fuge auf Fuge" („im Fugenschnitt").

8.9.1 | Grundregeln der Einteilung – parallel zur Wand

- Teilfliesen sollen am Belagrand an nicht bevorzugter Stelle liegen und bei kleinen Formaten mindestens die Breite einer halben Fliese haben.
- Ergibt sich ein zu kleiner Reststreifen, werden zu diesem Streifen eine ganze Fliesenbreite addiert und die Summe durch zwei geteilt. Man erhält also zwei gleich breite, größere Reststreifen am Belagrand. Die Einteilung ist damit symmetrisch.
- Bei Anschlagschienen sollen aus technischen Gründen ganze oder große Teilfliesen verlegt werden.

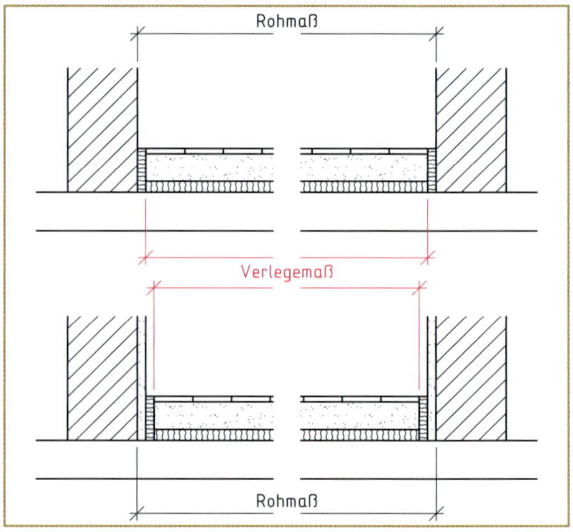

Das Verlegemaß richtet sich nach dem Einbaufall

Ermitteln der Verlegelänge

Verlegelänge (*VL*)
= einzuteilende Länge der Belagfläche
= das Maß von Außenkante Belag bis Außenkante Belag

Verlegelänge bei gegebenem Rohmaß,
Vorgesehen: Wandputz ab OK Sockel

VL = Rohmaß – 2 · 1 cm (Dämmstreifen der Randfuge)
$VL = RL - 2\ \text{cm}$

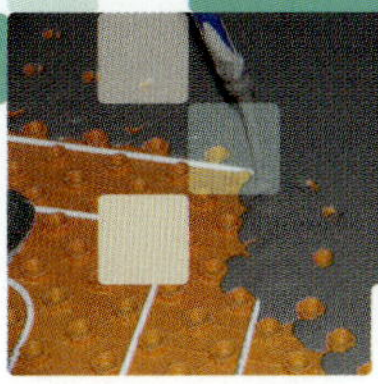

Verlegelänge bei gegebenem Rohmaß,
vorgesehen: 10 mm Wandputz ab OK Rohdecke

VL = Rohmaß – 2 · 1 cm (Putz) – 2 · 1 cm (Randfuge)
VL = Rohbaulänge RL – 4 cm

Anschließend ist wie bei der Einteilung des Wandbelags (LF7) vorzugehen. Erhält man ein genügend großes Restmaß, kann eine unsymmetrische Einteilung aus gestalterischen Gründen sinnvoll sein, um z. B. ab der Tür mit ganzen Fliesen anzufangen.

8.9.2 | Beispiel für eine rechnerische Belageinteilung

Der Bodenbelag eines rechteckigen Raumes soll rechnerisch eingeteilt werden.
Angaben: Rohbaulänge RL_1 = 326,0 cm Rohbaulänge RL_2 = 251,0 cm
Belagmaterial: Fliesen STZ 297 × 297 mm
Fugenbreite 3 mm Verlegeart: Kreuzfuge

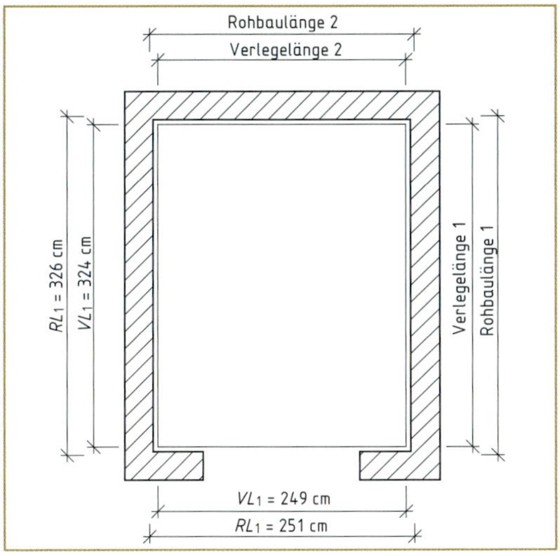

Maße im Grundriss

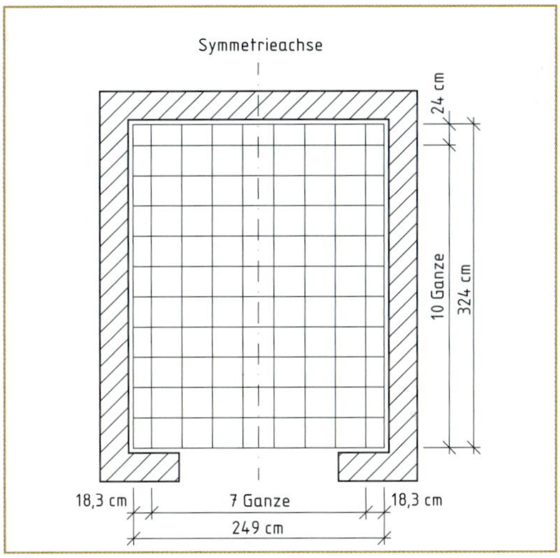

Belageinteilung

Lösung:
Koordinierungsmaß C 29,7 cm + 0,3 cm = 30,0 cm

Lange Seite

VL_1 = RL_1 – 2 · 1 cm = 326,0 cm – 2 cm = 324,0 cm

Anzahl der Ganzen $= \frac{\text{Verlegelänge}}{\text{Fliese + Fuge}} = \frac{324\ \text{cm}}{30\ \text{cm}} = 10$ Ganze

Restmaß = VL – (Anzahl · C) = 324 cm – (10 · 30 cm) = 24 cm

gewählt: 10 Ganze + 1 Reststreifen mit 24 cm (> ½ Fliese!)

Probe:
10 · 29,7 cm = 297,0 cm
1 · 24 cm = 24,0 cm
10 · 0,3 cm = 3,0 cm
VL_1 = 324,0 cm

Kurze Seite

VL_2 = RL_2 – 2 · 1 cm = 251,0 cm – 2 cm = 249,0 cm

Anzahl $= \frac{249\ \text{cm}}{30\ \text{cm}} = 8$ Ganze

Restmaß = 249 cm – (8 · 30 cm) = 9 cm

Streifenbreite $= \frac{9\ \text{cm} + 29{,}7\ \text{cm}}{2} = 19{,}35$ cm

gewählt: 7 Ganze + 2 Streifen mit je 19,35 cm

Probe:
7 · 29,7 cm = 207,9 cm
2 · 19,35 cm = 38,7 cm
8 · 0,3 cm = 2,4 cm
VL_2 = 249,0 cm

8.9.3 | Beispiel: Bodenbelag Küche des Projekthauses

(siehe Grundriss Erdgeschoss, Seite 2)

Angaben:

- Belag besteht aus Feinsteinzeugfliesen, Format: 397 × 397 × 12 mm
- Fugenbreite: 3 mm
- Wandputz ist 15 mm dick und bis zum Rohboden geführt
- Randfugen: 10 mm dicke Dämmstreifen
- Verlegeart: Fuge auf Fuge – parallel zur Wand

Dargestellte Lösung:

Die Belageinteilung erfolgt von der Hauptblickrichtung, dem Wohnzimmer aus. Das heißt: An der Feldbegrenzungsfuge wird mit Ganzen begonnen, ebenso in Querrichtung an der Außenwand. Die Teilstreifen liegen somit an der Fensterwand und an der Wand zum Flur.

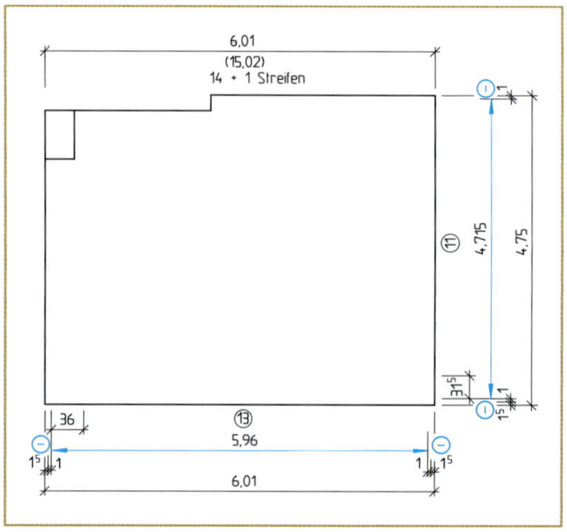

Grundriss Küche: Rohmaße und Verlegemaße

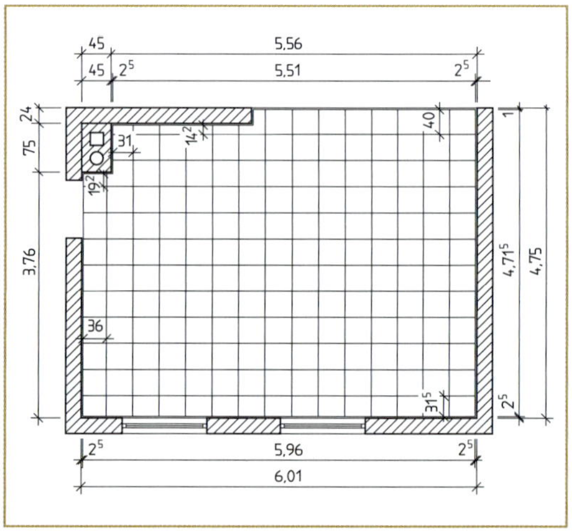

Belageinteilung Küche: Lösung

8.9.4 | Technologische Fragen

Aufgaben zu 8.2 bis 8.4

1 | Erklären Sie den Begriff „Estrich".

2 | Skizzieren Sie die vier Konstruktionssysteme und geben Sie je eine Verwendung im Bauwesen an.

3 | Welche Anforderungen werden an Estriche gestellt? Nennen Sie drei.

4 | Wie können Längenänderungen des Zementestrichs konstruktiv vermieden werden?

5 | Erklären Sie die Kurzzeichen CT und CA.

6 | Welche Eigenschaften des Zementestrichs können durch mineralische Gesteinskörnungen und Kunstharzzusätze verbessert werden? Nennen Sie drei.

7 | Erklären Sie den Begriff Hartstoffestrich, nennen Sie zwei Eigenschaften.

8 | Welchen Nachteil hat Calciumsulfatestrich?

9 | Welche Anforderungen sind an den Untergrund bei Einbau eines Verbundestrichs zu stellen? Nennen Sie drei.

10 | Beschreiben Sie Einbau und Nachbehandlung des Verbundestrichs.

11 | Warum muss die Dämmschicht beim Estrich auf Dämmschicht von der Estrichschicht durch eine Abdeckung getrennt werden?

12 | Skizzieren Sie den Wandanschluss eines Estrichs auf Dämmschicht: Steinzeugfliesen 10/10 im Mörtelbett verlegt, Hohlkehlsockel 10/15, Zementestrich 45 mm, Wandverkleidung mit Steinzeugfliesen im Mörtelbett.

13 | In welchen drei Fällen muss bei einem Estrich auf Dämmschicht konstruktive Fugenteilung vorgenommen werden?

14 | Warum werden Estriche auf Trennschicht als Konstruktion verwendet?

Aufgaben zu 8.5

1 | Nennen Sie die beiden Arten von Fußbodenheizungen und stellen Sie die jeweiligen Vor- und Nachteile einander gegenüber.

2 | Begründen Sie, warum hohe Temperaturen für beheizte Bodenflächen gefährlich sind.

3 | Welche Anforderungen sind bei beheizten Fußböden zu stellen an
a) Untergrund,
b) Dämmschicht,
c) Zementestrich?

4 | Wovon ist die Dicke der beheizten Estrichschicht abhängig?

5 | a) Weshalb ist die Aufteilung in Felder nötig?
b) Welche Feldgrößen nennt das Merkblatt?

6 | Beschreiben Sie den vorgeschriebenen Aufheizvorgang eines beheizten Estrichs.

7 | Welche Prüfpflichten hat der Fliesenleger zu erfüllen, bevor er mit den Belagarbeiten auf einem erhärteten Estrich beginnen kann?

8 | Welche Anforderungen stellen beheizte Estriche an
a) die Dünnbettmaterialien?
b) die Verlegearbeiten?

Aufgaben zu 8.7

1 | Nennen Sie die Ursachen für
a) einmalige,
b) ständige Bewegungen am Bauwerk.

2 | Erläutern Sie die Begriffe
a) Gebäudetrennfuge,
b) Feldbegrenzungsfuge,
c) Anschlussfuge.

3 | Zur Vermeidung von Spannungsschäden müssen Estriche oder Belagflächen durch Bewegungsfugen in kleinere Teilflächen gegliedert werden.
Nennen Sie Richtwerte für
a) rechtwinklige und unregelmäßige Flächen,
b) beheizte Belagflächen,
c) Flure,
d) Fassaden.

4 | Geben Sie mindestens 4 Anwendungsbeispiele für eine elastische Anschlussfuge an.

5 | Eine Bewegungsfuge ist 15 mm breit. Welche Mindestdicke soll der Dichtstoff haben?

6 | Nennen Sie 2 typische Anwendungsbereiche für 1-komponentigen Siliconkautschuk als Dichtstoff.

7 | Welche Ausführungsfehler führen häufig zu
a) Ablösungserscheinungen an den Haftflächen (Adhäsionsrisse)?
b) Rissen im Dichtstoff?

Aufgaben zu 8.8

1 | Welche allgemeinen Anforderungen werden an großflächige Beläge im Industriebereich gestellt?

2 | Begründen Sie, warum Belagmaterial für das Rüttelverfahren besonders maßhaltig, ebenflächig und abgefast sein soll.

3 | Nennen Sie die Gründe, warum Rüttelbeläge
a) so hohen Belastungen standhalten können
b) in Feldern bis 200 m^2 Fläche herstellbar sind.

4 | Welche Zusätze erhält der Verlegemörtel für das Rüttelverfahren in der Regel? Begründen Sie dies.

5 | Beschreiben Sie den Ausfugvorgang beim Rüttelverfahren.

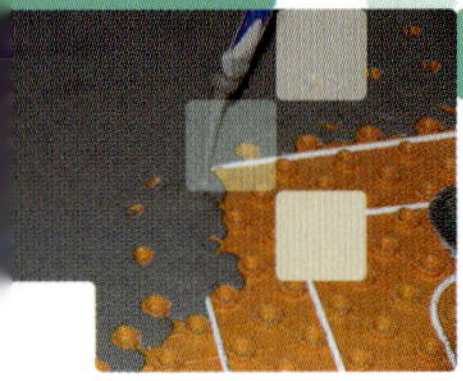

8.10 | Aufgaben

8.10.1 | Projektaufgabe

1 | Das Schlafzimmer der Wohnungseinheit 1 (siehe Grundriss S. 65) soll einen Bodenbelag aus Feinsteinzeug erhalten.

a) Wählen Sie dazu Format und Fugenbreite aus einem Herstellerprospekt aus.

b) Teilen Sie den Belag in Länge und Breite rechnerisch ein (Extrablatt).

c) Zeichnen Sie die Lösung als Draufsicht im Maßstab 1:10.

d) Stellen Sie den Schnitt durch den Sockelbereich als Freihandzeichnung etwa im Maßstab 1:1 dar.

8.11 | Übungsaufgaben zur Belageinteilung

8.11.1

Für den Boden des dargestellten Wirtschaftsraumes sollen Fliesen des Formats 20 × 20 cm mit einer Fugenbreite von 4 mm verlegt werden. Verlegeart: Fuge auf Fuge

a) Teilen Sie den Raum in beide Richtungen rechnerisch ein.

b) Geben Sie an, an welche Wandseite Sie die Reststreifen legen: Wand A, B, C oder D.

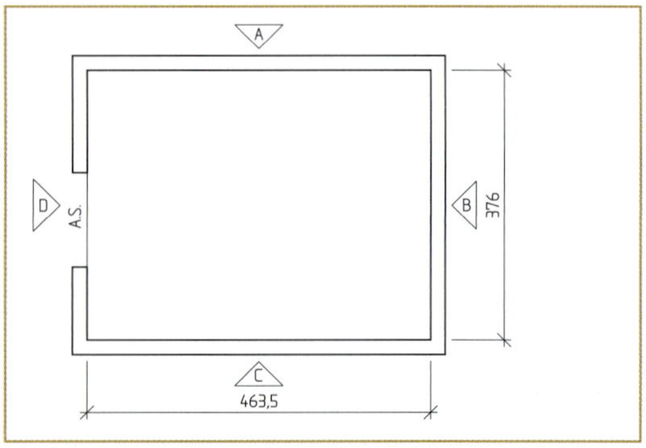

Grundriss mit Rohmaßen

8.11.2

Der dargestellte Raum mit den Abmessungen RL_1 = 6,76 m und RL_2 = 5,01 m liegt innerhalb eines größeren Wohnbereichs. Er soll einen Bodenbelag aus hellem geschliffenem Feinsteinzeug (Format 40 × 40 cm) erhalten. Im Abstand von höchstens 2 Ganzen von der Wand soll ein dunkles Dekorband (Format: 19,8 × 40 cm) eingelegt werden. Die Fugenbreite beträgt 4 mm.

a) Teilen Sie den Raum rechnerisch ein.

b) Geben Sie die Abstandsmaße des Dekorbandes vom jeweiligen Belagrand an.

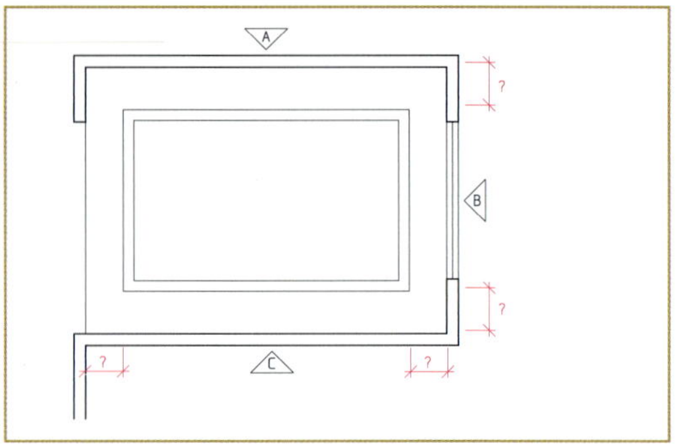

Draufsicht mit der vorgesehenen Belaggliederung

Lernfeld 9 | Fliesen eines Badezimmers

Zielformulierung:	Die Schülerinnen und Schüler planen das Herstellen von keramischen Bekleidungen und Belägen für ein Badezimmer. Sie beurteilen die Feuchtebeanspruchung und wählen keramische Belagmaterialien, Dünnbettmörtel, Klebstoffe und Abdichtungen aus. Sie wenden Produktinformationen an, achten auf Gefahrenhinweise und treffen Entscheidungen zu Untergrundvorbereitungen und Arbeitsverfahren. Die Schülerinnen und Schüler entwickeln und bewerten gestalterische Lösungen für Wand- und Bodenbeläge unter Beachtung von Installationen und Sanitärobjekten. Sie erkennen die Notwendigkeit der Zusammenarbeit mit anderen Gewerken. Sie fertigen Planungsskizzen und Ausführungszeichnungen an, insbesondere für Wandabwicklungen und den Belaganschluss am Wannenquerschnitt.
Lerninhalte:	• Arbeitsverfahren, Verlegetechnik • Abdichtungen im Verbund mit Fliesen und Platten • Gefahrstoffe • Anschlussfugen • Dusch- und Badewannen, Schallschutz, Potenzialausgleich • Vorwandinstallation • Belageinteilung, Verlegeplan • Bruch-, Schnittverlust

Ausstattung und Gestaltung häuslicher Badezimmer waren immer schon ein Spiegel der Zeit – für den allgemeinen technischen Fortschritt, die veränderten Ansprüche der Menschen und nicht zuletzt für die jeweilige Modeströmung. So ist deutlich ablesbar, wie im Laufe der letzten Jahrzehnte aus einem Raum für die Körperreinigung immer mehr ein Wohnraum geworden ist. Während man früher oft sehr sparsam mit nur einer Art von Belagmaterial umging, kombiniert man heute gerne Materialien wie Keramik, Glas, glänzende Flächen aus Edelstahl oder Kunststoff mit warmen Verkleidungen aus Holz. Begriffe wie „Wellness-Oase", „High-Tech-Armaturen" oder „Duschen ohne Kabinenoptik" deuten an, was bei entsprechendem finanziellem Einsatz heute möglich ist.

Badezimmer als erweiterter Wohnraum

Insbesondere die Neugestaltung von Bädern in bestehenden Gebäuden ist für das Fliesenlegerhandwerk ein äußerst wichtiges Arbeitsfeld.

Seine Materialien – vor allem die Keramik – kommen hier besonders zur Geltung: strahlende Farbglasuren, Wasserbeständigkeit, Dauerhaftigkeit und einfache Pflege.

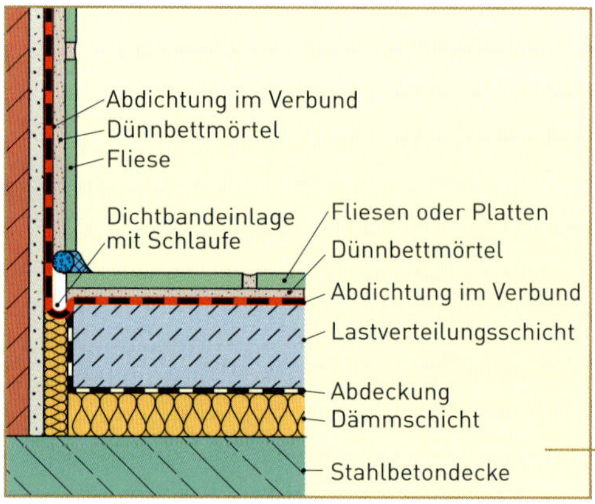

Abdichtung im Verbund

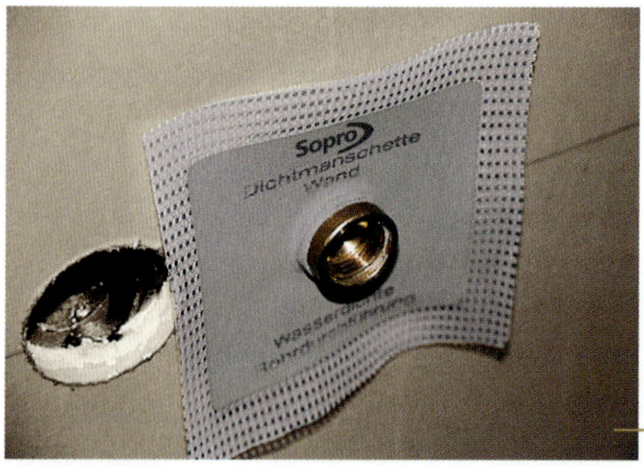

Dichtmanschette

Verlegen im Dünnbett

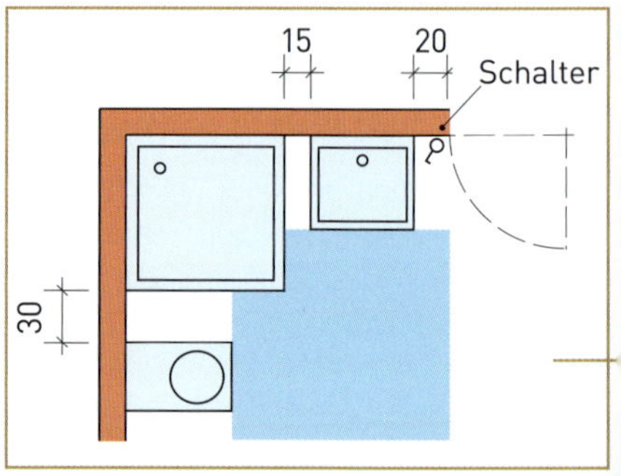

Entwerfen und Planen

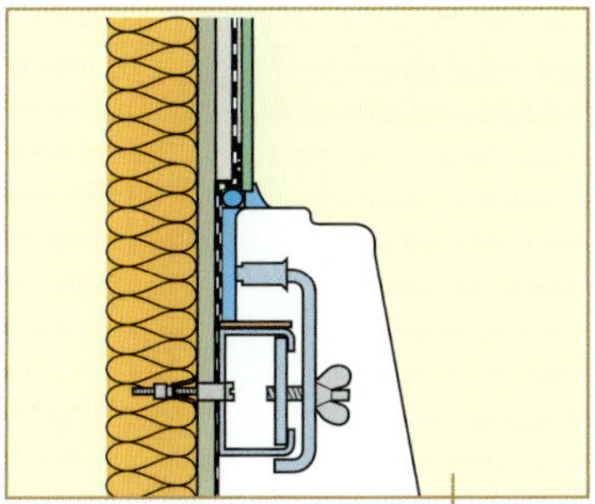

Schalldämmung

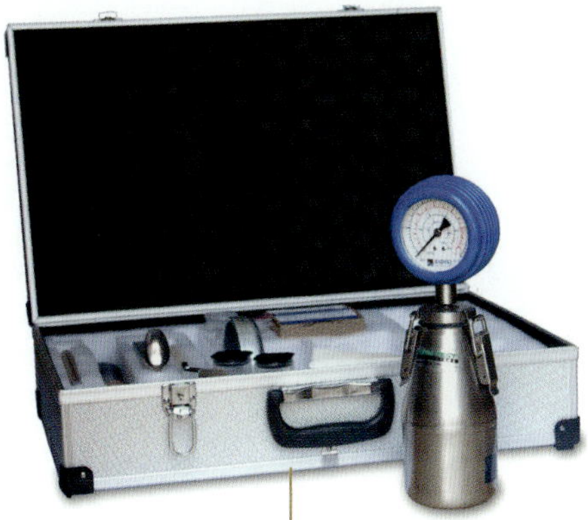

Feuchte messen

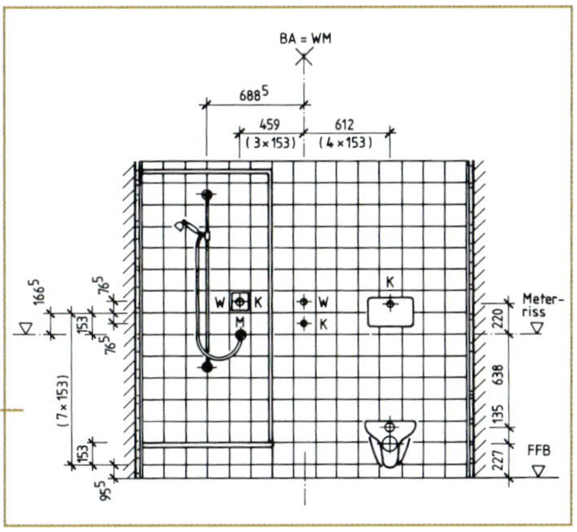

Abstimmung Sanitär / Fliesen

9.1 | Projekt: Fliesen eines Badezimmers

Ein Sanitärgroßhändler möchte seinen Ausstellungsraum mit einem Musterbadezimmer für eine vierköpfige Familie ausstatten.

Da er Kontakt zu der örtlichen Berufsschule hat, macht er folgendes Angebot: Die Fliesenleger-Klasse der Fachstufe I soll für die gegebenen Grundrissmaße einen Entwurf ausarbeiten und anschließend auch die Verlegearbeiten ausführen. Nach der Fertigstellung soll ein Schild mit einem Klassenfoto auf die ausführende Klasse hinweisen.

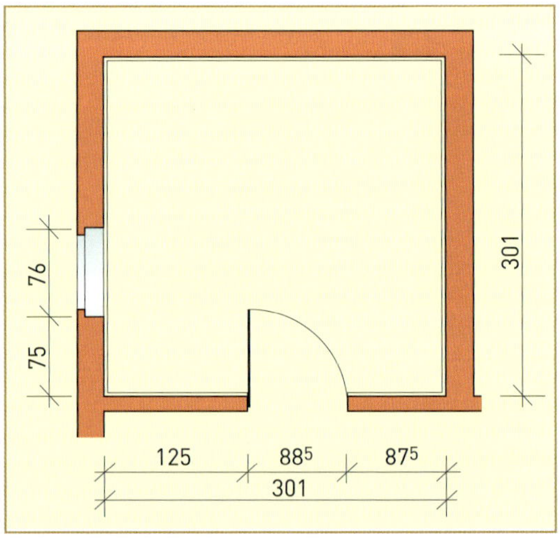

Grundriss Projektaufgabe

Stellen Sie sich also vor, Sie beteiligen sich an der Planung und Ausarbeitung, bringen sich auf den aktuellen technischen Stand, zeichnen Verlege- und eventuell Detailpläne, führen erforderliche Berechnungen durch und bereiten sich auf die Präsentation des gewählten Entwurfs beim Sanitärgroßhändler vor.

Informationen zum Projekt

Das Badezimmer soll technisch auf dem neuesten Stand und voll funktionsfähig sein.

Es soll Eleganz und Großzügigkeit ausstrahlen.

Für die Wahl der Sanitärobjekte gibt es deshalb Spielraum; entscheidend ist die harmonische Gesamtwirkung der Lösung.

Vorwandinstallation wird vorausgesetzt, da der Musterraum auch als Beispiel für den Ausbau in einem bestehenden Gebäude gelten soll.

Beispiel eines Musterbadezimmers

Sanitärgegenstände und Ausstattungszubehör

- Badewanne (groß)
- Dusche
- WC, wandhängend
- Urinal
- Doppelwaschtisch
- Wandschrank für Toilettenartikel
- Spiegel
- Beleuchtung über Waschbecken

9.2.1 | Planung eines Badezimmers

Ausstattung

Zur Ausstattung eines Badezimmers rechnet man:
- Sanitärgegenstände,
- Armaturen,
- Ausstattungsgegenstände.

Sanitärgegenstände sind Bade- und Brausewannen, Waschbecken (Einzel-, Doppel-), Sitzwaschbecken (Bidets), WC-Sitze (stehend, wandhängend) und Urinale.
Armaturen sind Anschlusselemente (Batterien) von Sanitärgegenständen an Wasser-, Abwasser oder Gasleitungen.
Ausstattungsgegenstände sind z. B. Spiegel, Handtuchhalter, Papierhalter, Beleuchtungskörper, Steckdosen usw.

Planungsschritte

Für die Planung müssen folgende Punkte geklärt sein:
- Nutzung des Badezimmers,
- Größe und Grundrisszuschnitt,
- Ausstattungsprogramm.

Sanitärgegenstände sind in den unterschiedlichsten Größen und Formen erhältlich. Man wählt deshalb die geeigneten Objekte mit dem Ziel aus, eine harmonische Gesamtwirkung des Badezimmers zu erreichen und gleichzeitig den Raum optimal auszunutzen.
Die nebenstehende Tabelle zeigt die gängigen Abmessungen von Sanitärgegenständen.

	Abbildung	Breite/-Tiefe	Höhe
Waschtisch	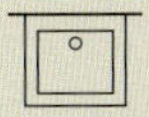	60/55	≥ 85
Doppel-waschtisch	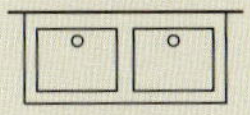	120/55	≥ 85
Handwasch-becken	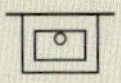	45/35	≥ 85
Klosett	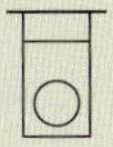	40/75	≥ 40
Wand-klosett	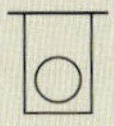	40/60	≥ 40
Urinal		40/40	≥ 65–70
Bidet	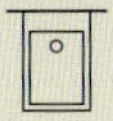	40/60	≥ 40
Badewanne		175/75	≥ 60
Brause-wanne	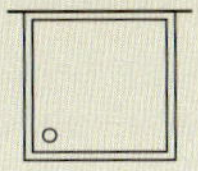	90/90	von Wannenmodell abhängig

Gängige Abmessungen der Sanitärgegenstände

Mindestbewegungsraum

Um sich in einem Badezimmer wohl zu fühlen, muss für alle Tätigkeiten genügend Bewegungsfreiheit vorhanden sein. Dies bedeutet, dass bei der Zuordnung der Sanitärgegenstände auf genügend Abstand nach der Seite und nach vorne zu achten ist. Die nebenstehenden Abbildungen zeigen dies beispielhaft für verschiedene Anordnungen.

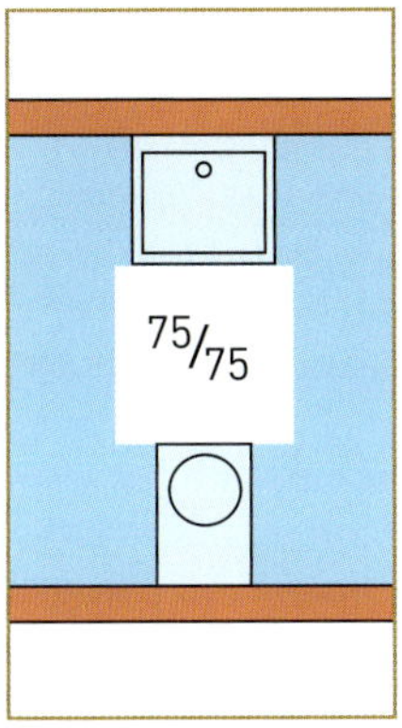

Mindestbewegungsraum und Abstände: Fall 1

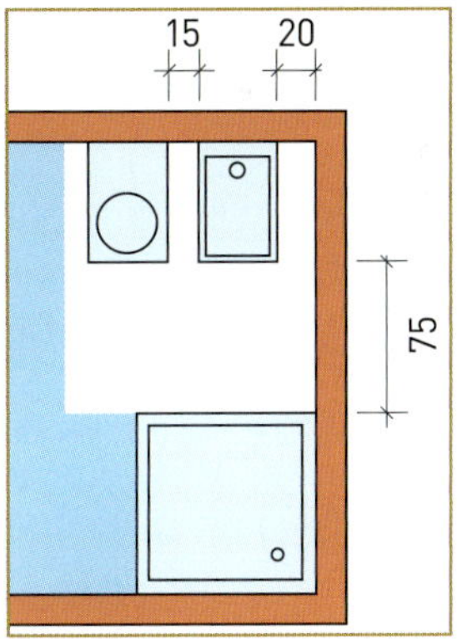

Fall 2

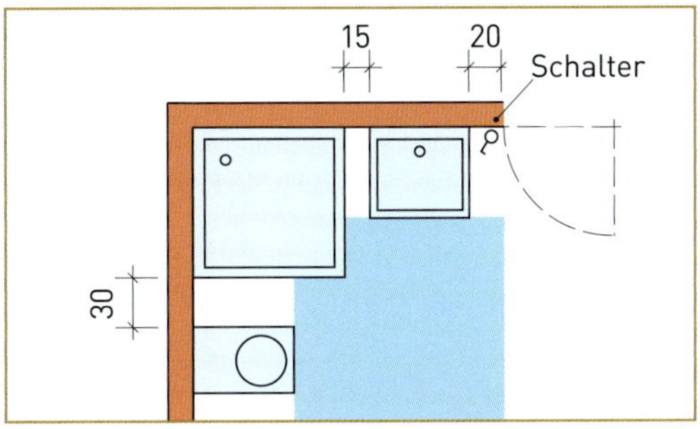

Fall 3

Welche **Gesichtspunkte** sollte man bei der Planung berücksichtigen?
- technische:
  sinnvolle Zuordnung der Sanitärgegenstände (kurze Wege!),
  keine unnötigen Leitungsführungen:
  Anschlüsse möglichst bündeln,
  Lage der Installationswand,
  Belagoberfläche rutschhemmend?

- gestalterische:
  Formate und Farben der Fliesen,
  Fugenbreite und -farbe,
  Verlegeart,
  welche Materialien kommen außer der Keramik in Betracht?
- psychologische:
  natürliche Lichtverhältnisse, Beleuchtung, Intimität, Atmosphäre / Raumwirkung.

9.2.2 | Verlegeplan

Unter der Voraussetzung, dass zum Zeitpunkt der Planung sowohl die Fliesenformate als auch die Ausstattung mit den Sanitärobjekten bekannt sind, kann das Badezimmer in Zeichnungen bereits exakt dargestellt werden. Es handelt sich dabei um die Ansichten der Belagflächen (Boden- und Wandabwicklungen) meist im Maßstab 1 : 10. Werden solche **Verlegepläne** den beteiligten Firmen – Installateur, Elektriker und Fliesenleger – rechtzeitig zur Verfügung gestellt, kann auch die schwierige Abstimmung, z. B. von Sanitärarmaturen, auf das Fliesenraster gelingen.

Ein Verlegeplan entsteht nach folgendem Planungsschema:
1. Einteilen der Belagfläche im Fugenraster unter Beachtung wichtiger Bezugslinien wie z. B. Kanten von Fensterlaibungen und Vorlagen oder die Oberkante der Türzargen.
2. Eintragen der Sanitärgegenstände, der Sanitärarmaturen und des Ausstattungszubehörs in das Fugenraster.
3. Festlegen der Leitungsführung, um zu verhindern, dass Leitungen von Schraubenbefestigungen getroffen und beschädigt werden.

Die Einteilung der Belagflächen erfolgt nach den bekannten Regeln auf der Grundlage der **Symmetrie** (siehe dazu 7.9).
Auch beim Einrichten von Sanitärgegenständen und -armaturen auf das Fugenraster hält man sich in erster Linie an die Symmetrie. Dasselbe gilt für Ausstattungszubehör wie Spiegel, Handtuchhalter, Steckdosen usw.

Damit Fliesenleger und Installateur ihre Arbeit aufeinander abstimmen können, benötigen sie einen einheitlichen Maßbezug für die Höhen- und Seitenmaße.

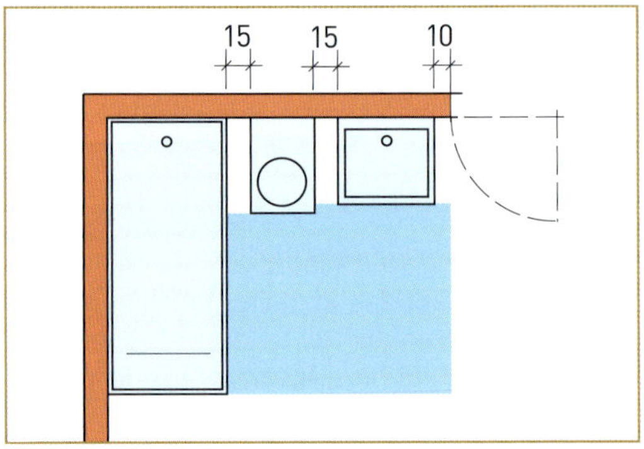

Fall 4

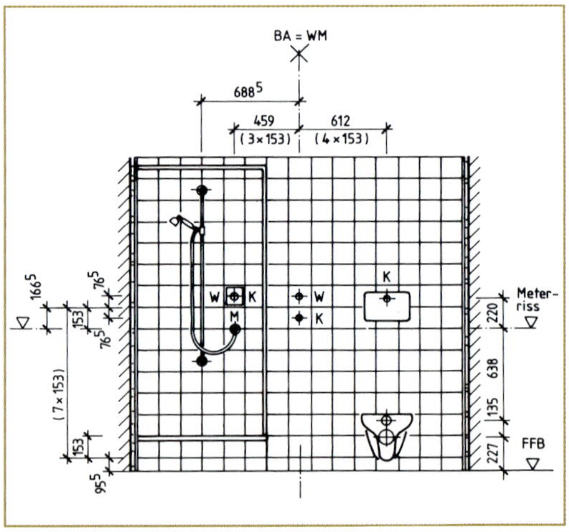

Verlegeplan (Wandabwicklung)

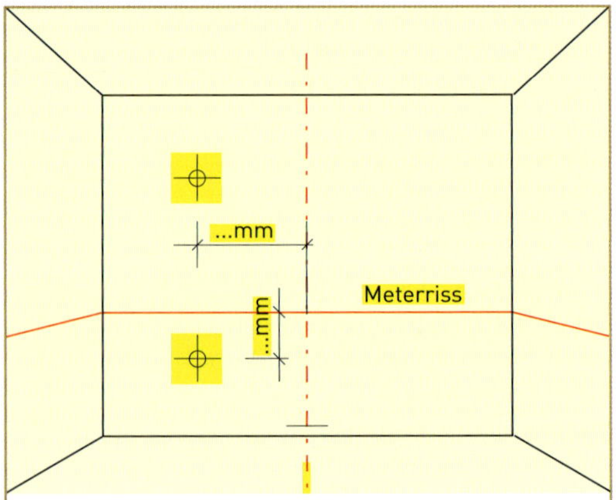

Bezugsachse (BA)
in Wandmitte

Alle Bohrungen können mithilfe der beiden Bezugsachsen exakt angezeichnet werden

Für Wandflächen werden senkrechte Bezugsachsen (abgekürzt: BA), die den Belag symmetrisch unterteilen, verwendet. Sie liegen entweder in einer Fuge oder in der Mitte einer Fliesenreihe. Bei Bodenflächen bezieht man sich zweckmäßigerweise auf ein Achsenkreuz.

Als Bezugslinie für die Höhenmaße wird am besten der Meterriss oder Meterstrich verwendet. Er liegt genau einen Meter über der Oberkante des fertigen Fußbodens. Diese Bezugslinien sind nach VOB von der Bauleitung rechtzeitig und unverwischbar auf dem Untergrund anzubringen.

Nur unter diesen Voraussetzungen können Installationen maßgenau auf das Fugenraster eingerichtet werden. Der Fliesenleger hat dann die Aufgabe, vor Beginn seiner Arbeiten zu prüfen, ob der Installateur sich an die vorgeschriebenen Maße gehalten hat. Nach den Bestimmungen der VOB sind Leistungen dieser Art dem Fliesenleger besonders zu vergüten.

Lage der Sanitärgegenstände

Die senkrechten Mittelachsen der Sanitärgegenstände sollten entweder in einer Fuge oder in der Mitte einer Fliesenreihe liegen. Die Oberkante der Gegenstände soll

a) bei einem Wandeinbau mit der Unterkante einer Belagfuge übereinstimmen,
b) bei wandanliegender Montage eine waagerechte Fuge möglichst überdecken.

Lage der Sanitärarmaturen

Armaturen mit einem Anschluss:

Rohrstutzen bzw. die sichtbar bleibenden Rosetten werden bevorzugt im Fugenkreuz oder in Fliesenmitte angeordnet (s. Abb.).

Für die Lage im Fugenkreuz spricht zunächst der geringere Arbeitsaufwand beim Herstellen der Lochaussparung. Sie hat aber den Nachteil, dass man beim Ansetzen im Dickbett die Schnur nicht durchspannen kann, weil Rohrstutzen die Flucht unterbrechen. Außerdem schließt die Rosette später nicht so dicht an der Fliesenoberfläche ab, da die etwas tiefer liegenden Fugen vier Öffnungen hinterlassen, in denen sich Schmutz und Bakterien ansiedeln können. In Bereichen mit hohen hygienischen Anforderungen wie z.B. in medizinischen Untersuchungs- und Behandlungsräumen ist daher die Lage in der Fliesenmitte vorteilhafter.

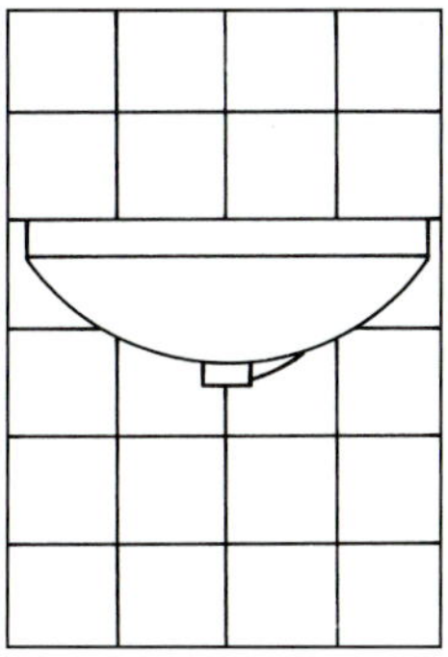

Waschbecken auf Fliesenbelag

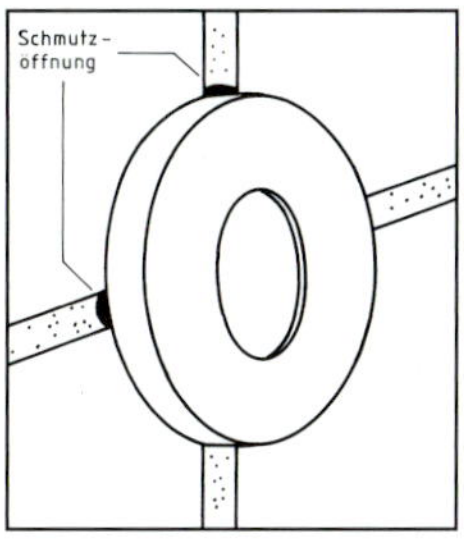

Rosette in einem Fugenkreuz

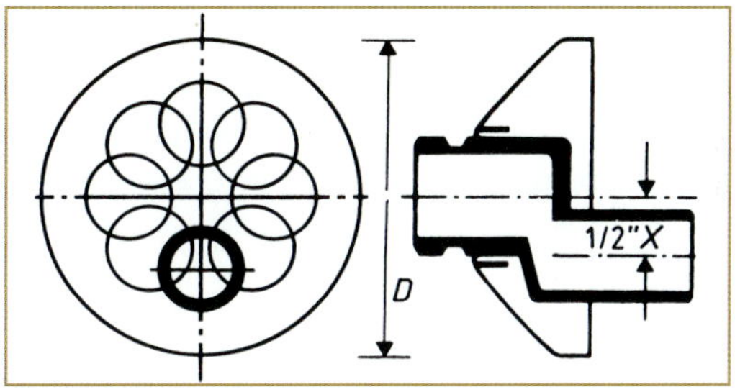

Verdeckter S-Anschluss für Sanitärarmaturen, X = Anschlussverstellbarkeit, D = Rosettendurchmesser

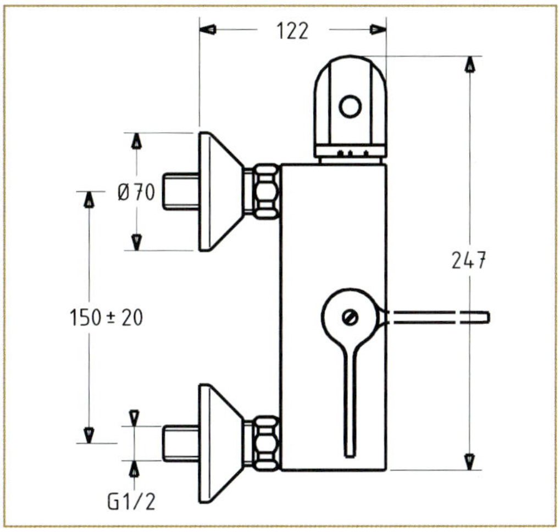

Thermostat-Armatur für eine Dusche

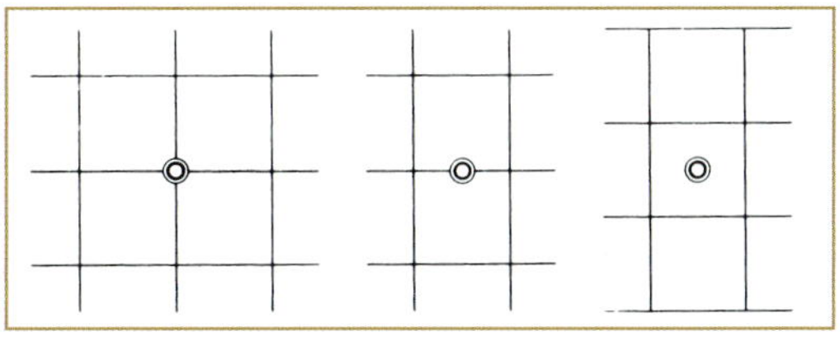

Armaturen mit einem Anschluss

Armaturen mit zwei und drei Anschlüssen:

Die meisten Armaturen sind nach wie vor auf das Rastermaß von Wandfliesen 15 × 15 cm abgestimmt. Durch die eingebauten S-Anschlüsse lässt sich das Achsmaß auf das gewünschte Fugenraster abstimmen (150 mm, 152 mm). Bei den S-Anschlüssen liegt die Anschlussachse um ein bestimmtes Verstellmaß y exzentrisch außerhalb der Rosettenmitte. Soll z. B. die Rosettenmitte im Fugenschnittpunkt liegen, so muss der Anschluss um das Verstellmaß y daneben, darunter oder darüber liegen.

Nebenstehende Abbildungen zeigen die generellen Anschlussmöglichkeiten.

Falls das Abstandsmaß mit dem Fugenraster nicht übereinstimmt, sollte die Symmetrieachse der Armatur möglichst in einer senkrechten Fuge liegen.

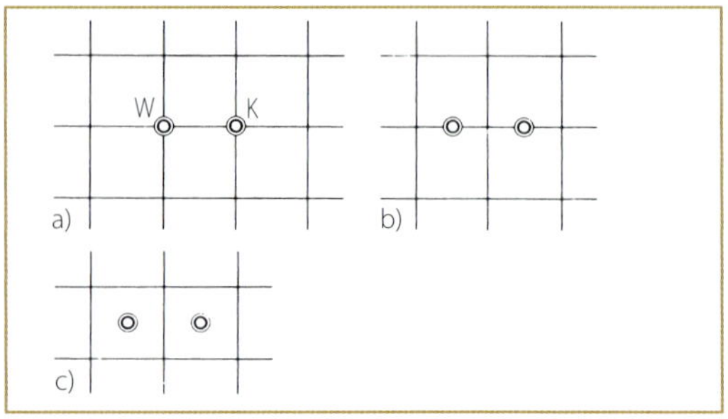

Armaturen mit zwei Anschlüssen

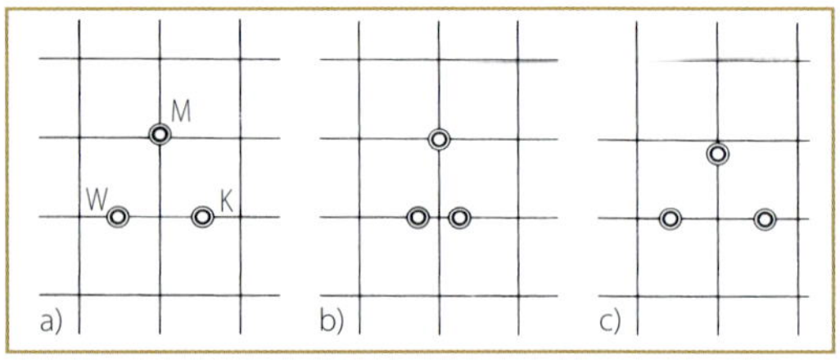

Armaturen mit drei Anschlüssen

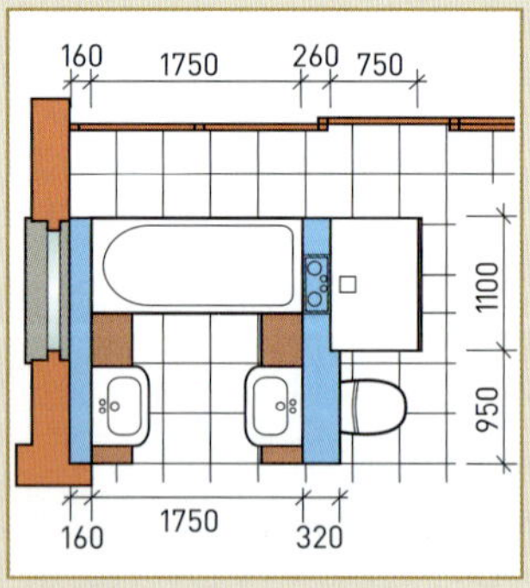

Vorwandinstallation im Grundriss

Ansicht Montagewände

Fertiginstallation

9.2.3 | Vorwandinstallation

Zum Einsatz kommen vorgefertigte Montagesysteme für alle Sanitärgegenstände, vom Waschtisch über wandhängende WCs, Bidets oder Urinale bis hin zu Dusche und Badewanne. Die Hauptvorteile sind:

Wände brauchen nicht aufgestemmt zu werden:
- kein Staub oder Dreck.

Der Wandquerschnitt wird nicht geschwächt:
- keine Minderung der Tragfähigkeit,
- keine Schall- und Wärmebrücken,
- leichtere Zugänglichkeit des Leitungssystems.

Die Wandtiefe T (einschließlich Beplankung) hängt vom Durchmesser der Abflussleitung und dem Spülkastentyp ab, z. B. zwischen 16,5 und 23,5 cm. Beplankung hier 18 mm

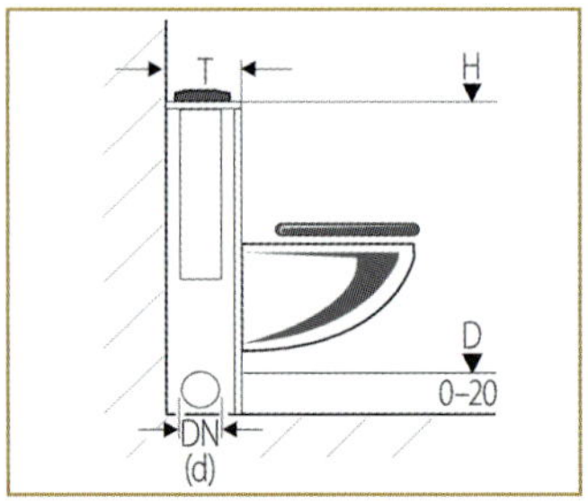

Schnitt durch ein Montageelement mit WC

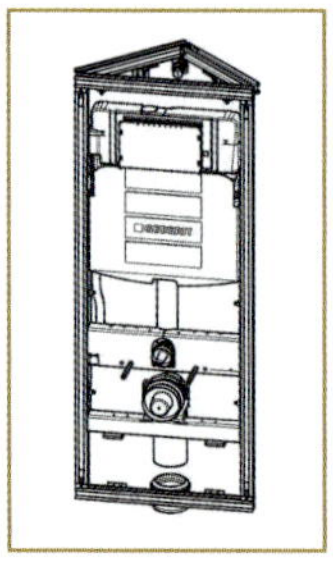

WC-Eckmodul

Alle Leitungen laufen in einem vor (oder in) der Wand verschraubten Ständer- oder Schienenwerk, in das höhenverstellbare Einzelmodule mit den Befestigungsmöglichkeiten für die Sanitärobjekte und die montagefertigen Anschlüsse für Armaturen und Abläufe eingebaut sind.

Armaturenanschlüsse sind ab Werk so vorbereitet, dass sie keine Fließgeräusche auf umgebende Wände übertragen. Beplankt werden die Installationswände mit tragfähigem Plattenmaterial wie z. B. imprägnierten Gipsplatten, faserverstärkten Gipsplatten oder Hartschaumbauplatten.

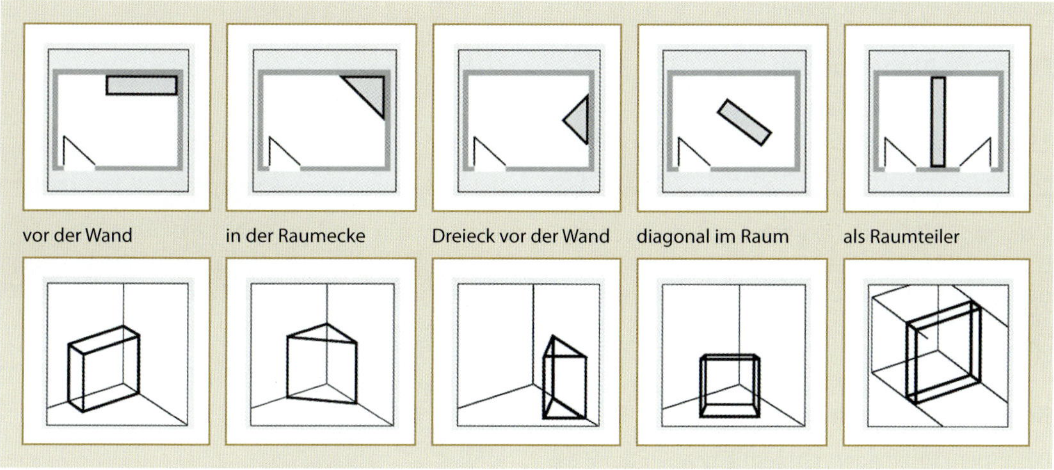

Beispiele für die vielfältigen Möglichkeiten der Anordnung

9.3.1 | Badewanne: Art, Material, Form

Arten

Man unterscheidet:
- frei stehende Wannen,
- Schürzenwannen,
- Einbauwannen.

Frei stehende Wannen haben weder eine Seitenverkleidung noch einen Anschluss an den Wand- oder Bodenbelag.
Schürzenwannen haben bereits eine fertige Seitenverkleidung.
Einbauwannen werden vom Fliesenleger eingebaut und bekleidet.

Frei stehende Wanne

Material

Einbauwannen können aus verschiedenen Materialien gefertigt werden:
1. Stahlblech mit Emaillebeschichtung,
2. Stahlblech mit Acrylbeschichtung,
3. Acryl,
4. Quaryl (Markenname).

Stahlblechwannen mit Füßen sind sehr stabil und kostengünstig; die Beschichtung ist chemisch beständig.

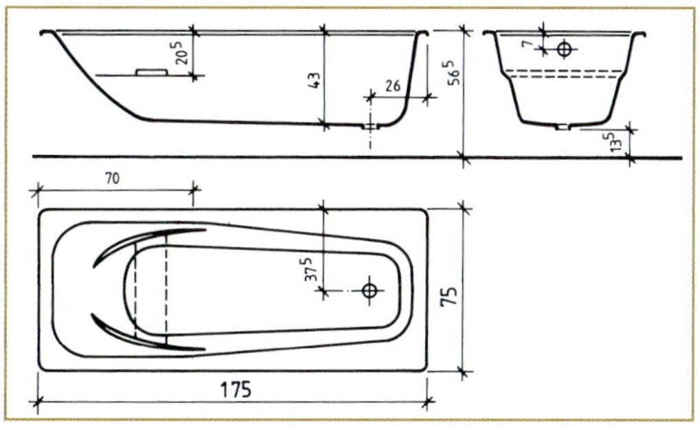

Einbauwanne (Körperform-Wanne)
Standardgröße: 170 × 75 cm

Acrylwannen, in allen Sanitärfarben einfärbbar, sind leicht, weniger stabil und anfälliger gegen Verkratzen.
Wannen aus Quaryl (eine Wortverbindung aus Quarz und Acryl) sind stabiler und kratzfester als Acrylwannen. Quaryl lässt sich durchfärben und scharfkantig formen. Wannen können daher fliesenbündig eingebaut werden.

Form und Abmessungen

Das Normalmaß für Badewannen beträgt 170 cm × 75 cm, außen gemessen. Die Wanneneinbauhöhe soll zwischen 49 cm und 64 cm über OKFFB liegen. Für beengte Raumverhältnisse wird eine Anzahl kleinerer, dafür aber höherer Wannen angeboten. Die Normalwanne hat eine Rechteckform. Daneben gibt es aber viele Ausführungen, die der Körperform besser angepasst und dadurch bequemer zu benutzen sind.

Kontrollen vor dem Einbau

Bevor der Fliesenleger mit dem Einbauen der Wanne beginnt, hat er wichtige Kontrollen durchzuführen. Eventuelle Versäumnisse könnten ihn nämlich hinterher teuer zu stehen kommen. Er sollte prüfen,

1. ob die Wanne beschädigt, der Abfluss angeschlossen oder evtl. verstopft ist,
2. ob die Wanne in beiden Richtungen waagerecht steht,
3. ob die Wanne den richtigen Abstand zur Wand hat,
4. ob die Wanne parallel zu den Wänden steht,
5. ob schalldämmende Maßnahmen getroffen wurden.

Wannenträger aus Hartschaum

Ein besonderer Einbaufall liegt vor, wenn Wannenträger aus Hartschaum (z. B. aus Polystyrol oder Polyurethan) eingesetzt werden.
Folgende Systeme lassen sich unterscheiden:

- Ein Wannenträger wird auf Mörtelstreifen fixiert, die dazu passende Wanne eingesetzt, an das vormontierte Abflusssystem angeschlossen und der Wannenkörper im Dünnbettverfahren gefliest.
- Ein Wannenträger als Bausatz, bestehend aus verschiedenen, miteinander kombinierbaren Einbauelementen, bildet die Wanne, die im Verbund mit dem Dünnbett abgedichtet und direkt mit Fliesen bekleidet wird.

Eckbadewanne mit Schürze

Wandhalterung mit Schaumstoffdichtband für Bade- oder Duschwannen aus Acryl

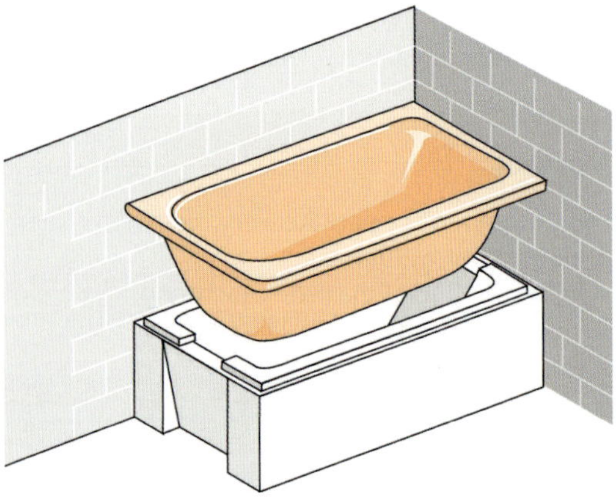

Wanne und Wannenträger müssen aufeinander abgestimmt sein

- Der Wannenträger ist bereits in festem Verbund an die Wanne angeschäumt und kann direkt mit Fliesen bekleidet werden.

9.3.2 | Einbau der Wanne

Höhe des Wannenrandes

Die Wanne soll in das Fugennetz des Wandbelags passen. Das bedeutet, dass über dem Wannenrand stets Ganze angesetzt werden sollen. Die Höhe des Wannenrandes richtet sich nach der Wahl des Fliesenformats und sollte aus Sicherheitsgründen in einem Bereich zwischen 49 und 64 cm über dem fertigen Fußboden liegen. Vorgelagerte Stufen können den Einstieg in die Wanne wesentlich erleichtern.

Einmauern / Einbauen

Lässt es der Bauablauf zu, ist es vorteilhaft, die Wanne nach dem Bekleiden der Wände und vor dem Verlegen des Bodenbelags einzubauen. Dies erleichtert das maßgenaue Aufstellen, da sich der Installateur nach den Kanten der Wandaussparung richten kann. Weiterhin entfällt für den Fliesenleger das Abdecken und Säubern der Wanne. Die Gefahr von Beschädigungen ist vermindert.

Für das Einmauern können alle tragfähigen und wasserbeständigen Baustoffe verwendet werden. Leicht zu verarbeitende Materialien wie Bims, Porenbetonsteine oder beschichtete Hartschaumplatten werden bevorzugt.

Um die Wärme des Badewassers möglichst lange zu speichern, belässt man die zwischen Wanne und Abmauerung entstehende wärmedämmende Luftschicht oder dieser Hohlraum wird mit einem Dämmstoff ausgeschäumt.

Die seitliche Bekleidung einer Wanne kann auf unterschiedliche Weise ausgeführt werden. Während sie früher oft schräg ausgeführt oder mit einem Untertritt (Rücksprung) versehen war, findet man heute fast nur noch die senkrechte Abmauerung vor.

Revisionsrahmen

Obwohl heute nur noch selten gemacht, ist es von Vorteil, wenn auch nach dem Einbau der Wanne der Badablauf für eventuelle Reparaturarbeiten zugänglich ist. In diesem Fall kann an der Seite eine Revisionstür eingebaut werden.

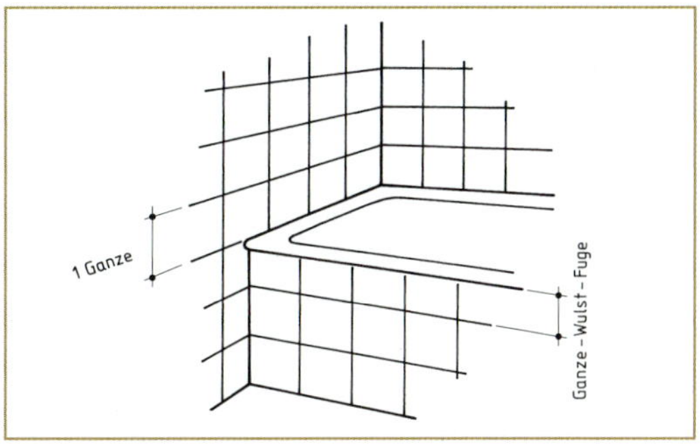

Wenn möglich, sollten über dem Wannenrand Ganze angesetzt werden

Wanneneinbau mit beschichteten Hartschaumplatten: Verkleben der Plattenelemente mit Hybrid-Dichtstoff (an den Stirnseiten)

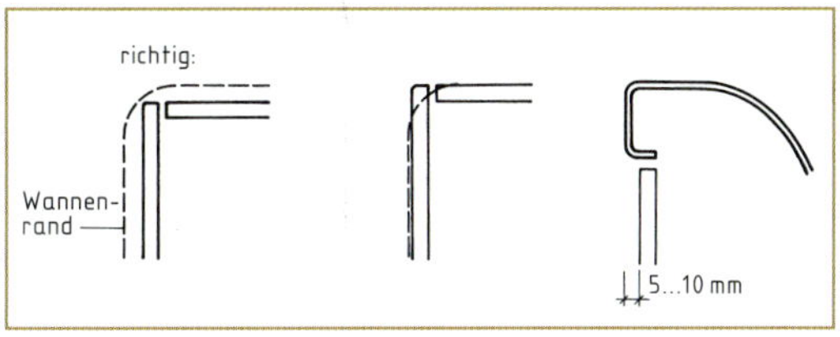

Ohne Rücksprung stehen Eckfliesen über die Rundung des Wannenrandes hinaus

Unsichtbar ausgeführte Revisionsöffnung: Am Öffnungsrand sind 4 Magnetplättchen eingebettet. Das Türelement wird umlaufend elastisch verfugt.

9.3.3 | Dusche

Abmessungen

Die üblichen Abmessungen für eine Dusche sind 90 × 90 cm. In keinem Fall sollte das Maß von 80 × 80 cm unterschritten werden. Neben den quadratischen oder rechteckigen Grundformen gibt es ein breit gefächertes Angebot weiterer Formen: polygonal, als Viertelkreis, kreisrund usw. Daneben gibt es noch Mehrzweckbrausewannen, die Sitzflächen und sonstige besondere Ausformungen haben. Sie lassen sich auch als Fuß-, Sitz- oder Kinderbad verwenden.

Anforderungen

Die mit Fliesen bekleideten Seitenwände sind sowohl dem Spritzwasser als auch dem herablaufenden Wasser ausgesetzt. Daher sollte der Ansetzgrund abgedichtet sein. Die Abdichtung ist bis 20 cm oberhalb des Brausekopfes hochzuführen.
Die Duschwanne hat die Aufgabe, das niederfallende Wasser zu sammeln und zum Abfluss zu leiten.

Es gibt verschiedene Einbaumöglichkeiten:

Aufgesetzte Wanne

Aufgesetzte Wannen bestehen grundsätzlich aus den gleichen Materialien wie Badewannen. Der Wannenrand kann eben oder profiliert sein. Die Abbildungen zeigen Beispiele für den Anschluss des Wannenrandes an senkrechte oder waagerechte Belagflächen. Um das Ein- und Aussteigen zu erleichtern, sollte die Oberkante des Wannenrandes auf keinen Fall höher als 30 cm über dem Fertigfußboden liegen.

Eingelassene Wanne

In diesem Fall schließt der Wannenrand bündig an den Fußbodenbelag an. Dies setzt allerdings voraus, dass entweder die Rohdecke abgesenkt ist oder aber die Duschwanne in eine höhergelegte Belagfläche eingelassen wird.

Bodenbelag als Wanne / bodengleiche Dusche

Mehr denn je geht der Trend zur Ausführung bodengleicher (barrierefreier) Duschen ohne Kabinenoptik. Die Gründe sind sicher in dem viel stärker ausgeprägten Bewusstsein für **alters-** oder **behindertengerechte** Ausstattung zu suchen. Sowohl die Sanitärindustrie als auch die Hersteller sogenannter „innovativer Bausysteme" haben sich auf diesen Bedarf eingestellt, insbesondere auch im Hinblick auf den großen Markt der Um- und Ausbauprojekte.

Nach DIN 18040 (Barrierefreies Bauen / Barrierefreie Wohnungen) müssen Duschen stufenlos begeh- und befahrbar sein (Schwellenhöhe höchstens 2 cm). Weiterhin sind Mindestbewegungsflächen für das Manövrieren mit dem Rollstuhl (150 × 150 cm) vorgeschrieben. Es muss rutschhemmendes Belagmaterial verwendet werden.

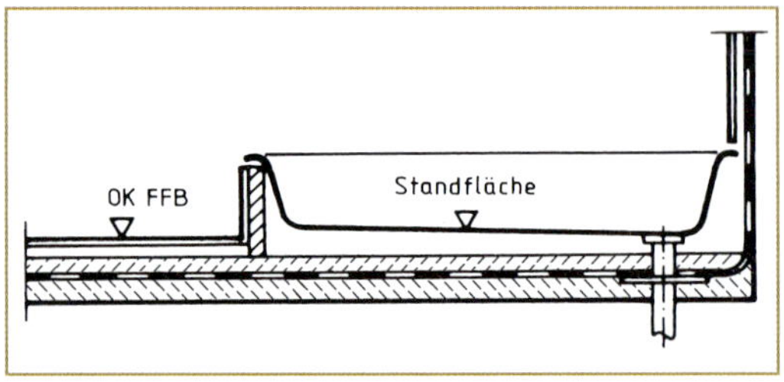

Aufgesetzte Wanne

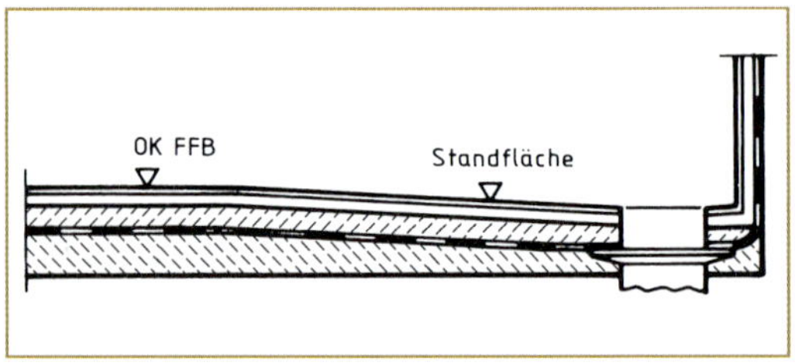

Bodenbelag als Wanne mit Abdichtung

Unterbauelement mit eingegossenem Ablaufoberteil und passenden Formfliesen. Punktförmige Entwässerung: Ablauf sitzt mittig.

Entwässerung

Man unterscheidet heute zwei Systeme, die für das rasche Abfließen des Duschwassers sorgen:

- punktförmige Entwässerung
  (der Ablauf sitzt meist zentral)
- Linienentwässerung
  (eine Ablaufrinne sitzt meist am Rand)

Hand in Hand mit dem steigenden Angebot an Großplatten und der Vorliebe für eine elegante, weitgehend fugenlose Optik hat sich die Linienentwässerung am Markt durchgesetzt. Als Vorteile gelten allgemein:

- Sie erlaubt eine ebene, nur in eine Richtung geneigte Bodenfläche (Gefälle 1 … 2 %)
  Vorteil: weniger Fliesenschnitte.
- Sichtbar ist nur ein schmales Abdeckprofil und ein unauffälliger Spalt für den Wasserablauf.
- Einfache Reinigung des Abflusses.

Linienentwässerung

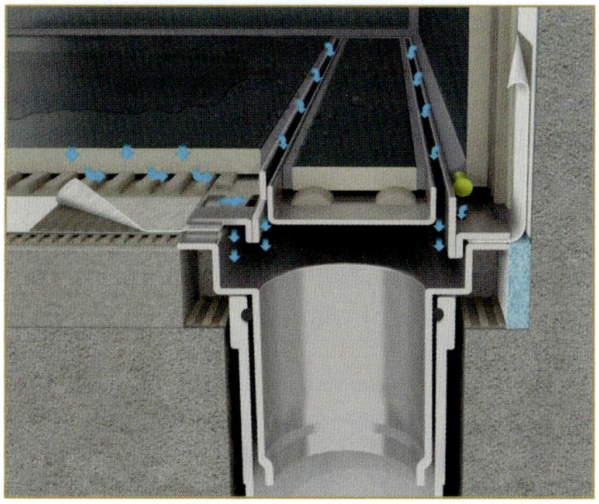

Duschrinne, an der Wand anliegend, mit werkseitig angebrachter Dichtmanschette. Das Abdeckprofil lässt sich entweder mit der Edelstahl-Seite nach oben einsetzen oder wird, gewendet, mit dem Belagmaterial der Bodenfläche befliest. Sichtbar bleibt dann nur ein schmaler Spalt für den Wasserablauf. Auch hier: Sekundärentwässerung und senkrechter Ablauf.

Duschrinne, inmitten der Belagfläche liegend, Abdeckung in Edelstahl-Optik. Das System verfügt über eine zweite Entwässerungsebene, sodass eingedrungenes Sickerwasser in die Duschrinne abgeführt wird (Sekundärentwässerung). Der Ablauf schließt senkrecht an.

9.3.4 | Feuchteschutz und Schallschutz

Feuchteschutz

Der Wandanschluss der Wanne oder Duschtasse muss in die Abdichtung der Wandfläche eingebunden werden. Dazu dienen Wannenranddichtbänder, die an der Wanne selbstklebend sind und an der Wand in die Flüssigabdichtung eingearbeitet werden. Eine zweite Möglichkeit ist die Verwendung von Zargenwannen. Die Siliconfuge am Übergang Wanne-Wand ist keine dauerhaft funktionierende Abdichtung.

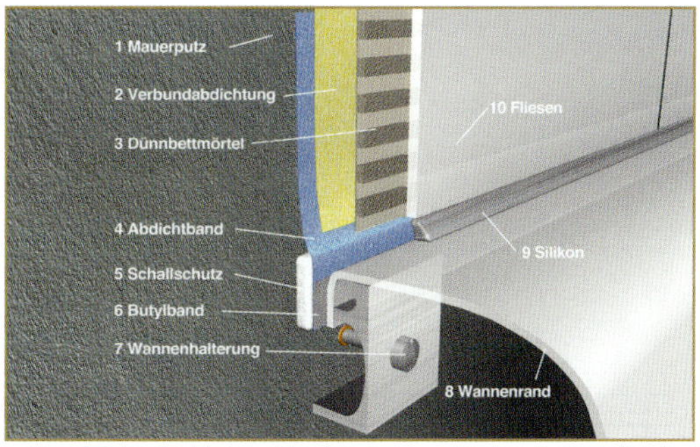

Anschluss der Wanne mit Dichtband

Schallschutz

Lärm zählt zu den besonders belastenden Umwelteinflüssen. Die DIN 4109, „Schallschutz Im Hochbau", fordert deshalb in ihrer Neufassung einen wesentlich erhöhten Schallschutz. Schallerzeugend im Bad ist beispieisweise einlaufendes Badewasser oder Rutschen in der Wanne. Dieser Körperschall kann sich über alle an die Wanne angrenzenden Bauteile ausbreiten. Schalldämmende Maßnahmen müssen deshalb direkt an der Badewanne getroffen werden. Der jeweilige Aufwand ist abhängig von der Art der Wannenaufstellung. Man kann dabei drei Fälle unterscheiden.

Fall 1: Wanne auf Rohdecke

Die Wannenfüße sind auf eine weiche, federnde Unterlage (z. B. Neoprenstreifen) zu stellen.

Andere Lösung: Ein Dämmstreifen liegt zwischen Wannenträger und Wanne. Sämtliche Anschlüsse an den Wannenrand müssen als elastische Bewegungsfugen ausgebildet werden, da schon die geringsten Schallbrücken (z. B. in Form von Mörtelbatzen) die gesamte Maßnahme unwirksam machen.

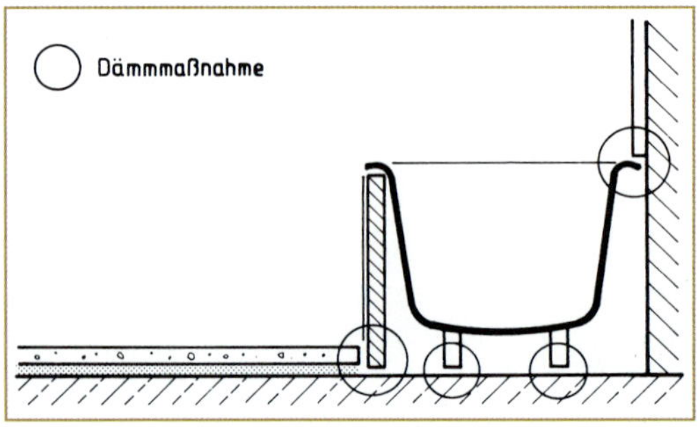

Fall 1: Wanne auf Rohdecke

Fall 2: Wanne auf Estrich auf Dämmschicht

Hier genügt es, wenn lediglich die Anschlussfuge zur Wand hin weich hinterfüllt und elastisch verfugt wird, da die Wanne ja bereits auf einer schallgedämmten Schicht aufliegt.

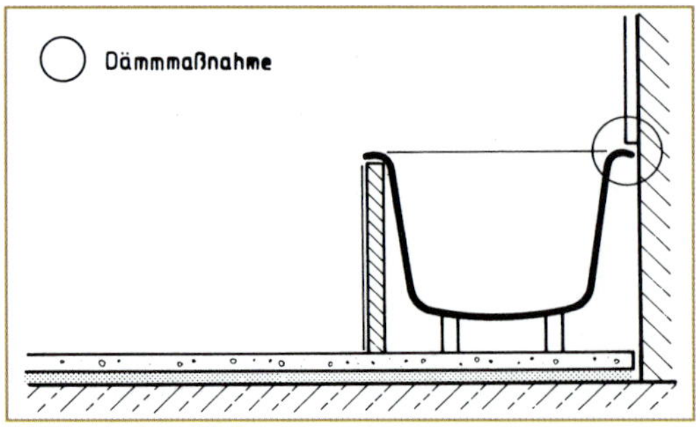

Fall 2: Wanne auf Estrich auf Dämmschicht

Fall 3: Wannenträger aus Hartschaum

Liegt die Badewanne in einem Wannenträger aus Polystyrol- oder Polyurethanhartschaum, müssen, wie im Fall 2, nur die Anschlussfugen elastisch ausgeführt werden. Nebenbei wirkt der Wannenträger als Dämmstoff, der verhindert, dass die Wärme aus dem Badewasser rasch abgeleitet wird.

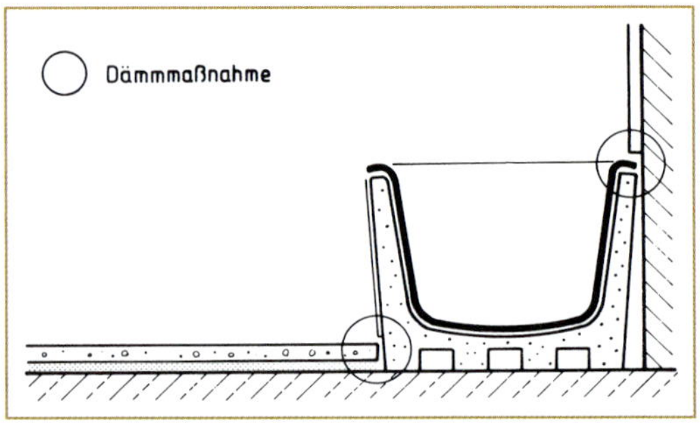

Fall 3: Wannenträger aus Hartschaum (PS, PUR)

Zusammenfassung zu 9.2 und 9.3

Bei der Ausstattung eines Bades unterscheidet man

- Sanitärgegenstände,
- Armaturen und
- Ausstattungsgegenstände.

Neben den gängigen Abmessungen innerhalb der Standardprogramme gibt es für Sanitärgegenstände die unterschiedlichsten Größen und Formen. Außer an den Vorstellungen und Wünschen des Auftraggebers sollte sich die Anordnung der Ausstattungsgegenstände an folgenden Gesichtspunkten orientieren:

- technische: Leitungsführung, Ausführbarkeit, Vorschriften, kurze Wege, notwendige Bewegungsfläche
- gestalterische: verwendete Materialien, Formate und Farben des Belagmaterials, Verlegeart, harmonische Gesamtwirkung
- psychologische: Atmosphäre, Intimität, Beleuchtung

Sanitärgegenstände und Rohranschlüsse werden mithilfe eines Verlegeplanes auf den Fliesenbelag abgestimmt. Die Belageinteilung und die Abstimmung erfolgen nach den Regeln der

Symmetrie. Zur Ausführung benötigen Installateur und Fliesenleger unverwischbar angebrachte Bezugsachsen sowie den Meterriss.

Die Vorwandinstallation stellt eine wirksame Maßnahme gegen unerwünschte Schallübertragung durch Fließgeräusche dar. Weitere Vorteile: Kein Staub und Dreck durch Stemmarbeiten, keine Schwächung der Wände, somit kein Verlust der Tragfähigkeit, keine Schall- und Wärmebrücken.

Einbauwannen bestehen meist aus emailliertem Stahlblech, Acryl oder aus Neuentwicklungen wie Quaryl. Vor dem Einbau hat der Fliesenleger Lage und Zustand der Wanne zu überprüfen. Zwischen der Wanne und den Wand- oder Bodenflächen darf es keine Schallbrücken geben. Die Anschlussfugen sind elastisch zu schließen. Wannenträger aus Hartschaum bieten zugleich Schall- und Wärmedämmung. Der Wannenrand soll zwischen 49 und 64 cm über OKFFB liegen.

9.4 | Prüfen und Vorbereiten des Untergrundes

9.4.1 | Besondere Kontrollen

Da der Fliesenleger die Oberfläche gestaltet, ist er zwangsläufig der Letzte in der Reihe der Bauhandwerker. Damit ist er auch wie kein anderer von der Arbeit der Vorunternehmer abhängig. Soll er einen fachgerechten, d. h. einen technisch und optisch einwandfreien Belag herstellen, so muss er auch einen geeigneten Untergrund vorfinden. Auf Maßkontrollen wie z. B. das Prüfen der Senkrechten, der Waagerechten, der Flucht, des Gefälles und der Ebenheit kann daher auf keinen Fall verzichtet werden (Prüfen der Ebenheit siehe 8.6.2).

Die allgemeinen Anforderungen an den Belaguntergrund sind im Lernfeld 7 näher erläutert, wie auch die einfachen **technischen Kontrollen** nach DIN 18157 für Arbeiten im Dünnbett: Kontrolle mit dem Auge, Wischprüfung, Kratzprüfung, Klopfprüfung und Benetzungsprüfung.

Insbesondere in Zeiten besonderen Termindrucks ist die Feuchtigkeitsmessung für den Fliesenleger von herausragender Bedeutung, denn Folgeschäden wie Risse im Belag, Aufwölbungen und Ablösen ganzer Belagflächen und dazu die Kosten für die Mängelbeseitigung können einen Handwerksbetrieb teuer zu stehen kommen.

Bestimmung des Feuchtigkeitsgehaltes

Bevor Putze, Zement- oder Calciumsulfatestriche mit einem dichten keramischen Material oder Naturstein belegt werden, muss der Fliesenleger die Belegreife prüfen. Diese ist dann erreicht, wenn das CM-Gerät bei einem Zementestrich höchstens 2 Massen-% und bei einem Calciumsulfatestrich höchstens 0,5 Massen-% (beheizt 0,3 %) Feuchtegehalt anzeigt.

Das CM-Gerät arbeitet nach folgendem Prinzip: Man entnimmt z. B. dem Estrich Proben, zerkleinert sie fein, wiegt sie und füllt sie zusammen mit 4 Stahlkugeln und einer Glasampulle mit Calciumcarbid in eine Druckflasche. Beim Schütteln zerbricht die Ampulle, das Calciumcarbid reagiert mit Wasser in der Probe und bildet Acetylen. Der dadurch entstehende Druck wird am aufgesetzten Manometer abgelesen. Eine Umrechnungstabelle zeigt die Masse des enthaltenen Wassers in Prozent an.

Da das CM-Gerät „zerstörend" misst, also mit Proben aus dem Untergrund, kann der vorherige Einsatz eines elektronisch arbeitenden Messgerätes sehr nützlich sein. Durch bloßes Auflegen kann der Feuchtegehalt, einstellbar bis auf eine Tiefe von 4 cm, in Sekundenschnelle abgelesen werden. Damit erkennt der Fliesenleger sofort, wo sich die feuchtesten Stellen befinden, um dort dann zerstörend zu messen.

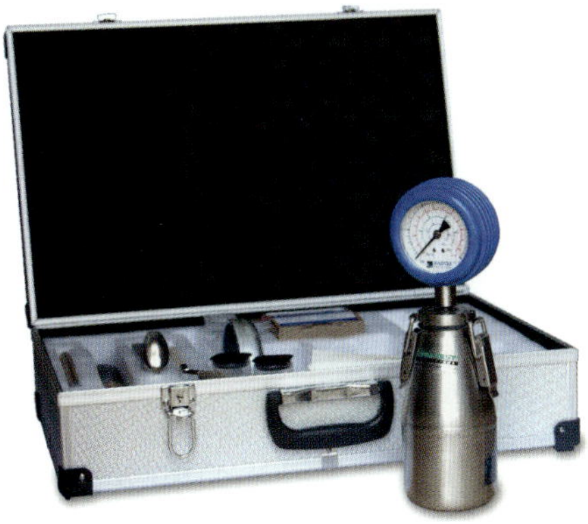

CM-Gerät

Auftragen des Entölers

Einbürsten und Anlösen der Öle

9.4.2 | Reinigen eines verschmutzten Untergrundes mit chemischen Mitteln

Öl-, Bitumen- oder Wachsrückstände auf Oberflächen lassen sich mit Entölern beseitigen. Zwei Verfahren stehen zur Wahl:

- Pasten,
  mit dem Pinsel in zwei Schichten aufgetragen und eingebürstet, binden während 3…4 Stunden Trocknungszeit die Schmutzpartikel und werden dann ohne Einsatz von Wasser abgebürstet und aufgesaugt;
- dünnflüssige Produkte
  werden auf die verschmutzten Stellen aufgetragen. Durch Einbürsten werden die Öle gelöst und nach 5…20 min durch gründliches Abwaschen mit klarem Wasser entfernt.

Auftragen der Entölerpaste

Der Entöler mit den gelösten Verschmutzungen trocknet krustenartig aus

9.4.3 | Herstellen eines Wanduntergrundes

Die Wand eines Altbaus soll einen neuen Fliesenbelag erhalten. Nachdem die alten, im Dickbett angesetzten Fliesen entfernt sind, kann mit dem Aufbau des Wanduntergrundes für das spätere Dünnbett begonnen werden. Das noch tragfähige Mörtelbett des früheren Belages egalisiert man mit einem Ausgleichs- oder Reparaturmörtel. Die maximalen Schichtdicken für einen Arbeitsgang sind produktabhängig; oft kann durch Strecken mit Quarzsand die Schichtdicke verdoppelt werden. Herstellerangaben beachten!

Eine andere Wand in einem Altbau hat einen Anstrich mit Ölfarbe. Dieser soll durch einen Fliesenbelag ersetzt werden. Hier ist die Verwendung eines Lackquellers hilfreich: Nach einer Einwirkungszeit kann die angelöste Farbe leichter abgetragen werden.

Herstellen eines ebenen Untergrunds mit bewehrten Hartschaumplatten

Achtung:
Entöler entwickeln leicht entzündliche gesundheitsschädliche Dämpfe. Schutzmaßnahmen ergreifen, gut lüften! Problemmüll!

9.4.4 | Unterputz

Ein Unterputz ist erforderlich, wenn z. B. auf einem unebenen Untergrund

- im Dünnbett gearbeitet werden soll,
- ein einheitlicher, griffiger Haftgrund anders nicht zu erreichen ist,
- bei Fassaden die Wasser abweisende Wirkung der Bekleidung erhöht werden soll,
- im Schwimmbadbau eine hohlraumfreie Verlegung erreicht werden soll.

Neben Baustellenmörtel werden zunehmend Werkmörtel verwendet. Sie sind grundsätzlich einlagig aufzubringen. Für die meisten Anwendungsfälle eignet sich Putzmörtel CS II / CS III (Kalkzementmörtel), der neben sehr guter Verarbeitbarkeit eine höhere Elastizität aufweist als reiner Zementmörtel CS III / CS IV. Schnell erhärtende Mörtel bieten weitere Vorteile.

Arbeitsablauf

In angeworfene Mörtelstreifen werden Schnelllehren eingedrückt und lotrecht ausgerichtet.
Mit der Unterseite einer Metalllatte wird vornivelliert und anschließend der überschüssige Mörtel abgeschnitten. Wegen des höheren Haftverbunds mit dem späteren Dünnbett soll er nicht gefilzt oder gescheibt werden.

Entfernen eines alten Anstrichs nach der Vorbehandlung mit Lackqueller

Aufbringen einer standfesten Betonspachtelmasse

Unterputze mit einer Regeldicke von 15 mm bestehen aus Normzement und gemischtkörnigem, gewaschenem Sand (0…4 mm). Das Mischungsverhältnis beträgt 1 : 3…4 in Raumteilen. Für die Herstellung gilt DIN 18550.

Schnelllehren erleichtern das Herstellen eines maßgenauen Putzuntergrunds

9.4.5 | Vorbereiten eines Estrichs für die Dünnbettverlegung

Schon ab einer Formatgröße von etwa 30 × 30 cm für das zu verlegende Belagmaterial sind die zulässigen Maßabweichungen der „erhöhten Anforderungen" nach DIN 18202 für das Dünnbett zu groß. Das bedeutet, dass die Ebenheit der Oberfläche durch eine Ausgleichsschicht verbessert werden muss.

Der Markt bietet eine reiche Auswahl an Produkten, die sich zum Spachteln, Glätten, Egalisieren und Nivellieren von Bodenflächen eignen. Da jedes Produkt anders zu verarbeiten ist, muss der Fliesenleger die Herstellerangaben genauestens beachten. Er sollte z. B. die zulässige Schichtdicke genau einhalten, weil sonst die Gefahr von Schwindrissen und Abscherungen besteht. Aus Gründen der Gewährleistung sind möglichst aufeinander abgestimmte Systemprodukte einzusetzen.

Herstellen eines griffigen und sauberen Betonuntergrundes mittels Kugelstrahlen (Blastrac-Verfahren)

Einige Anwendungsschritte sind in der Bildfolge dargestellt:

1 Grundierung als Haftbrücke

2 Anrühren bei ca. 600 Umdrehungen pro Minute

3 Im angegebenen Verhältnis gemischt, ist die Masse selbstverlaufend

4 Niveau-Ausgleich

5 Verteilung mit dem Schweden-Rakel

6 Pumptechnik bei Großflächen

9.4.6 | Grundierung / Voranstrich

Vor dem Auftragen einer Grundierung muss der Untergrund von Staub und Trennmitteln gesäubert sein (weitere Vorarbeiten siehe 9.4.7). Grundierungen, auch Voranstrich oder (engl.) Primer genannt, sind dann notwendig, wenn Untergründe entweder zu glatt, zu stark oder zu schwach saugend, feuchtigkeitsempfindlich oder bedingt tragfähig sind. Wichtig: Herstellerangaben beachten!

Vorstreichen eines gipsgebundenen Untergrundes mit einer Schutzgrundierung

Aufgabe	Mangel des Untergrundes	Anwendungsbeispiel
Haftbrücke	zu glatt, zu schwach saugend	Metallflächen, alter Belag, Dichtungsschlämmen
	zu stark saugend	Porenbeton
Oberflächenverfestiger	leicht sandend, bedingt tragfähig	Gipsputz, Gipsplatten, Holz
Feuchtigkeitsschutz	feuchtigkeitsempfindlich	Holzfaserplatten Gipsplatten

Aufgaben und Anwendungsbeispiele für Grundierungen

9.4.7 | Vorbehandlung

Einen Überblick über die Vorbehandlung von Untergründen gibt die folgende Tabelle:

Untergrund	häufige Mängel oder Besonderheiten des Materials	Vorbehandlung bei späterer Dickbettverlegung (DK) oder Dünnbettverlegung (DN)
Beton • Ortbeton • Fertigteile • Leichtbeton	• Schalöl- oder Wachsrückstände	Entöler verwenden und nachwaschen; große Flächen abflammen und sandstrahlen; evtl. abfräsen (am Boden), Probe ansetzen
	• Bewehrungsstahl an der Oberfläche (Folge: Belagverfärbung, Ausblühungen)	Bewehrungsstahl freilegen, entweder a) entrosten, Rostschutzmittel verwenden, Ausbruchstelle grundieren, mit Reparaturmörtel ausfüllen oder b) Bewehrungsstahl ausstemmen (evtl. Rückfrage Bauleitung), Reparaturmörtel
	• Lunker und Kiesnester an der Oberfläche, Rufen	DK: annetzen, Spritzbewurf DN: Rufen abschlagen, Staub entfernen, Lunker und Kiesnester mit Spachtelmasse ausfüllen
Porenbeton • Plansteine • Elemente • Mauerwerk	• Stöße oft uneben • absandend • stark saugend	DK: gut annetzen; Spritzbewurf DN: Stöße plan schleifen, entstauben, absandende Flächen grundieren
Mauerwerk • Mauerziegel • Hohlblockstein • Kalksandsteine	• ausbröckelnde Fugen, stark saugend	lose Mörtelreste abschlagen, gut reinigen DK: gut annetzen, Spritzbewurf DN: Spritzbewurf, Unterputz bei ebenem, vollfugigem Kalksteinmauerwerk kann auf einen Unterputz verzichtet werden, wenn später mit $\geq$ 6mm-Spachtel aufgekämmt wird
Putz • Kalkputz	• geringe Festigkeit, • Dauernassbelastung schädlich	DN: als Ansetz- oder Verlegemörtel auszuschließen
• Kalkzementputz • Zementputz	• abgescheibt • absandend	abgescheibte Putze aufrauen, entstauben aufrauen bis zum tragenden Kern, entstauben, mit Oberflächenverfestiger grundieren
• Kunstharzputz	• oft Wasser abweisend • schlechte Haftung	gründlich reinigen, Ansetzversuch: falls keine Haftung, Putz z. B. mit Lackqueller anweichen und entfernen
• Sperrputz • Dichtschlämme	• Wasser abweisend	Benetzbarkeit prüfen; mit Haftbrücke grundieren
Gipsputz	• geringe Festigkeit • wird bei Nassbelastung weich • vermodert bei Dauernassbelastung • geglättete Oberfläche • mehrlagig aufgebracht • hoher Feuchtegehalt	DK: als Untergrund auszuschließen wegen zu geringer Festigkeit und der Gefahr von Ettringitbildung DN: folgende Voraussetzungen müssen erfüllt sein: • kein Nassraum (W0 oder W1) • keine Spachtelschichten vorhanden, sondern einlagiger Maschinenputz mind. 8 mm dick • Feuchtegehalt max. 1 % dann: Oberfläche aufrauen, entstauben, grundieren (Oberfläche wird verfestigt und feuchteunempfindlicher)

Fortsetzung nächste Seite ▶

Untergrund	häufige Mängel oder Besonderheiten des Materials	Vorbehandlung bei späterer Dickbettverlegung (DK) oder Dünnbettverlegung (DN)
Gips-Wandbauplatten	wie Gipsputz	DN: Stöße nur schmal abspachteln, sonst wie Gipsputz behandeln
Gipsplatten • Typ P (Putzträgerplatten)	• Durchfedern bei ungenügender Verankerung • Schnittflächen (Stöße und Außenkanten nicht durch Karton geschützt, deshalb Schwachstellen bei Nassbelastung)	DN: Verankerung überprüfen, bei späterer Nassbelastung imprägnierte Ausführung verwenden Typ H2; offene Schnittflächen sorgfältig grundieren; Eck- und Bodenanschlüsse besonders vor eindringender Nässe schützen, z. B. durch Folienstreifen aus Weich-PVC
Estrich • Zementestrich	• wie Zementputz • Feuchtegehalt zu hoch	wie Beton und Zementputz. Voraussetzung: Mindestdruckfestigkeit = 15 MPa (N/mm^2), Feuchtegehalt ≤ 2,0 Massen-%
• Calciumsulfatestrich	• oft glasige Sinterschicht wegen zu starken Abscheibens • Feuchtegehalt zu hoch	DN: Sinterschicht abschleifen, Oberfläche entstauben und grundieren (wie Gips). Soll Belagmaterial aus Stein oder Keramik folgen: Feuchtegehalt max. 0,5 % (als Heizestrich max. 0,3 %), bei Großformaten feuchtesperrende Grundierung
• Magnesiaestrich	• Oberfläche meist durch Öle, Wachse oder Imprägnierstoffe geschützt	DN: eingedrungene Imprägnierstoffe durch Kunstharzlösung abdecken: Grundierung feuchtesperrend, evtl. mit trockenem Quarzsand abstreuen
• Gussasphaltestrich	• Wasser abweisend	DN: gereinigte Oberfläche mit Haftgrundierung vorstreichen und absanden; überschüssigen Sand nach dem Trocknen abkehren
• Holzwolle-Platten		DK: Stöße mit etwa 8 cm breiten Streifen aus Drahtgeflecht überspannen. Vor dem Spritzbewurf nicht annässen
• Holzspanplatten • Sperrholzplatten • OSB-Platten • Riemen- und Parkettboden	• Durchfedern bei ungenügender Verankerung • ungeschützte Platten verziehen sich bei Nassbelastung	DN: sichere Verankerung überprüfen, Säge- und Schleifstaub entfernen, grundieren als Feuchteschutz und Haftbrücke (beidseitige Ausführung verhindert das Verziehen) Eckanschlüsse elastisch ausführen
• Faserzementplatten	• quillt bei Feuchteeinwirkung auf	DN: Oberflächen reinigen und möglichst beidseitig grundieren, z. B. mit Reaktionsharzlösung
alte Beläge • Naturstein • Betonwerkstein • unglasierte Fliesen und Platten	• Oberflächen meist durch Polierfluate und Wachse geschützt, daher keine Haftung • sehr glatte, nicht saugende Oberfläche	DK: alten Belag entfernen DN: Oberflächen entölen; Seifen- und Fettreste entfernen; Fehlstellen mit Ausgleichsmörtel auffüllen; mit Haftbrücke grundieren, evtl. schleifen

Fortsetzung nächste Seite ▶

Untergrund	häufige Mängel oder Besonderheiten des Materials	Vorbehandlung bei späterer Dickbettverlegung (DK) oder Dünnbettverlegung (DN)
Dämmstoffe • Hartschaumplatten (Polyurethan, Polystyrol usw.)	• extrudierte Werkstoffe, Oberfläche meist maschinenglatt	DK: Mörtelträger, Spritzbewurf DN: sichere Verankerung überprüfen, glatte Oberflächen aufrauen
Metalle • Aluminium • Stahl	• Oberflächen meist korrodiert • glatte, Wasser abweisende Oberfläche	DN: Rostschicht entfernen; Schweißraupen evtl. abschleifen; mit Korrosionsschutz grundieren; Primer als Haftbrücke auftragen
Anstriche • Dispersionsfarben • Öl- und Kunstharzfarben • Lacke	• schlechte Haftung • Oberfläche glatt und Wasser abweisend, häufig verschmutzt	DN: Fassaden: Anstriche besser entfernen Innen: Tragfähigkeit und Haftung sorgfältig prüfen; Dispersions- und Binderfarben mit Lackqueller ablaugen; fest haftende Anstriche aufrauen, entstauben, Primer als Haftbrücke auftragen

Zusammenfassung zu 9.4

Der fertige Fliesen- oder Plattenbelag darf keine Mängel aufweisen. Voraussetzung dafür ist ein geeigneter Untergrund: tragfähig, trocken, sauber, nicht zu glatt, nicht zu stark oder zu schwach saugend, ausreichend eben, fluchtrecht, waagerecht oder im angegebenen Gefälle.

Die Toleranzen (= zulässige Maßabweichungen) für die Ebenheit von Oberflächen sind in der DIN 18202 festgelegt. Sie unterscheidet einzelne Einbaufälle, „normale" und „erhöhte" Anforderungen sowie „flächenfertig" und „nicht flächenfertig". Ein Merkblatt regelt die Art der Prüfung. Gemäß DIN 18157, „Ausführung keramischer Bekleidungen im Dünnbettverfahren", sind folgende einfache Prüfungen der Ansetz- oder Verlegefläche vorzunehmen: Inaugenscheinnahme, Kratzprüfung, Benetzungsprüfung mit Wasser, Wischprüfung und Klopfprüfung.

Bei Belagarbeiten auf Estrichen ist vorher die Belegreife zu prüfen: Die Messung mit dem CM-Gerät darf bei Zementestrichen höchstens 2 Massen-% Feuchtigkeitsgehalt ergeben, bei Calciumsulfatestrichen höchstens 0,5 Massen-%.

Ist der Untergrund für die vorgesehene Art der Ausführung ungeeignet, hat der Fliesenleger beim Auftraggeber schriftlich Bedenken anzumelden.

Bei vielen Untergründen müssen vor dem Bekleiden besondere Maßnahmen ergriffen werden. Beispiele dafür sind: entölen, entrosten, sandstrahlen, verspachteln, Stöße plan schleifen, sicher verankern, Untergrund aufrauen und grundieren.

9.5 | Abdichtung im Verbund (AiV)

9.5.1 | Bedeutung

Fliesen- und Plattenbeläge, die einer Wasserbeanspruchung ausgesetzt sind, müssen abgedichtet werden. Eine Fliese kann als wasserdicht bezeichnet werden, eine Belagfläche – auch ausgefugt – nicht. Auch wasserdichte Fugen können keine Abdichtung ersetzen, da ihnen die Fähigkeit zur Rissüberbrückung fehlt.

Im Innen- wie im Außenbereich werden Abdichtungen immer häufiger im direkten Verbund mit den keramischen Belägen ausgeführt. Ein Hauptgrund für die Wahl dieser „alternativen" Abdichtungen liegt darin, dass der Zeit- und Materialaufwand geringer ist als bei einer Bahnenabdichtung mit Schutzschicht. Als weitere Vorteile der Abdichtung im Verbund sind zu nennen:

- Die Abdichtungsebene liegt direkt unter dem Dünnbett und schützt dadurch den gesamten darunterliegenden Konstruktionsaufbau gegen eindringendes Wasser.
- Zusammen mit dem Dünnbett bilden Beläge und Bekleidungungen aus Fliesen und Platten die Schutzschicht für die Abdichtung.
- Zusätzliche Schutzschichten sind nicht erforderlich; die Aufbauhöhen sind daher geringer.

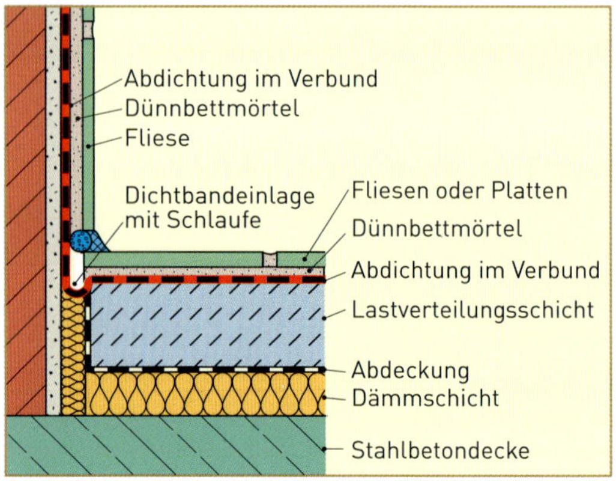

Beispiel für eine Abdichtung im Verbund

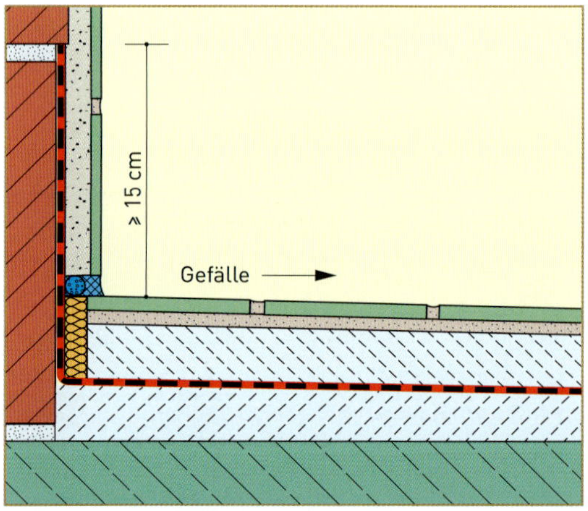

Beispiel für eine trogartige Bahnenabdichtung mit Schutzestrich

9 .5.2 | Wassereinwirkung

Es werden drei Bereiche unterschieden, in denen die Feuchtebeanspruchung grundsätzlich unterschiedlich ist: Innenräume, Dachterrassen und Balkone und Behälter (wie z.B. Schwimmbecken). In diesem Lernfeld geht es um die Abdichtung in Innenräumen. Hier ist die Wassermenge, die auf einen Plattenbelag einwirkt, nicht unbedingt geringer als im Außenbereich: Die Wassermenge, die in einer Dusche anfällt, ist meist wesentlich höher als die Regenmenge auf einem Balkon. Bei Schwimmbecken kommt noch der Wasserdruck und die dauerhafte Feuchteeinwirkung dazu.

Abhängig vom Grad der Wasserbelastung werden die Bauteile in einem Raum in eine der vier Wassereinwirkungsklassen W0-I bis W3-I nach DIN 18534 eingestuft (s. Tabelle auf folgender Seite). Das I steht hier für den Innenbereich. Es wird zwischen Spritzwasser, Brauchwasser und Stauwasser unterschieden:

- *Spritzwasser* entsteht z. B. an der Wand einer Dusche oder um einen Wasserhahn herum.
- *Brauchwasser* wirkt auf Flächen, die das Wasser zu einem Ablauf weiterleiten sollen, wie z. B. der Boden einer barrierefreien Dusche.
- *Stauwasser* kann entstehen, wenn der Ablauf das Wasser nicht schnell genug abführen kann.

Daher können je nach Sanitäreinrichtung in einem Raum verschiedene Klassen auftreten.

Die Wassereinwirkungsklasse bestimmt die Anforderungen an die Feuchtebeständigkeit des Untergrunds, an das Material der Abdichtung und an die Ausführung. Einen Überblick gibt die folgende Tabelle.

Wassereinwirkungs-klasse und Beanspruchung	Anwendungsbeispiel	geeignete Untergründe	Abdichtung
W0-I **gering** wenig Spritzwasser	Wände über Wasch- und Spülbecken in häuslichen Bädern oder Küchen Bodenflächen im häuslichen Bereich ohne Ablauf, z. B. Gäste-WC, Küche	auch feuchte-empfindliche Untergründe möglich	bei wasserabweisenden Oberflächen nicht erforderlich
W1-I **mäßig** häufiges Spritzwasser oder wenig Brauchwasser kein Stauwasser	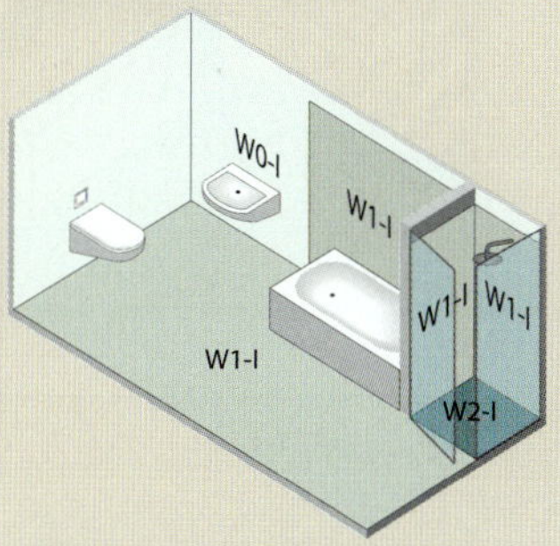 • Wandflächen in Bädern über Badewannen und in Duschen • Bodenflächen im häuslichen Bereich mit Ablauf • Bodenflächen in Bädern ohne/mit Ablauf ohne hohe Wassereinwirkung aus dem Duschbereich	feuchteempfindliche Untergründe möglich	in der Regel erforderlich (Ausnahme: Wandflächen mit feuchteunempfindlichen Untergründen und Abdichtung der Anschlussfugen) Materialien: flüssig (AIV-F): • Polymerdispersionen (DM) • rissüberbrückende mineralische Dichtungsschlämmen (CM) • Reaktionsharze (RM) vlieskaschierte Kunststoffbahnen (AIV-B) Platten aus Polystyrolschaum (AIV-P)
W2-I **hoch** häufig Spritz- und Brauchwasser zeitweise Stauwasser	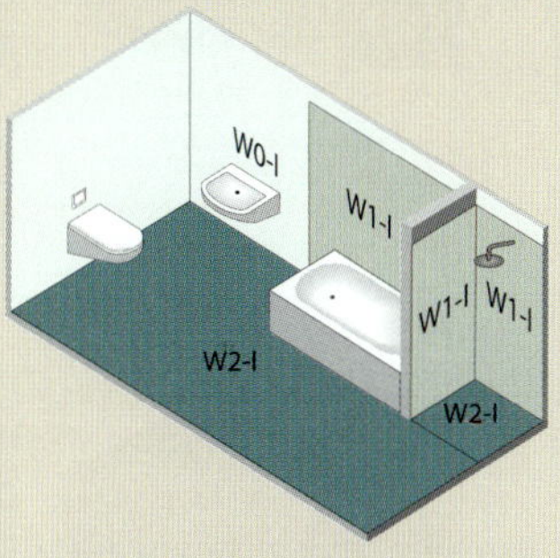 • Bodenflächen mit Abläufen und/oder Rinnen • Bodenflächen in Räumen mit bodengleichen Duschen • Wandflächen von Duschen in Sportstätten • Wand- und Bodenflächen von Sportstätten	nur feuchte-unempfindliche Untergründe	erforderlich Materialien wie bei W1-I Polymerdispersionen sind nur an Wandflächen möglich
W3-I **sehr hoch** sehr häufig Spritz- und Brauchwasser zeitweise Stauwasser intensive Reinigungs-verfahren	 • Beckenumgänge • Flächen von Duschen und Duschanlagen in Sportstätten/Gewerbestätten • Flächen in Gewerbestätten (gewerbliche Küchen, Wäschereien, Brauereien usw.)	nur feuchte-unempfindliche Untergründe	erforderlich nur Flüssigabdichtung möglich: • rissüberbrückende mineralische Dichtungsschlämmen (CM) • Reaktionsharze (RM) andere Abdichtungsstoffe nur mit bauaufsichtlicher Zulassung des Herstellers für W3-I

Wassereinwirkungsklassen nach DIN 18534

W0-I W1-I W2-I W3-I

9.5.3 | Anforderungen an Untergründe

Die Ebenheit des Untergrunds muss nach DIN 18202 der Maßgenauigkeit des fertigen Belags entsprechen. Der Untergrund muss trocken, tragfähig und frei von durchgehenden Rissen, Verschmutzungen und losen Bestandteilen sein. Um später Risse in der Dichtschicht, z. B. durch Schwinden des Untergrunds, auszuschließen, darf die Abdichtung erst nach dem Erreichen der Belegreife aufgetragen werden (CM-Messung). Dies bedeutet in der Regel eine Wartezeit von 6 Monaten bei Beton und 28 Tagen bei Zementestrichen.

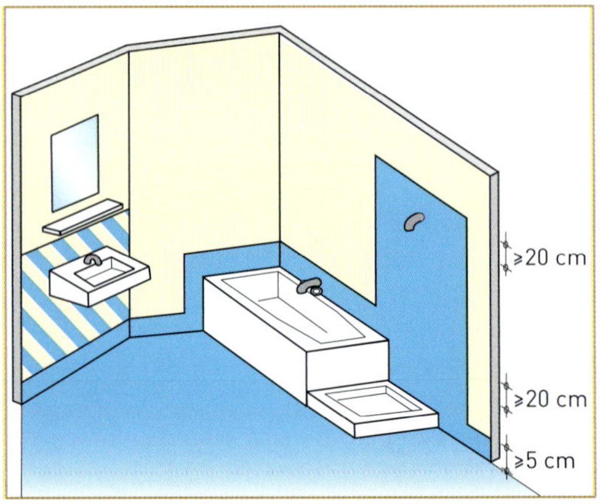

Durch Spritzwasser beanspruchte Flächen müssen abgedichtet werden

In Merkblättern des ZDB sind, wie für alle Verlegearbeiten, folgende Höchstwerte für die Restfeuchte genannt:

- 2,0 Massen-% für Zementestriche,
- 0,5 Massen-% für Calciumsulfatestriche, unbeheizt,
- 0,3 Massen-% für Calciumsulfatestriche, beheizt.

Nach dem Abdichten dürfen im Untergrund keine größeren Risse mehr entstehen. Dies ist bei den üblichen Untergründen unproblematisch (Rissklasse 1 bis etwa 0,2 mm Rissbreite). Holz und Holzwerkstoffplatten sind ohne besondere Maßnahmen für Abdichtungen im Verbund mit Fliesen und Platten in der Regel nicht geeignet. Es gibt jedoch spezielle Sonderprodukte, die dafür zugelassen sind.

Feuchtigkeitsempfindliche Untergründe:
Der stoffliche Aufbau ist wasserempfindlich, z. B. Gipswerkstoffe, Calciumsulfatestriche, Holzwerkstoffe.

Feuchtigkeitsunempfindliche Untergründe:
Der stoffliche Aufbau ist wasserunempfindlich, z. B. Bauteile aus Beton, zementäre Dichtputze, Kalkzementputz, Zementputz, Mauerwerk, Porenbeton, zementgebundene mineralische Bauplatten.

Zuerst werden die vorgefertigten Dichtecken angeklebt und an den Geweberändern satt eingestrichen

Das Dichtband wird an den Geweberändern satt eingestrichen

Auftragen der ersten Abdichtungsschicht

Auftragen der zweiten Abdichtungsschicht (Farbunterschied!)

Aufbringen einer Flüssigabdichtung

9.5.4 | Abdichtungsstoffe

Man unterscheidet drei Gruppen von Abdichtungsstoffen:

1. Flüssige Produkte (AIV-F):

Sie werden gebrauchsfertig geliefert oder müssen vor dem Gebrauch zusammengemischt werden. Der Auftrag erfolgt meist durch Rollen, Streichen oder Spachteln. Die angebotenen Produkte mit den Normbezeichnungen DM, CM oder RM sind für diese Anwendung geprüft.

- Polymerdispersionen DM
  Sie bestehen aus Kunststoffteilchen, die in Wasser gelöst sind und evtl. mit mineralischen Füllstoffen versetzt wurden. Sie erhärten durch Austrocknen.

- **Rissüberbrückende mineralische Dichtungsschlämme CM**
  Sie enthalten Zement, pulverförmige oder flüssige organische Zusätze und Polymerdispersionen und erhärten durch Hydratation und Trocknung.
- **Reaktionsharze RM**
  z. B. Epoxidharze oder Polyurethanharze. Sie erhärten durch eine chemische Reaktion.

Die flüssigen Abdichtstoffe müssen gut am Untergrund haften und auch verformbar sein. Nach der Verlegung entstandene Risse im Untergrund sollen überbrückt werden können, damit keine Wasserschäden entstehen. Bei üblichen Untergründen treten Risse bis 0,2 mm auf (Rissklasse R1).
Zusätzliche Kennwerte: 01 verbesserte Rissüberbrückung bis –5 °C; 02 verbesserte Rissüberbrückung bis –20 °C; P beständig gegen Chlorwasser

2. Bahnen (AIV-B):

Sie bestehen aus vlieskaschierten Kunststoffbahnen von mindestens 0,2 mm Dicke. Diese werden mit einem speziellen Kleber vollflächig auf den sorgfältig vorbereiteten Untergrund verklebt. Die Bahnen können ein Profil aufweisen und mit Gewebe verstärkt sein.

3. Platten (AIV-P):

Die Platten bestehen aus Polystyrol-Hartschaum in unterschiedlichen Dicken, die werksseitig mit einer Bahnen- oder Flüssigabdichtung oder einer Beschichtung versehen sind. Nach den Angaben des Herstellers werden sie auf den Untergrund geklebt und die Stöße abgedichtet. Je nach Ausführungsart kann bei höherer Feuchtebeanspruchung eine größere Plattendicke erforderlich sein. Die Platten müssen eine bauaufsichtliche Zulassung haben.

Bahnenabdichtung (AIV-B)

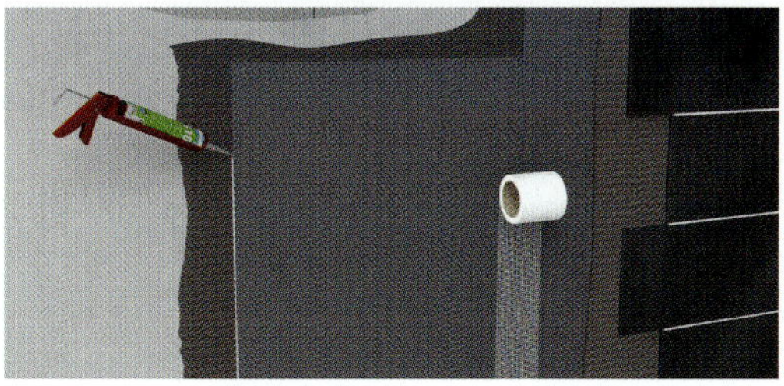

Plattenabdichtung (AIV-P)

9.5.5 | Ausführung

Für die Ausführung von Abdichtungen im Verbund dürfen nur Abdichtungsstoffe verwendet werden, die entsprechend DIN EN 14891 geprüft sind, den Anforderungen des **allgemeinen bauaufsichtlichen Prüfzeugnisses** (abP) entsprechen oder den Nachweis (CE-Kennzeichnung) durch eine **europäisch technische Zulassung** (ETA) erbringen. Die Ausführung muss im vom Hersteller angegebenen System aus Abdichtung, Dichtbändern, Verlegemörtel und geeigneten Platten erfolgen.

Flüssige Abdichtung

Die Abdichtungsstoffe werden durch Streichen, Spachteln, Rollen oder Spritzen aufgetragen und, falls nötig, mit Gewebe oder Vlies verstärkt.

Die Abdichtungsschicht ist grundsätzlich in zwei Arbeitsgängen nach Angaben des Herstellers aufzutragen.

Die aufgetragene Schicht muss soweit ausgetrocknet sein, dass sie durch den Auftrag der nachfolgenden Schicht nicht beschädigt werden kann. Bis zur vollständigen Durchtrocknung muss die Abdichtung vor Frost und Wasser geschützt sein.

Es gelten folgende Mindestdicken für die trockene Schicht:

Polymerdispersionen:	0,5 mm
Kunststoff-Mörtel-Kombinationen:	2 mm
Reaktionsharze:	1 mm

Zur Überprüfung der Schichtdicke gibt es zwei Verfahren:
- Der Vergleich des verbrauchten Materials mit dem vom Hersteller angegebenen Bedarf.
- Die Prüfung der Nassschichtdicke an mehreren Stellen, dabei muss die Mindestdicke um etwa 25 % erhöht werden.

An Raumkanten sowie an Rand- oder Feldbegrenzungsfugen sind Dichtbandeinlagen in Form einer Schlaufe einzuarbeiten. So kann die zu erwartende Bewegung der angrenzenden Bauteile schadlos aufgenommen werden (siehe auch Abb. in 9.5.1). Durchdringungspunkte wie z.B. Armaturen werden mittels Flansch und Manschette in die Flächenabdichtung eingebunden (siehe Abb.).

Die Dichtbänder und Manschetten müssen in der Regel auf 5 cm Breite in die Abdichtung eingespachtelt werden.

Bodenabläufe benötigen entweder Klebeflansche oder Fest- und Losflansche. An den Flansch werden Träger aus Gewebe, Vlies oder Folie (Dichtband) angeschlossen, die in die Flächenabdichtung einbinden (Näheres siehe Abbildung).

Die Verlegung der Fliesen erfolgt im Dünnbett.

Bahnenabdichtung (AIV-B) und Plattenabdichtung (AIV-P)

Die Verarbeitung erfolgt nach Herstellerangaben. Für die Anschlüsse gelten dieselben Regeln wie bei Flüssigabdichtungen.

Ausbildung von Belagübergängen an Türen

Die Flächenabdichtung ist mittels Gewebe, Vlies oder Folie an eine Trennschiene anzuschließen, die z.B. vorher mit Reaktionsharzmörtel in einer Aussparung befestigt und eingegossen wurde. Die Türzargen sollten möglichst erst nach den Abdichtarbeiten eingebaut werden, da in den Laibungen die Abdichtung fortgeführt werden muss. Bei höherer Wassereinwirkung (bei W3 immer) muss an der Tür eine Rinne oder Schwelle (1cm) eingebaut werden, um Wasseraustritt in angrenzende Räume zu verhindern.

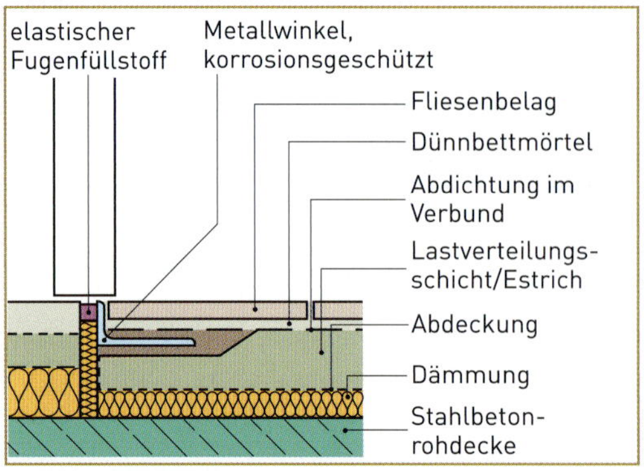

Übergang im Türbereich

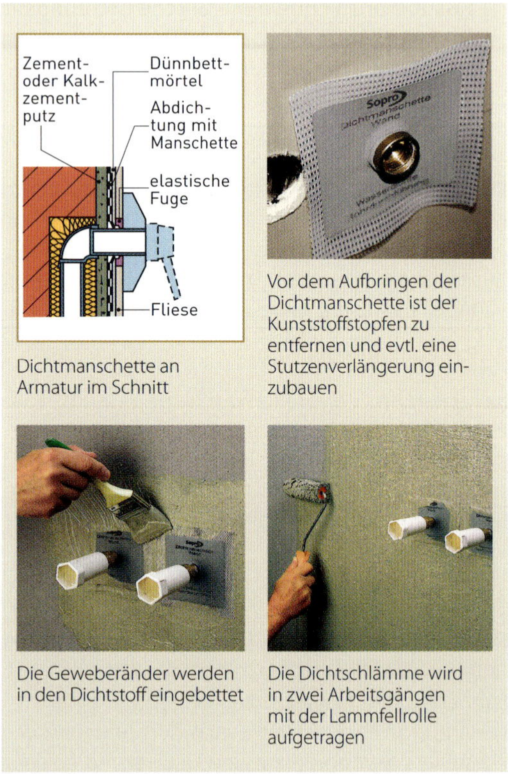

Dichtmanschette an Armatur im Schnitt

Vor dem Aufbringen der Dichtmanschette ist der Kunststoffstopfen zu entfernen und evtl. eine Stutzenverlängerung einzubauen

Die Geweberänder werden in den Dichtstoff eingebettet

Die Dichtschlämme wird in zwei Arbeitsgängen mit der Lammfellrolle aufgetragen

Anbringen einer Dichtmanschette

Punktablauf mit Dichtmanschette zum Einbinden in eine Abdichtung im Verbund

Zusammenfassung zu 9.5

Keramisches Belagmaterial ist für Wand- und Bodenflächen in Bädern vorzüglich geeignet. Da die Fugen nicht als wasserdicht gelten, ist der Untergrund nach den Regeln der Technik abzudichten und feuchtigkeitsbeständiges Material zu verwenden.

Je nach Wassereinwirkungsklasse sind nur bestimmte Untergründe, Abdichtungsstoffe und -verfahren möglich. Systeme aus Abdichtung und Dünnbett benötigen für den geregelten Bereich ein amtliches Prüfzeugnis (abP). Calciumsulfat als Untergrund in Nassräumen und im Spritzwasserbereich ist abzulehnen.

Bei Bädern mit Bodeneinlauf sollen Abdichtungen grundsätzlich oberhalb eines Gefälleestrichs liegen.

9.6 | Dünnbettverfahren

Das Dünnbettverfahren ist eng verknüpft mit der zunehmenden Arbeitsteilung im heutigen Bauablauf. Immer häufiger findet der Fliesenleger als Untergrund „flächenfertige Wände und Böden", also Estriche und Putze vor. In solchen Fällen erfolgt das Ansetzen und Verlegen von keramischen Bekleidungen im Dünnbettverfahren.

9.6.1 | Unterschiede zur Dickbettverlegung

1. Die Mörtel- oder Klebstoffdicke liegt etwa zwischen 2 und 5 mm (Mittelbett: ca. 5…15 mm).
2. Es können auch Untergründe wie Gipsplatten oder Bauplatten aus Hartschaum bekleidet werden.
3. Zeitersparnis bei ebenen, tragfähigen Untergründen,
4. einfacheres Arbeiten, auch von oben nach unten;
5. längere Korrigierzeit;
6. Haftwerte können weit höher liegen (ganz besonders bei der Verwendung von Reaktionsharzen). Zwischen saugfähigen Oberflächen beruht die Haftwirkung von zementhaltigen Mörteln hauptsächlich auf der „Verkrallung" (Dübelwirkung) der Zementkristalle in den Poren. Zwischen glatten und kaum saugfähigen Oberflächen sorgen die Kunststoffzusätze für die notwendige Haftung.

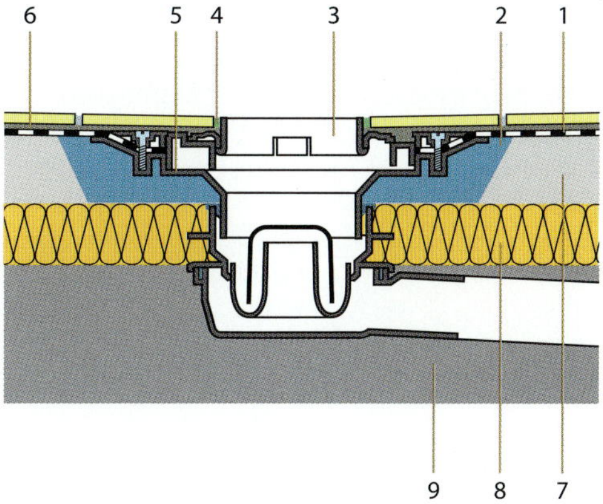

1 Abdichtung im Verbund mit Manschette
2 Verguss, z. B. mit Epoxi-Mörtel
3 Rost
4 elastische Anschlussfuge
5 Los-Festflansch
6 flexibler Dünnbettmörtel
7 Estrich
8 Dämmung
9 Beton

Bodenablauf mit Los-Festflansch

Ansetzen eines Marmorbelags

Bei fachgerechter Vorbehandlung kann auch ein alter Belag als Untergrund dienen

9.6.2 | Dünnbettmaterialien

Die DIN EN 12004 regelt europaweit
- die Begriffsbestimmungen für Materialien, Werkzeuge und Arbeitsmethoden,
- die Prüfverfahren für Mörtel und Klebstoffe.

Sie enthält aber keine Anforderungen an die Verarbeitung keramischer Fliesen und Platten.

Sie unterscheidet drei Gruppen von Materialien:

	zementhaltiger Mörtel (C)	Dispersionsklebstoff (D)	Reaktionsharzklebstoff (R)
Lieferform	Pulverform	gebrauchsfertig, in wässrig-teigiger Form	ein- oder mehrkomponentig, Gebinde aus Harz und Härter
Verarbeitung	vor Ort mit Wasser anrühren	gebrauchsfertig	vor Ort anrühren
Zusammensetzung / Materialbasis	Zement + Sand + Kunststoffzusätze	• Vinylacetat (PVAC) • Acrylharze + weitere	Epoxidharz (EP) Polyurethan (PUR)
Gesteinskörnung	mineralische Füllstoffe: Quarzsand und Gesteinsmehl bis 0,5 mm Korngröße		
Art der Erhärtung	hydraulische Erhärtung + Kunststofferhärtung	Dispersionsmittel (Wasser) verdunstet	chemische Vernetzung
Bewegungsaufnahme	starr bis flexibel einstellbar	flexibel bis hochflexibel	EP starr bis flexibel PUR hochflexibel
Wasserbeständigkeit	gut	PVAC gering; Acrylate besser	sehr gut
Festigkeit (geprüft wird die Kraft, die beim Zug- oder Schwerversuch nach 28 Tagen bis zum Bruch gemessen wird)	Haftzugfestigkeit C1: mindestens 0,5 MPa (N/mm^2) (zementhaltiger Mörtel für normale Anforderungen) C2: mindestens 1,0 MPa (N/mm^2) (zementhaltiger Mörtel für erhöhte Anforderungen)	Haftscherfestigkeit mindestens 1,0 MPa (N/mm^2)	Haftscherfestigkeit mindestens 2,0 MPa (N/mm^2)
Offene Zeit	0,5 MPa (N/mm^2) nach mindestens 20 Min. Dies bedeutet: Wenn die Fliese 20 Minuten nach dem Auftragen des Mörtels eingelegt wird, ist die Festigkeit nach 28 Tagen mindestens 0,5 MPa (N/mm^2).		

Eigenschaften von Dünnbettmaterialien nach DIN EN 12004

Besondere Eigenschaften			
Kurzzeichen	Beschreibung	Anforderung	mögliche Mörtelarten
F	schnell erhärtend (F = fast)	Frühhaftzugfestigkeit 0,5 MPa (N/mm²) nach spätestens 6 h offene Zeit: 0,5 MPa (N/mm²) nach mind. 10 Min.	C
E	verlängerte offene Zeit (E = extended open time)	0,5 MPa (N/mm²) nach mind. 30 Min.	C, D
T	verringertes Abrutschen (T = thixotrope Einstellung, standfest) bei Wandverlegung	darf nur 0,5 mm abrutschen	C, D, R
S1	verformbarer Mörtel	Durchbiegung des Probenkörpers mind. 2,5 mm (s. unten stehende Abbildung)	C
S2		mind. 5 mm	
Es gibt auch Dispersions- und Reaktionsharzklebstoff für erhöhte Anforderungen. Diese werden unter besonderen Umweltbedingungen getestet wie Temperaturwechsel (R2) oder Lagerung unter Wasser- und Hitzeeinwirkung (D2).			

Besondere Anforderungen an Mörtel oder Klebstoffe nach DIN EN 12004

Zementhaltige Mörtel

Die Grundlage dafür sind Gemische aus hydraulischen Bindemitteln (Zemente) und mineralischen Gesteinskörnungen. Diesem Zementmörtel werden Polymere und andere organische Zusätze beigemischt. Sie wirken in erster Linie Wasser rückhaltend und erhöhen die Verformbarkeit.

Ohne sie wäre der Mörtel nicht funktionsfähig, da er

- wegen des raschen Wasserentzugs keine festen Zementkristalle bilden könnte,
- wegen fehlender Elastizität schon bei geringen Verformungen des Untergrunds (z. B. durch Schwinden) abgeschert werden könnte.

Prüfgerät für die Verformbarkeit von Dünnbettmörteln gemäß DIN EN 12002. Biegeversuch zur Einteilung in die Klassen S1 (mind. 2,5 mm) oder S2 (mind. 5 mm)

Vor Gebrauch wird er nur mit Wasser angerührt. Aus der Kurzbezeichnung normgerechter Materialien lassen sich Typ, Klasse sowie die zusätzlichen Kennwerte ablesen. Beispiel:

C2 FT = schnell erhärtender zementhaltiger Mörtel für erhöhte Anforderungen, mit verringertem Abrutschverhalten.

Dispersionsklebstoffe

Ihr Anteil am Gesamtverbrauch ist seit langem stark rückläufig und beträgt nur noch wenige Prozent. Sie bestehen aus einem Gemisch von organischen Bindemitteln in Form wässriger Polymerdispersionen, organischen Zusätzen und mineralischen Füllstoffen. Die Mischung ist gebrauchsfertig. Wegen ihrer Wasserempfindlichkeit (Gefahr des Aufquellens) geht die Dünnbettnorm davon aus, dass Dispersionsklebstoffe in der Regel nur für Innenwandbekleidungen in trockenen Bereichen – nicht im Duschbereich – eingesetzt werden.

Begriffserklärung:

„Dispersion" bezeichnet als Oberbegriff Gemische, die aus einem zerteilten Stoff (z. B. Polymeren) und dem Zerteilungs- oder Dispersionsmittel (z. B. Wasser) bestehen.

Ist der zerteilte Stoff fest, so nennt man das Gemisch „Suspension" oder „Aufschlämmung". Beispiele: Glasurfritte, Zementschlämme.

Ist der zerteilte Stoff flüssig (in Tröpfchen) und verträgt sich nicht mit dem Zerteilungsmittel, so spricht man von einer „Emulsion". Beispiele: Öl in Wasser, Bitumenanstrich.

Reaktionsharzklebstoffe

Sie sind ein- oder mehrkomponentig erhältlich, bestehen aber meist aus zwei Komponenten:

- dem synthetischen Harz (Bindemittel) und
- dem Härter.

Außerdem können sie mineralische Füllstoffe enthalten. Nach dem Mischen der beiden Komponenten beginnt die Aushärtung durch eine chemische Reaktion. Nach der Art des Bindemittels unterscheidet man:

Übliche Zusätze	Wirkung
Methylcellulosen	wirken wie kleine Schwämmchen, die auch im dünnen Kleberbett das Wasser zurückhalten
Stärkeether	Wasser rückhaltend
Luftporenbildner	erhöhen die Geschmeidigkeit und die Ergiebigkeit
Fruchtsäuren	verzögern die Hydratation (Wasseranlagerung zur Kristallbildung)
Lithiumcarbonat	beschleunigt die Hydratation
Kunststoffpulverdispersionen	verbessern die Haftung an glatten und schwach saugenden Flächen
Metallseifen	erzeugen beim Erstarren Wasser abweisende Stoffe (günstig in Nassräumen oder bei Fassaden)

Zusätze für zementhaltige Mörtel

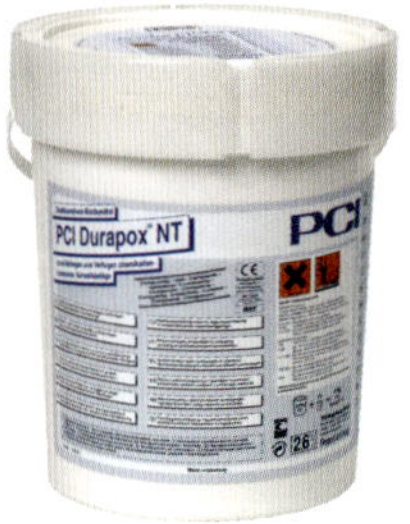

Gebinde aus Harz und Härter

Epoxidharzklebstoffe

Ohne Weichmacherzusatz härten sie ziemlich starr aus, sind dabei vollkommen wasserbeständig und auch chemisch resistent. Mit Weichmacher – in der Regel Polysulfide – werden sie wesentlich flexibler, ergeben aber eine geringere Grenzflächenhaftung.

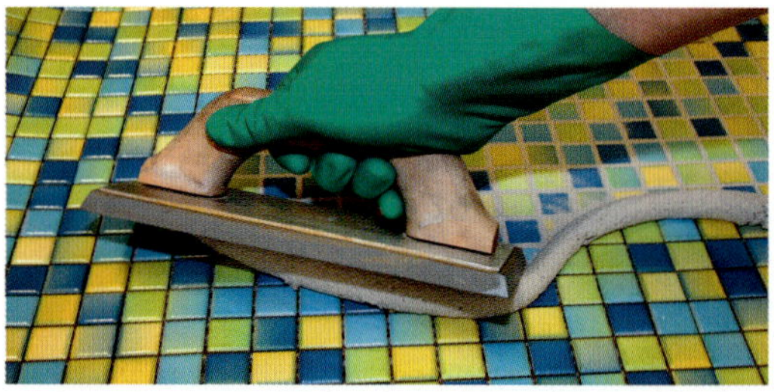

Mosaikbelag in einem Sole-Schwimmbad: Verlegen und Ausfugen mit demselben Epoxidharzklebstoff

Polyurethankleber

Wegen ihrer hohen Flexibilität, Wasser- und Frostbeständigkeit können sie auch auf Untergründen eingesetzt werden, wo die übrigen Dünnbettmassen nicht infrage kommen, so z. B. auf Schiffsdecks (vibrierende Metallflächen!) oder auf alten Terrassenbelägen. Aus Kostengründen wird ihr Einsatz jedoch begrenzt bleiben.

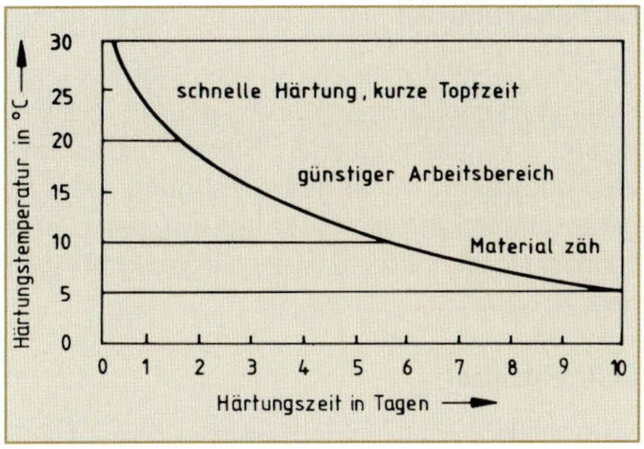

Das Diagramm zeigt die Verarbeitbarkeit von Reaktionsharzen in Abhängigkeit von der Härtungstemperatur in °C und der Härtungszeit in Tagen

Besondere Dünnbettmaterialien

Neben den in DIN EN 12004 genannten Arten sind in der Praxis noch viele Herstellungsbezeichnungen geläufig, die meist direkt auf die besondere Eignung des Produkts hinweisen. Dazu gehören die folgenden Beispiele:

Flexmörtel

Flexmörtel ist ein verformbarer, zementhaltiger Mörtel (i. d. R. C2-Qualität), der nach DIN EN 12004 in zwei Klassen eingeteilt wird:

- Verformbarkeit mindestens 2,5 mm (Klasse S1),
- Verformbarkeit mindestens 5 mm (Klasse S2).

Immer, wenn schwierige bauliche Bedingungen vorliegen, gelten Flexmörtel mit ihrer besonders hohen Kunststoffvergütung als **die** Problemlöser unter den zementhaltigen Dünnbettmörteln. Die Kunststoffzusätze können trocken beigemischt sein oder auch flüssig zugesetzt werden. Sie verleihen dem Mörtel eine

- erhöhte Verformbarkeit und eine
- verbesserte Haftung an glatten Flächen.

Typische Einsatzgebiete sind daher:

- Flächen im Außenbereich (Spannungen durch wechselnde Temperaturen),
- bei geringer Wasseraufnahme
  - des Belagmaterials (Feinsteinzeug),
  - des Untergrunds (vorhandener Keramikbelag),
- Untergründe, die sich geringfügig verformen (Heizestriche, Gussasphaltestriche, Gipsplatten).

Fließbettmörtel

Für Belagmaterial mit extrem dichtem Scherben wie z. B. Feinsteinzeug und Einsatzbereiche mit besonderer Belastung benötigt man Dünnbettmörtel, die eine sehr gute Haftung der Fliese ermöglichen. Der Markt bietet Produkte an, die sich mit der Mittelbettzahnung aufziehen lassen und auch großformatiges Belagmaterial ohne Kraftaufwand hohlraumfrei einbetten (siehe Abb.).

Die Kunstharze des Dispersionsanteils wirken Wasser rückhaltend und sorgen für eine zusätzliche organische Klebewirkung.

Unten stehende Abbildung zeigt einen erhärteten Fließbettmörtel auf der Rückseite einer Feinsteinzeugfliese in einer Vergrößerung unter dem Elektronenrastermikroskop. Man sieht deutlich die Adhäsion des Kunststoffanteils (unten) direkt an der Fliesenrückseite, darüber das Gerüst der stäbchenförmigen Zementkristalle.

Erhärteter Fließbettmörtel auf der Rückseite einer Feinsteinzeugfliese (stark vergrößert!)

100 % Kontaktfläche bei einem Fließbettmörtel

Mittelbettmörtel

Darunter versteht man Produkte auf der Basis von zementhaltigen Mörteln. Sie eignen sich zur Verlegung von großformatigen Platten aus Keramik oder Naturstein. Die mit grober Zahnung aufgetragene Schicht kann bis zu 20 mm dick sein. Daher können Unebenheiten besser ausgeglichen werden.

Spaltplatten mit starker Rückseitenprofilierung im Mittelbett

Schnellkleber

Meist bilden zwei unterschiedliche Zementarten die Basis: silicatreiche und aluminatreiche Zemente. Gemischt erhärten sie wesentlich schneller als jede Art für sich. Oft wird noch Gips hinzugefügt. Kleber dieser Art können das Anmachwasser zu 100 % kristallin binden. Sie weisen daher trotz extrem kurzer Erhärtungszeit keine schädlichen Schwindspannungen auf. Meist können die Beläge bereits nach 2 Stunden ausgefugt und in wenigen Tagen voll belastet werden. Nicht jeder Schnellkleber ist für den Außenbereich geeignet.

9.6.3 | Wichtige Begriffe für die Verarbeitung

Topfzeit oder **Verarbeitungszeit** ist die maximale Zeitspanne, in der der Mörtel oder Klebstoff nach dem Anmischen verarbeitet werden kann.

Reifezeit: Zementhaltige Mörtel benötigen nach dem Anmachen eine Ruhezeit. In ihr können die fein verteilten organischen Zusätze wie z. B. die Methylcellulosen aufquellen und damit ihre Wasser rückhaltende Wirkung entfalten.

Offene Zeit ist die maximale Zeitspanne nach dem Auftragen, in der Fliesen oder Platten in Mörtel oder Klebstoff eingebettet werden können und die geforderten Haftfestigkeiten erreicht werden.
Beim Verarbeiten sind folgende Einflüsse zu beachten:

- Sonneneinstrahlung, Hitze
- geringe Luftfeuchtigkeit
- trockene Zugluft
- stark saugender Untergrund

} verkürzen die offene Zeit

- niedrige Temperaturen (bis +5 °C!)
- hohe Luftfeuchtigkeit
- geschlossener Raum
- schwach saugender Untergrund

} verlängern die offene Zeit

Finger in das Klebebett drücken

Haftet der Kleber an den Fingern, können Fliesen angesetzt werden

Bleiben die Finger sauber, ist die offene Zeit überschritten. Der Kleber muss entfernt und ein frisches Klebebett aufgezogen werden

Benetzungsfähigkeit ist die Fähigkeit des aufgekämmten Mörtels oder Klebstoffes, die Rückseite der Fliesen oder Platten zu benetzen.

Korrigierzeit ist die maximale Zeitspanne, in der der angesetzte Bekleidungsstoff ohne wesentliche Verminderung der Haftung in seiner Lage korrigiert werden kann.

9.6.4 | Ausführung

Die Ausführung keramischer Bekleidungen im Dünnbettverfahren regelt die DIN 18157.

Verarbeitungsbedingungen

Die Verarbeitungstemperatur soll zwischen 5 °C und 30 °C liegen, bei Dispersionsklebstoff und Reaktionsharz ist mindestens 10 °C erforderlich. Bei großer Hitze muss die aufgetragene Dünnbettmasse vor zu raschem Austrocknen geschützt werden. Während der Arbeiten darf die zu bekleidende Fläche nicht durchnässt werden.

Anmischen

Dispersionsklebstoffe werden bereits gebrauchsfertig geliefert. Zementhaltige Mörtel jedoch sind nach den Angaben des Herstellers mit Wasser in Trinkwasserqualität anzumischen.

Rührspiralen sollen mit niedrigen Drehzahlen arbeiten, da sonst Luft mit eingemischt wird. Nach dem Anrühren soll der Mörtel klumpenfrei und von plastischer Konsistenz sein. Bereits im Erstarren befindlicher Mörtel darf nicht durch erneute Wasserzugabe verarbeitbar gemacht werden. Reaktionsharzklebstoffe sind im genau vorgeschriebenen Verhältnis von Harz zu Härter anzumischen. Vorsicht: Die Härter entwickeln explosive und giftige Dämpfe!

Verlegeverfahren nach DIN 18157

Einseitiges Auftragen

Floating-Verfahren Der Mörtel wird dabei auf den Untergrund aufgebracht. Man arbeitet in zwei Arbeitsgängen:

1. Dünnes Auftragen des Dünnbettmaterials mit der Glättkelle (oder der glatten Seite der Traufel). Der Mörtel oder Klebstoff wird dabei in die Unebenheiten und Poren des Untergrundes eingedrückt und bildet eine Kontaktschicht.

Einschieben der Fliesen

Kantenlänge der Bekleidungsstoffe in mm	Zahntiefe der Kammspachtel in mm
bis 50	3
über 50…108	4
über 108…200	6
über 200	8
für Fliesen und Platten ohne Rückseitenprofilierung auf ebenen Untergründen	Fließbettzahnung
für Fliesen und Platten mit Rückseitenprofilierung oder ungleichen Dicken	Mittelbettzahnung

Zusammenhang zwischen Format und Zahnung

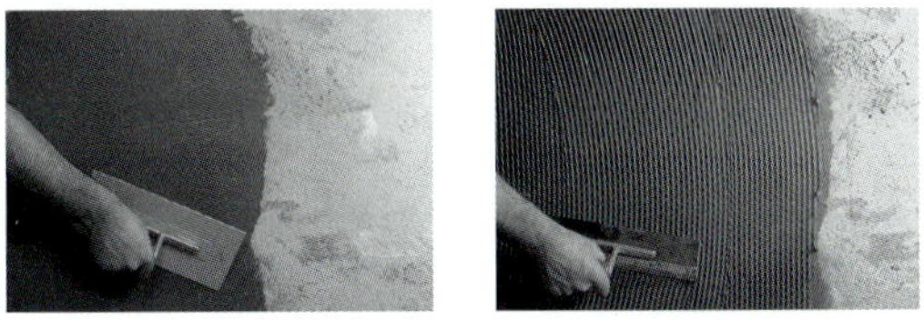

Einseitiges Auftragen: Zuerst wird eine Kontaktschicht aufgekratzt und darauf „frisch in frisch" das Dünnbett aufgekämmt

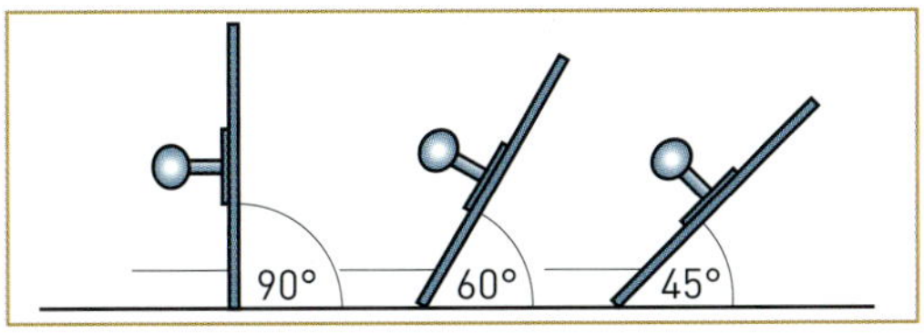

Richtig: Anstellwinkel von 45° bis 60°

2. Auftragen des Mörtels oder Klebstoffs in der erforderlichen Schichtdicke. Abkämmen mit einem Kammspachtel unter einem Anstellwinkel von 45° … 60°. Dazu verwendet man in der Regel Spachtel mit quadratischen Zahnleisten. Die Zahntiefe richtet sich nach der Kantenlänge der Bekleidungsstoffe. Bei Fliesen ab 50 cm Kantenlänge muss eine Kratzspachtelung auf der Rückseite aufgetragen werden.

3. Einlegen: Um eine gute Haftung zu erzielen, sind die Fliesen ins Kleberbett einzuschieben. Bei dickerem Auftrag, z. B. bei Verwendung sogenannter Mittelbettmörtel (Aufzug zwischen 5 und 15 mm), muss eventuell nachgeklopft oder anvibriert werden. Ab und zu sollte eine Fliese probeweise wieder abgenommen werden, um die Kontaktfläche zu kontrollieren.

Anwendung: bei ebenem Untergrund und bei Bekleidungsmaterial mit glatter Rückseite.

Buttering-Verfahren Der Mörtel wird nur auf der Plattenrückseite aufgebracht.

Anwendung: Reparaturen, Sockelverlegung

Beidseitiges Auftragen (kombiniertes Verfahren, Buttering-Floating-Verfahren)

Dabei wird die Dünnbettmasse sowohl auf den Untergrund als auch auf die Plattenrückseite aufgetragen. Dort ist eine Kratzspachtelung in den meisten Fällen ausreichend. Bei beidseitigem Auftrag mit der Zahntraufel darf die maximale Kleberdicke nicht überschritten werden. Dieses Verfahren empfiehlt sich, wenn hohlraumfreies Verlegen, hohe Druckfestigkeit und Witterungsbeständigkeit gefordert sind. Anwendung: bei unebener Plattenrückseite, bei Fassaden, Schwimmbecken, stark beanspruchten Bodenbelägen.

9.6.5 | Wahl des Mörtels

Folgendes ist bei der Auswahl zu berücksichtigen:
- Untergrund: Beschaffenheit, Ebenheit, Stabilität (Durchfedern), Saugverhalten, Wasserbeständigkeit; wichtig: das Schwindverhalten.
- Nutzung: Außenbereich oder Innenbereich, geringfügig durch Feuchtigkeit beansprucht oder Nassbereich.
- Dünnbettmaterial: Erfüllt das Material die Anforderungen aus Untergrund und Nutzung: Wasserbeständigkeit, Bewegungsaufnahme, Wirtschaftlichkeit?

Die untenstehende Anwendungsübersicht kann sich nur auf die Grundtypen beschränken. In Einzelfällen – Neuentwicklungen, Mischformen usw. – sind durchaus Abweichungen von der Tabelleneinordnung möglich.

Untergrund	zementhaltige Mörtel		Dispersionsklebstoffe	Reaktionsharzklebstoffe	
	kunststoffvergütet	hoch vergütet	PVAC Acrylat	hart	elastisch
Boden • im Außenbereich – Terrassenbelag	●	●		●	●
• im Innenbereich trocken: – Zementestrich 4 Wochen alt	●	●		○	●
– Heizestrich		●		○	●
– alte Fliesen	○	●			●
– Spanplatten	○	●			●
– Metall				○	●
• nass: – Dusche	●	●		●	●

Fortsetzung nächste Seite ▶

Untergrund	zementhaltige Mörtel		Dispersions-klebstoffe	Reaktionsharzklebstoffe	
	kunststoff-vergütet	hoch vergütet	PVAC Acrylat	hart	elastisch
Wand • im Außenbereich – Fassade	●	●			●
• im Innenbereich trocken: - Beton bis 4 Wochen alt		●	●	○	●
- Beton älter als 6 Monate	●	●	●	●	●
- Porenbeton	●	●	●	●	●
– Gips mit Grundierung	●	●	●	●	●
– Spanplatten	○	●	●	○	●
– Hartschäume mit Schwind-neigung		●	●	○	●
• nass: – im Duschbereich	●	●		●	●

Auswahl des geeigneten Dünnbettmaterials ○ = bedingt geeignet ● = in der Regel geeignet

Zusammenfassung zu 9.6

Flächenfertige Wände und Böden eignen sich in der Regel für die Dünnbettverlegung.

Die DIN EN 12004 unterscheidet 3 Gruppen von Dünnbettmaterialien:

- zementhaltige Mörtel (C),
- Dispersionsklebstoffe (D),
- Reaktionsharzklebstoffe (R).

Zementhaltige Mörtel werden in die Klassen C1 und C2 eingeteilt. Kennwerte regeln die Eigenschaften: „schnell erhärtend", „verlängerte offene Zeit" und „verringertes Abrutschverhalten".

Flexmörtel garantieren C2-Qualität sowie eine Verformbarkeit von mindestens 2,5 mm (= Maß der Durchbiegung bis zum Bruch eines Mörtelstreifens bei der Normprüfung).

Dispersionsklebstoffe sind flexibler, in der Regel nicht wasserbeständig; sie werden meist für Wandbeläge verwendet.

Reaktionsharzklebstoffe bestehen meist aus zwei Komponenten, nämlich Harz und Härter. Es sind chemisch beständige hochwertige Kleber.

Grundierungen sind nötig, wenn Untergründe zu glatt sind, zu stark oder zu schwach saugen, feuchtigkeitsempfindlich oder nur bedingt tragfähig sind. Sie dienen als Haftbrücke, als Oberflächenverfestiger oder als Feuchtigkeitsschutz.

Dünnbettmaterialien sind genau nach Herstellerangaben anzumischen und zu verarbeiten. Auf die Witterung ist zu achten; sie kann die Topfzeit oder die offene Zeit stark verändern.

Beim einseitigen Auftragen wird meist in zwei Arbeitsgängen auf den Untergrund aufgetragen. Die Fliesen sind mit einer Drehbewegung in das Dünnbett einzuschieben.

Beim beidseitigen Auftragen wird auf den Untergrund und die Fliesenrückseite aufgetragen.

Bei der Auswahl des geeigneten Dünnbettmaterials sind insbesondere zu berücksichtigen:

- die Beschaffenheit des Untergrundes,
- die Lage und die spätere Belastung,
- die Eigenschaften des Klebers und die Kosten.

Aufgaben zu 9.2 und 9.3

1 | Ein Waschbecken und ein WC sind einander direkt gegenüber angeordnet. Nennen Sie die Mindestgröße für den Bewegungsraum dazwischen.

2 | Unterscheiden Sie die Bezeichnungen
a) Sanitärgegenstand,
b) Armatur,
c) Ausstattungsgegenstand.

3 | Wozu dient ein Verlegeplan?

4 | Nennen Sie die Planungsschritte, nach denen ein Verlegeplan entsteht.

5 | Nennen Sie die Vorteile der Vorwandinstallation.

6 | Rohranschlüsse lassen sich auf unterschiedliche Weise in das Fugenbild einpassen. Nennen Sie die Vor- und Nachteile der jeweiligen Art.

7 | Welche Vorteile haben die sogenannten verdeckten S-Anschlüsse?

8 | Was bedeutet die Abkürzung „BA" in einem Verlegeplan?

9 | Was versteht man unter dem Meterriss?

10 | Nennen Sie den Unterschied zwischen
a) frei stehenden Wannen,
b) Schürzenwannen,
c) Einbauwannen.

11 | Aus welchen Materialien bestehen die üblichen Einbauwannen?

12 | Nennen Sie die Abmessungen der „Normalbadewanne" und die übliche Einbauhöhe.

13 | Nennen und begründen Sie die einzelnen Kontrollmaßnahmen, die der Fliesenleger vor dem Wanneneinbau vornehmen soll.

14 | Weshalb soll der Belag im Bereich der Schürze gegenüber dem Wannenrand um 0,5 … 1 cm zurückliegen?

15 | Einbauwannen können vor oder nach dem Bekleiden der Wand aufgestellt werden. Nennen Sie die jeweiligen Vor- und Nachteile.

16 | Im mehrgeschossigen Wohnbau sind schalldämmende Maßnahmen an der Wanne besonders wichtig. Zählen Sie die einzelnen Maßnahmen auf für die Fälle
a) Wanne auf Rohdecke,
b) Wanne auf Estrich auf Dämmschicht,
c) Wanne auf Hartschaumträger.

17 | Wozu dient die Revisionstür?

18 | Bei einer Dusche wird der Bodenbelag als Wanne ausgebildet. Welche Eigenschaften sind vom Belagmaterial zu fordern?

Aufgaben zu 9.4

1 | Stellen Sie die Anforderungen an einen Ansetz- oder Verlegeuntergrund zusammen.

2 | Klären Sie den Begriff „Maßtoleranz".

3 | Begründen Sie, warum die Kontrollen
a) Prüfen der Ebenheit,
b) Prüfen der Belegreife wichtig sind.

4 | Die Rohdecke zur Aufnahme eines Fliesenbelags im Mörtelbett weist beim Überprüfen eine Maßabweichung von 28 mm auf. Der Abstand der Messpunkte beträgt 15 m. Ist diese Abweichung nach DIN 18202 noch zulässig?

5 | Zählen Sie die einfachen Prüfungen des Untergrunds nach DIN 18157 auf.

6 | Beschreiben Sie den Ablauf einer CM-Messung.

7 | Nennen Sie die besonderen Voraussetzungen, die ein Gipsputz als Untergrund für die Dünnbettverlegung erfüllen muss.

8 | Welche Aufgaben können Grundierungen (Primer) erfüllen? Nennen Sie drei.

9 | Nennen Sie die Mörtelzusammensetzung für einen Unterputz.

Aufgaben zu 9.5

1 | Weshalb gilt eine keramische Belagfläche nicht als wasserdicht?

2 | Beschreiben Sie die wesentlichen Merkmale einer Abdichtung im Verbund in Bezug auf
a) die Lage innerhalb des Konstruktionsaufbaus,
b) die verwendeten Materialien,
c) den Arbeitsaufwand.

3 | Ergänzen Sie: „Eine Abdichtung im Verbund ist ein System aus …"

4 | Ordnen Sie folgende Beanspruchungen den Wassereinwirkungsklassen zu:

- Wand hinter Waschbecken,
- mäßige Beanspruchung,
- hohe Beanspruchung,
- Schwimmbecken,
- Boden einer barrierefreien Dusche.

5 | a) Was bedeutet das Kürzel „abP"?
b) Für welche Anwendungsfälle ist es vorgeschrieben?

6 | Nennen Sie die drei Gruppen von flüssigen Verbundabdichtungsstoffen mit ihren jeweiligen Mindestschichtdicken.

7 | Nennen Sie Baustoffe, die als Belaguntergrund in einer bodengleichen Duschecke ungeeignet sind. Begründen Sie Ihre Antwort.

Aufgaben zu 9.6

1 | Stellen Sie die wichtigsten Unterschiede zwischen dem Dickbett- und dem Dünnbettverfahren heraus.

2 | Vergleichen Sie die Haftung zwischen Fliese, Kleber und Untergrund mit der Haftung beim Mörtelverfahren.

3 | Stellen Sie die Voraussetzungen zusammen, die ein Untergrund erfüllen muss, um für die Dünnbettverlegung geeignet zu sein.

4 | Zählen Sie die drei Arten von Dünnbettmaterialien auf, die in der DIN EN 12004 unterschieden werden.

5 | Welche Aufgaben haben die Kunststoffzusätze bei den zementhaltigen Mörteln? Nennen Sie drei.

6 | Erklären Sie die Begriffe
a) Dispersion,
b) Emulsion.

7 | Nennen Sie die Materialbasis für
a) Dispersionsklebstoffe,
b) Reaktionsharzklebstoffe.

8 | a) Erläutern Sie die Abkürzung C1 T.
b) Geben Sie ein Anwendungsbeispiel.

9 | Stellen Sie die unterschiedliche Erhärtung von
a) Dispersionsklebstoffen,
b) Reaktionsharzklebstoffen
einander gegenüber.

10 | Welche Untergründe benötigen vor der Dünnbettverlegung eine Grundierung?

11 | Erklären Sie folgende Begriffe:
a) Topfzeit, b) Reifezeit, c) offene Zeit.

12 | Zählen Sie die Faktoren auf, die die offene Zeit verkürzen.

13 | Beschreiben Sie die Technik des einseitigen Auftragens.

14 | Von welchem Anstellwinkel geht die Norm bei den Angaben über die Zahntiefe der Kammspachtel aus?

15 | Begründen Sie, weshalb die Fliesen an einer Fassade nach der Technik des beidseitigen Auftrags angesetzt werden.

16 | Welche Art(en) von Dünnbettmaterial(ien) eignen sich für das Bekleiden
a) einer Küchenarbeitsplatte aus Pressspan,
b) einer Gipsplattenwand im Trockenbereich,
c) eines alten Fliesenwandbelags,
d) einer stark schwindenden Hartschaumplatte an der Wand eines Hausschwimmbades,
e) eines 6 Monate alten Zementestrichs im Nassbereich?

Aufgaben zum gesamten Lernfeld

Aufgabe 1, Projekthaus Seite 2

Das Badezimmer der Eltern im Erdgeschoss soll anders eingerichtet werden. Die Anschlussleitungen aller Sanitärgegenstände sollen in einer Vorwand (halbhoch oder raumhoch) geführt werden. Die Tiefe der Vorwand beträgt
12 cm für Waschbecken und Dusche,
16,5 cm für WC, Bidet und Badewanne.

Auf die Mindestabstände zwischen den Sanitärgegenständen ist zu achten.
Ausstattung:
- Einzelwaschtisch,
- Badewanne (groß),
- Dusche,
- WC,
- Bidet.

Belag:
- Bodenfliesen *W* 297 × 297 × 8 mm,
- Wandfliesen *W* 297 × 397 × 8 mm,
- Bordüre *W* 297 × 15 × 8 mm, bis Oberkante Türrahmen im Fugenschnitt verlegt.

Stellen Sie Ihre Lösung im Maßstab 1:20 zeichnerisch dar. Die Fugen sind mit einem Strich darzustellen.

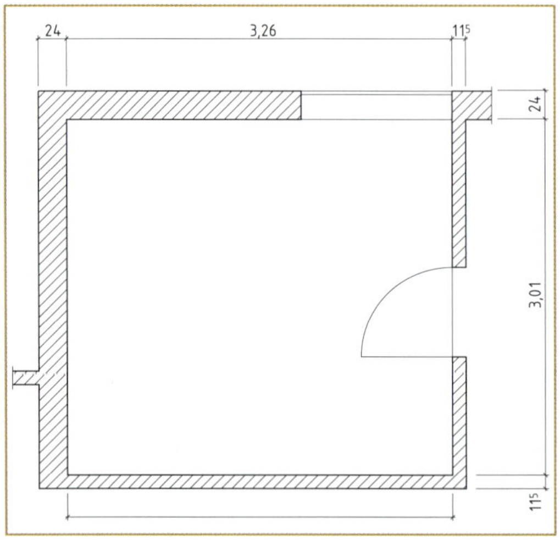

Aufgabe 2

Das dargestellte Badezimmer mit Eckbadewanne erhält einen Bodenbelag aus Fliesen mit dem Format 165 × 330 mm. Die lange Seite soll in Richtung VL_3 (VL_2) im Fugenschnitt verlegt werden.
Die Fugenbreite beträgt 3 mm.

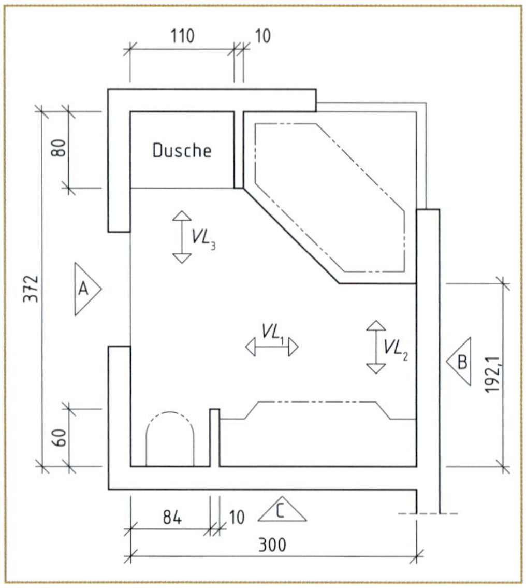

Die angegebenen Maße sind Rohbaumaße.

a) Teilen Sie den Bodenbelag rechnerisch ein.
b) Geben Sie die Wandseite an, an die Sie die Reststreifen legen.
c) Berechnen Sie die zu belegende Bodenfläche und die Anzahl der Fliesen bei 7 % Verschnitt.

Aufgabe 3

Die Wände A, B, C, D der im Grundriss dargestellten gegliederten Wandfläche sind rechnerisch in der Breite einzuteilen. Bei der Teilwand C ist auf Symmetrie zu achten. Halten Sie sich an die vorgegebene Anordnung der Eckfugen.
Die genannten Maße sind Rohbaumaße. An allen Innenecken sind elastische Anschlussfugen mit 5 mm Breite vorzusehen.

Angaben:

Fliesen *W* 150 × 150 × 6 mm
Fugen 3 mm
Putz + Dünnbett 15 mm

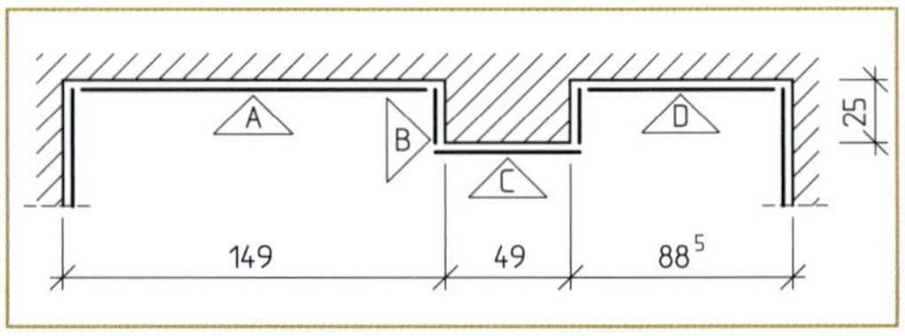

Aufgabe 4

Der dargestellte Grundriss zeigt den Teil eines Badezimmers mit Wänden aus Porenbeton. Die angegebenen Maße sind Rohbaumaße. Die Fliesen mit den Abmessungen *W* 197 × 197 × 5 mm sollen im Dünnbett mit 3 mm Aufzug angesetzt werden. Die Fuge ist 3 mm breit. An allen Innenecken sind 5 mm breite Anschlussfugen vorzusehen. Die Schwelle vor der Dusche wird mit einer Fliesenbreite abgedeckt.

a) Teilen Sie die Wandflächen A, B, C, D in der Breite gemäß dem Vorschlag ein.
b) Tragen Sie die Lage und Größe der Reststreifen in eine einfache Grundrissskizze ein.

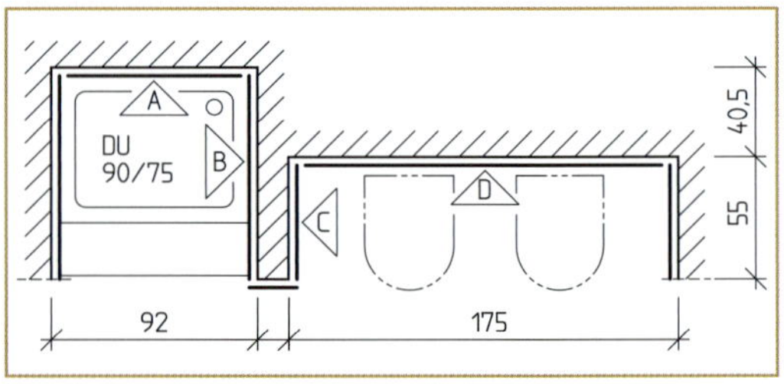

Lernfeld 10 | Herstellen von Belägen im Schwimmbadbereich

Zielformulierung:	Unter Berücksichtigung funktionaler und gestalterischer Aspekte planen die Schüler Belagarbeiten für einzelne Bauteile einer Schwimmbadanlage. In Abhängigkeit der Untergründe und der Nutzung entscheiden sie über Vorarbeiten, Materialauswahl und Verlegeverfahren. Sie vergleichen Ausführungsmöglichkeiten für die Bereiche *Beckenkopf*, *Beckenumgang* und *Entwässerung*. Sie planen *Bewegungsfugen* und den Übergang vom Nass- zum Trockenbereich. Die Schülerinnen und Schüler wählen eine *Trennwandanlage* für eine Reihendusche aus, beschreiben den Aufbau und stellen die konstruktive Durchbildung des Boden- und Wandanschlusses dar.
Lerninhalte:	• Betonbecken • Abdichtungen • Belagmaterial, Formstücke, Einmessung • Rohrdurchführung, Bodenablauf, Rinne • Wartungsfugen • chemische Beanspruchung • Rutschhemmung • Trennwandsystem • Gefälle

Schwimmbäder: Merkmale und Anforderungen

Die einfache Schwimmhalle mit rechteckigem Becken und tief liegendem Wasserspiegel wird immer mehr durch „erlebnisorientierte" Badelandschaften abgelöst.

Die veränderten Ansprüche an das heutige Erlebnis- und Spaßbaden sind sowohl für den Planer als auch für den Fliesen-, Platten- und Mosaikleger eine besondere Herausforderung.

Der Einsatz keramischer Beläge im Schwimmbadbau reicht vom Becken über den Beckenrand bis zu den Umkleide- und Duschräumen. Schwimmbecken (Freibäder, Hallenbäder, Mineralbäder) werden durch Frost, chemische Belastung und Wasserdruck stark beansprucht. Alle erforderlichen Handwerksleistungen müssen deshalb mit großer Sorgfalt durchgeführt werden.

Charakteristisch für moderne Schwimmbäder sind Rundungen; sie haben in der Regel Beckenköpfe mit hoch liegendem Wasserspiegel. Diese Beckenkopfkonstruktionen erfordern fachgerechte Verlege- und Abdichtungstechniken.

Besonders zu beachten sind Rohrdurchführungen, Bodenabläufe und Bodenzuläufe.

Für Bodenbeläge in Schwimmbädern gelten in Bezug auf die Trittsicherheit umfangreiche Vorschriften und Auflagen.

Freizeitbad, innen

Kinderbecken

Rohrdurchführung, Bodenablauf, Gefälle

Keramische Beläge, Rutschhemmung

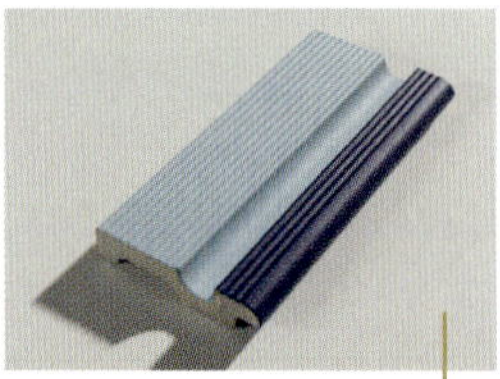

Beckenrandsysteme

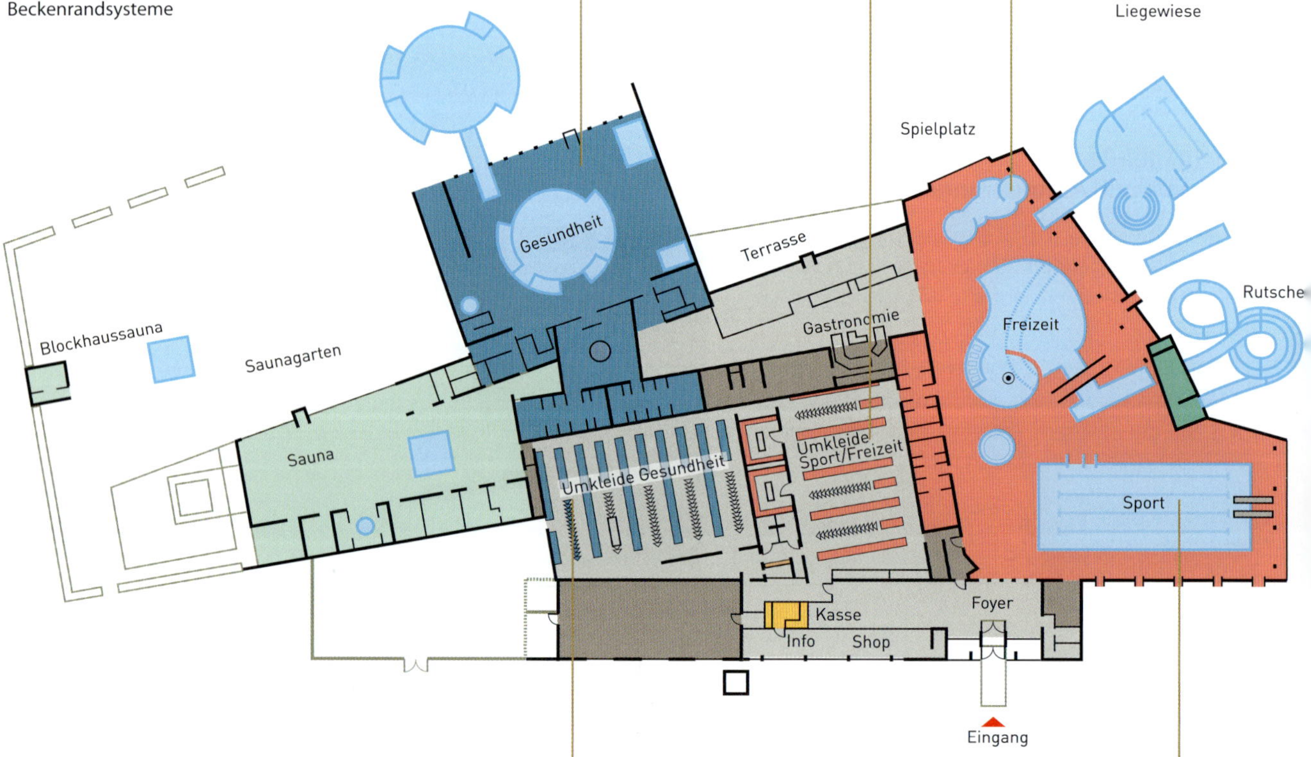

Trennwandsysteme

Beckenkonstruktion, Einmessung

10.1 | Beckenkonstruktion

Die Beckenkonstruktion kann aus verschiedenen Materialien bestehen:

- Kunststofffolien (aufblasbar bzw. gegen Erdreich verlegt),
- Kunststoff als ganzes Becken oder als einzelne Segmente,
- Metall,
- Beton.

Die meisten Becken werden aus **wasserundurchlässigem** Beton hergestellt (WU-Beton nach der Richtlinie des Deutschen Ausschusses für Stahlbeton).

Ein Beton, der wasserundurchlässig im Sinne der DIN EN 1992 ist, weist folgende Merkmale auf:

- günstige Kornzusammensetzung ⇨ Sieblinie im günstigen Bereich,
- niedriger Wasserzementwert ≤ 0,60,
- richtiges Mischungsverhältnis.

Die Wasserundurchlässigkeit muss durch das Becken selbst und nicht durch die Beckenbekleidung gewährleistet sein.
Eine 2- bis 3-wöchige Probefüllung des Betonbeckens dient dem Nachweis der Wasserundurchlässigkeit.

Auch bei WU-Betonbecken empfiehlt sich eine zusätzliche Abdichtung **(Abdichtung im Verbund)**, um die Gefahr von Ausblühungen zu vermindern. Als Regel der Technik für diese Art der Abdichtung gilt das Merkblatt des ZDB, „Hinweise für Planung und Ausführung keramischer Beläge im Schwimmbadbau" und die DIN 18535 „Abdichtung von Behältern".

Ausführung der Abdichtung

Für Behälter gelten spezielle Wassereinwirkungsklassen, die sich nach der Beckentiefe richten:

- W1-B bis 5 m Tiefe
- W2-B bis 10 m Tiefe
- W3-B über 10 m Tiefe

Abdichtungen im Verbund dürfen nur bis 10 m Beckentiefe verarbeitet werden. Der gewählte Abdichtstoff muss für den Einsatzbereich geprüft sein. Es kommen hier mineralische Dichtschlämmen, Reaktionsharzabdichtungen und Bahnenabdichtungen zum Einsatz. Für Bereiche außerhalb des Beckens und Berarbeitungsdetails siehe Abschn. 9.5.

Betonbecken

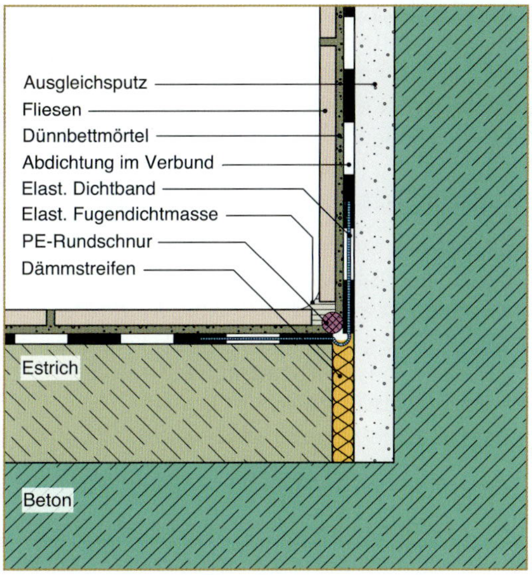

Abdichtung Wand-Boden-Anschluss

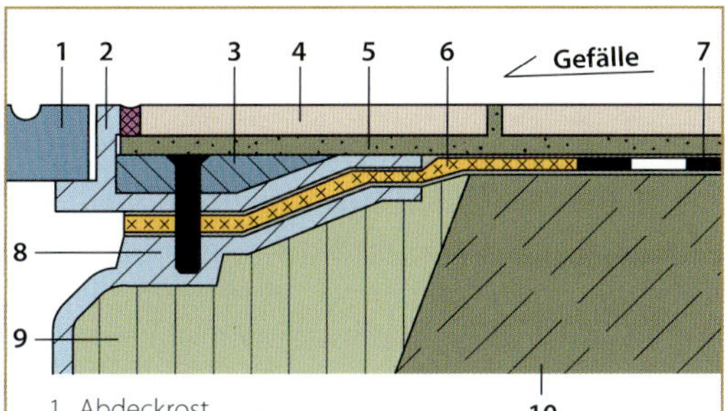

1 Abdeckrost
2 Aufsatzstück mit Klemmflansch
3 mechanisches Klemmelement
4 keramischer Fliesenbelag
5 Dünnbettmörtel
6 eingeklemmte Dichtmanschette
7 Abdichtung im Verbund (AIV-F)
8 Festflansch
9 Reaktionsharzmörtel-Vergussmörtel
10 Verbund-Gefälleestrich

Abdichtungsanschluss am Bodeneinlauf im Becken mit Klemmflansch (Los-Festflansch)

Untergrund

Die Maßgenauigkeit des Untergrundes soll der fertigen Bekleidung entsprechen. Größere Unebenheiten sind vorher mit Ausgleichsputz oder -estrich auszugleichen. Der Untergrund muss frei sein von Trennmitteln, losen Bestandteilen, Staub und Absandungen, Bindemittelanreicherungen, Ausblühungen und sonstigen Verschmutzungen, die die Haftung der Abdichtung beeinträchtigen können.
Betonoberflächen an den Beckenwänden müssen gesandstrahlt werden.

Entstehende oder bereits vorhandene Risse dürfen das Maß von 0,5 mm nicht überschreiten. Risse mit mehr als 0,5 mm Breite sind zu verpressen. Der Abdichtungsstoff muss die vorhandenen Risse überbrücken können.

Statische Systeme, Bewegungsfugen

Das statische System wird durch den Planer festgelegt. Grundsätzlich aber sind das Becken und das übrige Bauwerk konstruktiv voneinander zu trennen. Dazu gibt es drei Möglichkeiten:

- Beckenumgang als Einfeldplatte,
- Umgang als Kragarm am Becken,
- Umgang als Kragarm am Gebäude.

Fugen im Beckenkörper sind möglichst zu vermeiden.

Die Bewegungsfuge muss fachgerecht mit Schlaufenausbildung in das Abdichtungssystem des Beckenumgangs integriert werden.
Bewegungsfugen in der Unterkonstruktion sind im keramischen Belag und in den Formstücken an gleicher Stelle und in gleicher Breite als Feldbegrenzungsfugen zu übernehmen.

Überflutungsrinnen benötigen am Übergang zum Bodenbelag einen kapillardichten Verguss, z. B. aus Reaktionsharzmörtel (s. Abb. unten). Diese verhindert, dass bei Beckenkopfsystemen mit hoch liegendem Wasserspiegel das Wasser infolge hydrostatischen Drucks in den Belag des Beckenumganges eindringt.

Damit das Überlaufwasser kontinuierlich und gleichmäßig abgeleitet wird, sind die Formstücke absolut waagerecht zu verlegen. Nach den „Richtlinien für den Bäderbau" des Koordinierungskreises Bäder (KOK) sind an der Überlaufkante der Rinne Abweichungen von der Waagerechten nur bis ±2 mm zulässig.

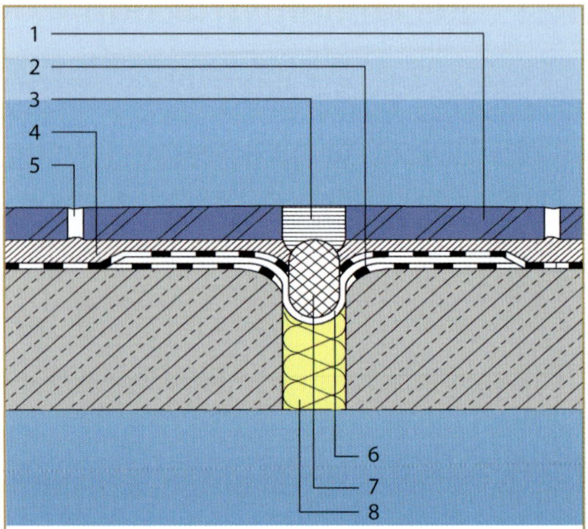

1. Belag
2. Abdichtung
3. elastischer Fugenfüllstoff
4. Dünnbettmörtel
5. Belagfuge
6. Dichtband
7. geschlossenzellige Rundschnur
8. Polystyrol

Ausbildung einer Bewegungsfuge über einer Abdichtung im Verbund

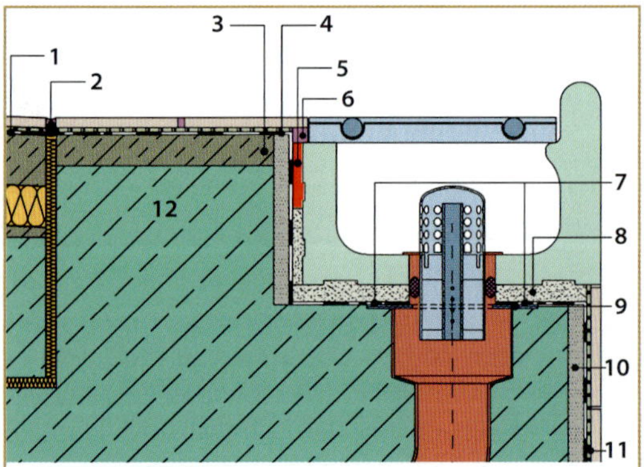

1. Dichtbandeinlage
2. Silikon mit geschlossenzelliger Hinterfüllschnur
3. Zementestrich im Verbund
4. Verbundabdichtung
5. kapillardichter Verguss
6. Epoxidharzfuge
7. Armierungsgewebe
8. Rinnensteinverlegung
9. Flansch (Edelstahl/PVC; b ≥ 50 mm) fettfrei gereinigt, mit Epoxidharz grundiert und abgesandet
10. Ausgleichsputz
11. Fliesen verlegt im kombinierten Verfahren
12. Beton

Ausbildung der Bewegungsfugen zwischen Beckenkopf und Beckenumgang bei Abdichtungen im Verbund

Einbringen der Kapillardichtung

10.2 | Beckenrandsysteme

Der Beckenrand kann unterschiedlich ausgebildet werden. Die Wahl des geeigneten Beckenrandsystems hängt von der Art bzw. Nutzung des Beckens ab (z.B. Wettkampf-Sportbecken, Planschbecken, Bewegungstherapie-Becken usw.).

Die Abweichung der Oberkante der (Roh-) Betonkonstruktion von der Horizontalen soll bei 25-m-Becken ±10 mm, bei größeren Becken ±15 mm nicht überschreiten.

Die Abbildungen zeigen schematisch verschiedene Beckenrandsysteme.
Moderne Schwimmbäder, die als Spaß- und Erlebnisbäder genutzt werden, haben in der Regel einen **hoch liegenden Wasserspiegel**.

Häufig ausgewählte Beckenkopfsysteme sind
- das Überflutungssystem mit keramischen Spezialformteilen: die „Wiesbadener Rinne",
- das „Finnische Überflutungssystem" mit „strandartig" auslaufendem Beckenrand.

Überflutungssysteme bieten folgende Vorteile:
- Kosteneinsparung wegen einfacherer Schalungs- und Betonierarbeiten,
- bessere Hygiene wegen schnellerer Ableitung von Schmutzpartikeln,
- schnelle Wellenberuhigung,
- bessere Übersicht für Schwimmer und Bademeister,
- angenehmer für den Badenden (freier Ausblick).

Beckenkopfsysteme mit tief liegendem Wasserspiegel

System „Wiesbaden"

Der Wasserspiegel liegt ca. 25...30 cm unter der Beckenoberkante. Das Überlaufwasser wird über eine Rinne aus keramischen Formstücken abgeleitet.
Die wichtigsten Vorteile dieses Systems:
- gute Festhaltemöglichkeit am Rinnenwulst,
- gut sichtbare Markierungen,
- gute Befestigungsmöglichkeiten von Trenn- und Schwimmseilen.

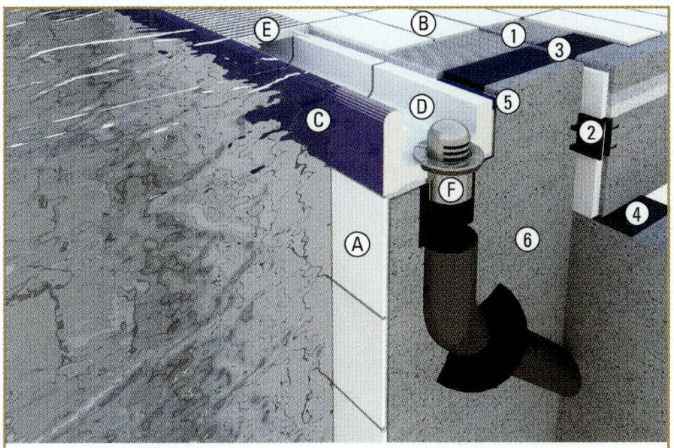

A	extrudierte Steinzeugfliese	1	Dehnungsfuge
B	Steinzeug rutschhemmend	2	Fugenband
C	Überflutungsrinne	3	PE-Rundschnur
D	Lochstein	4	Gleitlager
E	Querrost	5	kapillarsperrende Fugenfüllung
F	Ablauf	6	WU-Beton

Wiesbadener Rinne (hoch liegender Wasserspiegel)

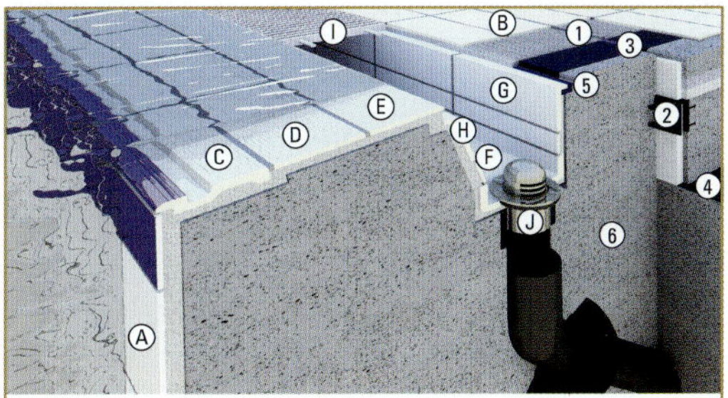

A	extrudierte Steinzeugfliese	1	Dehnungsfuge
B	Steinzeug rutschhemmend	2	Fugenband
C	Handfassstein	3	PE-Rundschnur
D	Rillenplatte	4	Gleitlager
E	Rillenplatte mit Längsrundung	5	kapillarsperrende Fugenfüllung
F	Ablaufschale Lochstein	6	WU-Beton
G/H	Schenkelplatte		
I	Querrost		
J	Ablauf		

Finnische Rinne (hoch liegender Wasserspiegel)

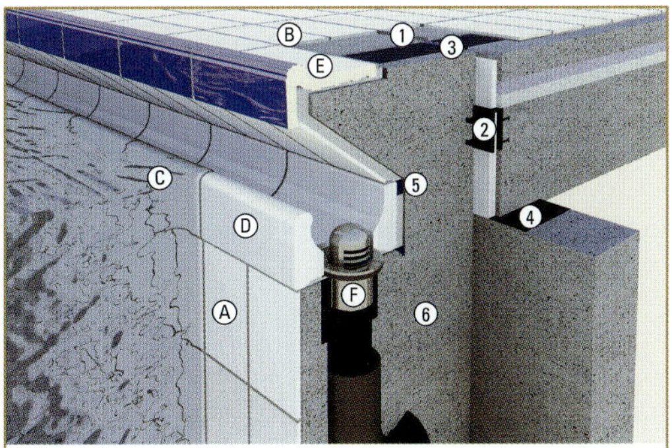

A	extrudierte Steinzeugplatte	1	Dehnungsfuge
B	Steinzeug rutschhemmend	2	Fugenband
C	Überlaufrinne	3	PE-Rundschnur
D	Lochstein	4	Gleitlager
E	Beckenrandstein	5	kapillarsperrende Fugenfüllung
F	Ablauf	6	WU-Beton

Wiesbadener Rinne (tief liegender Wasserspiegel)

System „Skimmer"

Der Wasserkreislauf erfolgt über einen Ablauf (Skimmer), der in Höhe des vorgesehenen Wasserspiegels in der Beckenwand eingebaut wird.
Die Anwendung dieses Systems ist auf Privatbäder beschränkt.

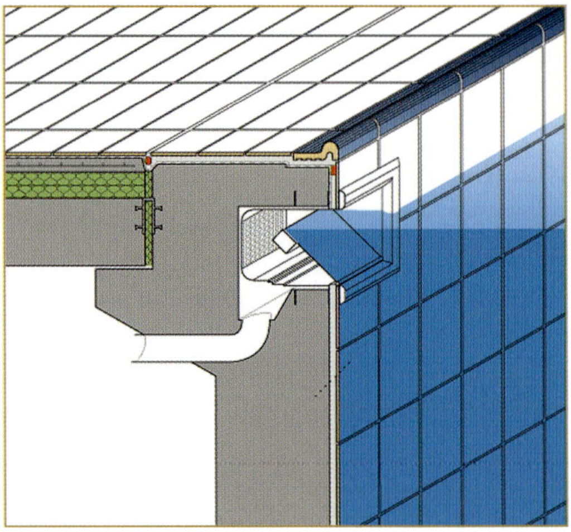

System Skimmer

Therapiebecken

Therapiebäder kommen vor allem im Krankenhaus- und Kurbereich vor. Sie stellen eine Sonderlösung dar. Meist ist der Beckenumgang an einer Seite tiefer gelegt. Dies erleichtert die Betreuung der Patienten.

Für Therapiebecken gelten besondere Richtlinien, z. B.

- die maximale Wassertiefe beträgt 1,35 m,
- in Höhe des Wasserspiegels ist eine Festhaltemöglichkeit in Form einer Stange oder Rinnkante vorzusehen,
- Rampen dürfen eine Neigung von 15 % nicht überschreiten.

Therapiebecken mit Therapeutengang und Gymnastikstangen

10.3 | Keramische Beläge und Bekleidungen

Zur Herstellung keramischer Beläge und Bekleidungen im Schwimmbadbau eignen sich:

- stranggepresste keramische Fliesen und Platten mit einer Wasseraufnahme von 0,5 % < E_b ≤ 3 % nach DIN EN 14411, Gruppe AI_b (Anhang A),
- trocken gepresste keramische Fliesen und Platten mit geringer Wasseraufnahme E_b ≤ 0,5 % nach DIN EN 14411, Gruppe BI_a (Anhang G), und trocken gepresste keramische Fliesen und Platten mit geringer Wasseraufnahme 0,5 % < E_b ≤ 3 % nach DIN EN 14411, Gruppe BI_b (Anhang H),
- frostbeständige strang- oder trocken gepresste Schwimmbadformteile mit geringer Wasseraufnahme E_b < 3 %.

In Bereichen mit stark wechselnder Feuchtebelastung und im Unterwasserbereich eignen sich nicht:

- Verlegeeinheiten aus klein- und mittelformatigem Mosaik mit rückseitiger Papier- oder Textilnetzbeklebung, da Reste der Verklebung zu Pilzbefall führen können.

10.3.1 | Formate, Formsteine und Zubehörteile

Die Hersteller von Schwimmbadkeramik bieten Konzepte für die komplette Gestaltung eines Schwimmbads an. Diesen liegt ein Modulsystem (z. B. 150 mm × 150 mm) zugrunde, das alle keramischen Belagteile umfasst:

- Fliesen, Platten und Mosaik, z. B. mit Eckstücken, Außen- und Innenecken, Hohlkehlen, Radialleisten usw.,
- Formsteine wie z. B. Beckenrandsteine, Rinnensteine, Handfasssteine usw., aber auch
- Zubehörteile wie z. B. Abläufe, Steigleitern, Unterwasser-Scheinwerfer usw.

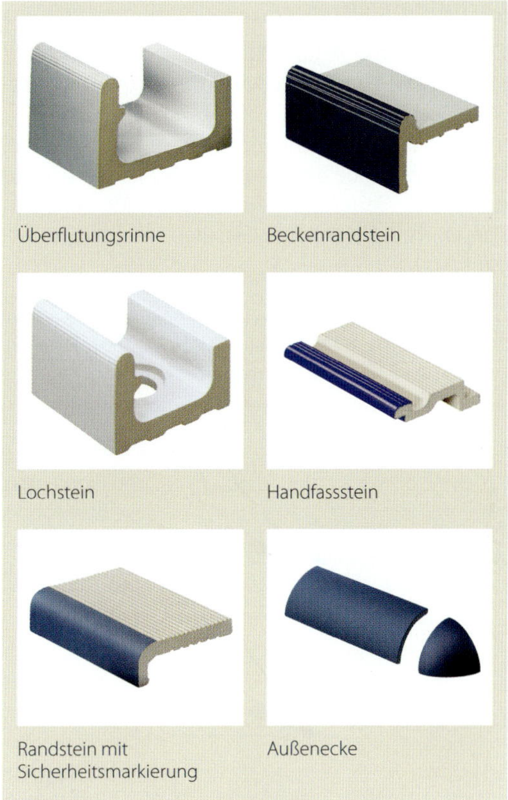

Formsteine und Zubehörteile (Beispiele)

10.3.2 | Rutschhemmung des Belags

Keramische Bodenfliesen in Schwimmbädern müssen nach dem Merkblatt „Bodenbeläge für nassbelastete Barfußbereiche" rutschhemmend sein.
Nach Angaben der gewerblichen Berufsgenossenschaften liegen Stolper-, Rutsch- und Sturzunfälle mit etwa 250 000 Ereignissen im Jahr an der Spitze des Unfallgeschehens.
Sowohl die „Arbeitsstättenverordnung" als auch die „Unfallverhütungsvorschrift" verlangen deshalb, dass Fußböden in gefährdeten Räumlichkeiten rutschhemmend ausgeführt werden müssen.
Rutschhemmendes Belagmaterial wird in zwei Bereichen eingesetzt:

- im Barfußbereich (z. B. Hallenbäder, Duschräume usw.),
- im gewerblichen Bereich (z. B. Gastronomie, Metzgereien, Werkstätten, Schlachthöfe usw.).

Prüfverfahren

Die Rutschhemmung wird auf der „schiefen Ebene" geprüft. Als „schiefe Ebene" wird eine in der Neigung verstellbare Rampe bezeichnet.
Der zu prüfende Belag wird aufgeklebt (50 cm × 100 cm). Die Oberfläche wird mit einem Gleitmittel versehen.
Eine Prüfperson bewegt sich in aufrechter Haltung vor- und rückwärts auf dem zu prüfenden Bodenbelag, dessen Neigung, vom waagerechten Zustand beginnend, bis zu dem Winkel gesteigert wird, bei dem die Prüfperson unsicher wird. Dieser Neigungswinkel wird zur Beurteilung des Bodenbelages herangezogen.

Prüfverfahren von rutschhemmenden Belägen

Barfußbereich

Die Anforderungen an Bodenbeläge im Barfußbereich unterscheiden sich von denen im gewerblichen Bereich.
Im Barfußbereich nicht vertreten sind Oberflächen, die den unbekleideten menschlichen Fuß, seine durch das Baden aufgequollene Haut verletzen können (z.B. Pyramiden, Glasuren mit Sandpapiereffekt usw.).

Die Deutsche Gesetzliche Unfallversicherung unterteilt die rutschhemmenden Fliesen für den Barfußbereich in drei Bewertungsgruppen (siehe Tabelle unten).

Bewertungsgruppe	Mindestneigungswinkel	Bereiche
A	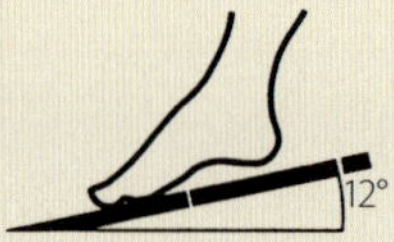	• Barfußgänge (weitgehend trocken) • Einzel- und Sammelumkleideräume • Beckenböden in Nichtschwimmerbereichen, wenn im gesamten Bereich die Wassertiefe mehr als 80 cm beträgt • Sauna- und Ruhebereiche (weitgehend trocken)
B	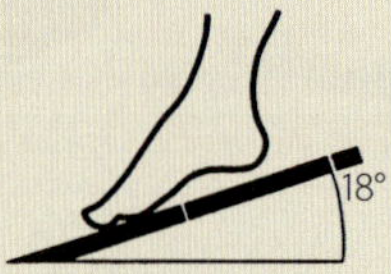	Barfußgänge, soweit sie nicht A zugeordnet sind • Duschräume • Bereich von Desinfektionssprühanlagen • Beckenumgänge • Beckenböden in Nichtschwimmerbereichen, wenn in Teilbereichen die Wassertiefe weniger als 80 cm beträgt • Beckenböden in Nichtschwimmerbereichen von Wellenbecken • Hubböden • Planschbecken • Leitern und Treppen außerhalb des Beckenbereichs, soweit sie nicht C zugeordnet sind • Sauna- und Ruhebereiche, soweit sie nicht A zugeordnet sind
C	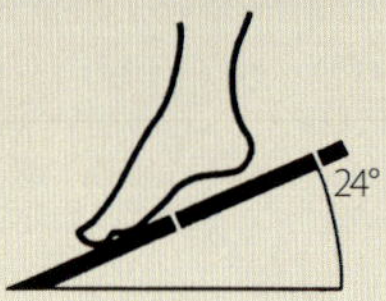	• ins Wasser führende Treppen, soweit sie nicht B zugeordnet sind • Durchschreitebecken • geneigte Beckenrandausbildung

Bewertungsgruppen der Rutschhemmung

Gewerblicher Bereich

Der Fachausschuss „Bauliche Einrichtungen“ der Berufsgenossenschaften teilt die rutschhemmenden Fliesen in fünf Bewertungsgruppen ein und gibt dem Planer sowie dem Fliesenleger konkrete Empfehlungen für die Wahl der Bewertungsgruppe.
Drei der Bewertungsgruppen werden mit einem Verdrängungsraum angeboten.

Der Verdrängungsraum ist der Zwischenraum zwischen den Erhebungen der Fliesenoberfläche. Hier können sich z. B. Speisereste, Öl, Obstschalen usw. absetzen. Das Schuhwerk hat dabei auf den Erhebungen der Fliesenoberfläche weiterhin ausreichenden Haftkontakt.

Die Zahl hinter dem V gibt das Mindestvolumen in cm^3 je dm^2 der Fliesenfläche an.

Bewertungsgruppe	Verdrängungsraum	Neigungswinkel („schiefe Ebene“)
R9		von 6°...10°
R10		> 10°...19°
R11		
R11	V4	> 19°...27°
R11	V6	
R12		
R12	V4	> 27°...35°
R12	V6	
R12	V8	
R13		
R13	V4	
R13	V6	> 35°
R13	V8	
R13	V10	

10.3.3 | Ausführung von rutschhemmenden Belägen

Bei der Planung, Ausführung und Benutzung rutschhemmender Beläge sind folgende Punkte zu beachten:

- Belagmaterial ist gemäß den Bewertungsgruppen auszuwählen.
- Kleinformatiges Material ist von Vorteil, da der hohe Fugenanteil rutschhemmend wirkt.
- Ein Gefälle von 2 % (besser 3 %) ist einzuplanen, damit die Gleitmittel (z. B. Fette, Öle, Seifenwasser usw.) abfließen können. Abflüsse sind in ausreichender Anzahl und Größe einzuplanen.
- Benachbarte Räume müssen auch mit einem rutschhemmenden Belag versehen werden, da sich der Mensch auf eine glatte Belagoberfläche nicht schnell genug umstellt (Unfallgefahr!).
- Vorzusehen ist die Abstufung um je eine Bewertungsgruppe.
- Die Verfugung erfolgt im Schlämmverfahren (Zementmörtel).
- Vor dem Verfugen sind die Sichtflächen mit dem Schwamm anzufeuchten, wobei die Fugen nicht nass werden sollen. Dadurch soll die Erstreinigung erleichtert werden. Die Sichtflächen können eventuell mit einem Abbindeverzögerer behandelt werden.
- Die Erstreinigung ist bereits nach kurzer Zeit vorzunehmen. Dabei soll der Belag vollständig gesäubert werden, da der Zementmörtel-

Beispiele für Oberflächen mit Verdrängungsraum

Wichtig: Verschmutzte Beläge verlieren ihre rutschhemmende Wirkung.

schleier wegen der rauen Fliesenoberfläche schwerer zu entfernen ist.
- Regelmäßige maschinelle Reinigung des Fertigbelags ist unbedingt erforderlich.

Allgemeine Anforderungen an die keramische Bekleidung:

- frostbeständig,
- temperaturwechselbeständig,
- beständig gegen Chemikalien,
- stoßunempfindlich,
- licht- und farbecht,
- hygienisch.

Gültige Vorschriften

DIN 51097, „Prüfung von Bodenbelägen; Bestimmung der rutschhemmenden Eigenschaft".
BGR 181, „Fußböden in Arbeitsräumen und Arbeitsbereichen mit Rutschgefahr" (Berufsgenossenschaftliche Zentrale für Sicherheit und Gesundheit BGZ, Alte Heerstraße 111, 53754 St. Augustin)

10.3.4 | Chemische Beanspruchung

Eine chemische Beanspruchung liegt dann vor, wenn Chemikalien, wie z. B. Säuren, Laugen, Salze und Lösemittel, in aggressiver Konzentration ständig oder vorübergehend auf die Konstruktion einwirken.
Eine erhöhte chemische Belastung ist insbesondere bei Thermalbadewässern möglich. Dies ist im Einzelfall anhand einer Badewasseranalyse zu prüfen.
Hinzu kommen Beanspruchungen durch Reinigungsprozesse unter Einsatz von Bürstenmaschinen oder Hochdruck-Dampfstrahl-Reinigern und die Verwendung von Reinigungsmitteln.

Bei Sole- bzw. Thermalbädern kann, entsprechend der Analyse des Badewassers, die Verlegung mit Reaktionsharzklebstoffen nach DIN 18157-3 erforderlich sein (siehe LF 9).
Dafür eingesetzte Stoffe müssen DIN EN 12004, Klasse R, entsprechen.

Alle kalkhaltigen Natursteine wie Solnhofener Platten, Juramarmor oder Travertin, aber auch Betonwerksteine sind nicht „chemisch resistent" (resistent = widerstandsfähig) und deshalb ungeeignet. Glasierte Steingutfliesen sind nur bedingt geeignet. Dagegen eignen sich glasierte oder unglasierte Steinzeugfliesen, Spaltplatten und Klinkermaterial für die meisten Belastungen.

Bewertungsgruppe	Anwendungsbeispiele	Oberfläche Beispiele
R9	Eingangsbereiche, Treppen	
R10 (normale Haftreibung)	Operationsräume, Kantinen, Bäckereien, Teeküchen	Nocken gekörnt
R11 (erhöhte Haftreibung)	Käseverpackung, Waschhallen, Kühlräume, Betonwaschplätze	gekörnt Stege
R12 (große Haftreibung)	Wurstherstellung, Fischverarbeitung, Arbeitsgruben, Werfthallen	Pyramiden
R13 (sehr große Haftreibung)	Butterherstellung, Zuckerkocherei, Schlachthäuser, Konservenherstellung	Pyramiden unglasiert, Pyramiden vereinzelt

Bewertungsgruppen mit Anwendungsbeispielen

Beanspruchungen durch Reinigungsprozesse unter Einsatz von Bürstenmaschinen

10.3.5 Fugenmaterial

Die Auswahl des geeigneten Fugenmörtels ist vor allem von dem Grad der später zu erwartenden Belastung abhängig. Dabei spielen die **Häufigkeit** der Einwirkung, die **Konzentration** der aggressiven Stoffe sowie die **Temperatur** eine Rolle.

Die Auswahl und Verarbeitung solcher Fugenmassen verlangen besondere Werkstoffkenntnisse und Verarbeitungserfahrung. Vor der Ausführung solcher Arbeiten sollte man sich daher möglichst genau über den Grad der Belastung informieren. Im Allgemeinen empfiehlt sich eine Rücksprache mit den Herstellern von Spezialfugenmassen. Großaufträge der Industrie werden meist von Säurefliesnern ausgeführt.

Anforderungen

- dicht gegen eindringende aggressive Flüssigkeiten, um Verlegemörtel und Untergrund zu schützen,
- hohe Randhaftung, alterungsbeständig,
- glatte, leicht zu reinigende Oberfläche,
- resistent gegen möglichst viele Säuren, Laugen und Lösemittel unterschiedlichster Konzentration.

Der übliche Fugenmörtel aus Portlandzement ist wegen des hohen Kalkgehaltes chemisch nicht resistent.
Portlandpuzzolanzement, Portlandhüttenzement und Hochofenzement weisen wegen des geringen Kalkanteils eine erhöhte Widerstandsfähigkeit auf.
Hochofenzemente haben aber den Nachteil, dass der enthaltene Hüttensand die Glasur angreifen kann.

Neuere Fugenmörtel, auf Grundlage der Feinstzementtechnologie entwickelt, sind hoch belastbar und abriebfest. Sie können in manchen Fällen eine Alternative zu Epoxidharzmörteln sein.

Fugenmassen, die dauerhaft einer chemischen Beanspruchung ausgesetzt werden, bestehen meist aus Kunststoffmassen mit Füllstoffen oder ohne. Neben Polyurethan, Polyester, Furan- und Phenolharzen eignet sich vor allem **Epoxidharz**.
Dieser 2-komponentige Kunststoff ist besonders dicht, hoch beanspruchbar (Druckfestigkeit 80… 110 N/mm²), alterungsbeständig und hat eine Randhaftung bis zu 27,5 N/mm².

Die Industrie bietet viele fertige Fugenmörtel auf Epoxidharzbasis an, die auf unterschiedliche Weise verarbeitet werden. Man unterscheidet die Eigenschaften:

- spachtelfähig: für Fugenbreiten bis 5 mm,
- spritzfähig: für Fugenbreiten zwischen 5 und 15 mm.

Einbringen der Fugenmasse mit dem Fugeisen

Ausspritzen der Fugenmasse

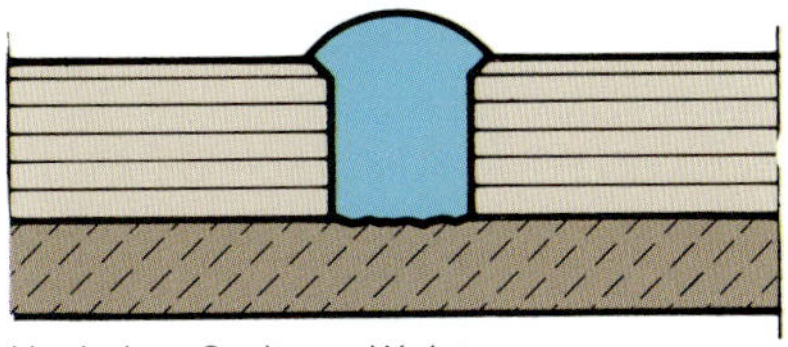

Nach dem Spritzen: Wulst

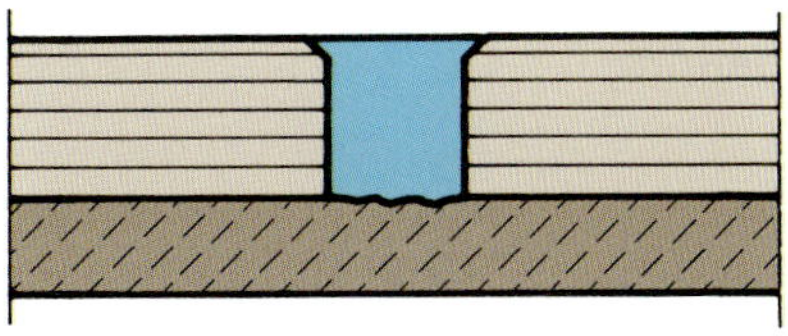

Nach dem Spachteln: glatte, dichte Oberfläche

Anwendungsbeispiele für chemisch resistente Verfugung:

- Beläge in öffentlichen Hallen- und Freibädern (Badewasserzusätze, Thermalwasser, scharfe Reinigungsmittel!),
- Küchenarbeitsplatten.

Vorsicht: Bis zur vollständigen Aushärtung (ca. 1 Woche) sind EP-Harze als gesundheitsschädlich einzustufen. Intensiver Hautkontakt sollte vermieden werden. Schutzhandschuhe tragen, nicht rauchen oder essen bei der Arbeit, Herstellerangaben beachten!

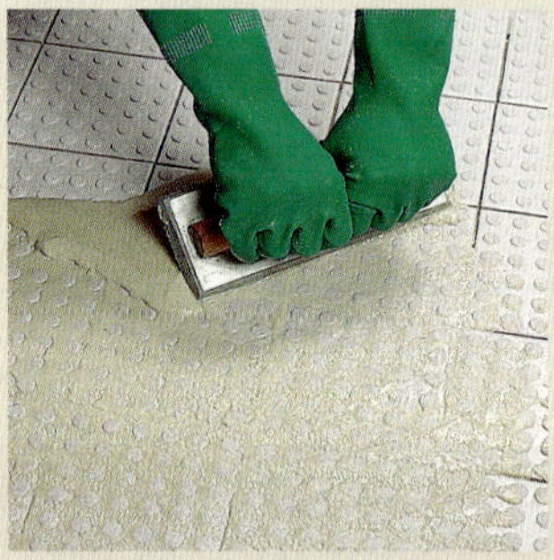

1 Einbringen des Fugenmörtels mit dem Einfugbrett.

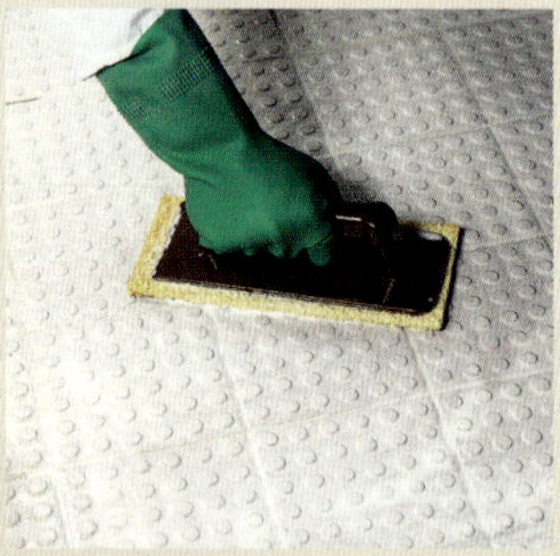

2 Leichtes Emulgieren mit einem geeigneten Pad und warmem Wasser

3 Reinigen profilierter Flächen mit dem Schwammbrett

Schlämmverfahren von Hand

10.3.6 | Ausfugen

Voraussetzungen

1. Die Fugenbreite sollte mindestens 5 mm betragen. Dadurch lässt sich die Fugenmasse besser einbringen und verdichten („bügeln"). Die Haftung an den Kantenflächen wird erhöht.
2. Das Belagmaterial muss hohlraumfrei verlegt sein, damit nicht unnötig (teures) Fugenmaterial verbraucht wird.
3. Der Fugenbereich muss sorgfältig ausgekratzt, sauber und absolut trocken (weißtrocken) sein. Wartezeit nach dem Verlegen mindestens 3 Tage.

Verarbeitung

Abhängig von der gewählten Fugenmasse gibt es unterschiedliche Arbeitsmethoden. Auch hier gilt, dass die Verarbeitungshinweise der Hersteller – auch hinsichtlich gesundheitlicher Gefahren – genauestens zu beachten sind. Fugenmassen können gespritzt, gespachtelt oder mit der Fugenkelle eingebracht und gebügelt werden. Bewährt hat sich auch das Spritz-Spachtel-Verfahren. Hierbei wird mit einer Druckluftpistole die Fugenmasse so eingespritzt, dass ein Wulst entsteht, der anschließend mit dem Spachtel abgenommen wird.

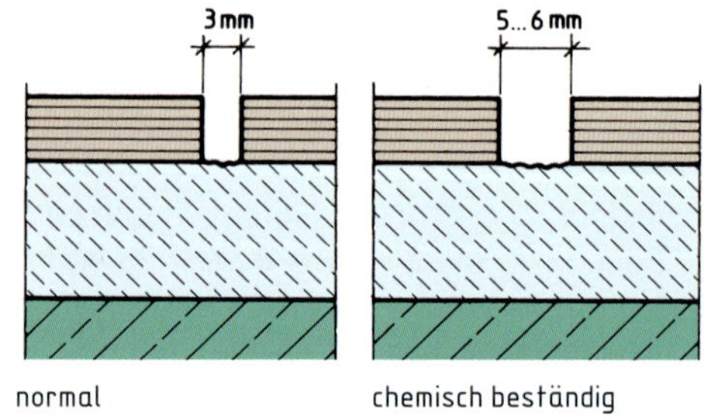

Fugenbreite bei Steinzeug

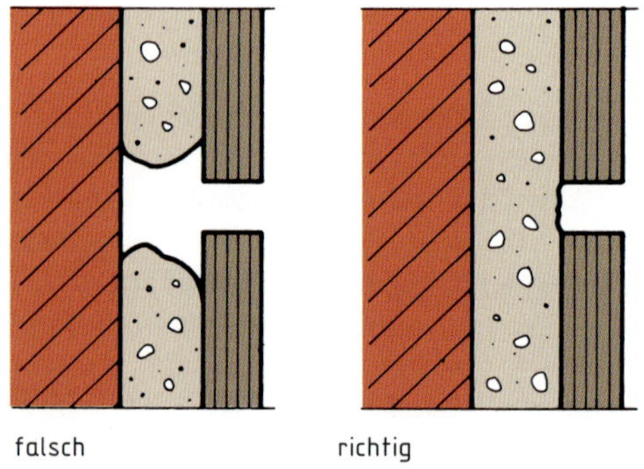

Das Dickbett darf keine Hohlräume aufweisen; die Fugen sind sorgfältig auszukratzen

10.3.7 | Ausführung keramischer Beläge im Schwimmbadbau

Beckenbekleidungen werden in der Regel als Verbundbelag im Dünnbettverfahren ausgeführt. Die DIN 18157-1 empfiehlt das kombinierte Verfahren bzw. das „beidseitige Auftragen" mit hydraulischen Dünnbettmörteln nach DIN EN 12004 der Klasse „C1", „C2" oder Flexmörteln. In Ausnahmefällen ist auch eine Verlegung im Dickbett möglich.

Hydraulisch abbindende Fugenmörtel eignen sich in Form von Werktrockenmörteln für die meisten Belagflächen im Schwimmbad. Im Bereich des Beckenkopfes (Rinnen, überflutete Beckenrandsteine oder Auflaufschrägen) sowie bei Sole- oder Thermalbädern sind andere geeignete Fugenmassen einzusetzen.

Keramische Formstücke werden – möglichst hohlraumfrei – in einem Zementmörtel unter Verwendung von Portlandpuzzolanzement oder einem geeigneten Reaktionsharzmörtel und einer Mörtelbettdicke von bis zu 30 mm versetzt.

10.3.8 | Dickbettmethode

Als Konstruktionsstärke für den Fliesenbelag (vom Stahlbetonbecken bis Vorderkante Beckenbekleidung) werden 40 mm angenommen. Sie setzt sich zusammen aus

ca. 10 mm	als Ausgleich von Unebenheiten des Betons (Maßtoleranzen des Beckens), eventuell als Sperrputz,
ca. 15 mm	für das Mörtelbett (nach DIN 18352),
ca. 15 mm	für den keramischen Belag.

Mörtel aus Portlandpuzzolanzement sind zu bevorzugen. Als Mischungsverhältnis ist zu wählen:

innen:	1 RT Portlandzement CEM I 32,5 R (besser Portlandpuzzolanzement), 5…6 RT gewaschener, gemischtkörniger Sand,
außen:	1 RT Portlandzement CEM I 32,5 R (besser Portlandpuzzolanzement), 4…5 RT Sand.

Besonders wichtig ist das hohlraumfreie Verlegen, da es sonst zur Hinterspülung der Bekleidung kommt. Das dabei angesammelte Wasser stellt nicht nur eine Gefahr für die Hygiene dar (Bakterienbildung!), sondern ist auch die Ursache für Frostschäden in Freibädern.

Die Dickbettmethode hat den Nachteil, dass Hohlräume kaum zu vermeiden sind und dass die Zementfuge bzw. das Mörtelbett nicht chemisch beständig sind (erforderlich bei Meer-, Moor- und Mineralbädern).

Vorteilhaft dagegen ist die Möglichkeit eines Maßausgleichs, was bei Wettkampfbecken von großer Bedeutung ist, da hier keine negativen Maßtoleranzen zulässig sind.

Dünnbettverlegung von Schwimmbadfliesen

10.3.9 | Dünnbettmethode

Voraussetzung für die Ausführung in der Dünnbettmethode ist ein ebenflächiger Untergrund. Um die Ebenflächigkeit und die Dichtheit sicherzustellen, wird oft zusätzlich ein Sperrputz aufgebracht.

Als Konstruktionsstärke werden 30 mm angenommen. Sie setzt sich zusammen aus:

- ca. 12 mm Unterputz, Sperrputz,
- ca. 3 mm Dünnbettmörtel,
- ca. 15 mm keramischem Belag.

Das Ansetzen bzw. Verlegen erfolgt nach eventuellem Voranstrich (Sperrputz ist nicht saugend) mit hydraulisch erhärtendem Dünnbettmörtel oder mit Reaktionsharzmörtel. Die Wahl des geeigneten Klebers wird durch die Nutzung bzw. die Wasserart bestimmt (Mineralbad, Lagerung aggressiver Flüssigkeiten usw.).

Das Gleiche gilt auch für das Fugenmaterial. Ist die Eignung von Zementmörtel fraglich, kann z. B. Reaktionsharzmörtel eingesetzt werden.

Vorteile der Dünnbettverlegung liegen darin, dass Hohlräume und damit Hinterspülung eher zu vermeiden sind. Damit ist auch die Haftung der Fliese am Untergrund besser als bei der Dickbettmethode.

Bei der Verwendung von Reaktionsharzmörtel zur Verlegung und Verfugung ist die Beständigkeit gegen chemischen Angriff am ehesten gewährleistet.

Folgende Punkte sollten bei der Ausführung besonders beachtet werden:

- Fliesenformate, Formsteine, Aussparungen für die Abläufe, Rinnen usw. sollten schon während der Planung mit dem Planer festgelegt werden.
- Grundsätzlich empfiehlt es sich, Verlegepläne anzufertigen.
- Bei der Wahl rutschhemmender Fliesen sind die gültigen Vorschriften und Empfehlungen zu beachten.
- Während der **Probefüllung** des Stahlbetonbeckens ist es zweckmäßig, in Höhe des Wasserspiegels Markierungen anzubringen. Dies erleichtert das genaue Verlegen der Überlaufrinne.
- Wettkampfbecken sind vor Beginn der Fliesenverlegearbeiten von einem öffentlich zugelassenen Vermessungsingenieur zu **vermessen**.
- Toleranzen nach internationalen Bäderbaurichtlinien für ein 50-m-Becken liegen zwischen +0,03 m und –0,00 m.
- Das Gefälle des Rohbaus ist zu überprüfen.
- Etwaige Mängel des Untergrundes sind dem Auftraggeber unverzüglich schriftlich mitzuteilen.
- Beim Anbringen von Zementspritzbewurf hat sich das Verfahren „feucht in feucht" bewährt, d. h., der Spritzbewurf wird sofort nach dem Ausschalen aufgebracht.
- Gehört der Sperrschutz zu den Leistungen, so sind die Vorschriften des Dichtungsmittelherstellers zu beachten.
- Richtige **Pflege** und **Reinigung** der Becken und Behälter sind die Voraussetzung für eine lange Lebensdauer der Beckenbekleidung.

10.4 | Bodenablauf, Gefälle

10.4.1 | Abläufe

Bei Schwimmbädern, öffentlichen Duschen, Großküchen und in allen nassbelasteten Arbeitsräumen, nicht zuletzt auch bei bodengleichen Duschen, sind Bodenabläufe unbedingt erforderlich.
Bodenabläufe erfüllen aber noch weitere Aufgaben wie

- Geruchsverschluss,
- Abdichtung gegen Rückstau,
- Schallentkopplung.

Man unterscheidet Bodenabläufe mit:

- **Festflansch-Konstruktion**
  (Dichtwirkung durch Anhaftung der Abdichtung auf dem Flansch)
  Polyethylen ist als Material für einen Bodeneinlauf ohne Los-Festflansch-Konstruktion nicht geeignet, da PE mit keinem Abdichtungsmaterial eine Verbindung eingeht.
  Bodenabläufe aus PVC sind zu entfetten und anzuschleifen. Anschließend wird mit einer Grundierung auf Epoxidharzbasis eine Haftbrücke erstellt. Erst dann kann mit der Verbundabdichtung auf dem Festflansch abgedichtet werden.
  Bodenabläufe aus Edelstahl sind ebenfalls zu entfetten und anzuschleifen.

- **Los-Festflansch-Konstruktion**
  (Abdichtung über Anhaftung und Druck zwischen zwei Flanschen)
  Liegt eine Los-Festflansch-Konstruktion vor, wird der Bodenablauf in der Höhe der Flächenabdichtung direkt unter dem keramischen Belag in den Konstruktionsbeton und den Estrich eingearbeitet. Der Losflansch ist vor dem Einbau abzuschrauben. Der Estrich wird grundiert und die Abdichtung auf den Estrich und den Festflansch aufgetragen.
  Um zu vermeiden, dass an dem Übergang zwischen Estrich und Festflansch sowie an dem Übergang zwischen Losflansch und Festflansch die Abdichtung reißt, ist zur Lastverteilung ein Gewebe einzuarbeiten.
  Im Becken werden nur Los-Festflansch-Konstruktionen eingesetzt.

Folgende Materialien werden für Bodenabläufe eingesetzt:

- PVC,
- Edelstahl,
- Polyethylen (PE),
- Polymerbeton (der Bodenablauf selbst besteht aus Kunststoff oder Edelstahl, daran fest angegossen ist ein umlaufender Kragen aus Polymerbeton).

10.4.2 Gefälle

Der Bodenbelag des Beckenumgangs muss ein Gefälle haben und über Bodenabläufe entwässert werden. Bei schmalen Beckenumgängen kann die Entwässerung auch über die Außenrinne des Beckenrandes erfolgen (siehe Beispiel Privatschwimmbad, Seite 4).

Die sinnvolle und richtige Anordnung von Gefällen wird von den Raumabmessungen, der Lage und Anzahl der Bodenabläufe und der dazu erforderlichen Konstruktionshöhe bestimmt.

Nach den „Richtlinien für den Bäderbau" des Koordinierungskreises Bäder (KOK) werden hinsichtlich der Gefälle und Abläufe gefordert:

- Duschräume: 3 %
  sowie ein Ablauf für maximal zwei Duschen,
- Umkleiden: 2 %
  sowie ein Ablauf auf je 10 m^2 Belagfläche,
- Beckenumgang: 2 %
  sowie Entwässerung in eine Beckenrinne oder ein Ablauf je m^2.

Der Abstand der Bodenabläufe untereinander sollte möglichst fünf Meter nicht überschreiten.
In den Gefälleplänen ist festzulegen:

- Mindestgefälle in Gefällerichtung,
- Lage, Anzahl und Höhenlage der Abläufe,
- erforderliche Konstruktionshöhen.

Für diese Angaben werden Gefälleberechnungen benötigt.
Die Grundlagen hierzu werden im Abschnitt 10.4.3 erarbeitet.

10.4.3 Berechnung des Gefälles

Je nach Standpunkt spricht man anstelle von Gefälle auch von Neigung oder Steigung. Das Gefälle wird angegeben

- in Prozent, z. B. 2 %
  2 cm Höhenunterschied auf 100 cm Grundlänge
- als Verhältnis, z. B. 1 : 50
  1 cm Höhenunterschied auf 50 cm Grundlänge

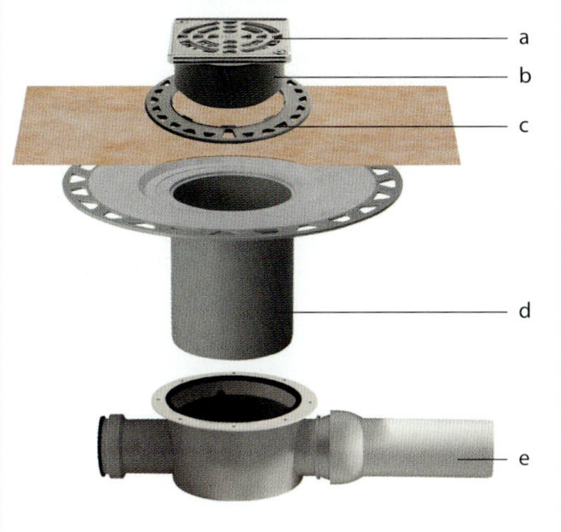

a Edelstahlrost
b Höhenfixierring
c Manschette
d Dünnbettbodenablauf
e Ablaufgehäuse im Rohbeton

Bodenablauf für Verbundabdichtung

Berechnung in Prozent [%]

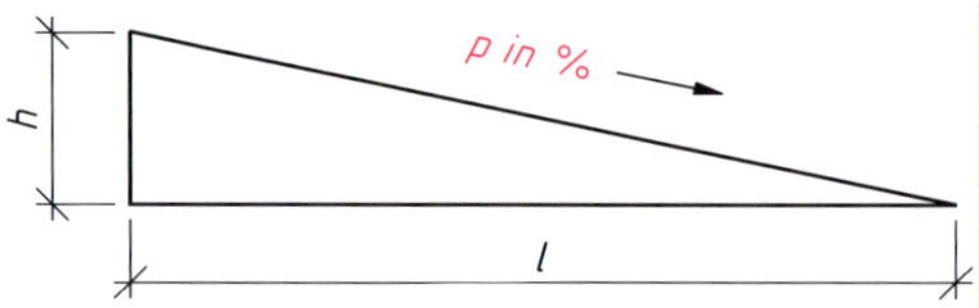

$$\text{Prozent } p\,[\%] = \frac{\text{Höhe } (h)}{\text{Länge } (l)} \cdot 100\,\%$$

Berechnung als Verhältnis 1 : *n* oder $\frac{1}{n}$

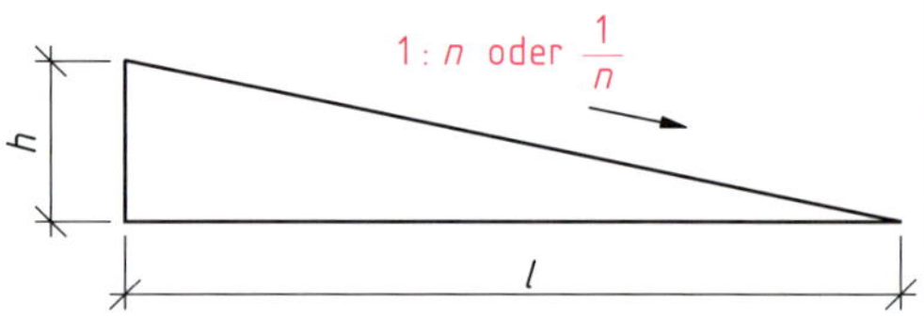

$$\frac{1}{\text{Verhältniszahl } (n)} = \frac{\text{Höhe } (h) : \text{Höhe}}{\text{Länge } (l) : \text{Höhe}} = \frac{1}{l : h}$$

Um das Gefälle zu berechnen, müssen

- die Höhendifferenz *(h)* = senkrechtes Maß
- die Grundlänge *(l)* = waagerechtes Maß festgelegt werden.

Diese Maße stehen immer im rechten Winkel zueinander. Das Gefälle, mit Höhe und Grundlänge im rechten Winkel verbunden, bildet das Neigungsdreieck.

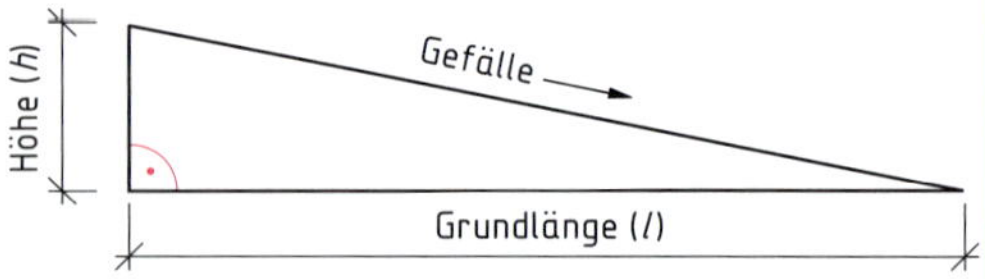

Beispiele:

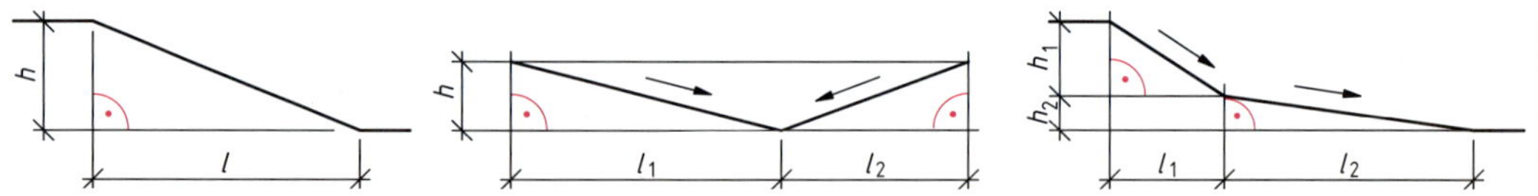

Zuerst das Neigungsdreieck suchen und dann den rechten Winkel an der Grundlänge des Neigungsdreiecks eintragen.

Übung:

Übertragen Sie die nachfolgenden Gefälle durch Abmessen auf ein Blatt. Tragen Sie die Höhe und die Grundlänge des Neigungsdreiecks so ein, dass sie sich im rechten Winkel schneiden. Heben Sie das Neigungsdreieck farblich hervor, und kennzeichnen Sie den rechten Winkel.

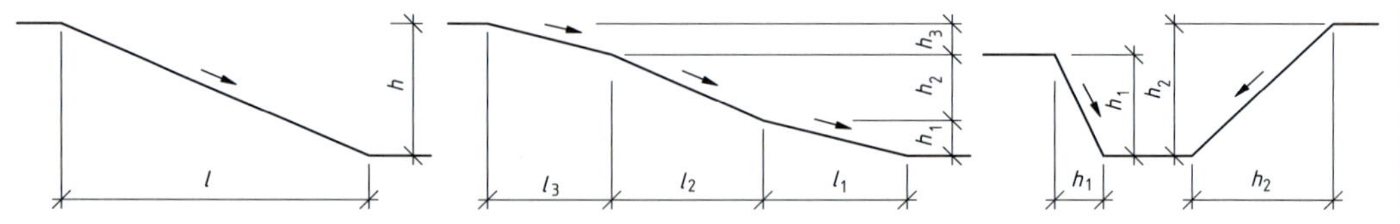

10.4.4 Berechnung der Höhe

Bei Gefälleböden wird sehr häufig ein bestimmtes Gefälle oder eine Neigung vorgeschrieben. Aus der vorhandenen Grundlänge und dem geforderten Gefälle lässt sich der Höhenunterschied errechnen. Dazu wird die jeweilige Grundgleichung umgeformt.

Prozentrechnung

$$\text{Prozentzahl [\%]} = \frac{\text{Höhe}}{\text{Länge}} \cdot 100\,\% \quad |:100\,\% \quad |\cdot \text{Länge}$$

$$\text{Höhe} = \frac{\text{Prozentzahl [\%]} \cdot \text{Länge}}{100\,\%} \qquad h = \frac{p\,[\%] \cdot l}{100\,\%}$$

Beispiel:

Gegeben: Grundlänge: 4,50 m; Gefälle 2 %
Gesucht: Höhe

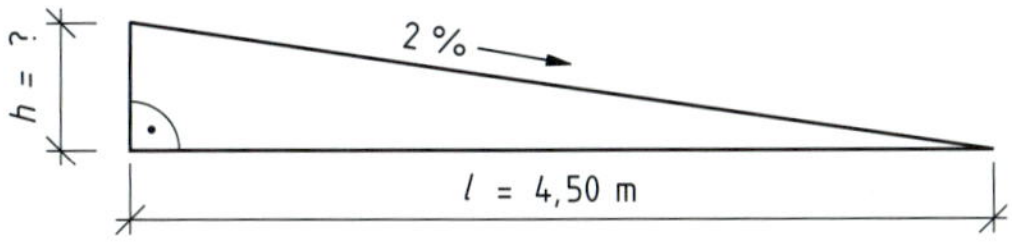

Lösung:

$$\text{Höhe} = \frac{2\,\%}{100\,\%} \cdot 4{,}50\,\text{m} = 0{,}09\,\text{m} \quad \text{oder} \quad 9\,\text{cm}$$

Verhältnisrechnung

$$\frac{1}{\text{Verhältniszahl}} = \frac{\text{Höhe}}{\text{Länge}} \quad |\cdot \text{Länge}$$

$$\text{Höhe} = \frac{\text{Länge}}{\text{Verhältniszahl}} \qquad h = \frac{l}{n}$$

Beispiel:

Gegeben: Grundlänge: 6,00 m; Neigung: 1: 4
Gesucht: Höhe

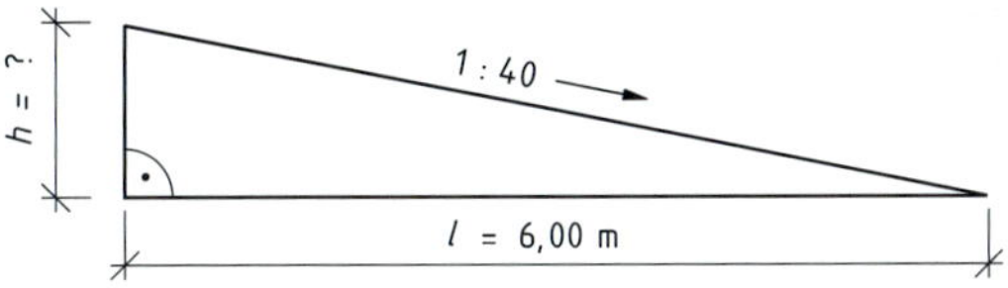

Lösung:

$$\text{Höhe} = \frac{6{,}00\,\text{m}}{40} = 0{,}15\,\text{m} \quad \text{oder} \quad 15\,\text{cm}$$

10.4.5 Berechnung der Länge

Es kommt auch vor, dass eine bestimmte Höhe mit einem vorgeschriebenen Gefälle zu überwinden ist. Dazu formt man die jeweilige Grundgleichung um.

Prozentrechnung

$$\text{Prozentzahl [\%]} = \frac{\text{Höhe}}{\text{Länge}} \cdot 100\,\%$$

$$|\cdot \text{Länge} \quad |: \text{Prozentzahl [\%]}$$

$$\text{Länge} = \frac{\text{Höhe} \cdot 100\,\%}{\text{Prozentzahl [\%]}} \qquad l = \frac{h \cdot 100\,\%}{p\,[\%]}$$

Beispiel:

Gegeben: Höhe 1,50 m; 10 % Gefälle
Gesucht: Länge

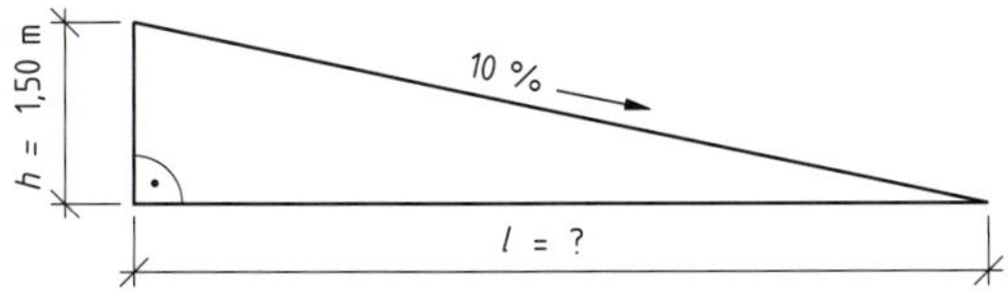

Lösung:

$$\text{Länge} = \frac{1{,}50\,\text{m} \cdot 100\,\%}{10\,\%} = 15{,}00\,\text{m}$$

Verhältnisrechnung

$$\frac{1}{\text{Verhältniszahl}} = \frac{\text{Höhe}}{\text{Länge}} \quad |\cdot \text{Länge} \quad |\cdot \text{Verhältniszahl}$$

$$\text{Länge} = \text{Höhe} \cdot \text{Verhältniszahl} \qquad l = h \cdot n$$

Beispiel:

Gegeben: Höhe 2,50 m; Neigung: 1 : 20
Gesucht: Länge

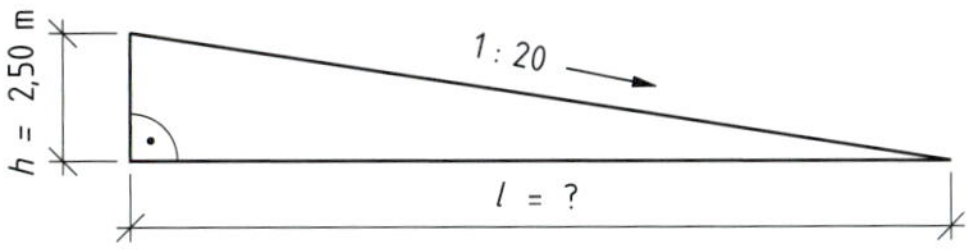

Lösung:

$$\text{Länge} = 2{,}50\,\text{m} \cdot 20 = 50{,}00\,\text{m}$$

10.5 Trennwände

Trennwände dienen vor allem zur Herstellung halb oder ganz geschlossener Raumzellen bei Toiletten, Duschen oder Umkleiden im Nassbereich von Schwimmbadanlagen, Sportstätten und Krankenhäusern.

10.5.1 Anforderungen an Trennwände

Trennwände unterteilen Räume. Sie haben nicht die Aufgabe, Räume zu umschließen oder gar gegen die Außenluft hin abzuschirmen. Deshalb entfallen in der Regel Maßnahmen zur Schall- und Wärmedämmung.
Folgende Anforderungen müssen an Trennwände gestellt werden:

- möglichst geringe Dicke, um Räume platzsparend zu unterteilen,
- möglichst geringe Masse,
- ausreichende Stabilität und Standfestigkeit gegen Schlag- und Stoßbelastungen,
- ihre Oberfläche soll vor Abnutzung, Nässe und Beschmieren schützen; sie muss leicht zu reinigen sein,
- sie sollen möglichst bodenfrei ausgeführt sein (Reinigung).

Leichte Trennwände bei einer Dusch-Reihenanlage

Beidseitig geflieste Trennwände mit einer Konstruktionsdicke zwischen 30 und 50 mm galten über Jahrzehnte hinweg als Standard bei solchen Reihenanlagen. Inzwischen sind sie so gut wie verschwunden zugunsten von leichten Bausystemen auf der Basis von Schichtstoff-Verbundplatten. Sie bestehen meist aus einem ca. 13 mm dicken Kern aus HPL (High Pressure Laminate) mit einer darüberliegenden Schutz- und Dekorschicht aus Melaminharz.

10.5.2 Montagearten

Man unterscheidet folgende Ausführungen:

- aufgesetzt,
- aufgestelzt,
- hängend.

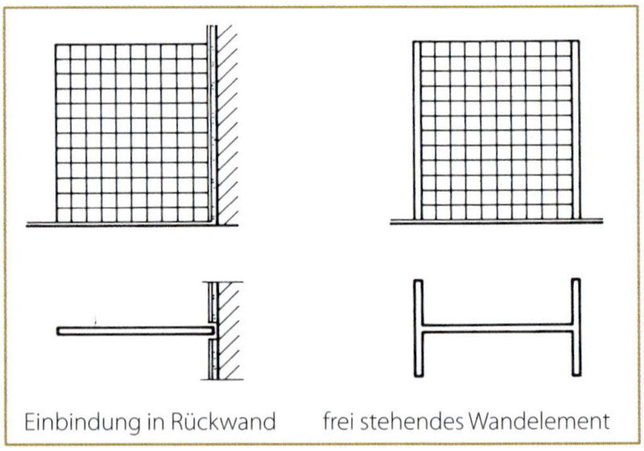

Bild 1 aufgesetzt

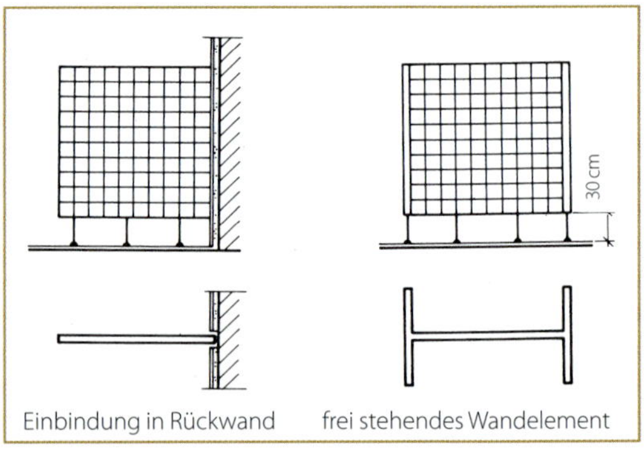

Bild 2 aufgestelzt

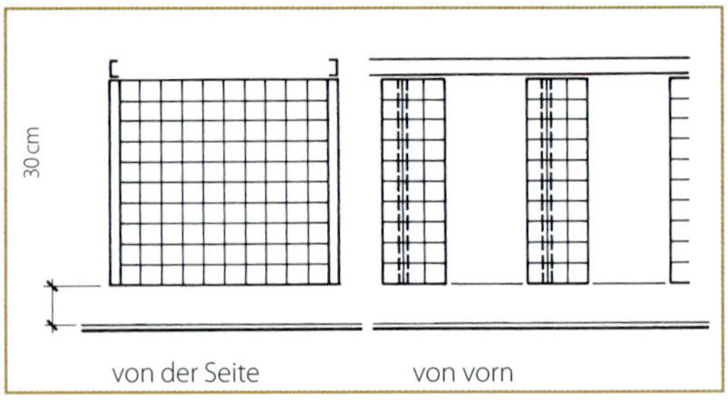

Bild 3 hängend

10.5.3 Örtlich hergestellte Trennwände

Eine der ersten platzsparenden Konstruktionen mit einem beidseitigen Fliesenbelag war die sogenannte „Rabitzwand“, deren Herstellung allerdings recht aufwendig und zeitraubend war. Aktuell lässt sich diese Aufgabe unter Verwendung von beschichteten Hartschaumplatten vergleichsweise einfach lösen.

Auf dem Markt sind derzeit sogenannte „Bauplatten“, die äußerst vielseitig verwendbar sind. Es handelt sich dabei um Hartschaumplatten aus extrudiertem Polystyrol, beidseitig mit Glasfasergewebe bewehrt und mit kunststoffvergütetem Zementmörtel beschichtet. Sie sind trotz ihrer geringen Masse (eine Platte mit 250 × 60 × 5 cm wiegt nur 6,2 kg) erstaunlich stabil und absolut wasserfest. Beidseitig mit Fliesen belegt, steigt ihre Biegezugfestigkeit auf das 2,5-Fache an. Da sich die Platten einfach mit dem Messer oder einem Fuchsschwanz schneiden lassen, können daraus z. B. Duschabtrennungen, Zwischenwände, aber auch Ablagen oder Beplankungen individuell gestaltet und anschließend mit Fliesen bekleidet werden.

Aus bewehrten und beschichteten Hartschaumplatten lassen sich mit einfachsten Mitteln Trennwände herstellen. Sie sind leicht, formstabil und (ohne weitere Abdichtungsmaßnahmen) wasserfest und können im Dünnbettverfahren mit Fliesen bekleidet werden.

Arbeitsschritte für den Aufbau:

- Lot und Winkel für die Positionierung der Bauplatte anzeichnen (Abb. 1) und die vollflächige Auflagerung der Bauplatte zum Boden prüfen; ggf. nachschneiden.
- Mit Cuttermesser, Säge, Handkreissäge oder Stichsäge die Bauplatte auf das gewünschte Maß zuschneiden (Abb. 2).
- Den Kleb- und Dichtstoff (geprüftes und zugelassenes Systemzubehör) raupenförmig auf Boden und Wand auftragen (Abb. 3). Anschließend die Bauplatte auf die angezeichnete Position setzen. Ggf. in der Lage fixieren.
- Vor dem Verfliesen alle Stöße mit Armiergewebe versehen (Abb. 4).
- Die Bauplatte kann jetzt verfliest werden.
- Stöße der Platten können stumpf verklebt werden. Ab 1,20 m Breite sollten die Wände gegen seitlichen Druck gesichert werden.

Rundungen lassen sich z. B. folgendermaßen herstellen: Auf einer vorbereiteten Schablone in der gewünschten Form wird eine werkseitig vorgeschnittene Platte mit den Einschnitten nach oben platziert, darauf ein selbstklebendes Armierband aufgebracht und anschließend mit einem Dünnbettmörtel beschichtet. Nach dem Austrocknen ist die Platte in ihrer Form fixiert und kann wie vorgesehen weiter verarbeitet werden (Abb. 6).

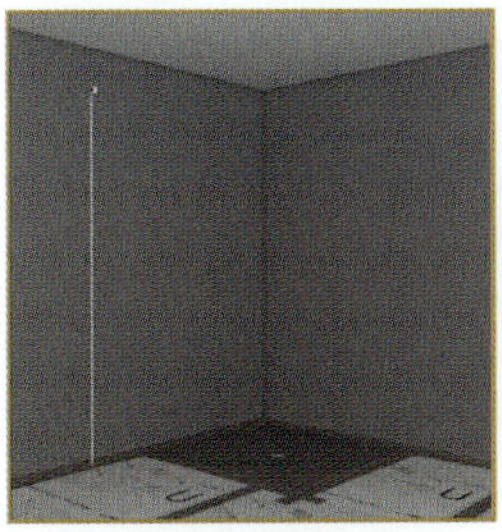

Abb. 1 Lot und Winkel anzeichnen

Abb. 2 Zuschneiden der Platte

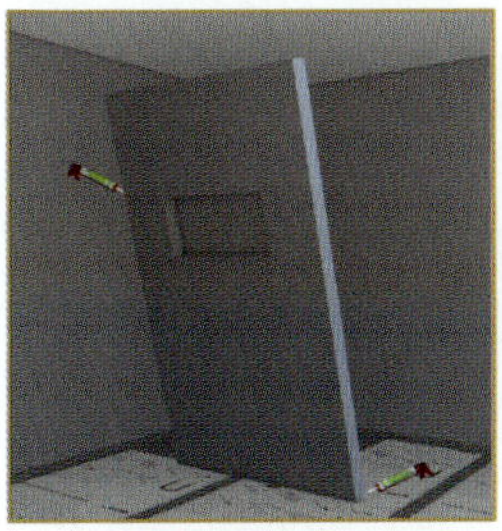

Abb. 3 Kleb- und Dichtstoff auftragen

Abb. 4 Stöße mit Armierband verkleben

Abb. 5 Selbstklebendes Armierband

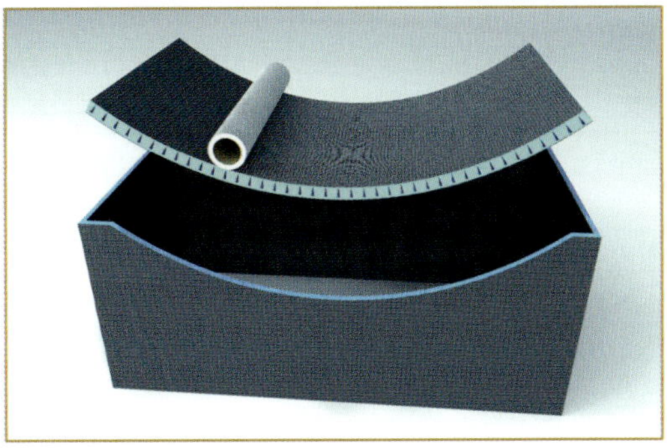

Abb. 6 Herstellen einer Rundung

10.6 | Vorstellung des Projekts Schwimmbad

Das Einfamilienhaus des jungen Unternehmers aus der Schmuckbranche wurde zu Beginn des Buches bereits als Projekt vorgestellt.

Das Schwimmbad im Hanggeschoss erlaubt einen schönen Ausblick über die Wasserfläche ins Freie, zumal das Schwimmbad auf der Südseite mit einer Glasfront abschließt. Sie wählen deswegen eine Beckenkopfkonstruktion mit hoch liegendem Wasserspiegel. Der Wasserspiegel liegt auf gleicher Höhe wie der Beckenumgang. Schwimmbäder mit hoch liegendem Wasserspiegel wirken auf den Benutzer einladend und sind übersichtlich.

Schwimmbad-gestaltungskonzept

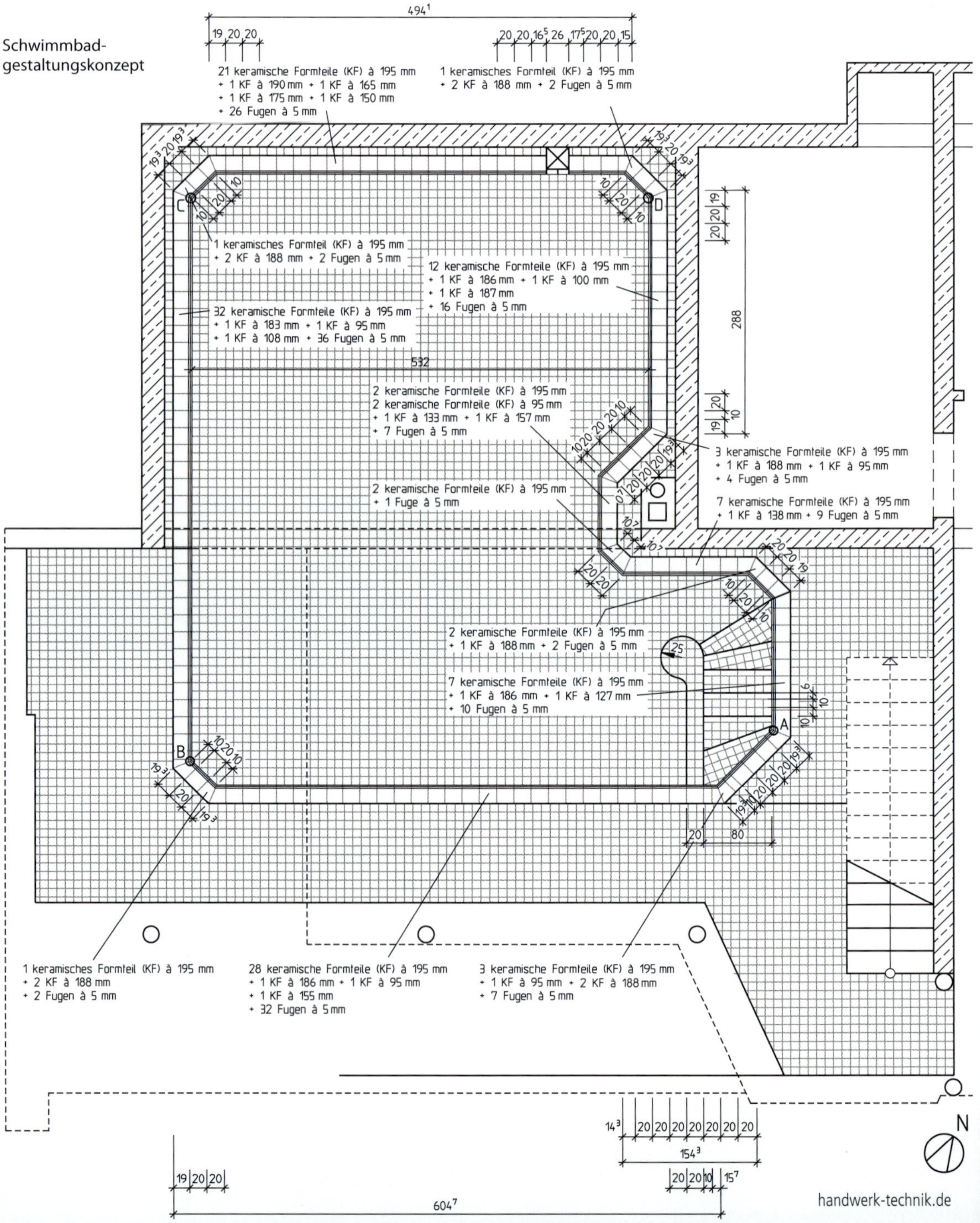

Das Gestaltungskonzept für das Schwimmbad hat die Planungsabteilung des Herstellerwerks des keramischen Belagmaterials in Zusammenarbeit mit dem Bauherrn erstellt.

Die Verlegepläne zeigen die Belageinteilung des Beckens und der vier Beckenwände. Man sieht, wie das Format des Beckenbelags auf die Formteile des gewählten Beckenkopfsystems abgestimmt ist.

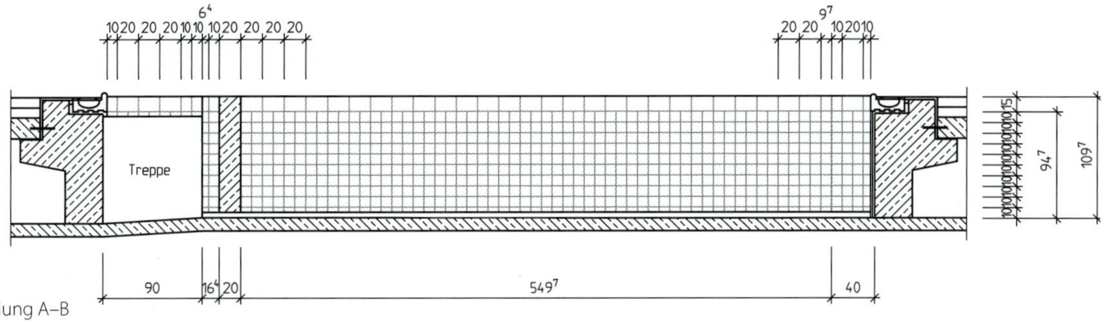

a) Abwicklung A–B

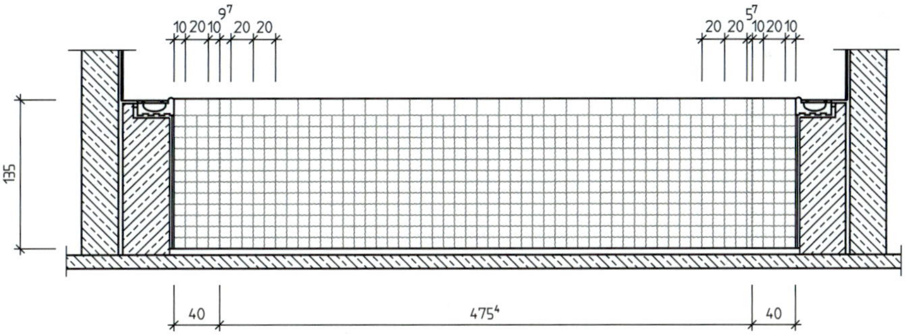

b) Abwicklung C–D

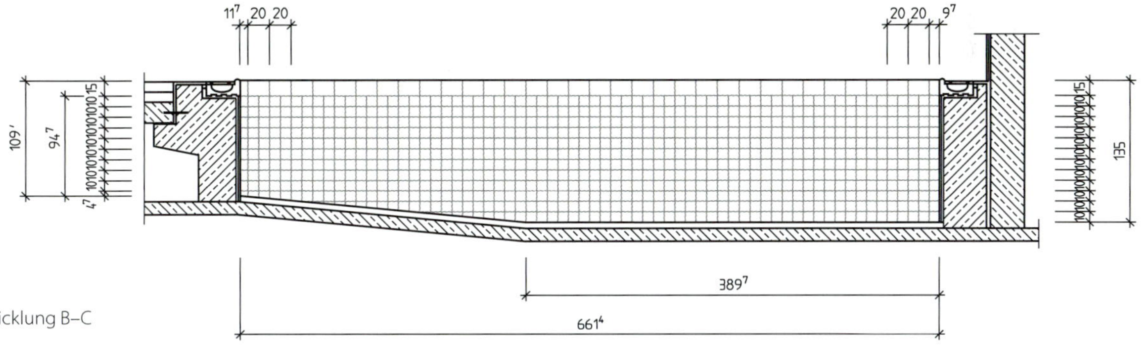

c) Abwicklung B–C

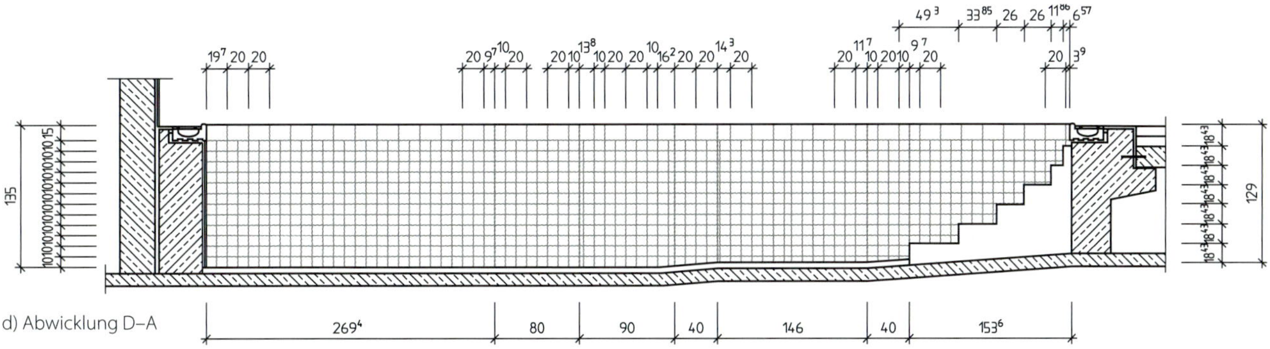

d) Abwicklung D–A

Schwimmbad – Beckenwände

Aufgaben zum Projekt

1. | Das Beckenkopfsystem mit hoch liegendem Wasserspiegel ist als kleine „Wiesbadener Rinne" ausgebildet, Abmessungen 200 × 155 × 225 mm.
   a) Zeichnen Sie das Beckenkopfsystem mit Anschluss an den Beckenumgang im Maßstab 1 : 5 im Schnitt.
   b) Stellen Sie die Abdichtung der Fuge und Maßnahmen gegen den hydrostatischen Druck dar.

2. | Zeichnen Sie das Beckenkopfsystem mit hoch liegendem Wasserspiegel als „Finnisches Überflutungssystem". Darzustellen sind die kapillarbrechende Fugenfüllung und die Bewegungsfuge zwischen Beckenkopf und Beckenumgang im Maßstab 1 : 5.

3. | Der Beckenumgang wird über die Rinne, die außerhalb des Schwimmbeckens liegt, mit einem Gefälle von 2 % entwässert.
   a) Zeichnen Sie im Schnitt den Bodenaufbau des Beckenumgangs im Maßstab 1 : 5.
   b) Zeichnen Sie einen Schnitt durch den Beckenumgang. Darzustellen sind der Anschluss zu den Außentüren und der Anschluss zum Beckenrand.

   Angaben:
   Die Bodenplatte mit darüber angeordneter Fußbodenheizung hat ein Gefälle von 2 % und wird im Verbund mit dem Belag abgedichtet. Die Wärmedämmung ist 80 mm hoch. Das Bild unten zeigt den Fußbodenaufbau und den Anschluss zur Fenstertür.

4. | Im Beckenumgang müssen Feldbegrenzungsfugen eingeplant werden.
   a) Geben Sie an, wo Sie solche Fugen vorsehen würden.
   b) Zeichnen Sie die Ausbildung der Feldbegrenzungsfuge als Detailschnitt im Maßstab 1 : 5.

5. | Alle Wände im Schwimmbad erhalten einen Fliesenbelag. Für die Nordwand in der Schwimmbadnische soll allerdings ein besonderer Gestaltungsvorschlag ausgearbeitet werden. Es kann dafür die gesamte Gestaltungsvielfalt eingesetzt werden. Das heißt, die Verlegeart ist frei wählbar: Streifen, Schachbrettmuster, Diagonalverläufe usw. Es ist darauf zu achten, dass der Belag nur aus ganzen, halben oder geviertelten Fliesen besteht. Die Farbgestaltung soll mit unifarbenen Fliesen erfolgen.
   Zeichnen Sie Ihren Gestaltungsvorschlag für die Nordwand des Schwimmbades im Maßstab 1 : 20. Die lichte Raumhöhe beträgt 2,47 m.

6. | Zwischen Umkleideraum und Sauna ist der Bodenbelag durch eine Anschlussschiene unterbrochen. Sie ist unter dem Türblatt angeordnet. Zeichnen Sie als Detailschnitt den konstruktiven Fußbodenaufbau durch die Anschlussschiene im Maßstab 1 : 2.

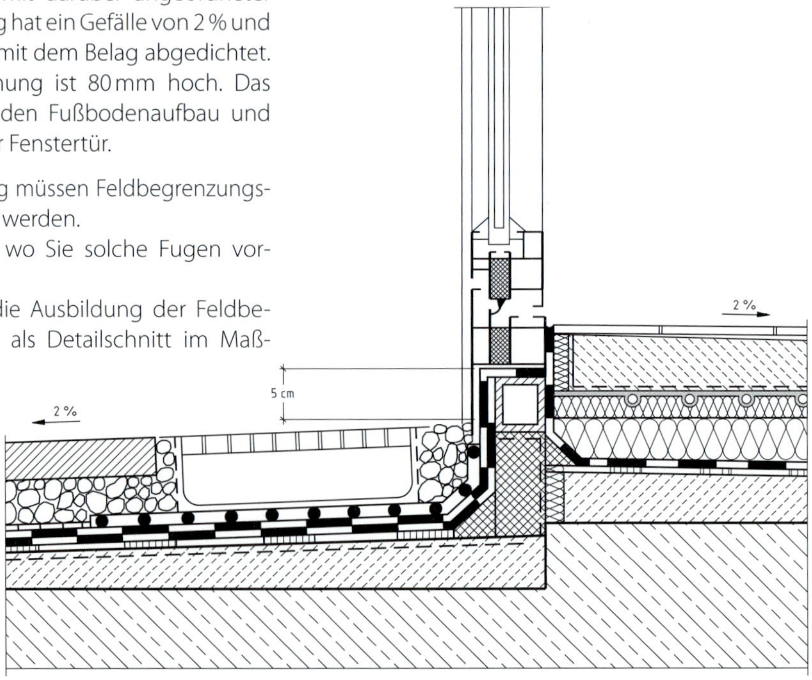

Aufgaben zu 10.1–10.4

1. | Wer hat die Gewährleistung für die Wasserundurchlässigkeit eines Beckens zu übernehmen
a) der Fliesenleger,
b) das Rohbauunternehmen?

2. | Nennen Sie die Beckenrandsysteme.

3. | Welche Vorteile haben Überflutungssysteme?

4. | Zählen Sie mindestens fünf vorteilhafte Eigenschaften der keramischen Beckenbekleidung auf.

5. | Nennen Sie die zwei Bereiche, die den Einsatz des rutschhemmenden Materials erforderlich machen.

6. | Erklären Sie den Begriff „Verdrängungsraum".

7. | Beschreiben Sie das Prüfverfahren, durch das die Rutschhemmung der Fliese geprüft wird.

8. | Wählen Sie die für eine ins Wasser führende Treppe
a) geeignete Bewertungsgruppe,
b) geeignete Oberfläche (2 Beispiele).

9. | Begründen Sie die Notwendigkeit, in rutschgefährdeten Bereichen ein Gefälle mit ausreichender Entwässerung einzuplanen.

10. | Wie soll die Erstreinigung rutschhemmender Beläge erfolgen?

11. | Wie viele mm beträgt die Konstruktionsstärke der Beckenbekleidung bei
a) der Dickbettmethode,
b) der Dünnbettmethode?

12. | Begründen Sie die Notwendigkeit einer hohlraumfreien Verlegung.

13. | Nennen Sie mindestens fünf Punkte, die bei der Ausführung von Becken und Behältern zu beachten sind.

14. | Beim dargestellten Bodenablauf soll ein Gefälle von mindestens 2% eingehalten werden.
a) Auf welcher Seite müssen die 2% Gefälle liegen?
b) Um wie viele cm liegt der Bodenablauf tiefer als der Wandanschluss?
c) Wie viel % beträgt das Gefälle auf der gegenüberliegenden Seite bei gleichem Höhenunterschied?

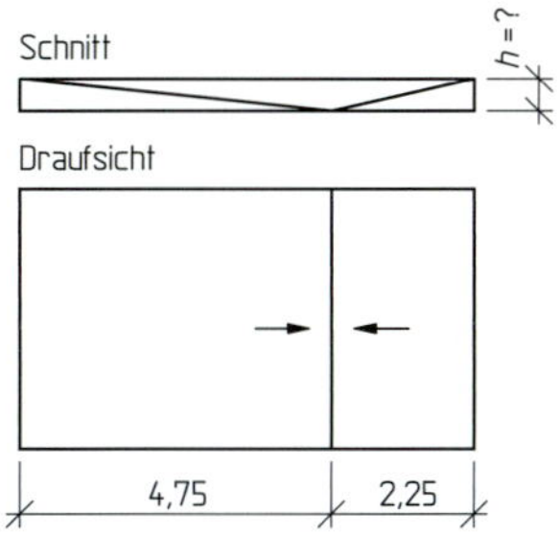

15. | a) Wie groß ist der Höhenunterschied zwischen Wandanschluss A und der Ablaufrinne?
b) Berechnen Sie das Gefälle in % von der rechten Wand B bis zur Rinne bei gleichem Höhenunterschied.
c) Wie groß ist der Höhenunterschied zwischen Rinne und Wandanschluss C?

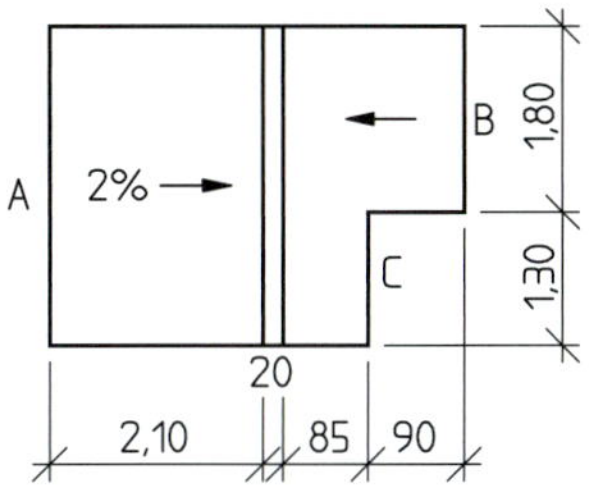

16. | Der Gefälleestrich soll überall gleich hoch an der Wand anschließen.
a) Um wie viel höher muss der Wandanschluss liegen?
b) Welches Gefälle in % liegt bei a, b, c vor?

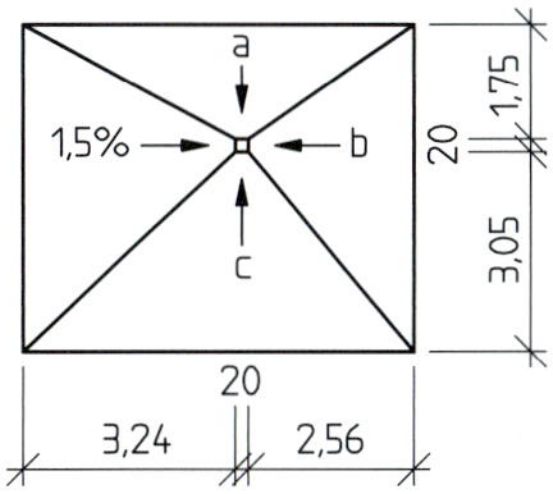

17. | Bei dem dargestellten Gefälleboden soll das Gefälle von den Punkten A, B, C und D jeweils zum seitlich gelegenen Einlauf 1,2 % betragen.

a) Wie groß sind die Höhenunterschiede zwischen den Punkten und dem Einlauf?

b) Wie groß ist das jeweilige Gefälle, wenn der Höhenunterschied zwischen Punkt C und Einlauf überall gilt?

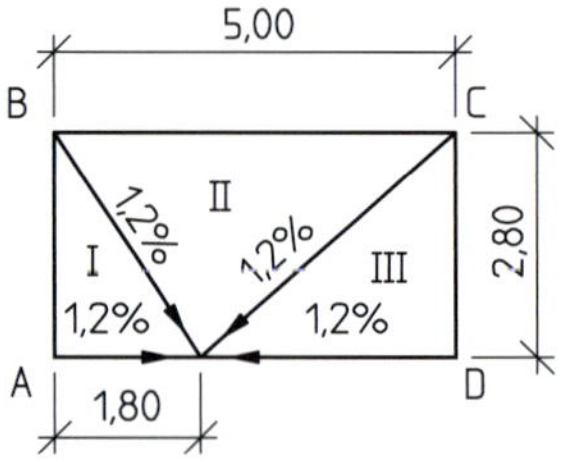

18. | Das Schwimmbecken soll neu gefliest werden. Wie viele m² Fliesen werden für den Beckenboden und die Beckenwände benötigt?

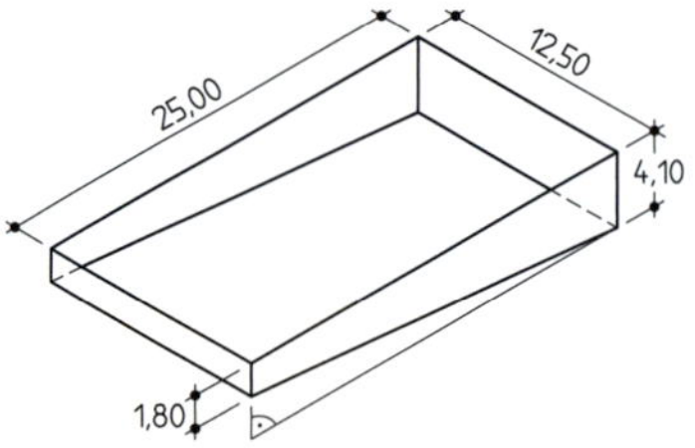

19. | a) Wie groß ist die Bodenfläche des Schwimmbeckens?

b) Wie lang ist die elastische Fuge zwischen Boden- und Wandbelag?

c) Wie viele m² Wandfläche müssen gefliest werden?

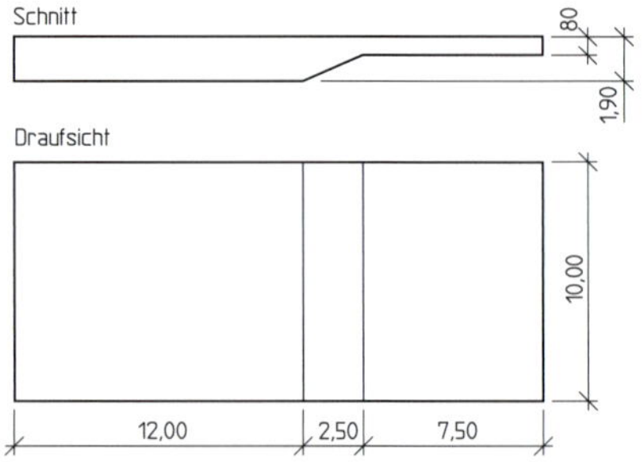

Aufgaben zu 10.5

20. | Nennen Sie den Unterschied zwischen der Montageart „aufgesetzt" und „aufgestelzt".

21. | Beschreiben Sie das Material und den Schichtenaufbau einer Trennwand mit Hartschaumplatten.

Lernfeld 11 | Herstellen eines Terrassenbelages

Zielformulierung:	Die Schülerinnen und Schüler planen die Konstruktion und die Ausführung eines Terrassenbelages über einem bewohnten Raum. Bei Auswahl und Anordnung der konstruktiven Schichten berücksichtigen sie die Anforderungen an den Wärme-, Schall- und Feuchtigkeitsschutz. Sie wählen frostbeständige Belag- und Verlegematerialien aus und beachten, dass neben der richtigen Planung auch besondere handwerkliche Sorgfalt notwendig ist, um spätere Schäden abzuwenden. Sie vergleichen verschiedene Systeme bezüglich der Konstruktionshöhe, des Herstellungs- und Wartungsaufwandes sowie der Schadensanfälligkeit. Die Schülerinnen und Schüler stellen in Schnittzeichnungen die Anschlussdetails dar. Sie entwickeln gestalterische Lösungen, fertigen Ausführungszeichnungen an und ermitteln den Materialbedarf
Lerninhalte:	• Verlegetechnik • Belagoberfläche • Schichtenaufbau • Abdichtung • Kiesbett, Stelzlager • Entwässerungssystem • Randausbildung • Wandanschluss

Terrassen werden immer häufiger nicht nur ebenerdig auf natürlichem Untergrund, sondern auch in Verbindung mit Wohnräumen über bewohnten Räumen und Bauteilen angelegt. Der konstruktive Aufwand wird für den Komfort, den solche Terrassen bieten, in Kauf genommen.

Die bauphysikalischen Anforderungen an Terrassen über bewohnten Räumen sind besonders hoch. Umwelteinflüsse wie Niederschläge, Temperatureinflüsse, UV-Strahlung und Luftverschmutzung sind zu berücksichtigen. Deshalb sind neben dem Feuchtigkeitsschutz und dem Wärmeschutz der Konstruktion die Frostbeständigkeit und die Trittsicherheit des Belages zu beachten. Die Dampfdiffusion und die Wärmedehnung dürfen nicht zu Schäden führen.

Die Ausführung von Terrassen über bewohnten Räumen erfordert Kenntnisse der bauphysikalischen Vorgänge und sorgfältiges, fachgerechtes Arbeiten.

Terrasse vor einem Wohnraum

Was zu klären ist:

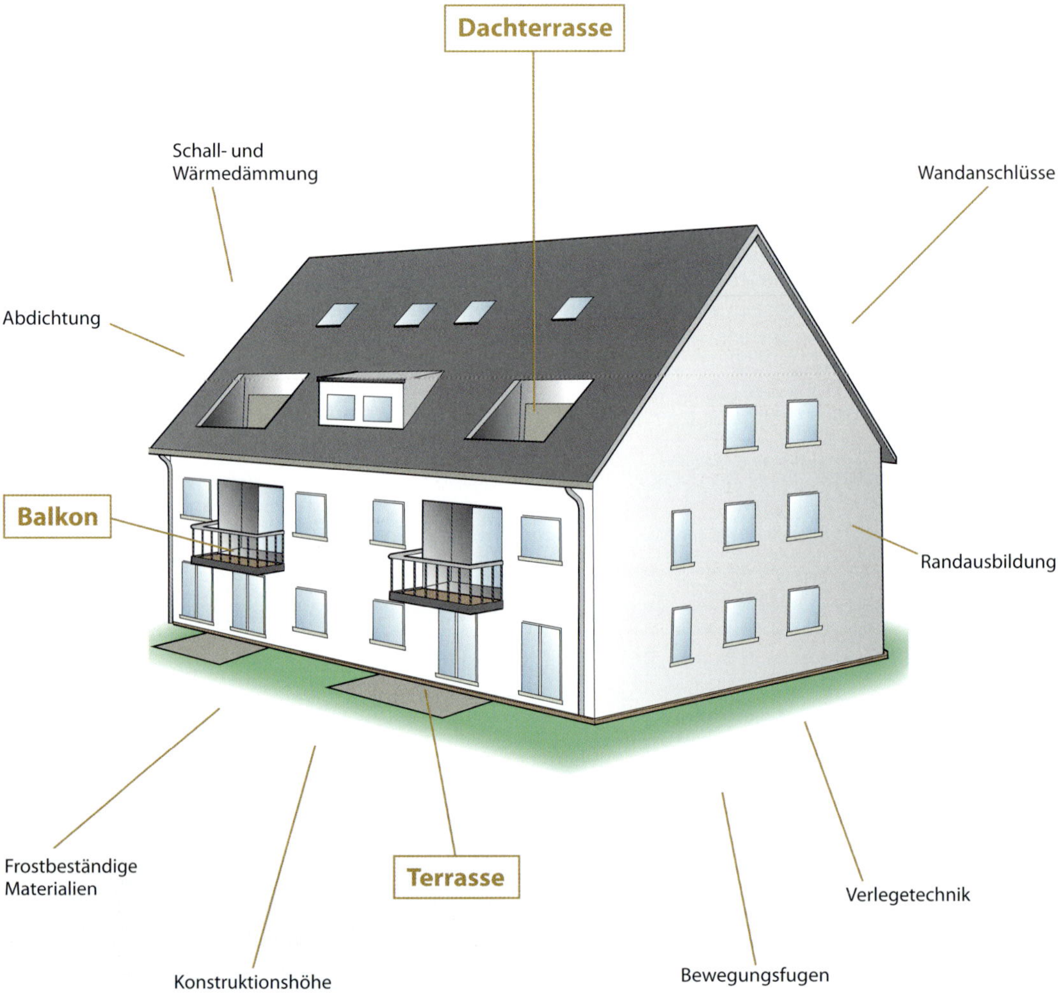

11.1 | Projekt

Für das am Hang liegende Projekthaus (siehe S. 1 ff.) sind verschiedene Belagflächen im Freien vorgesehen.

Der Bauherr hat bereits klare Vorstellungen, wie die Belagflächen aussehen sollen und erteilt Ihnen den Auftrag zur Ausführung.

Terrassenbeläge auf natürlichem Untergrund

- vor dem Hobbyraum
- Eingangsbereich, Carport

Balkonbelag

- vor den Kinderzimmern

Terrassenbelag über beheiztem Raum

- Südterrasse über Schwimmbad

1. | Die Terrasse vor dem Hobbyraum des Projekthauses auf natürlichem Grund aus bindigem, ungestörtem Boden soll mit Platten im Mittelformat belegt werden.

a) Schlagen Sie einen geeigneten Aufbau vor und skizzieren Sie im Maßstab 1 : 5 einen Schnitt durch denselben.

b) Zeichnen Sie für die Terrasse einen Verlegeplan im Blockverband:

Plattengrößen 24 × 11,5 cm
Plattendicke 15 mm
Fugenbreite 10 mm
Terrassengröße ca. 300 × 500 cm
Maßstab 1 : 20
Plattenfugen als Einfachlinie

2. | Der Ostbalkon vor den Kinderzimmern erhält eine Außenrinne statt der Brüstung und der innen liegenden Ablaufrinne.

a) Zeichnen Sie den Querschnitt des Ostbalkons mit Anschluss an die Fenstertür im Maßstab 1 : 5.

b) Zeichnen Sie im Schnitt den Anschluss an die Außenwand im Maßstab 1 : 5.

Entnehmen Sie die Abmessungen der unten abgebildeten Zeichnung.

Die Kragplatte des Balkons ist 18 cm dick. Die Fenstertür liegt im Bereich der Wärmedämmung. Der Gefälleestrich im Verbund hat ein Gefälle von 2 % und ist an der Rinne mindestens 15 mm dick. Die Abdichtung erfolgt im Verbund mit dem Verlegen der Spaltplatten, *W* 115 × 240 × 10 mm, im Dünnbett.

Winkelplatten, *W* 115 × 52 × 240 × 10 mm, bilden den Abschluss zur Außenrinne.

Parallel zur Hauswand ist eine 12 cm breite Rinne mit Gitterrost verlegt. Der Gefälleestrich von 2 % hat eine Mindestdicke von 15 mm an der Außenrinne. Oberhalb der alternativen Abdichtung liegt eine Dränmatte lose auf. Die Dränmatte ist 10 mm hoch.

Die Spaltplatten, *W* 115 × 240 × 10 mm, sind im Dünnbett auf der Dränschicht verlegt.

Zeichnen Sie den Ostbalkon im Querschnitt mit Anschluss an die Fenstertür mit nachfolgendem Aufbau im Maßstab 1 : 5. Wählen Sie die kleinstmögliche Höhe für die Türschwelle. Die Abmessungen entnehmen Sie der nachfolgenden Zeichnung.

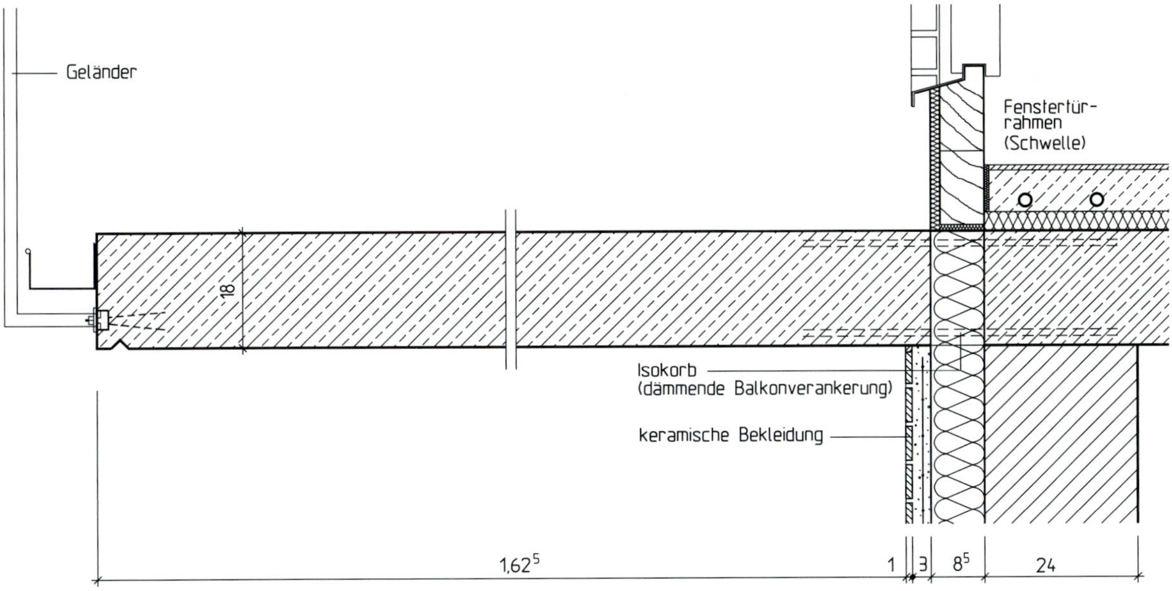

Ostbalkon – Querschnitt

11.2 | Beanspruchung von Außenbelägen

Beläge außerhalb von Gebäuden sind außer mechanischen Beanspruchungen durch das Begehen und Befahren den Witterungseinflüssen **Hitze**, **Kälte**, **Regen** und starker **Sonneneinstrahlung** ausgesetzt. Darüber hinaus entsteht durch den Einsatz von Tausalz und durch die Luftverschmutzung ein **chemischer Angriff** auf Belagmaterialien im Freien. Der **ultraviolette** (nicht sichtbare) **Strahlungsanteil** der Sonne bewirkt ebenfalls eine chemische und physikalische Veränderung organischer Baustoffe: Farben werden ausgebleicht, Dichtungsmaterialien verspröden und werden rissig. Die **starke Erwärmung** erweicht heißflüssige Dichtstoffe wie Bitumen so sehr, dass Beläge durch ihre Eigenlast in Sperrschichten einsinken. Bei **niedrigen Temperaturen** werden elastische und plastische Materialien hart und spröde. Da mit der Abkühlung eine nicht unerhebliche Längenverminderung verbunden ist, entstehen Spannungen, die das glasartig harte Dichtungsmaterial zerreißen.

Plötzlich einsetzende Regengüsse und Hagel verursachen bei eben noch stark durch Sonneneinstrahlung aufgeheiztem Material **Temperaturwechselspannungen**. Es können Risse und Abplatzungen entstehen. Gefrierende eingedrungene Feuchtigkeit entwickelt Sprengkräfte, die ungeeignetes Belagmaterial oder einen fehlerhaften Mörtelunterbau zerstören.

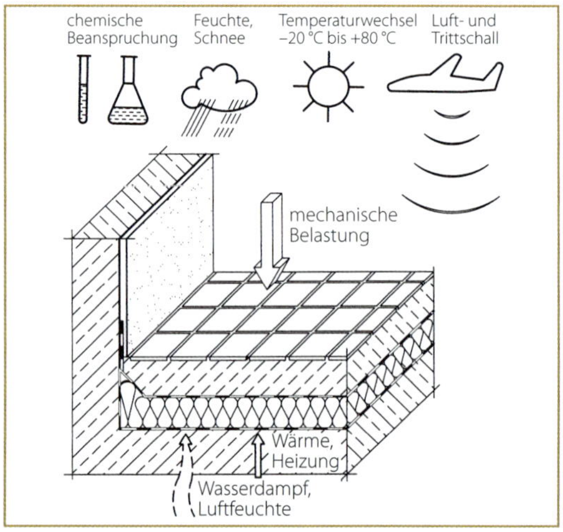

Außenbeläge sind den unterschiedlichsten Belastungen ausgesetzt

1. Ableitungen von Niederschlägen	Gefälle 1,5…2 % bei ebenen Oberflächen, bis 3 % bei profilierten Oberflächen
2. Ausdehnungsmöglichkeit	Bewegungsfugen im Abstand von 2…5 m. Helle Farben verringern die Aufheizung durch die Sonne.
3. Trittsicherheit	Feuchtigkeit, Eis, Schnee und Schmutz machen Beläge rutschiger, daher raue Oberflächen und Profilierungen
4. Frostbeständigkeit	Frostsicherheit der Beläge **und** des Unterbaues
5. chemische Beständigkeit	Tausalz und saurer Regen beanspruchen die Beläge
6. Abriebfestigkeit	Sand und Schmutz wirken wie Schmirgel auf die Belagoberfläche ein

Anforderungen an Beläge im Freien

Verlegehinweise:

Werden Terrassenbeläge im Mörtel verlegt, sollten sie möglichst mit durchlaufenden Fugen eingebaut werden. Von Formaten größer als 60 × 60 cm und dunklen Farben ist abzuraten. Wärmedehnungen führen zum Reißen des Belagmaterials.

Rechteckiges Belagmaterial sollte mit der Längsseite in Richtung des Gefälles verlegt werden, damit weniger Fugen das Ablaufen des Wassers hemmen. Die Fugenteilung sollte auf die Form des Balkons oder der Terrasse abgestimmt sein.

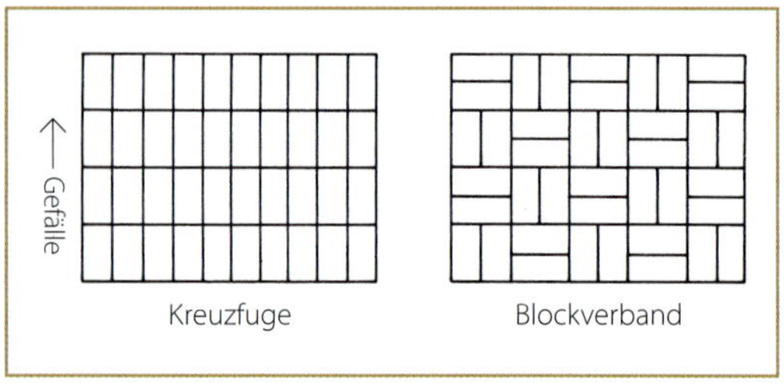

Geeignete Verlegemuster

Material für Außenbeläge

Keramische Fliesen und Platten

Geeignet sind frostbeständige, abriebfeste und nicht zu glatte Belagmaterialien wie Klinkerplatten, Spaltplatten, Steinzeug- und Feinsteinzeugfliesen, unglasiert oder mit Rauglasuren. Die Wasseraufnahme muss weniger als 3 % betragen (Gruppen Ia, Ib)

Natursteine

Natursteine müssen frostbeständig, temperaturwechselbeständig und abriebfest sein. Die Wasseraufnahme muss möglichst gering sein. Auch die chemische Beständigkeit gegen die Einwirkung der Luftschadstoffe und des Tausalzes sollte möglichst groß sein.

Geeignet sind Granit, Syenit, Porphyre, Basaltlava und Quarzit. Auch manche Sandsteine und Kalksteine wie Travertin können nach Herstellerangaben im Freien eingesetzt werden. Als Oberflächen empfehlen sich bruchraue, gesägte, sandgestrahlte, gestockte oder feuergeflammte, keinesfalls aber polierte oder fein geschliffene Oberflächen.

Betonwerksteine

Das Vorsatzmaterial der Betonwerksteine muss frostbeständig, möglichst chemisch widerstandsfähig und abriebfest sein. Durch Verwendung von Luftporenbildnern und Zementen mit geringem Kalkanteil wie Portlandpuzzolanzement und CEM III mit hohem Sulfatwiderstand kann der Widerstand gegen den sauren Regen und die Frostbeständigkeit erhöht werden.

11.3 | Außenbeläge auf natürlichem Untergrund – Terrassen gegen Grund

Voraussetzung:

Der Untergrund muss die nötige Standfestigkeit aufweisen. **Auffüllungen** müssen aus nichtbindigem Material und einwandfrei verdichtet sein.

Bindige Bodenarten (Lehme, Schluff, Tone) besitzen hohe Kapillarität, d. h., sie saugen Wasser aus tieferen Bodenschichten hoch und **erweichen** dabei. Gefriert der Boden im Winter, so bilden sich an der Frostgrenze Eislinsen, die die darüberliegenden Schichten anheben.

Zur Verhinderung dieser Frostaufbrüche müssen Terrassen auf natürlichem Untergrund bei bindigen Böden einen kapillarbrechenden Kies-Sand-Unterbau erhalten.

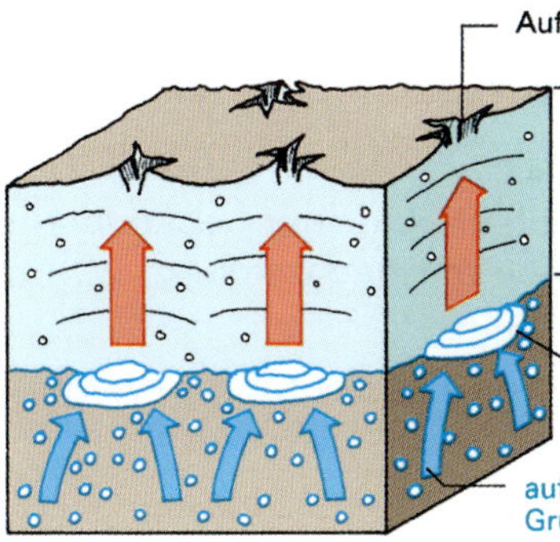

Eislinsenbildung bei bindigen Bodenarten

Der Terrassenaufbau kann je nach Art des verwendeten Belagmaterials verschieden ausgeführt werden.

1. Großformatige Platten

Auf eine etwa 30 cm dicke Kies-Sand-Schicht mit weniger als 8 % Korn unter 0,065 mm, die mit dem Flächenrüttler verdichtet wurde, wird als Trennschicht gegen das Eindringen des Mörtels eine gelochte Polyethylenfolie aufgebracht. Die Platten werden in einem 4…5 cm dicken Zementmörtelbett, MV 1 : 4…1 : 5 nach Raumteilen, verlegt. Alternativ können die Platten auch in Sand verlegt werden. Die PE-Folie kann dann entfallen.

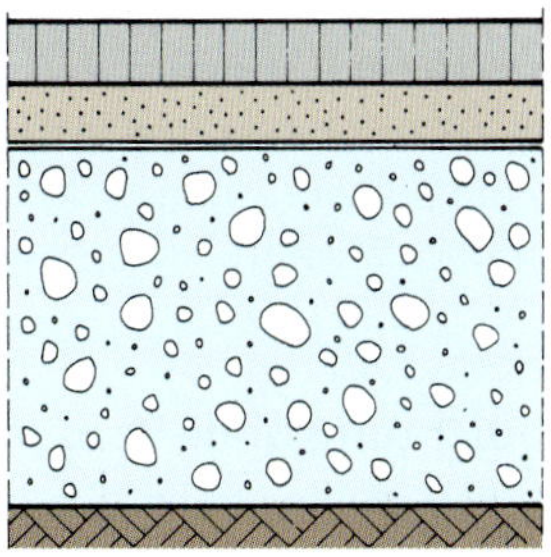

Terrassenaufbau mit großformatigen Platten

2. Mittel- und kleinformatige Beläge

Auf einer etwa 15 cm dicken kapillarbrechenden Kies-Sand-Schicht mit weniger als 8 % Kornanteil unter 0,065 mm, die mit dem Flächenrüttler verdichtet wurde, wird über einer Trennschicht (PE-Folie) eine mindestens 15 cm dicke Stahlbetonplatte hergestellt. Diese Platte übernimmt die Druckverteilung und bildet den Untergrund für die Verlegung des Terrassenbelags in einem ca. 3 cm dicken Mörtel aus Portlandpuzzolanzement MV 1 : 4…1 : 5 nach Raumteilen. Die gleiche Ausführung ist bei großformatigen Platten bei aufgefülltem Untergrund zu empfehlen.

Bei der Randausbildung von Terrassen auf natürlichem Grund sollte das ablaufende Regenwasser berücksichtigt werden. Ein Kiesstreifen von ca. 20 cm Breite, gegen angrenzendes Erdreich mit Einfassungssteinen abgegrenzt, kann als Sickerpackung ausgebildet werden. Eine Dränung führt das Wasser zur Kanalisation ab, wenn der Boden wasserundurchlässig ist.

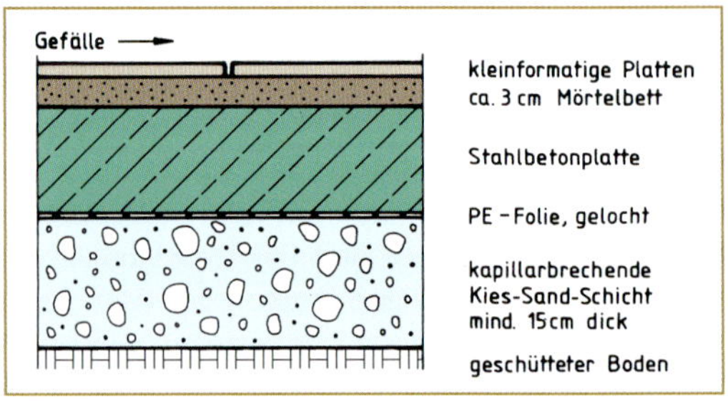

Terrassenaufbau mit mittel- und kleinformatigen Platten

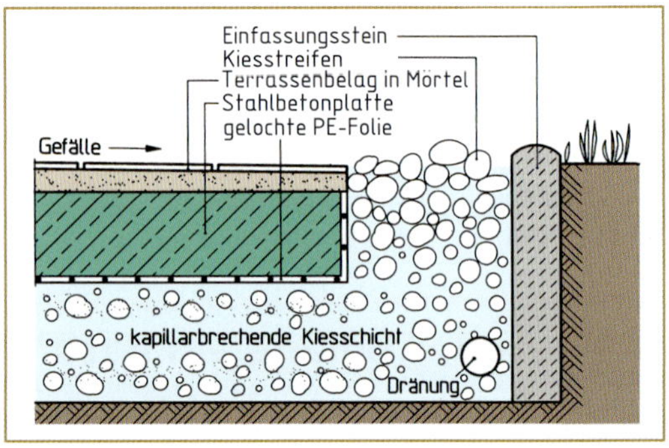

Terrassenrand mit Kiesstreifen

11.4 | Außenbeläge auf Gebäudeteilen, Terrassen und Balkonen

11.4.1 | Außenbeläge auf Gebäudeteilen ohne Wärmedämmung (DIN 18531-5)

Balkonbelag mit Abdichtung im Verbund (AIV-F)

Auf der mindestens 28 Tage alten, im Gefälle (mind. 1,5 %) liegenden Stahlbetondecke wird eine Flüssigabdichtung aufgetragen. Als Abdichtungsstoffe können mineralische Dichtungsschlämmen (CM) oder Reaktionsharze (RM) verwendet werden, die bis mindestens –5 °C (Klasse 01) funktionsfähig sind. An den Übergängen Wand-Boden werden Dichtbänder in die Dichtmörtelschichten eingebettet. Auf der fertigen Dichtschicht wird im Verbund mit einem flexiblen Dünnbettmörtel (S1) der Balkonbelag hohlraumfrei aufgebracht. Die Ausfugung wird mit verformungsfähigem Fugenmörtel ausgeführt.

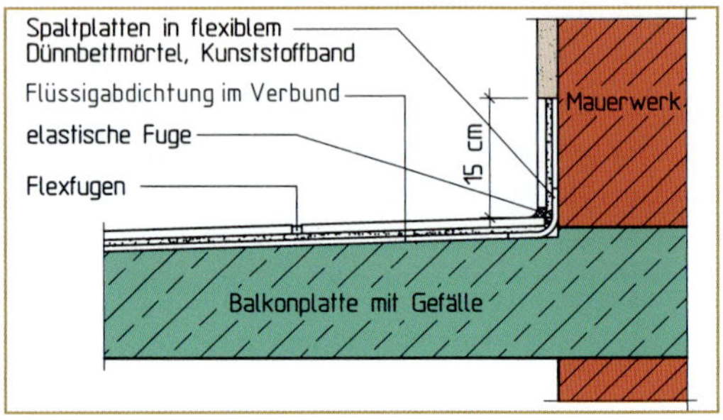

Balkonbelag mit Abdichtung im Verbund (AIV-F)

Balkonbelag auf Abdichtung ohne Verbund

Bei höheren Anforderungen an die Dichtigkeit werden Abdichtungen ohne Verbund eingebaut. Sie bestehen meist aus einer oder mehreren Lagen

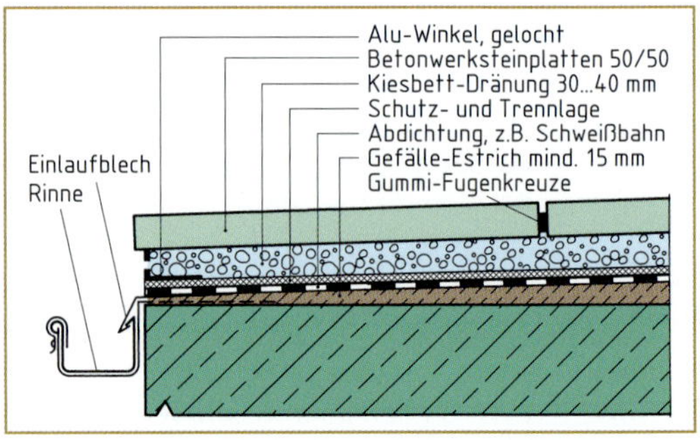

Balkon mit Bitumenschweißbahn und Betonwerksteinplatten im Kiesbett

von Dichtungsbahnen aus Bitumen oder Kunststoffen. Diese werden auf der im Gefälle liegenden, mit einem Voranstrich versehenen Rohdecke aufgeklebt. Fehlt ein Gefälle, so muss erst ein Gefälleestrich im Verbund mit der Rohdecke aufgebracht werden.

Oberhalb der Abdichtung muss eine Schutz- oder Trennlage verlegt werden, um die Abdichtung vor Beschädigung zu schützen.
Darauf folgt im weiteren Aufbau meist eine Dränschicht. Diese kann aus einer Kiesschicht, einer Kunststoff-Dränbahn wie z.B. AquaDrain bestehen. Diese bewirkt eine Entkoppelung des Terrassenbelags vom Untergrund, wodurch Bewegungen des Belags ohne Rissbildung möglich sind.

Großformatiger Belag auf Stelzlagern

Statt Kies kann Einkornbeton, der wasserdurchlässig ist, eingebaut werden. Anstelle von Kies können bei großformatigen Platten auch Stelzlager aus Kunststoff oder Gummi unter dem Fugenkreuz von Platten eingebaut werden. Auf Abdichtungen aus bitumenhaltigen Stoffen, die im Sommer infolge des Wärmestaus erweichen, werden zweckmäßigerweise dünne, extrudierte Polystyrol-Hartschaumplatten eingebaut, die das Einsinken der Platten verhindern.

Verlegung von Groß- und Mittelformaten auf Fixiermasse

Anstelle von Stelzlagern können groß- und mittelformatige Platten von mindestens 20 mm Stärke auch mit einer Fixiermasse, z.B. TerraMaxx, direkt auf einer druckfesten Dränschicht wie AquaDrain verlegt werden. Dadurch kann Höhe eingespart werden. Dieses Verfahren ist auch geeignet bei Sanierung von Balkonen ohne Abriss des Belags. Die Fugen werden mit wasserdurchlässigen Fugenstäben gegen Eindringen von Grobschmutz geschlossen.

Belag auf Schutzestrich

Klein- und mittelformatige Platten benötigen einen festen Unterbau. Auf den Dränplatten wird ein bewehrter Schutzestrich aufgetragen, der als Untergrund für die Dünnbettverlegung mit verformungsfähigen Dünnbettmörteln (S1, S2) dient.

Großformatige Platten auf Stelzlagern

Einkorn Dränmörtel (wasserdurchlässig) Verlegung der Platten im Mittelbettmörtel (Toleranzausgleich)

Die super-dünne Variante:

AquaDrain®T+	8 mm
+ TerraMaxx® Fixiermasse	3 mm
+ Feinsteinzeugplatten	20 mm
	31 mm

Verlegung auf Fixiermasse

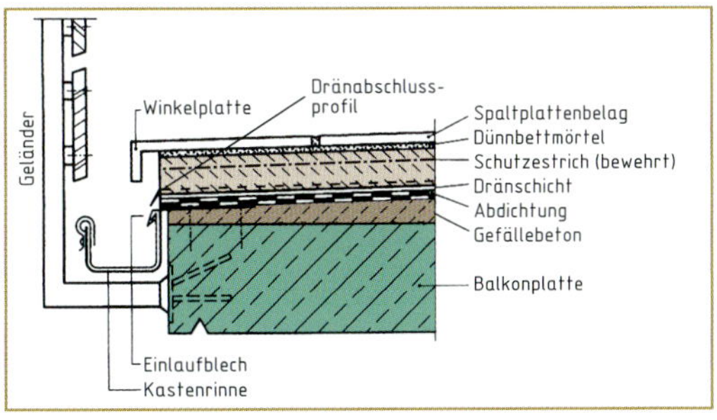

Balkon mit Spaltplattenbelag auf Schutzestrich

11.5 | Außenbeläge auf Gebäudeteilen mit Wärmedämmung

Terrassen über beheizten Räumen (DIN 18531)

Die Anforderungen an die Konstruktionen mit Wärmedämmung sind höher als an die ungedämmten Konstruktionen. Durch den Temperaturunterschied zwischen innen und außen entsteht auch ein Dampfdruckgefälle. Von der warmen Innenseite dringt der Wasserdampf der Luft von unten in die Deckenkonstruktion ein. Wenn mit dem Temperaturabfall der Sättigungsdampfdruck erreicht wird, bildet sich Tauwasser. Geringe Mengen von Tauwasser, die in der warmen Jahreszeit wieder verdunsten, sind zulässig, wenn durch dieses Wasser keine Schäden an der Konstruktion entstehen (z. B. faulendes Holz, durchnässte Dämmung).

11.5.1 | Warmdachkonstruktion

Die dampfdichte Abdichtung liegt oberhalb der Wärmedämmung. Wegen der Dampfdiffusion vom Innenraum her muss auf der Rohdecke unter der Wärmedämmung eine Dampfsperre eingebaut werden. So kann kein Wasserdampf in die Dämmschicht eindringen und dort Tauwasser bilden. Die Dämmplatten dürfen nur gering zusammendrückbar sein (PS-Hartschaumplatten, PU-Hartschaumplatten, Schaumglasplatten).

11.5.2 | Kaltdachkonstruktion

Bei Dachterrassen kommen Kaltdachkonstruktionen selten vor. Bei dieser Konstruktion ist oberhalb der Wärmedämmung ein durchlüfteter Hohlraum erforderlich. Durch diesen Hohlraum wird der Terrassenaufbau zusätzlich erhöht.

11.5.3 | Umkehrdachkonstruktion

Werden Dämmstoffe verwendet, die kein Wasser aufnehmen, z. B. extrudierte Polystyrol-Hartschaumplatten, so kann die Wärmedämmung oberhalb der Abdichtung verlegt werden. Die Platten müssen beschwert und gegen mechanische Beschädigung geschützt werden. Diese Aufgabe erfüllt der Terrassenbelag. Es können großformatige Platten oder Plattenelemente in Kies verlegt oder auf Mörtelsäckchen oder Stelzlager versetzt werden. Bei kleinformatigen Platten und bei befahrbaren Terrassen wird die Wärmedämmung mit einem Schutzbeton oder mit Einkornkies mit Zement oder Epoxidharzbindung geschützt.

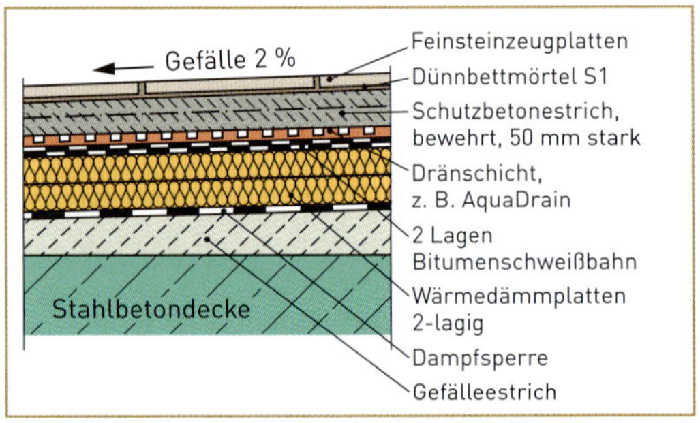

Terrassenbelag mit Feinsteinzeugplatten (Warmdach)

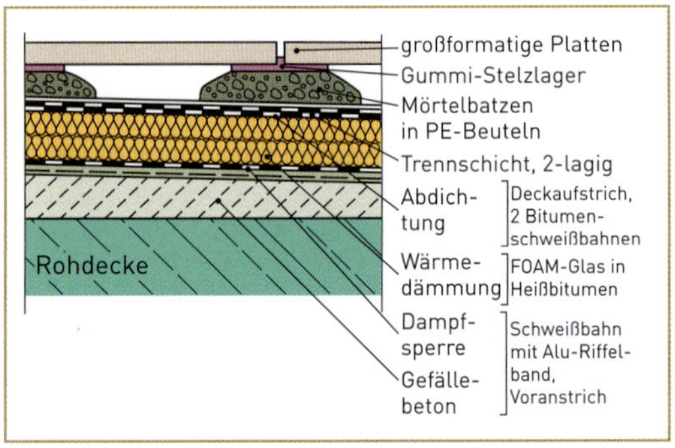

Terrassenaufbau mit Stelzlagern (Warmdach)

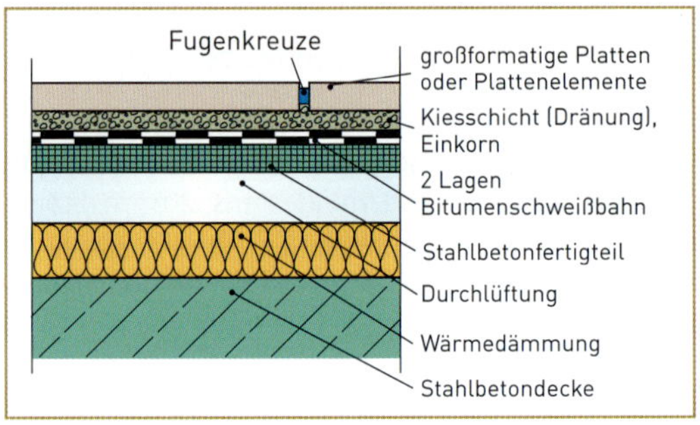

Kaltdach mit aufgestelzten Stahlbetonfertigteilen

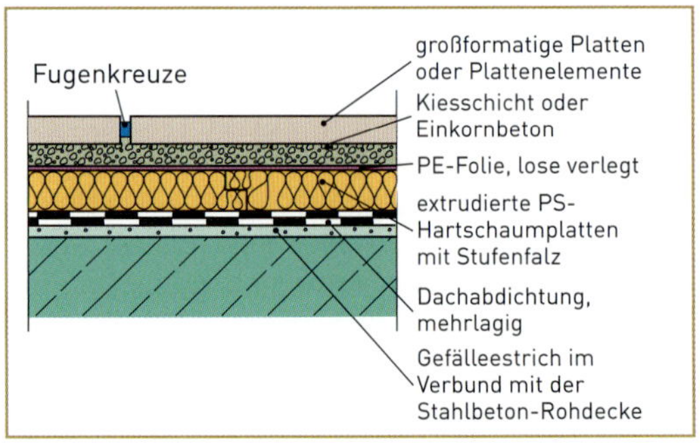

Terrassenbelag mit großformatigen Platten (Umkehrdach)

11.6 | Detailausbildungen an Terrassen

11.6.1 | Wandanschluss

An angrenzenden Bauteilen muss wegen der Gefahr eines Wasserstaus durch Matsch und Schnee und wegen des Spritzwassers die Abdichtung mindestens 15 cm über die Oberkante des fertigen Belags hochgeführt werden. Auch an Türen und Ausgängen muss diese Höhe eingehalten werden, wenn nicht durch andere Maßnahmen, z. B. Überdachung oder zusätzliche Entwässerung, sicher verhindert werden kann, dass sich Wasser oder Matsch staut.

Die Abdichtung ist durch mechanische Befestigung, z. B. mit einer Klemmschiene, gegen Abrutschen zu sichern und vor mechanischen Beschädigungen durch Stoß und vor der Sonneneinstrahlung zu schützen, z. B. durch einen Stellsockel oder ein Überhangblech. Besonders zu achten ist auf Schlagregen, der von den senkrechten Bauteilen ablaufend keinesfalls hinter die Abdichtung gelangen darf. Kittfugen sollten nicht als alleinige Dichtung herangezogen werden, da sie im Laufe der Zeit verspröden oder Flankenablösung aufweisen können.

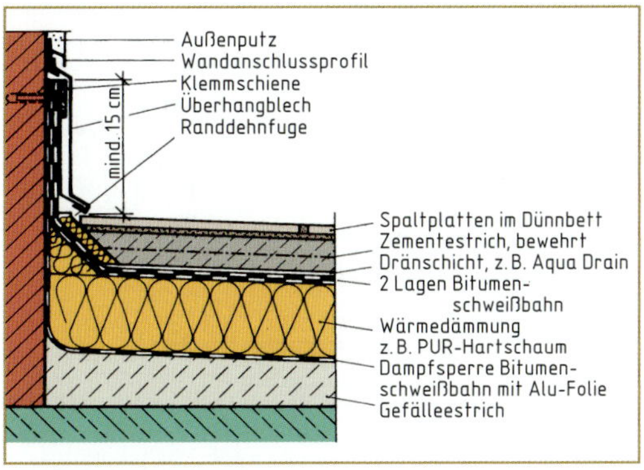

Wandanschluss Terrasse

Wandanschluss

11.6.2 | Türanschluss

Die 15 cm hohe Ausbildung am Wandanschluss kann durch den Einbau von Gitterrosten an den Türen auf 50 mm reduziert werden. Noch geringere Schwellen sind nur durch Sonderkonstruktionen möglich. Die Rinne unter dem Gitterrost muss zuverlässig entwässert werden. In der Regel geschieht dies durch den Anschluss an die Dränschicht.

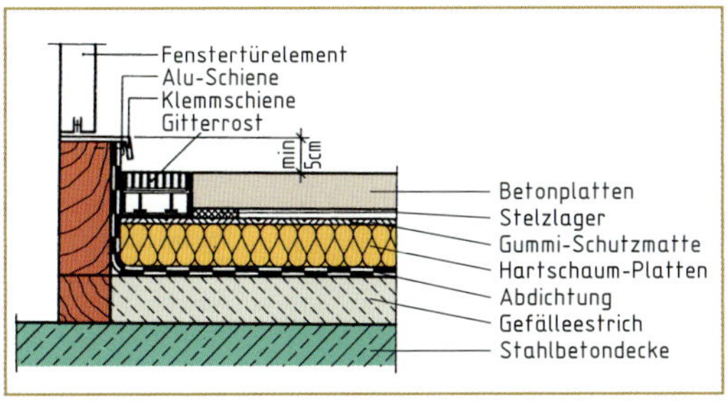

Türanschluss mit Entwässerungsrinne (Umkehrdach)

Türanschluss

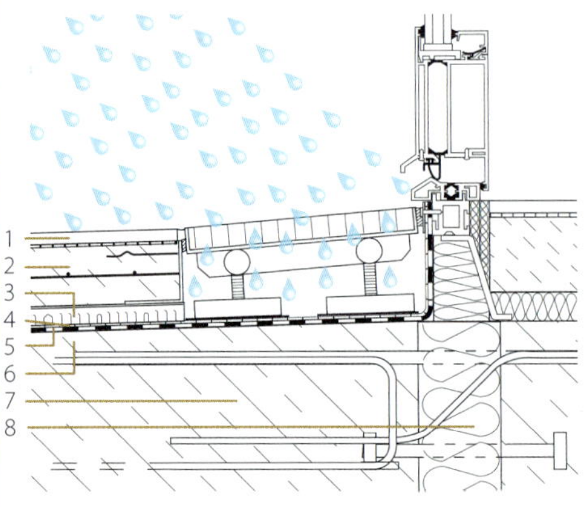

1 Steinzeugbelag im Dünnbett
2 Schutzestrich, bewehrt, 50 mm
3 Dränschicht
4 Trennschicht
5 Abdichtung ohne Verbund
6 Gefälleestrich
7 Stahlbetonplatte
8 gedämmte Tragkonstruktion

Barrierefreie Ausbildung des Türanschlusses

11.6.3 | Innere Entwässerung durch Terrassengully

Bei sehr großflächigen Terrassen kann auf innen liegende Einläufe (Gullys) nicht verzichtet werden, da der Aufbau durch den Gefälleestrich zu hoch würde. Die Gullys und die innen liegende Abflussleitung müssen wegen des kalten Tauwassers wärmegedämmt sein. Um Verstopfung durch Eisbildung zu verhindern, gibt es elektrisch beheizbare Gullys.

Da bei Verstopfung der Dachgullys mit Wasserstau zu rechnen ist, sollte immer ein zusätzlicher Sicherheitsablauf (Wasserspeier oder Ähnliches) eingebaut werden.

Die Höhenlage dieses Sicherheitsablaufs kann zweckmäßigerweise etwa 1 cm höher als die Terrassenoberfläche gewählt werden, damit dieser nur im Fall von Wasserstau zu laufen beginnt und nicht bei normalen Verhältnissen.

Beim Einbau der Dachgullys ist besonderer Wert auf eine rückstausichere Konstruktion zu legen. Die Einläufe sollten oberhalb der Abdichtung Sickerschlitze zur Entwässerung des Mörtelbetts aufweisen (mehretagige Entwässerung). Falsch oder schlecht eingebaute Terrassengullys werden sonst zu „Bewässerern" der Wärmedämmschicht.

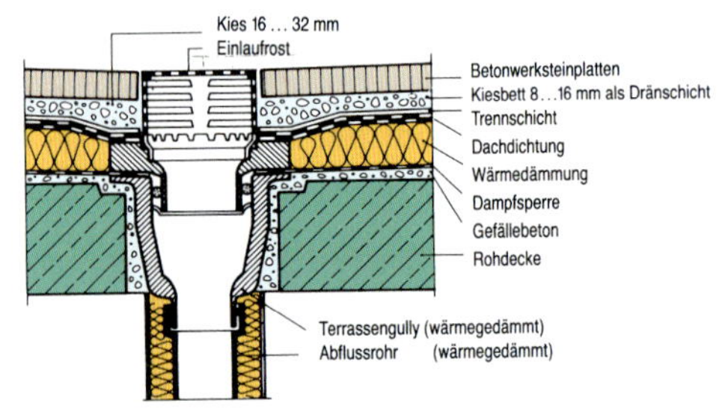

Terrassengully

Das Oberflächenwasser wird über einen Gitterrost aufgenommen. Das Sickerwasser auf der Abdichtung wird durch seitliche Schlitze im Aufstockelement in den Gully geleitet.

11.6.4 | Ausbildung von Rohrdurchgängen

Müssen Rohre, z. B. für Elektroanschlüsse, Antennen oder neuerdings Sonnenkollektoren, durch Terrassenflächen geführt werden, so sind diese durch einen Dichtflansch in die Abdichtung einzudichten. Der Dichtflansch muss mit Druckdichtung oder durch Verschweißung wasserdicht am Rohr anschließen. Für die Durchführung von Kunststoffrohren oder elektrischen Leitungen muss ein Hülsenrohr eingebaut werden.

Wo möglich, sollten Rohrdurchführungen aus der bewässerten Ebene der Terrasse wegverlegt werden, z. B. in Wände oder an Brüstungen.

Auch Geländerpfosten müssen, wenn sie auf der Decke befestigt werden, mit Dichtflansch in die Sperrschicht eingedichtet werden.

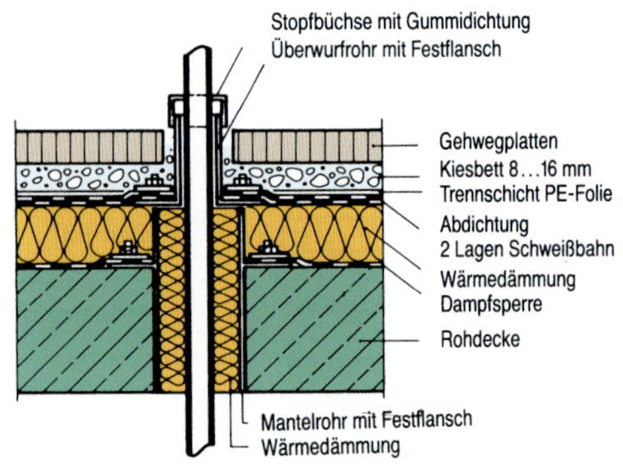

Rohrdurchführungen mit Dichtflanschen

11.7 | Ausbildung von Bewegungsfugen

11.7.1 | Feldbegrenzungsfugen im Terrassenbelag

Wegen der starken Aufheizung von Terrassen (bis zu +70 °C) muss mit großen Ausdehnungsunterschieden zwischen der Belagoberfläche und der wärmegedämmten Deckenkonstruktion gerechnet werden.

Daher sind Feldbegrenzungsfugen im Belag oberhalb der Abdichtung einzubauen. Sie bestehen entweder aus einem weichen Hinterfüllmaterial, das oben mit einem elastischen Dichtstoff verschlossen ist, oder aus einem vorgefertigten Fugenprofil.

Der Abstand der Feldbegrenzungsfuge richtet sich nach dem Belagmaterial und der zu erwartenden Aufheizung, er sollte aber 5 m nicht überschreiten.

Feldbegrenzungsfugen sind an allen Stellen anzuordnen, wo Einsprünge oder Ecken die Bewegung des Belags behindern könnten.

11.7.2 | Gebäudetrennfugen

Sie müssen selbstverständlich in gleicher Breite im gesamten Aufbau der Terrasse ausgebildet werden.

Besondere Aufmerksamkeit muss der Ausbildung der Trennfuge in der Abdichtung und in der Dampfsperre gewidmet werden. Während bei der Dampfsperre Schlaufenbildung möglich ist, sollte bei der Abdichtung weder eine Erhöhung noch eine Vertiefung ausgebildet werden, um Wasserstau zu vermeiden.

Am sinnvollsten wird das Gefälle so angelegt, dass es von Gebäudetrennfugen wegführt oder parallel zu diesen verläuft (siehe Abbildung „Richtige Anordnung einer Gebäudetrennfuge").

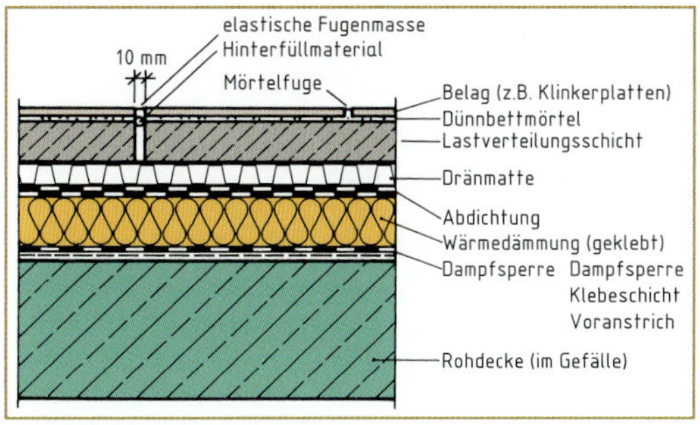

Bewegungsfuge im Belag

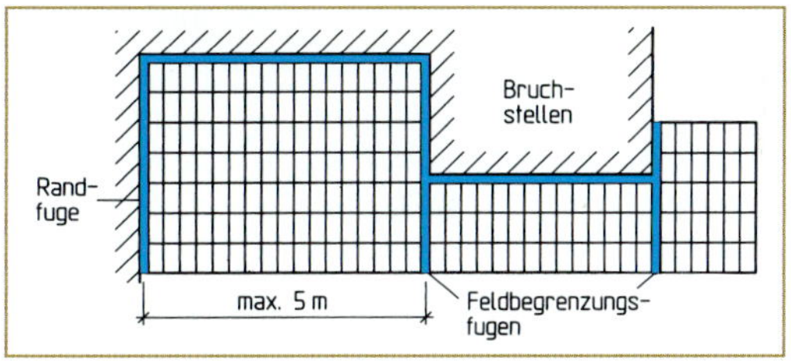

Anordnung von Feldbegrenzungsfugen

Vorgefertigtes Fugenprofil, Feldbegrenzungsfuge

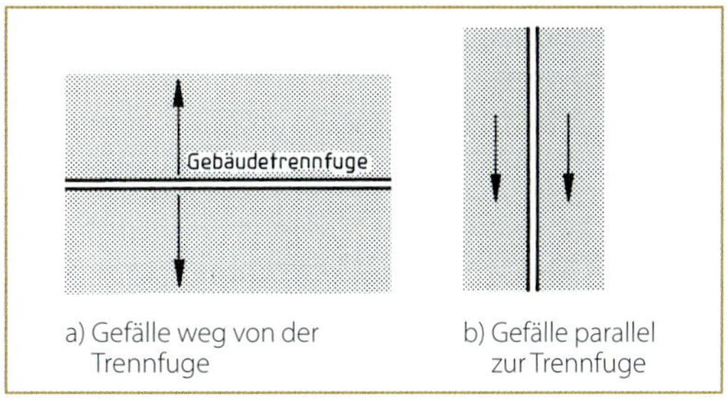

Richtige Anordnung einer Gebäudetrennfuge

11.8 | Schäden an Terrassen und Balkonen

Balkone und Terrassen sind häufig mit Bauschäden behaftet.

11.8.1 | Ausblühungen

Ursache von Ausblühungen ist meist, dass Kalk von eindringendem Wasser aus dem Mörtel herausgelöst wird. Dieser Kalk bildet an Stellen, wo dieses Wasser austritt, Kalksinterablagerungen.

Auch die Ausblühung von Silikaten, die auf der Belagoberfläche unlösliches SiO_2 hinterlassen, haben ihre Ursache in eingedrungenem Wasser.

Die Luftverschmutzung mit Verbrennungsgasen, insbesondere mit Schwefeldioxid, macht das Regenwasser zu einer aggressiven Säure (schweflige Säure), die auf Fugen und Mörtelbett zerstörend einwirkt.

Abhilfe ist meist durch Fugenmörtel mit geringer Wasseraufnahme möglich. Grundsätzlich sollten aber keine Reaktionsharze verwendet werden, da diese eine Austrocknung der Restfeuchte unter dem Belag nicht zulassen. Wichtig ist, dass das Belagmaterial kein Wasser aufnimmt, damit die schädigende Einwirkung nicht durch den Belag hindurch das Mörtelbett erreicht.

Stauwasser ist besonders gefährlich, denn es dringt durch feinste Haarrisse. Ausreichendes Gefälle und eine Dränschicht oberhalb der Abdichtung sorgen für eine einwandfreie Wasserabführung.

Das Wasser in der Mörtelschicht des Natursteinbelages führte zu diesen großen Ausblühungen. Die Sanierung des Objektes ist mit hohen Kosten verbunden.

11.8.2 | Risse im Belagmaterial

Sie entstehen meist durch fehlende oder eine nicht ausreichende Anzahl von Feldbegrenzungsfugen im Belag. Auch das Verlegen im Verband kann sich nachteilig auswirken.

Zu schmale oder fehlende Gebäudetrennfugen führen zwangsläufig zu Rissen. Die Gebäudetrennfuge darf auch nicht im Belag seitlich versetzt angeordnet werden. An Schmalstellen des Belags bilden sich durch Bewegungen oft Risse, die durch Anlegen von Bewegungsfugen vermeidbar sind.

Rissbildung im Belag

11.8.3 | Abplatzen und Lostreten von Belagteilen

Ins Mörtelbett eingedrungenes Wasser führt im Winter zu Auffrierungen. Poröse Fugen und feh-

Wasserdampf gelangte in die glasierte keramische Fliese – schon nach zwei Jahren traten die ersten Folgeschäden auf. Vier Jahre nach dem Einbau bewirkten Frostabplatzungen diese unästhetische Optik.

lende Ausdehnungsmöglichkeit erhöhen die Gefahr, dass Belagteile sich heben. Dünnbettmörtel mit zu geringer Haftung am Belagmaterial wegen zu spätem Einlegen kommt auch als Ursache infrage.

Ist der Zementestrich falsch zusammengesetzt oder sind die Stahleinlagen nicht genügend überdeckt, rostet der Stahl und treibt den Belag hoch. In solchen Fällen hilft meist nur noch ein kompletter Neuaufbau des Belags.

Zusammenfassung

Außenbeläge unterliegen starken Beanspruchungen durch die Witterung (Hitze, Kälte, Sonnenstrahlung, Regen und Wind) und durch das Begehen und Befahren. Sie müssen deshalb frostbeständig, rutschhemmend und beständig sein gegen raschen Temperaturwechsel, gegen Abrieb, gegen chemische Einflüsse und gegen die ultraviolette Sonnenstrahlung.

Geeignete Materialien sind dichte und nicht zu glatte keramische Beläge wie Spaltplatten, Klinkerplatten und Steinzeugfliesen. Natursteine wie Granit, Quarzit, Basalt und manche Sandsteine sind ebenfalls geeignet. Betonwerksteine müssen frostbeständiges Vorsatzmaterial und dichtes Gefüge aufweisen.

Außenbeläge gegen Grund werden auf einer kapillarbrechenden Kies-Sand-Schicht in Mörtel- oder Sandbett oder bei unsicherem setzungsgefährdetem Untergrund auf einer Stahlbetonplatte verlegt.

Außenbeläge über Gebäudeteilen erfordern eine Feuchtigkeitsabdichtung und über bewohnten Räumen auch eine Wärmedämmschicht. Die Ableitung von Wasser muss sicher gewährleistet sein. Dafür ist ein Gefälle von 1,5…3 % erforderlich, das gegebenenfalls durch einen Gefällebeton direkt auf der Rohdecke hergestellt wird. Die Abdichtung muss an Bauteilen wie Wänden und Brüstungen wegen des Spritzwassers und eventuellem Wasserstau 15 cm über die Oberkante des Plattenbelags hochgeführt und mechanisch befestigt werden. Die Abdichtung ist überall gegen mechanische Beschädigungen zu schützen.

Wegen der an Außenbelägen auftretenden großen Temperaturunterschiede und den damit verbundenen Längenänderungen müssen Feldbegrenzungsfugen in ausreichendem Maße (max. alle 5 m) angeordnet werden. Man kann sie als offene Fuge ausbilden oder mit elastischen Dichtstoffen schließen.

11.9 | Aufgaben

1. | Nennen Sie Belastungen und schädigende Einflüsse, denen Außenbeläge ausgesetzt sind.

2. | Nennen Sie Anforderungen an Belagmaterial für Außenbeläge und Beispiele für geeignetes Material.

3. | Skizzieren Sie einen Terrassenaufbau auf gewachsenem Grund mit großformatigen Platten.

4. | Skizzieren Sie
   a) einen Balkonaufbau mit Spaltplatten ohne Wärmedämmung,
   b) einen Terrassenbelag mit Wärmedämmung unter Verwendung von Betonwerksteinplatten in Kies.

5. | Begründen Sie folgende Abdichtungsregeln:
   a) Abdichtungen müssen an Wandanschlüssen 15 cm über Belagoberkante hochgeführt werden,
   b) Abdichtungen müssen mechanisch befestigt und gegen Beschädigung geschützt werden.

6. | Begründen Sie, weshalb Außenbeläge durch Feldbegrenzungsfugen aufzuteilen sind, und nennen Sie den Höchstabstand.

7. | Nennen Sie Materialien zur Herstellung von Abdichtungen.

8. | Erläutern Sie die Aufgaben der Dränschicht.

9. | Erklären Sie die Entstehung von Ausblühungen bei Belägen im Freien.

10. | Die Südterrasse des Projekts ist als Umkehrdach ausgebildet, d. h., die Wärmedämmung liegt oberhalb der Abdichtung. Als Belag sind bruchraue Natursteinplatten ausgewählt, die auf einer losen Kiesschicht liegen.

a) Zeichnen Sie den Terrassenaufbau im Detailschnitt durch die Randausbildung im Maßstab 1 : 5.

b) Zeichnen Sie den Terrassenaufbau mit Anschluss zur Fenstertür als Detail im Maßstab 1 : 5.

c) Zeichnen Sie den Terrassenaufbau mit Anschluss an die vorgehängte Natursteinfassade. Den Aufbau der vorgehängten Natursteinfassade sieht man bei Aufgabe 3.

Konstruktive Angaben zur Umkehrdachkonstruktion

Der Gefälleestrich hat ein Gefälle von 1 % und eine Mindestdicke von 15 mm. Die Abdichtung besteht aus 2 Schweißbahnen, S5. Edelstahlbleche schützen die Ränder der hochgeführten Abdichtungen. Die Wärmedämmung aus extrudiertem PE-Hartschaum ist 80 mm dick und mit einer PE-Schutzfolie abgedeckt. Vor der Türschwelle liegt eine 10 cm breite Rinne mit Gitterrost. Die Terrasse wird mit Natursteinplatten 50 × 50 × 4 cm in Kies belegt.

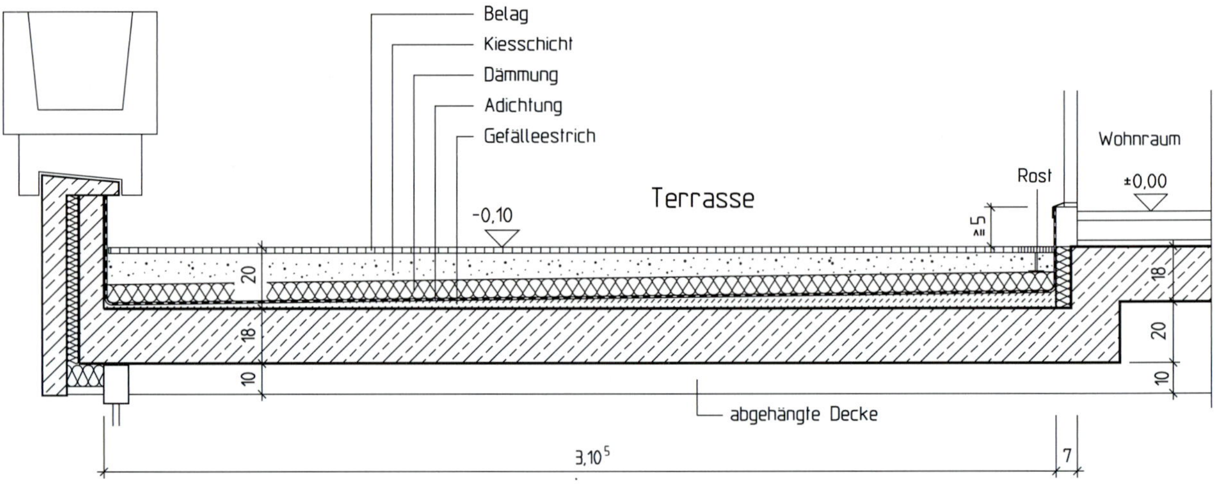

Umkehrkonstruktion

11. | **Südwestterrasse – Zeichenaufgabe**

Die Südwestterrasse soll mit Natursteinplatten *W* 500 × 500 × 40 mm mit 8 mm Fuge in Kies belegt werden, Aufbau wie Aufgabe 4.

a) Zeichnen Sie die Belageinteilung im Maßstab 1 : 25.

b) Berechnen Sie die Terrassenfläche und ermitteln Sie die erforderliche Anzahl von Natursteinplatten.

c) Ermitteln Sie die Länge der zu schneidenden Platten.

d) Berechnen Sie die Höhe des Gefälleestrichs an den Anschlüssen Südwand und Westfenster, Mindestgefälle 1 %. Beide Höhen werden gleich hergestellt. Anfangshöhe an der Brüstung 15 mm. Berechnen Sie auch das Gefälle im steileren Teil.

e) Berechnen Sie die Festmörtelmenge für den Gefälleestrich. Ermitteln Sie den Materialbedarf an Sand (m^3) und Zement (kg) für den Estrich. Mischungsverhältnis 1 : 3, Mörtelfaktor 1,4, Schüttdichte des Zements 1,3 kg/l.

f) Ermitteln Sie die Kiesmenge in m^3 für die Verlegung der 40 mm dicken Natursteinplatten. Aufbauhöhe des Umkehrdaches über dem Gefälleestrich 100 mm, Gesamthöhe ab Rohdecke 200 mm (Estrichhöhe Aufgabe d).

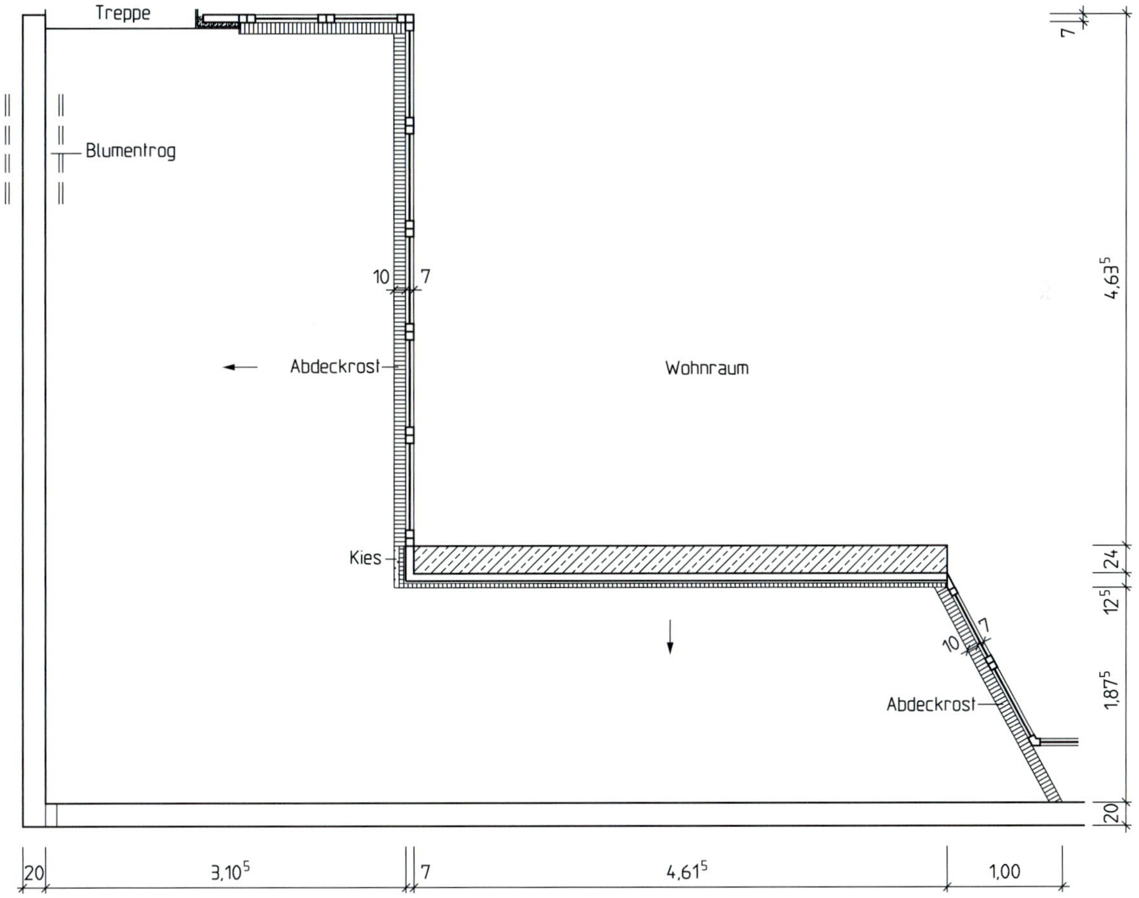

Südwestterrasse

12. | Die Loggia hat im Rohbau kein Gefälle. Sie soll mit Spaltplatten belegt werden. Wärmedämmung ist nicht erforderlich, da die Konstruktion am Auflager gedämmt ist. Wählen Sie einen geeigneten Belagaufbau. Beschreiben Sie den Belagaufbau mit Dicken der Schichten.

Belagmaterial:
Spaltplatten *W* 240 × 115 × 10 mm,
Längswinkelplatten 240 × 115 × 52 × 12 mm.

a) Zeichnen Sie den Belag im Maßstab 1 : 10 (Fugen 10 mm als Doppellinie). Zeichnen Sie den Schnitt A – A im Maßstab 1 : 10.

b) Berechnen Sie die Fläche der Loggia in m^2 und ermitteln Sie die Anzahl der Spaltplatten und Längswinkel.

c) Ermitteln Sie die Höhe an der Fenstertüre für die Gesamtkonstruktion (Gefälle 2 %) ihrer Wahl.

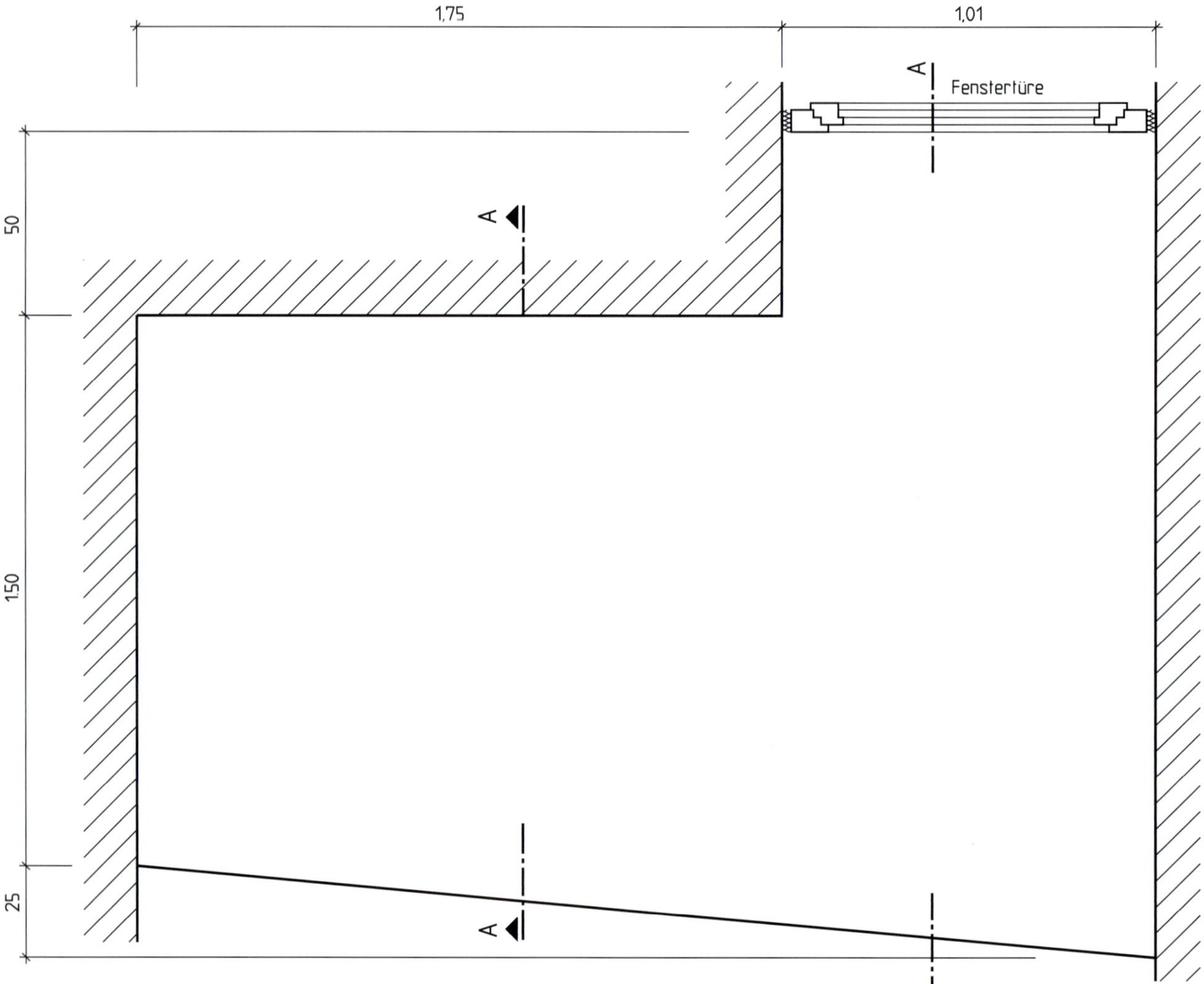

Loggia

Lernfeld 12 | Bekleiden einer Fassade

Zielformulierung:	Die Schülerinnen und Schüler vergleichen Fassadenkonstruktionen aus Fliesen und Platten unter Berücksichtigung der Gebäudenutzung sowie bauphysikalischer Aspekte. Sie planen die Herstellung einer gedämmten angemörtelten Fassade einschließlich Verankerungen und Anschlüssen. Sie beachten die Sicherheitsvorschriften bei der Auswahl des Arbeitsgerüstes. Die Schülerinnen und Schüler entwickeln gestalterische Lösungen in Abhängigkeit des gewählten Belagmaterials und der Planung von Bewegungsfugen. Sie zeichnen Schnitte und Ansichten und ermitteln den Baustoffbedarf.
Lerninhalte:	• Umwelteinfluss • Hinterlüftung • Belagmaterial • Bewehrter Unterputz • Ansetzverfahren • Dämmung • Systemgerüst • Fassadenansicht • Schnitt im Fensteranschluss

Die Fassade ist das Gesicht eines Gebäudes. Deshalb wurde zu allen Zeiten der Gestaltung des Gebäudeäußeren besondere Beachtung geschenkt.

Schon im Altertum wurden die Stadtmauer und die Tore von Babylon mit farbig glasierten Ziegeln geschmückt.

Die Vorzüge von keramischen und Natursteinplatten für die Bekleidung von Baukörpern werden von zeitgenössischen Architekten und Bauherren geschätzt. Modernes Bekleidungsmaterial sowie neue Verlegemethoden und Befestigungsmittel haben der Bekleidung von Fassaden ganz neue Möglichkeiten eröffnet.

Die Anforderungen an Fassadenbekleidungen aus bauphysikalischer Sicht sind mannigfaltig und müssen in jedem Fall beachtet werden.

12.1 | Fassadenbekleidungen

Fassadenbekleidungen werden durch ihre Lage im Außenbereich wesentlich stärker beansprucht als Beläge in Innenräumen. Witterungseinflüsse, große Belagflächen und unterschiedliche Untergründe, z. B. Mischmauerwerk, Skelettbau usw., können Schwierigkeiten hervorrufen. Um folgenschwere Bauschäden zu vermeiden, ist eine sorgfältige Planung und Ausführung der Fassadenbekleidung gemäß DIN 18515 und DIN 18516 notwendig.

Aufgaben der Fassadenbekleidungen

Schutz der Außenwand

Das Gebäude wird durch die Fassadenbekleidung vor den Witterungseinflüssen geschützt (Fassade = „Regenmantel" des Gebäudes).

Architektonische Gestaltung

Die Fassade gibt dem Gebäude Gliederung und Farbe (Fassade = Gesicht des Gebäudes).

Wärmedämmung

Die Fassadenbekleidung schützt die Außenwand vor Durchfeuchtung und erhält damit dauerhaft die Wärmedämmfähigkeit.

12.2 | Einwirkungen auf die Fassadenbekleidungen

Hohe Temperatur

Dunkle Fassaden sind zu vermeiden, da sie sich stärker aufheizen.

Frost

Es darf nur frostbeständiges Belagmaterial verwendet werden. Das Mörtelbett darf keine Hohlräume enthalten, da Wasseransammlung zu Frostabplatzungen führen kann.

Temperaturwechsel

Bedingt durch den Tag-Nacht-Rhythmus oder bei rascher Abkühlung der aufgeheizten Fassadenbekleidung durch einen Gewitterregen werden Spannungen hervorgerufen, die zur Rissbildung führen können.

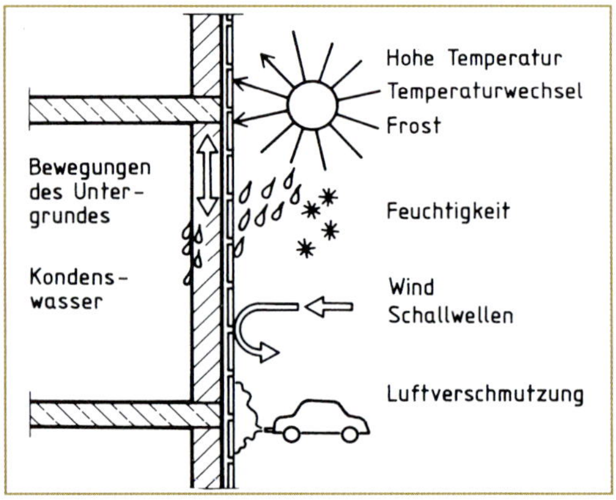

Einwirkungen auf die Fassadenbekleidung

Wind

Ab einer bestimmten Geschwindigkeit entstehen an der Fassade durch den Wind Druckkräfte und Sogkräfte. Deshalb ist eine feste Verbindung bzw. Verankerung der Fassadenbekleidung notwendig.

Feuchtigkeit

Zu unterscheiden sind die Feuchtigkeitseinwirkung von außen (Luftfeuchtigkeit, Niederschläge) und die Feuchtigkeitseinwirkung von innen (Wasserdampf aus den Innenräumen).

Der Feuchtigkeitseinwirkung von außen ist besonders die Wetterseite (Westseite) des Gebäudes ausgesetzt. Bei der Feuchtigkeitseinwirkung von innen muss konstruktiv verhindert werden, dass sich Kondenswasser im Mauerwerk oder im Verlegemörtel bildet. Beispiele: ausreichende Dämmung, ein hoher Fugenanteil des Fassadenbelags, der die Feuchtigkeitsabgabe erleichtert.

Luftverschmutzung

Durch das Zusammenwirken von Abgasen und Niederschlägen entstehen Säuren, die die Fassadenbekleidung (Belagmaterial, Fugen und Anker) angreifen.

Bewegungen des Untergrundes

Ursachen sind: Schwinden von Mörtel und Beton während des Erhärtens, Kriechen von Bauteilen (Formveränderung durch Belastung), Setzen des Untergrundes, unterschiedliche Ausdehnung der Bauteile bei Temperaturveränderungen. Die Bekleidungsstoffe sollten daher möglichst spät angebracht werden.

12.3 | Fassadenarten

Man unterscheidet folgende Konstruktionen:
- angemörtelt (direkt auf den Untergrund)
- angemauert (zusätzlich aufgesetzt)
- auf bewehrtem Unterputz auf Dämmschicht
- als Wärmedämm-Verbundsystem (WDVS)
- hinterlüftete Fassade

Einige dieser Konstruktionsarten haben im heutigen Baugeschehen stark an Bedeutung verloren und werden deshalb nicht detailliert dargestellt. Beispiele: die angemauerte Fassade und die Bekleidung auf bewehrtem Unterputz auf Wärmedämmschicht – mit oder ohne Hinterlüftung.

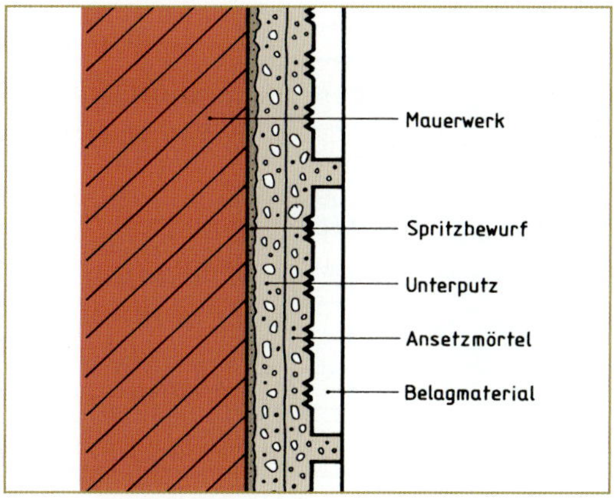

Angemörtelte Fassadenbekleidung auf massivem Untergrund mit Unterputz

12.3.1 | Angemörtelte Fassadenbekleidung

Es handelt sich hierbei um die traditionelle Art, Fliesen und Platten direkt auf den Untergrund anzusetzen. Anwendungsbeispiel: Haussockel.
Das Bekleidungsmaterial soll nach DIN 18515 eine Kantenlänge von ≤ 49 cm und eine Fläche von ≤ 0,12 m² haben.
Je nach den baulichen Gegebenheiten des Untergrunds, z.B. Tragfähigkeit, Haftfähigkeit, Maßabweichungen, werden folgende Konstruktionen gewählt:
- ohne Unterputz (Dickbett),
- mit Unterputz (Dickbett/Dünnbett),
- mit bewehrtem Unterputz (Dickbett/Dünnbett).

Das Bekleidungsmaterial haftet hierbei durch die Anhangskraft des Ansetzmörtels am Untergrund.

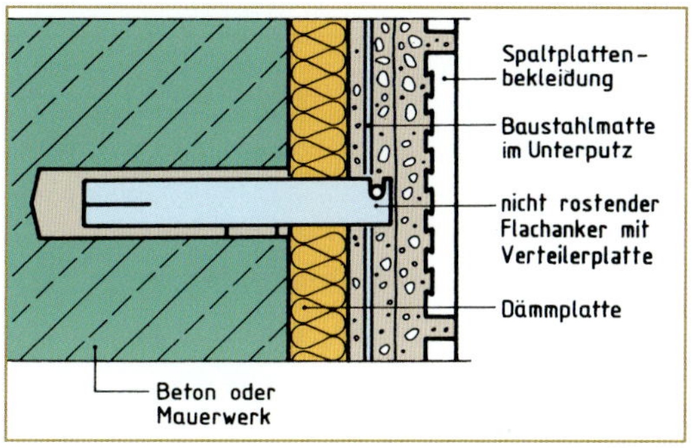

Angemörtelte Fassadenbekleidung auf Wärmedämmschicht mit bewehrtem Unterputz

12.3.2 | Wärmedämm-Verbundsystem (WDVS)

Im Zusammenhang mit Maßnamen zur Energieeinsparung spielt das WDVS im Verbund mit einem Außenputz seit langem eine wichtige Rolle. Inzwischen ist es aber auch möglich, hohe Gebäudefassaden mit einer keramischen Bekleidung im direkten Verbund mit einer Dämmschicht auszuführen. Voraussetzung ist, dass es sich um **komplette Systeme** handelt, die alle Komponenten vom Untergrund bis zur keramischen Bekleidung umfassen und dass sie vom Deutschen Institut für Bautechnik (DIBT) bauaufsichtlich zugelassen sind. Mit der Einhaltung der zahlreichen bautechnischen Systemanforderungen ist gewährleistet, dass die Außenwand ihre bauphysikalischen Funktionen (vor allem die Diffusionsfähigkeit) erfüllt und die

Riemchen im Wärmedämm-Verbundsystem

Fassadenbekleidung dauerhaft standsicher ist. Dem handwerklich arbeitenden Fliesenleger ist mit der Ausführung dieser Konstruktionen insbesondere im Bereich der Altbausanierung ein wichtiges Arbeitsfeld zurückgegeben worden.

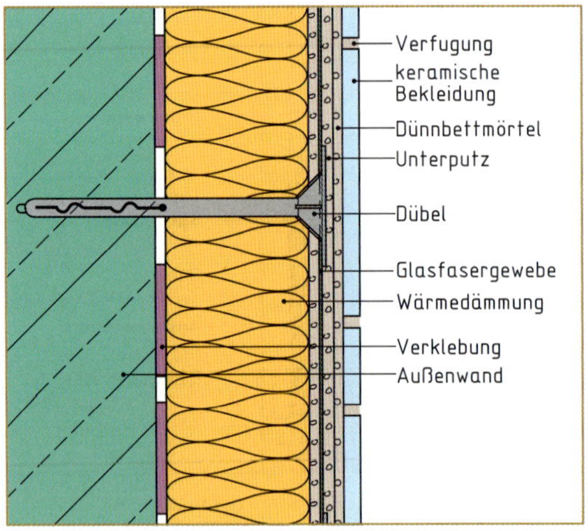

WDVS: Konstruktionsaufbau

Fenstersturz mit Klinkerriemchen

Systemanforderungen		
Untergrund	massive tragende Wand aus Mauerwerk oder Stahlbeton	
Wärmedämmschicht	Schaumkunststoffe z. B. EPS (expandiertes Polystyrol)	Mineralwolleplatten (MW) als Lamellenplatten: Fasern stehen quer
Wasseraufnahme des keramischen Belagstoffes	max. 6 %	max. 3 %
Belagmaterial	Spaltplatten (frostbeständig AI, AIIa) Steinzeugfliesen – BI_b Ziegelriemchen Klinkerriemchen	Fliesen nach Gruppe I DIN EN 14411 im Regelfall kein Feinsteinzeug!
Belagmaterial • Format • Rückseite	bis etwa 60 × 30 cm und 15 mm Dicke günstiges Verbundverhalten gefordert: Mindestanforderungen an Porengröße (r_{max} ≥ 0,2 µm) und Porenvolumen (≥ 20 mm^3)	
Dünnbettmörtel	zementhaltige Mörtel nach DIN EN 12004 (siehe auch 9.6.2) im beidseitigen Auftrag (kombiniertes Verfahren)	
Bewehrung	Glasfasergewebe im mineralischen Dünnbettmörtel; Bahnen überlappen sich 10 cm	
Dübel	Schraubdübel verankern Dämmstoff und Gewebe im frischen Kleberbett; für Gebäudehöhen • unter 8 m: eventuell verzichtbar • ab 8 m: in der Regel mit bauaufsichtlicher Zulassung	
Fugenanteil an der Belagfläche	mind. 6 %	
Bewegungsfugen • senkrecht • waagerecht	alle 3 … 6 m jedes Stockwerk Vorhandene Fugen dürfen auf keinen Fall vom WDVS überdeckt werden!	

Systemanforderungen für die amtliche Zulassung von WDVS

12.3.3 | Hinterlüftete Fassadenbekleidung

Der mehrschalige Aufbau dieser Konstruktion bietet folgende Vorteile: Die Bekleidung übernimmt den Witterungsschutz, die (fast ruhende) Luftschicht ermöglicht die Ableitung der Feuchtigkeit und verhindert so Schäden durch Wasserdampfdiffusion. Die Wärmedämmung schützt die tragende Konstruktion vor starken Temperaturschwankungen, der Schallschutz wird ebenfalls verbessert.
Folgende Konstruktionsarten lassen sich unterscheiden:

Vorgehängte (montierte) Fassaden

Großformatige keramische Platten, vorgefertigte Fassadenelemente, aber vor allem auch Natursteinplatten können, statt mit Mörtel angesetzt, auch mit Einzelankern oder mit einer kompletten Unterkonstruktion aus nicht rostendem Material unter der Dämmschicht am Baukörper befestigt werden (statischer Nachweis!). Die Fugen bleiben offen, die Bekleidung hat dadurch Bewegungsspielraum.

Handwerklich erstellte Fassaden

Traditionelle Ausführung:

Perforierte Kunststoff-Rohrtafeln, die der Hinterlüftung dienen, werden in frischen Unterputzmörtel eingedrückt und angeworfen. Auf diese hinterlüftete Putzschicht wird die Fassadenbekleidung nach der Dickbett- oder Dünnbettmethode angesetzt.

Verbundkonstruktion mit Hinterlüftung und Entkopplung (wird derzeit nicht mehr hergestellt):

Die Platten wurden im Dünnbett auf einer profilierten Trägerplatte aus Polystyrol angesetzt, die die Belüftung gewährleistete.

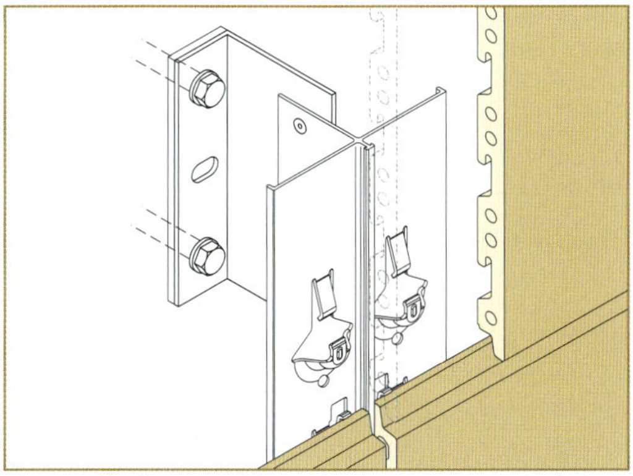

Hinterlüftete keramische Fassade mit vorgehängtem Keramikplattensystem

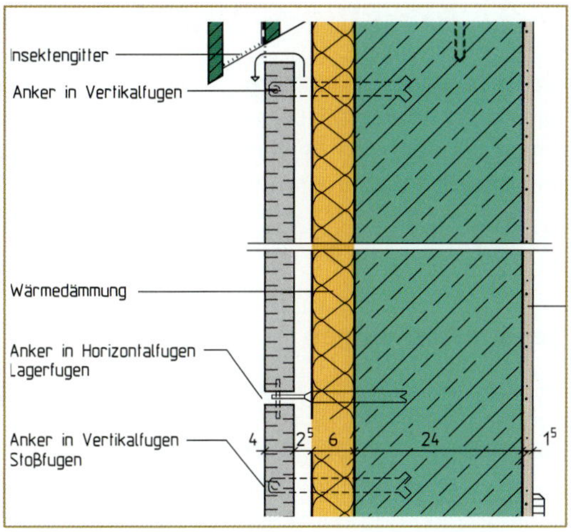

Natursteinplatten an Einzelankern

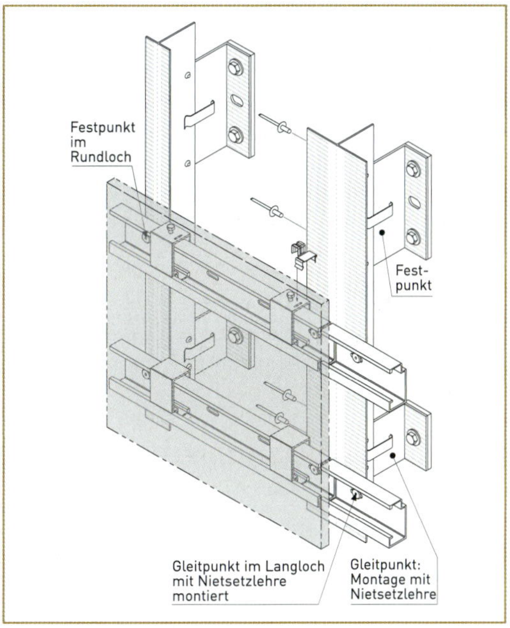

Hinterlüftete keramische Fassade, Platten verdeckt befestigt (rückseitige Hinterschnittanker)

12.4 | Bewegungsfugen

Um Spannungen zu mildern, die in der Fassadenbekleidung zur Rissbildung und zu Abplatzungen führen können, sind Bewegungsfugen zu planen und sorgfältig auszuführen.

Fassadenbekleidungen müssen hohlraumfrei verlegt werden. Bewegungsfugen sind sorgfältig zu planen und auszuführen.

Es werden drei Arten von Bewegungsfugen unterschieden:

Gebäudetrennfugen

Sie führen durch alle tragenden und nicht tragenden Teile des Bauwerks hindurch. Gebäudetrennfugen müssen an der gleichen Stelle und in der gleichen Breite in die Fassadenbekleidung übernommen und mit elastischem Dichtstoff ausgefugt werden.

Feldbegrenzungsfugen

Sie gehen durch die Fassadenbekleidung nur bis auf den Verlegeuntergrund. Durch diese Fugen wird die Fassadenbekleidung in einzelne Felder unterteilt. Abstand horizontal und vertikal von 3… 6 m, aus gestalterischen Gründen am besten den Fensterlaibungen und Fensterstürzen folgend.

Anschlussfugen

sind Fugen zwischen der Fassadenbekleidung und den angrenzenden Bauteilen (z. B. Fensterrahmen, Balkone).

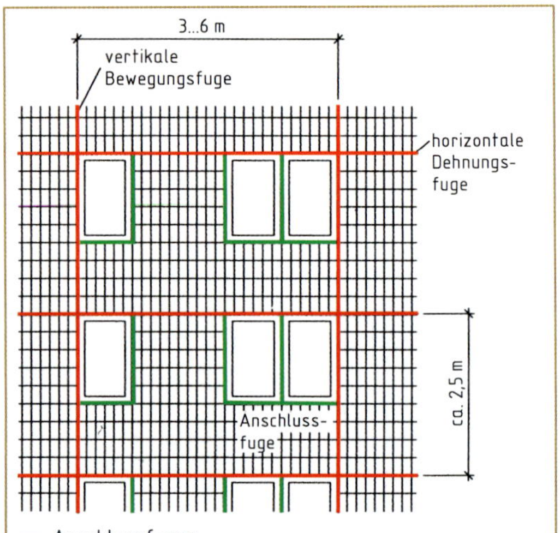

Beispiel für die Anordnung von Bewegungsfugen

Zusammenfassung

Fassadenbekleidungen unterliegen hohen Beanspruchungen durch die Witterung. Schlagregen, Hitze, Frost, UV-Strahlung, Wind, Verschmutzung der Luft, Erschütterung und Bewegung des Untergrunds sowie Dampfdiffusion beanspruchen die Konstruktion. Immer häufiger muss auch der Wärmeschutz hergestellt werden. Außerdem sind gestalterische Belange zu erfüllen.

Auf geeigneten Untergründen können Fassaden angemörtelt oder mit Unterputz ausgeführt werden. Dickeres Belagmaterial wird meist mit Verankerung zum Bauwerk vorgemauert.

Auf Wärmedämmung arbeitete man traditionell mit bewehrtem Unterputz und Verankerung.

Wärmedämm-Verbundsysteme (WDVS) gewinnen für das Handwerk zunehmend an Bedeutung. Für die Ausführung kommen nur bauaufsichtlich zugelassene komplette Systeme infrage. Die umfangreichen Systemanforderungen bieten Gewähr für die bauphysikalischen Funktionen (Dampfdiffusion!) und die Standsicherheit der Fassadenbekleidung.

Hinterlüftete Fassaden können handwerklich aus perforierten Polystyrol-Trägerplatten hergestellt werden.

Ohne Mörtel können Fertigteile oder Natursteinplatten einzeln am Bauwerk verankert werden.

Großformatige keramische Platten können auch als vorgehängte Fassade auf einer Metall-Unterkonstruktion – z. B. in Form von Klammern oder rückseitigen Hinterschnittankern – mechanisch befestigt werden.

12.5 | Leitern

Personen, Werkzeuge – und auch Baumaterial – gelangen oft über Anlegeleitern an den Arbeitsplatz auf dem Gerüst. Deshalb müssen auch Leitern den Unfallverhütungsvorschriften entsprechen und regelmäßig auf ihren ordnungsgemäßen Zustand überprüft werden. Sie müssen sicher begehbar und gegen übermäßiges Durchbiegen, starkes Schwanken und Verwinden gesichert sein.

12.5.1 | Anlegeleitern

Beim Aufstellen ist Folgendes zu beachten:

- Anlegeleitern dürfen nur an sichere Stützpunkte angelegt werden.
- Über die Austrittstellen sollen sie mindestens 1 m hinausragen, wenn eine gleichwertige Haltemöglichkeit fehlt.
- Der Anstellwinkel soll zwischen 68° und 75° liegen. Der waagerechte Abstand zwischen dem Fußpunkt der Leiter und der Wand beträgt dann ca. ⅓ bis ¼ der Anlegelänge.
- Anlegeleitern müssen gegen Ausgleiten, Umfallen, Umkanten, Abrutschen und Einsinken gesichert sein. Dies geschieht z. B. durch Fußverbreiterungen oder Einhängungen.

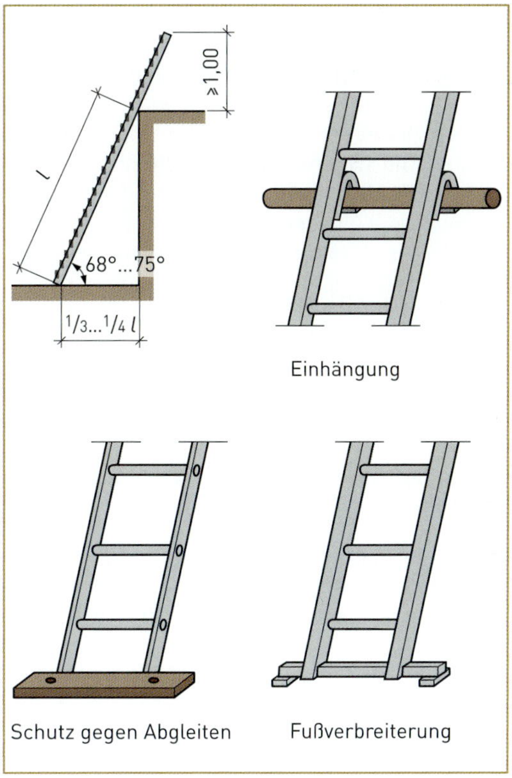

Sichern von Anlegeleitern

12.5.2 | Stehleitern

Stehleitern sind frei stehende, zweischenklige Leitern, die an beiden Seiten durch fest angebrachte Spannketten oder -gelenke gegen Auseinandergleiten gesichert sind. Stehleitern dürfen nie als Anlegeleitern verwendet werden.

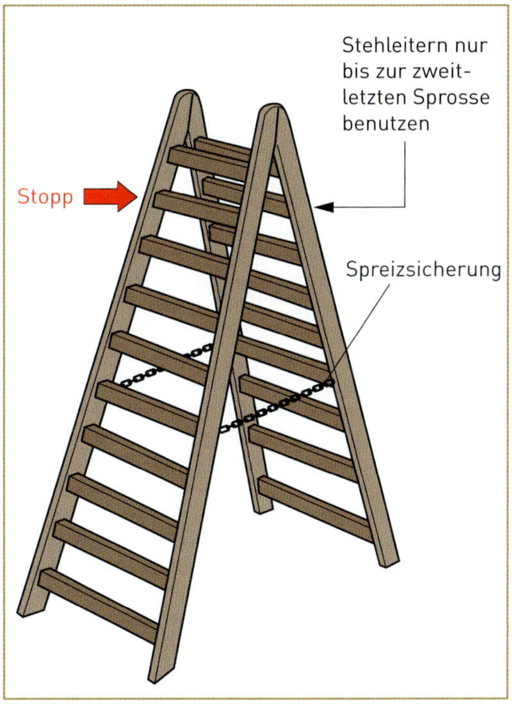

Stehleiter

12.5.3 | Gerüstaufstiege

Die früher üblichen Leitergänge, die außen an den Gerüsten angebracht waren, sind nur noch in Ausnahmefällen bis zu einer Höhe von 5 m zulässig. Aus Sicherheitsgründen sollten jedoch die Aufstiege bei Gerüsten grundsätzlich innen sein. Auch das Zusammenbinden (Verlängern) von Leitern, das früher bei Leitergängen üblich war, ist nicht mehr gestattet.

Im Allgemeinen werden heute innen liegende Leitern bzw. Treppentürme als Gerüstaufstiege verwendet, die eine wesentlich höhere Arbeitssicherheit bieten als außen liegende Leitergänge.

Die Leitern der Gerüstaufstiege führen über jeweils ein Gerüstgeschoss, d. h. von einem Gerüstboden zum nächsten darüber- oder darunterliegenden.

Anlegeleitern müssen mindestens 1 m über ihren Austritt hinausragen und dürfen nicht einsinken. Stehleitern müssen durch Spannketten oder -gelenke gegen Auseinandergleiten gesichert sein. Gerüste benötigen innen liegende Leitern, die einen sicheren Auf- und Abstieg ermöglichen.

Innen liegender Leiteraufstieg am Rahmengerüst

12.6 | Gerüste

Gerüste sind nach DIN 4420, DIN EN 12810, DIN EN 12811 und DIN EN 12812 herzustellen.

Außerdem müssen die Unfallverhütungsvorschriften der Bauberufsgenossenschaft beachtet werden. Gerüste müssen das unfallsichere Arbeiten an Bauwerken auch in großer Höhe ermöglichen. Sie sind daher nach den Regeln der Technik einwandfrei herzustellen, müssen ausreichend tragfähig und so beschaffen sein, dass weder die am Bau Beteiligten noch Passanten oder Verkehrsteilnehmer wesentlich behindert oder gar gefährdet werden.

Der Benutzer muss vor Arbeitsbeginn den einwandfreien Zustand des Gerüsts überprüfen. Betritt er nämlich mangelhaft ausgeführte Gerüste, so kann er für eintretende Schäden haftbar gemacht werden!

12.6.1 | Gerüstarten

Arbeitsgerüste

Arbeitsgerüste (Kurzzeichen: AG) dienen der Ausführung von Bauarbeiten in Höhen, die vom Boden oder von den Geschossdecken aus nicht mehr erreicht werden. Sie müssen außer den Arbeitern auch die notwendigen Werkstoffe und Arbeitsgeräte (Werkzeuge, Maschinen) tragen.

Schutzgerüste

haben die Aufgabe, die am Bau Beschäftigten als
- Fanggerüst (FG) oder
- Dachfanggerüst (DG)

gegen tieferen Absturz zu sichern oder als
- Schutzdach (SD)

Personen, Maschinen usw. vor herabfallenden Gegenständen zu schützen.

Gerüstbauart

Man unterscheidet nach Tragsystem und Ausführungsart:

Tragsystem	Ausführungsart
• Standgerüst (S) • Hängegerüst (H) • Auslegergerüst (A) • Konsolgerüst (K)	• Leitergerüst (LG) • Stahlrohr-Kupplungsgerüst (SR) • Rahmengerüst (RG) • Modulsystem (MS)

Rahmen- und Modulgerüste werden auch unter dem Begriff „Systemgerüst" zusammengefasst.

Systemgerüste bestehen aus vorgefertigten Bauteilen, bei denen die Systemmaße durch fest an den Bauteilen angebrachte Verbindungen festgelegt sind.

Die Gerüste werden nach Art der Verwendung in Arbeits- und Schutzgerüste unterteilt. Zu den Schutzgerüsten zählen die Fanggerüste, Dachfanggerüste und Schutzdächer.

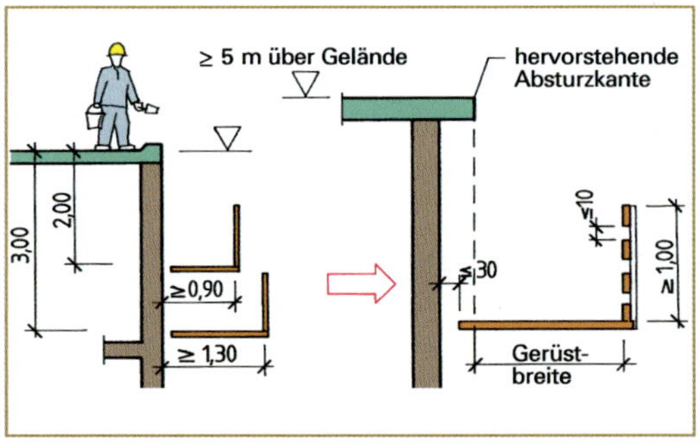

Fanggerüste bei Arbeiten ab 5 m über Gelände

Bezeichnung

Die Bezeichnung eines Gerüstes besteht aus Kurzzeichen für den Verwendungszweck und das Tragsystem.

Beispiel:
Gerüst EN 12810 – 4D – SW 09/250 – H2 – B – LS

Gerüst der Lastklasse 4, mit einer Systembreite von 0,90 m ... 1,20 m, einer Feldlänge von 2,50 m und einer Durchgangshöhe von ≥ 1,90 m, mit Bekleidung und mit Zugang über Leitern und Treppen.

12.6.2 | Einteilung der Arbeitsgerüste nach Lastklassen

Nach DIN EN 12811-1 werden die Arbeitsgerüste in sechs Lastklassen eingeteilt. Maßgebend für die Zuordnung sind die Mindestbreite der Gerüstbelagfläche und die zulässige Belastbarkeit. Die Belastbarkeit wird als flächenbezogene Nutzlast in kN/m^2 und als Flächenpressung (= Nutzlast geteilt durch dessen tatsächliche Grundrissfläche) angegeben.

Die freie Durchgangsbreite auf der Belagfläche muss auch bei der Lagerung von Materialien mindestens 0,20 m betragen.

Bei den Lastklassen 1, 2 und 3 darf für die Mindestbreite der Belagfläche die Bordbrettdicke mitgerechnet werden.

Gerüste der Lastklasse 1 dürfen lediglich für Kontrolltätigkeiten verwendet werden. Dabei darf sich je Gerüstfeld höchstens eine Person aufhalten. Materiallagerungen sind nicht zulässig.

Gerüste der Lastklasse 2 dürfen nur für Arbeiten verwendet werden, die keine Materiallagerung erfordern, z. B. bei Malerarbeiten.

Gerüste der Lastklasse 3 eignen sich für Arbeiten, bei denen Baustoffe in geringem Umfang gelagert werden müssen, z. B. bei Putzarbeiten.

Gerüste der Lastklassen 4, 5 und 6 können für Arbeiten eingesetzt werden, bei denen Baustoffe und Bauteile auf dem Gerüst abgesetzt werden müssen, z. B. bei Fliesen- und Naturwerksteinarbeiten.

> Nach ihrer Belastbarkeit werden Arbeitsgerüste in sechs Klassen unterteilt. Die zulässige Nutzlast und die Flächenpressung dürfen nicht überschritten werden.

Systemgerüst

Lastklasse	gleichmäßig verteilte Last q_1 kN/m^2	auf einer Fläche von 500 × 500 mm konzentrierte Last F_1 kN	auf einer Fläche von 200 × 200 mm konzentrierte Last F_2 kN
1	0,75	1,50	1,00
2	1,50	1,50	1,00
3	2,00	1,50	1,00
4	3,00	3,00	1,00
5	4,50	3,00	1,00
6	6,00	3,00	1,00

Nutzlasten auf Gerüsten

12.6.3 | Gerüstbauteile

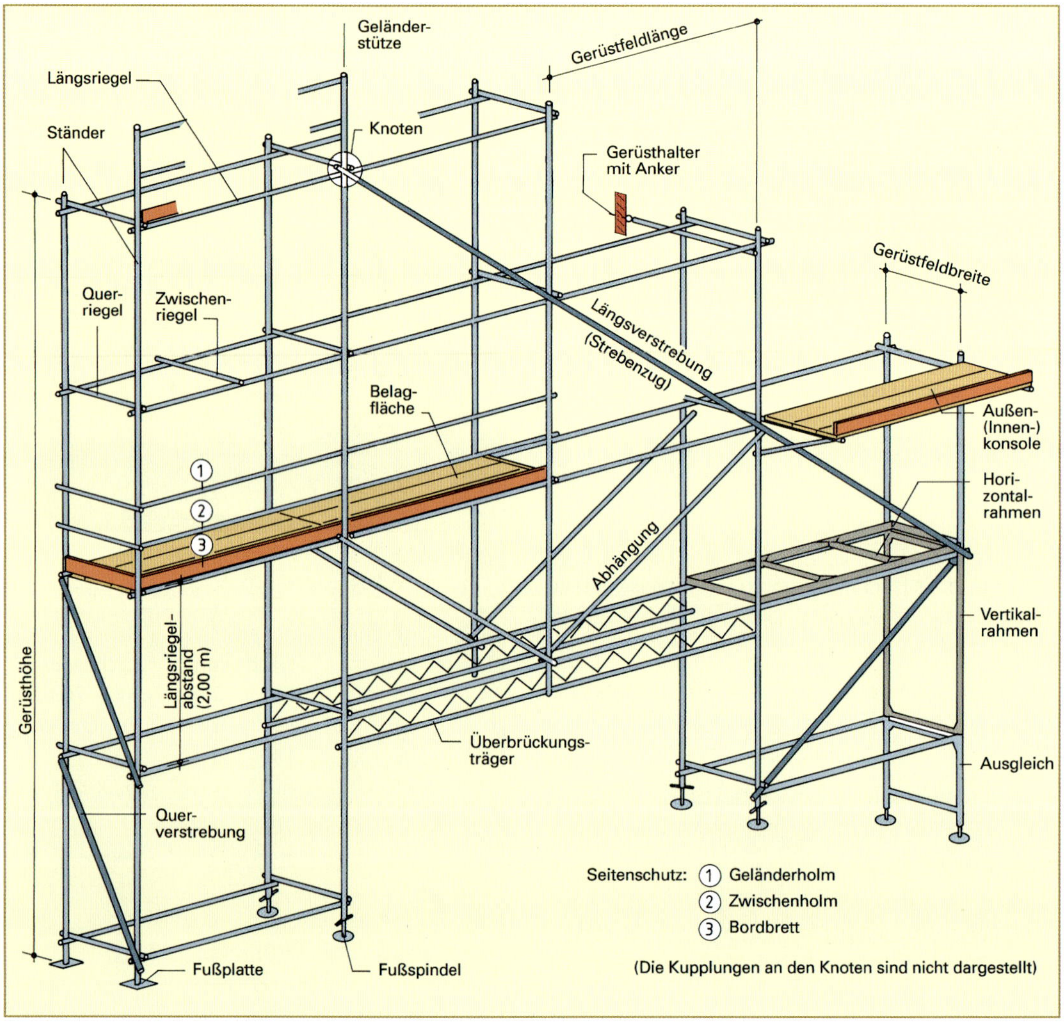

Beispiel: Fassadengerüst als Standgerüst

12.6.4 | Ausführung

Werkstoffe für Gerüste

Gerüste und Gerüstbauteile können aus den Werkstoffen Holz, Stahl oder Aluminium bestehen.

Gerüstbauteile aus Holz

Holzbauteile müssen mindestens der Sortierklasse S 10 oder MS 10 entsprechen.
Gerüstbretter und Gerüstbohlen sowie Teile des Seitenschutzes müssen mindestens 3 cm dick und vollkantig sein. An ihren Enden dürfen sie nicht aufgerissen sein.

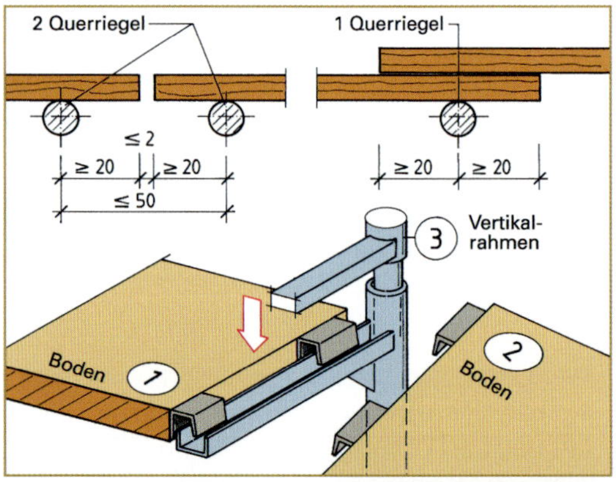

Auflagerung von Gerüstbohlen, Böden oder Rahmentafeln

Gerüstbelag

Jede benutzte Gerüstlage muss voll ausgelegt sein. Die Belagteile sind so dicht aneinander zu verlegen, dass sie weder wippen noch ausweichen können.

Bei Gerüstbohlen müssen unter dem Stoß entweder zwei Querriegel liegen oder die Gerüstbohlen müssen sich beidseitig des Querriegels mindestens 20 cm überdecken.

Belagteile sind so zu verlegen, dass sie weder wippen noch ausweichen können.

Seitenschutz

Gerüste, deren Belag mehr als 2 m über dem Boden liegt, müssen an der Außenseite einen Seitenschutz erhalten. Bei Gerüsten, die mehr als 30 cm vom Gebäude entfernt sind, ist auch an der Innenseite ein Seitenschutz erforderlich. Außerdem ist ein Seitenschutz an den Enden eines Gerüstbelags, z. B. an den Stirnseiten von Gerüsten, anzuordnen.
Der Seitenschutz wird dreiteilig, bestehend aus Geländerholm, Zwischenholm und Bordbrett, ausgebildet. Der lichte Abstand zwischen den Bauteilen darf nicht größer als 47 cm sein. Die Oberkante des Geländerholmes muss mindestens 1 m, die Oberkante des Bordbrettes mindestens 15 cm über dem Gerüstbelag liegen.

Gerüste, deren Gerüstbelag mehr als 2 m über dem Boden liegt, müssen einen Seitenschutz erhalten.

Aussteifung

Gerüste müssen alle Lasten sicher ableiten können. Dazu müssen sie ausgesteift werden. Dies geschieht je nach Gerüstbauart durch Diagonalen, Rahmen und Verankerungen.

Brett- bzw. Bohlenbreite in cm	Lastklasse	Brett- bzw. Bohlendicke in cm				
		3,0	3,5	4,0	4,5	5,0
		größte Stützweite in m				
20	1, 2, 3	1,25	1,50	1,45	2,25	2,50
24 und 28		1,25	1,75	2,25	2,50	2,75
20	4	1,25	1,50	1,75	2,25	2,50
24 und 28		1,25	1,75	2,00	2,25	2,50
20, 24, 28	5	1,25	1,25	1,50	1,75	2,00
20, 24, 28	6	1,00	1,25	1,25	1,50	1,75

Zulässige Stützweiten für Gerüstbeläge aus Holzbrettern und -bohlen

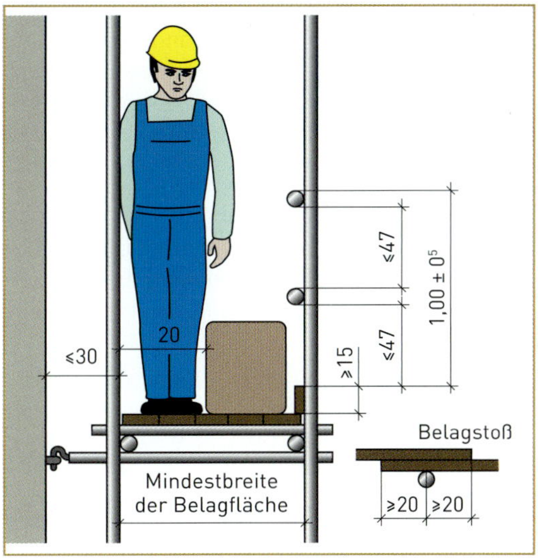

Seitenschutz

Gerüstbauteil / Material	Stahl mm	Aluminium mm
tragend	2	2,5
Seitenschutz	1,5	2
mit Kupplungen	3,2	4

Geforderte Nennwanddicken von Gerüstbauteilen aus Stahl und Aluminium

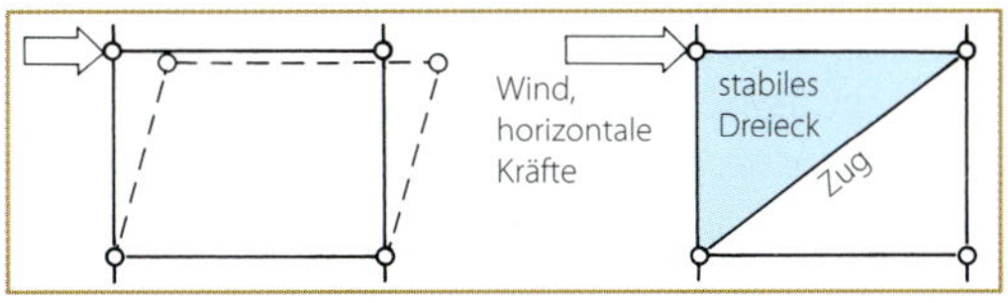

Aussteifung durch stabile Dreiecke

Verstrebungen durch Diagonalen müssen an den Kreuzungspunkten mit den vertikalen Traggliedern (Ständern) oder den horizontalen Traggliedern (Längs- und Querriegeln) verbunden werden. Verstrebungen zur Gerüstaussteifung werden über die gesamte Gerüstlänge und -höhe als Strebenkreuze oder Strebenzüge angeordnet, wobei jeder Strebenzug höchstens fünf Gerüstfelder übergreifen darf. Erst die Verstrebung gibt diesen Gerüsten die erforderliche Steifigkeit. Diese Verstrebungen dürfen erst beim endgültigen Abbau des Gerüstes und abgestimmt auf ihn entfernt werden.

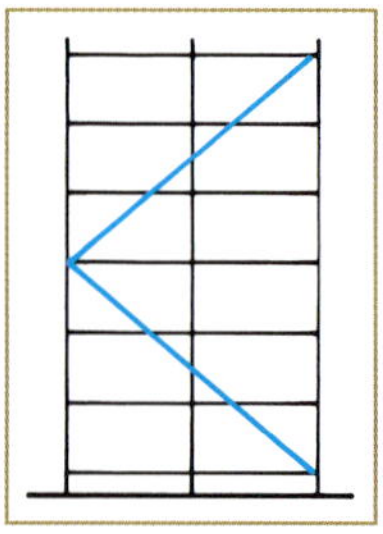

Gegenläufiger Strebenzug

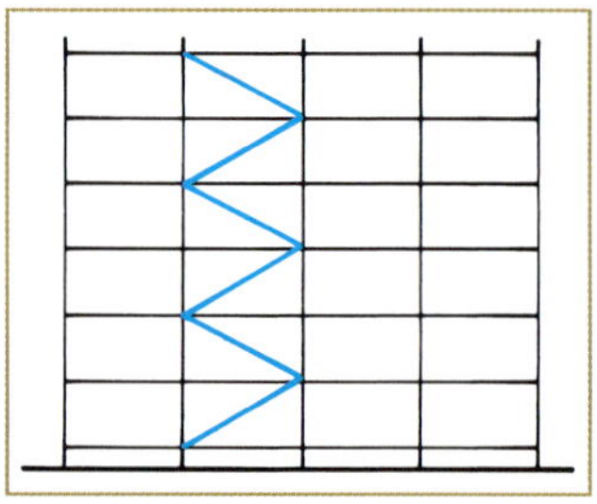

Turmartige Anordnung

Verankerung

Alle Gerüste, die frei stehend nicht standsicher sind, müssen am Gebäude verankert werden. Die Verankerungen (Gerüsthalter) werden an den Knoten (z. B. Kreuzungspunkte Ständer – Längsriegel – Querriegel) angebracht. Die Abstände der Verankerungspunkte richten sich nach der statischen Berechnung. Für Gerüste in Regelausführung werden die Höchstabstände angegeben.

Verankerungen dürfen nur an standsicheren und festen Bauteilen angebracht werden. Dies sind in der Regel Deckenscheiben, Stützen und Mauerscheiben. Befestigungen an Schneefanggittern, Blitzableitern, Dachrinnen, nicht tragfähigen Fensterpfeilern oder Fensterbrüstungen und dergleichen sind nicht zulässig.

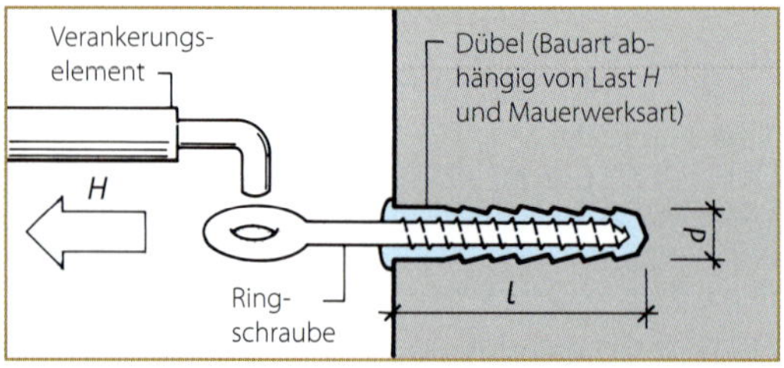

Verankerung im Mauerwerk

Gerüste müssen ausgesteift sein, um alle auf sie einwirkenden Lasten sicher ableiten zu können. Dies geschieht durch Diagonalen, Rahmen und Verankerungen.

12.6.5 | Regelausführungen für Gerüste

Unter dem Begriff „Regelausführung" ist die Konstruktion von Gerüsten nach vorgeschriebenen Regeln zu verstehen. Diese Regeln sind in DIN EN 12811 festgelegt. Für Regelgerüste gilt der Nachweis der Standsicherheit und der Brauchbarkeit als erbracht.
Für Systemgerüste (Modul- und Rahmengerüste) gilt die in der bauaufsichtlichen Zulassung beschriebene Ausführung als Regelausführung.

Gerüste ohne Regelausführung werden statisch berechnet und nach Ausführungsplänen erstellt.

Für den Fliesenleger ist nach wie vor das Bockgerüst die wichtigste Bauart. Daneben gewinnen jedoch modernere Bauarten wie Fahrgerüste und Systemgerüste immer mehr an Bedeutung.

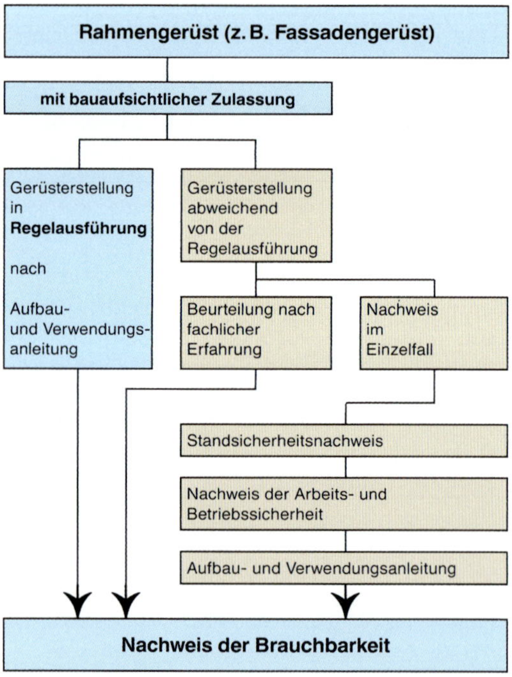

Nachweis der Brauchbarkeit bei Regelausführung und bei abweichender Ausführung

12.6.6 | Bockgerüst

Für Bockgerüste können entweder zimmermannsmäßig abgebundene Holzböcke oder stählerne Gerüstböcke verwendet werden.
Für beide Arten gibt es Regelausführungen, die keinen Brauchbarkeitsnachweis benötigen.
Ein hölzerner Gerüstbock mit einer Tragfähigkeit von 800 kg muss der nebenstehenden Abbildung entsprechen.
Die erforderliche Tragfähigkeit der Gerüstböcke richtet sich nach der gewählten Lastklasse, der Belagbreite und dem Abstand der Gerüstböcke (siehe Tabelle).

Beispiel:
Für eine Belagarbeit ist die Lastklasse 5 erforderlich. Die Belagbreite soll 1,0 m, der Abstand der Gerüstböcke 1,5 m betragen.

Ergebnis: Die erforderliche Tragkraft ist 720 kg.

Für ein Bockgerüst mit mehreren Böcken nebeneinander muss wegen der beidseitigen Belastung die Tragkraft mit dem „Durchlauffaktor" 1,25 multipliziert werden.

Beim Aufbau von Bockgerüsten ist zu beachten:
- Die Gerüstböcke müssen standsicher sein bis zu einer Belaghöhe von 2,0 m:
  - ohne Verankerung und ohne Verstrebung;

  bis zu einer Belaghöhe von 4,0 m:
  - ohne Verankerung, aber mit Verstrebung und Seitenschutz.
- Bockgerüste mit einer Belaghöhe von > 2,0 m benötigen einen Seitenschutz.
- Die Gerüstböcke müssen auf sicherer Unterlage stehen. Bei nachgiebigem Grund sind sie auf Bohlen zu stellen.
- Der Belag darf weder wippen noch ausweichen.
- Er darf nicht mehr als 30 cm über das letzte Auflager hinausragen.

Bockgerüste müssen ohne Verankerung standsicher sein. Bei einer Belaghöhe von > 2 m – bis höchstens 4 m – benötigen sie Verstrebungen und einen Seitenschutz.

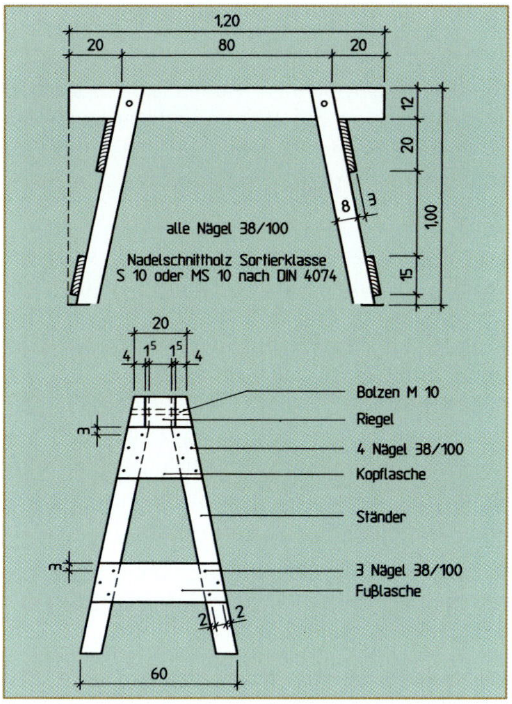

Gerüstbock aus Holz mit einer Tragfähigkeit von 800 kg

Bockgerüst mit stählernen Gerüstböcken

Lastklasse	Belagbreite m	Abstände der Gerüstböcke 1,00 m	1,25 m	1,50 m	2,00 m	2,50 m	2,75 m
1…3	0,60	138	173	207	276	345	380
1…3		230	288	345	460	575	633
4	1,00	330	413	495	660	825	908
5		480	600	720	960	1200	1320
6		630	788	945	1260	1575	1733
1…3		345	431	518	690	863	949
4	1,50	495	619	743	990	1238	1361
5		720	900	1080	1440	1800	1980
6		945	1181	1418	1890	2363	2599

Erforderliche Tragfähigkeit der Gerüstböcke

12.6.7 | Fahrbare Arbeitsbühnen (Fahrgerüste)

Fahrbare Arbeitsbühnen eignen sich besonders zum Anbringen von Wand- und Deckenbekleidungen in hohen Räumen. Sie dürfen nur auf ebenem und festem Untergrund verfahren werden.

Da Fahrgerüste nicht an dem Gebäude verankert werden, muss der Standsicherheit (Sicherheit gegen Kippen) besondere Bedeutung beigemessen werden. Die Standsicherheit von Fahrgerüsten gilt ohne Nachweis als gewährleistet, wenn sie aus Stahlrohren (mit denselben Durchmessern wie bei Stahlrohrkupplungsgerüsten) bestehen und bei der Benutzung im Freien ein Verhältnis Breite : Höhe = 1 : 3, bei Benutzung im Gebäudeinnern ein Verhältnis Breite : Höhe = 1 : 4 aufweisen.

Treppen und Steigleitern müssen innen liegen. Daher benötigt der Gerüstbelag auf jeder Ebene einen (aufklappbaren) Durchstieg.

Die Belaghöhe darf innerhalb von Gebäuden höchstens 12 m betragen – außerhalb von Gebäuden höchstens 8 m.

> Fahrbare Arbeitsbühnen eignen sich besonders zum Anbringen von Wand- und Deckenbekleidungen in hohen Räumen. Sie benötigen feststellbare Rollen und dürfen nur auf ebenem, festem Untergrund verfahren werden.

Fahrgerüst

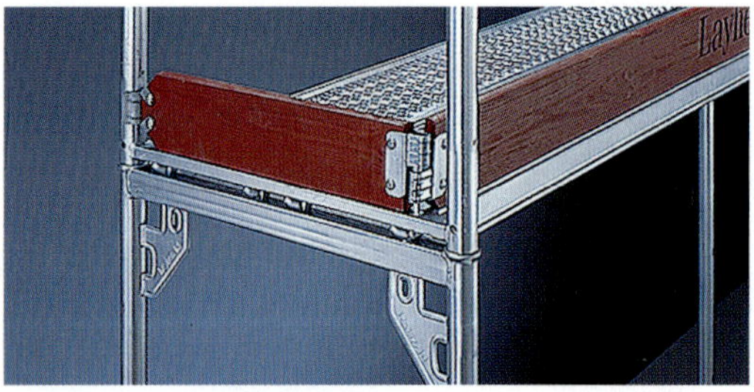

Bordbrett beim Rahmengerüst

12.6.8 | Rahmengerüste

Rahmengerüste sind Systemgerüste aus vorgefertigten Bauteilen. Sie finden immer mehr Verwendung im Bauwesen, weil sie sehr einfach und schnell auf- und abzubauen sind. Dies liegt zum einen an der geringen Zahl der verwendeten Elemente, zum anderen an den einfachen, schraubenlosen Verbindungen. Die Elemente können mit äußerst geringem Aufwand kraftschlüssig aufeinander gesteckt oder eingehängt werden.

In der horizontalen Ebene wird der Gerüstbelag als Rahmentafel ausgebildet. In vertikaler Ebene bilden Ständerrahmen die Queraussteifung. In Längsrichtung werden Rahmengerüste in der Regel durch Diagonalverstrebungen oder durch biegesteife Rahmen im Seitenschutz ausgesteift.

Stellrahmen und Seitenschutz

Grundelemente

Zu den Grundelementen gehören Gewindefußplatten, Stellrahmen, Geländer, Rahmenböden oder Rahmentafeln als Belag, dazu Bordbretter und Aussteifungsdiagonalen.

Ergänzungselemente

Zur Anpassung an die unterschiedlichen baulichen Verhältnisse gibt es noch eine Reihe von Ergänzungselementen: Querriegel für Zwischenlagen, Gitterträger zum Überbrücken einzelner größerer Spannweiten, zusätzliche Geländerstützen, Seitenschutz für Stirnseiten, Konsolen für Verbreiterungen oder für Schutzdachträger. Neben Rahmentafeln aus Massivholz oder aus phenolharzgetränktem Sperrholz gibt es auch Böden aus Stahl- oder Aluminiumblech – gelocht oder genoppt.

Die Abmessungen von Rahmengerüsten sind nicht festgelegt. Die Norm nennt aber folgende Vorzugsmaße:

Für die Lastklassen 1, 2 und 3
- Belagbreite: mindestens 60 cm
- Länge (Achsabstand): 1,5…3 m (in Schritten)

Für die Lastklassen 4, 5 und 6
- Belagbreite: mindestens 90 cm
- Länge (Achsabstand): 1,5…2,5 m (in Schritten)
- Höhe: mindestens 2 m (von OK Belag bis OK Belag)

Rahmengerüste bestehen aus wenigen Elementen. Sie haben einfache, schraubenlose Verbindungen. Die Auf- und Abbauzeiten werden dadurch sehr kurz.
Ergänzungselemente dienen zur Anpassung an die unterschiedlichen baulichen Verhältnisse.

Gewindefußplatte

Sicherung des Geländers

Keilkupplung

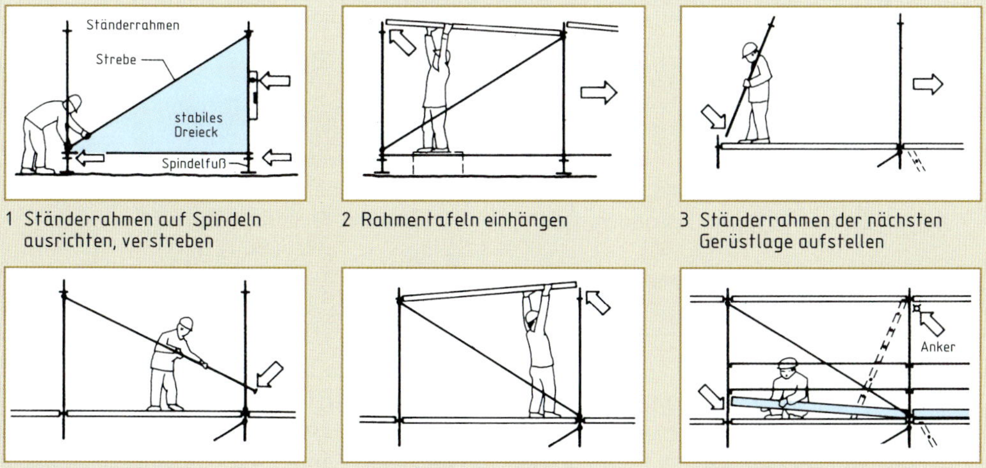

1 Ständerrahmen auf Spindeln ausrichten, verstreben
2 Rahmentafeln einhängen
3 Ständerrahmen der nächsten Gerüstlage aufstellen
4 Ständerrahmen verstreben
5 Rahmentafeln einhängen
6 Seitenschutz einstecken, Verankerung anbringen

Aufbau eines Rahmengerüsts

12.6.9 | Verhaltensregeln für den Aufenthalt auf Gerüsten

Der Aufenthalt auf Arbeitsgerüsten ist mit großen Gefahren verbunden. Die Unfallstatistik beweist, dass viele Bauunfälle auf unachtsames und leichtsinniges Verhalten beim Aufenthalt auf Arbeitsgerüsten zurückzuführen sind.

Zum Schutz der eigenen Gesundheit, aber auch der Gesundheit und des Lebens aller am Bau Beschäftigten müssen folgende Verhaltensregeln eingehalten werden:

1. Jedes Gerüst ist vor dem Betreten zu überprüfen, ob es standsicher ist und ob es einen ordnungsgemäß ausgeführten Seitenschutz hat!
2. Nur mängelfrei ausgeführte Gerüste betreten, da im Falle eines Schadens der Benutzer – nicht der Ersteller – haftet!
3. Nur absolut schwindelfreie Personen dürfen Gerüste betreten!
4. Bei der geringsten Spur von Unsicherheit ist das Gerüst sofort zu verlassen!
5. Auf Gerüsten muss konzentriert und ruhig gearbeitet werden. Hektik und Spontaneitäten sind zu vermeiden!
6. Es dürfen keine unnötigen Schwingungen verursacht werden. Gerüste langsam begehen, auf keinen Fall laufen!
7. Keine unnötigen Werkstoffe und Werkzeuge auf den Gerüsten lagern. Dies führt zu unnötigen Belastungen und verursacht erhöhte Stolpergefahr!
8. Gerüste sind keine Turngeräte! Zur Überwindung der Höhen sind die Leitern zu benutzen! Seilzüge dienen nur dem Transport der Werkstoffe und Werkzeuge – niemals dem Transport von Personen!
9. Kein Alkohol am Arbeitsplatz! Alkoholgenuss auf Gerüsten ist ganz besonders sträflich!
10. Vorsicht ist keine Feigheit und Leichtsinn kein Mut!

Zusammenfassung

Anlege- und Steigleitern müssen mindestens 1 m über ihren Austritt hinausragen und gegen Einsinken gesichert sein.

Stehleitern müssen durch Spannketten oder -gelenke gegen Auseinandergleiten gesichert sein.

Gerüste benötigen innen liegende Leitern und Durchstiege.

Gerüste werden nach Art ihrer Verwendung in Arbeits- und Schutzgerüste eingeteilt.

Für Arbeitsplätze, die mehr als 5 m über Grund liegen und nicht durch ein Arbeitsgerüst gesichert sind, muss ein Fanggerüst vorgesehen werden.

Arbeitsgerüste werden hinsichtlich ihrer Belastbarkeit in sechs Lastklassen unterteilt.

Gerüste, deren Belag mehr als 2 m über dem Boden liegt, müssen an den Außenseiten einen Seitenschutz erhalten. Dieser besteht aus drei Teilen: Geländerholm, Zwischenholm und Bordbrett.

Wird Material auf der Belagfläche gelagert, so ist eine Durchgangsbreite von 20 cm freizuhalten.

Gerüste müssen vorschriftsmäßig ausgesteift und verstrebt sein.

Alle Gerüste, die frei stehend nicht standsicher sind, müssen am Gebäude verankert werden.

Für die wichtigsten Gerüstarten sieht die DIN EN 12811 Regelausführungen vor.

Bockgerüste müssen standsicher sein:
- bis zu einer Höhe von 2 m ohne Seitenschutz und ohne Verstrebung,
- bis zu einer Höhe von 4 m mit Seitenschutz und mit Verstrebung.

Fahrbare Arbeitsbühnen benötigen feststellbare Rollen und dürfen nur auf einem ebenen und festen Untergrund verfahren werden.

Rahmengerüste sind Systemgerüste und bestehen aus wenigen vorgefertigten Elementen. Wegen der einfachen, schraubenlosen Verbindungen lassen sie sich sehr schnell auf- und abbauen.

12.7 | Aufgaben zu Fassadenbekleidungen

1. | Nennen Sie die Aufgaben der Fassadenbekleidung.
2. | Aus welchem Grunde sind dunkle Fassadenbekleidungen zu vermeiden?
3. | Wie wirken sich Temperaturschwankungen auf die Fassadenbekleidung aus?
4. | Nennen Sie die Ursachen für Bewegungen des Verlegeuntergrundes.
5. | In welche fünf Arten werden Fassadenbekleidungen unterteilt?
6. | Bei der Prüfung der baulichen Voraussetzungen stellen Sie fest, dass der Verlegeuntergrund Maßtoleranzen über 25 mm aufweist und nicht genügend tragfähig ist. Bestimmen Sie eine geeignete Konstruktion der Fassadenbekleidung.
7. | Beschreiben Sie die Ausführung einer Fassadenbekleidung mit unbewehrtem Unterputz bei Anwendung der Dünnbettmethode.
8. | Welche Aufgabe haben die Anschlussfugen?

12.8 | Aufgaben zu Gerüsten

1. | Worin besteht der wesentliche Unterschied zwischen Arbeits- und Schutzgerüsten?
2. | Nennen Sie die Einteilung der Arbeitsgerüste hinsichtlich ihrer Belastbarkeit.
3. | Nennen Sie Gerüste unterschiedlichen Tragsystems.
4. | Nennen Sie Gerüste unterschiedlicher Ausführungsart.
5. | Erklären Sie die Bedeutung von „Regelausführung".
6. | Für welche Gerüste muss ein statischer Nachweis (statische Berechnung) erbracht werden?
7. | Welche Gerüste benötigen einen Seitenschutz?
8. | Aus welchen Bauteilen muss der Seitenschutz bestehen?
9. | Welche Güteanforderungen werden an Gerüstbauteile aus Holz gestellt?
10. | Beschreiben Sie den vorschriftsmäßigen Stoß von Gerüstbohlen.
11. | Welche Aufgabe erfüllen die Verstrebungen bei Gerüsten?
12. | Wie hoch dürfen Bockgerüste ausgeführt werden?
13. | Was versteht man unter dem „Durchlauffaktor" bei der Belastbarkeit von Gerüstböcken?
14. | Wodurch werden bei Rahmengerüsten die vertikale und die horizontale Aussteifung erzielt?
15. | Welche Vorteile besitzen Rahmengerüste gegenüber Stahlrohr-Kupplungsgerüsten?

12.9 | Aufgaben aus dem Projekt

Angaben zum Aufbau

- Die Wärmedämmung aus 85 mm dicken Polystyrol-Hartschaumplatten ist außen auf das tragende Mauerwerk geklebt und gegebenenfalls zusätzlich befestigt.
- Der bewehrte Tragputz ist mit Tragankern aus nichtrostendem Stahl im Mauerwerk verankert.
- Spaltriemchen im Format *W* 240 × 52 × 10 mm sind mit einer 10 mm breiten Fuge im Halbverband im Dünnbett angesetzt.
- Die Eckausbildungen und die Anschlüsse an Fenster- und Türöffnungen bilden Winkelplatten, *W* 240 × 52 × 52 × 10 mm.
- Die Winkelplatten sind im Fenstersturz 24 cm als Grenadierschicht und in der Brüstung 11,5 cm als Rollschicht senkrecht gestellt.
- Fensterrahmen und Türrahmen sitzen in der Ebene der Wärmedämmung.
- An den Gebäudeecken sind Bewegungsfugen ausgebildet.

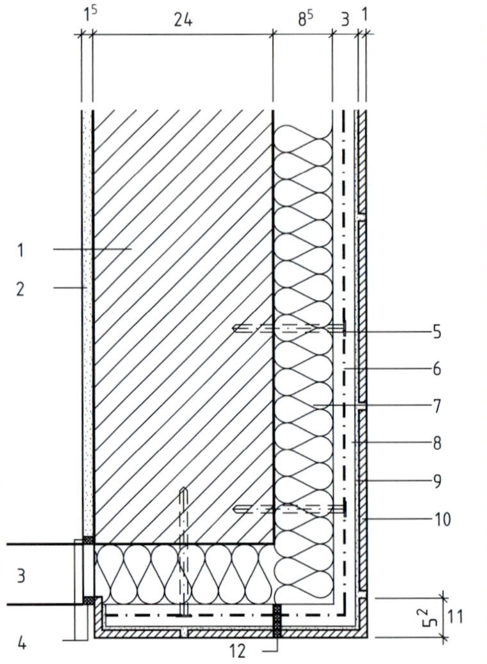

1 Mauerwerk
2 Innenputz
3 Türrahmen
4 elast. Fuge
5 Dübel Ø 10 mm
6 AKS-Gitter
7 Wärmedämmung
8 verputzt
9 hydr. Dünnbettmörtel
10 Spaltriemchen *W* 240 × 52 × 10 mm
11 1. Schicht
12 Feldbegrenzungsfuge mit Hinterfüllung

1. | Zeichnen Sie die Ansichten der Gebäudeecke mit Türanschluss im Maßstab 1 : 10 jeweils 4 Schichten hoch mit Riemchen *W* 240 × 52 × 10 mm im Halbverband unter Verwendung von Eckwinkeln *W* 240 × 52 × 52 × 10 mm.

2. | Die Nordfassade erhält eine Außenwandbekleidung aus Spaltriemchen, *W* 240 × 52 × 10 mm, die im Halbverband angesetzt sind. Am Fenstersturz und an der Brüstung sind die Platten senkrecht gestellt.
Zeichnen Sie die Belageinteilung des Küchenfensters in der Ansicht, den Horizontalschnitt und den Vertikalschnitt im Maßstab 1 : 10. Die Fugen sind als Doppellinie zu zeichnen.
Abmessungen des Fensters: 1,26 × 1,01 m.

3. | Zeichnen Sie die Belageinteilung des WC-Fensters der Nordfassade mit Spaltriemchen, *W* 240 × 52 × 10 mm, im Halbverband in der Ansicht, den Horizontalschnitt und den Vertikalschnitt im Maßstab 1 : 10. Die Fugen sind als Doppellinie zu zeichnen.
Abmessungen des Fensters: 76 cm × 1,01 m.

4. | Zeichnen Sie die Belageinteilung des Badezimmerfensters der Kinder an der Südseite mit Spaltriemchen *W* 240 × 52 × 10 mm im Halbverband in der Ansicht, den Horizontalschnitt und den Vertikalschnitt im Maßstab 1 : 10. Die Fugen sind als Doppellinie zu zeichnen.
Abmessungen des Fensters: 1,01 m × 63,5 cm.

Hinweis:
Die Grenadierschicht ist nur 17,5 cm hoch, da das Dach anschließt. Die Zeichnung zeigt den Wandaufbau mit Türanschluss.

Vorgehängte Natursteinfassade (hinterlüftet)

Angaben

Die Natursteinplatten aus Quarzit, Format *W* 600 × 400 × 40 mm, sind im Halbverband an der Ecke auf Gehrung geschnitten und mit Ankern in den Lagerfugen am Mauerwerk befestigt. Bei der ersten und letzten Schicht sind die Anker in den Stoßfugen seitlich eingebaut, Fugenbreite 10 mm offen.

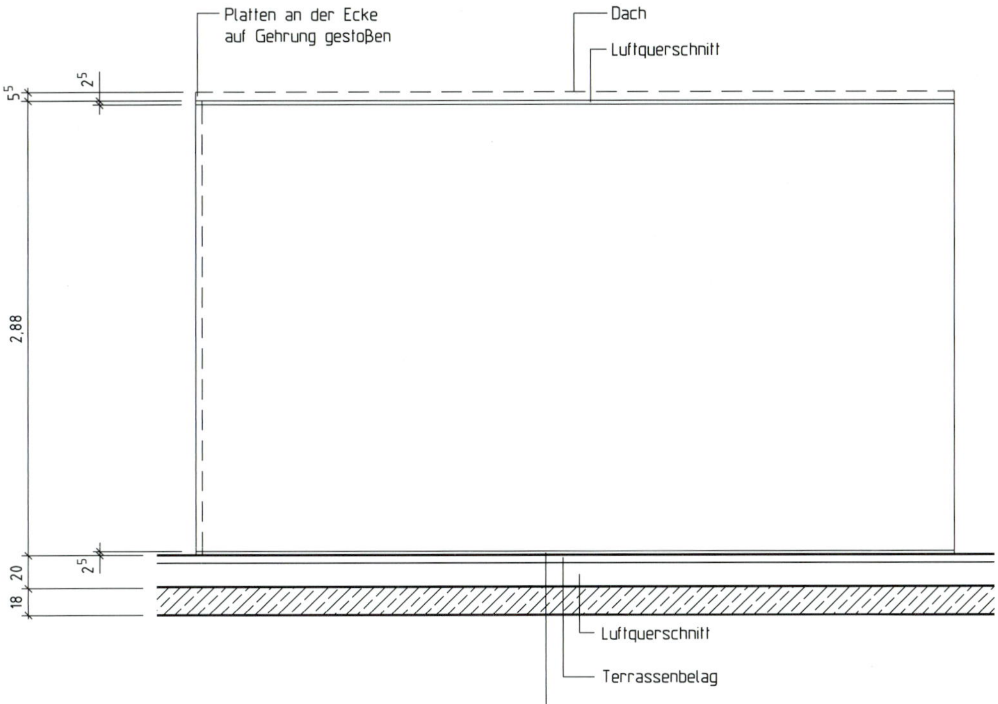

Ansicht

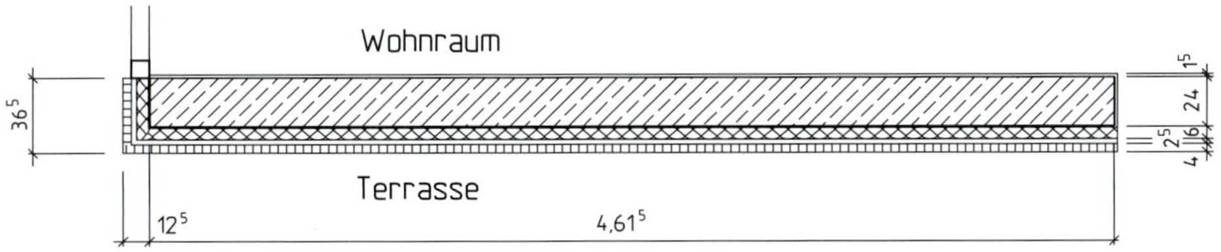

Horizontalschnitt

Südfassade – Ansicht

5. | Zeichnen Sie die Ansicht von Süden im Maßstab 1 : 20 (Fugen mit 2 Linien, Einteilung rechnerisch).

6. | Alternative: Plattengröße *W* 600 × 400 × 40 mm im Fugenschnitt, sonst wie vorstehend.

7. | Skizzieren Sie den Systemschnitt durch die Südwand des Wohnraumes mit 40 mm starken Natursteinplatten, 25 mm Hinterlüftung und 60 mm Wärmedämmung auf 240 mm Betonwand im Maßstab 1 : 5.

8. | Materialbedarfsberechnung
Ermitteln Sie die Fläche der Nord- sowie Ostfassade des Projekts, die mit Riemchen verkleidet werden. Berechnen Sie den Bedarf an Spaltriemchen, *W* 240 × 52 × 10 mm, und an Winkelriemchen für die Ecken, Laibungen, Stürze und Brüstungen bei einem Verhau von 4 %.

Aufmaßskizzen zu Aufgabe 8:

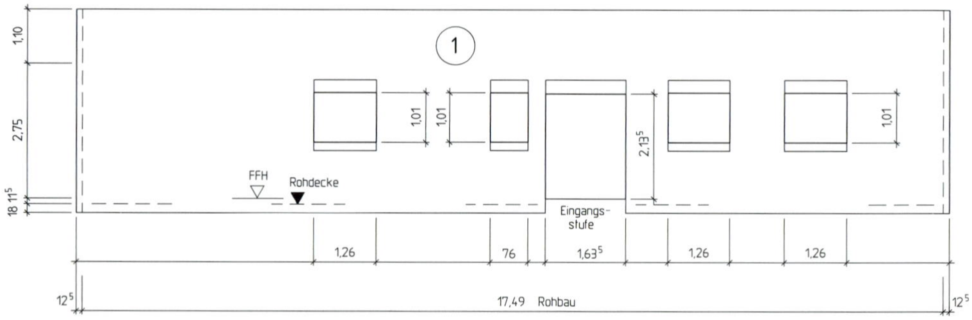

NORDFASSADE

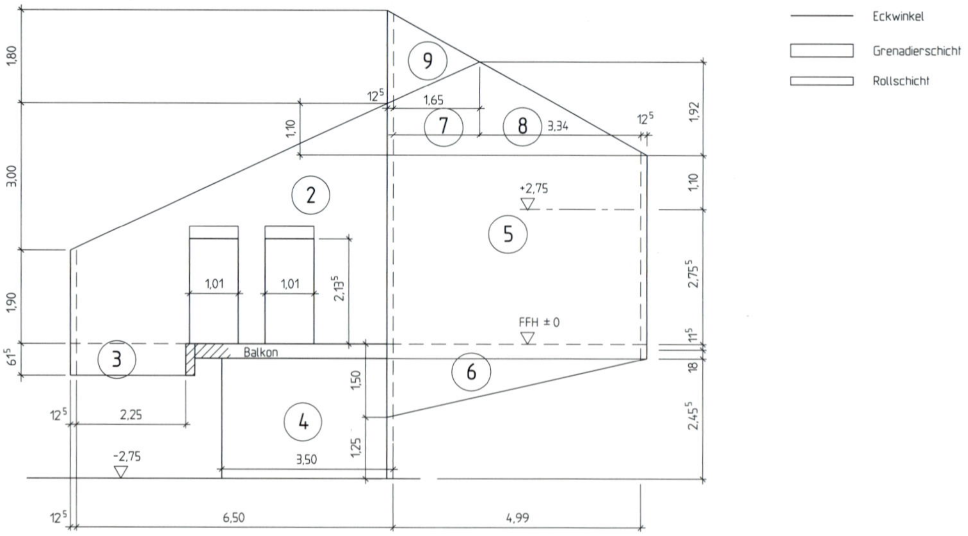

OSTFASSADE

Lernfeld 13 | Belegen einer Treppe

Zielformulierung:	Die Schülerinnen und Schüler planen das Belegen einer einläufigen, geraden Stahlbetontreppe. Sie berücksichtigen die Sicherheitsanforderungen und gestalterische Gesichtspunkte sowie bei Freitreppen die Einflüsse von Wasser und Wärmespannungen. Sie wählen Belagmaterialien aus. Die Schülerinnen und Schüler entwickeln gestalterische Lösungen für Treppen und angrenzende Wandbeläge.
Lerninhalte:	• Bezeichnungen • Treppenmaße • Keramik, Formteile • Verlegetechnik • Trittschalldämmung • Decken-, Podestanschluss • Sockelausbildung • Treppenschnitt • Stufendetail

Treppen dienen zur Überwindung von Höhenunterschieden innerhalb und außerhalb von Gebäuden. Sie sind oft ein ausdrucksstarkes Erscheinungsmerkmal eines Gebäudes.

Treppensteigen ist anstrengender und birgt mehr Gefahren als das Gehen in der Ebene. Die Statistik weist eine erschreckend hohe Zahl von Treppenunfällen aus. Daher muss sich der Fliesenleger bewusst sein, dass er mit den Belagarbeiten auf einer tragenden Unterkonstruktion (z. B. aus Stahlbeton) eine große Verantwortung für das sichere Begehen der Treppe übernimmt.

Er muss vor allem
- die geltenden Sicherheitsvorschriften einhalten,
- Witterungseinflüsse beachten,
- die Arbeiten technisch einwandfrei ausführen.

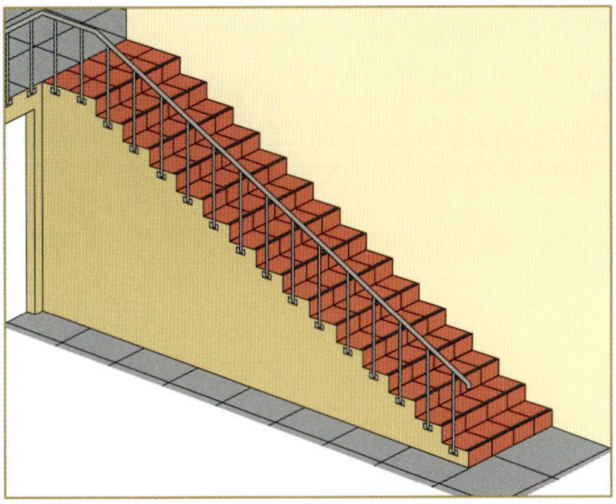

Einläufige, gerade Treppe mit Kantenprofil und seitlichem Geländer aus dem Projekt

13.1 | Projekt: Belegen einer Treppe

Die einläufige gerade Treppe im Erdgeschoss führt vom Wohnzimmer in das Dachgeschoss. Die Tragkonstruktion besteht aus Stahlbeton. Die rechte Seite ist durch eine Wand begrenzt. An der linken Seite ist ein Geländer oder eine gemauerte Brüstung vorgesehen.

Für den Belag stehen zur Wahl:
- grobkeramische Bodenplatten,
- Steinzeugbelag,
- Feinsteinzeugbelag.

Auch die Ausführung des Wandbelages sollte in die Planung einbezogen werden.

Stellen Sie sich vor, dass Sie den Auftrag übernehmen und nach den Regeln der Technik planen und ausführen.

Welche Überlegungen müssen Sie anstellen,
- um den Treppenbelag fachgerecht zu verlegen,
- um ein sicheres Begehen zu gewährleisten und
- um einer optisch ansprechenden Ausführung zu genügen?

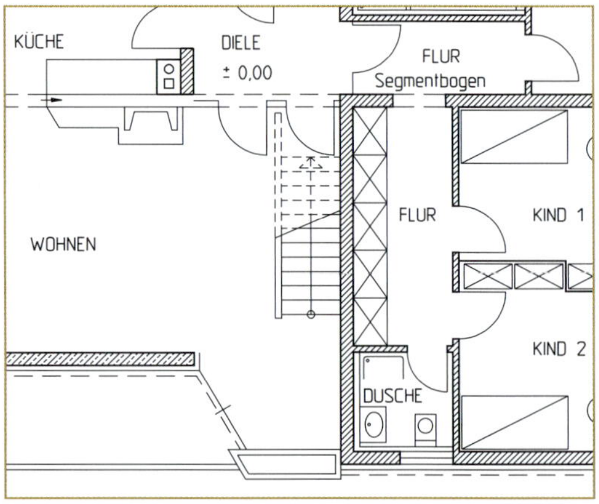

Treppe zwischen Erdgeschoss und 1. Dachgeschoss aus dem Projekt

Welche Kenntnisse über Materialien und ihre Verarbeitung benötigen Sie?

Antworten darauf finden Sie auf den folgenden Seiten.

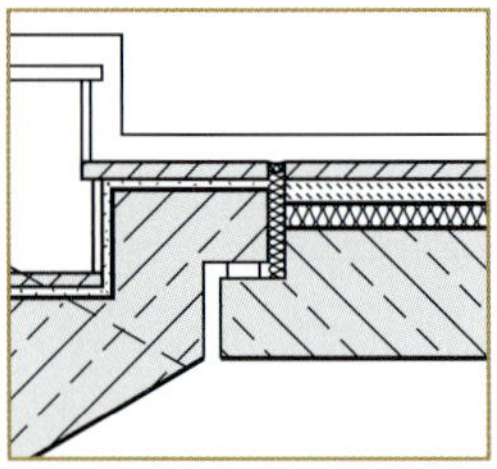
Trittschalldämmung

Sockelausbildung

Einläufige, gerade Treppe

Belagmaterial

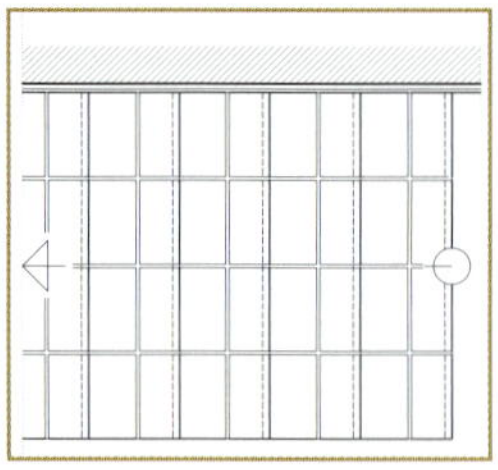
Zeichnerische Darstellung

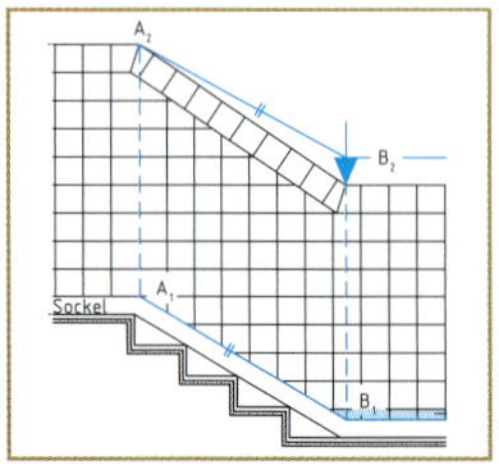

Wandbeläge an Treppenläufen

13.2 | Bezeichnungen und Vorschriften

13.2.1 | Definition

- Treppen sind Bauteile zur Überwindung von Höhenunterschieden zwischen Ebenen.
- Sie bestehen aus mindestens einem Treppenlauf.
- Ein Treppenlauf besteht aus mindestens drei Treppenstufen zwischen den beiden Ebenen.

Treppen, die nach behördlichen Vorschriften vorhanden sein müssen, werden als **notwendige Treppen**, zusätzliche Treppen als **nicht notwendige Treppen** bezeichnet.

13.2.2 | Begriffe und Bestimmungen nach DIN 18065

Treppenlauflänge

Der Treppenlauf ist die ununterbrochene Folge von mindestens drei und höchstens 18 Stufen zwischen zwei Ebenen.
Die Treppenlauflänge ist das waagerechte Maß von Vorderkante Antrittstufe bis Vorderkante Austrittstufe, im Grundriss an der Lauflinie gemessen.

Lauflinie

Die Lauflinie ist die gedachte Linie, die den üblichen Weg der Benutzer einer Treppe angibt. Bei geraden Treppen liegt sie mittig, bei gewendelten Treppen außerhalb der Laufmitte. Sie ist mit einem Pfeil gekennzeichnet, der die Aufwärtsrichtung der Treppe angibt.

Stufen

Die Antrittstufe ist die erste oder unterste Stufe. Die Austrittstufe ist die letzte oder oberste Stufe. Die Trittstufe ist der waagerechte Teil einer Stufe. Die Setzstufe ist der senkrechte oder annähernd senkrechte Teil einer Stufe.

Treppenauftritt

Der Auftritt ist das waagerechte Maß von der Vorderkante einer Stufe bis zur Vorderkante der nächsten.

Treppensteigung

Die Steigung ist das lotrechte Maß von der Oberkante einer Stufe zur Oberkante der nächsten Stufe. Treppenauftritt und Treppensteigung werden nach DIN 18065 in neueren Bauzeichnungen in mm angegeben. In der Baupraxis ist jedoch die Angabe in cm üblich.

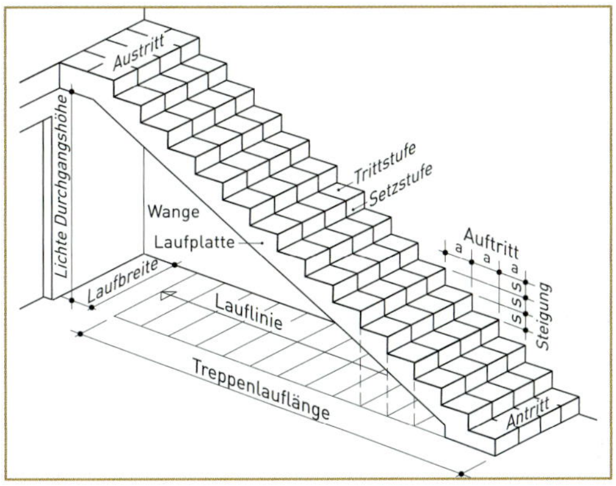

Begriffe

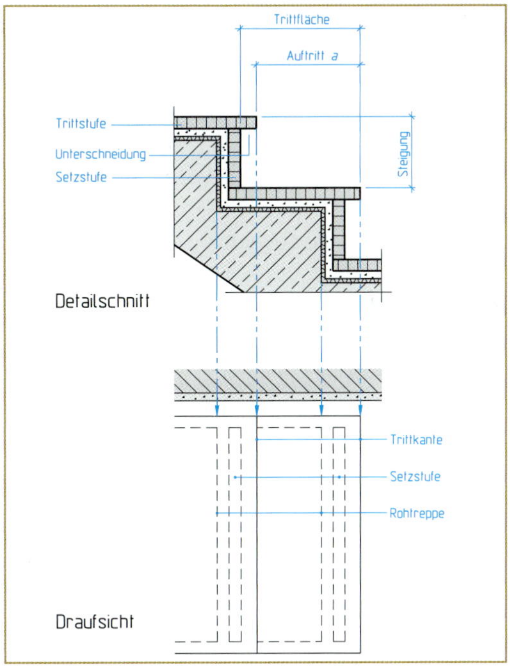

Draufsicht und Schnitt durch eine Stufe mit Unterschneidung

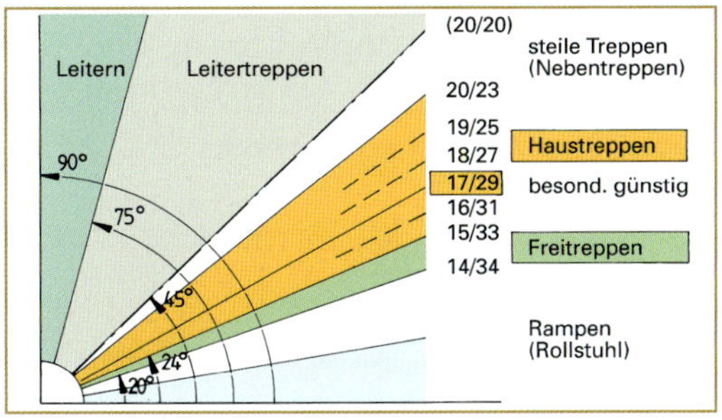

Steigungsverhältnisse und Neigungswinkel bei Treppen

Unterschneidung

Die Unterschneidung ist das waagerechte Maß, das sich aus der Differenz zwischen der Breite der Trittfläche und dem Auftritt ergibt.

Wangen

Die Wangen sind Treppenteile, die die Stufe tragen und seitlich begrenzen.

Treppenlaufbreite

Die Laufbreite entspricht dem Grundrissmaß der Konstruktionsbreite.

Treppenauge

Das Treppenauge ist der vom Treppenlauf umschlossene freie Raum.

Lichte Durchgangshöhe

Die lichte Durchgangshöhe ist das lotrechte Fertigmaß über den Vorderkanten der Stufen und über den Podesten bis zu den Unterkanten darüber liegender Bauteile. Nach DIN ist die lichte Durchgangshöhe von mindestens 2,00 m einzuhalten.

Geländer

Das Geländer ist eine Schutzeinrichtung gegen Absturz an Treppen und Treppenpodesten. Die Geländerhöhen werden von der Vorderkante der Stufe gemessen (bei Wohngebäuden ≥ 90 cm).

Handlauf

Der Handlauf ist die obere Begrenzung des Geländers und dient zur Abstützung beim Begehen einer Treppe. Er ist griffgerecht auszuführen und in der Höhe so anzubringen, dass er bequem genutzt werden kann. Er soll dabei nicht tiefer als 80 cm und nicht höher als 115 cm angebracht werden.

Seitenabstand

Der Seitenabstand als lichtes Fertigmaß zwischen Treppenlauf und angrenzender Wand darf nicht mehr als 6 cm betragen.

Gebäudeart	Treppenart	nutzbare Treppenlaufbreite	Treppensteigung *s*	Treppenauftritt *a*
Wohngebäude mit nicht mehr als zwei Wohnungen	Treppen, die zu Aufenthaltsräumen führen	80	14…20	23…27[1])
	Kellertreppen, die nicht zu Aufenthaltsräumen führen	80	14…21	21…37[2])
	Bodentreppen, die nicht zu Aufenthaltsräumen führen	50	14…21	21…37[2])
sonstige Gebäude	baurechtlich notwendige Treppen	100	14…19	26…37
alle Gebäude	baurechtlich nicht notwendige Treppen	50	14…21	21…37

1) Bei Stufen mit einer Auftrittfläche zwischen 24 und 26 cm muss die Unterschneidung mindestens so groß sein, dass eine Trittfläche von 26 cm erreicht wird.
2) Bei Stufen mit einer Auftrittfläche zwischen 21 und 24 cm muss die Unterschneidung mindestens so groß sein, dass eine Trittfläche von 24 cm erreicht wird.
Treppen ohne Setzstufen (offene Treppen) müssen mindestens 3 cm unterschnitten werden.

Steigungen und Auftritte nach DIN 18065

13.2.3 | Form und Laufrichtung

In der DIN 18065 werden die Treppenarten nach ihrer Form unterschieden. Die Form einer Treppe wird hauptsächlich von der Art und Bedeutung eines Gebäudes und von dem zur Verfügung stehenden Platz bestimmt. Gestalterische Gesichtspunkte spielen natürlich ebenfalls eine große Rolle.

Nach der Grundrissform unterscheidet man
- gerade Treppen und
- gewendelte Treppen.

Es gibt ein-, zwei- und mehrläufige Treppen.

Gerade Treppen

Die einläufige gerade Treppe wird vorwiegend in Wohngebäude mit geringer Geschosshöhe eingebaut.

Bei vielgeschossigen Gebäuden mit größeren Geschosshöhen gibt es meist zweiläufige, gerade Treppen mit Zwischenpodest, die Podesttreppen. Sie beanspruchen wenig Raum und sind dabei sicher und bequem zu begehen.

Gewendelte Treppen

Bei gewendelten Treppen werden die Zwischenpodeste durch Stufen ersetzt. Sie werden so ausgebildet und angeordnet, dass die Richtung des Treppenlaufes nicht scharf gebrochen wird, sondern sich in einer Drehbewegung vollzieht. Nach der Art der Wendelung werden sie unterschieden in:
- angewendelte Treppe;
  Antritt und/oder Austritt können gewendelt sein.
- halb gewendelte Treppe;
  der Treppenlauf beschreibt im Bereich der Wendelung einen Halbkreisbogen;
- ganz gewendelte Treppe;
  man unterscheidet die Wendeltreppe (mit Treppenauge) und die Spindeltreppe (mit Treppenspindel); diese Treppen haben einen kreisförmigen Grundriss.

Gewendelte Treppen beanspruchen weniger Grundfläche als gerade Treppen, sind aber weniger sicher und bequem zu begehen.

Laufrichtung

Treppen werden nach der Bewegung beim Aufwärtsgehen als Linkstreppen (gegen den Uhrzeigersinn) oder Rechtstreppen (im Uhrzeigersinn) bezeichnet.

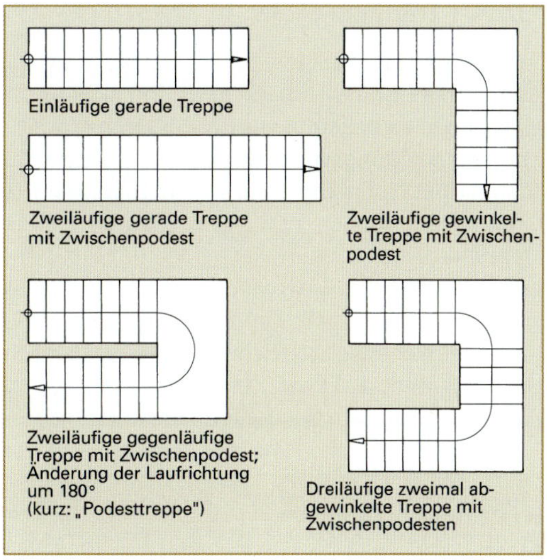

Gerade Treppenformen

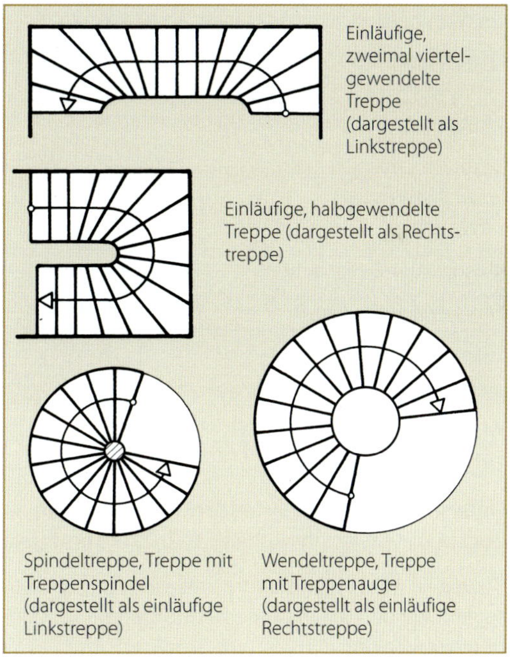

Gewendelte Treppenformen

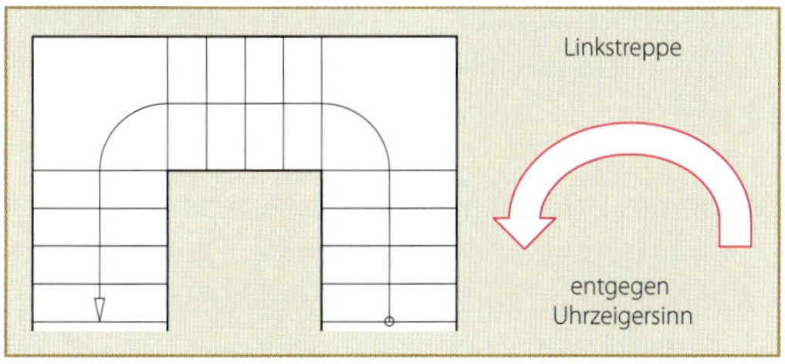

Laufrichtung einer Treppe

13.2.4 | Treppenregeln

Je günstiger das Verhältnis der Treppensteigung zur Auftrittbreite ist, desto bequemer und sicherer ist eine Treppe zu begehen. Als Grundlage zur Ermittlung des **Steigungsverhältnisses** dient die durchschnittliche Schrittlänge eines Menschen, die mit 63 cm angenommen wird. Beim Begehen einer Treppe verkürzt sich nun dieses Maß um den doppelten Betrag der zu überwindenden Steigung. Das verbleibende Maß stellt die Auftrittbreite der Stufe dar. Daraus leitet sich die **Schrittmaßregel** ab, nach der die Summe aus zwei Steigungen s und einem Auftritt a etwa 63 cm beträgt (genau: 62 ± 3 cm).

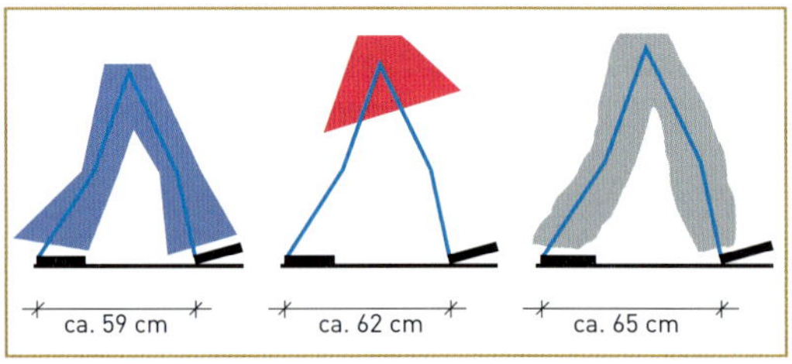

Durchschnittliche Schrittmaße (≈ 59 cm, ≈ 62 cm, ≈ 65 cm)

Treppenart		Maßangaben in cm nutzbare Treppenlaufbreite min.	Steigung	Auftritt
in Wohngebäuden mit nicht mehr als zwei Wohnungen				
baurechtlich notwendige Treppen	Treppen zu Aufenthaltsräumen	80	14…20	23…37
	Keller- und Bodentreppen	80	14…21	21…37
baurechtlich nicht notwendige Treppen	z. B. zusätzliche Treppen	50	14…21	21…37
	innerhalb geschlossener Wohnungen	50	nicht festgelegt	
in sonstigen Gebäuden				
notwendige Treppen		100	14…19	26…37
nicht notwendige Treppen		50	14…21	21…37

Für flache Treppen ergeben sich große und für steile Treppen kleine Auftritte.

Untersuchungen haben für den Wohnungsbau als günstigstes Steigungsverhältnis 17/29 cm ermittelt.

Soweit keine Vorschriften die Steigungsverhältnisse regeln, werden im Allgemeinen folgende Steigungen eingehalten:

Gartentreppen, Freitreppen	14…16 cm
Theater, Schulen	16…17 cm
Mehr- und Einfamilienhäuser	17…18 cm
Keller- und Bodentreppen	20…22 cm

Bequemes und sicheres Begehen einer Treppe ist vom Steigungsverhältnis abhängig. Dieses Verhältnis von Steigung zur Auftrittbreite muss für alle Stufen einer Treppe gleich sein.

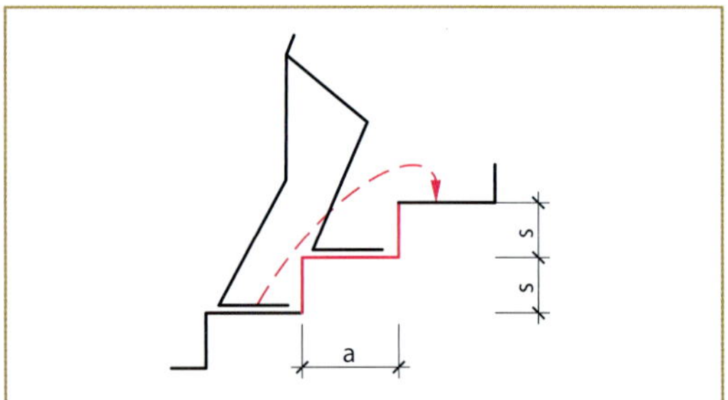

Schrittmaßregel = $2s + a$ = 59 cm … 65 cm

Schrittmaßregel

Neben der Schrittmaßregel werden auch die **Sicherheits-** und **Bequemlichkeitsregel** angewendet. Nach der Sicherheitsregel beträgt die Summe aus Steigung und Auftritt 46 cm. Nach der Bequemlichkeitsregel ist die Differenz zwischen Auftritt und Steigung 12 cm.

13.2.5 | Berechnungen an Treppen

Treppenberechnungen beziehen sich immer auf die fertige Belagoberfläche. In der Regel sind zu berechnen:

- die Anzahl der Steigungen (n),
- die Steigungshöhe (s),
- die Auftrittbreite (a),
- die Treppenlauflänge (l).

Angaben aus dem Projekt

Die Geschosshöhe zwischen Erdgeschoss und Dachgeschoss beträgt von OK Fußboden bis OK Fußboden 2,75 m.

Anzahl der Steigungen (n)

Die Anzahl der Steigungen muss ein ganzzahliges Ergebnis sein. Sie wird berechnet, indem man die Geschosshöhe (Fertigmaß) durch die gewünschte Steigungshöhe teilt und das Ergebnis zu einer ganzen Zahl auf- oder abrundet.

$n = 275\ \text{cm} : 18\ \text{cm} = 15{,}3$ Steigungen
gewählt: 15 Steigungen

Steigungshöhe (s)

Anschließend wird die Geschosshöhe durch die ermittelte Anzahl der Steigungen geteilt. Das Ergebnis ist die genaue Steigungshöhe.

$s = 275\ \text{cm} : 15 = 18{,}33\ \text{cm}$

Auftrittbreite (a)

Die Auftrittbreite wird mithilfe der Schrittmaßregel ($a + 2 \cdot s = 63\ \text{cm}$) ermittelt.

$a = 63\ \text{cm} - 2 \cdot 18{,}33\ \text{cm}$
$a = 26{,}5\ \text{cm}$ (errechnet: 26,34 cm)

Treppenlauflänge (l)

Zur Ermittlung der Lauflänge wird die Auftrittbreite mit der Anzahl der Auftritte multipliziert. Dabei ist zu beachten, dass die Anzahl der Auftritte je Treppenlauf immer um 1 kleiner ist als die Anzahl der Steigungen, da der Austritt (letzter Auftritt) ein Teil des Podestes oder der Geschossdecke ist.

$l = (15 - 1) \cdot 26{,}5\ \text{cm}$
$l = 3{,}71\ \text{m}$

Sicherheitsregel $a + s = 46\ \text{cm}$

Bequemlichkeitsregel $a - s = 12\ \text{cm}$

Podestlänge = 1 Treppenauftritt + 1 Schrittlänge

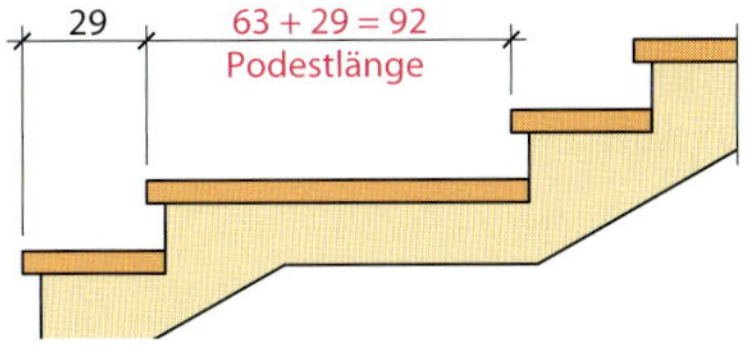

Treppenregeln

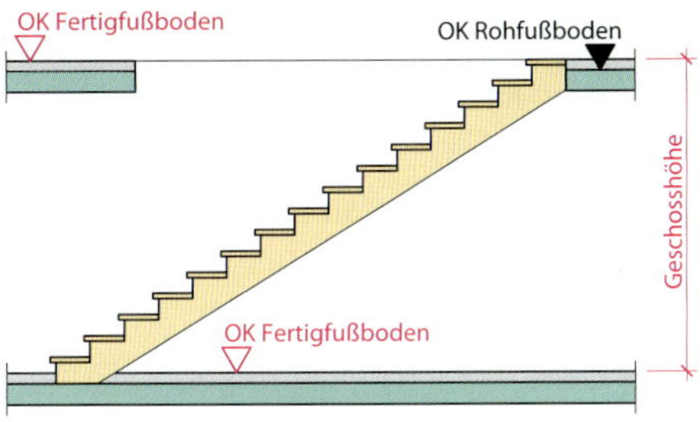

Anzahl der Steigungen (n)

$$= \frac{\text{Geschosshöhe}}{\text{gewählte Steigungshöhe}}$$

⇩

Steigungshöhe (s)

$$= \frac{\text{Geschosshöhe}}{\text{Anzahl der Treppensteigungen}}$$

Berechnungen an Treppen

Schrittmaß = 62 cm +/– 3 cm

⇩

Auftrittbreite = Schrittmaß – 2 · Steigungshöhe (s)

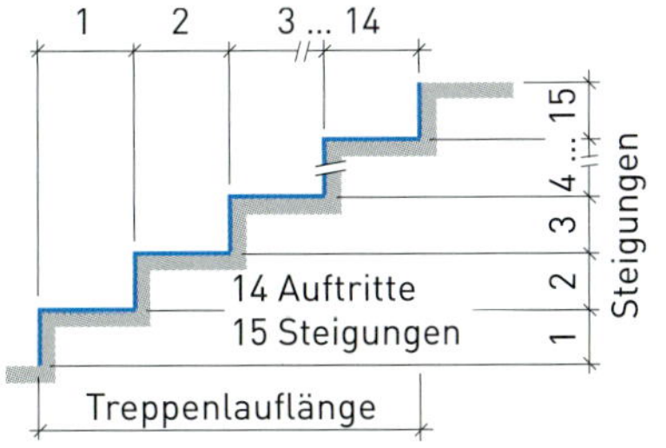

Anzahl der Auftritte = Anzahl der Steigungen – 1

⇩

Treppenlauflänge (l) = Anzahl der Auftritte ($n - 1$) · Auftrittbreite

Treppenlauflänge

13.2.6 | Stufenarten

Nach dem **Querschnitt** unterscheidet die Norm folgende Stufenarten:

- Blockstufen,
- Keilstufen,
- Plattenstufen,
- Winkelstufen und
- L-Stufen.

Blockstufen haben einen rechteckigen oder einen trapezförmigen Querschnitt, dabei ist die Stufenhöhe *h* annähernd gleich der Steigung *s*.

Keilstufen haben einen dreieckigen Querschnitt.

Plattenstufen haben einen plattenförmigen Querschnitt mit und ohne Setzstufe, dabei ist die Stufendicke *d* im Gegensatz zur Blockstufe wesentlich geringer als die Steigung *s*.

Winkelstufen und **L-Stufen** haben einen winkelförmigen Querschnitt. Sie sind nur in Betonwerkstein ausführbar.

Block- und Keilstufen kommen dort zum Einsatz, wo die Stufen beidseitig unterstützt werden. Platten- und Winkelstufen werden meist als Beläge für Stahlbetontreppen im Wohnungsbau verwendet.

Nach dem **Werkstoff** unterscheidet man

- Naturwerksteinstufen,
- Betonwerksteinstufen.

Naturwerksteinstufen werden steinmetzmäßig hergestellt. Geeignet ist wetterbeständiges, hartes Gestein wie Granit, Basaltlava und harte Sandsteine. Die freitragende Länge des Granits reicht bis 1,50 m, die des Sandsteins bis 1,20 m.

Betonwerksteinstufen bestehen aus Kernbeton und Vorsatzbeton oder aus tragfähigem Vorsatzbeton. Der Beton muss der Festigkeitsklasse C25/30 entsprechen. Bei zweischichtigem Aufbau muss der Vorsatzbeton mindestens 8 mm dick sein. Er wird in der Regel maschinell geschliffen. Nach DIN 18500 müssen Kern- und Vorsatzbeton untrennbar miteinander verbunden sein. Betonwerksteinstufen können bewehrt werden. Die Bewehrung erhöht die Tragfähigkeit und bietet mehr Sicherheit beim Transport.

Plattenstufen aus Gabbro (Impala) auf einer Stahlbetonplatte; Oberflächen rutschhemmend beflammt und gebürstet

Blockstufentreppe aus Betonwerkstein

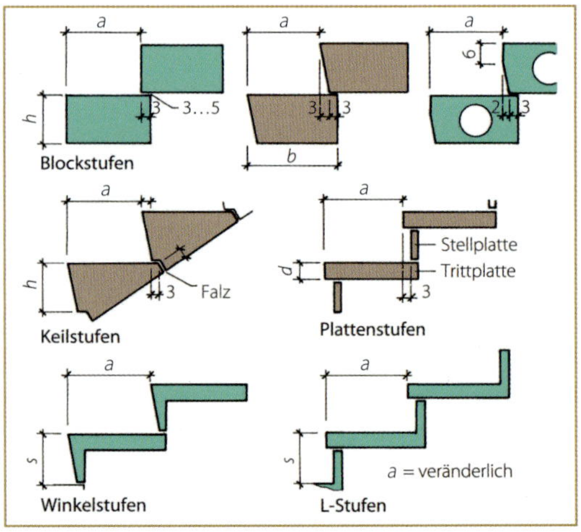

Verschiedene Querschnittsformen

13.3 | Treppenarten

Nach ihrer Lage unterscheidet man Innen- und Außentreppen.

Zu den **Innentreppen** gehören Kellertreppen, Geschosstreppen und Bodentreppen.

Zu den **Außentreppen** gehören Eingangstreppen von Gebäuden, Freitreppen in Garten- oder Parkanlagen und Kelleraußentreppen.

Nach der **Konstruktion** lassen sich Belagtreppen und Werksteintreppen unterscheiden.

Belagtreppen

Belagtreppen haben eine tragende Unterkonstruktion, die meist aus längs- oder quergespannten Stahlbetonlaufplatten oder aus Fertigteilen besteht. Auf diese Rohtreppe kommt eine Bekleidung mit keramischem Material, Naturwerkstein oder Betonwerkstein.

Werksteintreppen

Als Werksteintreppen werden solche Treppen bezeichnet, bei denen die Stufen selbst die tragenden Teile der Treppe darstellen. Die tragenden Stufen aus Naturwerkstein oder Betonwerkstein können untermauert in die Treppenhauswand eingebunden sein oder auch durch Balken oder Wangen getragen werden.

Nach der jeweiligen Konstruktionsart unterscheidet man bei Werksteintreppen:

- Balkentreppen
  Ein oder mehrere vorgefertigte oder an Ort und Stelle betonierte Balken tragen die platten- oder winkelförmigen Stufen.
- Wangentreppen
  Die Stufen werden von seitlich angelegten Wangen getragen.
- Kragtreppen
  Jede Stufe ist unabhängig von der anderen im Mauerwerk oder in einer Betonwand eingespannt.
- Spindeltreppen
  Die Stufen sind einseitig und übereinander versetzt in eine Stütze oder Spindel eingespannt und führen in einer kreisförmigen Bewegung nach oben.

Außentreppe, hier: Wangentreppe

Außentreppe, hier: Balkentreppe

Belagtreppe in Form einer halben Wendeltreppe

Kragtreppe aus Marmor

13.4 | Verlegetechnik bei Belagtreppen

Die Treppe aus dem Projekt hat eine Stahlbetonlaufplatte als tragende Unterkonstruktion, die mit keramischem Material bekleidet werden soll.

13.4.1 | Anforderungen

Treppen sind einem starken schleifenden Verschleiß ausgesetzt. Zur Bekleidung eignet sich deshalb nur abriebfestes Bodenbelagmaterial.

Da Treppen häufig Unfallquellen sind, müssen sie besonderen Anforderungen genügen. Dazu gehört,

- dass die Vorderkanten der Trittstufen abgerundet oder abgefast sind,
- dass die Trittplatte grundsätzlich die Setzplatte an der Vorderkante überdeckt,
- dass die Stufenvorderkante durch Rillen, Stege oder durch Farbunterschiede optisch betont wird,
- dass die Auftritte von Außentreppen in einem Gefälle von ca. 2 % zur Vorderkante Stufe liegen,
- dass die Oberfläche des Belags rutschhemmend wirkt.

Die rutschhemmende Wirkung kann bei einem Mosaikbelag durch

- das dichte Fugennetz und

bei Fliesen oder Platten durch

- die Struktur der Oberfläche

erzielt werden. Sie ist entweder rau oder durch Noppen, Stege oder Pyramiden profiliert.

Stark profilierte Oberflächen haben jedoch den Nachteil, dass sie sich schlecht reinigen lassen, was wiederum zu einer Unfallgefahr werden kann.

Die Auswahl des Belagmaterials bezüglich seiner rutschhemmenden Eigenschaft hat sich an der „Arbeitsstättenverordnung“ und an den Unfallverhütungsvorschriften zu orientieren, in denen die Rutschgefahr für die verschiedenen Verkehrsbereiche bewertet wird (siehe auch 10.3.2 und 10.3.3).

So gilt z. B. im nassbelasteten Barfußbereich

- für „Treppen außerhalb eines Schwimmbeckens“ die Bewertungsgruppe B,
- für „ins Wasser führende Treppen“ die höhere Bewertungsgruppe C.

Spindeltreppe

Belagtreppen, Maßnahmen zur Unfallverhütung

Treppenbelag aus Mosaik

13.4.2 | Belagmaterial

Die Keramikindustrie bietet eine Fülle von Formaten und Formstücken an. Es gibt sie mit und ohne Glasur und als Grob- und als Feinkeramik. Die Produktpalette ist aufeinander abgestimmt.

Einige Beispiele aus der Angebotspalette: (Maße in mm):

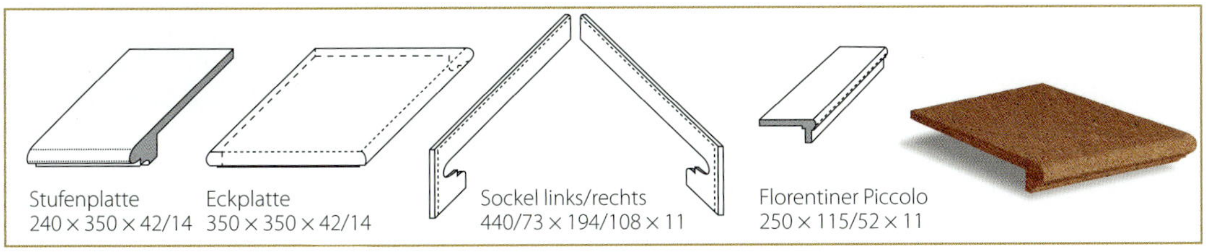

Florentiner Stufensystem

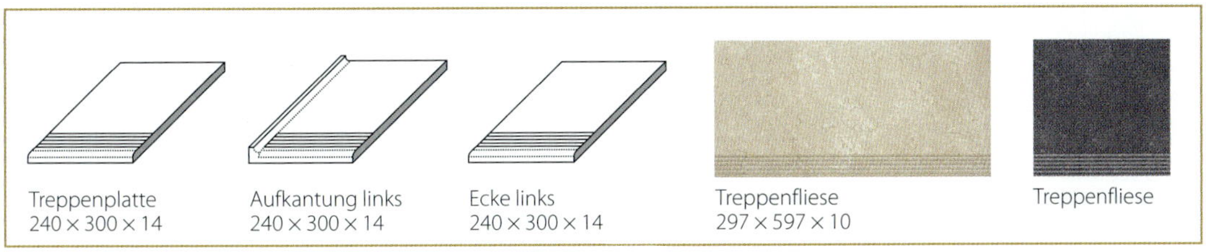

Formklinker, Auftrittfliesen aus Steinzeug

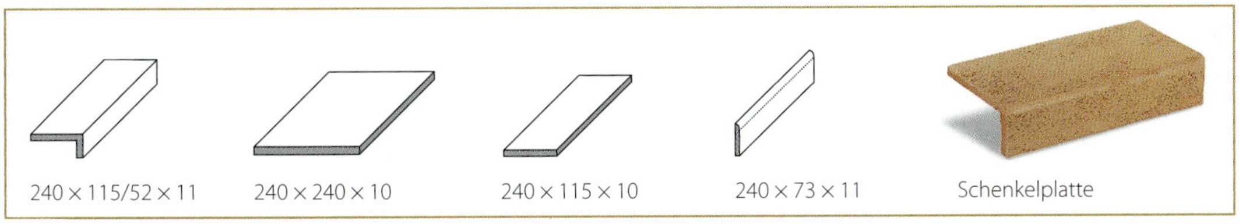

Längsschenkel, Stellplatten, Randsteine

Die Formate sind den gängigen Steigungsverhältnissen angepasst.

Rillierte Auftritte sind rutschhemmend. Sie liegen vertieft, wenn sie stranggepresst sind und erhaben, wenn sie trocken gepresst sind.

Die Vorderkanten der Auftritte sind leicht gerundet.

Sicherheitsriemchen heben farblich die Treppenkante hervor.

Seitliche Aufkantungen der Auftritte verhindern ein Überlaufen von Putzwasser und damit ein Verschmutzen der Wangen bei Treppen mit offenen Wangen.

Es gibt Sockelausbildungen, die der Vorderkantenprofilierung der Auftrittsplatten angepasst sind.

Winkelplatten oder Abdeckplatten bilden einen Kantenschutz für die Stufenvorderkante und ermöglichen ein sauberes Anpassen weiterer Flächenplatten bei unterschiedlicher Auftrittfläche der Stufen (z. B. bei gewendelten Treppen).

Schadensbild einer ungeschützten Stufenkante, die den mechanischen Belastungen nicht standgehalten hat

Kantenprofile

Sichere und optisch ansprechende Ausgestaltung von Stufenkanten sind mit Kantenprofilen aus verschiedenen Materialien (Aluminium, Edelstahl, Hart-/ Weichkunststoff usw.) mit spezieller rutschhemmender Profilierung zu erreichen. Die Vorderkante des Trägerprofils schließt dabei mit den Setzstufenfliesen bündig ab. Die Profilierung darf keine Stolperfalle bilden und sollte deshalb nach Merkblatt „Sicherheit auf Treppen" keine größere Höhendifferenz als 2 mm aufweisen.

Beispiel für ein Kantenprofil

13.4.3 | Ausführung – Innentreppen

Die Fertigtreppe muss ein gleichmäßiges Steigungsverhältnis der einzelnen Stufen im Treppenlauf sowie im Antritt und im Austritt aufweisen (zulässige Abweichungen zwischen dem Ist- und Sollmaß von Steigung und Auftritt legt die DIN 18065 fest.

Deswegen werden vorhandene Maßabweichungen der Rohtreppe überprüft und gegebenenfalls durch Ausgleichsmörtel oder Ausgleichsbeton behoben (Körnung 0...4 mm, bzw. Körnung 0...8 mm).

Der Meterriss oder der Fertigfußboden im Podestbereich dient als Bezugspunkt für die Überprüfung.

Sofern möglich, werden die einzelnen Steigungen und Auftritte des Treppenlaufs vom Bezugspunkt aus an der angrenzenden Wand angezeichnet und bei der Verlegung auf die jeweilige Stufe übertragen.

Ist das Dünnbettverfahren nicht vorgesehen, werden Treppenbeläge üblicherweise im vorgezogenen Mörtelbett verlegt. Das erlaubt – im Unterschied zur Einzelverlegung – eine bessere Verdichtung des Mörtelbetts und erhöht so die Tragfähigkeit des Belags.

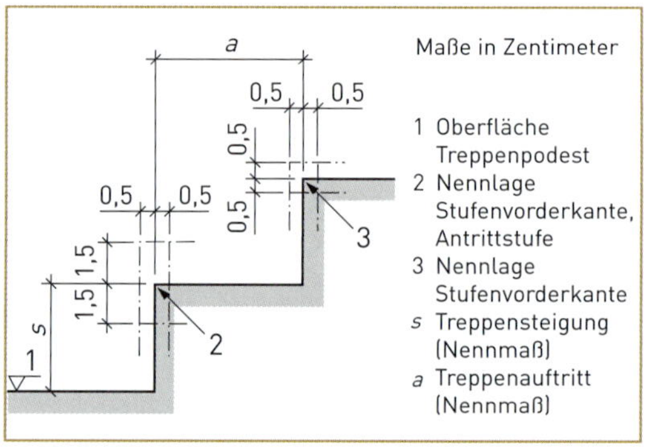

Toleranzen der Lagen der Stufenvorderkanten

Vorarbeiten an einer Treppenstufe

13.4.4 | Besondere Maßnahmen bei Außentreppen

Da Außentreppen der Witterung ausgesetzt sind, ist bei der Materialwahl besonders auf Abriebfestigkeit und Frostbeständigkeit zu achten.

Wegen der besonderen Rutschgefahr bei Regen, müssen die Stufenkanten und Auftritte rutschhemmend sein.

Ein besonderes Risiko stellt Wasser dar, das über die Fugen des Belags eingedrungen ist. Zusammen mit löslichem Kalk des Verlegemörtels kann es zu unschönen Kalkfahnen auf der Belagoberfläche führen.

Frostabplatzungen

Abplatzungen am Belag treten auf, wenn eingedrungenes Wasser

- durch Erwärmen einen Dampfdruck erzeugt oder
- bei Frostwirkung einen Eisdruck erzeugt.

Deswegen muss das Wasser, das bei Außentreppen anfällt, rasch und gezielt abgeführt werden. Dies erreicht man am besten durch ein Gefälle in Richtung der Stufenvorderkante. Das Handbuch für das Fliesenlegergewerbe empfiehlt ein Gefälle von 2 %.

Einen wirkungsvollen Schutz der Unterkonstruktion vor eingedrungenem Wasser erzielt man mit einer Dünnbettverlegung in Kombination mit einer Abdichtung im Verbund.

Eine andere Lösung besteht im Einbau einer Einkornmörtelschicht. Sie wirkt kapillarbrechend und leitet zusätzlich Wasser ab. Anzuwenden ist dieser Aufbau bei einer Außentreppe mit geringer Stufenanzahl, da die Dränwirkung des Einkornmörtels begrenzt ist.

Als Systemlösung gibt es Stufendränungen, die anfallendes Stauwasser unter dem Belag ableiten. Die Abbildung zeigt einen möglichen Aufbau.

Außerdem ist zu empfehlen, unterhalb der Antrittstufe eine Dränschicht einzuplanen, um das abgeleitete Wasser der Stufen gezielt abzuführen.

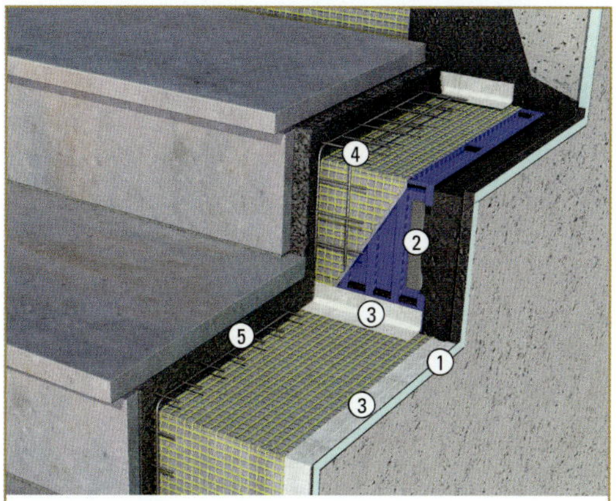

① AquaDrain® SD Wasserleitstreifen
② AquaDrain® SD - Typ1 Stufendrainage
③ AquaDrain® UB Universalband
④ AquaDrain® SD Flächengitter
⑤ Einkornmörtelsystem, mind. 25 mm Dicke am Auftritt (MorTec® DRAIN) mit Haftbrücke

Aufbau eines gedränten Stufenbelags

13.5 | Trittschalldämmung

Beim Begehen von Treppen entsteht Trittschall. Grundsätzlich kann Trittschall nur am Ort des Entstehens wirkungsvoll gedämmt werden, indem die Ausbreitung der Schallwellen in angrenzende Bauteile unterbunden wird. Dabei werden zwei Arten von Konstruktionsfällen unterschieden:

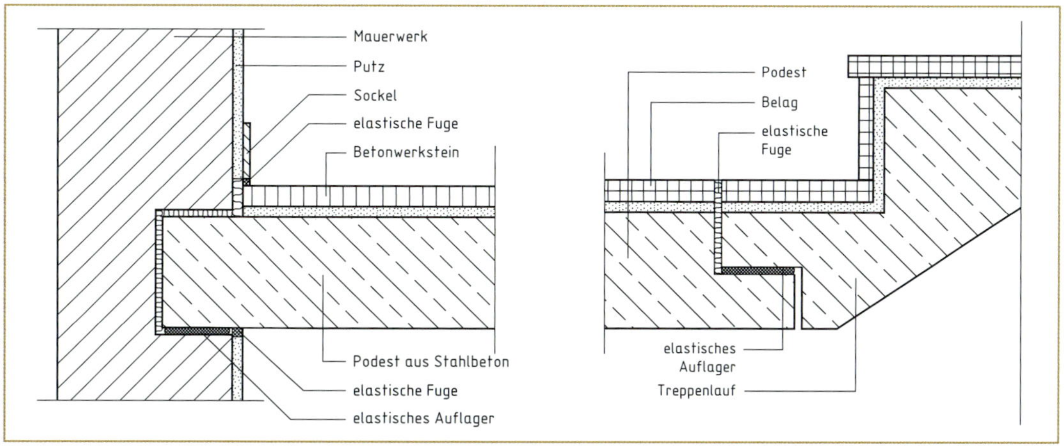

Treppenlauf und Podest auf elastischem Schallschutzlager

1. Trittschallunterbrechung in der Rohkonstruktion
   - Treppenläufe und Podeste sind auf elastische Schallschutzlager gesetzt und von allen angrenzenden Treppenhauswänden getrennt,
   - Treppenläufe lagern elastisch auf den Podesten auf, z. B. auf Neoprenlagern. Die Podeste sind starr mit der Wand verbunden.
2. Trittschallunterbrechung im Belagaufbau
   - Treppenläufe und Podeste sind starr mit den angrenzenden Wänden verbunden. Daher muss durch zusätzliche Maßnahmen für eine Trittschalldämmung gesorgt werden.

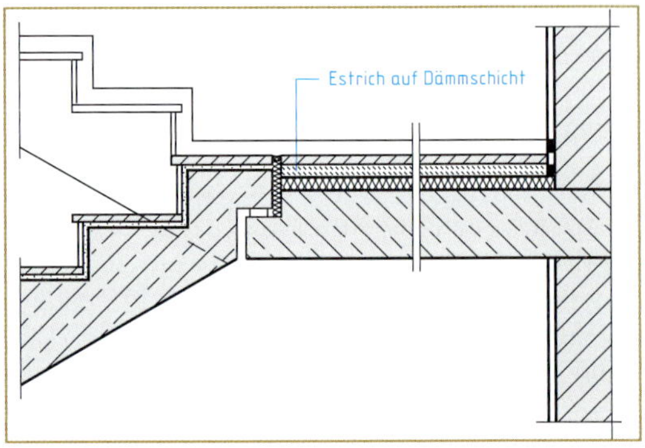

Treppenlauf auf elastischem Schallschutzlager, Podestbelag über Estrich auf Dämmschicht

Für die **Verlegearbeiten** heißt das,
- die Konstruktionsfugen müssen zwischen Podest und Treppenlauf in den Belag an gleicher Stelle und in gleicher Breite übernommen und mit elastischem Fugenmaterial gefüllt werden,
- die Konstruktionsfugen müssen zwischen Podest und Treppenlauf in den Belag übernommen und der Belag muss im Podestbereich auf einem Estrich auf Dämmschicht verlegt werden,
- der Belag muss auf Trittschalldämmbahnen oder Entkopplungsmatten der Unterkonstruktion verlegt werden,
- die Sockel müssen schalltechnisch vom Treppenbelag getrennt werden, indem sie auf Randstreifen verlegt werden.

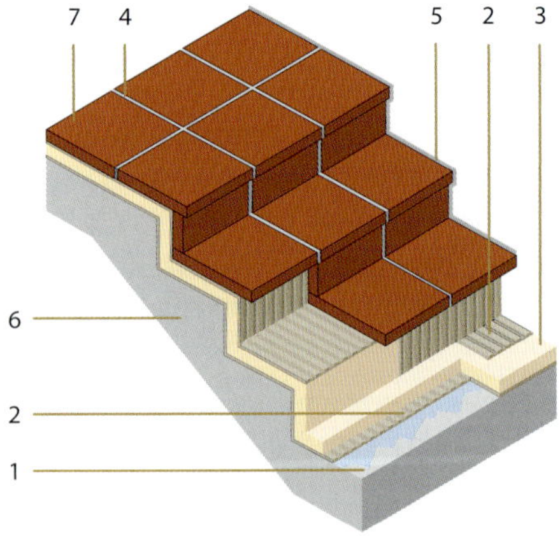

1 Sopro Grundierung
2 flexibler Dünnbettmörtel
3 Sopro FliesenDämmPlatte bzw. Sopro TrittschallDämmPlatte
4 Sopro FlexFuge breit
5 elastische Fuge zu aufgehenden Bauteilen/Wand – Sopro SanitärSilicon
6 Beton
7 Fliese

Trittschalldämmschicht bzw. Entkopplungsschicht unter dem Belag

13.6 | Sockelausbildung

Sockel

Treppenbeläge, die direkt an Wände anschließen, erhalten in der Regel einen Sockel.

Man unterscheidet zwei Ausführungsarten, und zwar
- den abgetreppten Sockel und
- den durchlaufenden Sockel.

Der abgetreppte Sockel wird parallel zu Steigung und Auftritt geführt. Beim durchlaufenden Sockel verläuft der Sockel parallel zum Steigungswinkel der Treppe.

Um Einspannungen zu vermeiden, dürfen Sockel und Bodenbelag nicht starr miteinander verbunden sein.

Sockelausbildung: abgetreppt und durchlaufend, hier aus Formteilen

13.7 | Zeichnerische Darstellung von Treppen

Angaben zur dargestellten Treppe (Treppe im Hanggeschoss)

Geschosshöhe 2,75 m
Treppenlauf von angrenzender Wand getrennt
Steigungsverhältnis 16 × 172/260 mm
Auftrittplatte:
Materialdicke = 40 mm, Mörtelbett = 25 mm
Stellplatte:
Materialdicke = 20 mm, Mörtelbett = 10 mm
Trittschallentkopplungsmatte = 10 mm

Treppenkonstruktion

Treppen werden im Grundriss, im Schnitt, in der Ansicht und im Detail dargestellt – abhängig von den Anforderungen bei den Ausführungen.

Gebräuchliche Maßstäbe sind 1:50, 1:20 und 1:10. Bei Detailzeichnungen kann es sinnvoll sein, einen größeren Maßstab zu wählen wie 1:5, 1:2.

Der Grundriss zeigt die räumlichen Ausmaße der Treppe in Form und Größe. Der Lauflinienpfeil gibt die Steigungsrichtung der Treppe mit Antrittstufe und Austrittstufe an.

Die Draufsicht (horizontale Ansicht) zeigt die Belageinteilung des Treppenlaufs.

Der Schnitt zeigt den konstruktiven Aufbau der Treppe mit tragender Stahlbetonlaufplatte und Plattenstufen mit Stellplatten im Mörtelbett verlegt.

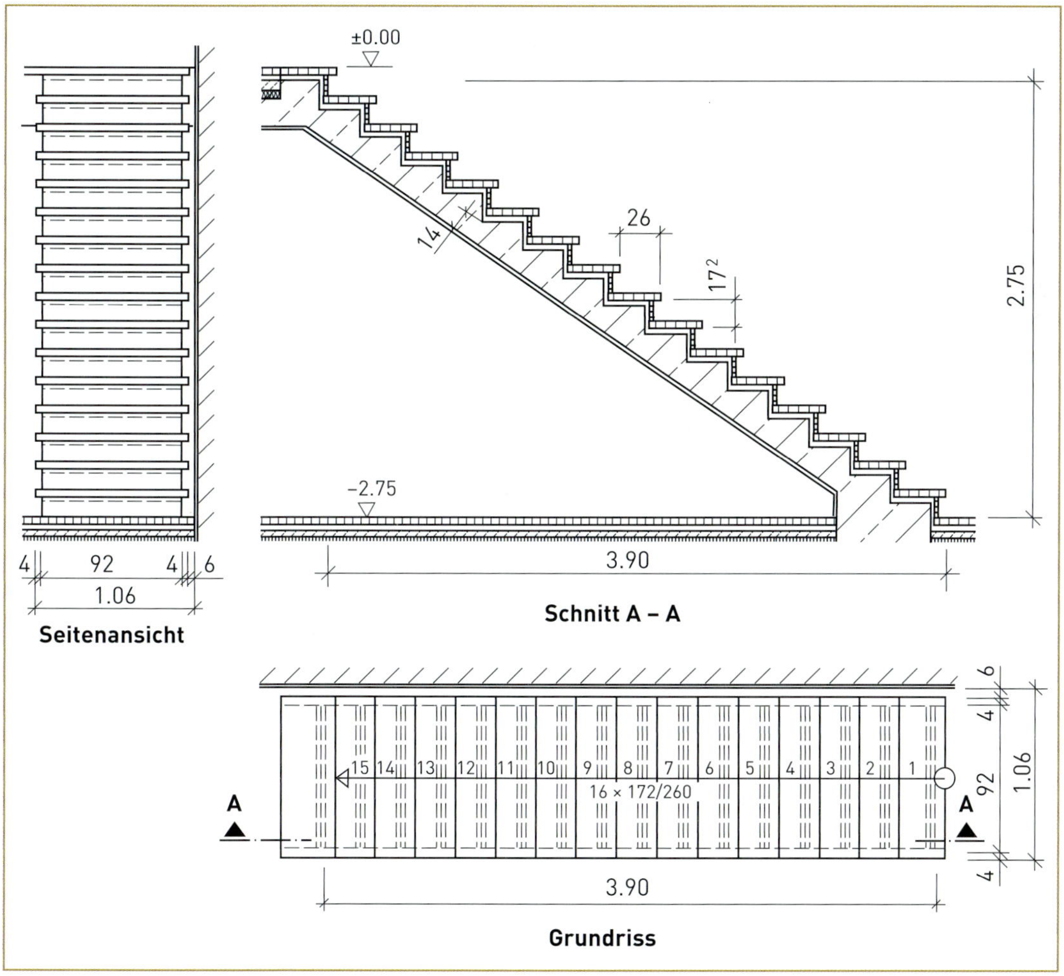

Grundriss, Schnitt und Seitenansicht der Treppe im Hanggeschoss

Detailpläne in größerem Maßstab geben einen genauen Aufbau der Stufen, zeigen Anschlüsse zu Podest und Decken oder zu angrenzenden Wänden.

In der abgebildeten Detailzeichnung ist der gewünschte Aufbau einer Stufe dargestellt. Das Belagmaterial ist durch eine Trittschallentkopplungsmatte vom Treppenlauf schalltechnisch getrennt.

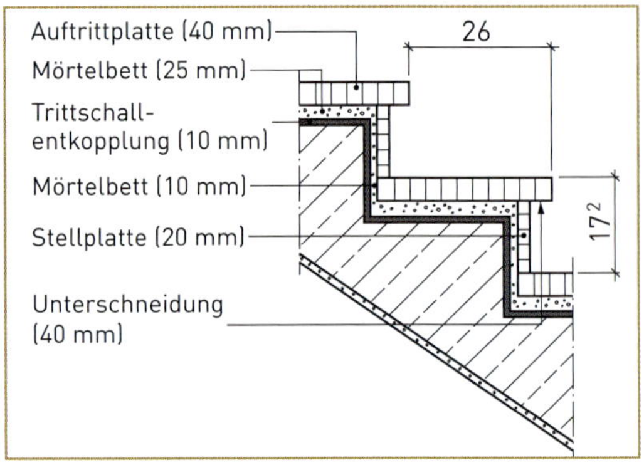

Treppenstufe mit Trittschallentkopplung

Zwei Beispiele für die Einteilung von Belagtreppen:

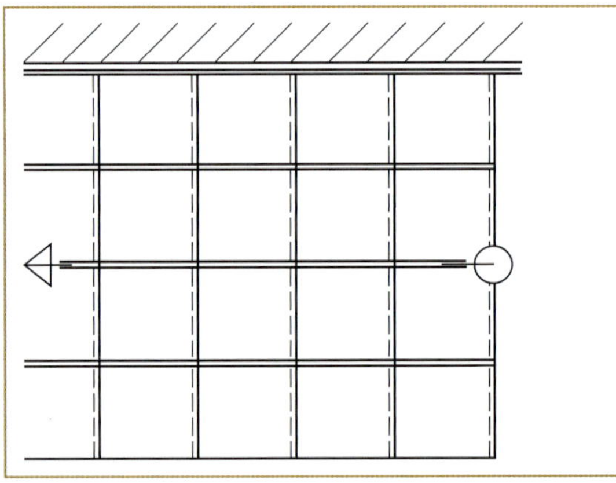

Teilausschnitt der Draufsicht einer Belagtreppe mit Belagmaterial aus Formklinker

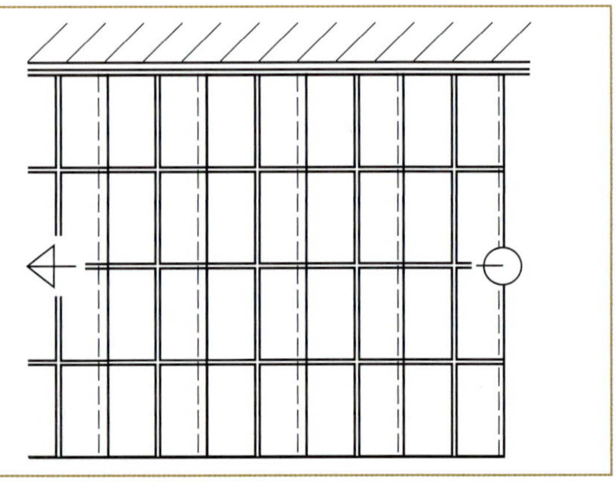

Teilausschnitt der Draufsicht einer Belagtreppe mit Belagmaterial aus Spaltplatten

Zeichnerischer Hinweis für die Konstruktion der Treppe

Anwendung des Strahlensatzes:

1. Geschosshöhe und Treppenlauflänge zeichnen.
2. Hilfsstrahl für die Höheneinteilung und Hilfsstrahl für die Längeneinteilung einzeichnen.
3. Auf dem jeweiligen Hilfsstrahl gleichmäßige Abstände in beliebiger Größe einzeichnen. Die Anzahl der Abstände entspricht der Anzahl der Steigungen bzw. der Anzahl der Auftritte der Treppe.
4. Den Endpunkt des Hilfsstrahls mit dem Endpunkt der Geschosshöhe bzw. der Treppenlauflänge verbinden.
5. Die gleichmäßigen Abstände der Hilfsstrahlen durch Parallelverschiebung auf die Treppenlauflänge und die Geschosshöhe übertragen.
6. Senkrechte und waagerechte Linien durch die konstruierten Punkte ergeben den Schnitt der Trittkante der jeweiligen Treppenstufen.
7. Die Dicke der Treppenlaufplatte im rechten Winkel zum Steigungswinkel der Treppe antragen und einzeichnen.
8. Die Treppe dicker nachzeichnen.

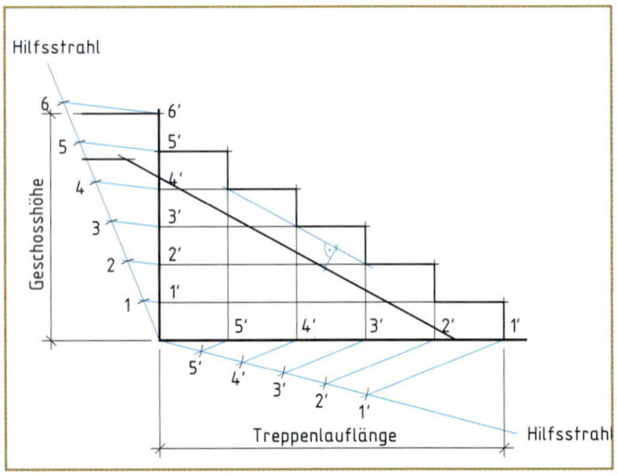

Hilfsstrahl für die Konstruktion der Stufenhöhe und der Konstruktion der Stufenbreite beim Treppenschnitt

13.8 | Wandbeläge an Treppenläufen

Wände an Treppenläufen können einen Wandbelag erhalten. In der Regel endet der Belag dann ungefähr auf Augenhöhe und ist besonders im Blickfeld. Bei der Einteilung des Wandbelags sind folgende Regeln zu beachten:

- Die waagerechten Fliesenfugen laufen im Bereich der Treppenschräge durch.
- Der obere Abschluss verläuft schräg und orientiert sich an dem Steigungswinkel der Treppe.
- Der Ausgleichsstreifen ist dort anzuordnen, wo er wenig auffällt und möglichst groß ausfällt.

Ausgleichsstreifen und ihre Lage

Ausgleichsstreifen entstehen im Wandbelag der Podeste, weil das Format einer Fliese nicht identisch ist mit dem Verhältnis von Steigung und Auftritt der Treppe. Es bleibt ein Rest übrig, ein Ausgleichsstreifen. Diese Streifen sind eine optische Irritation. Sie sind notwendig, aber gleichzeitig unschön. Es stellt sich die Frage nach dem Umgang mit diesen Ausgleichsstreifen. Sie müssen unauffällig positioniert werden.

Es gibt verschiedene Ausführungsmöglichkeiten.

Ausführung 1:

- Die obere Schräge des Wandbelags verläuft parallel zur Treppensteigung.
- Der Wandbelag ist am oberen und unteren Podest gleich hoch.

Unschön ist diese Belageinteilung, da der zweite, obere Ausgleichsstreifen direkt im Blickfeld liegt. Man kann den oberen Ausgleichsstreifen vermeiden, wenn man den Knickpunkt B_2 verschiebt:

- Der Knickpunkt B_2 wird waagerecht und nach unten verschoben, Ausführung 2.
- Der Knickpunkt B_2 wird auf gleicher Achse nach unten verschoben, Ausführung 3.

Ausführung 2:

- Die obere Schräge des Wandbelags verläuft parallel zur Treppensteigung.
- Der Wandbelag ist am oberen und unteren Podest nicht gleich hoch.

Ausführung 3:

- Die obere Schräge des Wandbelags verläuft nicht parallel zur Treppensteigung.
- Der Wandbelag ist am oberen und unteren Podest nicht gleich hoch.

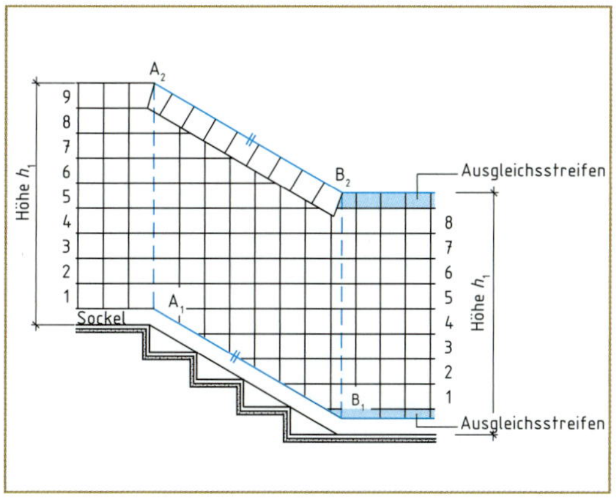

Ausführung 1: gleich hoher Wandbelag im Podestbereich; optisch unschöne Lösung: zwei Ausgleichsstreifen

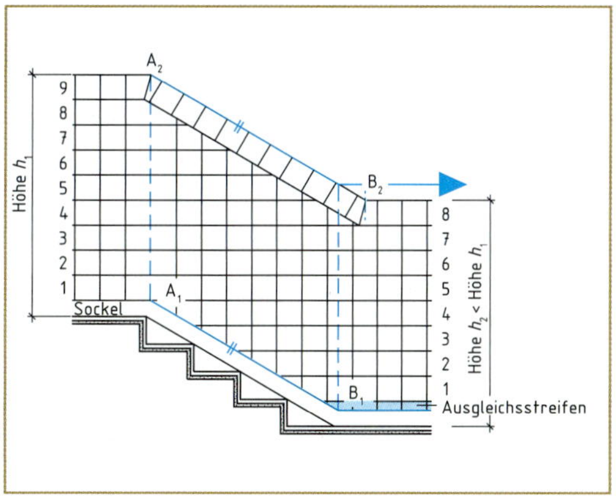

Ausführung 2: ungleich hoher Wandbelag im Podestbereich; Knickpunkt B_2 waagerecht und nach unten verschoben, optisch ansprechende Lösung

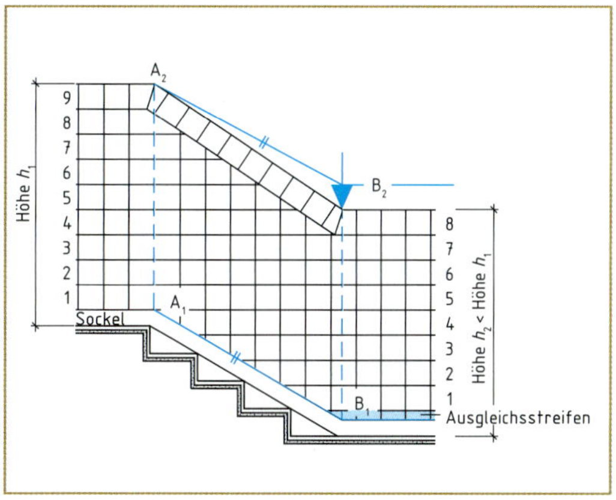

Ausführung 3: ungleich hoher Wandbelag im Podestbereich; Knickpunkt B_2 senkrecht nach unten verschoben, optisch ansprechende Lösung

Zeichnerische Hinweise für die Konstruktion des Wandbelages

1. Treppensockel einzeichnen. Die Schnittpunkte der waagerecht verlaufenden Sockel und des schräg geführten Sockels ergeben die Knickpunkte A_1 und B_1.
   Die Winkelhalbierenden in A_1 und B_1 einzeichnen.
2. Belageinteilung vom oberen Knickpunkt A_1 beginnen.
3. Höhe des Wandbelages oben und unten festlegen und einzeichnen.
   Knickpunkte A_2 und B_2 festlegen und verbinden. Die Winkelhalbierenden in A_2 und B_2 bestimmen.
4. Einteilung des Wandbelags vervollständigen.
5. Frieseinteilung einzeichnen.
   Die Winkelhalbierende zwischen waagerechtem und schrägem Sockelverlauf bildet die Schnittlinie für die aufeinandertreffenden Fliesen.

Hinweis:

Hier ist im Knickpunkt A_1 mit der Einteilung des Wandbelages begonnen worden. Wenn sich dadurch ein optisch unvorteilhafter Ausgleichsstreifen ergibt, kann man auch mit der Belageinteilung im Knickpunkt B_1 beginnen, um ein optisch ansprechenderes Ergebnis zu erreichen.

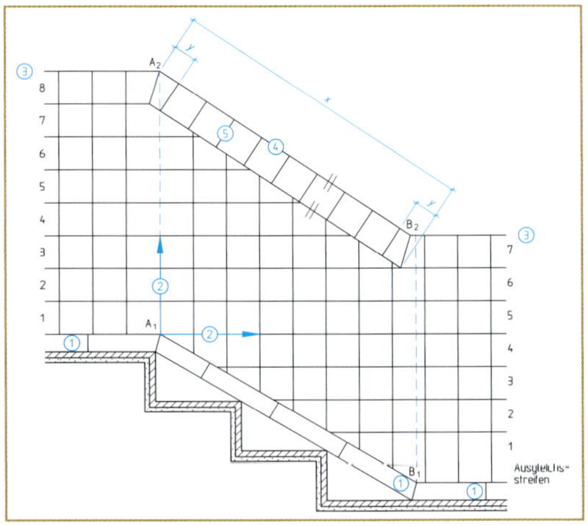

Einteilung des Wandbelags

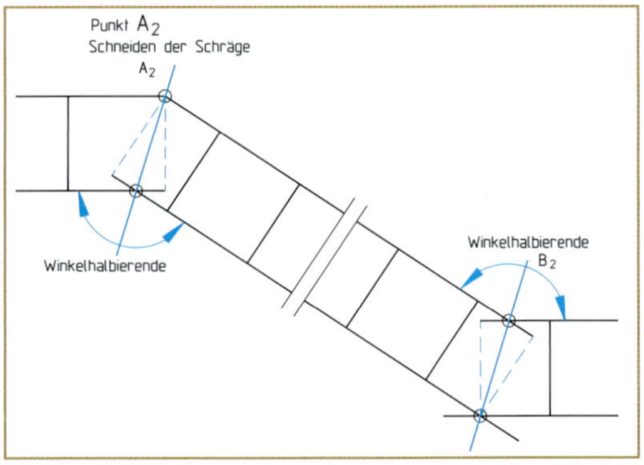

Bestimmung der Winkelhalbierenden

13.9 | Aufgaben

13.9.1 | Aufgaben zum Projekt

1. | Die einläufige gerade Treppe im Erdgeschoss führt vom Wohnzimmer in das Dachgeschoss.

a) Berechnen Sie das Steigungsverhältnis der Treppe, wenn die Treppe 16 Steigungen hat.

b) Wählen Sie das Material des Belags aus und entscheiden Sie sich für eine Verlegetechnik. Begründen Sie Ihre Wahl.

c) Zeichnen Sie die Treppe im Grundriss und im Schnitt im Maßstab 1 : 20. Der Treppenlauf ist 1,00 m breit.

d) Zeichnen Sie Ihre gewählte Belageinteilung in die Draufsicht der Treppe.

e) Die angrenzende Wand erhält einen Sockel. Wählen Sie eine Sockelart aus und zeichnen Sie den Sockel in den Schnitt.

f) Zeichnen Sie den Aufbau einer Stufe, wenn der Belag schalltechnisch durch eine Entkopplungsmatte (10 mm) von der Unterkonstruktion getrennt ist.

g) Beschreiben Sie die einzelnen Arbeitsschritte der Verlegearbeit des Treppenbelags.

2. | Zwischen Erdgeschoss und Dachgeschoss soll die Treppe einen Belag aus blaugrau glasierten Spaltplatten erhalten. Der Sockel an Wand und gemauerter Brüstung ist abgestuft. Aus schallschutztechnischen Gründen ist der Belag schwimmend verlegt. Um einen besseren Eindruck der optischen Wirkung zu bekommen, wird eine Zeichnung von 7 Stufen in größerem Maßstab angefertigt.
   a) Zeichnen Sie die Belageinteilung der ersten 7 Stufen in der Draufsicht und im Vertikalschnitt. Der abgetreppte Sockel ist in der Ansicht zu zeichnen. Die Fugen sind mit einer Doppellinie im Maßstab 1 : 10 zu zeichnen.
   b) Zeichnen Sie den Sockelanschluss zum Treppenbelag im Detailschnitt im Maßstab 1 : 2 und bemaßen und bezeichnen Sie die einzelnen Teile.

   Angaben zur Treppe
   Steigungshöhe: 18,33 cm
   Auftrittbreite: 26,5 cm
   Treppenlaufbreite im Rohbau: 1,01 m

   Angaben zum Belag
   Spaltplatten: *W* 240 × 157 × 10 mm
   Winkelplatten:
   W 240 × 52 × 115 × 10 mm
   Sockel: *W* 240 × 52 × 10 mm
   Mörteldicke der Trittstufen: 20 mm
   Mörteldicke der Setzstufen: 10 mm
   Trittschalldämmung: 5 mm dick

13.9.2 | Aufgaben zu 13.2–8

1. | Erklären Sie die Bezeichnungen
   a) Auftritt,
   b) Steigung,
   c) Treppenlauflänge,
   d) Unterschneidung.

2. | Skizzieren Sie eine einläufige gerade Treppe, eine zweiläufige gegenläufige Treppe mit Zwischenpodest als Rechtstreppe, eine einläufige halbgewendelte Linkstreppe.

3. | Wo wird die lichte Durchgangshöhe einer Treppe gemessen?

4. | Wie wird das Maß für die Treppenlauflänge festgelegt?

5. | Geben Sie die Formeln an
   a) für die Schrittmaßregel,
   b) für die Sicherheitsregel.

6. | Wie kann Körperschallschutz (Trittschallschutz) bei Treppen wirkungsvoll verbessert werden?

7. | Der keramische Belag für eine Außentreppe muss möglichst unfallsicher und dauerhaft ausgeführt werden. Welche Maßnahmen bezüglich Materialauswahl und Ausführung sind zu treffen?

8. | a) Begründen Sie, warum Treppenbeläge, die direkt an Wände anschließen, in der Regel einen Sockel erhalten.
   b) Skizzieren Sie die verschiedenen Ausführungsarten der Sockel.
   c) Worauf ist bei der Verlegung der Sockel zu achten?

9. | Ordnen Sie den Treppen die richtige Steigungshöhe zu:
   a) Treppen in Theatern und Schulen,
   b) Keller- und Bodentreppen,
   c) Garten- und Freitreppen,
   d) Treppen in Wohnhäusern.
   1. 14…16 cm 2. 17…18 cm
   3. 20…22 cm 4. 16…17 cm

10. | Die dargestellte Treppe soll zwischen Keller und Erdgeschoss eines Wohnhauses eingebaut werden. Sie ist mit Tritt- und Stellplatten aus Naturstein belegt.
   Die Stockwerkshöhe des Rohbaus beträgt 2,80 m. Die fertige Bodenhöhe einschließlich Belag beträgt im Keller 6 cm, im Erdgeschoss 10 cm.
   Berechnen Sie
   a) die Anzahl der Stufen,
   b) das Steigungsverhältnis,
   c) die Höhe der Stellplatte und die Breite der Trittplatte.

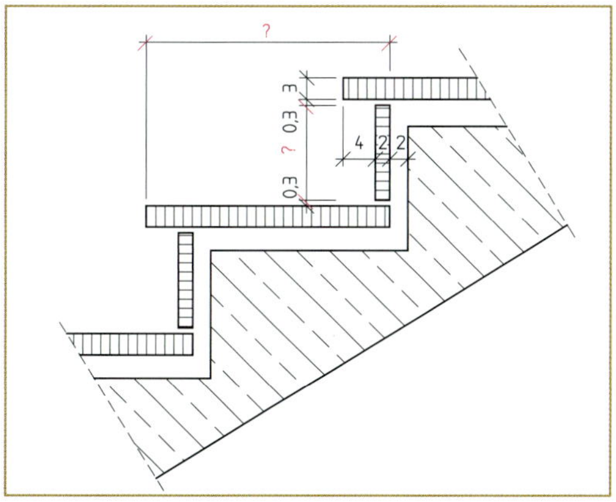

Bestimmung der Winkelhalbierenden

11. a) Wie groß sollte der Treppenauftritt einer Treppe sein, wenn die Steigung 17,5 cm beträgt?

b) Berechnen Sie nach der Schrittmaßregel die Treppensteigung einer Treppenstufe, wenn der Treppenauftritt 29 cm beträgt.

c) In einem Wohnhaus mit einer Geschosshöhe von 2,75 m soll eine einläufige gerade Treppe eingebaut werden. Zu berechnen sind das Steigungsverhältnis (*s*/*a*), die Anzahl der Steigungen *n* und die Treppenlauflänge (*l*).

12. Eine Ausgleichstreppe mit 5 Stufen erhält einen einteiligen Naturwerksteinbelag. Der linke Wandbelag ist bis auf die Höhe von 1,00 m aus Naturwerkstein. Die senkrechten Platten sind einteilig und stufenbreit. Der Wandbelag am Treppenlauf schließt parallel zur Steigung der Treppe ab.
Zeichnen Sie den Vertikalschnitt der Treppe mit Anschluss an die Podeste sowie die Ansicht des Wandbelages im Maßstab 1 : 10.
Die Abmessungen entnehmen Sie der Zeichnung.

Angaben zum Stufen- und Wandbelag

Trittstufen: 30 mm dick
Bodenbelag: 20 mm dick
Setzstufen und Wandplatten: 20 mm dick
Mörtelbett: 15 mm
Estrich: 45 mm
Trittschalldämmung der Stufen: 5 mm
Trittschalldämmung der Podeste: 30 mm

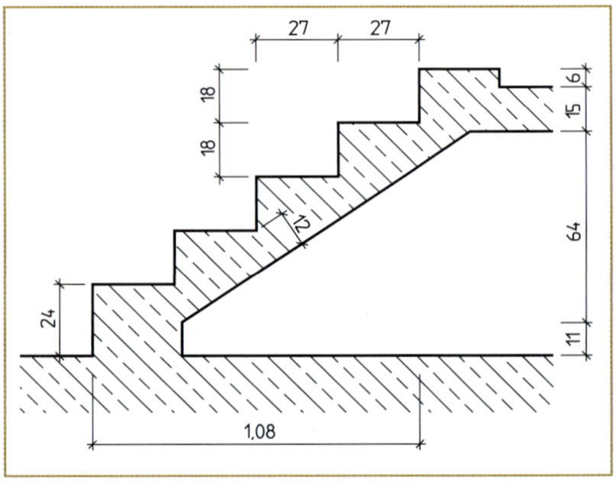

Ausgleichstreppe mit 5 Stufen

Lernfeld 14 | Gestalten einer Eingangshalle

Zielformulierung:	Die Schülerinnen und Schüler gestalten eine repräsentative Eingangshalle. Sie nutzen die Möglichkeiten, die sich aus Fläche, Format, Farbe und Fuge ergeben. Sie wählen Belagmaterialien, insbesondere Natursteine, aus und beschreiben Verlegetechniken. Die Schülerinnen und Schüler stellen im Einklang mit architektonischen Vorgaben Gestaltungsvarianten zeichnerisch dar und beurteilen diese. Sie beachten Bezugslinien, teilen die Fläche ein und ermitteln den Bedarf an Bau- und Bauhilfsstoffen.
Lerninhalte:	• Mörtel • Fugenmaterial • Verfärbungen • Klebstoffe • Gestaltungskriterien • Farbwirkung • Diagonalverlegung

Der Eingangsbereich ist die „Visitenkarte" eines Gebäudes.
Je nach Nutzung des Gebäudes soll er entweder elegant, rustikal oder großzügig wirken.
Durch entsprechende Gestaltung kann der Fliesenleger dem Besucher diese Eindrücke vermitteln.

Verfärbungen

Naturwerkstein

Diagonalverlegung

Verfugung
Mörtel
Klebstoffe

Gestaltungskriterien

Farbwirkung

14.1 | Projekt: Gestalten einer Eingangshalle

Die Eingangshalle einer Schule soll einen neuen Bodenbelag erhalten. Vorgesehen ist ein diagonal verlegter Natursteinbelag mit besonderer Gestaltung (Einlegearbeiten, Fries, Farb- und Materialkombinationen).

Der bestehende Belag wird bis auf den Betonuntergrund entfernt. Da zunächst nur der Eingangsbereich saniert wird, sollen Sie den neuen Bodenbelag nur bis zu den Treppenstufen planen.

Bei der Planung des neuen Bodenbelags sollen insbesondere folgende Entwurfskriterien bedacht werden:

- Farbe und Material der bestehenden Wände,
- Aufenthaltsbereich,
- Laufwege,
- Lichteinfall.

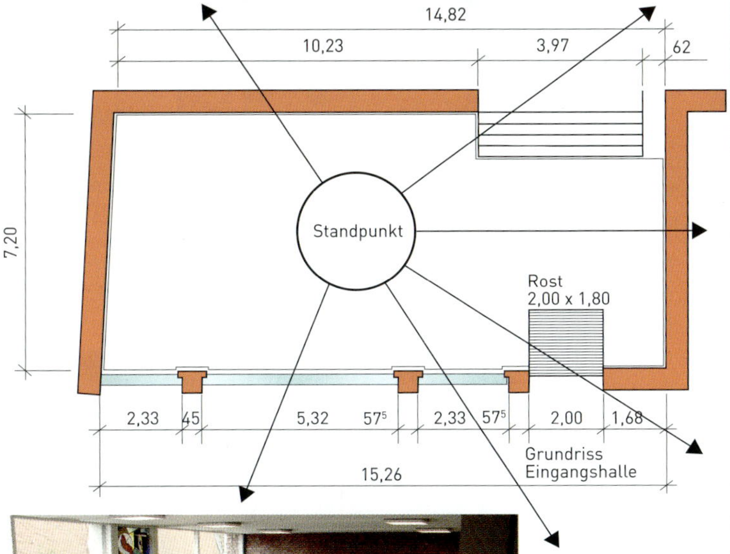

14.2 | Naturwerkstein

Als Naturwerksteine werden werkseitig bearbeitete **Natursteine** bezeichnet. Natursteine bestehen aus Mineralien, die Bestandteile der Erdkruste sind.

Ihrer Entstehung nach werden Natursteine in drei Gruppen unterteilt:
Erstarrungsgesteine, Ablagerungsgesteine, Umprägungsgesteine.

14.2.1 | Erstarrungsgesteine
(Tiefengesteine, Ganggesteine, Ergussgesteine, Auswurfgesteine, auch als Urgesteine bezeichnet)

Da Gesteinsbildung meist sehr langsam oder in der Tiefe abläuft, lässt sie sich selten beobachten.

Ein Fall, in dem sich die Gesteinsbildung direkt beobachten lässt, ist ein Vulkanausbruch, bei dem flüssige Gesteinsschmelze aus dem Erdinneren ausfließt und zu festem Gestein erstarrt. Solche Gesteine, die beim Erstarren einer flüssigen Gesteinsschmelze entstanden sind, heißen **Erstarrungsgesteine**.

Die vulkanischen Ergussgesteine sind allerdings nur ein kleiner Teil der Erstarrungsgesteine. Der Großteil der Erstarrungsgesteine entsteht unsichtbar unter der Erdoberfläche.

Flüssige Gesteinsschmelze (Magma) findet sich bei den dort herrschenden Temperaturen und Drücken ab etwa 100 km Tiefe. Auf diesem Magma lastet das überlagernde Festgestein.

Wo immer das überlagernde Festgestein schwache Stellen zeigt, wird also Magma in oberflächennähere und damit kühlere Bereiche aufsteigen und dort durch Abkühlung erstarren. Je näher die aufdringende Schmelze dabei der Erdoberfläche kommt, desto rascher kühlt sie ab.

Gesteine, die in größerer Tiefe stecken bleiben, heißen **Tiefengesteine**. Sie kühlen nur langsam ab. Die aus der Schmelze auskristallisierenden Mineralien haben deshalb Zeit, deutlich erkennbare Kristalle zu bilden. Tiefengesteine sind deshalb allgemein grob- und gleichkörnig. Sie sind unabhängig von der Beanspruchungsrichtung sehr druckfest und zeigen weder Schichtung noch Schieferung. Wichtigstes Tiefengestein ist der **Granit**.

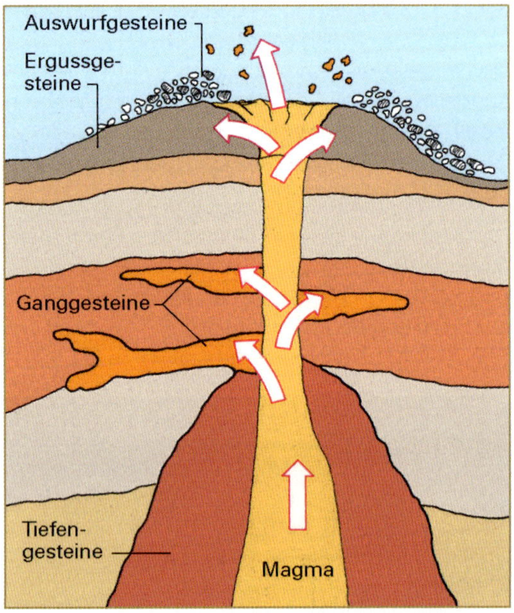

Entstehung der Erstarrungsgesteine

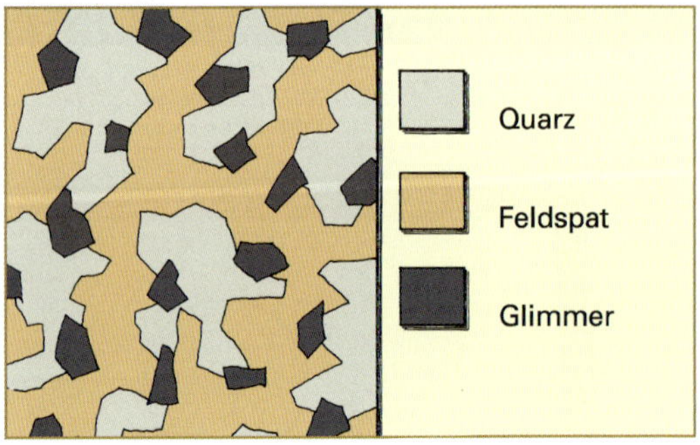

Struktur eines Tiefengesteins (Granit)

Mineralien im Granit

Ein Teil des Magmas wird auch in unterirdische Risse und Gänge gedrückt und kühlt dort rascher ab. Dadurch haben oft nur noch wenige Mineralien Zeit auszukristallisieren; der Rest erstarrt als glasige Grundmasse. Die entstehenden **Ganggesteine** zeigen deshalb oft eingesprengte Kristalle in einer einheitlichen Grundmasse. Dies wird als „porphyrische Struktur" bezeichnet. Ein Ganggestein ist z. B. der **Granitporphyr**.

Gelangt Magma an die Oberfläche und fließt dort als Lava aus, erstarrt es noch rascher. Die Grundmasse der entstehenden **Ergussgesteine** lässt deshalb keine Kristalle erkennen. Es kommen aber ebenfalls oft Kristalleinsprengsel vor, die bereits vor dem Austritt an die Erdoberfläche auskristallisiert waren. Wichtigstes Ergussgestein ist der **Basalt**.

Nahe der Oberfläche können die in der Gesteinsschmelze enthaltenen Gase leicht entweichen. Da kein großer Druck mehr herrscht, bleiben Hohlräume zurück; es entsteht poröse **Lava**, z. B. Basaltlava.

Bei Vulkanausbrüchen wird oft ein Teil des Materials als vulkanische Asche ausgeschleudert. Aus diesen Aschen entstehen dann die wenig verfestigten **Auswurfgesteine**, insbesondere Tuffe, wie z. B. **Trass**.

Ein Auswurfgestein besonderer Art ist **Bims**. Bims besteht aus erbsen- bis kopfgroßen Brocken. Sie enthalten so viele gasgefüllte Poren, dass Bims eine Dichte von unter 1 g/cm³ hat, also auf Wasser schwimmt.

14.2.2 | Ablagerungsgesteine (Sedimentgesteine)

An der Erdoberfläche befindliche Gesteine werden durch Sonneneinstrahlung, Frost, Regen, Wind und Pflanzenwurzeln allmählich zerstört.

Bei diesem Vorgang, der **Verwitterung**, werden die Gesteine zerkleinert und die einzelnen Mineralien entsprechend ihrer Beständigkeit verändert. Die beständigsten Mineralien werden nur zerkleinert (Quarz), die weniger beständigen umgewandelt (Glimmer und Feldspat zu Ton) und die löslichen Mineralien (Gips, Kalkspat) nach und nach im Regenwasser gelöst und weggeführt. Bei der Verwitterung bleibt also neben nur zerkleinerten Gesteinsbrocken ein Gemenge von Ton und Quarzsand zurück. Dieses Gemenge von Ton und Sand wird als **Lehm** bezeichnet. Diese Verwitterungsrückstände werden meist vom Wasser, seltener von Wind und Gletschereis, abgetragen.

Porphyrische Struktur eines Ergussgesteins

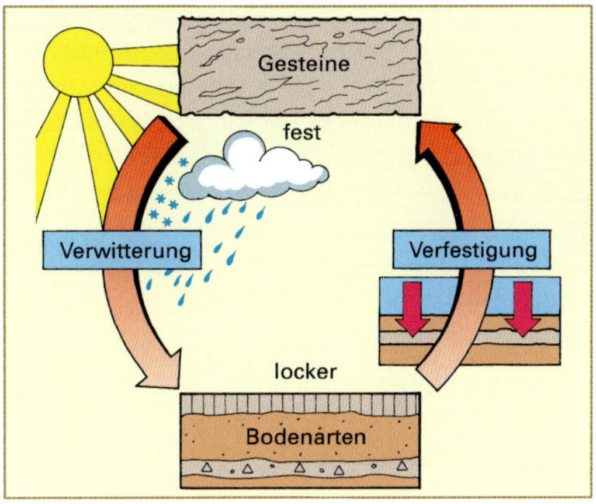

Verwitterungskreislauf

Ablagerung	Entstehendes Gestein
Kies	Konglomerat (Nagelfluh)
Sand	Sandstein
Ton	Tonstein
Kalk	Kalkstein
Ton + Kalk	Mergel
Gips	Gipsstein
Pflanzen	Kohle
Tierschalen	Kreide, Radiolarit

Herkunft der Ablagerungsgesteine

Solnhofener Natursteinplatte

Wenn mit abnehmendem Gefälle die Transportkraft der Bäche und Flüsse nachlässt, wird der Gesteinsschutt, nach der Größe sortiert, abgesetzt. Am Oberlauf bleiben die Blöcke und Steine liegen, im Flachland werden Kies und Sand abgesetzt und nur das feinste Material – meist Ton – gelangt in Seen und Meer und sinkt dort zu Boden. Die im Wasser gelösten Stoffe (Kalk, Gips usw.) werden ausgeschieden und ebenfalls abgelagert, wenn das Wasser an der Oberfläche von Seen und Meeren verdunstet.

Diese zunächst locker abgelagerten Verwitterungsreste werden als **Bodenarten** (Lockergesteine) bezeichnet. Werden sie von immer neuem Ablagerungsmaterial überdeckt, verfestigen sie sich durch den Überlagerungsdruck oder dadurch, dass ein Bindemittel die Einzelkörner verkittet. Damit sind aus den abgelagerten Verwitterungsresten von Gesteinen neue Gesteine entstanden, die **Ablagerungsgesteine** (weitere Bezeichnungen: Sedimentgesteine oder Sedimentite).

Entsprechend ihrer Entstehungsart werden unterschieden

- klastische Sedimente
  (aus der Ablagerung fester Teilchen),
- chemische Sedimente
  (durch chemische Abscheidung) und
- biogene Sedimente
  (organischer Herkunft).

Zu den Ablagerungsgesteinen gehören die Kalksteine, Kalksandsteine, Sandsteine, Grauwacken, Konglomerate, Brekzien, Tonschiefer, Muschelkalke, Dolomite, „Juramarmorsorten", Travertine und Solnhofener Plattenkalke.

Im Natursteinhandel werden sie üblicherweise als Weichgesteine bezeichnet. Planer und Verleger müssen berücksichtigen, dass Arten, die aus Calcit (Kalkspat) bestehen wie z.B. Kalkstein, „Jura", Travertin und „Solnhofener" auf Dauer mechanischer Beanspruchung nicht standhalten. Sie haben Kunden darauf hinzuweisen, dass sich verhältnismäßig schnell Kratzer oder Schleifspuren einstellen.

Des Weiteren ist zu beachten, dass sie chemisch leicht angreifbar sind. Im Gegensatz zu allen anderen Gesteinsarten ist bei den Karbonatgesteinen eine nachträgliche Kristallisation der geschliffenen Oberfläche möglich, wodurch stumpfe und verkratzte Beläge wieder neuen Glanz erhalten. Höher belastbare Sorten wirken kompakt und verfügen über einen geringen Wasseraufnahmewert. Polituren sind grundsätzlich nicht dauerhaft.

Versteinerung (Ammonit)

14.2.3| Umprägungsgesteine

Bei Gebirgsbildungen treten sehr hohe Kräfte und Temperaturen auf. Diesen extremen Bedingungen können Gesteine nicht widerstehen, sie werden umgeprägt.

Die Umbildung der Gesteine kommt dadurch zustande, dass viele Mineralien unter den veränderten Bedingungen unbeständig werden. Ein Teil der Mineralien wird in andere umgewandelt. Tonmineralien können entwässert und in plattigen Glimmer umgewandelt werden.

Diese und andere neu gebildete Mineralien werden häufig senkrecht zur Richtung des größten Drucks eingeregelt. Die Gesteine erscheinen dadurch geschiefert.

Auch durch Bewegungen bei Gebirgsbildungen können Schieferungen entstehen. Die Umprägungsgesteine werden deshalb auch als **„kristalline Schiefer"** bezeichnet.

Bei anderen Umprägungsgesteinen werden die Mineralien nur zu größeren Kristallen umkristallisiert (Marmor, Quarzit).

Je nach Ausgangsgestein entstehen verschiedene Umprägungsgesteine:

aus Granit ⇨ **Gneis**
aus Tonstein ⇨ **Tonschiefer**,
aus Kalkstein ⇨ echter **Marmor**,
aus Sandstein ⇨ **Quarzit**.

14.2.4| Eigenschaften und Verwendung

Entsprechend den unterschiedlichen Entstehungsbedingungen der Erstarrungs-, Ablagerungs- und Umprägungsgesteine und bedingt durch die unterschiedlichen Eigenschaften der Mineralien, aus denen sie bestehen, haben die Natursteine sehr unterschiedliche Eigenschaften. Diese müssen bei der Verwendung im Bauwesen berücksichtigt werden.

In der Tabelle auf der nächsten Seite werden Eigenschaften und Verwendung der drei Gruppen anhand von Beispielen aufgezeigt.

Die meisten **Erstarrungsgesteine** sind unter Druck erstarrt. Sie haben direkte Kornbindung und dementsprechend hohe Dichten und Festigkeiten. Da die Gesteine unstrukturiert sind, ist die Festigkeit in allen Richtungen etwa gleich. Erstarrungsgesteine sind deshalb schwer zu bearbeiten, aber wegen ihrer Beständigkeit als Werksteine oft besonders geeignet.

Poröse Ergussgesteine (Laven) und Auswurfgesteine sind nicht druckfest. Sie werden deshalb kaum als Werksteine, sondern allenfalls als Gesteinskörnungen für Leichtbaustoffe (Bimsstein) und als Rohstoff für Bindemittel (Trass) genutzt.

Ihrem verbreiteten Vorkommen und der guten Verarbeitbarkeit entsprechend sind **Ablagerungsgesteine** die am häufigsten verwendeten Natursteine. Da diese Gesteine schichtig abgelagert und durch Überlagerungsdruck verfestigt wurden, sind sie bei senkrechter Belastung am beständigsten. Ablagerungsgesteine sind deshalb grundsätzlich **der natürlichen Lagerung entsprechend einzubauen**. Die bautechnisch wichtigen Ablagerungsgesteine sind fast ausschließlich **Sandsteine** oder **Kalksteine**.

Bei **Umprägungsgesteinen** ist die Festigkeit durch die Schieferung stark richtungsabhängig, was die Verwendungsmöglichkeiten als Werkstein einschränkt, andererseits sind sie durch die Schieferung leicht aufzuspalten und werden deshalb oft für Platten genutzt.

Zur vollständigen **Bezeichnung** eines Natursteins sind der Handelsname, der wissenschaftliche Gesteinsname, die typische Farbe und der Herkunftsort anzugeben, z. B.: SAALBURGER MARMOR, Kalkstein, rot, Tegau und Pahren bei Schleiz, Thüringen, Deutschland.

Struktur eines Umprägungsgesteins (Gneis)

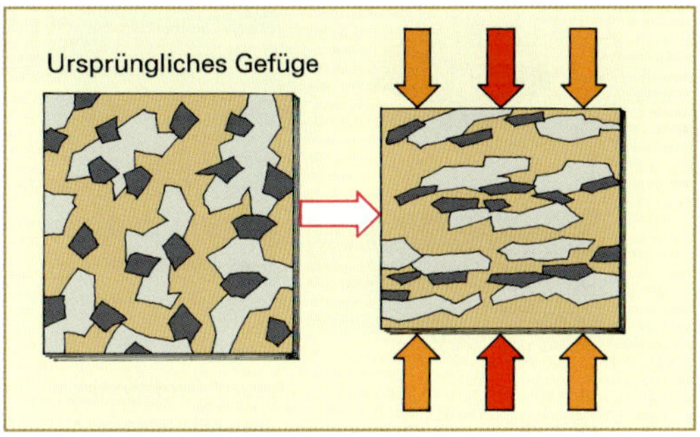

Umprägegestein: Druck + Hitze

Privatvilla
Juramarmor gelb geschliffen

Trockenmauerwerk aus Juramarmor

	Gestein	Eigenschaften	Verwendung
Erstarrungsgesteine	Granit 	hart, hohe Rohdichte, druckfest, witterungsbeständig, polierfähig, schwer zu bearbeiten	Werksteine, Fassadenbekleidung, Fensterbänke, Schotter, Straßenpflaster, Randsteine
	Basalt 	dichtes Gefüge, extrem druckfest, witterungs- und chemisch beständig, meist glatte Oberfläche, dunkelgrau bis schwarz	Werksteine, Bodenbeläge, Treppen, Schotter
Ablagerungsgesteine	Sandsteine 	unterschiedliche Eigenschaften (nach Bindemittel), nicht polierfähig, gelblich-bräunlich bis dunkelrot und grünlich	Natursteinmauerwerk, Werksteine, für Bildhauerarbeiten
	Muschelkalk 	nicht chemisch beständig, leicht zu bearbeiten, polierfähig, oft Versteinerungen vorhanden, graubraun bis blaugrau	Werksteine, Wand- und Bodenbeläge innen, auch Fassadenbekleidungen
	Juramarmor (Kalkstein) 	dicht, feinkörnig, nicht chemisch beständig, einige Arten frostbeständig, polierfähig, gelblich bis blaugrau	Innenbeläge Wand/Boden, Treppen, Fensterbänke
	Travertin (Kalkstein) 	porige, löchrige Struktur, druckfest, dicht, polierfähig, nicht chemisch beständig, oft gespachtelt, weißgelb bis graubraun	Werksteine, Wand- und Bodenbeläge innen und außen
	Solnhofener Plattenkalk 	feinkörnig, dicht, nicht witterungs- und chemisch beständig, häufig Versteinerungen und Verfärbungen (Dendriten), gelb bis hellgrau	Wand- und Bodenbeläge (oft bruchrau belassen) nur innen, Treppen, Fensterbänke, Bildhauer- und Lithografiestein
Umprägungsgesteine	Marmor 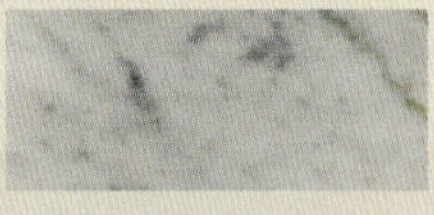	feinkörniges Gefüge, druckfest, frostbeständig, nicht chemisch beständig, polierfähig, sehr dekorativ	Wand- und Bodenbeläge, Mosaik, Treppen, Bildhauerei
	Tonschiefer 	gegen Dauerfeuchte empfindlich, spaltraue Oberfläche, schwer zu verarbeiten, dunkel	Trittstufen, Beläge innen, Fensterbänke
	Gneis 	schiefriges Gefüge, wechselnde Eigenschaften, druckfest	Bruchsteine, Schotter, Platten

Eigenschaften und Verwendung von Natursteinen

14.2.5 | Herstellung

Der Abbau der Gesteine erfolgt überwiegend in Tagbauweise in offengelegten Steinbrüchen. Nach Art, Beschaffenheit und Lage des Vorkommens unterscheidet man Berg- und Hangbrüche, Talbrüche, Tagbauten und Gruben.

Die eben oder im Tal liegenden Steinbrüche sind zwar leichter zugänglich, müssen jedoch oft erst von den daraufliegenden Erd- oder Geröllschichten befreit werden.

Die wichtigsten Arbeitsgänge im Produktionszyklus eines Abbaubetriebes sind das
- Herausbrechen der zwischen zehn und mehreren hundert Kubikmeter messenden Abbaubank,
- die Auswahl und das Zuschneiden auf Handelsmaße,
- das Abvieren.

Marmor, Kalkstein und Travertin werden überwiegend mithilfe der Spiralsägelitze oder des Schneideseils abgebaut:

Ein aus mehreren Stahldrähten gedrehtes Seil wird durch ein Schleifmittel geführt, das sich in den Windungen des Seils festsetzt und dadurch den Stein äußerst schonend ausschneidet. Dieses Verfahren wird durch die Einführung der Diamantdrahtschneidemaschine ergänzt.

In den Steinbrüchen des Altmühltals wird Juramarmor nach folgendem Verfahren abgebaut:

Die Oberfläche der freigelegten Bank wird durch Linien in die späteren Blöcke unterteilt. Auf diesen werden in regelmäßigen Abständen Löcher zum Einführen der hydraulischen Keilspaltgeräte gebohrt. Der entstandene Spalt wird mit einem sogenannten Abtriebhammer vergrößert und die Blöcke mittels Radlader abgetragen.

Diamantbestückte Gattersägen bringen die bis zu 18 Tonnen schweren Steinblöcke auf die gewünschte Stärke. Die Oberfläche der Platten und Tranchen wird auf computergesteuerten Fertigungsstraßen bearbeitet. Zu den gebräuchlichsten Bearbeitungen gehören das Schleifen in verschiedenen Körnungen von grob bis fein sowie matt poliert bis hochglanzpoliert.

Weitere materialgerechte Bearbeitungen sind naturaue Spaltflächen, das Stocken, Spitzen, Scharrieren und Beflammen. Neue Oberflächen entstehen durch Bürsten oder Wasserstrahlen.

Herausbrechen der Abbaubank

Hydraulisches Keilspaltgerät

Abtragen der Blöcke mit Radlader

Abvieren

14.2.6 | Oberflächenbearbeitung

Die Oberflächenbearbeitung der Platten und Schnittlinge kann maschinell oder steinmetzmäßig erfolgen.

Eine der ältesten Methoden zur Oberflächenbearbeitung von Natursteinen ist das „Stocken".

Die einfachste Form ist die Bearbeitung mit dem Spitzeisen.

Die Spitzen der Werkzeuge sind je nach Schneidegröße „grob", „mittelgrob" oder „fein". Das „Stocken" mit groben und mittelgroben Spitzen ist auch heute noch überwiegend kostenintensive Handarbeit.

Heute erfolgt das Stocken meist mit automatischen Stockmaschinen.

Die gebräuchlichsten Maschinen haben ein bewegliches Bett und sind mit einem auf einer festen Brücke querlaufenden Pressluftwerkzeug ausgerüstet.

Schleifen und Polieren erfolgen durch manuell bediente Geräte und/oder ortsfeste automatisch arbeitende Schleif- und Poliermaschinen.

Das „Abflammen" wird bei Erstarrungsgestein mit granitartiger Struktur bei saurem Gestein angewendet. Diese Oberflächenbearbeitungsmethode erfolgt unter starker Hitzeentwicklung mittels einer gas- und sauerstoffgespeisten Flamme.

Die unterschiedlichen Bearbeitungsarten werden in der VOB, DIN 18332, benannt.

Folgende Oberflächen werden angeboten:

- bossiert
- gespitzt
- gestockt
- gekrönelt
- gesägt
- gesandelt
- scharriert
- bruchrau
- poliert
- gespachtelt
- geschliffen
- beflammt

14.2.7 | Formate

Belagmaterial ist meist quadratisch (15 × 15 cm … 70 × 70 cm) oder rechteckig als Bahnenbeläge (Überlängen, z. B. 20 × 50 cm). Weitere Formate sind z. B. Achteck, Rosenspitz, Mosaik usw.

In letzter Zeit werden gerne Naturwerksteinplatten mit keramischen Fliesen in den Belagflächen kombiniert, was zu gestalterisch interessanten Lösungen führen kann.

Gestockte Oberfläche

Polieren von Natursteinplatten

Beflammen von Hartgestein

14.3 | Verlegen von Naturwerkstein im Innenbereich

Je nach Dicke und Format der Werkstücke und der Art des Belagaufbaus kommen folgende Verlegearten zur Anwendung:
- Verlegung im Dickbett,
- Verlegung im Dünnbett,
- Verlegung im Mittelbett,
- Verlegung im Fließbett.

14.3.1 | Dickbettverlegung

Wird die traditionelle Form der Verarbeitung gewählt, kommen zwei Verfahren in Betracht:
1. Verlegen im vorgezogenen Mörtelbett,
2. Einzelverlegung.

Wegen seiner arbeitstechnischen Vorteile wird für die meisten Beläge das erste Verfahren angewandt.

Vorgezogenes Mörtelbett: Arbeitsablauf

- **Untergrund** annässen,
- **Mörtelstreifen** legen: ca. 30 cm Abstand von den Wänden halten; bei großen Räumen weitere Streifen im Abstand von ca. 2 m dazwischen anordnen.
  Mögliche Ergänzung: Schnelllehren waagerecht und in richtiger Höhe einlegen.
- **Mörtel einfüllen**, bei großen Flächen in einzelnen Abschnitten.
- **Abziehen** mit der Richtlatte von den Ecken aus zur Mitte hin. Winkelförmige Aluminiumlatten und Abziehgeräte erleichtern das Verdichten und Abziehen des überschüssigen Mörtels.
- **Schnelllehren herausnehmen**, Rillen auffüllen.
- **Kontaktschicht aufbringen** (felderweise).
  Das Merkblatt für Terrassenbeläge empfiehlt dafür eine Zementmörtelschlempe. Sie ist im Allgemeinen dem Pudern vorzuziehen.
- **Verlegen von Brettern oder Tafeln** zum Schutz des vorgezogenen Mörtelbetts oder des bereits fertigen Belags.
- **Verlegen und Einklopfen** des Belagmaterials mit Hammerstiel oder Plastikhammer. Der erdfeuchte Verlegemörtel wird dabei einige Millimeter zusammengedrückt. Dieses Verdichtungsmaß muss vorher beim Abziehen des Mörtels berücksichtigt werden. In Abständen von ca. 50 cm sollte jeweils eine Fluchtschnur zum Ausrichten der Längsstufen gespannt werden. Bei großen Räumen und breiten Fugen gilt dies auch für die Querrichtung. Das Anlegen in L-Form ist bei großen Räumen vorteilhaft.

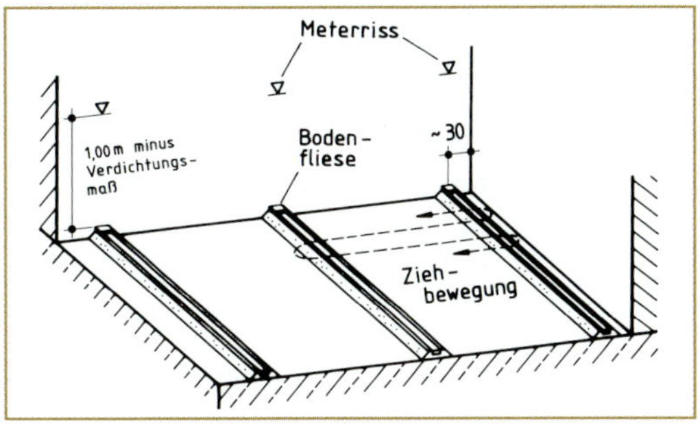

Mörtelstege beim vorgezogenen Mörtelbett

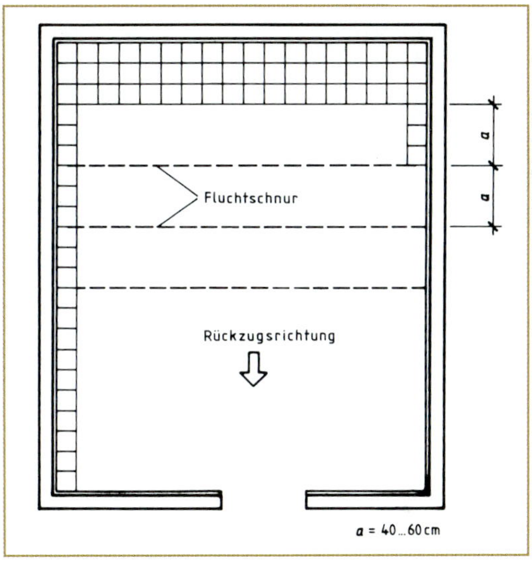

Anlegen in L-Form

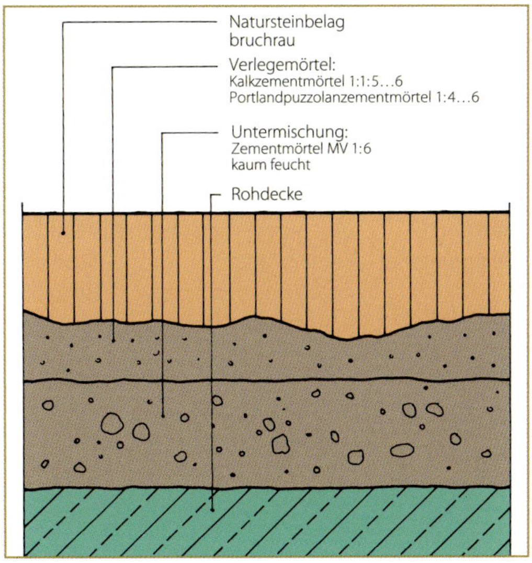

Natursteinverlegung in zwei Mörtelschichten

Hallenbeläge werden durch Bewegungsfugen in einzelne Felder aufgeteilt. Diese werden wie Einzelbeläge abgezogen und belegt.

- **Säubern** des Belags mit Wasser so lange, bis kein Zementschleier mehr sichtbar ist.
- **Absperren** des Raumes. Ein Schild soll den Tag des frühestmöglichen Betretens angeben. Dies ist deshalb wichtig, weil der Fliesenleger bis zur Abnahme durch den Bauherrn für Schäden haftet.

Das Verlegen im vorgezogenen Mörtelbett hat wichtige arbeitstechnische Vorteile:

- Die Verlegeleistung ist größer als bei der Einzelverlegung.
- Das Mörtelbett wird besser verdichtet, hat weniger Hohlräume und dadurch eine höhere Druckfestigkeit.
- Der Belag ist witterungsbeständiger.

Alle gleich dicken Belagmaterialien sind für dieses Verlegeverfahren geeignet.

Einzelverlegung

Nach dieser Methode werden Belagteile mit unebener Rückseite und ungleicher Dicke verlegt. Dabei breitet man den Verlegemörtel für jedes Belagteil einzeln aus und passt ihn dabei den Unebenheiten der Belagrückseite an. Auf diese Weise lassen sich auch Überlängen von nicht gesägten Natursteinplatten (Seitenverhältnis >1 : 3) weitgehend ohne Überstände verlegen.

Damit der plastisch-weiche Verlegemörtel nicht „schwimmt“, wird vorher eine Unterschicht aus steifem, magerem Zementmörtel eingebracht.

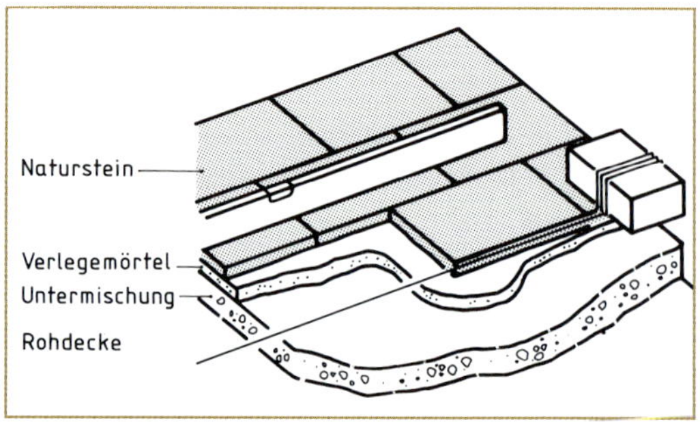

Verlegen von Natursteinplatten

Arbeitsablauf

- **Untergrund annässen**,
- **Untermischung einbringen**, bestehend aus magerem Zementmörtel MV 1 : 6...8 mit extrem niedrigem Wasserzementwert.
- Verlegen von zwei Platten rechts und links an der Hauptwand gegenüber der Türe im Abstand des Randstreifens.
- **Schnur spannen** zwischen den Platten. Sie gibt die Belaghöhe, die Flucht und die Waagerechte an und darf deshalb auf keinen Fall durchhängen. Bei großen Längen unterstützen!
- **Platten** einzeln im geeigneten Verlegemörtel (z. B. Mörtel aus Portlandpuzzolanzement) mit 10...15 mm Dicke auf Untermischung verlegen, ausrichten und satt einklopfen.

	Vorgezogenes Mörtelbett	Einzelverlegung
Anwendung	wenn ein hohlraumfreier, witterungsbeständiger und hoch belastbarer Belag gefordert wird	bei unregelmäßiger Größe und Dicke der Belagteile
geeignetes Belagmaterial	gleich dickes keramisches Belagmaterial, z. B. • Spaltplatten • Spaltklinker • Ziegelplatten (Cotto) • Bodenklinkerplatten • Mosaik und Fliesen aus STZ	zementgebundene Platten und Natursteinplatten mit unterschiedlicher Dicke, besonders für polygonalen oder römischen Verband
Verlegemörtel	• Zementmörtel innen: MV 1 : 4...1 : 6 außen: MV 1 : 4...1 : 5 • Zementmörtelschlämme als Kontaktschicht	für Natursteinplatten: • magere Unterschicht aus steifem Zementmörtel MV 1 : 6...8 • Mörtel aus Portlandpuzzolanzement (Trass) 1 : 4 : 6 oder • Kalkzementmörtel MV 1 : 1 : 5...6

Dickbett: Verlegeverfahren im Vergleich

Für die Gesamtwirkung eines Natursteinbelags sind viele Faktoren verantwortlich wie z. B.

- Farbe und Struktur des Natursteins,
- Größe und Form der Belagteile,
- Art und Farbe der Fugen
- Verlegeart (oder Verlegemuster).

Die folgende Tabelle gibt eine Übersicht über die typischen Verlegearten.

Beispiel	Verlegeart	Formate	Regel für die Verlegung	Anlegen des Belags
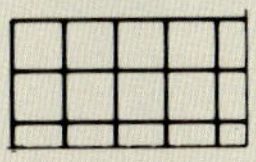	Fuge auf Fuge im Fugenschnitt	Quadrate	• in beiden Richtungen durchgehende Fugen	• Vorgehen in U-Form, • Schnur in Abständen spannen
	Halbverband	Rechtecke, gleiches Format	• in einer Richtung durchlaufende Fugen • Querfugen um halbe Plattenlänge versetzt	• mit L- oder U-Form beginnen
	in Bahnen	Rechtecke mit verschiedener Länge, 3…5 unterschiedliche Breiten	• in einer Richtung durchlaufende Fugen • Bahnbreite abwechselnd • nebeneinanderliegende Platten ungleich lang • keine Kreuzfugen • Plattenlänge $\geq$ Breite	• Punktplatten an Hauptwand verlegen • dazwischen Schnur spannen • durchlaufende Fuge meist quer zur Hauptrichtung (Längsrichtung) eines Raumes
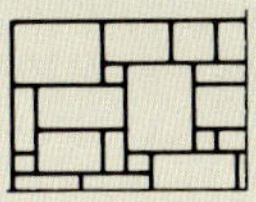	römischer Verband	Rechtecke und Quadrate in mindestens drei verschiedenen festgelegten Größen	• keine Kreuzfugen • keine langen durchlaufenden Fugen • große und kleine Platten mischen	• Arbeiten nach Verlegeplan; Platten werden nummeriert • mit L- oder U-Form beginnen, später meist ohne Schnur verlegen
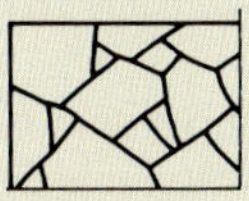	Polygonalverband	unregelmäßige Vielecke	• keine Kreuzfugen • keine langen durchlaufenden Fugen • große und kleine Platten mischen	freies Verlegen • angepasst: Platten so aussuchen oder behauen, dass gleichmäßige, ca. 1 cm breite Fuge entsteht • unangepasst: Platten nur aussuchen; unregelmäßige Fugenbreite

Unterschiedliche Verlegearten (Verlegemuster)

14.3.2 | Dünnbettverlegung

Plangeschliffene (kalibrierte) Natursteinplatten können im Dünnbett verlegt werden. Dabei kommen vorwiegend Natursteinfliesen in Stärken von 7…10 mm in Betracht. Viele Hersteller von bauchemischen Produkten bieten Mörtelsysteme, die schnell abbinden und trocknen, um Risiken wie „Schüsseln" oder Ausblühungen und Verfärbungen vorzubeugen.

Für durchscheinende Beläge wie z. B. hellen Marmor sollten helle und schnell erhärtende Fliesenkleber eingesetzt werden.

Verlegen von Granitfliesen im Dünnbettmörtel

14.3.3 | Mittelbettverlegung

Sind größere Unebenheiten in der Estrichoberfläche vorhanden, können die Platten im Mittelbett mit Dicken von 5…20 mm verlegt werden.

Auch größere Platten, z. B. 60 × 60 cm oder 100 × 80 cm, mit Materialdicken von 15…20 mm können wie im Dickbettverfahren eingeklopft werden.

Verlegen von Natursteinplatten im Mittelbett

Zusammenfassung

Die Natursteine werden ihrer Entstehung nach in drei Gruppen unterteilt:

- Erstarrungsgesteine,
- Ablagerungsgesteine,
- Umprägungsgesteine.

Erstarrungsgesteine sind meist dicht, witterungsbeständig und druckfest, aber schwer zu bearbeiten.

Von den **Ablagerungsgesteinen** werden wegen der großen Verbreitung und guten Bearbeitbarkeit vor allem Kalksteine und Sandsteine technisch genutzt. Polierfähige Kalksteine werden in der Baupraxis als Marmor bezeichnet (echter Marmor ist ein Umprägungsgestein!).

Umprägungsgesteine sind, wenn sie ein schiefriges Gefüge haben, in der Verwendung eingeschränkt.

Nutzbare Natursteine werden im Steinbruch als größere Blöcke gewonnen und maschinell oder steinmetzmäßig zu Naturwerksteinen verarbeitet. Naturwerksteine werden in Mörtel aus Trasszement (Portlandpuzzolanzement) oder aus Trasskalk verlegt. Dadurch wird die Entstehung von Ausblühungen weitgehend verhindert.

Vor den eigentlichen Verlegearbeiten muss der Untergrund sorgfältig gesäubert werden.
Gips bildet mit frischem Zementmörtel Ettringit, das wegen seiner Treibwirkung gefährlich ist.

Plan geschliffene, maßgenaue Belagmaterialien können im Dünnbett verlegt werden.

Im Dickbett wird meist nach der Methode des vorgezogenen Mörtelbetts gearbeitet. Unter anderem erreicht man damit eine größere Verlegeleistung, ein dichteres Mörtelbett, höhere Druckfestigkeit und eine höhere Witterungsbeständigkeit.

Belagteile mit ungleicher Dicke werden einzeln nach der Schnur verlegt. Der plastische Verlegemörtel kommt auf eine Unterschicht aus magerem, steifem Zementmörtel.
Der wichtigste Maßbezug ist dabei die Schnur. Sie gibt die Belaghöhe, die Flucht und die Waagerechte – oder das Gefälle – an. Sie muss deshalb immer straff gespannt sein.

Natursteinbeläge können auf verschiedene Arten verlegt werden. Beispiele dafür sind: Fuge auf Fuge, Halbverband, in Bahnen, römischer Verband, Polygonalverband.
Der römische Verband wird mithilfe eines Verlegeplans ausgeführt.

14.4| Verfugung

Natursteine reagieren besonders empfindlich auf Fehler, die beim Ausfugen gemacht werden.

Fehlerursachen liegen meist nicht im Material, also im zementgebundenen Fugenmörtel, sondern in der Ausführung, vor allem in den zu kurz bemessenen Austrocknungszeiten für den Belagaufbau. Um Schäden und damit Reklamationen zu vermeiden, sind folgende Faktoren zu beachten:

- Fugenbreite,
- Austrocknungszeiten,
- Abdeckungen,
- Fugenmörtel.

Fugenbreite

Die Breite der Fugen ist in Abhängigkeit von Größe und Format der Werkstücke zu sehen. Bei Natursteinfliesen und Platten bis 60 cm Kantenlänge soll die Breite 3 mm betragen, wobei auf ein gleichmäßiges Fugenbild zu achten ist. Bei größeren Formaten, wie z. B. Überlängen,Treppenstufen und Passstücken, sind Fugenbreiten von mindestens 5 mm anzulegen, damit die sägetechnisch bedingten Toleranzen aufgefangen werden können. Die tatsächliche Fugentiefe muss mindestens 5 mm betragen. Vorstehende Werte gelten nur für formatierte und oberflächenglatte Natursteine. Werkstücke mit bruchrauer bzw. naturglatter Oberseite wie z. B. Schiefer, Solnhofener Plattenkalke, Phyllit und Quarzit müssen mit Fugenbreiten von mindestens 5 mm verlegt werden, um die Gefahr von Überzähnen zu vermeiden. Werkstücke, die im Außenbereich verarbeitet werden, sollen je nach Art des Natursteins mit größeren Fugen verlegt werden.

Austrocknungszeiten

Die Dickbettverlegung birgt gegenüber der Dünnbettverlegung den Nachteil, dass wesentlich mehr Feuchtigkeit in Form von Anmachwasser im Belagaufbau enthalten ist. Nur ein Teil dieses Wassers wird zur Hydratation des Mörtels in Anspruch genommen. Das sogenannte Überschusswasser wird nicht gebraucht und muss verdunsten. Je nach Wasserhaushalt dauert dieser Austrocknungsprozess etwa 3…5 Wochen.
Erst nach dem völligen Trocknen der Mörtelbettung und der Lastverteilungsschicht dürfen die Fugen geschlossen werden. Hält man diese Wartezeit nicht ein, besteht ein sehr hohes Verfärbungsrisiko, weil die Restfeuchtigkeit nur sehr langsam durch den gesamten Belagaufbau und den Oberbelag entweicht.

Auf diesem Weg nach oben werden dann gelöste Substanzen mitgeführt, die Verfärbungen und Ausblühungen verursachen.

Achtung! Wird seitens des Bauherrn oder Architekten ein Verfugen unmittelbar nach der Verlegung gewünscht, hat der Ausführende auf mögliche Folgen hinzuweisen.

Um sicher zu gehen, dass der Belag verfugungsreif ist, sollte mit einem elektronischen Feuchtigkeitsmesser getestet oder eine transparente PE-Folie in einer Größe von ca. 1,5 m × 1,5 m, möglichst an verschiedenen Stellen, aufgelegt und an den Rändern abgeklebt werden. Zeigt sich innerhalb von 24 Stunden Kondenswasser an der Unterseite der Folie, ist die Belagkonstruktion noch zu feucht und die Austrocknungsphase noch nicht abgeschlossen. Natursteinfliesen, die auf verlegereifer Lastverteilungsschicht (max. 2…3 % Restfeuchte nach CM-Messung), im Dünnbett verlegt wurden, benötigen nur eine Austrocknungszeit von ca. 3…5 Tagen.

Abdeckungen

Sollen Beläge vor Verschmutzung geschützt werden, ist das mit geeigneten dampfdurchlässigen (alt. „dampfdiffusionsfähigen") Materialien vorzunehmen. Das Abdecken der unverfugten und verfugten Flächen mit Folien führt zu Verfärbungen. Nachstehend aufgeführte Materialien sind als **ungeeignet** anzusehen:

- Plastikfolien jeglicher Art, Alu-Folien, farbpigmentierte Pappen, Holzspanplatten, Sägemehl, Zeitungen.

Geeignet:
Nur wasserdampfdurchlässige Wollfilzmatten, die im Übrigen mehrfach verwendet werden können, sind als Abdeckungen über Natursteinbelägen zu empfehlen.

Fugenmörtel

Zum Füllen der Fugen stehen heute eine Reihe von Werkmörteln zur Verfügung, die handhabungssicher sind und nicht zu Verfärbungen neigen. Einige von ihnen sind hydrophob, also wasserabweisend, und sollten zumindest in stark frequentierten Bereichen und in Feuchträumen eingesetzt werden. Vorsicht bei der Zugabe von Farbpigmenten oder bunten Fugenmörteln. Helle und stark saugende Natursteine nehmen über die Flanken die Farbpigmente auf.

Die Diffusion von Wasserdampf muss bei allen Fugenmörteln gewährleistet sein. Wird kein Fertigmörtel verwendet, ist mit grauem Portlandpuzzolanzement und/oder mit Weißzement zu arbeiten. Ab 5 mm Fugenbreite kann feinster Quarzsand zur Reduzierung der Schwindneigung beigemischt werden. **Achtung!** Zu grober Quarzsand und zu große Mengen können je nach Fugmethode bei Weichgesteinen Kratzer verursachen. Die Fugen sind vor zu schnellem Wasserentzug, z. B. durch Zugluft, zu schützen.

Weitere Informationen: DIN 18332, Naturwerksteinarbeiten, DIN 18352, Fliesen- und Plattenarbeiten, Bautechnische Informationen DNV.

Etliche Verlegewerkstoffhersteller bieten ein breit gefächertes Fugenprogramm an.

Neben den zementgebundenen Fugenmassen werden neuerdings auch Fugenmörtel auf Dispersionsbasis angeboten.

Beispiele für farbige Fugenmörtel

14.5 | Verfärbungen und Ausblühungen

Immer wieder kommt es vor, dass ein Auftraggeber die Abnahme eines Naturwerksteinbelags verweigert, weil die Belagfläche Verfärbungen oder Ausblühungen aufweist. Die Beseitigung solcher Mängel ist meist mit hohen Kosten und viel Ärger verbunden. Der Handwerker kann sich davor schützen, wenn er die Ursachen und Zusammenhänge kennt, die zu solchen Mängeln führen

14.5.1 | Verfärbungen

Die verschiedenen chemischen und physikalischen Vorgänge sind nur möglich, wenn ein ausreichendes Feuchtigkeitsangebot zur Verfügung steht. Das heißt, nur mittels des Transportmediums Wasser können verfärbungsintensive Substanzen überhaupt befördert werden. Dabei ist es unerheblich, ob es sich um organische oder anorganische Stoffe handelt.

Grundsätzlich empfiehlt es sich, drei unterschiedliche Verfärbungen getrennt zu betrachten.

Verfärbungen durch Schmutzeintrag von oben

Eine der häufigsten Ursachen für Verfärbungen ist der Schmutzeintrag von oben.

Alle möglichen Substanzen wie z. B. Eisenbestandteile, Salze und Humussäuren, die meist von außen hereingetragen werden, gehen mit Wasser in Lösung und dringen über die Kapillaren des Natursteins und der Mörtelfugen ein. Man nennt diesen Vorgang auch „Fremdeinwirkung von oben".

Zwei Möglichkeiten der Abhilfe bieten sich hier an:

1. Auftragen einer Politur: je höher die Güte, um so geringer die Wasseraufnahme;
2. Hydrophobierung der Oberfläche mit einer Imprägnierung.

Verfärbungen durch gesteinseigene Mineralien

Verfärbungen durch gesteinseigene Mineralien treten weniger häufig auf, als es im Allgemeinen vermutet wird. Viele Natursteinverarbeiter vertreten immer noch die Meinung, dass die Gesteine selbst die Verfärbungen und Ausblühungen produzieren. Diese Auffassung ist falsch. Richtig ist, dass die meisten Schadensfälle durch Fremdeinwirkung von oben und vom Unterbau stammen. Nachstehend sind wichtige verfärbungsintensive Substanzen auf anorganischer Basis aufgeführt, die in Natursteinen enthalten sein können.

- **Biotit-Glimmer,**
- **Glaukonit-Glimmer,**
- **Pyrit (Eisensulfid),**
- **Granat (Silikat),**
- **Markasit (Eisensulfid).**

Limonit, auch Brauneisen genannt, entsteht aus der Verwitterung der Biotit-Glimmer. Die in jedem Granit enthaltenen silikatischen Dunkelglimmer sind chemisch und mechanisch nicht stabil. Sie verwittern relativ schnell und setzen dabei zweiwertiges Eisen frei, das dann ausrostet. So entsteht eine natürliche „Verfärbung", die den grauen Granit intensiv gelb färbt.

Es ist praktisch nicht möglich, im Voraus zu bestimmen, wann graue Granite gelb werden, jedoch besteht die **Hinweispflicht** auf die Möglichkeit einer Verfärbung. Da es sich hierbei um eine **naturbedingte** Verfärbung handelt und keine technisch qualifizierte und dauerhafte Nachbehandlung möglich ist, sollte auch nicht der Versuch unternommen werden, mit aggressiven Mitteln diese Erscheinung zu beseitigen.

Das im Aussehen an Gold erinnernde Mineral Pyrit tritt in vielen Natursteinarten meist in würfeliger Form auf und verursacht vor allem in hellen Sorten wie z. B. Bianco-Carrara meist rundliche, nicht flächenhafte Verfärbungen.

Verfärbungen durch Substanzen aus dem Belagunterbau

Verfärbungen, verursacht durch Substanzen von unten, also aus dem Mörtelbett und der Lastverteilungsschicht, gehören ebenfalls zu den häufigen Schadensursachen. Wie bereits beschrieben, steigen anorganische und organische Stoffe mithilfe von Feuchtigkeit des Überschusswassers kapillar zur Unterseite der Platte auf und werden dort vom

Granit, Ausrostungen

Juramarmor, Flecken durch Schmutzeintrag

Verfärbung durch rostige Bestandteile im Kies

Verfärbung durch Verunreinigung des Mörtelbetts

Naturstein angesaugt und zur Oberfläche transportiert. Dort verdunstet die Feuchtigkeit, die Festsubstanz bleibt zurück und führt zu Verfärbungen. Diese unliebsame Erscheinung kann vermieden werden durch

- Verwendung geeigneter Mörtel und Kleber,
- rückseitig aufgetragene spezielle Marmorschlämme,
- Berücksichtigung von Austrocknungszeiten,
- Verfugen und, wenn erforderlich, Abdecken,
- die Versiegelung erst nach der vollständigen Trocknung.

Ausblühungen

Hiermit sind ausschließlich sogenannte Calciumcarbonat-Ausblühungen gemeint. Sie entstehen, wenn freie Calciumhydroxidionen der Zemente mit dem Transportmedium Wasser in den Kapillaren zur Oberfläche gefördert und durch Kohlenstoffdioxid aus der Luft zu Calciumcarbonat umgewandelt werden. Zementgebundene Systeme „bluten" nur so lange aus, wie freier Kalk und Wasser zur Verfügung stehen.

Im Außenbereich sind Ausblühungen daher wesentlich häufiger anzutreffen, weil durch die anfallenden Niederschläge den Unterkonstruktionen ein wesentlich größeres Feuchtigkeitsangebot zur Verfügung steht.

Dabei entstehen gerade durch den Wechselzustand nass/trocken ideale Bildungsbedingungen. Im Innenbereich treten Kalkausblühungen normalerweise nur während der Austrocknungsphase auf, wenn im Überschusswasser Calciumhydroxid über die beschriebenen Mechanismen zur Oberfläche transportiert wird. Dann werden sie als weiße Austragungen vornehmlich im Fugenbereich sichtbar und sollen möglichst unmittelbar danach trocken abgebürstet werden.

Randzonenverfärbungen

So werden spezielle Verfärbungen bezeichnet, die im Randbereich von Werkstücken durch ungeeignete elastische Fugenmassen verursacht werden.

Natursteine verfügen über eine unterschiedlich stark wirkende Kapillarität. Aufgrund des inneren Drucks im Gesteinsgefüge saugen die Kapillargefäße auch im Flankenbereich von Werkstücken jegliche Art von Flüssigkeit an.

Randzonenverfettungen resultieren meist aus Weichmacherölen der elastischen Dichtstoffe.

Um solche Mängel zu vermeiden, empfiehlt sich die Verwendung von weichmacherfreiem Silikon oder von speziellen Naturstein-Silikonen, bei denen eine Abwanderung von Weichmachern ausgeschlossen ist (siehe auch 8.7.5).

Durch die Verwendung ungeeigneter Dichtstoffe wie Acrylate und Polyurethane können dem Verarbeiter erhebliche Kosten entstehen, die in keinem Verhältnis zu den geringen Mehrkosten der Naturstein-Silikone stehen.

Kalkausblühung aus Mörtelbett

Ungeeignete Fugendichtstoffe haben hier zu starken Randverfärbungen geführt

14.6 | Diagonalbelag

Wegen ihres gestalterischen Reizes, findet man diese Verlegeart schon seit vielen Jahrhunderten in Kirchen oder in Festsälen von Schlössern. Aber auch heute trifft man vermehrt auf diese klassische Verlegeart, sei es in repräsentativen Eingangshallen von Banken und Hotels oder im privaten Wohn- und Badebereich.

Für die Diagonalverlegung eignen sich vor allem quadratische Formate. Da sie diagonal zu den Wänden liegen, ist als Teilermaß das Diagonalmaß *y* anzunehmen. Man erhält es, indem man das Maß von Seitenlänge + Fuge mit $\sqrt{2}$ multipliziert. Die Anpassung an die Länge und die Breite des Raumes erreicht man mit einem Fries. Den Fries kann man mit dem Rahmen um ein Bild vergleichen. Oft erhält er sogar eine andere Farbe oder Oberflächenstruktur als die diagonal verlegte Fläche.

Einteilungsregeln

Als Formate gibt es nur Ganze, Halbe und Viertel.

Das Diagonalmaß von Fliese + Fuge ergibt das Teilermaß.

Bei der Berechnung der Friesbreite sind im Zähler 2 Fugen abzuziehen (wenn man keinen Schnittverlust für das Teilen der Fliesen ansetzt). Diese Fugen befinden sich zwischen den Diagonalen und dem Fries.

Da der Fries an der langen und kurzen Seite des Raumes unterschiedlich breit wird, wählt man diejenigen Breiten, die einander am nächsten liegen. Eventuell erhöht oder verringert man die Anzahl der Diagonalen um eine Halbe.

Grundsätzlich gilt:
- Lösung 2 kann immer angewandt werden.
- Lösung 1 ist ungeeignet für das Schachbrettmuster.
- Wählt man als Anzahl $(n + \frac{1}{2})$ Diagonalmaße, so ergibt sich für die eine Ecke Lösung 1, für die andere Ecke Lösung 2.

Eingangshalle eines kleinen Hotels

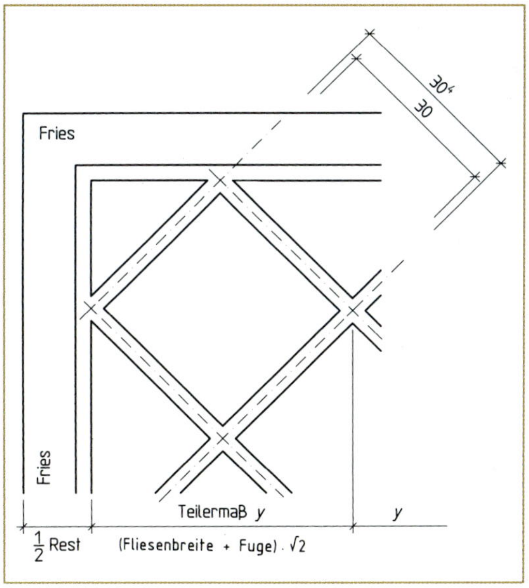

Teilermaß x

Lösung 1:
Fuge läuft um die Ecke

Lösung 2:
Viertelformat in der Ecke

Ecklösungen

Beispiel für eine rechnerische Einteilung

Der in der unteren Abbildung gezeigte Raum soll einen diagonal verlegten Bodenbelag mit Fries erhalten.

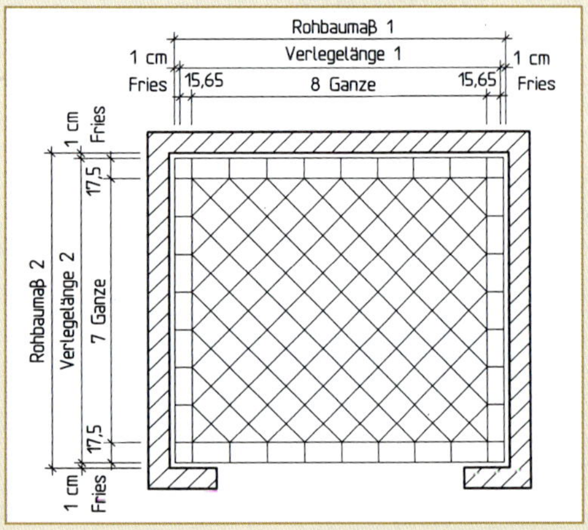

Angaben:

Rohbaumaß RL_1 = 263,5 cm
Rohbaumaß RL_2 = 238,5 cm
Fliesenformat 20 × 20 cm
Fugenbreite 3 mm

Lösung:

Diagonalmaß $y = (20 + 0{,}3)\,\text{cm} \cdot \sqrt{2} = 28{,}704\,\text{cm} \approx 28{,}7\,\text{cm}$

Verlegelänge 1 $= RL_1 - 2\,\text{cm} = 261{,}5\,\text{cm}$

$$\text{Anzahl} = \frac{\text{Verlegelänge } 261{,}5\,\text{cm}}{\text{Diagonalmaß } 28{,}7\,\text{cm}} = 9 \text{ Ganze, Rest } 3{,}2\,\text{cm}$$

$$\text{gewählt} = 8 \text{ Ganze} + \text{Fries mit je } \frac{28{,}7\,\text{cm} + 3{,}2\,\text{cm} - 2 \cdot 0{,}3\,\text{cm}}{2} = \mathbf{15{,}65\,cm}$$

Probe:

$$\begin{aligned} 8 \cdot 28{,}70\,\text{cm} &= 229{,}6\,\text{cm} \\ 2 \cdot 15{,}65\,\text{cm} &= 31{,}3\,\text{cm} \\ 2 \cdot 0{,}30\,\text{cm} &= 0{,}6\,\text{cm} \\ \hline VL_1 &= 261{,}5\,\text{cm} \end{aligned}$$

Verlegelänge 2 = 238,5 cm − 2 cm = 236,5 cm

$$\text{Anzahl} = \frac{236{,}5\,\text{cm}}{28{,}7\,\text{cm}} = 8 \text{ Ganze, Rest } 6{,}9\,\text{cm}$$

$$\text{gewählt} = 7 \text{ Ganze} + \text{Fries mit je } \frac{35{,}6\,\text{cm} - 2 \cdot 0{,}3\,\text{cm}}{2} = \mathbf{17{,}5\,cm}$$

Probe:

$$\begin{aligned} 7 \cdot 28{,}70\,\text{cm} &= 200{,}9\,\text{cm} \\ 2 \cdot 17{,}50\,\text{cm} &= 35{,}0\,\text{cm} \\ 2 \cdot 0{,}30\,\text{cm} &= 0{,}6\,\text{cm} \\ \hline VL_2 &= 236{,}5\,\text{cm} \end{aligned}$$

14.7 | Farbwirkung

14.7.1 | Grundlagen der Farbenlehre

Entstehung der Farben

Farbe ist im übertragenen Sinne eine physikalische Eigenschaft des Lichts. Im Experiment kann weißes Sonnenlicht beim Durchgang durch ein Prisma in Farben zerlegt werden. Dabei entstehen die „**Spektralfarben**“.

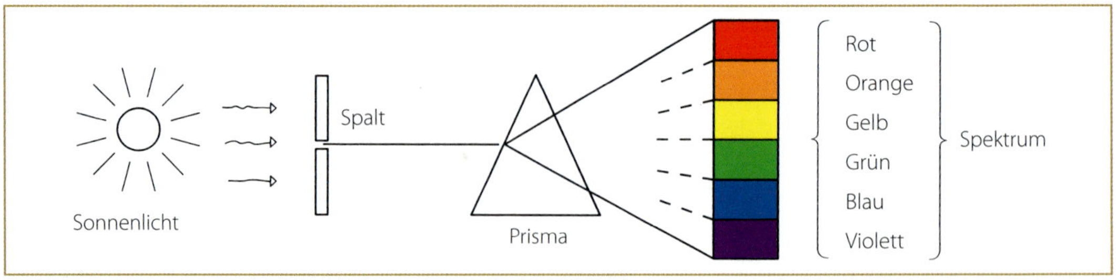

Spektralfarben

Farben sind in jeder Umgebung vorhanden. In der Architektur, vor allem in der Innenarchitektur, finden sie besondere Beachtung und sind daher für Platten- und Fliesenleger von großer Bedeutung. Dabei unterscheiden wir Baustoffe, bei denen Farbe als Materialeigenfarbe, z. B. Beton, Ziegel, Naturstein oder Farbe durch Einfärbung von Materialien, z. B. Fliesen, Kunststoff usw. vorhanden ist. Um sich mit der Farbgestaltung auseinanderzusetzen, ist es notwendig, wesentliche Begriffe der Farbenlehre zu unterscheiden:

Grundfarben sind die Farben, aus denen alle weiteren Farbtöne zusammengesetzt werden können.

Als Grundfarben gelten: Rot, Gelb , Blau

Diese Grundfarben sind der Ausgang für den natürlichen Farbkreis Goethes.

Werden die drei Grundfarben miteinander vermischt, entstehen neue Farben, die wir als **Sekundärfarben** oder **Mischfarben 1. Grades** bezeichnen (subtraktive Farbmischung).

Orange, gemischt aus Gelb und Rot
Violett, gemischt aus Rot und Blau
Grün, gemischt aus Gelb und Blau

Mischt man diese wiederum untereinander, erhält man neue Farbtöne, die **Mischfarben 2. Grades**.

Rotbraun, gemischt aus Orange und Violett
Blaugrau, gemischt aus Violett und Grün
Seegrün, gemischt aus Grün und Orange

Neben den Buntfarben Rot, Gelb, Blau gibt es noch Weiß, Schwarz und Grau, die sogenannten **unbunten Farben**. Die reinen, im Farbkreis dargestellten Farbtöne können durch Aufhellen, Dunkeln und Trüben abgewandelt werden. Durch Mischen mit Weiß entstehen Pastelltöne, die leichter, zarter wirken als die reinen Farben. Durch Zusatz von Schwarz erhalten wir gedunkelte Farbtöne, die kräftiger, schwerer und wärmer wirken als die reinen Farben. Werden reine Farben mit Grau getrübt, so erscheinen sie verhaltener und verhüllt.

Betrachten wir den Farbkreis, stellen wir fest, dass sich immer zwei Farben gegenüber befinden, z. B.: Rot ⇔ Grün, Blau ⇔ Orange ... Diese Farben sind:

Gegenfarben oder Komplementärfarben

Im Farbkreis erkennen wir außerdem, dass in einem komplementären Farbenpaar immer alle drei Grundfarben enthalten sind.

Rot ⇔ Grün	= Rot ⇔ (Gelb + Blau)
Gelb ⇔ Violett	= Gelb ⇔ (Rot + Blau)
Blau ⇔ Orange	= Blau ⇔ (Gelb + Rot)

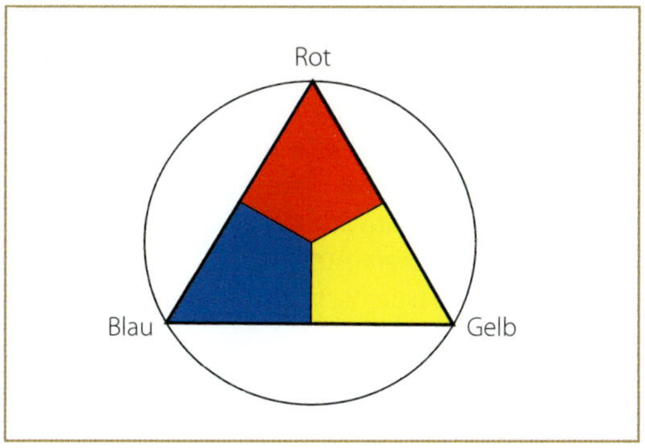

Grundfarben

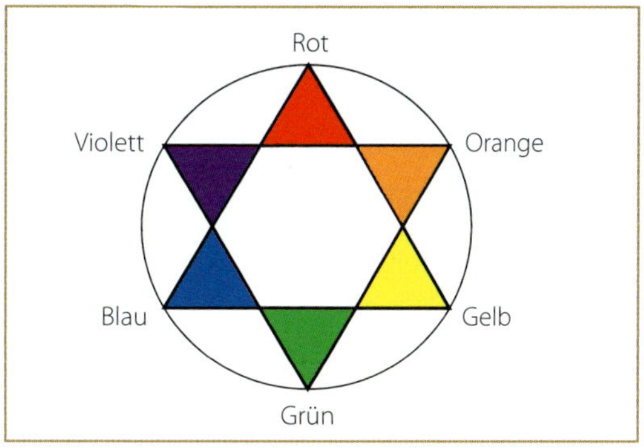

Farbkreis

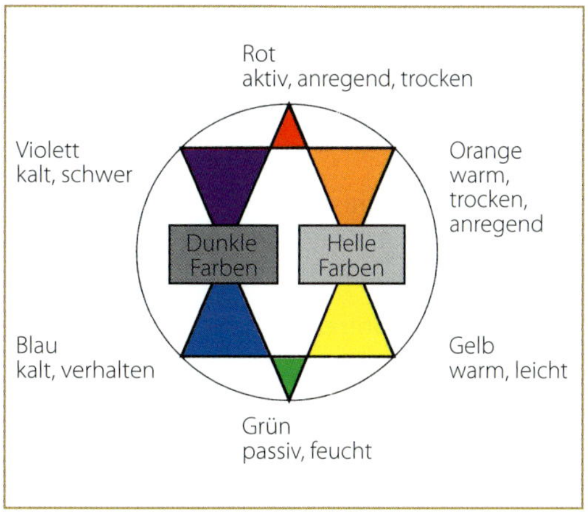

Psychologischer Farbenschlüssel

Gegenfarben werden uns bei unseren Farbgestaltungen noch stärker beschäftigen. Sie sind es, die die stärksten Kontraste und größten Effekte liefern.

Wenn wir Farben betrachten, entstehen bestimmte menschliche Empfindungen, Stimmungen und Gefühle für jede einzelne Farbe. Diese Empfindungen ordnen wir den Farben im Farbkreis zu.

Jeder Mensch hat zu den Farben ein anderes Verhältnis, wie Testversuche einwandfrei erwiesen haben. Zuweilen steht eine einzige Farbe als ausgesprochene Lieblingsfarbe im Vordergrund, meistens jedoch ist für jeden Menschen eine ganz bestimmte Farbskala charakteristisch, die aber durch körperliche und seelische Einwirkungen verändert werden kann und deshalb als Ausdruck des Individuellen anzusehen ist. Im Durchschnitt gilt für die Reihenfolge der Farbbevorzugung:

Orange – Blau, Rot, Grün, Gelb, Violett – Brauntöne
Pastellfarben – Grau – Schwarz und Weiß

Aus diesen Grundlagen der Farbenlehre entstehen nun einfache Regeln, die für die Wirkung der Farben von Bedeutung sind.

14.7.2 | Farbkontraste

- „Farbe-an-sich-Kontrast"
  Mindestens drei der voneinander abstehenden Farben,
  Wirkung: bunt, laut
- „Kalt-Warm-Kontrast"
  Rot, Orange ⇔ Blaugrün
- „Hell-Dunkel-Kontrast"
- „Komplementär-Kontrast"
  Scharfe Kontraste bei der Verwendung von Gegenfarben, z. B.:
  Rot ⇔ Grün, Orange ⇔ Blau
- „Qualitäts-Kontrast"
  Gegensatz von gesättigten, leuchtenden Farben zu stumpfen, getrübten Farben
- „Quantitäts-Kontrast"
  große Farbmengen zu kleinen Farbmengen

Farbe-an-sich-Kontrast

Projektarbeit – Bistrotisch als Beispiel für Kalt-Warm-Kontrast

Beispiel für Hell-Dunkel-Kontrast

14.7.3 | Farbwirkung des Raumes auf den Menschen

Welche Wirkung hat die Farbe des Raumes auf den Menschen?

Die farbliche Gestaltung der Begrenzungsflächen Fußboden, Wand, Decke entwickelt Stimmung und Gefühle beim Menschen und bestimmt Raumklima und Raumproportion.

Eine große Fläche sollte nur eine einzige Hauptfarbe haben. Bei mehreren Farben ergeben drei Farben eine Unentschiedenheit im Ausdruck, wobei die dominierende Farbe überwiegt.

A = Dominante
B = Kontrastfarbe
C = Akzentfarbe

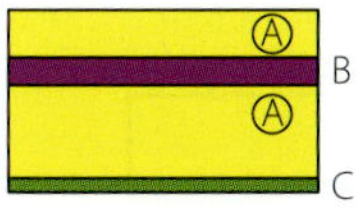

Farbkomposition

Eine Komposition ohne Farbharmonie ist kaum vorstellbar. Zu einer echten harmonischen Farbgestaltung gehören nicht nur künstlerisches Empfinden oder ein guter Geschmack, also sehr subjektive Dinge, sondern der Bezug auf das Objekt, um danach Zusammenstellungen zu geben, die entweder durch ihren ergänzenden Gegensatz oder durch ihre innere Übereinstimmung harmonisch **wirken**.

Ein Beispiel:
Nach Goethe wirken die Komplementärfarben harmonisch, nachbarliche Farben dagegen monoton, eine subjektive Aussage, die nicht überall Anwendung finden wird und daher **keine** Regel darstellt.

Zusammenfassung

Kenntnisse über die Grundfarben (Rot, Blau, Gelb), ihre Mischfarben (z. B. Gelb + Rot = Orange), die Gegen- bzw. Komplementärfarben (Rot ⇔ Grün), die Farbwirkung eines Raumes, Einwirkung der Farbe auf den Menschen, Farbkontraste und Farbharmonie ergeben die Grundlage für die farbliche Gestaltung im Bauwesen.

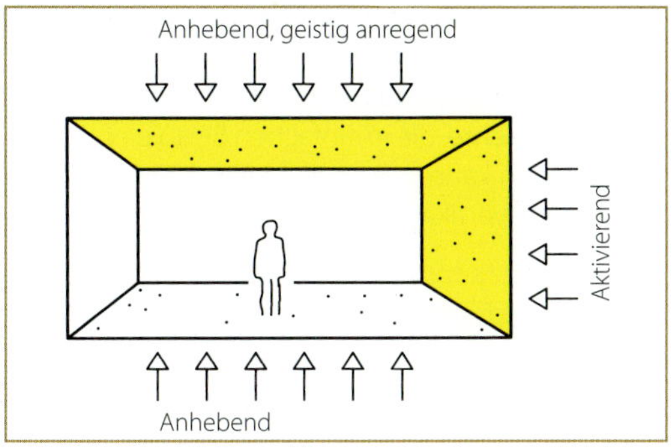

Warme und helle Farben

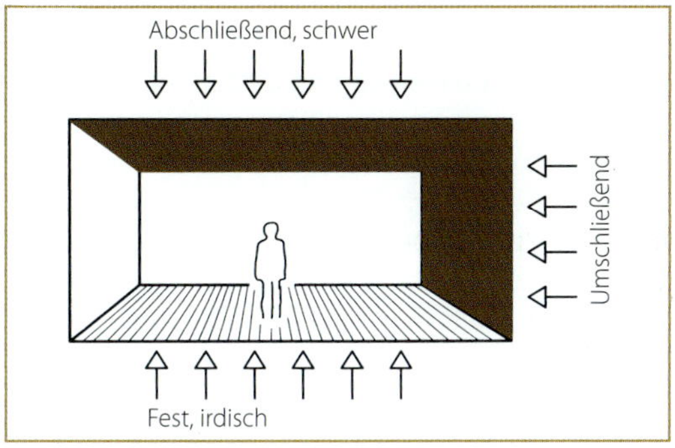

Warme und dunkle Farben

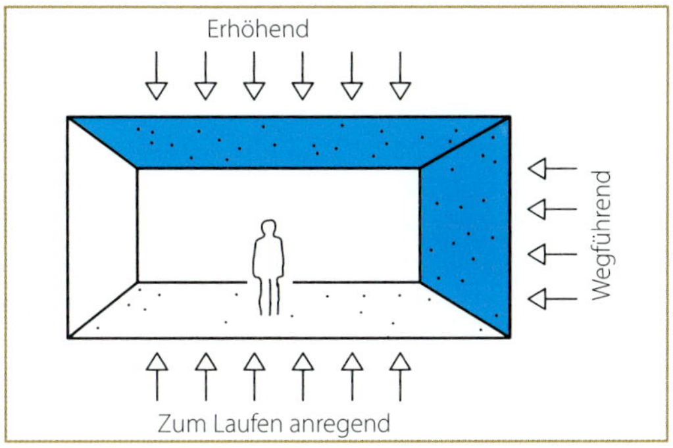

Kalte und helle Farben

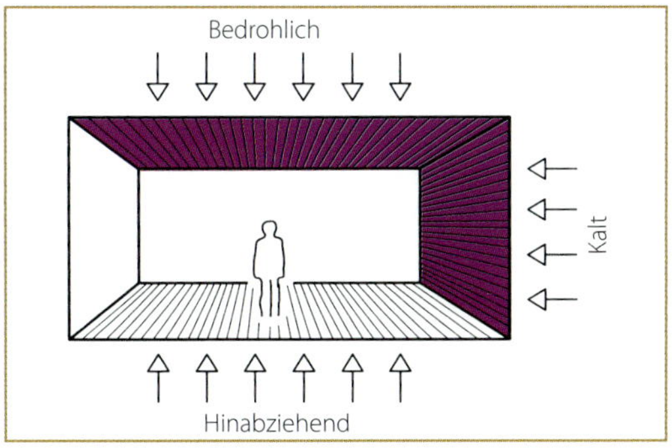

Kalte und dunkle Farben

14.8 | Grundlagen der Gestaltung

Grundlage einer Gestaltungslehre ist eine allgemeine **Kontrastlehre**, die in einfachen Beispielen dargestellt werden kann, z. B. groß – klein, breit – schmal, horizontal – vertikal, Fläche – Linie, glatt – rau …

Durch diese Kontraste, geometrisch-rhythmische Formen und durch Proportionen ist es möglich, Bauteile und ihre Flächen zu gestalten.

Grundlegende Informationen über Gestaltungsregeln sollen nachfolgend aufgezeigt werden.

Kontraste

14.8.1 | Kontraste

Kontraste sind die ausdrucksvollsten und wichtigsten Gestaltungsmittel. Von Bedeutung ist natürlich, dass alle Kontrastwirkungen relativ sind: Eine Linie wirkt lang oder kurz, je nachdem, ob sie zu einer kürzeren oder längeren Linie in Beziehung steht, oder eine große dunkle Form wird bedeutungsvoller, wenn eine kleine helle Form entgegenwirkt. Schwarze Flächen und Körper wirken kleiner als weiße Flächen und Körper. Soll eine gleich große Wirkung vorhanden sein, sind weiße Flächen und Körper entsprechend zu verkleinern.

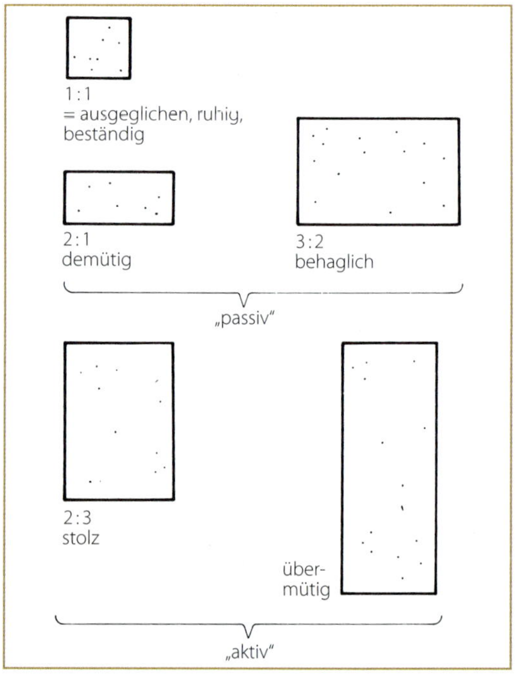

Proportionen

14.8.2 | Proportionen

Proportionen werden bestimmt durch die Maßverhältnisse einzelner Bauteile untereinander und zum Ganzen und durch die Ausdruckskraft von Seitenverhältnissen und die Anordnung von Flächen und Eingrenzungen in Baukörpern.

Bei Bauteilflächen ist die eigentliche Größe der Flächen für den Eindruck der Empfindungen ziemlich gleichgültig. Wesentlich sind das Seitenverhältnis und die Anordnung bzw. Lage der Fläche.

14.8.3 | Seitenverhältnisse

Raumproportionen können auch optisch verändert werden, wie nachfolgende Beispiele zeigen sollen:

Untersuchungen der Maßverhältnisse des Menschen auf der **Grundlage des goldenen Schnittes** sind der Ausgang für die Proportionslehre des französischen Architekten le Corbusier, der für alle seine Projekte diese Schnittverhältnisse als „le Moduler" benutzt hat.

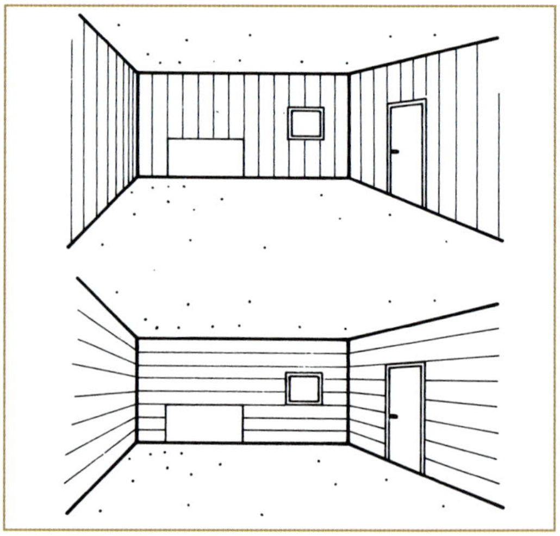
Seitenverhältnisse

Geometrische Teilung einer Länge *a* nach dem goldenen Schnitt:

$$m : M = M : (M + m)$$

14.8.4 | Gestaltlösungen

Generell sollte der Mensch als Maßstab für die Gliederung und den Gesamtaufbau von Einrichtungen, Räumen und Baukörpern im Vordergrund stehen; bei Ausstattungsüberlegungen sollten Bauteile der menschlichen Größe angemessene Maße haben.

Durch Kontraste und Proportionen können Flächen und Bauteile gegliedert und gestaltet werden.

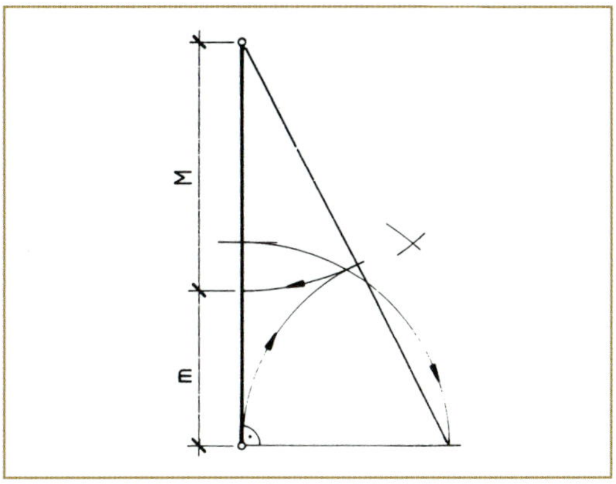

Goldener Schnitt

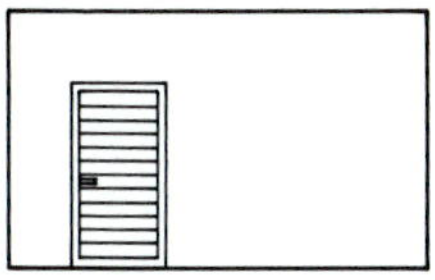

1 Dominante Vorherrschaft eines Flächenteils in einer Fläche „Maßstabshilfe"

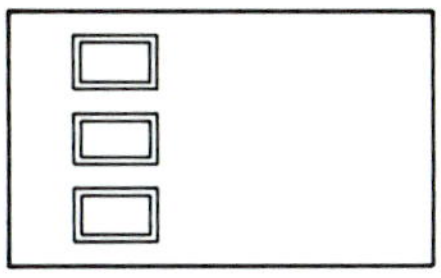
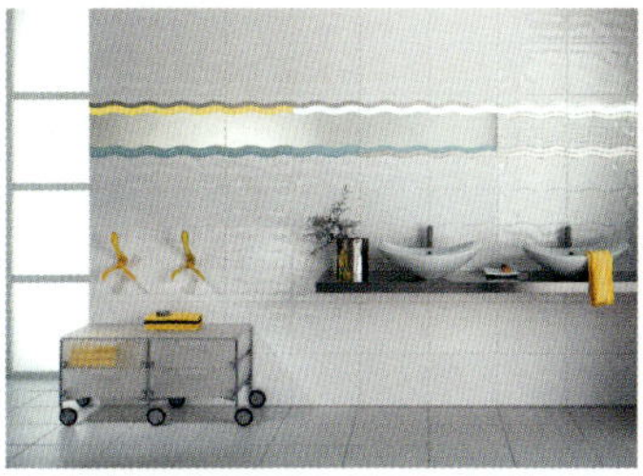

2 Reihung

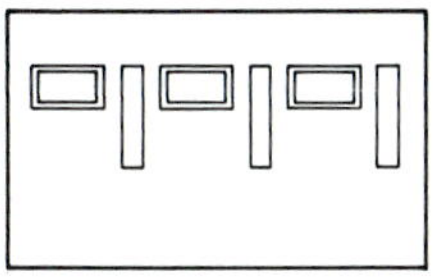
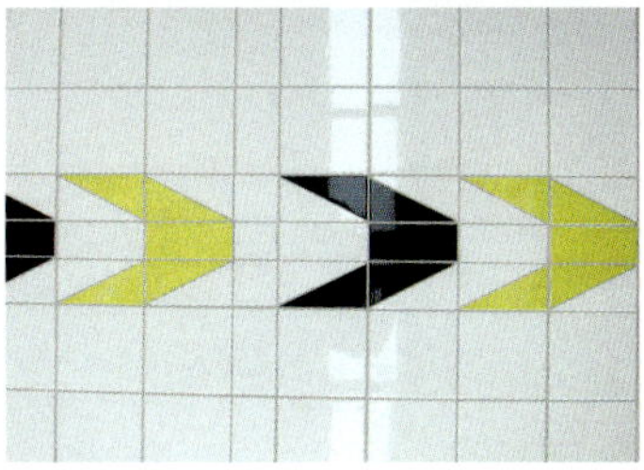

3 Rhythmus, Reihenfolge in festgelegten Abständen oder Höhen

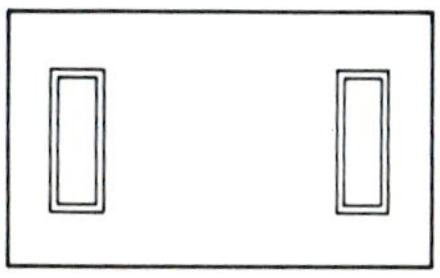
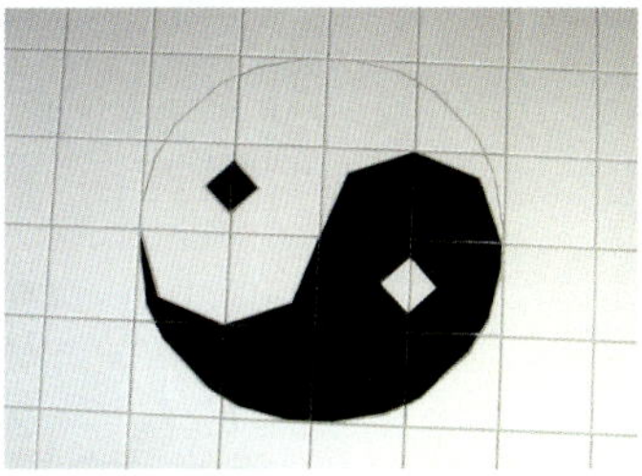

4 Polarität, Spannung zwischen zwei Polen

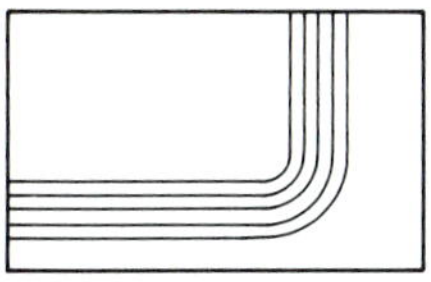

5 Freie Form

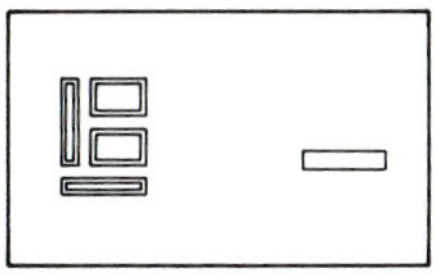

6 Häufung

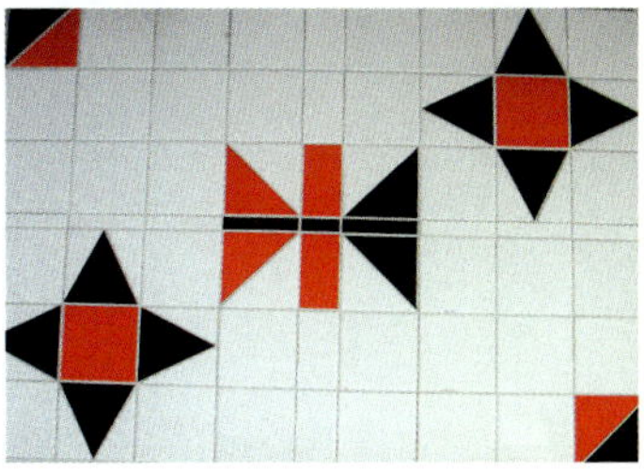

7 Symmetrie, gleichmäßige Ordnung um Achsen

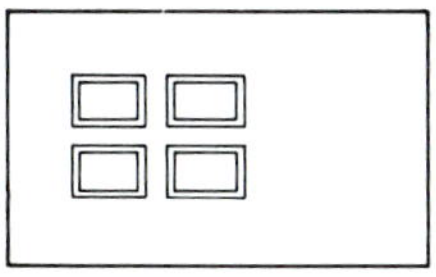
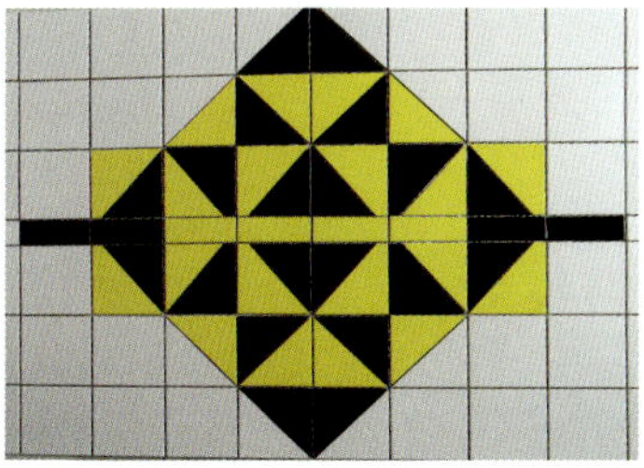

8 Gruppierung

Möglichkeiten von Gestaltlösungen

14.8.5| Oberfläche und Material

Strukturen	Texturen	Frakturen	Materialeigenschaften im Verhältnis zu Licht
gewachsener Aufbau eines Baustoffes	Zusammenfügen von gleichen Materialien zu einer Einheit	Wirkung durch Oberflächenbearbeitung	Spiegelung, Lichtreflexion, Transparenz
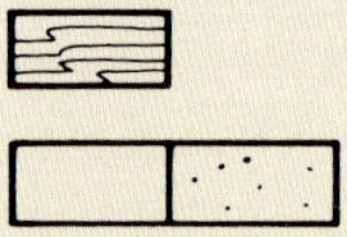	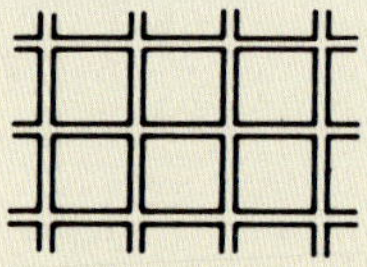	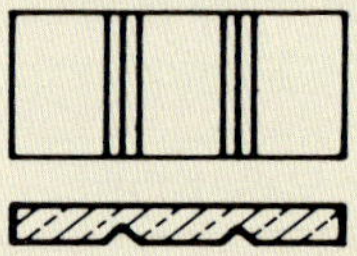	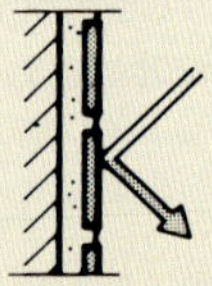
Holz • Behaglichkeit, Wärme, Ruhe	**Naturstein** • raue, gesplitterte Oberfläche (Granit) abstoßend, unsympathisch • gerundete, glatte Oberfläche (Sandstein) angenehm • große Festigkeit des Materials vermittelt Vertrauen und Sicherheit	**gebrannte Steine** • kleine Maßstäbe • warme angenehme Farbtöne, glasierte Ziegel und Platten sind vom Material kühler und abweisender	**Beton** • humaner Maßstab bei Bauteilen durch kleinteilige Verarbeitung und vielfältige Oberflächenstruktur

Bei jedem Material wird zunächst die Oberfläche betrachtet. Die unterschiedliche Wirkung von Oberflächen auf den Betrachter kann als gutes Gestaltungsmittel eingesetzt werden.

Zusammenfassung

Bei der Gestaltung von Bauteilen ist ein auf den Menschen bezogener Maßstab notwendig. Gestaltlösungen können über Kontraste, Proportionen, Symmetrie, Reihung, Gruppierung, Rhythmus, Oberfläche und Material erreicht werden.

14.8.6| Praktische Anwendung

Allgemeine Faustregeln für die farbliche Gestaltung von Räumen (Wohnräume, Küche, Bad) können nicht gegeben werden, diese sind stark vom Typ, dem Temperament und Farbcharakter der in dem Raum wohnenden Menschen abhängig.

Wohn- und Schlafräume sollten im Allgemeinen nicht allzu gewagte Zusammenstellungen zeigen, da man sich auf Dauer nur in ruhigen und harmonischen Räumen wohl fühlt. Pastellfarben sind hierfür, auch psychologisch, am ehesten geeignet. Flure können dagegen markante Farbgegensätze aufweisen.

Wie wirken farblich gestaltete **Nassräume** – Küche, Bad?

Wandbelag, Bodenbelag und sanitäre Einrichtungen müssen farblich aufeinander abgestimmt sein. Zu viele verschiedene Farben schaffen Unruhe, der Gesamteindruck ist zu bunt. Wird ein Sockel verwendet, sollte man ihn nie als Farbband gegen eine Wand absetzen, sondern in der Farbe des Wandbe-

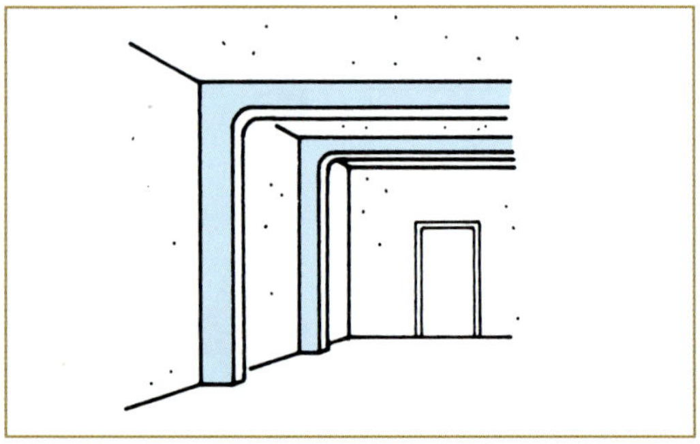

Farbe und statische Funktion

lags oder Bodens ausführen. Alle **dunklen Farben** wirken bedrückend. Die Reinigung ist erschwert, da Seifen- und Wasserspritzer gut zu sehen sind. **Helle Farben** wirken leicht, freundlich, sie verbreiten mehr Licht, heitern Räume auf und verpflichten zu größerer Sauberkeit. Die Räume wirken weiter und höher. Das ist günstig in kleinen Bädern. Dunkle Farben lassen sie dagegen kleiner erscheinen. Kombinationen von hellen und dunklen Tönen nebeneinander können eine gute Spannung abgeben. Die Farben können Ton-in-Ton oder im Kontrast zueinander stehen. Bei Wandfliesen mit buntem Dekor sollte als Ruhepol ein einfarbiger Boden gewählt werden.

Gelbe, rote und blaue Wände wirken im ersten Augenblick sehr ansprechend, auf die Dauer stellen sie jedoch eine Belastung für die Augen dar.

Sind Stützen, Pfeiler usw. farblich zu gestalten, sollten **Farben und statische Funktion** stets eine Einheit bilden, denn können Stützen wirklich subjektiv etwas tragen, wenn sie in Weiß oder Gelb die Last einer blauen Decke aufnehmen sollen?

Beim Plattieren von Läden ist zu beachten, dass sie die Kontrastfarbe zur Ware enthalten (z. B. grünblauer Schlachterladen), denn Fleisch auf rotbraunen Fliesen kann Geschäftserfolge erheblich vermindern.

Wirkung und Farbe der Fuge

Welche Fugenfarbe soll gewählt werden?
Einige Hersteller geben grundsätzliche Ratschläge:

- Beläge mit allen rustikalen Farben dunkelgrau verfugen.
- Beläge mit intensiven Glasuren: dunkel- oder mittelgraue Fugenfarbe.
- Beläge mit hellen Tönen: hell- oder mittelgraue Fugenfarbe.

Die Fuge muss sich auf alle Fälle abheben, da sonst der Belag verwaschen wirkt. Sie soll jedoch nicht dominieren, da sonst die Fläche zerstückelt wird. Vorsicht bei kleinen Plattenformaten mit großem Fugenanteil!

Außer durch farbige Glasuren, die durch Farbwirkung das Auge und das Gefühl ansprechen, können durch keramische Beläge noch weitere Oberflächenwirkungen erzielt werden:

- grafische Darstellungen, die durch ein System zur Gesamtwirkung gebracht werden, z. B. durch Reihung,

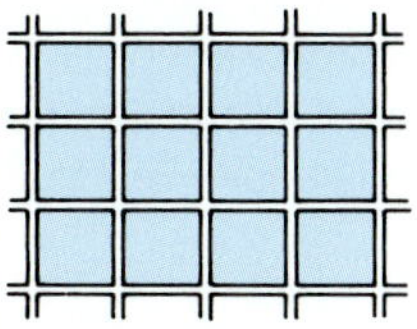

Jede Fliese kommt deutlich zur Geltung. Das Fugennetz trägt stark zur Gestaltung des Raumes bei.

Farbiger Wandbelag; breite weiße Fuge

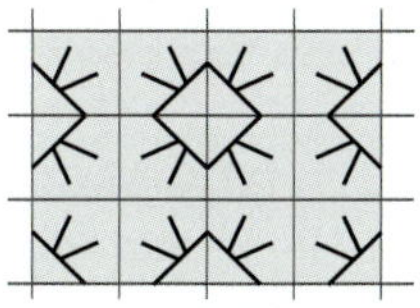

Das Fugennetz kommt nicht stark zur Geltung. Die Fliesen werden nicht getrennt. Das Dekor wirkt über die gesamte Fläche.

Dekorfliesen, schmale, an Plattenfarbe angeglichene Fuge

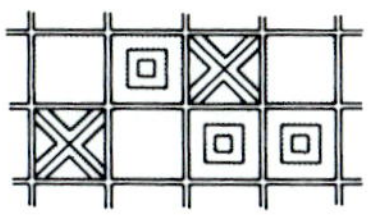

Reihung

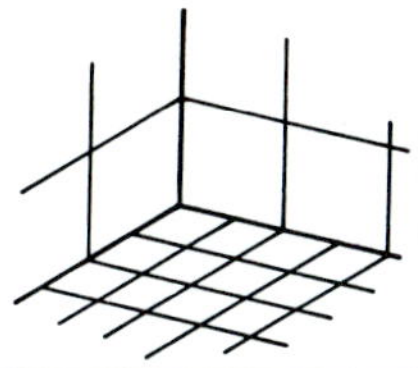

Ecklösung

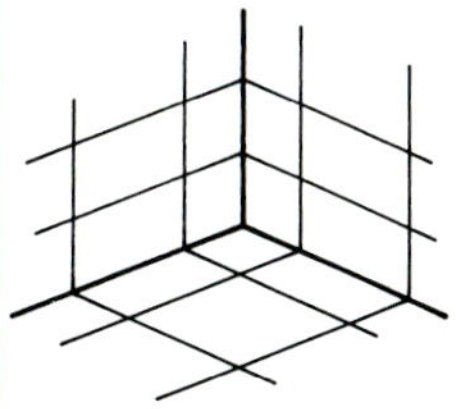

Abgestimmtes Raster

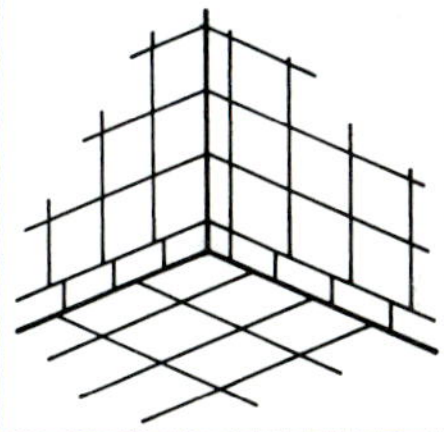

Unabgestimmtes Raster

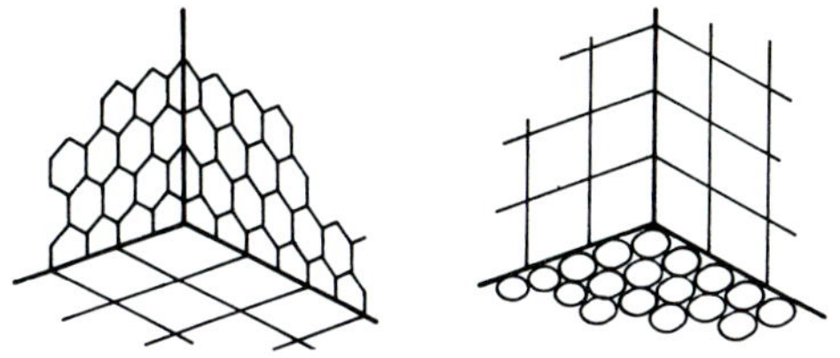

Stark unterschiedliche Raster sollten nicht verwendet werden!

- strukturierte Oberflächen, deren Wirkung oft allein vom Licht- und Schattenspiel bestimmt wird,
- verschieden große Formate, die, zusammen verlegt, sehr reizvolle Darstellungen ergeben können.

Werden Raster mit Einheitsgrößen verwendet, dann sollte auch immer darauf geachtet werden, dass die Passgröße des Rasters mit dem Gesamtraum übereinstimmt und keine unbefriedigenden Restgrößen übrig bleiben.

Zusammenfassung

Die Auswahl der Fliesen nach Art, Farbe, Dekor, ihre Farbwirkung auf den Menschen, die Farbabstimmung (Wand – Boden – Einrichtung) und die optische Wirkung von Verlegeverbänden mit Fugenwirkung beeinflussen die Gestaltung bei Fliesenbelägen im Bauwesen.

14.8.7 | Optische Wirkung von Verlegeverbänden

Quadrate schnittfugig, Rechtecke schnittfugig	Versetzte Quadrate, versetzte Rechtecke	Quadrate zweifarbig
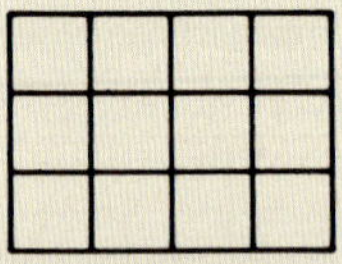	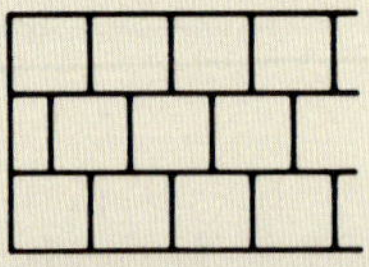	
sachlich, flächig, für große Flächen geeignet	erzeugt Bewegung, verkleinert die Fläche, richtungsverstärkend	strenge Betonung einer Richtung
Schachbrettartig verlegt	**Parkettartig verlegt**	**Vielecke**
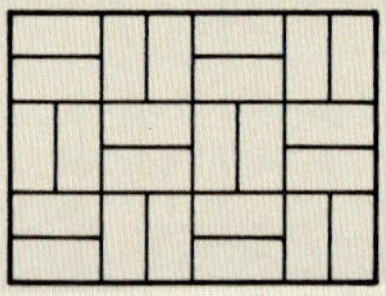		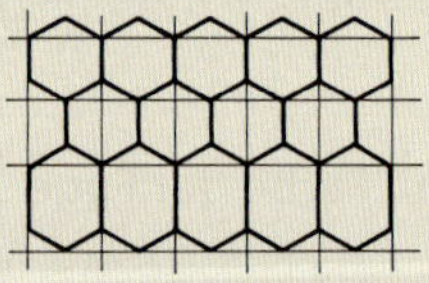
lebendig, für große Flächen	wirkt wohnlich	quadratische Grundform „flächig", schlanke Form „richtungsbetonend"
Abgewandelte Rundformate	**Kreisformate**	**Mit Rollschicht**
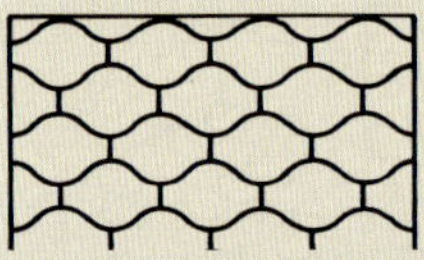	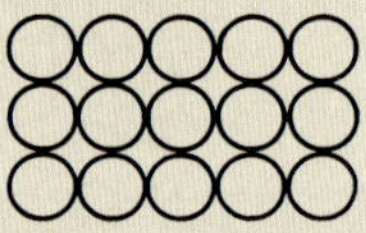	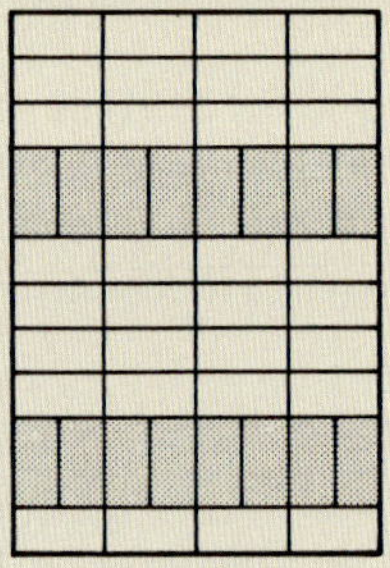
heiter, froh, beschwingt	harmonisch, nicht streng	optische Verkürzung

14.9 | Grundlagen der Gestaltung

1. | Aus welchen Grundfarben setzen sich alle Farben zusammen?

2. | Erklären Sie den Begriff „Gegenfarben" oder „Komplementärfarben".
   Welche Bedeutung haben sie bei der farblichen Gestaltung?

3. | Welche Empfindungen können Sie den Farben Rot, Orange, Gelb, Grün, Blau, Violett zuordnen?

4. | Erklären Sie den Begriff „Proportion".
   Welche Bedeutung hat sie für den Fliesen- und Plattenleger?

5. | Skizzieren Sie zwei Kontraste, die für Sie als Fliesen- und Plattenleger als Gestaltungsmittel infrage kommen.

6. | Unterscheiden Sie folgende Gestaltlösungen:
   a) Symmetrie,
   b) Reihung,
   c) Gruppierung,
   d) Rhythmus.
   Geben Sie Beispiele aus Ihrer Tätigkeit an.

7. | Welche Wirkung haben dunkle bzw. helle Farben in Räumen?

8. | Warum sollten Farbe und statische Funktion stets eine Einheit bilden?

9. | Wie kann die Fuge (Farbe, Fugenbreite) zur Gestaltung eines Raumes beitragen?
   Zeigen Sie verschiedene Möglichkeiten auf.

10. | Bei Wand- und Bodenbelag mit sanitärer Einrichtung spielt die Farbharmonie eine große Rolle.
    Entwickeln Sie mit Farbe drei mögliche Kompositionen in den skizzierten Raster (Maße in cm).

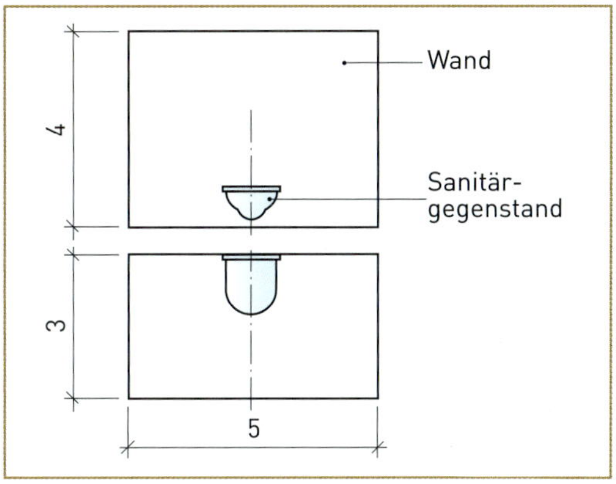

14.9.1 | Aufgaben zum Projekt

Projektbeschreibung

Für den Diagonalbelag unserer Eingangshalle haben Sie bereits einen neuen Natursteinbelag geplant. Einer der Entwürfe sieht *W* 300 × 300 × 10 mm große, helle Marmorplatten vor (siehe Grundriss).

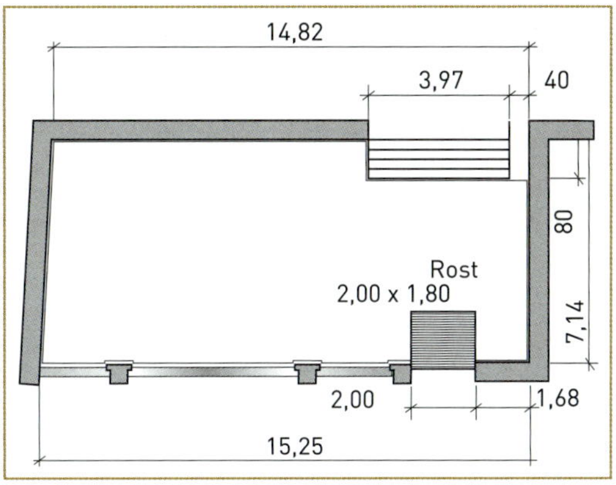

1. | Nehmen Sie Stellung zum gewählten Material. Besonders zu beachten sind folgende Punkte:
   a) Eigenschaften,
   b) Vor- und Nachteile für die vorgesehene Verwendung im Eingangsbereich,
   c) Entstehung.

2. | Berechnen Sie den benötigten Materialbedarf an Platten für die Bodenfläche des Eingangsbereichs in m² bei 5 % Verschnitt.

3. | Bei dem oben genannten Material sind Verfärbungen nicht ausgeschlossen. Diese können drei Ursachen haben:
1. Verfärbungen durch Schmutzeinwirkung von oben,
2. Verfärbungen durch gesteinseigene Mineralien,
3. Verfärbungen durch Substanzen aus dem Belagunterbau.

a) Nennen Sie jeweils zwei färbende Substanzen zu 1, 2 und 3

b) Welche Maßnahmen ergreifen Sie als Fliesenleger, um Schäden zu begrenzen (je eine Angabe zu 1 und 2, drei Angaben zu 3)?

4. | Der Belag wird diagonal verlegt – Fugenbreite: 5 mm.
Berechnen Sie die Friesbreite für die notwendigen Friesausgleichsstreifen links und rechts. Die errechnete Friesbreite gilt auch für die restlichen Ausgleichsstreifen.

5. | Zeichnen Sie einen Verlegeplan für den Bodenbelag im Maßstab 1 : 20. Die Friesplatten werden aus den Bodenplatten geschnitten. Belagfugen sind mit einem Strich darzustellen.

Lernfeld 15 | Bekleiden von Stützen

Zielformulierung:	Die Schülerinnen und Schüler entwickeln den Belagaufbau für Pfeiler und Säulen. Sie beachten dabei Grundrissform, Rohkonstruktion und Beanspruchung der Stütze. Sie wählen Belagmaterial aus, beschreiben die Ansetztechnik und nutzen die Vorteile von Schablonen und anderen Hilfsmitteln. Die Schülerinnen und Schüler ermitteln unter Beachtung von Einteilungsgrundsätzen Schnittmaße, Fugenbreiten sowie die Lage von Teilfliesen. Die Ergebnisse stellen sie in Grundriss und Ansicht dar.
Lerninhalte:	• Mosaik, Spaltplatten, Riemchen • Stützenkopf, Stützenfuß • Mörtelträger • Anschlussfuge • Kantenschutz • Verschnitt

Massagebecken in einem Erlebnisbad

Stützen werden in Bauwerken überall dort eingesetzt, wo größere Räume ohne tragende Zwischenwände entstehen sollen, z.B. in Schwimmbädern, bei Eingangshallen oder überdachten Arkadengängen vor Läden. Die Stützen tragen hier die Lasten des darüberliegenden Gebäudes in den Untergrund ab. Wenn die Oberfläche besonders beansprucht wird, werden Stützen mit keramischen Platten bekleidet. Die Platten sollen die Stütze dabei vor Feuchte oder aggressiven Stoffen schützen. Außerdem sind sie leicht zu reinigen und deshalb in Anwendungsbereichen mit besonderen Hygieneanforderungen wie in Lebensmittel verarbeitenden Betrieben sinnvoll. Mit Fliesen bekleidete Stützen bieten darüber hinaus aber auch besondere gestalterische Möglichkeiten, zum Beispiel in Erlebnisbädern.

Ansetztechnik
- Mörtelträger
- Hilfsmittel

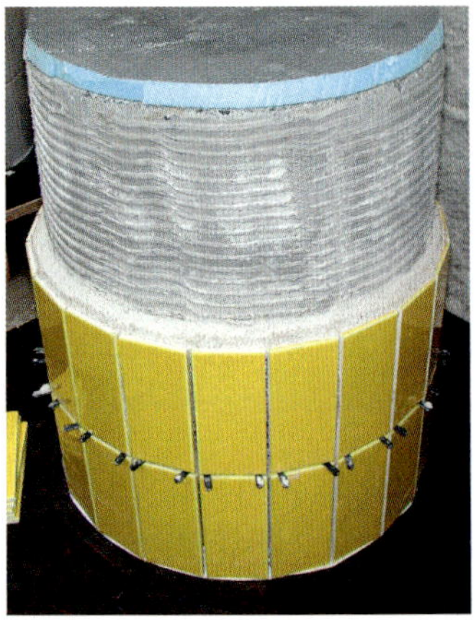

Rohkonstruktion

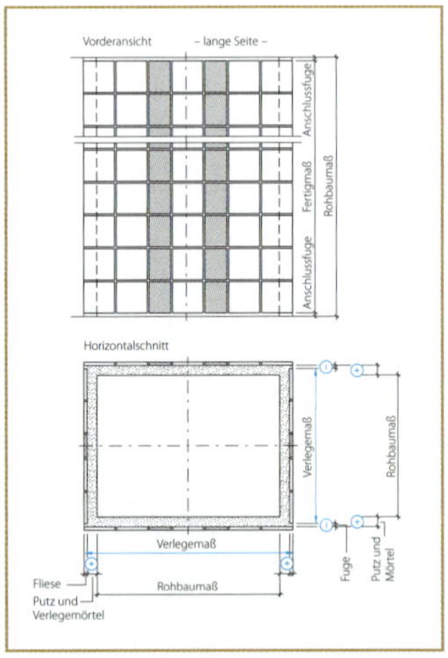

Verlegeplan
Materialbedarf
Verschnitt

Belagmaterial
- Mosaik
- Riemchen
- Spaltplatten

Grundrissformen und Belageinteilung

Detailausbildung
- Stützenkopf und -fuß
- Anschlussfuge
- Kantenschutz

15.1 | Rohkonstruktion

Nach ihrer Form werden eckige Stützen als Pfeiler, runde Stützen als Säulen bezeichnet.
Für Stützen kommen nur tragfähige Baustoffe in Betracht:
- bewehrter Beton,
- Stahlbauprofile,
- Naturwerksteine,
- Mauersteine.

Als vorbeugender Brandschutz wird für die Stahlstützen oft eine Ummantelung verlangt. Diese kann auf folgende Weise ausgeführt werden:
- Beplankung mit Gipsplatten bzw. mit Faserzementplatten,
- Anbringen einer Rabitzkonstruktion (Mörtelträger, Spritzbewurf, Zementputz).

Die Ummantelung hat den Vorteil, dass mögliche Stützenbewegungen nicht auf den keramischen Belag übertragen werden.

Beanspruchung

Bei Stützen ist zu berücksichtigen, dass sie ständig durch Druck belastet sind. Daher können Formveränderungen auftreten (Kriechen des Betons). Als Einzelbauteile sind sie auch eher in Gefahr, beschädigt zu werden, z. B. durch Fahrzeuge.
Die Stützenbekleidung wird je nach Einsatzort meist besonders durch Feuchtigkeit beansprucht. Stützenfüße werden oft mehr verschmutzt als andere Bauteile. In Schwimmbädern oder Lebensmittel verarbeitenden Betrieben kommen chemische Beanspruchungen durch Desinfektionsmittel oder Reinigungsmittel hinzu.
Im Außenbereich wird die Bekleidung stark wechselnden Temperaturen ausgesetzt. Durch die unterschiedliche Ausdehnung der Fliesen und des Untergrunds besteht die Gefahr, dass sich der Belag ablöst. Wenn Feuchte eindringt, kann dies zu Ausblühungen oder bei Frost zu Absprengungen des Belags führen.

15.2 | Belagmaterial

Bei der Wahl des Belagmaterials müssen neben der Gestaltung vor allem die oben genannten Beanspruchungen berücksichtigt werden. Je nach Einsatzort sollten die Platten also schlagfest, beständig gegen Frost und chemische Beanspruchung und leicht zu reinigen sein.

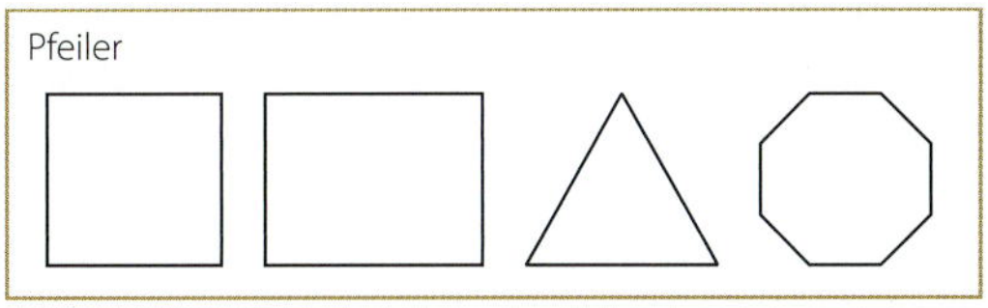

Die Querschnittsfläche ist eckig (geradlinig begrenzt).

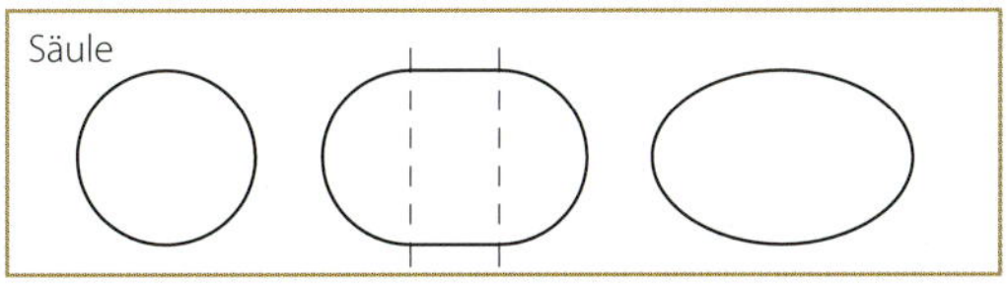

Die Querschnittsfläche ist kreisförmig, oval oder elliptisch.

Verschmutzung am Säulenfuß
Bekleidung mit Natursteinriemchen

Belagmaterialien:
Mittelmosaik

Streifen aus Steinzeug

Deshalb sind hier vor allem glasierte Steinzeug- und Spaltplatten geeignet. Die erforderliche Wasseraufnahme richtet sich nach dem Einsatzbereich: z. B. im Außenbereich < 3 %.
Auch Natursteine können verwendet werden, wenn sie die benötigten Eigenschaften aufweisen.

Für das Bekleiden von schlanken Säulen eignet sich besonders kleinformatiges Belagmaterial wie z. B. Mikro-, Klein-, Mittel- oder Rundmosaik, weil es durch seinen hohen Fugenanteil der gewünschten runden Form leichter angepasst werden kann.
Vorgefertigte Riemchen können an Säulen hochkant verlegt werden und ersparen Schneidearbeit.
Andere Fliesenformate müssen in Streifen zugeschnitten werden. Um eine gleichmäßige Fuge zu erhalten, wird auch die gerundete Werkskante abgeschnitten.

(genauere Informationen zu Plattenarten, Formaten und Eigenschaften siehe LF 7).

Rundmosaik (Knopfmosaik)

15.3 | Detailausbildung

Im Bereich des Stützenkopfes und des Stützenfußes ist immer eine elastische Anschlussfuge (Fugenbreite 10 mm) anzuordnen. Dadurch werden mögliche Spannungen in Folge der Stützenbewegung vermieden. Hierbei ist darauf zu achten, dass kein starrer Kontakt zum Bodenbelag entsteht (s. Abb.).
Diese Fuge ist eine Wartungsfuge und muss also immer wieder erneuert werden.

Bei Pfeilern kann es erforderlich sein, die Kanten zu schützen, wenn z. B. Gabelstapler an dem Pfeiler vorbeifahren. Dafür gibt es spezielle Eckschutzschienen, die vor dem Verlegen befestigt werden. Sie müssen stoßfest sein und dürfen durch den Mörtel nicht angegriffen werden. Sie sind meist aus Edelstahl.

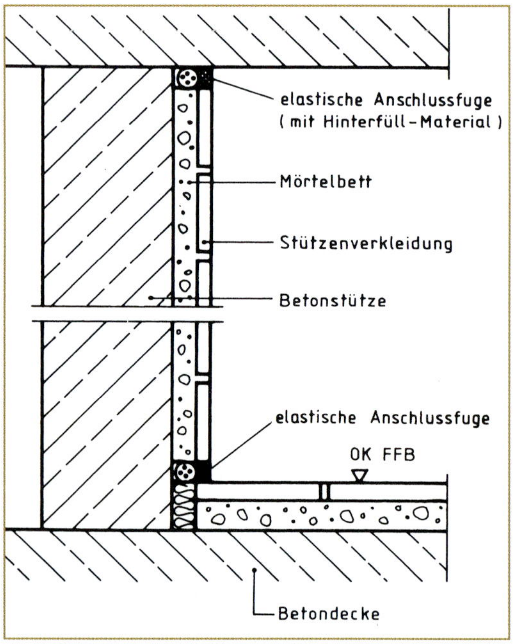

Detailausbildung an Kopf und Fuß

15.4 | Belageinteilung

Zunächst gilt es – wie bei Wänden –, bestimmte Grundregeln zu beachten. Danach werden Anzahl und Breite der Streifen berechnet.
Mit diesen Angaben kann ein Verlegeplan gezeichnet werden oder – wie bei den Säulen – direkt eine Schablone.
Rechteckiges Belagmaterial wird aus optischen Gründen meist hochkant verlegt.

Kantenschutz mit Edelstahlprofil

15.4.1 | Einteilung bei Pfeilern

Es gelten folgende Regeln:

- Streifen sollen größer als eine halbe Fliesenbreite sein
- Symmetrie einhalten
- ganze Fliesen an den Ecken, Streifen in Flächenmitte ansetzen
- möglichst keine Fuge in Pfeilermitte anordnen
- Eckfliese der langen Seite überdeckt die Eckfliese der kurzen Seite („lang bleibt lang").

An Pfeilern fallen Streifen besonders auf. Um ein unruhiges Fugenbild zu vermeiden, sollten möglichst große Teilfliesen verwendet werden. Außerdem sollten sie an der langen und kurzen Seite nicht zu verschieden sein.

Wird eine ungerade Anzahl von Belagteilen gewählt, hat man immer eine Fliese in Pfeilermitte.

Bei Pfeilern mit regelmäßigen Querschnitten wie Quadraten, Sechsecken oder Achtecken werden an den Ecken meist die Fliesen auf Gehrung geschnitten („Jollykanten"). Damit ergibt sich an allen Seiten eine gleichmäßige Verlegelänge.

Beispiel 1: Rechnerische Belageinteilung

Ein rechteckiger Pfeiler soll rechnerisch eingeteilt werden:

Angaben:
Rohbaumaß 1 (lange Seite) 90 cm
Rohbaumaß 2 (kurze Seite) 70 cm
Rohbaumaß 3 (Höhe) 2,55 m
Putzdicke 2 cm
Dünnbett 3 mm
Fliesen *W* 147 × 147 × 6 mm
Fugenbreite 3 mm
Anschlussfuge an Kopf und Fuß 1 cm

Lösung:
Lange Seite:
Verlegelänge 1: $VL_1 = 90\text{ cm} + 2 \cdot 2\text{ cm} + 2 \cdot 0{,}3\text{ cm} + 2 \cdot 0{,}6\text{ cm} = 95{,}8\text{ cm}$
(Putz) (Dünnbett) (Fliesendicke)

$$\text{Anzahl ganzer Fliesen} = \frac{VL_1}{\text{Koordinierungsmaß}} = \frac{95{,}8\text{ cm}}{15{,}0\text{ cm}} = 6{,}4 \Rightarrow 6\text{ Stück}$$

Restmaß = VL_1 – (Anzahl · Koordinierungsmaß) = 95,8 cm – (6 · 15 cm) = 5,8 cm
⇨ Streifen zu klein, 2 Streifen wählen!

$$\text{Streifenbreite} = \frac{\text{Restmaß} + \text{Fliesenbreite}}{2} = \frac{5{,}8\text{ cm} + 14{,}7\text{ cm}}{2} = 10{,}25\text{ cm}$$

gewählt: 5 ganze Fliesen + 2 Streifen (ungerade Anzahl!)

Kurze Seite:
Verlegelänge 2: $VL_2 = 70\text{ cm} + 2 \cdot 2\text{ cm} + 2 \cdot 0{,}3\text{ cm} - 2 \cdot 0{,}3\text{ cm} = 74\text{ cm}$
(Putz) (Dünnbett) (Fuge)

$$\text{Anzahl ganzer Fliesen} = \frac{74\text{ cm}}{15{,}0\text{ cm}} = 4{,}9 \Rightarrow 4\text{ Stück}$$

Restmaß = 74 cm – (4 · 15 cm) = 14 cm
gewählt: ein Streifen in der Mitte!

Höhe:

Verlegelänge 3: $VL_3 = 255\ \text{cm} - 2 \cdot 1\ \text{cm} = 253\ \text{cm}$ (Anschlussfuge)

$$\text{Anzahl ganzer Fliesen} = \frac{253\ \text{cm}}{15{,}0\ \text{cm}} = 16{,}9 \Rightarrow 16\ \text{Stück}$$

Restmaß = 253 cm – (16 · 15 cm) = 13,0 cm

$$\text{Streifenbreite} = \frac{13\ \text{cm} + 14{,}7\ \text{cm}}{2} = 13{,}85\ \text{cm}$$

gewählt: symmetrische Einteilung, ein Streifen oben und unten

Vorderansicht - lange Seite -

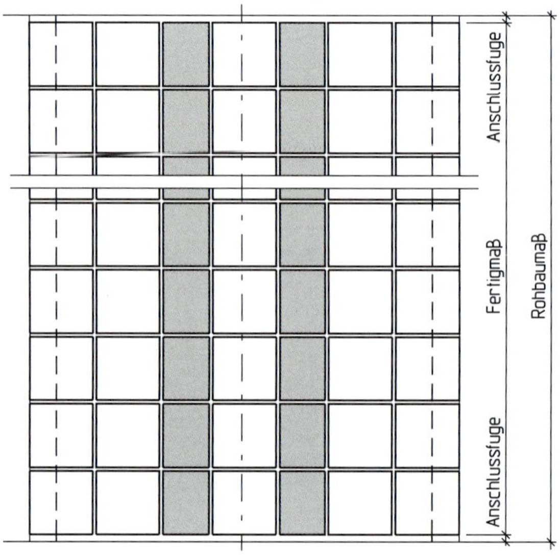

Seitenansicht - kurze Seite -

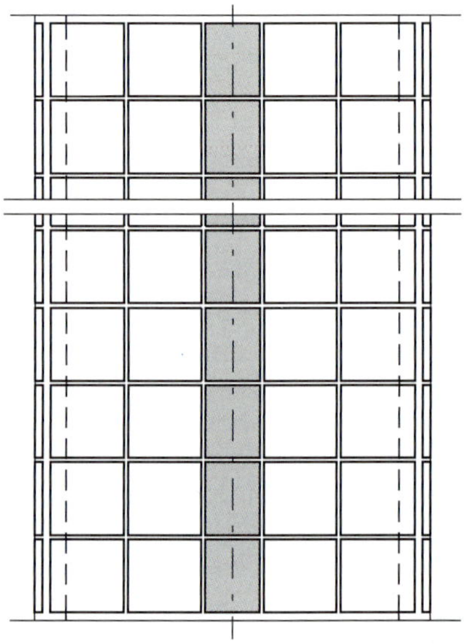

Horizontalschnitt

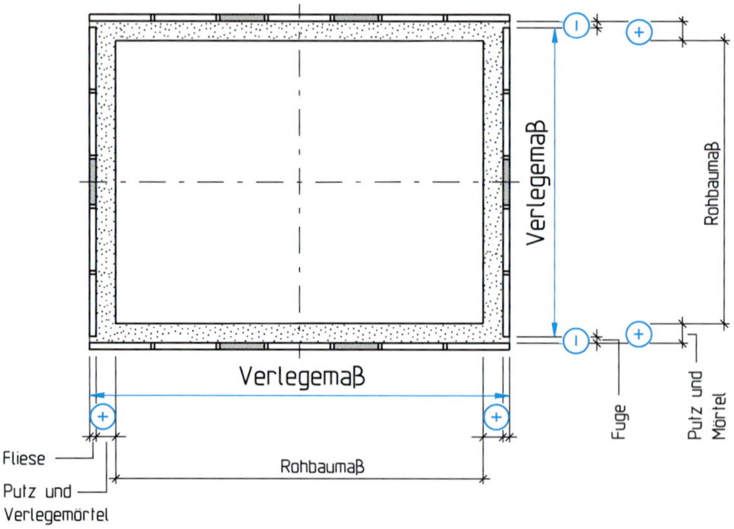

Beispiel 2: Rechnerische Belageinteilung

Ein rechteckiger Pfeiler soll rechnerisch eingeteilt werden. Achten Sie jetzt besonders darauf, dass die Streifen möglichst nicht auffallen.

Angaben:
Rohbaumaß 1 (lange Seite) 80 cm
Rohbaumaß 2 (kurze Seite) 60 cm
Putzdicke 17 cm
Dünnbett 3 mm
Fliesen *W* 97 × 197 × 10 mm
Fugenbreite 3 mm

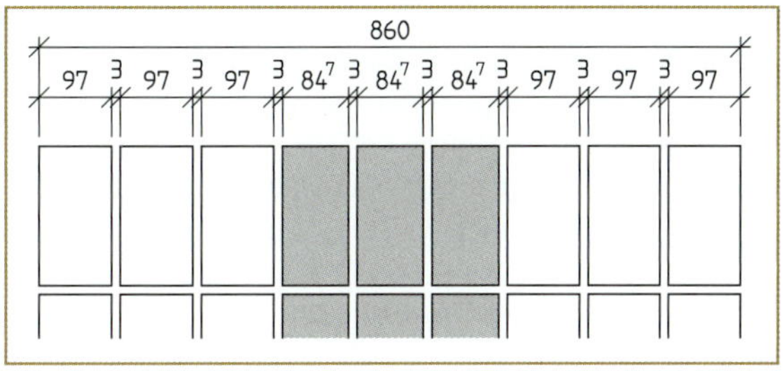

Ansicht lange Seite (Maße in mm)

Lange Seite:

$VL_1 = 80\text{ cm} + 2 \cdot 1{,}7\text{ cm} + 2 \cdot 0{,}3\text{ cm} + 2 \cdot 1{,}0\text{ cm} = 86\text{ cm}$
(Putz) (Dünnbett) (Fliesendicke)

$$\text{Anzahl ganzer Fliesen} = \frac{86\text{ cm}}{10{,}0\text{ cm}} = 8{,}6 \Rightarrow 8\text{ Stück}$$

Restmaß = 86 cm – (8 · 10 cm) = 6 cm
⇨ schmaler Streifen, deshalb gewählt: 6 Ganze, 3 Streifen

$$\text{Streifenbreite} = \frac{86\text{ cm} - (6 \cdot 9{,}7\text{ cm}) - (8 \cdot 0{,}3\text{ cm})}{3} = 8{,}47\text{ cm}$$

Kurze Seite:

$VL_2 = 60\text{ cm} + 2 \cdot 1{,}7\text{ cm} + 2 \cdot 0{,}3\text{ cm} - 2 \cdot 0{,}3\text{ cm} = 63{,}4\text{ cm}$

$$\text{Anzahl ganzer Fliesen} = \frac{63{,}4\text{ cm}}{10{,}0\text{ cm}} = 6{,}3 \Rightarrow 6\text{ Stück}$$

Restmaß = 63,4 cm – (6 · 10 cm) = 3,4 cm
gewählt: 4 Ganze, 3 Streifen

$$\text{Streifenbreite} = \frac{63{,}4\text{ cm} - (4 \cdot 9{,}7\text{ cm}) - (6 \cdot 0{,}3\text{ cm})}{3} = 7{,}6\text{ cm}$$

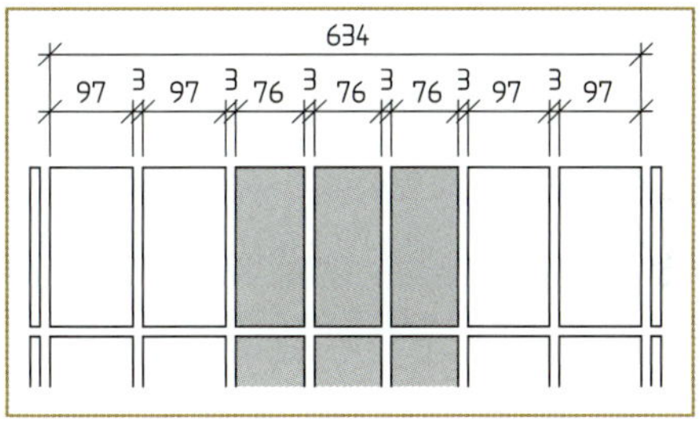

Ansicht kurze Seite

Um eine ungerade Anzahl von Fliesen zu erhalten, wäre es bei manchen Verlegelängen erforderlich, drei relativ schmale Streifen in der Mitte anzuordnen. In diesem Falle sollte man sich überlegen, ob zwei Streifen mit der Fuge in Feldmitte besser aussehen.

15.4.2 Einteilung bei Säulen

Bei einer Säule gibt es nur gleich breite Streifen.

Für die Säulenbekleidung können nur schmale Streifen, Riemchen oder Mosaik verwendet werden, um eine kreisrunde Querschnittsform zu erreichen.
Zu breite Streifen führen zu eckigem Aussehen und scharfen Kanten. Auch die Dicke des Mörtelbetts wird dadurch ungleich. Hohlraumfreies Verlegen wird schwieriger. Die Fugen werden keilförmig, daher haftet der Fugenmörtel schlechter.

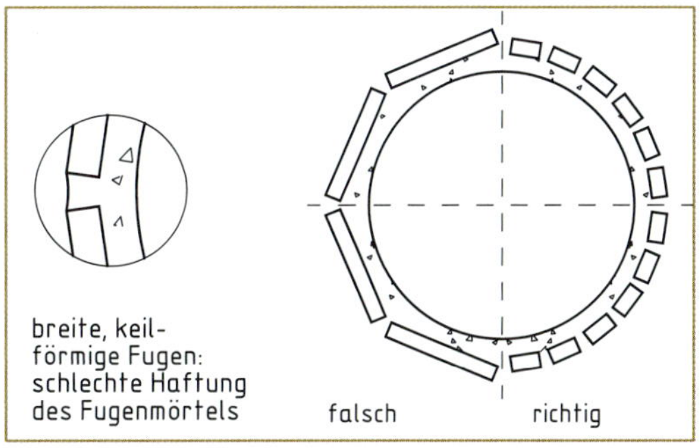

Je dünner die Säule, desto kleiner müssen auch die Streifen sein. Bei der Wahl der Streifenbreite sollte man außerdem beachten, dass es möglichst wenig Verschnitt gibt.

Ist die Breite vorgegeben wie bei Riemchen oder Mosaik, muss die Fugenbreite angepasst oder die Putz- oder Mörtelbettdicke so weit verändert werden, dass die Belageinteilung mit ganzen Fliesen aufgeht.

Es gelten folgende Regeln:

- Es gibt nur gleich breite Streifen.
- Die Anzahl der Streifen sollte durch 4 oder 6 teilbar sein.
- Je größer der Säulendurchmesser, desto größer kann die Streifenbreite gewählt werden.
- Die Werkskante wird im Regelfall abgeschnitten, wenn mehrere Streifen aus einer Fliese hergestellt werden.

Streifenaufteilung an einer Säule

Da der Belag rundum läuft, gibt es gleich viele Fliesen wie Fugen. Die Fugen sollten nicht zu klein sein, da sie nach innen schmaler werden.

Beispiel 3: Rechnerische Belageinteilung Säule

Die runden Stahlbetonsäulen vor dem Schwimmbad unseres Projektes sollen rechnerisch eingeteilt werden. Die Fliesen werden im Dickbett verlegt, um Maßungenauigkeiten ausgleichen zu können.

In diesem Beispiel soll die Streifenbreite oder die Fugenbreite dem vorgegebenen Umfang angepasst werden.

Zunächst wird der Umfang der Betonsäule ohne Belag mit dem Maßband gemessen ($U_i = 62{,}8$ cm).

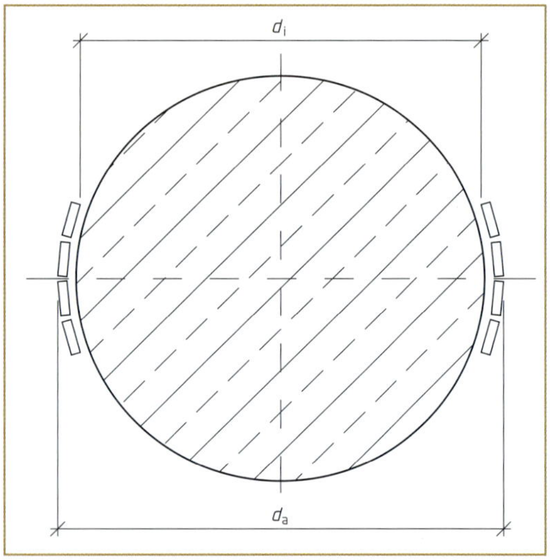

Angaben:
Rohbaumaß Höhe 2,47 m
Dickbett 2 cm
Fliesen Steinzeug *W* 150 × 250 × 6 mm
Fugenmaß ca. 4 mm

Vorgehen bei der Berechnung:

1. Durchmesser der Rohsäule:

$$d_i = \frac{U_i}{\pi} = \frac{62{,}8\ \text{cm}}{3{,}14} = 20\ \text{cm}$$

2. Durchmesser der Fertigsäule:

$$d_a = d_i + 2 \cdot \text{Mörteldicke} + 2 \cdot \text{Fliesendicke}$$
$$= 20\ \text{cm} + 2 \cdot 2\ \text{cm} + 2 \cdot 0{,}6\ \text{cm}$$
$$= 25{,}2\ \text{cm}$$

3. **Umfang der Fertigsäule (= Verlegelänge)**
$U_a = \pi \cdot d_a$
$= 3{,}14 \cdot 25{,}2 \text{ cm}$
$= 79{,}17 \text{ cm}$

4. **Streifenbreite annehmen:**
$$\frac{\text{Fliesenbreite} - 2 \cdot \text{Werkskanten}}{\text{Streifen pro Fliese}}$$
z. B. $\frac{150 \text{ mm} - 2 \cdot 5 \text{ mm}}{3}$
$= 46 \text{ mm}$

5. **Anzahl der Streifen:**
$$\text{Anzahl} = \frac{U_a}{\text{Streifen} + \text{Fuge}}$$
$$= \frac{79{,}17 \text{ cm}}{(4{,}6 \text{ cm} + 0{,}4 \text{ cm})} = 15{,}8$$
⇨ 16 Stück (teilbar durch 4)
oder 18 Stück (teilbar durch 6)

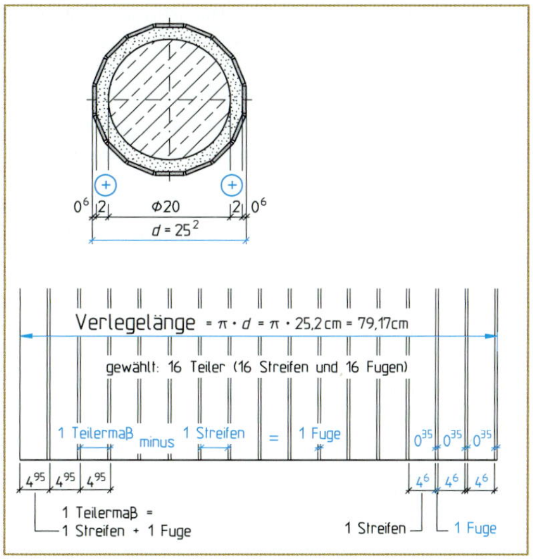

Breiteneinteilung

6. **Maße wählen:**
- bei vorgegebener Streifenbreite: Fuge anpassen

$$\text{Teilermaß} = \frac{U_a}{16 \text{ Stück}}$$
$= 4{,}95 \text{ cm}$

tatsächliche Fugenbreite = Teilermaß – Streifenbreite
$= 4{,}95 \text{ cm} - 4{,}6 \text{ cm}$
$= 0{,}35 \text{ cm}$

- bei vorgegebenem Fugenmaß: Streifenbreite anpassen

Man muss mehr als die errechnete Streifenzahl (15,8) nehmen, da man sonst nicht mehr 3 Streifen aus einer Fliese schneiden kann.

$$\text{Teilermaß} = \frac{U_a}{16}$$
$= 4{,}95 \text{ cm}$

neue Streifenbreite = Teilermaß – Fugenbreite
$= 4{,}95 \text{ cm} - 0{,}4 \text{ cm}$
$= 4{,}55 \text{ cm}$

7. **Einteilung in der Höhe (ähnlich wie bei Wänden)**
Verlegelänge = Rohbaumaß – 2 · Anschlussfuge
$= 247 \text{ cm} - 2 \cdot 1 \text{ cm}$
$= 245 \text{ cm}$
Fliesenhöhe (ohne Werkskanten) = 25 cm – 2 · 0,5 cm = 24 cm
Fugenbreite 4,5 mm

$$\text{Anzahl ganzer Fliesen} = \frac{245 \text{ cm}}{(24 \text{ cm} + 0{,}45 \text{ cm})} = 10{,}02$$

⇨ Anschlussfugen werden etwas größer (s. Zeichnung).

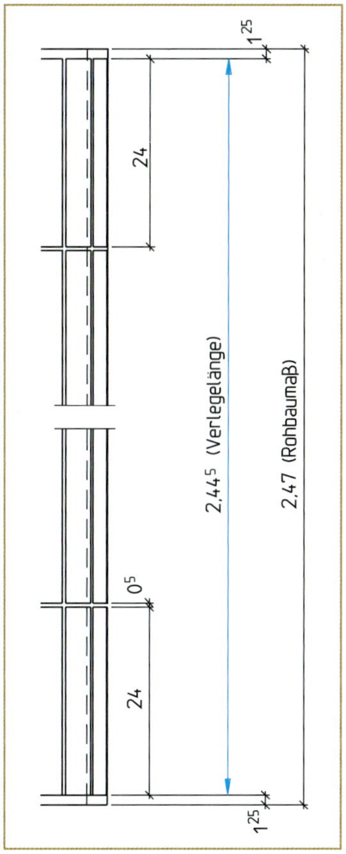

Höheneinteilung

Beispiel 4: Rechnerische Belageinteilung Säule mit vorgegebenen Fliesen- und Fugenmaßen

Bei einer der runden Stahlbetonsäulen vor dem Schwimmbad unseres Projektes soll Kleinmosaik verlegt werden. Das Mosaik ist auf einem Netz befestigt, die Fugen sind damit vorgegeben.

In diesem Beispiel soll die Dicke des Mörtels so angepasst werden, dass man mit dem Belag genau auskommt.

Angaben:
wie in Beispiel 1, aber:
Dickbett ca. 2 cm
Fliesen Steinzeugmosaik *W* 35 × 35 × 6 mm
Fugenmaß 3 mm

Vorgehen bei der Berechnung:

1. Durchmesser der Rohsäule:
   d_i = (wie oben)

2. Durchmesser der Fertigsäule:
   mit angenommener Mörteldicke rechnen
   $d_a = d_i + 2 \cdot \text{Mörteldicke} + 2 \cdot \text{Fliesendicke}$
   $= 20\text{ cm} + 2 \cdot 2\text{ cm} + 2 \cdot 0{,}6\text{ cm}$
   $= 25{,}2\text{ cm}$

3. Umfang der Fertigsäule (= Verlegelänge)
   $U_a = \pi \cdot d_a$
   $= 3{,}14 \cdot 25{,}2\text{ cm}$
   $= 79{,}17\text{ cm}$

4. Anzahl der Mosaikstücke:

   $$\text{Anzahl} = \frac{U_a}{\text{Mosaikbreite} + \text{Fuge}}$$

   $$= \frac{79{,}17\text{ cm}}{(3{,}5\text{ cm} + 0{,}3\text{ cm})} = 20{,}83$$

   gewählt: 20 Stück (teilbar durch 4)

5. Dicke des Mörtelbetts:
   neuer Umfang $U_a = \text{Anzahl} \cdot \text{Koordinierungsmaß}$
   $= 20 \cdot 3{,}8\text{ cm}$
   $= 76\text{ cm}$

   neuer Durchmesser $d_a = \frac{U_a}{\pi} = \frac{76\text{ cm}}{3{,}14} = 24{,}2\text{ cm}$

   $$\text{Mörteldicke} = \frac{(24{,}2\text{ cm} - 20\text{ cm} - 2 \cdot 0{,}6\text{ cm})}{2}$$
   $$= 1{,}5\text{ cm}$$

6. Einteilung in der Höhe
   Bei Kleinmosaik kann mit ganzen Mosaikstücken angefangen und der Rest abgeschnitten werden.

15.5 | Verlegeplan

Bei Pfeilern können nach der rechnerischen Einteilung die lange und kurze Seite sowie der Grundriss gezeichnet werden (siehe 15.4.1, Beispiel 1).

Bei den Säulen muss zumindest die Anzahl der Streifen berechnet und die Höheneinteilung vorgenommen werden.

Dann kann der Grundriss gezeichnet werden. Die Kreisabschnitte können mit dem Winkelmesser abgeteilt werden. Einen Winkel kann man auch mithilfe des Zirkels halbieren. Wenn die Anzahl der Streifen durch 4 teilbar ist, lassen sich die Abschnitte einfach einzeichnen.
Die Vorgehensweise ist für das Beispiel 3 in den Bildern beschrieben.

Die Ansicht braucht nicht in der gesamten Höhe gezeichnet zu werden. Mit zwei parallelen Strichen kann die Unterbrechung gekennzeichnet werden.

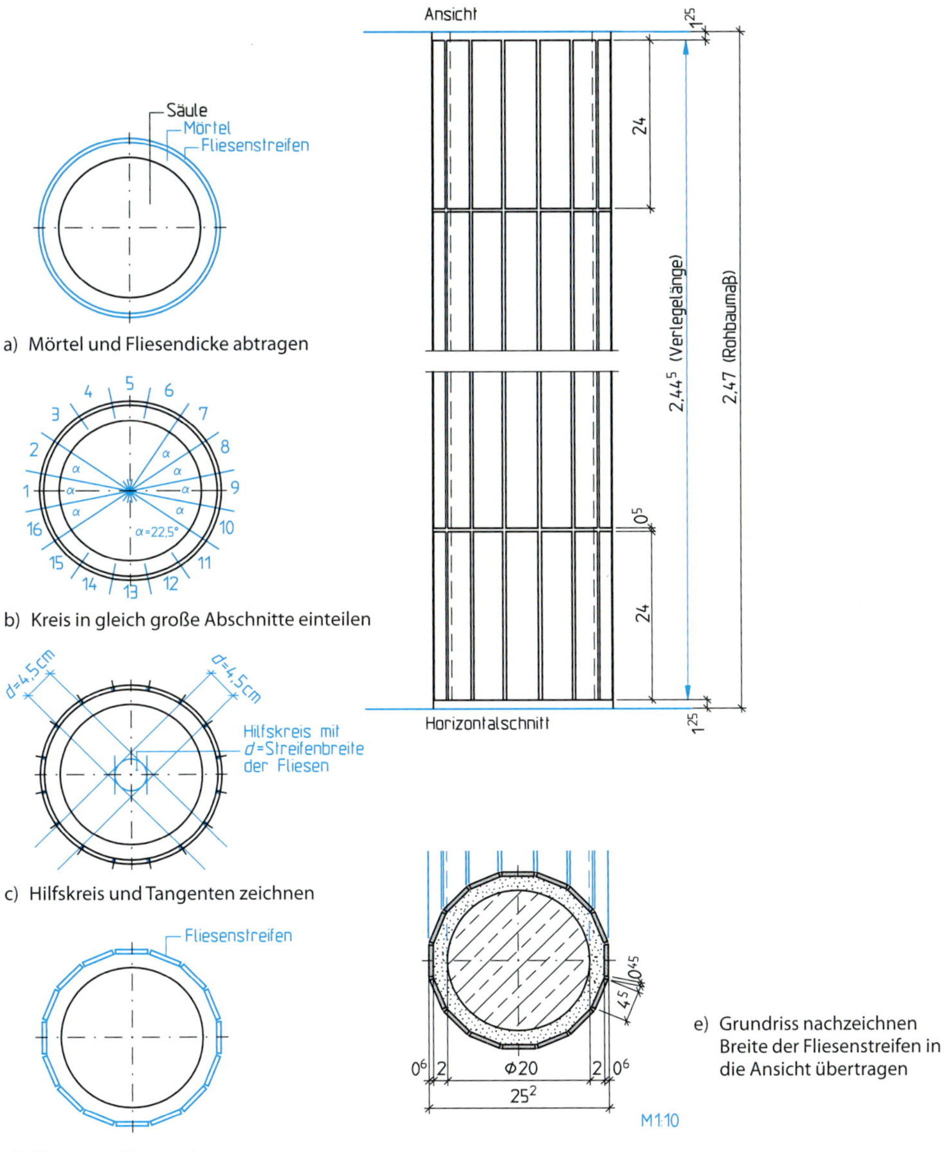

Zeichnen des Säulenbelags

15.6 | Baustoffbedarf

Grundlage für die Baustoffbedarfsberechnung ist die **Mantelfläche** *M* des Pfeilers oder der Säule. Dabei ist von den Fertigmaßen auszugehen.

M = Umfang außen $U_a \cdot$ Höhe des Belags h

Pfeiler: $U_a = 2 \cdot b_1 + 2 \cdot b_2$
Säule: $U_a = \pi \cdot d_a$

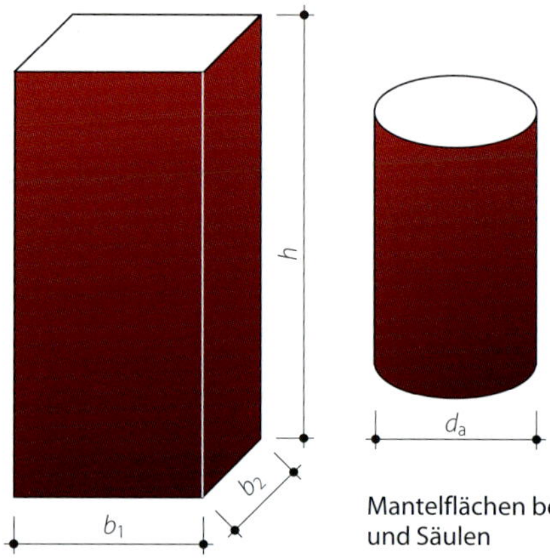

Mantelflächen bei Pfeilern und Säulen

15.6.1 | Fliesenbedarf

Mit der Mantelfläche als Verlegefläche lässt sich wie beim Wandbelag die Stückzahl der Fliesen ausrechnen.
Mithilfe der Stückzahl pro m² (aus Tabellen oder Herstellerangaben) bei einem bestimmten Fliesenformat wird die Gesamtstückzahl ermittelt.

Bei geschnittenen Teilstreifen (Säule) muss jedoch mit mindestens 10 % Verschnitt gerechnet werden, wenn die Werkskanten abgeschnitten werden. Erheblich mehr Verschnitt gibt es, wenn schlecht eingeteilt wurde und aus einer Fliese nicht zwei oder drei Teilstreifen geschnitten werden können.

Auch bei Pfeilern ist, je nach Anzahl der Teilstreifen, mit einem erhöhten Verschnittsatz zu rechnen.

15.6.2 | Mörtelbedarf

Mithilfe der Mantelfläche *M* berechnet man
- bei Dickbettverlegung das benötigte **Fertigvolumen** des Mörtels:

  $V = M \cdot$ Mörteldicke

- bei Dünnbettverlegung die benötigte **Mörtelmenge** in kg mit den Herstellerangaben:

  Mörtelmenge = Bedarf (kg/m²) · Mantelfläche

Ein Zuschlag für Mörtelverlust ist jeweils noch einzukalkulieren.

Modulare Vorzugsmaße			
Koordinierungsmaß cm	Stück /m² *)	Koordinierungsmaß cm	Stück/m² *)
M 10 × 10	100	M 20 × 20	25
M 15 × 7,5	89	M 25 × 25	16
M 15 × 15	45	M 30 × 15	23
M 20 × 10	50	M 30 × 30	12
M 20 × 15	34		

Nichtmodulare Maße			
Werkmaße cm		Fugenbreite mm	Stück/m² *)
Breite	Länge		
7,5	15	2/3	86/84
10	10	2	97
10	15	3	64
10	20	3	48
10,8	10,8	2	83
10,8	21,6	3	42
15	15	2/3	44/43
15	20	2	33
15	30	3/4	22
20	20	2	25
20	30	4	17
20	40	5	13
25	25	4	16
30	30	4	11
30	40	5	9
40	40	5	7

*) Je nach Verlegemuster kann ein Zuschlag von 2…5 % für Bruch und Verhau erforderlich werden.

Stückzahl pro m²

Für unser Berechnungsbeispiel 3 heißt das:
Fliesenbedarf:
Fliesen *W* 150 × 250 × 6 mm mit 4,5 mm Fuge
geg.: Stückzahl/m² = 26 Stück/m²

$M = 0{,}7917\ \text{m} \cdot 2{,}445\ \text{m} = 1{,}94\ \text{m}^2$
Stückzahl = 26 Stück/m² · 1,94 m² = 50,4
mit 10 % Verschnitt: 50,4 · 1,10 = 56 Stück

Mörtelbedarf:

Dickbett $d = 2$ cm

Fertigvolumen = $1{,}94\ \text{m}^2 \cdot 0{,}02\ \text{m} = 0{,}0388\ \text{m}^3$
mit Verlust 5 %: $0{,}0388\ \text{m}^3 \cdot 1{,}05 = 0{,}041\ \text{m}^3 = 41\ \text{l}$

15.7 | Ansetztechnik

Zunächst gilt es, den Untergrund zu prüfen wie beim Wandbelag auch. Trägt der Untergrund nicht, ist es erforderlich, einen Mörtelträger zu verwenden (siehe LF 7).
Belagarbeiten an Stützen erfordern größte Sorgfalt. Vor allem ist auf den Verlauf der senkrechten Fugen zu achten, die das menschliche Auge besonders deutlich wahrnimmt. Ist der Untergrund über die gesamte Höhe der Stütze nicht maßgenau, besteht die Gefahr, dass die Fugen auseinander laufen oder die Fliesen nicht mehr im Lot sind, wenn versucht wird auszugleichen.

Rechteckige Platten sollten aus optischen Gründen hochkant verlegt werden.

Grundsätzlich ist für die Bekleidung an Stützen Dickbett- oder Dünnbettverfahren möglich. Beim Dünnbettverfahren ist der Untergrund besonders genau auf seine Maßgenauigkeit zu überprüfen, da ein Ausgleichen kaum möglich ist.

Senkrechte Fuge ist aus dem Lot

15.7.1 | Pfeilerbelag

Dickbett

Eine mögliche Vorgehensweise wird hier in Arbeitsschritten beschrieben:

1. Verlegeuntergrund prüfen (Oberflächenbeschaffenheit, Lot, Rechtwinkligkeit);
2. Fertigmaße ermitteln (Rohbaumaß, Mörteldicke, Fliesendicke);
3. Einteilung vornehmen;
4. Lote an den vier Ecken des Fertigbelags aufhängen;
5. Ansetzen der 1. Reihe an der langen Seite auf einem Setzbrett (Setzbrett muss waagerecht ausgerichtet sein, Dicke kleiner als elastische Anschlussfuge);
6. waagerechte Fuge prüfen;
7. 1. Reihe ringsherum ansetzen, dabei mit der Wasserwaage die waagrechte Fuge überprüfen;
8. Reihe nach Reihe ringsherum ansetzen;
9. nach mehreren Reihen kann die Höhe mithilfe des Stichmaßes von Fliesenoberkante zum Setzbrett kontrolliert werden.

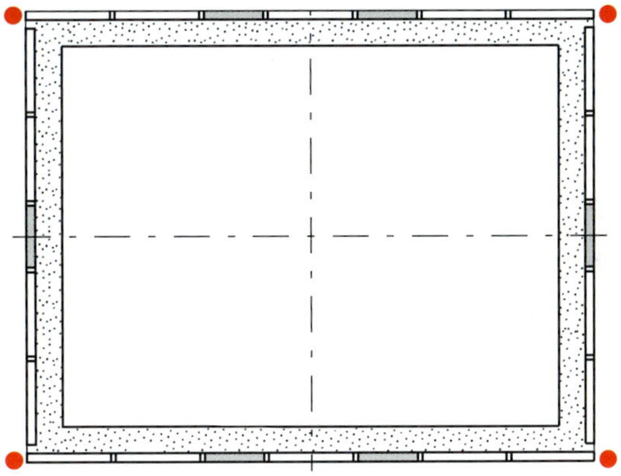

Lage der Lote an den Eckpunkten des fertigen Pfeilers (rot)

Dünnbett

Vorgehen wie beim Dickbett, die lotrechte Richtung kann aber auf dem Untergrund angezeichnet werden.

15.7.2 | Säulenbelag

Wird der Säulenbelag aus Fliesenstreifen gefertigt, sollten die Werkskanten abgeschnitten werden, um eine gleichmäßige Fuge zu erreichen. Dies erfordert einen hohen Aufwand.
Möglich ist es, an den waagerechten Fugen die Werkskanten zu belassen, wenn die Fliesen in ihrer ganzen Höhe verwendet werden. Es sollte also zumindest immer Werkskante an Werkskante oder geschnittene Kante an geschnittene Kante stoßen.

Fugenausbildung:
oben: alle Werkskanten abgeschnitten
unten: waagerechte Werkskanten belassen

Vorgehensweise Dickbett

1. Verlegeuntergrund prüfen (Oberflächenbeschaffenheit, Lot);
2. Fertigmaße ermitteln (Umfang der fertig bekleideten Säule);
3. rechnerische Einteilung: mindestens die Anzahl der benötigten Streifen muss ermittelt werden;
4. Schablonen herstellen (Sperrholz): Rundung der Fertigsäule einzeichnen, Streifenbreiten mit Stechzirkel auf der Rundung abtragen;
5. Schablonen befestigen;
6. Schablone zweiteilen und am Kopf der Säule wieder zusammenfügen und befestigen. Die Schablone muss im richtigen Abstand von der Säule waagerecht ausgerichtet werden. In jeder zweiten Fuge wird ein Lot gespannt. Danach wird die untere Schablone entsprechend ausgerichtet und befestigt. Setzt man die Fliesen auf der unteren Schablone an, so kann mit dem Stichmaß die richtige Höhe jeder Fliese kontrolliert werden.

Ansetzen im Dünnbett

Die Säule muss mit Schablonen genau vorgeputzt sein. Die Einteilung kann hier mit dem Maßband direkt auf die Säule übertragen und das Lot angezeichnet werden. Die Kontrolle der waagerechten Fugen erfolgt vom Setzbrett unten aus.

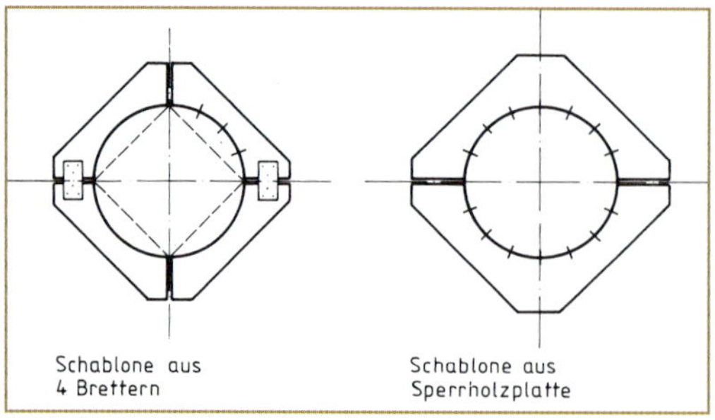

Schablonen für die Säulenverkleidung

Ansetzen im Dickbett

Zusammenfassung

Stützen unterscheiden sich durch ihre Grundrissform, runde Stützen heißen Säulen, eckige werden Pfeiler genannt.
Stützen werden mit Fliesen bekleidet, um sie vor besonderen Beanspruchungen wie Feuchtigkeit oder chemischen Stoffen zu schützen (z.B. in Schwimmbädern, Großküchen). Die verwendeten Materialien müssen deshalb fest und beständig sein. Es kommen vor allem Steinzeug und Spaltplatten zur Anwendung. Mosaik ist für die Bekleidung von Säulen wegen seiner geringen Kantenlänge besonders geeignet.

Bei der Belageinteilung gilt es, besondere Regeln zu beachten. Beim Pfeiler sind dies:
- Streifen in Flächenmitte setzen, nicht am Rand, lange Seite überdeckt kurze Seite.

Bei der Säule beachtet man:
- Es gibt nur gleich breite Streifen.
- Werkskanten werden abgeschnitten.
- Anzahl der Streifen muss durch 4 oder 6 teilbar sein.

Um eine regelmäßige Einteilung zu erhalten, müssen bei der Säule entweder Streifenbreite, Fugenbreite oder Putzdicke angepasst werden.
Der Materialbedarf kann mithilfe der Mantelfläche der fertigen Stütze berechnet werden. Bei Säulenbelägen, die nicht aus Mosaik oder Riemchen hergestellt werden, ist ein erhöhter Verschnittsatz (⩾ 10 %) anzusetzen.
Beim Ansetzen der Fliesen im Dünnbett ist ein maßgenauer Untergrund sehr wichtig. Darauf kann die Einteilung übertragen werden.
Im Dickbett muss die senkrechte Richtung des fertigen Belags durch Lotschnüre angezeigt werden. Die waagerechten Fugen sind ringsherum in jeder Reihe nachzukontrollieren.
Bei Säulen ist ein hohes handwerkliches Geschick und sehr genaues Arbeiten erforderlich, um einen regelmäßigen Belag zu erhalten.

Aufgaben zum Projekt

1. | Der Pfeiler im Hanggeschoss (Fitnessraum) mit den Rohmaßen 24 × 36,5 cm soll verkleidet werden.
Lichte Raumhöhe 2,455 m
Belag aus Steingutfliesen
W 100 × 200 × 6 mm (Hochformat)
Fugen 2 mm
Putz 16 mm
Dünnbett 4 mm
a) Teilen Sie den Pfeiler rechnerisch ein.
b) Zeichnen Sie die Belageinteilung im Horizontalschnitt, in der Vorderansicht und Seitenansicht. Maßstab 1:5. Die Fugen sind als Doppellinie zu zeichnen.
c) Berechnen Sie den Materialbedarf an Fliesen in m² und Stück bei 8 % Verschnitt.

2. | Die Säulen vor dem Schwimmbad sollen mit 18 Streifen aus Steinzeugfliesen belegt werden. Aus einer Fliese sollen drei Streifen geschnitten werden.
Rohdurchmesser 20 cm
Höhe 2,47 m
Steinzeug *W* 150 × 200 × 6 mm
Putz 16 mm
Dünnbett 4 mm
Fugenbreite 4 mm
a) Wie breit sind die Fliesenstreifen?
b) Zeichnen Sie die Belageinteilung im Horizontalschnitt und in der Ansicht im Maßstab 1:5
c) Ermitteln Sie den Fliesenbedarf in m² und Stück bei 10% Verschnitt.

3. | Eine Säule vor dem Schwimmbad soll einen Belag aus Spaltriemchen erhalten. Die Spaltriemchen werden in der ganzen Breite verlegt und nicht zugeschnitten.
Durchmesser der Säule 20 cm
Höhe 2,47 m
Riemchen *W* 52 × 240 × 10 mm
Dickbett 2 cm
angenommene Fugenbreite 10 mm
a) Teilen Sie die Säule rechnerisch ein. Ermitteln Sie dazu die nötige Fugenbreite.
Durch die festgelegte Fliesenbreite kann es sein, dass die Anzahl der Fliesen nicht durch 4 teilbar ist.
b) Zeichnen Sie die Belageinteilung im Horizontalschnitt und in der Ansicht im Maßstab 1:5.
c) Berechnen Sie die Anzahl der benötigten Riemchen bei 5 % Verschnitt.
d) Wie groß ist die benötigte Mörtelmenge in Liter bei 3 % Verlust?

Weitere Aufgaben

4. | Eine Stütze in einer Großküche ist mit Fliesen bekleidet. Durch welche äußeren Einflüsse wird sie besonders beansprucht?

5. | Welche keramischen Materialen sind für Beläge von Säulen im Außenbereich geeignet?

6. | Erläutern Sie drei verschiedene Arten, wie der Fliesenbelag an der Ecke eines Pfeilers ausgeführt werden kann.

7. | Welche Regeln gelten für die Einteilung von
a) Pfeilern,
b) Säulen.

8. | Ein rechteckiger Pfeiler mit den Rohmaßen 60 × 40 cm soll einen Fliesenbelag erhalten.
Angaben:
Fliesen *W* 150 × 150 × 5 mm
Fugen 2 mm
Putz 12 mm
Dünnbett 3 mm
Teilen Sie die Flächen in der Breite rechnerisch ein.

9. | Eine Betonsäule soll einen keramischen Belag mit Fliesen des Formates *W* 248 × 248 × 6 mm erhalten. Die Streifenbreite ist so zu wählen, dass man 4 Streifen aus einer Fliese erhält.
Umfang Rohsäule 185 cm
Putz 12 mm
Dünnbett 3 mm
Fugenbreite 4 mm
Teilen Sie den Belag in der Breite ein.

10. | Eine Betonsäule mit 282,7 cm Umfang soll mit Wandfliesen *W* 200 × 65 × 6 mm bekleidet werden. Für Putz und Dünnbett sind 15 mm anzunehmen. Die Anzahl der Fliesen sollte durch 8 teilbar sein, um einfacher anreißen zu können.
Teilen Sie den Belag ein und ermitteln Sie die nötige Fugenbreite.

11. | Eine Rohsäule soll einen keramischen Belag erhalten. Die Fliesen werden ganz verlegt, die Fugenbreite ist vorgegeben. Der Ausgleich erfolgt hier über die Putzdicke.
Umfang Rohsäule 235,60 cm
Fliesen *W* 100 × 200 × 8 mm
Fugen 4 mm
Dünnbett 2 mm
angenommene
Putzdicke 2 cm
Ermitteln Sie
a) die Anzahl von ganzen Fliesen,
b) die genaue Putzdicke.

12. | Ein Pfeiler (Rohmaß 50 cm × 40 cm, Höhe 3,20 m) erhält einen Fliesenbelag.
Putzdicke 2 cm
Dünnbett 4 mm
Fliesen *W* 200 × 300 × 7 mm
Fuge 4 mm
Berechnen Sie
a) die Mantelfläche in m^2,
b) den Fliesenbedarf bei 7 % Verschnitt in Stück.

13. | Eine Säule hat einen Rohdurchmesser von 32,5 cm und eine Höhe von 2,55 m.
Putzdicke 1,5 cm
Dünnbett 3 mm
Fliesen *W* 100 × 200 × 6 mm
Fugenbreite 3 mm
Errechnen Sie
a) die Belagfläche,
b) den Fliesenbedarf bei 10 % Verschnitt in Stück.

14. | a) Nennen Sie die wichtigsten Arbeitsschritte beim Ansetzen eines Säulenbelags im Dickbett.
b) Welche Vereinfachungen ergeben sich, wenn im Dünnbett verlegt wird?

Lernfeld 16 | Bekleiden einer Bogenkonstruktion

Zielformulierung:	Die Schülerinnen und Schüler planen die Überdeckung einer Wandöffnung oder Nische durch eine Bogenkonstruktion. Sie teilen den Belag rechnerisch ein und stellen gestalterische Lösungen zeichnerisch dar. Die Schülerinnen und Schüler berücksichtigen dabei die Aufstellung von Lehrbögen, die Herstellung von Schablonen und dokumentieren die Schritte der Arbeitsvorbereitung zum Fliesen von Bögen.
Lerninhalte:	• Bogenkonstruktionen • Bogeneinteilung • Schnitt-, Fugenbreite • Kämpferpunkt • Vertikalschnitt • Ansicht

Schon im Altertum wurden Öffnungen im Steinbau statt mit einem horizontalen Stein mit einem Bogen aus keilförmigen Steinen überspannt. Somit ließen sich größere Spannweiten erreichen. Der bei dieser Konstruktion entstehende Seitenschub an den Auflagern wurde durch das angrenzende Mauerwerk oder eine Aneinanderreihung von Bögen aufgenommen.

Heute werden Bögen meist nicht mehr aus konstruktiven, sondern aus gestalterischen Gründen verwendet. Ein meist aus Stahlbeton vorgefertigter Bogen wird dabei mit Fliesen oder Platten verkleidet. Die konstruktiven Merkmale der historischen Bögen wie die keilförmige Ausformung der Bogenteile und die Ausrichtung der Fugen nach einem Kreismittelpunkt werden dabei übernommen.

16.1 | Bogenarten

Nach ihrer Form sind im Wesentlichen folgende Bogenformen zu unterscheiden:

- Rundbogen,
- Stich- oder Segmentbogen,
- Spitzbogen,
- Korbbogen,
- scheitrechter Bogen (Sturz).

1. Der **Rundbogen** ist ein Halbkreis über der Bogenspannweite. Der Mittelpunkt des Bogens liegt auf der Bogenachse auf Höhe der Widerlager bzw. dem Kämpfer. Die Widerlager sind horizontal. Die Scheitelhöhe des Bogens ist gleich der halben Spannweite. Die Bogenlänge = halbe Spannweite · π

$$b = \frac{s}{2} \cdot 3{,}14$$

2. Der **Segment-** oder **Stichbogen** ist ein Kreisabschnitt, dessen Höhe die Stich- oder Scheitelhöhe genannt wird. Sie ist immer kleiner als die halbe Spannweite. Die Widerlager sind zum Kreismittelpunkt geneigt. Die Bogenlänge ist gleich 2 · der Radius des Bogens · 3,14 · Mittelpunktswinkel : 360

$$b = 2 \cdot r \cdot 3{,}14 \cdot \frac{\alpha}{360}$$

3. Der **Spitzbogen** besteht aus 2 Kreisabschnitten, die sich am Scheitel der Bogenachse im Winkel treffen. Die Stichhöhe ist größer als die halbe Spannweite. Beim normalen Spitzbogen ist der Bogenradius gleich der Spannweite und die Stichhöhe ist somit = halbe Spannweite · $\sqrt{3}$. Die Bogenmittelpunkte liegen im Kämpferpunkt. Die Bogenlänge entspricht einem Kreissechstel

$$b = s \cdot \pi : 3$$

4. **Korbbögen** sind aus drei bis 5 Kreisbögen zusammengesetzt. Es sind keine Ellipsen. Die Widerlager sind horizontal. Die Stichhöhe ist kleiner als die halbe Spannweite. Der Mittelpunkt des mittleren Bogenteils liegt auf der Bogenachse. Die Einteilung der 3 bis 5 Teilbögen erfolgt getrennt, da die Bogenradien unterschiedlich sind. Die beiden äußeren Bogenmittelpunkte liegen auf der Kämpferhöhe. Die Bogenteile werden nach folgenden Formeln berechnet:

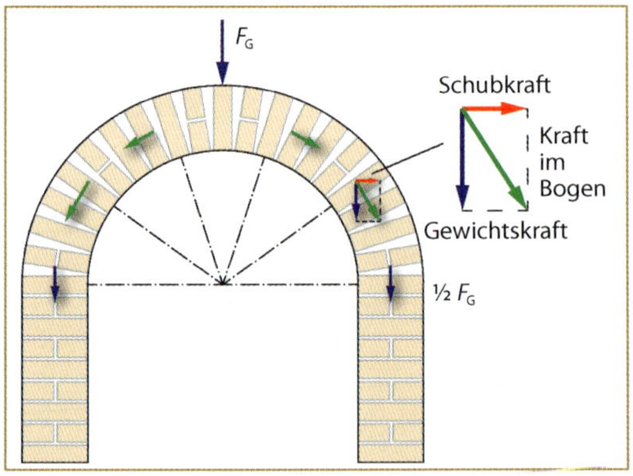

Lastverteilung bei einem Bogen

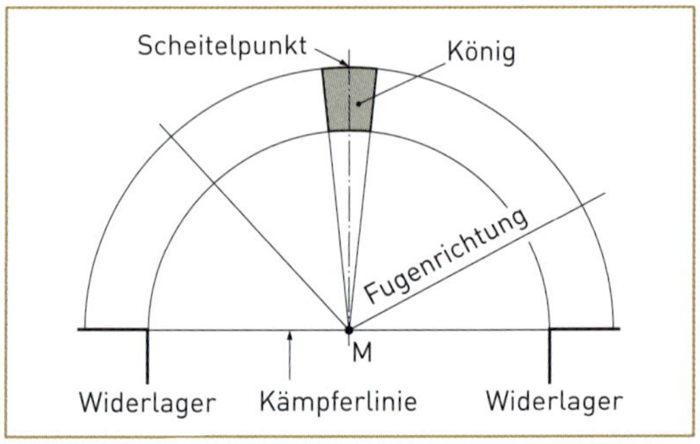

Rundbogen

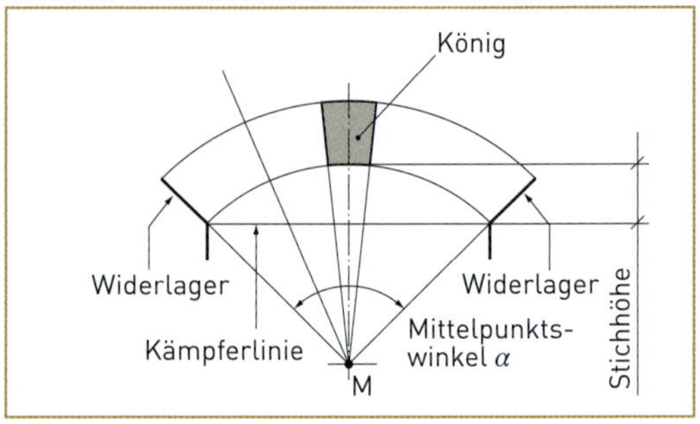

Segmentbogen

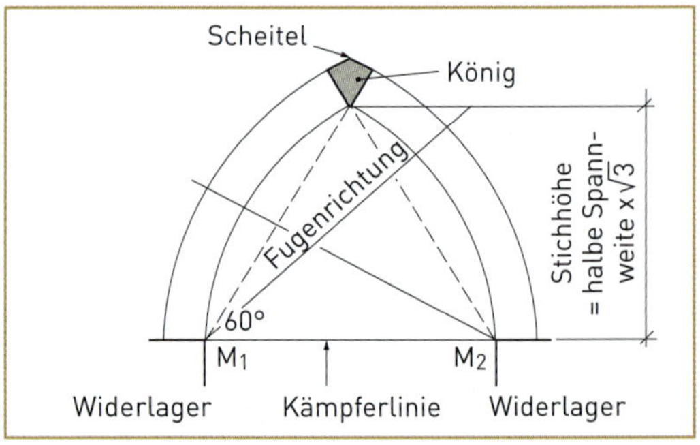

Spitzbogen (normal)

$$\text{Teilbogenlänge} = 2 \cdot \text{Radius} \cdot 3{,}14 \cdot \frac{\text{Mittelpunkts-winkel}}{360}$$

Außenbögen $b_1 = r_1 \cdot 2 \cdot 3{,}14 \cdot \beta$
Mittelbogen $b_2 = r_2 \cdot 2 \cdot 3{,}14 \cdot \alpha$
$\alpha + 2 \cdot \beta = 180°$

5. **Scheitrechte Bögen** sind eigentlich keine Bögen, sondern nur um 1…3 cm in der Mitte angehobene Stürze. Die Widerlager sind zum Fugenmittelpunkt geneigt, der 2 Spannweiten unterhalb der Kämpferhöhe in der Achse des scheitrechten Bogens liegt. Die Bogenfliesenfugen sind ebenfalls nach dem Punkt ausgerichtet.

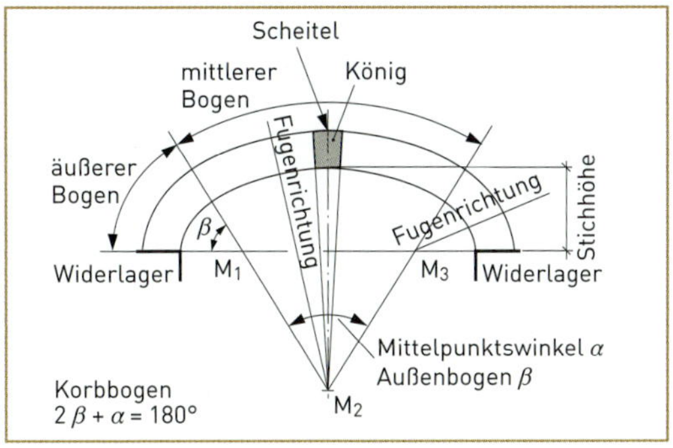

Korbbogen

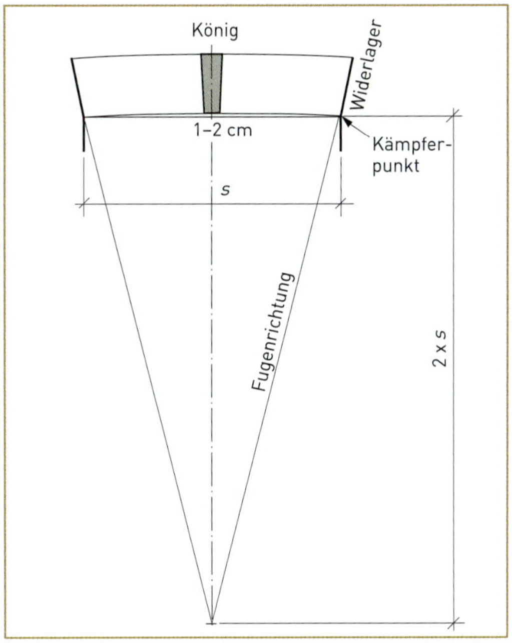

Scheitrechter Bogen

16.2 | Bogeneinteilung

Der Fliesenleger hat meistens Bögen zu verkleiden, die bereits im Rohbau hergestellt sind.
Um die Einteilung vorzunehmen, muss der Bogen auf einem Stück Packpapier oder einer Hartfaserplatte im Maßstab 1 : 1 aufgezeichnet werden. Die vorhandene Rohbogenform kann mit einem aufgelegten Papier und Kreide abgenommen werden. Die Mittelpunkte des Kreisbogens oder der Kreisbogenteile ermittelt man mit jeweils 2 Sehnen und deren Mittelsenkrechten, die sich im Mittelpunkt des Bogens schneiden. Die Kreisform zeichnet man mit einer Schnur oder einer Latte mit eingeschlagenem Mittelpunkt und eingekerbtem Radius für die Führung des Bleistifts.
Die Bogenlänge kann mit einem Bandmaß, einer Schnur oder dem gebogenen Meterstab abgemessen oder rechnerisch mit dem Radius des Bogens und dem Mittelpunktswinkel ermittelt werden.

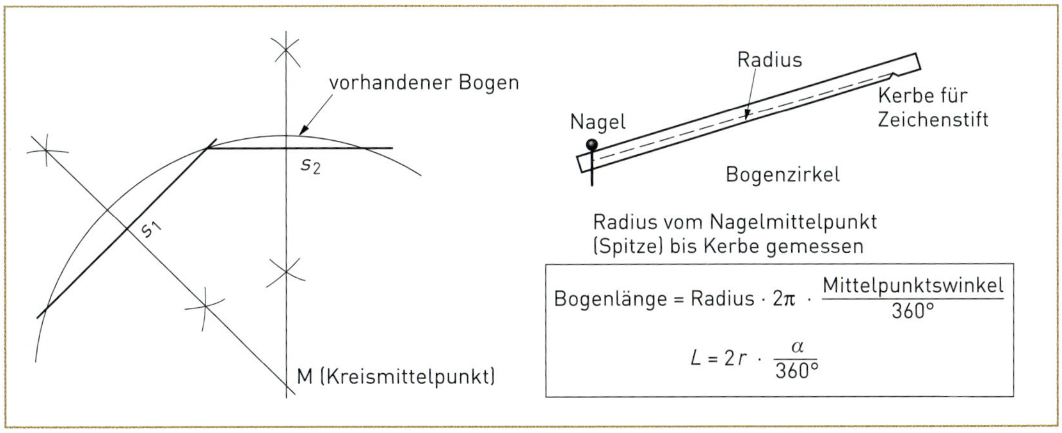

Ermittlung des Bogenmittelpunktes

16.2.1 | Belageinteilung eines Rundbogens mit geschnittenem Belagmaterial

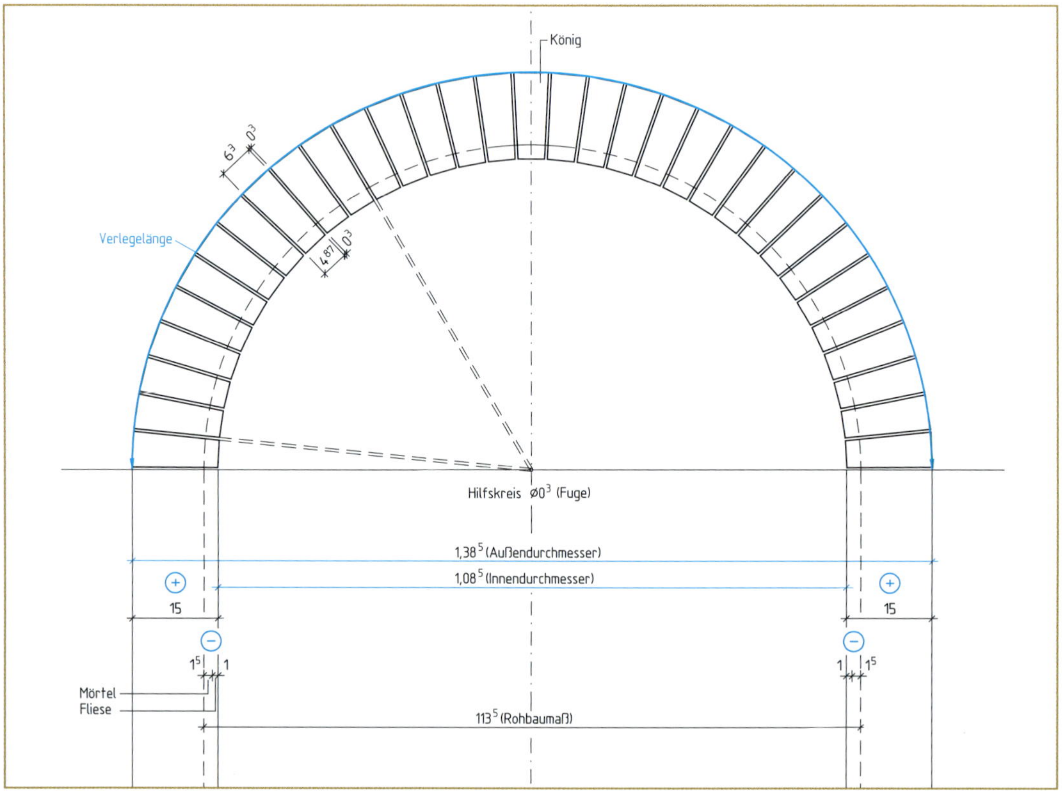

Rechnerische Einteilung eines Rundbogens

Gegeben: Steinzeugfliesen W 150 × 200 × 10 mm, Fugenbreite: 3 mm, Bogenhöhe: 15 cm
Hinweis: Aus einer Fliese sollen drei Bogenfliesen geschnitten werden.

Max. mögl. Streifenbreite (b_{max}) $= \dfrac{20\text{ cm} - 2 \cdot 0{,}5\text{ cm (Werkskante)}}{3} = $ **6,3 cm**

Streifenbreite mit Fuge $= 6{,}3\text{ cm} + 0{,}3\text{ cm} = $ **6,6 cm**

Außendurchmesser Bogen $= 113{,}5\text{ cm} - 2 \cdot (1\text{ cm} + 1{,}5\text{ cm}) + 2 \cdot (15\text{ cm}) = $ **138,5 cm**

Verlegelänge Außenbogen $= 3{,}14 \cdot \dfrac{138{,}5\text{ cm}}{2} = $ **217,45 cm**

Anzahl der Teiler $= \dfrac{217{,}45\text{ cm}}{6{,}6\text{ cm}} = $ **32,9 Stück**

Hinweis: Um einen König zu erhalten, muss auf die nächstgrößere ungerade Teileranzahl gerundet werden.

Streifenbreite ($b_{außen}$) $= \dfrac{217{,}45\text{ cm}}{33} - 0{,}3\text{ cm} \approx $ **6,3 cm**

Verlegelänge Innenbogen $= \pi \cdot \dfrac{d_{innen}}{2} = 3{,}14 \cdot \dfrac{108{,}5\text{ cm}}{2} = $ **170,35 cm**

Streifenbreite (b_{innen}) $= \dfrac{\text{Verlegelänge}_{innen}}{\text{Anzahl Teiler}} - \text{Fugenbreite} = \dfrac{170{,}35\text{ cm}}{33} - 0{,}3\text{ cm} = $ **4,86 cm**

16.2.2 | Belageinteilung eines Rundbogens mit ungeschnittenem Belagmaterial

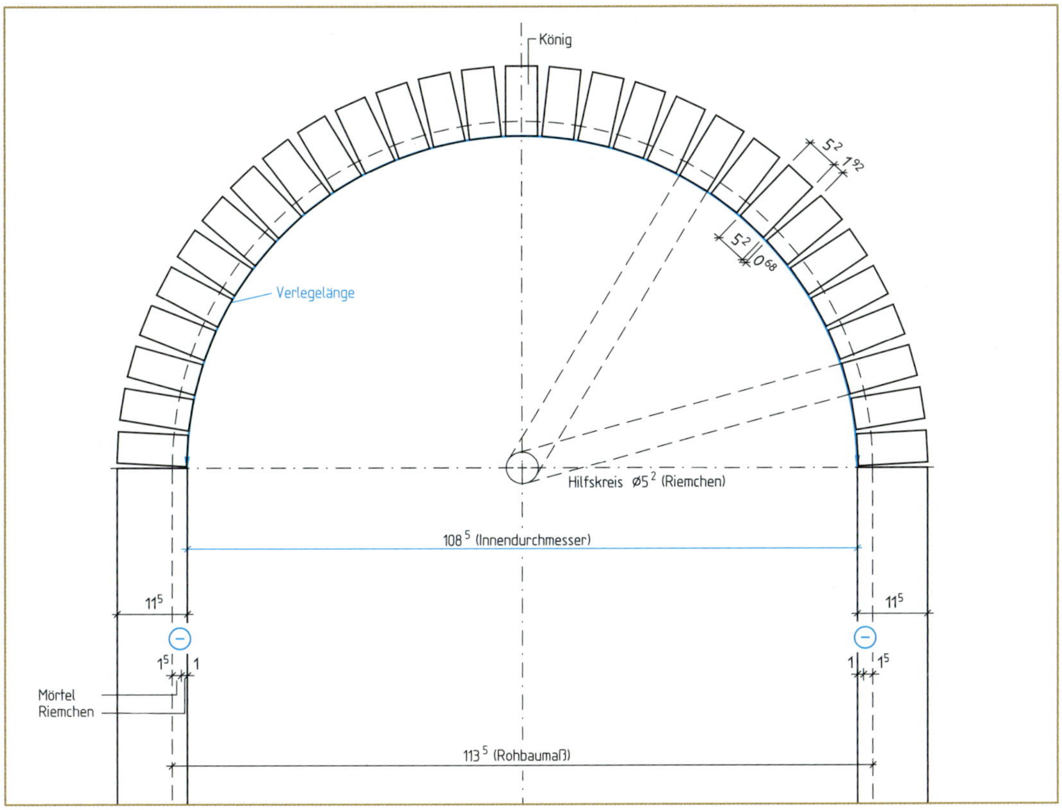

Berechnungen der Einteilung des Rundbogens bei ungeschnittenem Belagmaterial

Belagmaterial: Kopfwinkelriemchen *W* 52 × 115 × 10 mm, frei gewählte Anzahl der Teiler: 29, angenommene Fugenbreite: ca. 5 mm

Innenbogen = Verlegelänge

$$\text{Verlegelänge} = \pi \cdot \frac{d_{\text{innen}}}{2} = 3{,}14 \cdot \frac{108{,}5\text{ cm}}{2} = \mathbf{170{,}35\text{ cm}}$$

$$\text{Teilermaß} = \frac{\text{Verlegelänge}}{\text{Anzahl der Teiler}} = \frac{170{,}35\text{ cm}}{29} = \mathbf{5{,}87\text{ cm}}$$

$$\text{Fugenbreite} = \text{Teilermaß} - \text{Riemchenbreite} = 5{,}87\text{ cm} - 5{,}2\text{ cm} = \mathbf{0{,}67\text{ cm}}$$

Hinweise zum Zeichnen eines Rundbogens:

- Bei der zeichnerischen Belageinteilung ist nach gleichem Verfahren wie bei den Säulen vorzugehen.
- Die parallelen Fugen zeichnet man mittels eines Hilfskreises um den Bogenmittelpunkt. Der Hilfskreis hat den Durchmesser der Fugenbreite. Die Tangenten des Hilfskreises begrenzen die Fugen.
- Beim Aufreißen eines Rundbogens im Maßstab 1 : 1 entspricht der Hilfskreis dem Nagel im Bogenmittelpunkt.

In der Abbildung auf Seite 272 ist der Rundbogen aus ungeschnittenen Kopfwinkelriemchen dargestellt.

Beispiel aus dem Projekt: OG Durchgang zum Flur

verkleinerte Lösung der Aufgabe 16.2.2

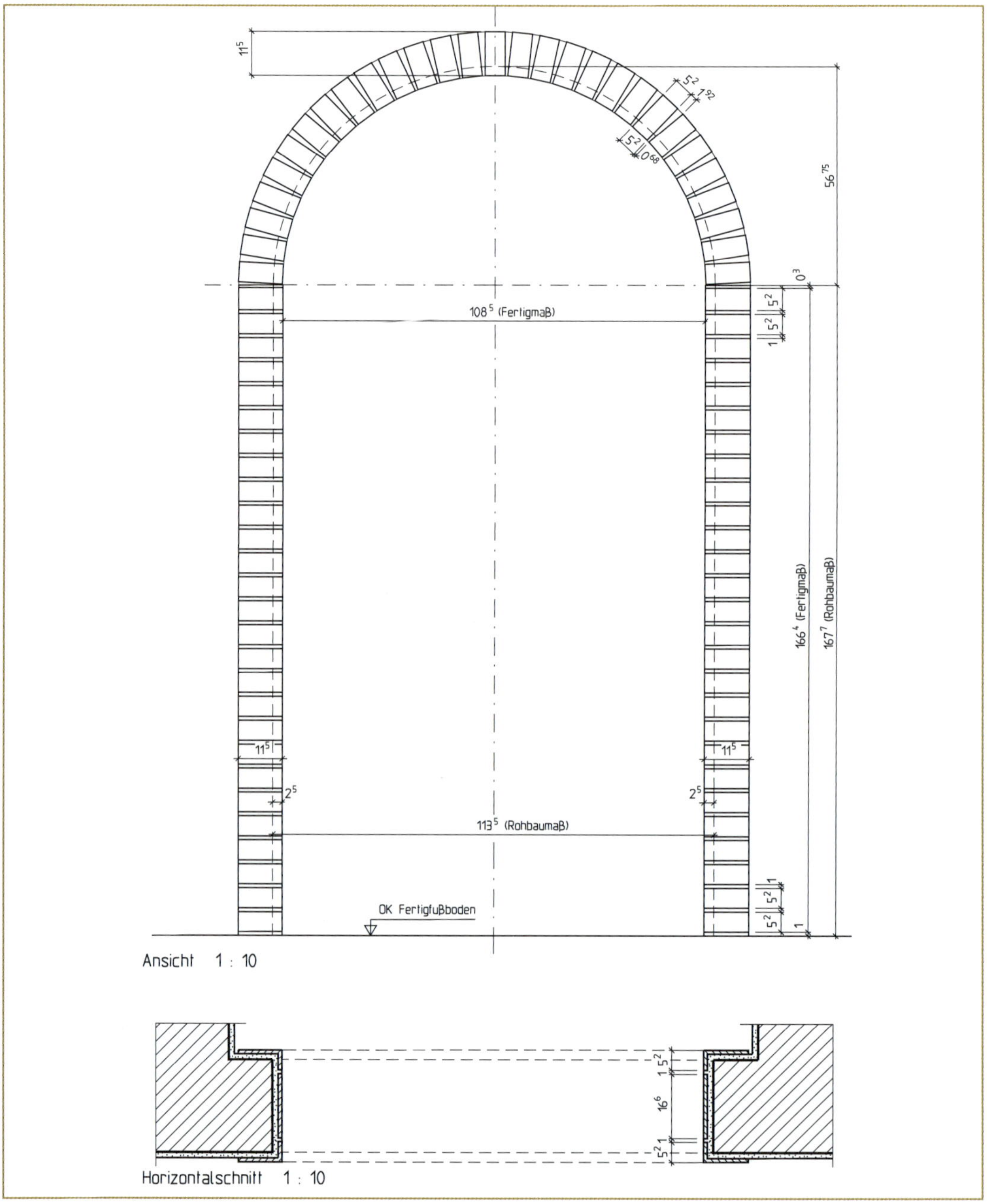

Durchgang mit Rundbogen mit ungeschnittenen Fliesen

Angaben zum Bogen

- Öffnungsmaß im Rohbau (= Rohlänge *RL*) 1,135 m
- Putz und Dünnbettmörtel 15 mm
- Winkelriemchen *W* 115 × 52 × 52 × 10 mm

16.3 | Stich- oder Segmentbogen

Belageinteilung beim Segmentbogen

Der Segmentbogen, auch Stichbogen genannt, ist ein Teil eines Kreisumfangs.

Für die Belageinteilung an Segmentbögen sind Grundregeln zu beachten:

- Die Bogenlänge bestimmt sich aus dem Verhältnis von Mittelpunktswinkel α zu 360°.
- Der Mittelpunktswinkel begrenzt den Segmentbogen in den Widerlagern.
- Die Oberkante der äußeren Bogenfläche trifft möglichst auf die Oberkante der Widerlagerfliese.
- Man wählt eine ungerade Zahl Teilermaße.
- Der König sitzt in der Mitte.
- Man hält den Verschnitt gering, wenn man aus einer Fliese zwei Bogenfliesen schneidet.

Berechnungbeispiel

Ein Stichbogen ist rechnerisch einzuteilen.
Rohmaß der Öffnung $RL = 125$ cm
Stichhöhe $h = 20$ cm
Mörtelaufzug $d_m = 20$ mm
Fliesen W 150 × 150 × 5 mm
Fugenbreite 3 mm

Lösung:

Lichte Öffnungsbreite (s_i)
$= RL - (2 \cdot d_m + 2 \cdot d_F) = 125\text{ cm} - 5\text{ cm} = 120\text{ cm}$

Für die weitere Berechnung benötigt man den Radius r und den Mittelpunktswinkel α:

$$r = \frac{h}{2} + \frac{s_i^2}{8 \cdot h} = \frac{20\,\text{cm}}{2} + \frac{(120 \cdot 120)\,\text{cm}^2}{160\,\text{cm}}$$

$$= 10\,\text{cm} + 90\,\text{cm} = 100\,\text{cm}$$

$$\alpha = 2 \cdot \arcsin\left(\frac{s_i/2}{r}\right) = 2 \cdot \arcsin\left(\frac{60\,\text{cm}}{100\,\text{cm}}\right) \approx 74°$$

Länge des Bogenrückens (Br)

$$= \frac{(2\,r + 2 \cdot \text{Bogendicke}) \cdot \pi \cdot \alpha}{360°}$$

$$= \frac{(200 + 30)\,\text{cm} \cdot \pi \cdot 74°}{360°}$$

$$= 148{,}527\,\text{cm} \cong 148{,}5\,\text{cm}$$

Verlegelänge $(VL) = 148{,}5\,\text{cm} - 1$ Fuge $= 148{,}2\,\text{cm}$

$$\text{Anzahl} = \frac{148{,}2\,\text{cm}}{15{,}3\,\text{cm}} = 9 \text{ Ganze + Rest}$$

$$\text{gewählt} = 11 \text{ Streifen mit je } \frac{148{,}2\,\text{cm}}{11}$$

$= 13{,}5$ cm mit Fuge $= 13{,}2$ cm ohne Fuge

Probe:

$$\begin{aligned} 11 \cdot 13{,}2\,\text{cm} &= 145{,}2\,\text{cm} \\ 10 \cdot 0{,}3\,\text{cm} &= 3{,}0\,\text{cm} \\ \hline VL &= 148{,}2\,\text{cm} \end{aligned}$$

Segmentbogen (gemauert)

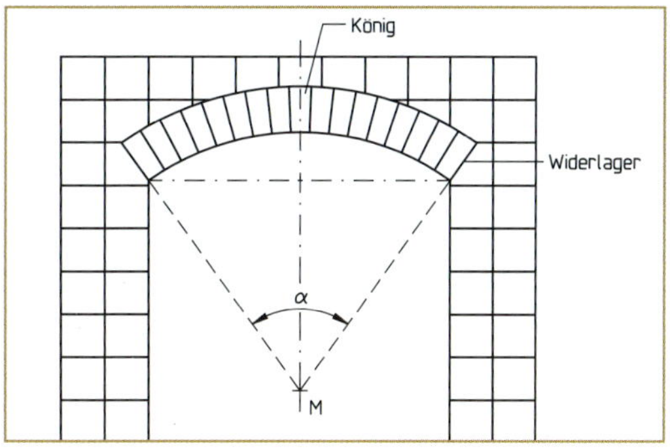

Segmentbogen (gefliest)

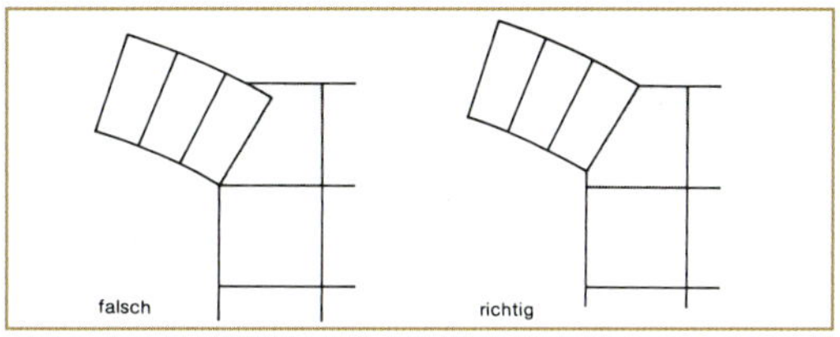

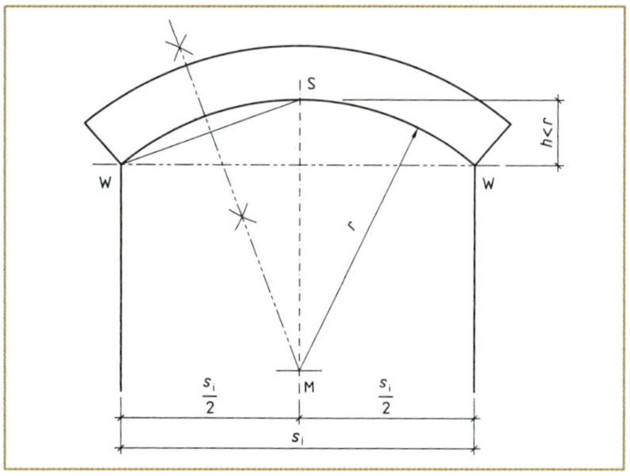

Beispiel aus dem Projekt:
Durchgang zu den Kinderzimmern im Erdgeschoss mit Segmentbogen (verkleinerte Lösung)

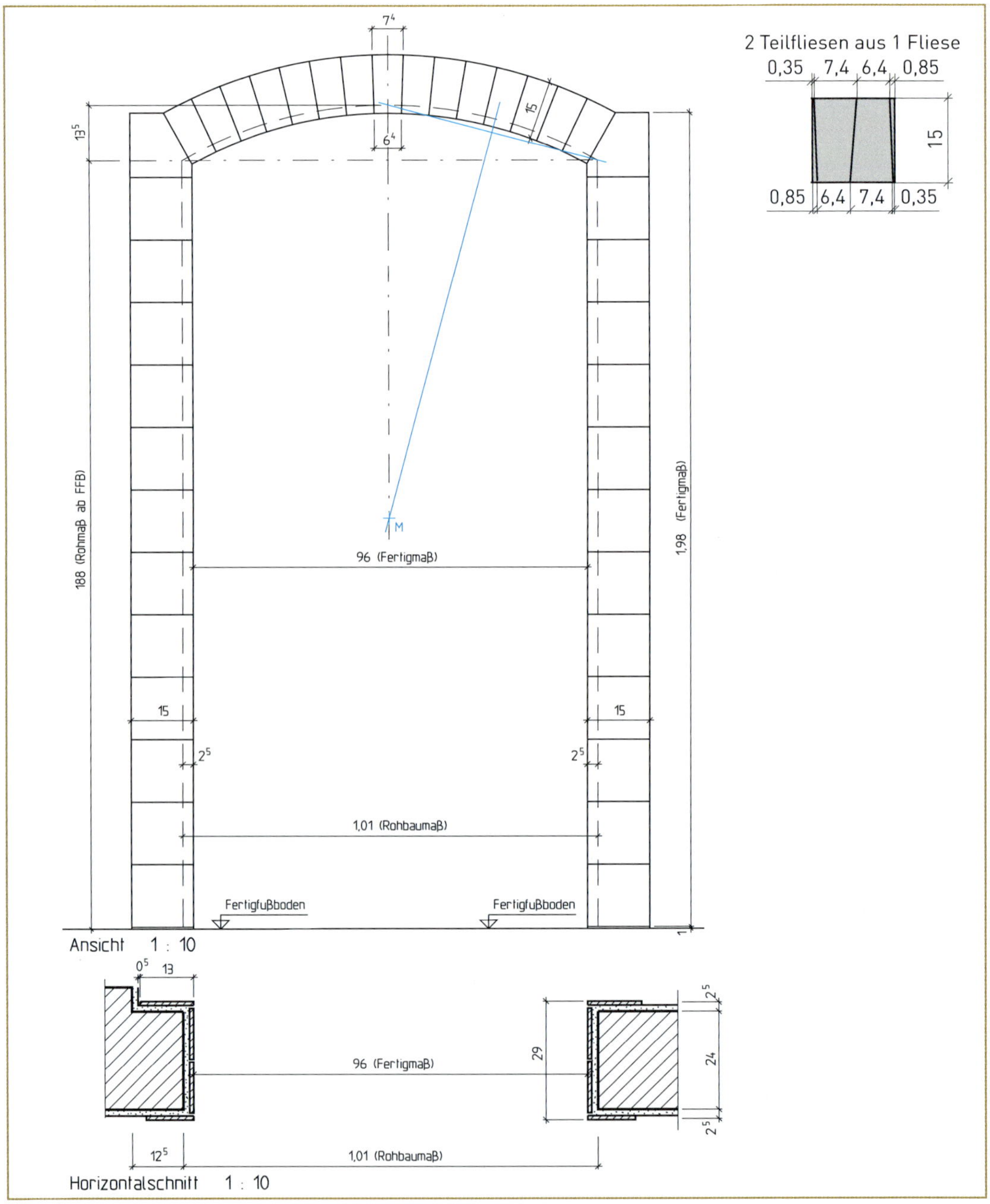

Durchgang mit Segmentbogen

Angaben zum Bogen:

- Öffnungsmaß im Rohbau 1,01 m
- Putz und Dünnbettmörtel 15 mm
- Belaggröße 15 × 15 cm

16.3.1 | Zeichnerische Einteilung eines Segmentbogens

Um den dargestellten Segmentbogen aus dem Projekt zu zeichnen, geht man nach folgenden Schritten vor:

1. Scheitelpunkt in Bogenachse einzeichnen.

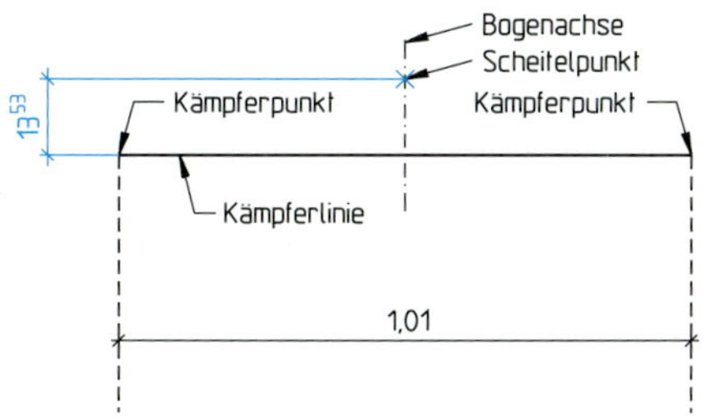

2. Kreismittelpunkt M des Segmentbogens bestimmen und Rohbaubogen gestrichelt einzeichnen. Der Kreismittelpunkt ergibt sich aus dem Schnittpunkt der zwei Mittelsenkrechten (= zwei Halbierungen) von zwei Sehnen: Mittelsenkrechte$_1$ (= Bogenachse) von der Sehne$_1$ (= Kämpferlinie) und Mittelsenkrechte$_2$ von der Sehne$_2$ (= Verbindung zwischen Scheitelpunkt und Kämpferpunkt).

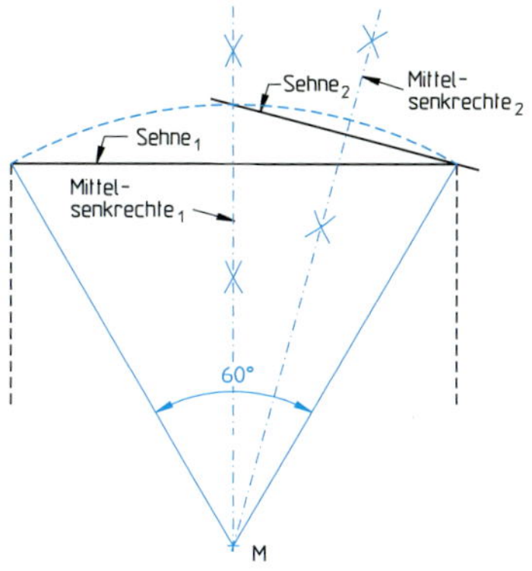

3. Belagaufbau der beiden Wände und des Bogens einzeichnen, hier 2,5 cm aus Putzdicke und Mörtelauftrag.

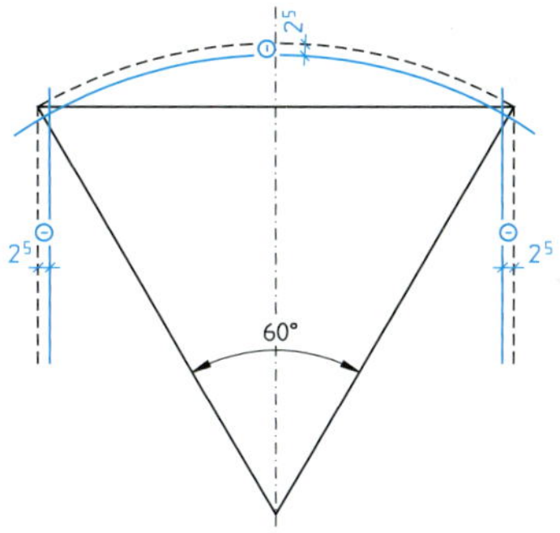

4. Fertigkämpferlinie und Radien vom Kreismittelpunkt zum Fertigkämpfer einzeichnen. Es verkleinern sich der Radius (hier auf 99 cm) und der Mittelpunktswinkel (hier auf 58°).

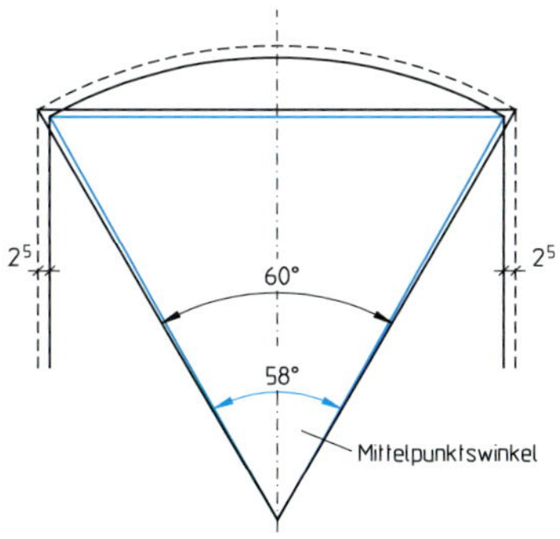

5. Äußeren Fertigbogen parallel zum inneren Fertigbogen zeichnen. Der Radius ist um die Belagbreite des Segmentbogens vergrößert (hier 1,14 m).

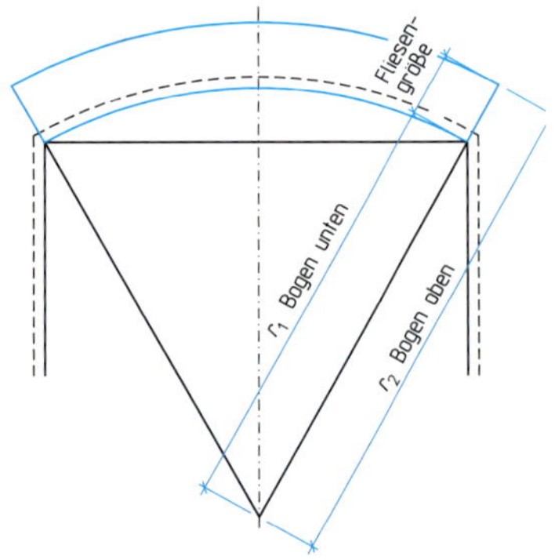

6. Streifenbreite der Bogenfliesen oben und unten rechnerisch bestimmen. Die Streifenbreiten werden wie folgt berechnet:
   - Bogenlänge $= 2 \cdot \pi \cdot r \cdot \frac{\alpha}{360°}$ (hier: 1,154 m oben, 1,00 m unten)
   - Anzahl der Teiler überschlägig ermitteln und festlegen (hier: 15 Teiler)
   - Teilermaß $= \frac{\text{Bogenlänge}}{\text{Anzahl der Teiler}}$ (hier: 7,7 cm oben, 6,7 cm unten)
   - Streifenbreite = Teilermaß – Fugenbreite (hier: 7,4 cm oben, 6,4 cm unten)

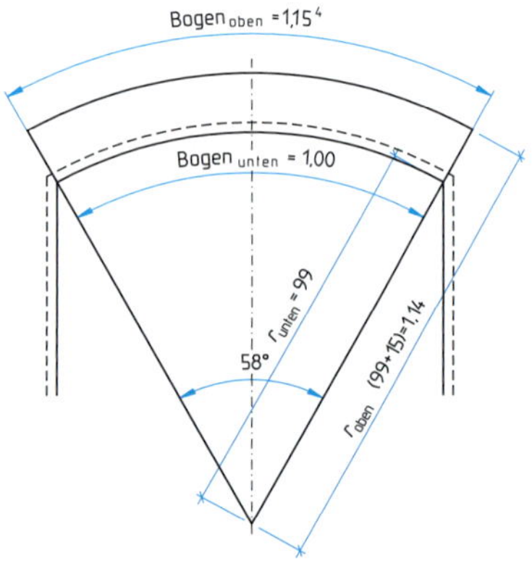

7. Segmentbogen zeichnerisch einteilen. Der äußere Fertigbogen (= Segmentbogen) wird wie folgt zeichnerisch eingeteilt:
   - Zuerst den König in der Mitte einzeichnen: Das halbe Teilermaß an der Bogenachse links und rechts abtragen und mit dem Kreismittelpunkt verbinden.
   - Dann die restlichen Bogenfliesen einzeichnen.

   Es gibt zwei Möglichkeiten:
   - Oberen Segmentbogen zwischen König und Widerlager halbieren. Mittlere Fliese nach beiden Seiten abtragen (wie beim König). Bogen zwischen mittlerer Fliese und Widerlager und mittlerer Fliese und König ein zweites Mal teilen. Mittlere Fliesen einzeichnen.
   - Teilermaße mit dem Zirkel abtragen und mit dem Kreismittelpunkt verbinden.

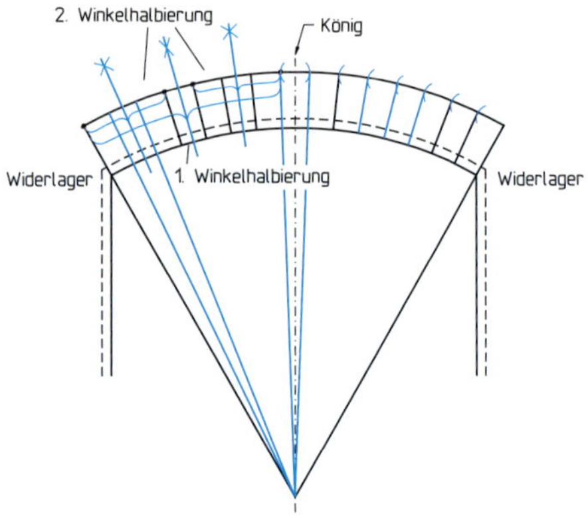

8. Einfassungen vervollständigen, sauber nachzeichnen und bemaßen.

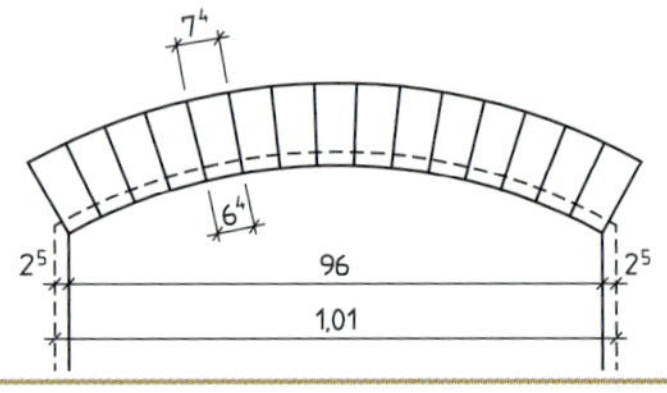

16.4 | Hinweise auf die Teilung von Bögen mittels der Winkelhalbierung

Da am Bau bereits ein Kreisbogen vorhanden ist, kann bei gerader Anzahl von Teilfliesen durch wiederholte Winkelhalbierung der Bogen geteilt werden. Beispiel: 16 Teilfliesen sind darzustellen. Der Winkel AMS wird geteilt **(rot)** Zirkeleinstich bei A und S. Der Schnittpunkt der Bögen ist die erste Winkelhalbierende. Die beiden Winkel AM_1 und SM_1 wurden in gleicherweise geteilt **(blau)**. Die so entstandenen 4 Winkel werden ebenso geteilt **(gelb)**. Die letzte Teilung der 8 Winkel ergibt die 16 Teilfliesen **(grün)**. Bei Teilungen von **ungeraden** Teilern, z.B. 7, kann ebenfalls mit der Winkelhalbierung gearbeitet werden. Die erste Winkelhalbierung liegt dann in einer Fliesenmitte. Man trägt die rechnerisch ermittelte Fliesenbreite symmetrisch zur Hälfte von dieser Winkelhalbierenden ab **(rot)**. Die beiden Bogenteile sind nun in 3 Teile zu teilen. Eine Winkelhalbierende liegt somit auf der Achse der mittleren der 3 Fliesen **(blau)**. Bei anderen Teilfliesenzahlen, z.B. 10 Teilfliesen, sind die beiden Methoden miteinander zu kombinieren. Erste Teilung liegt auf einer Fuge **(rot)**. 2. Teilung liegt, da ungerade Fliesenzahl (5), auf Fliesenmitte **(blau)**. Die rechnerisch ermittelte Fliesenbreite wird zur Hälfte nach beiden Seiten eingezeichnet **(blau)**. Die 3. Teilung ergibt die vollständige Teilung **(grün)**.

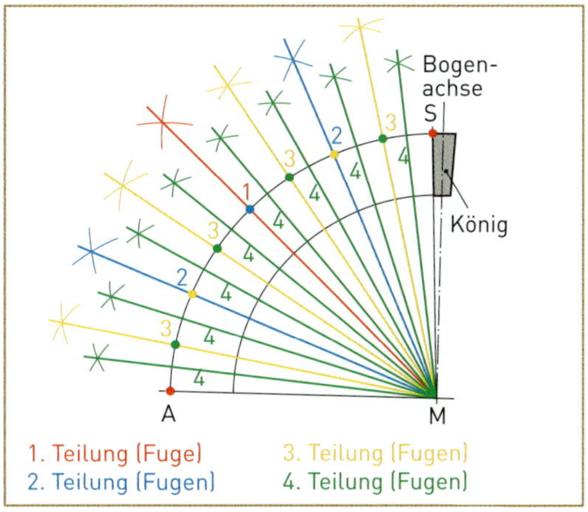

Zeichnen von Teilfliesen mit Winkelhalbierung (16 Teile)

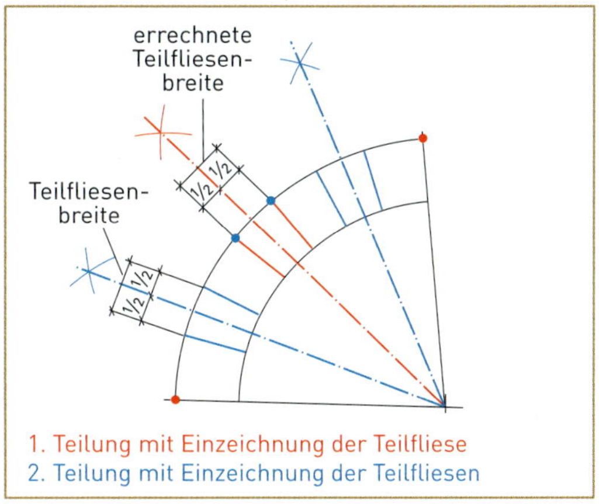

Teilung mit Winkelhalbierung mit ungeraden (7 Teilen)

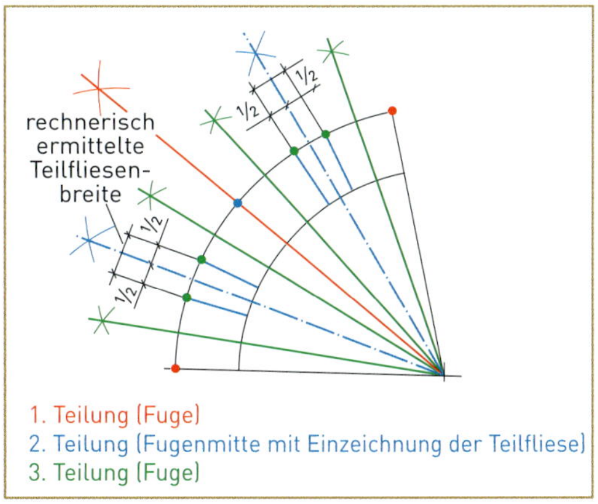

Teilung mit geraden und ungeraden Teilern (10)

16.5 | Konstruktion eines Korbbogens mit drei Mittelpunkten

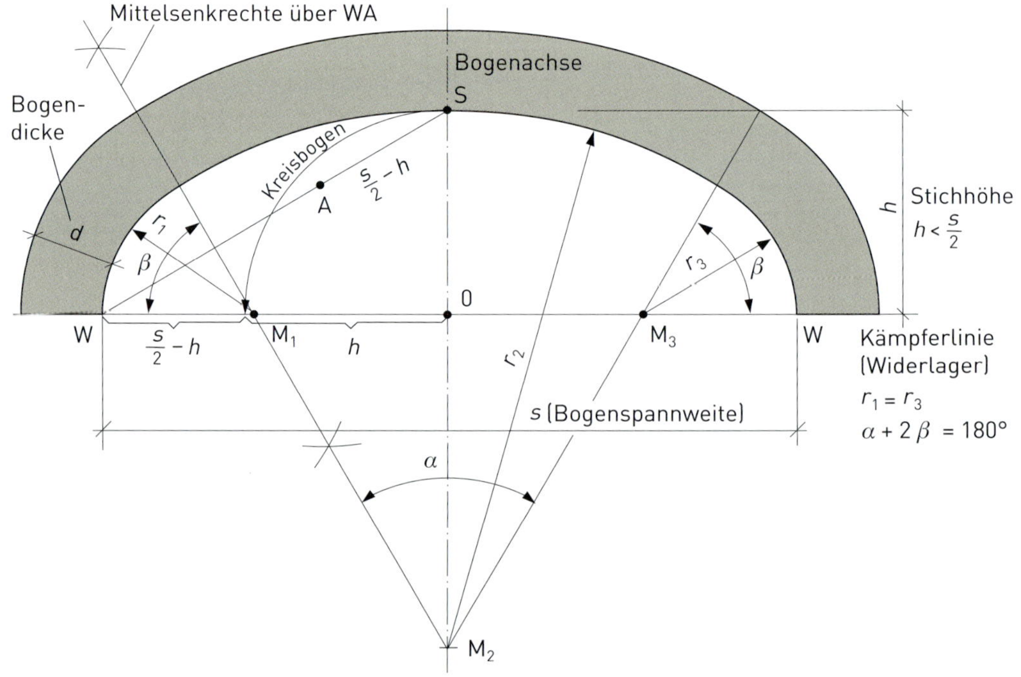

Konstruktion eines Korbbogens mit 3 Mittelpunkten

Zeichenanweisung

Über der Kämpferlinie wird die Bogen- oder Stichhöhe h auf der Bogenachse (Mittelsenkrechte von W-W) abgetragen. Vom Scheitelpunkt S wird zu einem der Kämpferpunkte W eine Gerade gezeichnet. Um die Mitte der Kämpferlinie 0 wird ein Viertelkreis mit Radius 0S = Stichhöhe geschlagen. Das Reststück auf der Kämpferlinie $= \frac{s}{2} - h$ wird von S aus auf der Verbindung SW abgetragen. Über dem Rest der Strecke SW wird eine Mittelsenkrechte errichtet, die im Schnitt mit der Kämpferlinie den Mittelpunkt M_1 des seitlichen Teilbogens ergibt und im Schnitt mit der Bogenachse den Mittelpunkt des mittleren Teilbogens M_2. Der Abstand 0 M_1 wird nach der anderen Seite auf die Kämpferlinie übertragen, so dass man mit M_3 den Mittelpunkt des anderen seitlichen Teilbogens erhält. Die Bogenteile werden nun mit den zugehörigen Radien um die 3 Mittelpunkte gezeichnet. Vergrößert man die Radien um die Bogendicke, so erhält man den Bogenrücken. Die Teilbögen gehen an der Mittelsenkrechten, das ist die verlängerte Verbindung M_1–M_2 und M_2–M_3, ineinander über.

16.5.1 | Einteilung eines Korbbogens

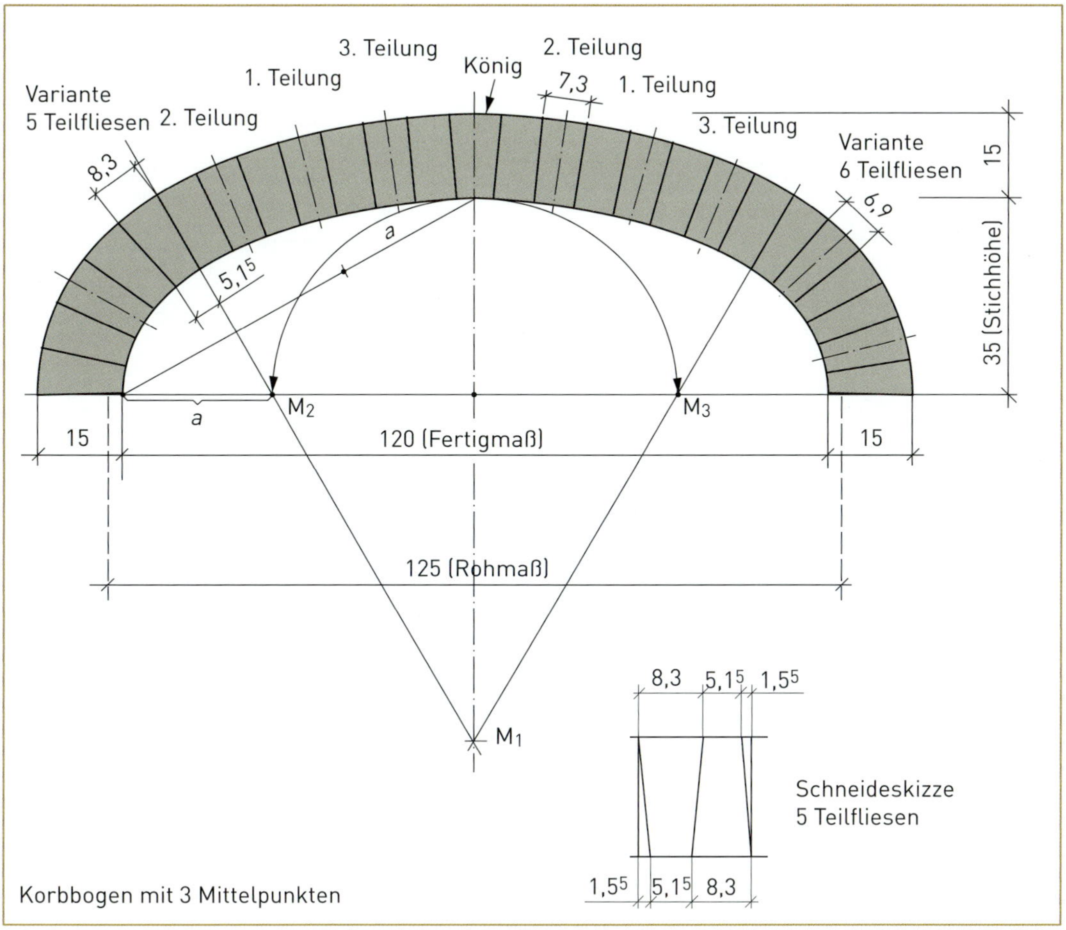

Korbbogen mit 3 Mittelpunkten

16.5.2 | Rechnerische Einteilung des Korbbogens

Bogen mit 3 Mittelpunkten: 1 Bogenmittelteil, 2 Bogenseitenteile

Rohmaß der Öffnung	125 cm
Stichhöhe (Rohmaß)	37,5 cm
Bogendicke	15 cm
Mörtelaufzug d_M	2 cm
Belagmaterial W	150 × 150 × 5 mm
Fugenbreite	3 mm

Es sollen aus 1 Fliese 2 Bogenfliesen geschnitten werden.

Lichte Öffnungsbreite

$s_i = s - (2 \cdot d_M + 2 \cdot d_F) = 125 - (2 \cdot 2 + 2 \cdot 0{,}5)$
$= 120$ cm

Stichhöhe

= Stichhöhe Rohbau – Mörteldicke – Fugendicke
= 37,5 cm – 2,5 cm
= 35 cm

Für die Berechnung der Bogenteile benötigt man die Bogenradien und die zugehörigen Mittelpunktswinkel.

Mittlerer Bogenteil $r_1 = 94$ cm,
Mittelpunktswinkel $\alpha = 60°$

seitliche Bogenteile $r_2/r_3 = 26$ cm,
Mittelpunktswinkel $\beta_1 + \beta_2 = 60°$

Berechnung des mittleren Bogenteils:
Länge des Bogenrückens $b_1 = (r_1 + d) \cdot 2 \cdot \pi \cdot \frac{\alpha}{360°}$

$b_1 = 109 \cdot 2 \cdot 3{,}14 \cdot \frac{60°}{360°} = 114\,\text{cm}$

Anzahl der Bogenfliesen $= \frac{114\,\text{cm}}{7{,}5\,\text{cm}} = 15{,}2$ Stück,
gewählt 15 Fliesen

Fliesenbreite = 114 cm : 15 = 7,6 cm – 1 Fuge = 7,3 cm

Berechnung der äußeren Bogenteile:
Länge des Bogenrückens $b_2 = (r_2 + d) \cdot 2 \cdot \pi \cdot \frac{\beta}{360°}$

$b_2 = (26 + 15)\ 2 \cdot 3{,}14 \cdot \frac{60°}{360°} = 43\ \text{cm}$

Anzahl Bogenfliesen $= \frac{43}{7{,}5} = 5{,}7$ Stück,
gewählt 5 Stück

Fliesenbreite 43 : 5 = 8,6 cm – 1 Fuge = 8,3 cm
Alternative, gewählt 6

Fliesenbreite 43 : 6 = 7,16 cm – 0,3 cm
= 6,86 cm ≈ 6,9 cm

Kontrolle zu 5 Bogenfliesen
Innenbogenlänge $= 2 \cdot 26\ \text{cm} \cdot 3{,}14 \cdot \frac{60°}{360°}$
$= 27{,}2\ \text{cm}$

27,2 : 5 = 5,44 cm – 0,3 = 5,14 cm

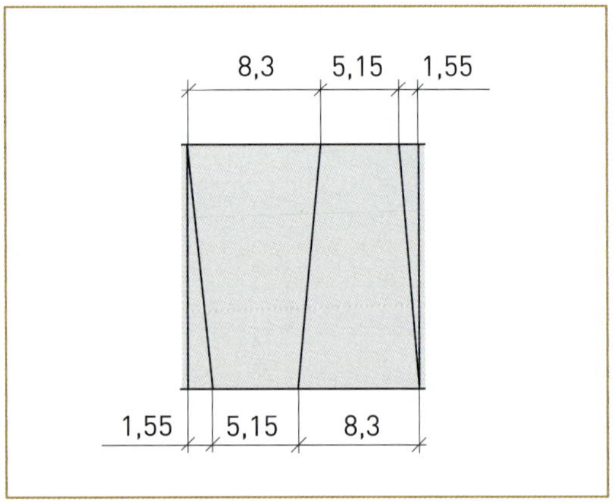

Mit Nasssäge schneiden, mittlerer Schnitt mit Schneidmaschine

Zusammenfassung

Bögen werden heutzutage meistens nicht mehr gemauert. Im Rohbau bereits eingebaute Bögen werden nur noch aus gestalterischen Gründen mit Fliesen belegt.
Man unterscheidet nach der Form: Rundbogen, Segmentbogen, Spitzbogen, Korbbogen sowie den scheitrechten Bogen.

Die Einteilung eines Bogens kann rechnerisch oder zeichnerisch erfolgen. Die Fugen der Bogenfliesen sind zum Mittelpunkt des Bogens ausgerichtet. Bei zusammengesetzen Bögen gilt dies für die jeweiligen Bogenteile.

16.6 | Aufgaben zum Rundbogen

1. | Der Halbkreisbogen über einem Türdurchgang soll mit Fliesen bekleidet werden. Das Fertigmaß zwischen den bekleideten Türlaibungen beträgt 1,20 m. Verlegt werden Fliesen mit dem Format 198 × 198 mm, mit einer Fugenbreite von 2 mm. Aus einer Fliese sollen 2 Streifen gewonnen werden. Die Kämpferlinie soll mittig in der Fuge des Wandbelages liegen. Zeichnen Sie die Ansicht des Halbkreisbogens im Maßstab 1:10.

2. | Der Türdurchgang einer mit Fliesen bekleideten Wand soll nach oben mit einem Rundbogen abschließen.

   Rohmaß der Öffnung 88,5 cm
   Fliesen *W* 150 × 150 × 5 mm
   Putz + Dünnbett 18 mm
   Fugenbreite 2 mm

   Die Kämpferlinie soll mittig in einer waagerechten Fuge liegen. Die Streifenbreite ist so auszuwählen, dass man aus einer Fliese 2 Streifen erhält. Zeichnen Sie den Rundbogen in der Ansicht im Maßstab 1:5. Die Fugen sind als Doppellinie einzuzeichnen.

3. | Die mit den Rohbaumaßen dargestellte Wand im unteren Bild soll bis zum Ansatz des Halbkreisbogens mit Fliesen im Hochformat bekleidet werden. Zwischen erster und zweiter Schicht – sowie als Abschluss oberhalb der achten Schicht – sind waagerechte Bordüren (Dekorleisten) einzuarbeiten. Die Wandfläche über der oberen Bordüre wird verputzt.
   Der Halbkreisbogen beginnt eine ½ Fugenbreite über der oberen Bordüre. Die Türlaibung ist ebenfalls bekleidet. Die Breite der Bogenfliesen soll so angenommen werden, dass ein Streifen aus einer Fliese gewonnen wird. Seitlich schließt die Wandfläche an bereits ausgeführte Beläge gleicher Konstruktion an.

   Fliesen *W* 198 × 148 × 6 mm
   Bordürenbreite 30 mm
   Fugenbreite 2 mm
   Putz + Dünnbett 17 mm
   Breite der Anschlussfuge:
   - seitlich: 5 mm
   - unten oberhalb OKFFB: 5 mm

   Bodenaufbau 9,5 cm

   Zeichnen Sie:
   a) die Ansicht des Wandbelags mit dem Rundbogen über dem Durchgang im Maßstab 1:10,
   b) den Schnitt A – A mit dem Fliesenbelag im Maßstab 1:10.

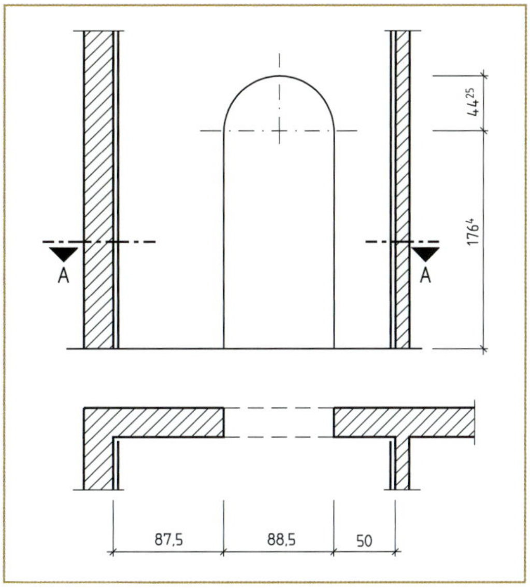

Wand mit Durchgang mit Rundbogen

4. | Ein repräsentativer Durchgang in einem Gasthaus erhält einen Rundbogen mit ungeschnittenen Fliesen. Die Laibung wird gefliest.
   Rohmaß der Öffnung 170 cm
   Fliesen *W* 100 × 250 × 6 mm (hochkant verlegt)
   Putz 1,5 cm
   Dünnbett 3 mm
   Fugen 2 mm
   Angenommene Fugenbreite 4 mm
   a) Teilen Sie den Rundbogen rechnerisch ein.
   b) Zeichnen Sie den Rundbogen im Maßstab 1:10.

16.7 | Aufgaben zum Segmentbogen

1. | Eine Fensteröffnung mit der Rohbaubreite und Rohbauhöhe von 101 cm soll nach oben mit einem Stichbogen abschließen. Die Fensterlaibung erhält einen Putz, auf den Fliesen im Dünnbett angesetzt werden.
   Fliesen W 148 × 198 × 5 mm
   Fugenbreite 2 mm
   Putz + Dünnbett 20 mm
   Stichhöhe $h = 12$ cm
   Zeichnen Sie die Fenstereinfassung im Maßstab 1:10.

2. | Der Segmentbogen über einer Nische soll durch einen Belag betont werden.
   Rohmaß der Öffnung 115 cm
   Stichhöhe $h = 15{,}4$ cm
   Putz + Dünnbett 18 mm
   Fliesen W 200 × 200 × 7 mm
   Fugenbreite 3 mm

3. | Der Türdurchgang einer mit Fliesen bekleideten Wand soll nach oben mit einem Rundbogen abschließen. Die Fliesen bleiben ungeschnitten.
   Rohmaß der Öffnung 101 cm
   Fliesen W 115 × 240 × 6 mm (hochkant verlegt)
   Putz und Dünnbett 18 mm
   Fugen 3 mm
   Teilen Sie den Rundbogen rechnerisch ein.

4. | Über einem Badezimmerfenster befindet sich ein Segmentbogen. Die Laibung des Bogens ist nicht gefliest.
   Rohmaß der Fensterbreite 120 cm
   Stichhöhe $h = 9{,}5$ cm
   Fliesen W 398 × 200 × 6 mm
   Putz und Dünnbett 18 mm
   Fugen 4 mm
   Die Streifenbreite ist so zu wählen, dass eine Fliese 4 Streifen ergibt.
   Teilen Sie den Segmentbogen rechnerisch ein.

16.8 | Aufgabe zum Korbbogen

Eine Öffnung mit einer Rohlichtbreite von 1,51 m soll mit einem Korbbogen von 40 cm Rohhöhe überspannt werden. Die Seitenlaibungen und der Bogen werden mit 15 mm verputzt.

Fliesen W 150 × 150 × 7 mm
Fugenbreite 2…3 mm
Dünnbett 3 mm
Rohlichtöffnung 151 cm

Zeichnen Sie den Korbbogen mit 3 Mittelpunkten. Teilen Sie den Bogen so ein, dass aus einer Fliese 2 Bogenfliesen geschnitten werden können.

Lernfeld 17 | Modernisieren einer Belagkonstruktion

Zielformulierung:	Die Schülerinnen und Schüler beschreiben Methoden, die vorhandene Bausubstanz eines Altbaus zu überprüfen und nennen Schadensursachen. Sie erarbeiten Vorschläge für die Instandsetzung und Umgestaltung der Belagkonstruktion. Sie erkennen erhaltenswerte Bausubstanz und treffen Maßnahmen zu deren Schutz. Die Schülerinnen und Schüler wählen Baustoffe, Baustoffsysteme und Techniken aus. Sie berücksichtigen bauphysikalische und baurechtliche Vorschriften sowie die Belange des Denkmalschutzes. Sie achten auf eine sortengerechte Trennung und umweltschonende Entsorgung der Abfälle. Sie erstellen ein Aufmaß, fertigen Skizzen, zeichnen konstruktive Details und berechnen den Baustoffbedarf.
Lerninhalte:	• Bestandsaufnahme • Schadensprüfung, Schadensursachen • Entkopplungsschicht • Trockenbau • Dampfdiffusion, Taupunkt • Wärmeschutz, Schallschutz, Brandschutz • VOB • Baugeschichte, Baustile

Seit vielen Jahren wird in der deutschen Bauwirtschaft mehr im Alt- als im Neubau umgesetzt. Bei diesen Bauvorhaben ist fast immer auch das Fliesenlegerhandwerk vertreten, sodass Kenntnisse der Altbauproblematik auch für den Fliesenleger sehr wichtig sind.

Beispiel für eine Sanierungsaufgabe

Begriffserklärung

Sanierung: Ein Gebäude oder ein Gebäudeteil wird „gesund gemacht" (wörtlich). Im Einzelnen handelt es sich um:

- **Instandsetzung:** Das ist die Behebung von baulichen Mängeln (infolge von Abnutzung, Alterung, Witterungseinflüssen, Einwirkung Dritter). Der bestimmungsgemäße Zustand wird wieder hergestellt.
- **Modernisierung:** Das sind Maßnahmen zur Verbesserung von Funktions-, Gebrauchs- und Wohnwert (Veränderung des Grundrisses, Anpassung des Bautenschutzes an die moderne Technik, Umsetzung der Vorschriften des Gebäudeenergiegesetzes usw.).
- **Instandhaltung:** Sie beinhaltet die laufende Unterhaltung von Gebäuden. Dadurch werden spätere, teure Baumaßnahmen vermieden.

17.1 | Das Projekt

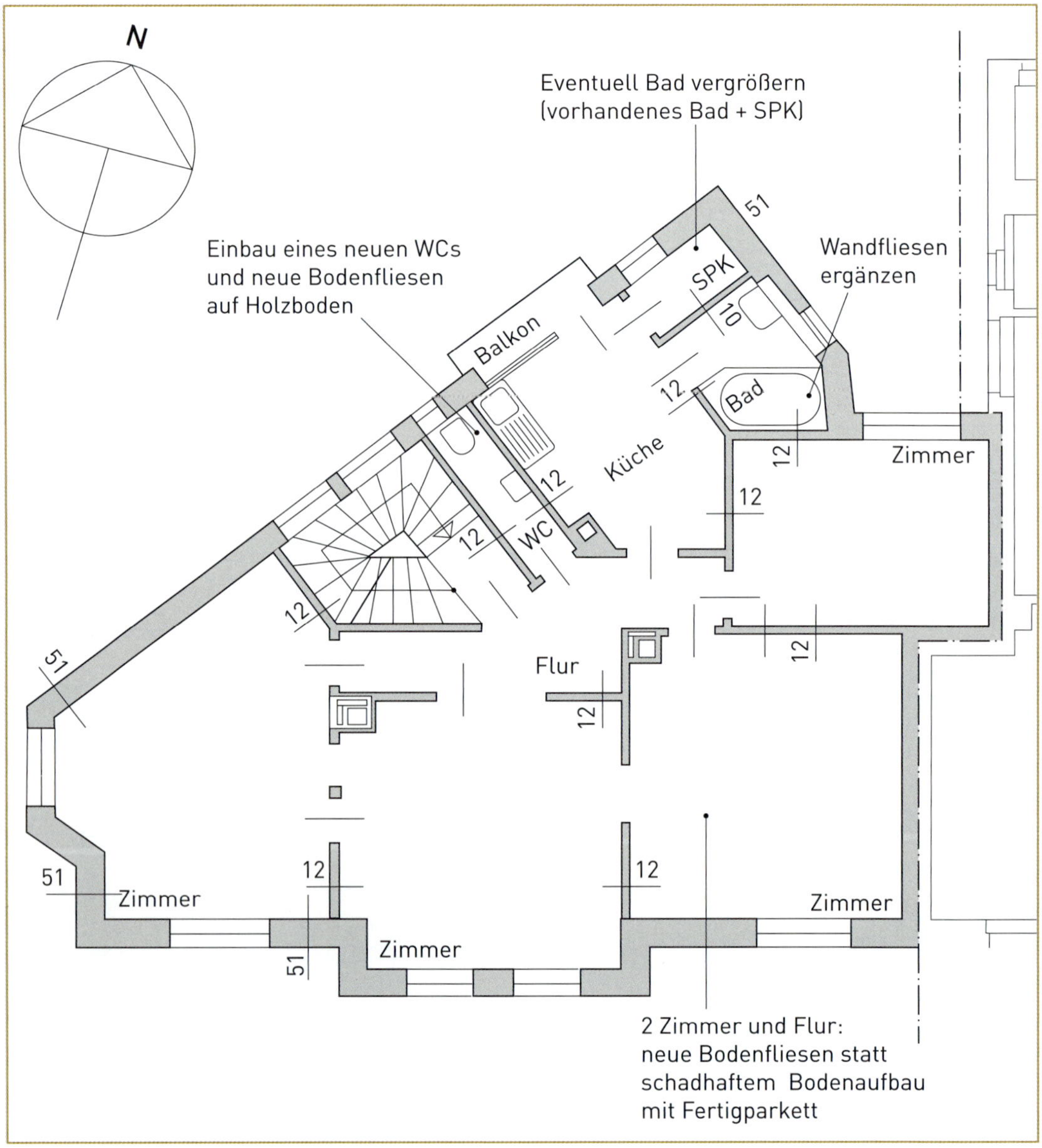

Angaben zum Projekt

In einem etwa 100 Jahre alten Wohngebäude soll eine Eigentumswohnung im 2. Obergeschoss saniert werden, da der Eigentümer gewechselt hat.

Gewünschte Veränderungen:

- Der Flur, das Wohnzimmer und das Esszimmer sollen einen Bodenbelag aus Feinsteinzeug erhalten, der im Format und Design dem Fliesenbelag der Küche und des Bades angepasst werden soll.
- Im WC sind ein wandhängendes WC und ein neues Handwaschbecken vorgesehen. Die vorhandenen Sanitäreinrichtungen sind nicht mehr zeitgemäß (Stand-WC mit Druckspülventil).
- Der vorhandene Wandbelag im Bereich der Badewanne soll in der Höhe ergänzt werden als Schutz vor Spritzwasser beim Duschen.

Alter Fußbodenaufbau von Flur, Wohnzimmer und Esszimmer:

- Stahlbetondecke,
- ungeeigneter Dämmstoff (Wärmedämmung aus Glaswolle, zusammengepresst durch den Zementestrich (CT) auf 10 mm!),
- 60 mm Zementestrich
- Schaumstoffunterlage, 5 mm,
- Fertigparkett.

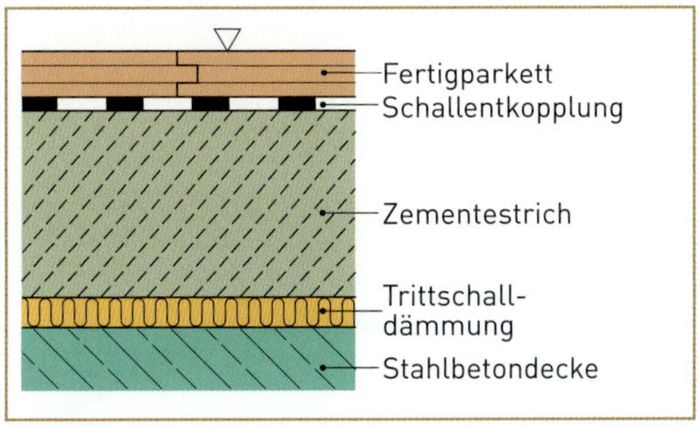

Alter Fußbodenaufbau zwei Zimmer und Flur

Alter Fußbodenaufbau des Bades:

- Holzbalkendecke,
- Holzdielen, 24 mm,
- Verlegeplatte V100, 2-lagig, 2 × 19 mm,
- Dünnbett,
- Steinzeugplatten, 30 × 30 cm.

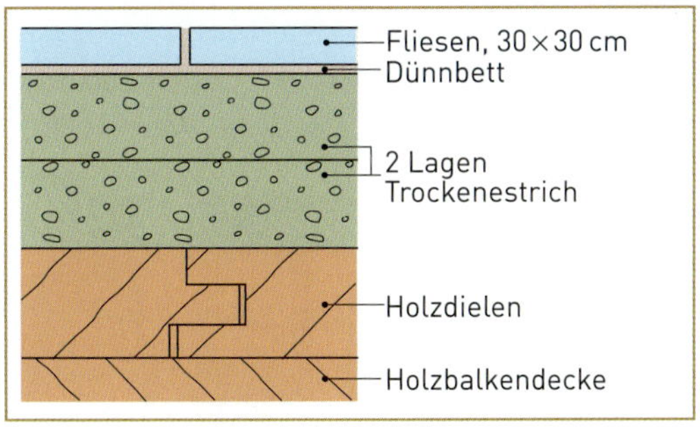

Alter Fußbodenaufbau Bad

Alter Wandbelag im Bad:

- Ziegelmauerwerk,
- 20 mm Kalkzementputz,
- Marmorfliesen, $d = 8$ mm, im Dünnbett verlegt, flächenbündig mit Oberputz.

Sie als Fliesenleger haben die Arbeiten „aus einer Hand" auszuführen (bis auf die erforderliche Klempner-Sanitär-Leistung). Gefordert wird eine möglichst kurze Bauzeit, was bei der Wahl geeigneter Baustoffe zu berücksichtigen ist.

Welche Überlegungen müssen Sie anstellen

- zu der erforderlichen Prüfung der Verlegeuntergründe?
- zur Wahl geeigneter Baustoffe (kurze Belegreife)?
- zu Aufbau und Reihenfolge der Schichten?
- zur verlangten Verbesserung des Schallschutzes?

Fotos zum Projekt

Bad

WC Ist-Zustand

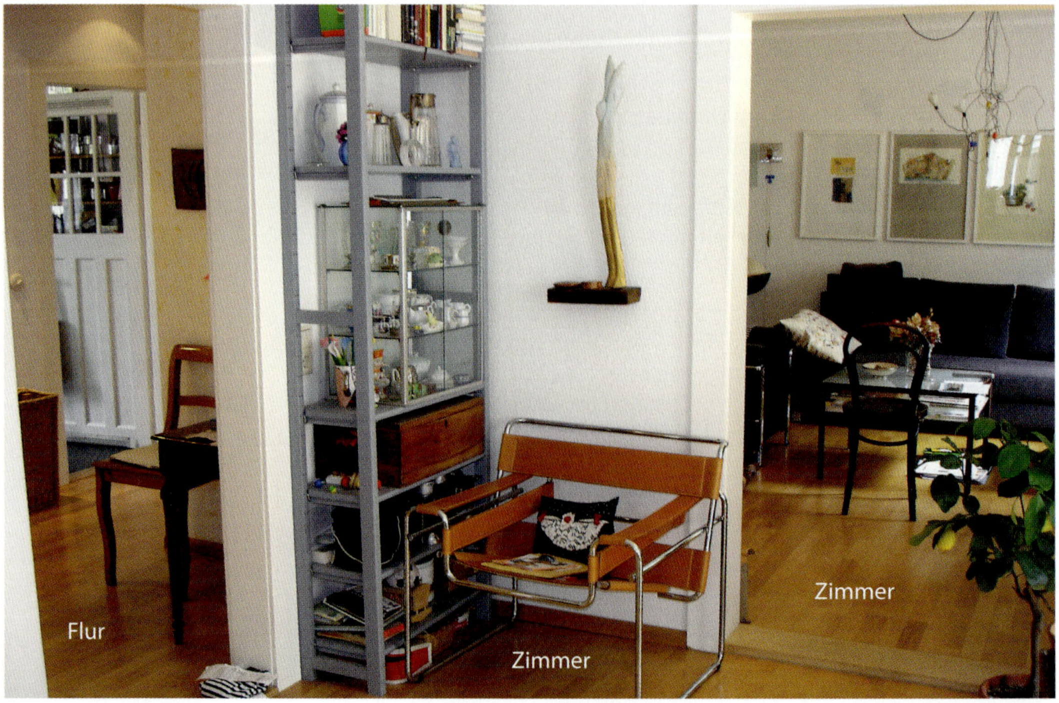

Zwei Zimmer und Flur

17.1.1 | Gründe für die Modernisierung von Altbauten

- Veränderung oder Verbesserung von Grundrissen;
- Behebung vorhandener Bauschäden (z. B. Risse in den Belägen, undichte Balkonbeläge, erneuerungsbedürftige Haussockel usw.);
- Verbesserung des Schallschutzes, insbesondere des Trittschallschutzes;
- Einbau moderner Heizungs- und Warmwasseranlagen zur Reduzierung der Nebenkosten und zum Schutz der Umwelt;
- der Wunsch nach größeren Bädern;
- Anpassung der Wohnung an veränderte Lebenssituationen (z. B. Auszug der Kinder aus dem Elternhaus, altersgerechte Gestaltung usw.);
- bauliche Veränderungen am Gebäude (z. B. neue Fenster, WDVS, Dachausbau usw.);
- der Wunsch nach zeitgemäßer Raumgestaltung (moderne Oberflächen, auch Fliesenbeläge, deren Farbgebung, Formate usw.);
- Wechsel der Eigentümer, Anpassung an deren Bedürfnisse;
- der Wert der Immobilie soll erhalten bleiben oder erhöht werden;
- die Ausschöpfung steuerlicher Vorteile bzw. die Inanspruchnahme staatlicher Fördermittel.

17.1.2 | Wodurch unterscheidet sich die Vorgehensweise bei der Modernisierung eines Altbaus vom Neubau?

Vor der Modernisierung muss der Zustand des Bauwerkes geprüft werden. Dieser Aufwand gehört zu den Nebenleistungen des Fliesenlegers und wird nicht zusätzlich vergütet.

Die bei dieser Prüfung eventuell festgestellten Baumängel/Bauschäden müssen aufgenommen werden. Wenn Bedenken gegen die vorgesehene Bauausführung bestehen, muss die Bauleitung schriftlich informiert werden. Um Schäden beheben zu können, müssen die Ursachen ermittelt werden. Nach den vorgenannten Prüfungen der Bausubstanz müssen Vorschläge für geeignete Instandsetzungsmethoden und die Umgestaltung der Belagkonstruktion erarbeitet werden. Die Unterschiede sind dabei von Fall zu Fall groß, so z. B. beim Einsatz von Dickbett oder Dünnbett, Nassputz oder Trockenputz, Nassestrich oder Trockenestrich, Fliese auf Fliese usw.

Beispiele für das Bauen im Bestand:

Sanierungsbedürftiger Balkon

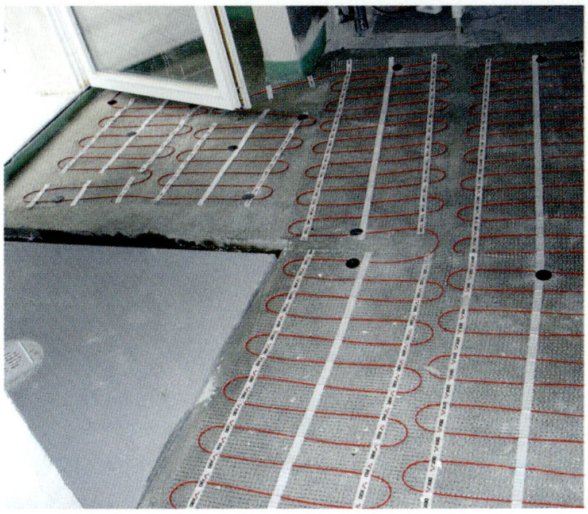

Neuer Bodenbelag mit Elektrofußbodenheizung

Einbau eines Badezimmers

In der Regel erfolgen die Arbeiten im Trockenbau, z. B. mit Metallständerwänden, Trockenestrich, Vorsatzschalen für die Bekleidung von Haustechnikleitungen usw., da dadurch lange Trocknungszeiten vermieden und ein schneller Bauablauf gewährleistet werden können.

Zur Reduzierung der Baukosten müssen Maßnahmen zum Schutz erhaltenswerter Bausubstanz ergriffen werden.

Da die Sanierungsmaßnahmen häufig in bewohnten Häusern stattfinden, sind in der Regel aufwendige Schutzmaßnahmen notwendig wie Raumabschottungen, das Abkleben von Türen, der Schutz von Treppenhäusern und anderes. Der Aufwand dafür wird meist gesondert abgerechnet und die Kosten müssen in den Kostenschätzungen berücksichtigt werden.

Durch die Vielfalt der anzutreffenden Untergründe bei Altbauten müssen auch sehr viel mehr unterschiedliche Baustoffe, Baustoffsysteme und Techniken eingesetzt werden als beim Neubau. Die Auswahl der Baustoffe und die anzuwendenden Techniken erfordern eine hohe Fachkompetenz und viel Erfahrung, wie sie zum Beispiel beim Einsatz von Entkopplungsschichten, bei verschiedenen Estrichstärken, bei unterschiedlichen Aufbauhöhen der Fußböden, bei verschiedenen Techniken der Putzsysteme usw. nötig sind.

Die bauphysikalischen Eigenschaften von Bauteilen müssen häufig verbessert werden, z. B. beim Wärme- und Schallschutz, bei der Feuchtigkeitsabdichtung oder dem vorbeugenden Brandschutz. Auch dabei gibt es im Altbau vielerlei bauteilbezogene Lösungen. Im Neubau ist diese Problematik durch die „große Lösung" der geeigneten Konstruktion einheitlich gegeben.

Details müssen einzeln mit der Bauleitung abgeklärt werden. Dabei wird eine große Zahl an Detailskizzen erforderlich.

Viele Altbauten sind denkmalgeschützt. Daher sind die Vorschriften und Auflagen des Denkmalschutzes beim Umbau und bei der Auswahl von Belagmaterialien, bei der Farbgebung und der Detailausbildung zu beachten.

Die Entsorgung des Abbruchmaterials muss umweltschonend, aber auch so kostengünstig wie möglich erfolgen.

Beispiele für das Bauen im Bestand:

Neue haustechnische Installation

Baufälliger Haussockel

Grundriss verändert (Trennwand entfernt)

Die Kostenschätzung für den Altbau ist anspruchsvoll und zeitaufwendig. Es müssen auch unvorhergesehene Arbeiten berücksichtigt werden, häufig als Position „Unvorhergesehenes" mit 10 % der Angebotssumme ausgewiesen.

Das Aufmaß der erfolgten Arbeiten ist in der Regel aufwendiger als im Neubau, da vielerlei kleine Bauleistungen erbracht wurden. Dabei ist für Modernisierungsarbeiten typisch, dass Teile nach Stundenaufwand abgerechnet werden.

Der Baustoffbedarf für viele unterschiedliche und auch kleine Flächen muss ermittelt werden, um einen ungestörten und schnellen Bauablauf zu gewährleisten.

Der Materialfluss ist häufig dadurch erschwert, dass der Zugang zu der Baustelle durch bewohnte Bereiche des Gebäudes führt und zu enge Zugangswege die Arbeitsabläufe behindern. Ein außen aufgestelltes Gerüst ist hierbei von Vorteil.

Auch auf der Baustelle herrschen oft beengte Verhältnisse und es gibt kaum Materiallagerplätze. Das bedeutet für den Fliesenleger Mehraufwand für die (tägliche) Materialanlieferung.

Eine exakte Zeitplanung ist sehr wichtig, insbesondere für das Ineinandergreifen der Gewerke. Im Altbau gibt es in der Regel keine Ausweichmöglichkeit für Handwerker in andere Etagen, wie das beim Neubau üblich ist.

Im Altbau sind kurze Ausführungsfristen vorgesehen, da die Gebäude während der Bauausführung bewohnt bzw. genutzt werden. Oft werden Bauleistungen „aus einer Hand" gewünscht, weil die Ausführungszeiten dadurch beschleunigt werden können. Für den Fliesenleger bedeutet das, dass er auch kleinere Estrichflächen, Putzflächen, Trockenbaubeplankungen usw. auszuführen hat.

Beispiele für das Bauen im Bestand:

Sanierungsbedürftige Außentreppe

Neuer Treppenbelag in der Ausführung

Sanierte Außentreppe

17.2 | Maßliche Bestandsaufnahme

Die Wichtigkeit der maßlichen Bestandsaufnahme wird häufig unterschätzt. Vorhandene Planungsunterlagen täuschen oft eine vernünftige Planung vor. Es war wohl schon zu allen Zeiten so üblich, dass anders gebaut wurde, als die vorhandenen Planungsunterlagen es darstellen.

Also: Trauen Sie nie einem vorhandenen Plan, sondern überzeugen Sie sich selbst, und das nicht nur stichprobenartig, sondern Raum für Raum.

An die maßliche Bestandsaufnahme werden unterschiedliche Anforderungen gestellt.

Beispiele:

- Geht es um eine einfache Modernisierung oder Sanierung, wird es oft gar nicht so sehr auf das Detail des Bestandes ankommen, sondern es genügen Raummaße, Öffnungen, vorhandene Aussparungen, Leitungsführungen usw.
- Ist eine grundlegende Veränderung, z. B. eine Vollmodernisierung, vorgesehen, werden detaillierte Bestandsunterlagen benötigt, und zwar zusätzlich zu den Maßen auch Angaben über verwendete Baumaterialien, Kennzeichnung von Bauschäden usw.

Hierbei sollte der Ablauf der Bestandsaufnahme eingehalten werden (siehe nebenstehende Abbildungen):

- Kennzeichnung der Räume,
- Kennzeichnung der Wände,
- Kennzeichnung der Schäden: In der Zeichnung wird dokumentiert, dass sich
  a) Feuchtigkeit in Raum 8 im Bereich der Heizkörper und
  b) der Küchenwand, Raum 3, im Bereich der Arbeitsplatte befindet.

Als Grundlage für die Abrechnung von Fliesenlegerarbeiten dienen Aufmaßskizzen, die die geleisteten Arbeiten vor Ort ermitteln. Um Fehler bei der Ermittlung notwendiger Maße zu minimieren, sollte vor Ort die erste kontrollierte Zeichnung angefertigt werden.

Die **Räume** werden im Uhrzeigersinn, vom Wohnungseingang ausgehend, gekennzeichnet. Der Flur erhält dabei die Kennzeichnung 1.

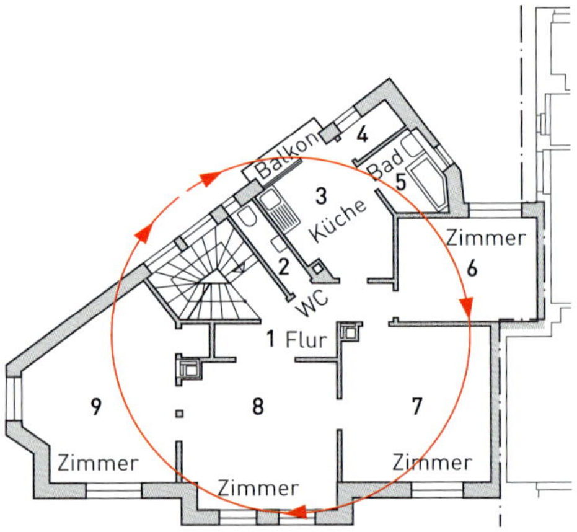

Die **Wände** werden, falls erforderlich, mit der Eingangstür beginnend, im Uhrzeigersinn mit den Kleinbuchstaben a–d gekennzeichnet.

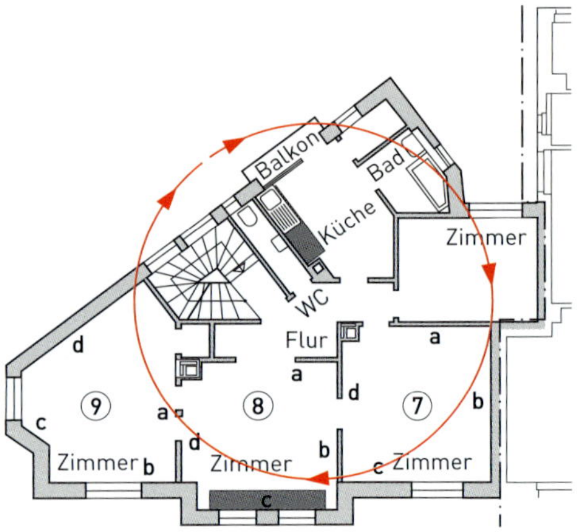

Ablauf der maßlichen Bestandsaufnahme

Maßliche Bestandsaufnahme/Projekt

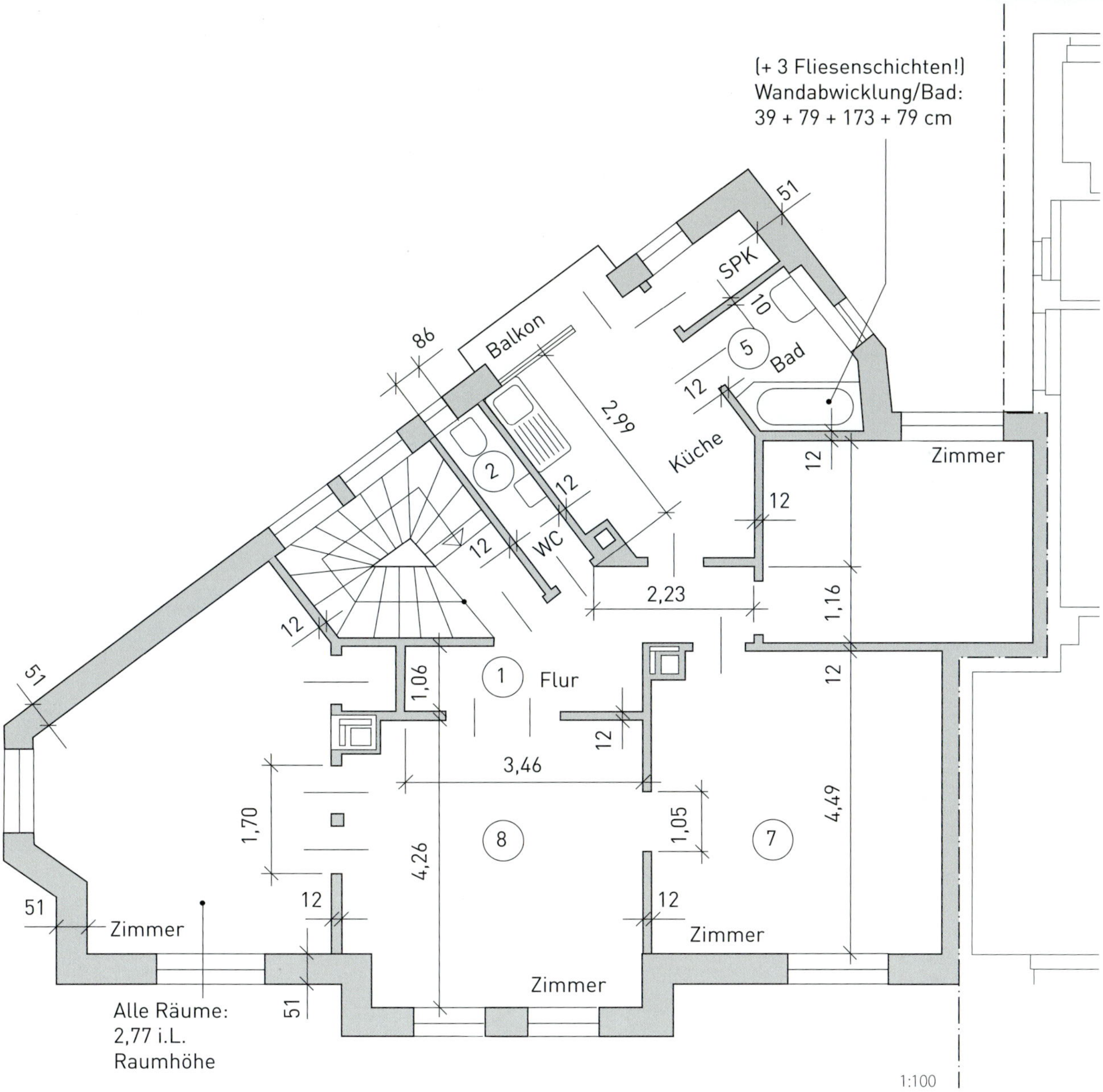

Projekt: Ausgeführte Bestandsaufnahme mit Möblierungsvorschlag

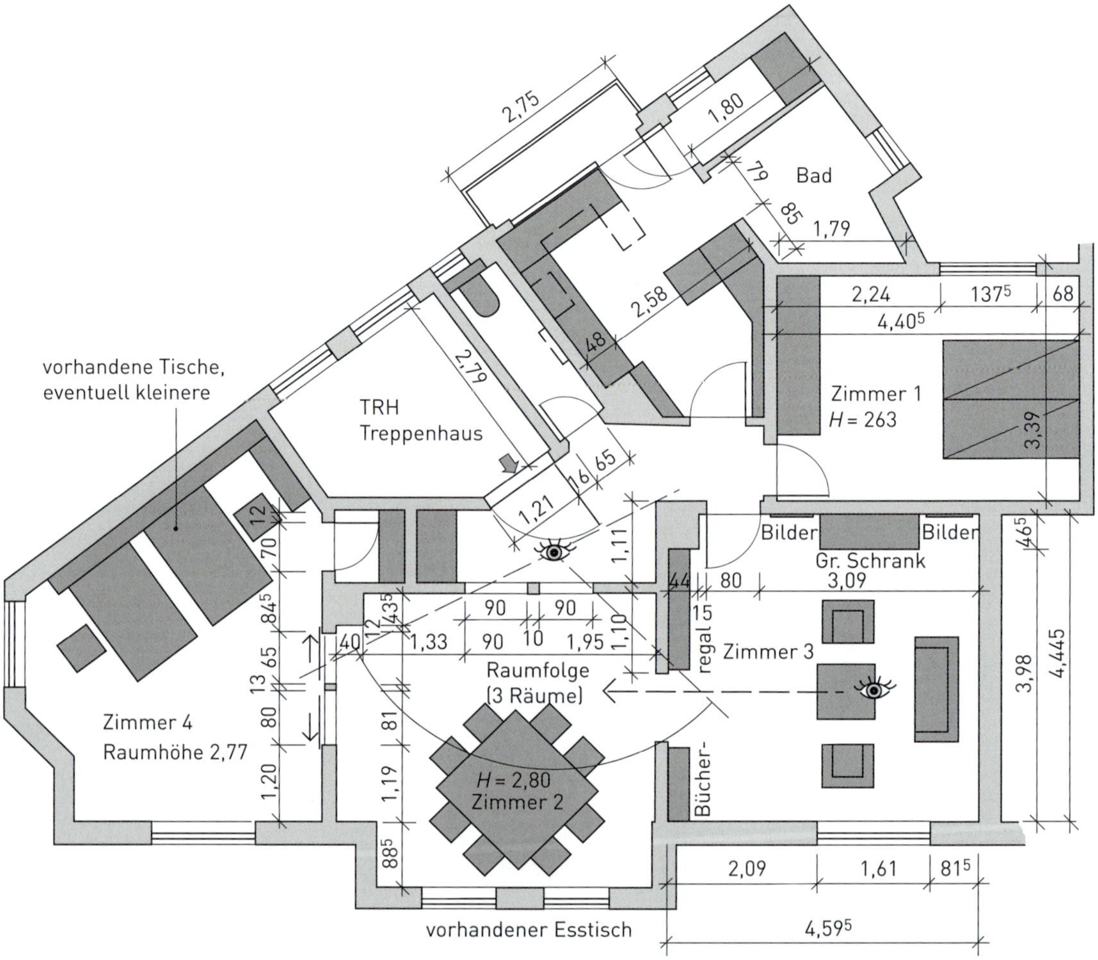

Beispiel für einen Bestandsaufnahmeplan

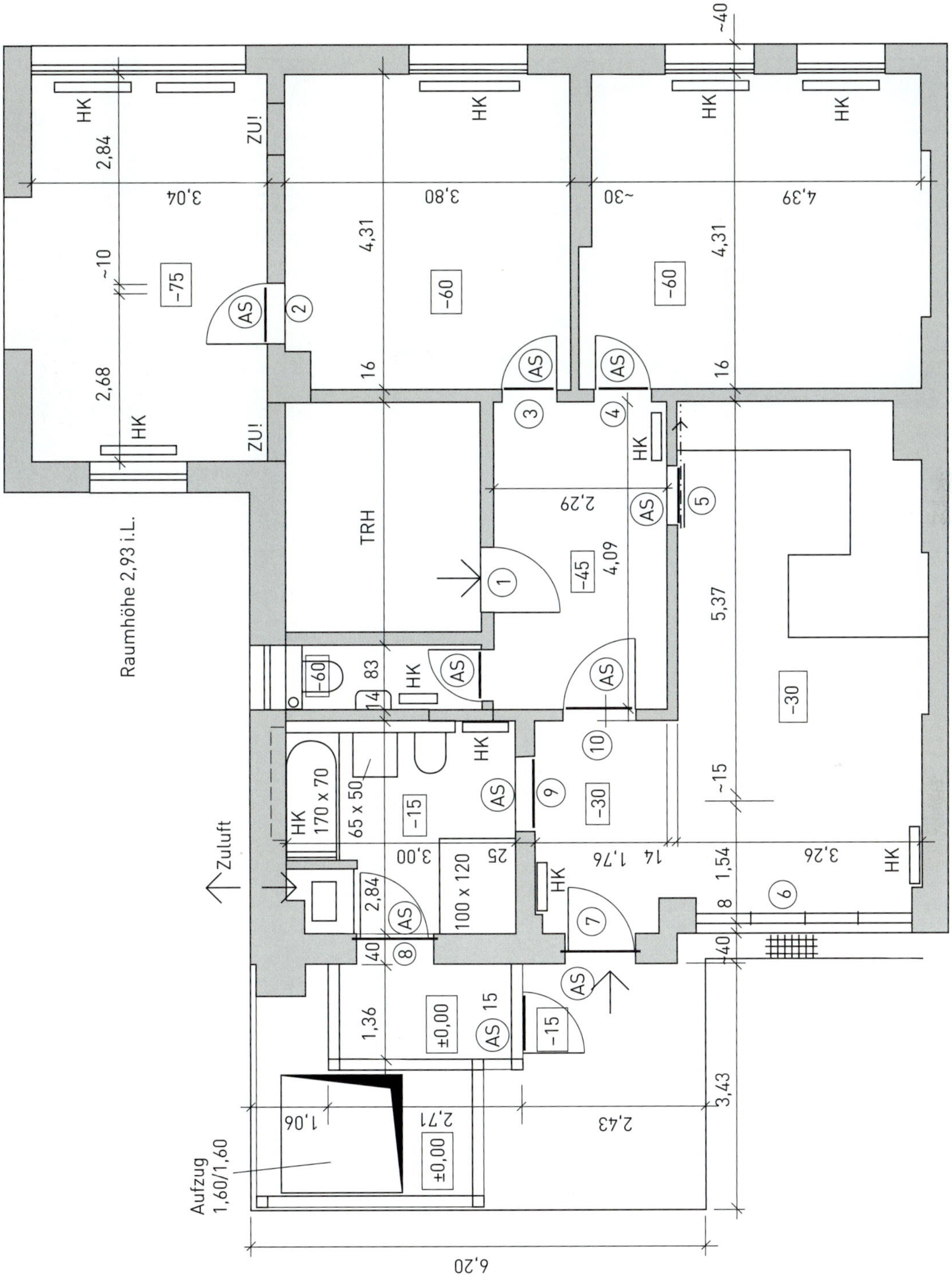

Beispiel: Fotografische Bestandsaufnahme der vorhandenen Fliesenbeläge und Badeeinrichtungen in einem Altbau

Abbildung 1

Abbildung 3

Abbildung 2

Abbildung 4

Aufgabe

Welche Ausführungsdetails in den dargestellten Bädern werden nach heutigem Standard nicht mehr als zeitgemäß angesehen?

17.3 | Untergründe

Prüfen und Vorbereiten des Untergrundes wurde in Abschnitt 9.4 bereits behandelt.

17.3.1 | Spachtelmassen

Spachtelmassen sind heute bei der Untergrundvorbereitung, insbesondere bei der Verlegung von großformatigen Fliesen, nicht mehr wegzudenken. Je nach Einsatzbereich unterscheidet man selbstnivellierende Bodenspachtelmassen und standfeste Spachtelmassen. Meist geht es vor allem darum, einen ebenen Untergrund herzustellen. Bei der Sanierung sind oft nur Teile des Untergrunds schadhaft und müssen entfernt werden. Die entstehenden Löcher kann man mit Spachtelmassen schnell und einfach schließen. Es entsteht außerdem ein Untergrund, der ausreichend fest für die Plattenverlegung ist und eine gleichmäßige Saugfähigkeit besitzt. Dies spielt bei der Vorbehandlung von Holzdielenböden eine große Rolle.

Bestandteile

Spachtelmassen werden mit verschiedenen Bindemitteln hergestellt:

- Zement (meist kunststoffhaltig),
- Calciumsulfat und
- Reaktionsharz.

Diese Bindemittel bestimmen den Einsatzbereich. Außerdem enthalten die meisten Massen feine Gesteinskörnungen als Füllstoff. Dies soll bei dickeren Schichten die notwendige Festigkeit gewährleisten und die Bildung von Schwindrissen verhindern. Der Zusatz von Glasfasern erhöht beim Einsatz auf schwingenden Untergründen wie Dielenböden die Biegefestigkeit. Es gibt auch Systeme mit ausgelegten Glasfasermatten, auf die die Nivelliermasse aufgebracht wird.

Zementhaltige Spachtelmassen

Um ein schnelles Abbinden zu ermöglichen, werden bei den zementhaltigen Spachtelmassen Schnellzemente oder Gipszusätze verwendet. Durch die Zugabe von Fließmitteln erreicht man, dass sich die Masse am Boden nahezu selbst nivelliert. Da der Wasserzementwert niedrig gehalten wird, kommt es kaum zu größeren Schwindrissen.

Beim Ausgleich von Gussasphaltestrichen sollte man jedoch ein anderes Bindemittel verwenden.

Notwendiger Höhenausgleich bei einem Estrich nach Entfernen der Altbeläge und Einbauten

Risse in einem Gussasphaltestrich durch Schwinden der zementgebundenen Spachtelmasse

Einbringen von selbstnivellierender Spachtelmasse mit der Pumpe

Die auftretenden Schwindspannungen können sonst den Gussasphaltestrich zerreißen (s. Bild).

Überwässerung einer Spachtelmasse

Eigenschaften

Spachtelmassen verhalten sich grundsätzlich wie die entsprechenden Estricharten.

Die Zusammensetzung ist nur auf diesen speziellen Einsatzbereich besonders abgestimmt. So wird man zum Beispiel bei einer starken Feuchtebeanspruchung kein Calciumsulfat als Bindemittel wählen, da es nicht wasserbeständig ist.

Unebenheiten des Untergrundes (z. B. „Schüsseln") führen oft dazu, dass die Spachtelmasse am Rande ganz dünn ausläuft. Solch dünne Ausgleichsschichten können aber bei späteren Punktbelastungen, z. B. durch Rollen des Bürostuhls, leicht zerstört werden. Deshalb sind die Mindestschichtdicken nach den Herstellerangaben einzuhalten.

Die Belegreife ist produktabhängig, meist nach Stunden oder 1 … 2 Tagen gegeben. Bei dickeren Schichten dauert es meist länger. Man sollte beachten, dass sich die Herstellerangaben meist auf eine Verlegetemperatur von 20 °C beziehen. Bei kühlerer Umgebung ist mit einer längeren Erhärtungszeit zu rechnen.

Stehrakel und Stachelwalze

Verarbeitung

Die Auswahl der geeigneten Masse richtet sich vor allem nach dem Einsatzort, der benötigten Schichtdicke, dem vorhandenen Untergrund und der gewünschten Belegreife. Die Herstellerangaben sind in jedem Fall genau zu beachten, da wegen der sorgfältig abgestimmten Rezeptur schon geringe Abweichungen zum Verlust der Eigenschaften führen können.

Zunächst ist der Untergrund zu reinigen und im Regelfall mit einer passenden Grundierung vorzubehandeln.

Dielenböden müssen bei nachgiebigen Dielen zusätzlich festgeschraubt werden, offene Fugen mit Dichtstoffen gefüllt werden, da die Spachtelmasse sonst durchläuft. Am Rand des Raumes müssen die Randdämmstreifen so weit herausragen, dass die Nivelliermasse keine Verbindung zur Wand bekommt, da sonst Schallbrücken entstehen. Bei der Mischung ist auf sauberes Wasser in der angegebenen Menge zu achten. Die Masse muss gut durchmischt sein (mit etwa 600 Umdrehungen pro Minute). Zu viel Wasser führt dazu, dass die Ausgleichsschicht nicht fest wird und wieder entfernt werden muss (s. Bild). Es sollte nur so viel angemacht werden, dass die Masse innerhalb der kurzen Verarbeitungszeit aufgebracht werden kann.

Standfeste Massen werden durch Spachteln aufgetragen.

Selbstnivellierende Ausgleichsmassen werden eingebracht und mit einem Stehrakel verteilt. An diesem Gerät lässt sich die Dicke der Schicht einstellen. Anschließend muss die frische Schicht mit einer Stachelwalze entlüftet werden, damit keine Luftbläschen zurückbleiben. Während der Erhärtungszeit sollte man auf ausreichende Temperaturen und die Vermeidung von Zugluft achten.

Sind bei größeren Auftragsdicken zwei Schichten nötig, muss die erste Schicht komplett durchtrocknen, bevor die nächste aufgebracht wird. Werden Feinspachtelmassen in zu dicken Schichten aufgebracht, entstehen Risse bei der Erhärtung. Im Regelfall können die Platten ohne erneute Grundierung direkt auf der Spachtelmasse verlegt werden.

17.3.2 | Entkopplung von Fliesenbelägen

Die Entkopplung von Fliesenbelägen ist eine wichtige technische Neuerung, die das schadensfreie Verlegen von Fliesenbelägen auch auf kritischen Untergründen ermöglicht. Die Entkopplungsschicht kann die auftretenden Horizontalspannungen auffangen, sodass die in einem Bauteil auftretenden Spannungen nicht an ein angrenzendes Bauteil weitergeleitet werden.

Bei der Fliesenverlegung mit einem wenig vergüteten herkömmlichen Dünnbettmörtel entsteht eine kraftschlüssige Verbindung. Der starre Fliesenbelag, der dabei nur über seine Fugen kleine Verformungen auffängt, kann den auftretenden Bewegungen nur bedingt folgen. Auch die kunststoffvergüteten Flexkleber können nur einen Teil der Spannungen kompensieren, so dass es in vielen Fällen zu Bauschäden kommt.

Das Schadensbild weist Fugenrisse, Risse im Belag und Ablösungen des Belags vom Verlegeuntergrund auf. Zu diesen Bauschäden kommt es häufig in Innenräumen bei zu früher Fliesenverlegung auf Nassestrichen, bei der Fliesenverlegung auf Holzuntergründen und im Außenbereich bei den Balkonbelägen, da hier die Horizontalspannungen durch Witterungsverhältnisse extrem groß sind.

Kritische Untergründe sind:

- stabile (abgeschraubte) Holzböden, z. B. Holzdielen auf einer Holzdecke,
- gerissene Estriche oder Betondecken (bis zu einer Rissbreite von 5 mm),
- Mischuntergründe (z. B. bei veränderter Position der Trennwände können die neu entstandenen Räume zweierlei Verlegeuntergründe haben, etwa eine Stahlbeton- oder eine Holzdecke),
- gerissene (aber stabile) alte Fliesenbeläge als Untergrund für neue Beläge,
- zu junger Beton der Stahlbetondecke (der Schwindprozess verursacht noch große Längenänderungen).

Beispiele für den Einsatz von Entkopplungsschichten

In den erwähnten Beispielen ist der Einbau einer Entkopplung eine sehr vorteilhafte technische Lösung. Gerade in der Sanierung kommen solche kritischen Untergründe regelmäßig vor. Bei der Balkonsanierung werden Entkopplungen inzwischen regelmäßig vorgesehen, was zu einer beträchtlichen Reduzierung von Bauschäden führte. Balkonkonstruktionen sind im Lernfeld 11 beschrieben.

Vorteile der Entkopplung

Neben der Möglichkeit der Fliesenverlegung auf kritischen Untergründen, bieten Entkopplungen weitere Vorteile:

- Größere Feldflächen können ohne oder mit weniger Bewegungsfugen verlegt werden. Dabei ist zu beachten, dass eventuell vorhandene Gebäudetrennfugen unbedingt bis zum Fliesenbelag zu übernehmen sind.
- Die Trittschalldämmung wird verbessert. Bei höheren Anforderungen sind spezielle Trittschall- und Entkopplungsplatten einzubauen.
- Einige Entkopplungsarten erhöhen die Wärmedämmung der Fußbodenkonstruktion.
- Auf der Entkopplungsschicht können vorteilhafterweise Dünnestriche vorgesehen werden. Sie können in den Stärken zwischen 5 mm und 50 mm eingebracht werden. Damit wird eine für die Sanierung wichtige geringe Aufbauhöhe des Fertigfußbodens erreicht.
- Auch beim Einsatz von Trockenestrichen wird eine geringe Aufbauhöhe erreicht. Der Einbau der Trockenestriche muss immer 2-lagig mit versetzten Plattenstößen erfolgen.
- Beim Einsatz von Dünnestrichen wird eine kurze Belegreife erreicht, was die Ausführungsdauer einer Sanierung deutlich verkürzt.

Anwendungsbereiche von Entkopplungssystemen

EK-W	Wohnbau
EK-G	gewerbliche Flächen
EK-M	gewerblich mit Befahrung
EK-H	auf Holzuntergründen im Wohnbau

Ausführung

Zu empfehlen ist der Einbau von Produkten **eines** Herstellers nach seinen schriftlichen Richtlinien. Nur dann hat der Fliesenleger den Vorteil der Gewährleistung des Herstellers auf die gesamte Konstruktion bzw. den gesamten Fußbodenaufbau.

Beispiele für den erforderlichen Einsatz von Entkopplungsschichten:

Risse und Hohlstellen im Balkonbelag

Nur ein geringer Fußbodenaufbau ist möglich

Balkonbelag auf Entkopplung

Entkopplungsschichten können schwimmend, in anderen Fällen mit dem Verlegeuntergrund verklebt eingebaut werden (von Fabrikat und Einsatzzweck abhängig). Sie werden in der Regel als Bahnenware geliefert, es gibt aber auch die Plattenform. Ebenfalls aus Gewährleistungsgründen empfiehlt es sich, die Materialien wie Kleber und Fugenmassen aus einem System (von einem Hersteller) zu verwenden.

Risse, die sich beispielsweise in Heizestrichen mit zu geringer Rohrüberdeckung bilden, können sich im Keramik- oder Natursteinbelag fortsetzen. Die Fliesendämmplatte, 4 mm, bildet eine Entkopplungsschicht und vermeidet so die Rissgefahr. Durch die geringe Dicke wird die Heizleistung bei Fußbodenheizungen nicht beeinträchtigt (siehe Abbildung rechts oben).

Holzdielenböden oder Spanplatten sind statisch meist instabil. Sie können sich durchbiegen oder anderweitig verformen. Ein starrer Keramik- oder Natursteinbelag kann diese Verformungen nicht aufnehmen – es kommt zu Schäden. Die Fliesendämmplatte, 9 mm oder 15 mm, erhöht die Biegesteifigkeit, verteilt die Lasten und entkoppelt den Belag von Spannungen im Untergrund. Gleichzeitig wird die Trittschall- und Wärmedämmung erhöht (siehe Abbildung rechts unten). Bei biegesteifen Spanplatten kann auch die Fliesendämmplatte, 4 mm, zur Spannungsentkopplung eingesetzt werden.

17.3.3 | Mörtelträger

Spritzbewurf

Der Spritzbewurf gehört zur fachgerechten Ausführung eines Wandbelages. In der Regel ist er dann aufzubringen, wenn anschließend im Dickbett gearbeitet wird. Richtig ausgeführt, erfüllt er folgende Aufgaben:

1. **Verbesserung der Mörtelhaftung** durch Erzeugen einer einheitlich festen, rauen Ansetzfläche.
2. **Verminderung der Saugfähigkeit** des Untergrundes.
3. **Ausgleichen kleiner Unebenheiten** im Ansetzgrund.

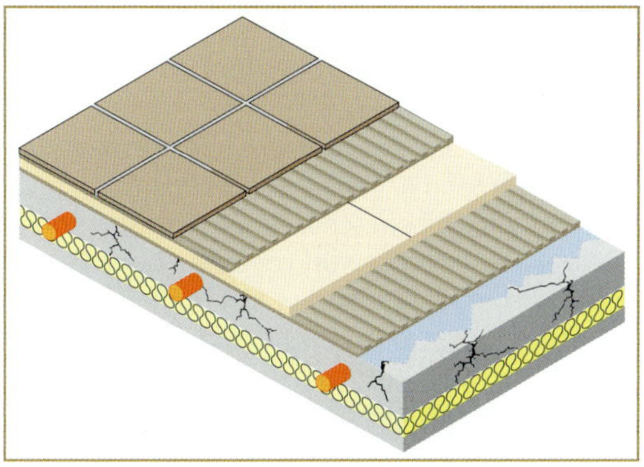

Beispiel: Fliesenbelag mit Fliesendämmplatten auf rissgefährdeten Estrichen

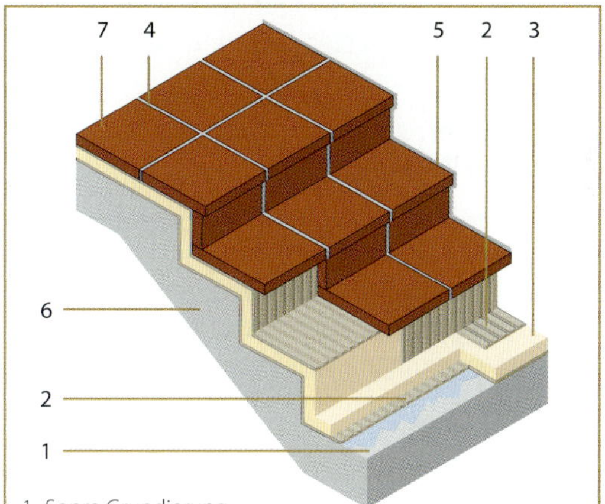

1 Sopro Grundierung
2 flexibler Dünnbettmörtel
3 Sopro Fliesendämmplatte bzw. Sopro Trittschalldämmplatte
4 Sopro Flexfuge breit
5 elastische Fuge zu aufgehenden Bauteilen/Wand – Sopro Sanitärsilicon
6 Beton
7 Fliese

Trittschalldämmschicht bzw. Entkopplungsschicht unter dem Belag

Beispiel: Fliesenbelag mit Fliesendämmplatten auf alten Holzböden

Herstellung

Auf den gereinigten und angenässten Untergrund wird Zementmörtel im Mischungsverhältnis 1:2…3 in Raumteilen aus Normzement und scharfem, gewaschenem Sand (0…4 mm) deckend mit der Kelle aufgeworfen. Beigemischte Kunstharzdispersionen schützen den Spritzbewurf vor zu raschem Wasserentzug bei stark saugenden Untergründen. Auch bei Hitze sollte er vor zu raschem Saugen geschützt werden. Mit dem Ansetzen ist zu warten, bis eine ausreichende Festigkeit erreicht ist.

Der Spritzbewurf verbessert die spätere Mörtelhaftung. Er ist deckend auszuführen. Erst wenn er eine ausreichende Festigkeit erreicht hat, kann mit dem Ansetzen begonnen werden.

Mörtelträger: Arten und Wirkungsweise

Die allgemeinen technischen Vorschriften verpflichten den Fliesenleger, geeignete Maßnahmen zu treffen, wenn die Mörtelhaftung nicht gewährleistet ist. Reicht der Spritzbewurf allein nicht aus, werden Mörtelträger eingesetzt.

1. Arten

Die Mörtelträger werden in zwei Gruppen unterteilt, und zwar in

- Mörtelträger aus **organischen Stoffen**
  a) Schilfmatten,
  b) Strohmatten,
  c) Holzprofilmatten.

Mörtelträger aus organischen Stoffen können nur im trockenen Innenbereich eingesetzt werden. Der Fliesenleger verwendet sie daher nicht.

- Mörtelträger aus **metallischen Stoffen**
  a) **Drahtgeflecht** (Rabitz) aus verzinktem Draht, Maschenweite bis 50 mm,
  b) **Streckmetall** aus Stahlblech, gestanzt und gestreckt, lackiert oder verzinkt,
  c) **Rippenstreckmetall** erreicht durch seine Längsrippen eine größere Stabilität und bessere Haftung im Mörtel als Streckmetall,
  d) **Ziegeldrahtgewebe** besteht aus einem Drahtgeflecht mit aufgesetzten Tonkörpern. Die Saugfähigkeit des Tonmaterials bewirkt eine gute Haftung. Trägt stark auf,

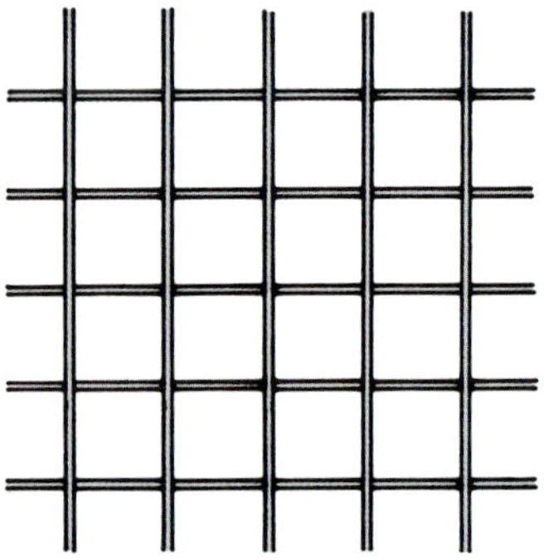

Drahtgeflecht

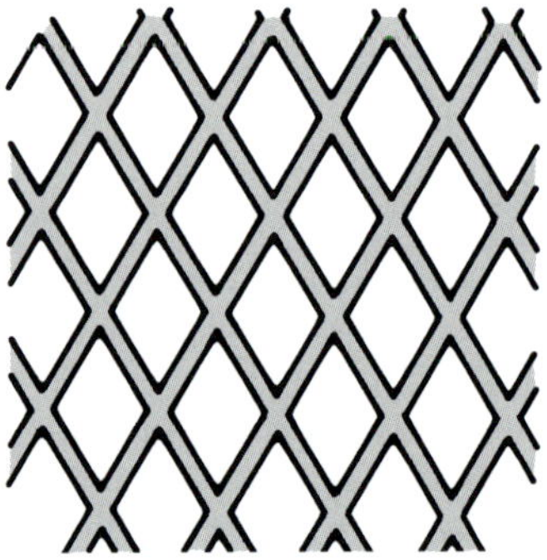

Streckmetall

Rippenstreckmetall

Ziegeldrahtgewebe

e) **Betonstahlmatten** sind werkmäßig vorgefertigte Bewehrungen aus sich kreuzenden Bewehrungsstäben. Die Kennzeichnung erfolgt durch die Kennbuchstaben Q (Stababstände 150 mm × 150 mm bzw. 100 mm × 125 mm) und R (Stababstände 150 mm × 250 mm). Bei Verwendung von Betonstahlmatten ist in jedem Fall auf ausreichenden Korrosionsschutz zu achten.

Vakuum-Bewehrungsgitter aus Glasfaser sind geeignet für Belagmaterial mit genockter Rückseite in Dünnbettverlegung.

Der Fliesenleger verwendet vorwiegend Mörtelträger aus Metall. Die Wahl des Mörtelträgers richtet sich nach dem Einsatzzweck.

2. Wirkungsweise der Mörtelträger

- **Tragendes Gerüst**
  Der Mörtelträger stellt eine Bewehrung des Mörtels dar. Im tragfähigen Untergrund (Beton, Mauerwerk) verankert, trägt er die Wandbekleidung.
- **Überbrückende Wirkung**
  Der durch den Mörtelträger bewehrte Ansetzmörtel bildet mit dem Bekleidungsmaterial ein in sich festes Konstruktionsteil. Dieses überbrückt mit einem geringen Abstand den Untergrund. Die Bewegungen des Untergrundes (z. B. Ausdehnungen, Setzungen) verursachen damit keine Bauschäden.

3. Verwendung

Mörtelträger werden in folgenden Fällen eingesetzt:

- **Untergrund nicht tragfähig**
  Beispiele: außen liegende Wärmedämmung, Holzwolleplatten, altes Mauerwerk. Wichtig ist die Verankerung des Mörtelträgers im dahinter liegenden, tragfähigen Bauteil.
- **Untergrund nicht haftsicher**
  Beispiele: glatter Stahlbeton, Flächen mit Schalölresten, Metallflächen, glatte Natursteinplatten, gesperrte Flächen (Duschräume).
- **Untergrund nicht einheitlich**
  Beispiele: Mischmauerwerk, Stahlskelettbau, Rohrschlitze in der Wand.
  Unterschiedliches Saug- und Formänderungsverhalten führt zu Spannungen. Der Mörtelträger schafft zusammen mit dem Spritzbewurf einen einheitlichen Verlegegrund.

Beispiele für nicht geeignete Untergründe

- Starke Temperaturschwankungen
  Beispiele: Fassadenbekleidungen, Kühlräume, Belag über beheizten und teilweise unbeheizten Räumen.
  Die Formveränderung als Folge der Temperaturschwankungen wird durch die Mörtelträger aufgenommen.
- Überbrückung von Plattenstößen
  Beispiele: Leichtbauplatten, Stöße zweier unterschiedlicher Materialien.
  Die Gefahr der Rissbildung als Folge der Spannungen wird vermindert.
- Rabitzkonstruktionen
  Beispiele: Trennwände, Ummantelung von Stützen.

Mörtelträger werden bei unzureichender Mörtelhaftung oder bei Spannungen im Verlegeuntergrund verwendet.

4. Ausführung

Der Einsatz von Mörtelträgern ist in der Regel mit dem Anbringen eines Spritzbewurfes verbunden. Als Befestigungsmaterial werden feuerverzinkte Haken und Konsolen verwendet. In Nassräumen ist eine nicht rostende Edelstahlausführung erforderlich.

Die Befestigung erfolgt im tragfähigen Untergrund (Beton, Mauerwerk). Sind Stützen im Untergrund vorhanden, wie z. B. bei Holzfachwerk, darf der Mörtelträger nicht an ihnen befestigt werden. Eine Trennschicht (z. B. Dichtungsbahn, Folie) vor der Stütze verhindert die Übertragung der Stützenbewegung auf den Fliesenbelag.

In Fällen, in denen der Mörtelträger auf einer Sperrschicht befestigt werden muss (z. B. in Duschräumen), darf diese nicht durch Nägel oder Haken beschädigt werden. Hier werden die Mörtelträger an Haken aufgehängt, die unterhalb der Decke anzubringen sind.

Bei stark beanspruchten Bauteilen (z. B. Fassaden) sind die Verankerungen nach den Angaben des Statikers auszuführen. Darin sind die Anzahl, die Art und der Abstand zwischen den Ankern festgelegt.

Vorteilhaft kann auch eine andere Lösung sein, und zwar der Einsatz von Trockenputz.

Fachwerk Innenwand

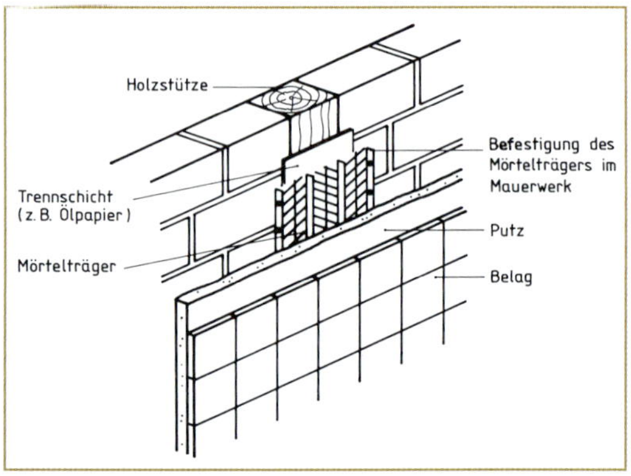

Mörtelträger bei Fachwerk

Rippenstreckmetall als Putzträger mit Spritzbewurf

17.3.4 | Trockenputz

Als Trockenputz werden Trockenbauplatten mit Mörteln oder Bauklebern direkt auf den Untergrund angesetzt bzw. eine Vorsatzschale wird vor dem für die Fliesenbelegung ungeeigneten Verlegeuntergrund angeordnet.

Trockenputz bietet folgende Vorteile, und zwar

- die Verkürzung der Bauzeiten,
- die Verminderung der Baufeuchtigkeit,
- keine Wartezeiten,
- den Ausgleich von Unebenheiten der Rohbauwand,
- die Verbesserung des Wärmeschutzes (Verbundplatten),
- vorbeugenden Brandschutz,
- die Verkleidung haustechnischer Installationen; sie ermöglicht die Vorwandinstallation und verbessert gleichzeitig den Schallschutz,
- ist der Einsatz von Trockenputz häufig günstiger als aufwendiger Nassputz und der Einsatz von Mörtelträgern, weil anderenfalls größere Flächen ungeeigneter Verlegeuntergründe verputzt werden müssten.

Trockenbauplatten:

- Gipsplatten, Typ A bzw. H (mit Zusätzen zu reduzierter Wasseraufnahmefähigkeit),
- Gipsfaserplatten (faserverstärkt mit Cellulosefasern),
- Verbundplatten (mit rückseitig aufgeklebter Wärmedämmschicht),
- beschichtete Hartschaumplatten, für den Einsatz in Bädern sehr gut geeignet (keine Wasseraufnahme!).

Ausführung

Je nach Untergrund und Verarbeitungsanleitung wird der Ansetzmörtel batzen- oder streifenförmig oder vollflächig auf die Rückseite der Trockenputzplatten aufgetragen.

Batzenförmiger Mörtelauftrag wird bei normal unebenem Grund, z. B. bei üblichem Mauerwerk, und zum Ansetzen von Verbundplatten genutzt.
Die Trockenputzplatten werden jeweils durch Andrücken und Anklopfen mit dem Richtscheit ausgerichtet und danach mit besonderem Fugenmörtel (z. B. Fugenfüller) verfugt bzw. verspachtelt.

Trockenputz und Vorsatzschale in einem Bad

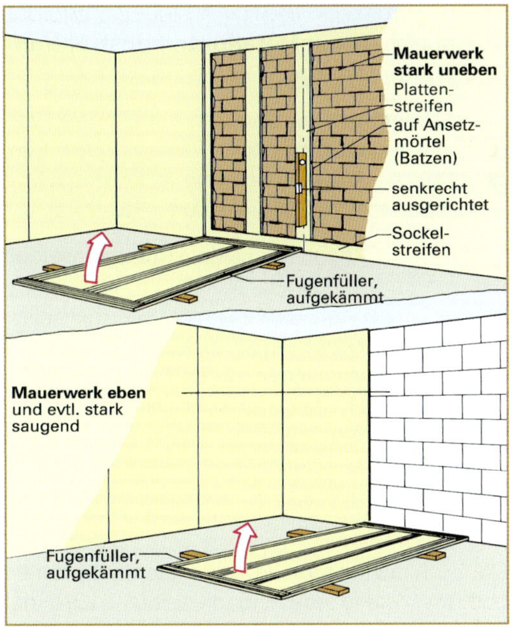

Dünnbettverlegung auf Plattenstreifen und auf ebener Wand

Rationeller ist es, den Ansetzmörtel mit einer Spritzmaschine auf die Wand zu spritzen (schlangenförmige Wulste). Die Platten werden dann angesetzt, ausgerichtet und fest angedrückt.

Im **Dünnbettverfahren** werden die Platten bei besonders ebenem Grund, z. B. bei Betonflächen, angesetzt. Der etwas dünner angerührte Ansetzmörtel wird mit Zahnkelle bzw. Kammschlitten streifenförmig aufgetragen und gleichmäßig verteilt.

Ist der Grund stark uneben, z. B. bei Altbaumauerwerk, werden die Unebenheiten zuerst mit **Plattenstreifen** (etwa 10 cm breit) und batzenförmigem Ansetzmörtel ausgeglichen. Auf die lot- und fluchtgerecht ausgerichteten Plattenstreifen werden die Putzplatten im Dünnbettverfahren angesetzt.

Als Ansetzmörtel werden in der Regel die vom Plattenhersteller angebotenen Ansetzbinder verwendet. Diesem besonders behandelten Stuckgips sind Zusätze beigegeben, die das langsame Versteifen, das Wasserrückhaltevermögen und die sichere Haftung der Platten am Putzgrund steuern bzw. beeinflussen. Der Ansetzmörtel muss in sauberen Behältern angerührt werden.

Vorsatzschale mit Metallunterkonstruktion und Wandmontage

Ist der Untergrund zum direkten Ansetzen von Vorsatzschalen ungeeignet oder werden höhere bauphysikalische Anforderungen gestellt, werden Vorsatzschalen mit Unterkonstruktion verwendet.

Senkrechte CW- oder CD-Metallständer werden mittels elastisch federnder Metallbügel an der Rohbauwand montiert. Bodenanschlüsse (herstellerabhängig auch Deckenanschlüsse) werden, ähnlich wie bei Montagewänden, durch Verankerung von UW- oder UD-Metallprofilen hergestellt. Die Beplankung erfolgt meist in Längsverlegung mit raumhoch zugeschnittenen Trockenbauplatten. Vorsatzschalen mit ≥ 15 m Länge benötigen Bewegungsfugen.

Die Hohlraumdämmung mit Faserdämmstoffen (z. B. MW $d > 40$ mm) und die Hinterlegung der Metallbügel und Anschlussprofile mit Dämmstreifen sowie eine doppelte Beplankung ermöglichen eine bessere Schalldämmung gegenüber der Vorsatzschale mit MW-Verbundplatten.

Küchensanierung: Unterkonstruktion der Vorsatzschale

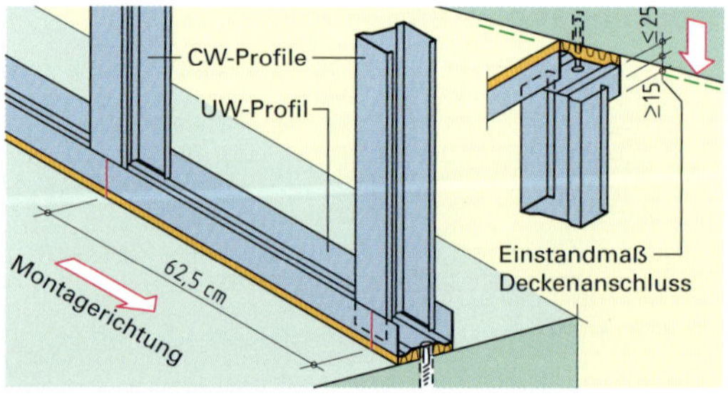

Einbau der Ständerprofile

Profil	Kurzzeichen	Höhe h (mm)	Anwendungsbereich
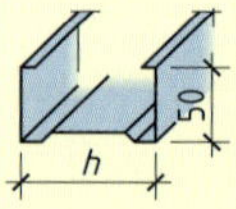	CW 50 CW 75 CW 100	48,8 73,8 98,8	Ständerprofile für Montagewände und Wandvorsatzschalen
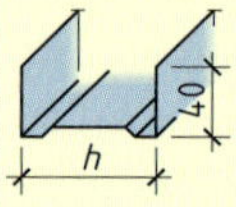	UW 50 UW 75 UW 100	50 75 100	Anschlussprofile an Boden und Decke für Montagewände und Wandvorsatzschalen

Standardprofile für Wandkonstruktionen

17.4 | Wärmeschutz

Das Beheizen von Gebäuden wird immer teurer und belastet die Umwelt. Eine verbesserte Wärmedämmung ist daher im Interesse aller und wird vom Gesetzgeber gefordert. Mit dem **Gebäudeenergiegesetz** (GEG) muss der gesamte Energiebedarf eines Gebäudes ermittelt werden. Dieser darf den Wert des virtuellen Referenzgebäudes mit gleicher Geometrie nicht übersteigen. Da der größte Wärmeverlust eines Gebäudes über die wärmeumhüllende Fläche geht, sind diese Bauteile von besonderer Bedeutung. Um die Wärmedämmfähigkeit eines Bauteils beurteilen zu können, wird die Wärmedurchgangszahl U berechnet und mit einem Wert U_{max} verglichen, der bei einer Sanierung nicht überschritten werden darf.

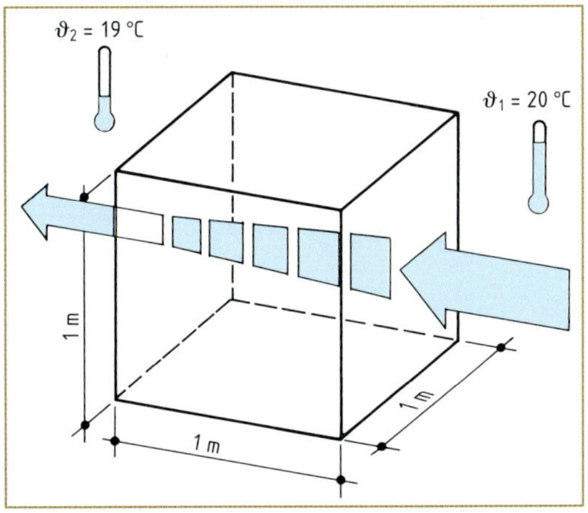

Die Einheit der Wärmeleitung durch einen Stoff

17.4.1 | Wärmeschutzberechnung

1. Heraussuchen der Wärmeleitfähigkeiten

Die Wärmeleitzahl λ (Lambda) gibt an, welche Wärmemenge in Watt innerhalb einer Sekunde durch die Fläche von 1 m² einer 1 m dicken Wand eines Baustoffes bei einer Temperaturdifferenz von 1 K der beiden Oberflächen hindurchgeleitet wird.
Je größer λ, desto mehr Wärme leitet ein Baustoff und desto schlechter ist die Dämmung. Die Einheit der Wärmeleitzahl ist W/mK.

Baustoff	λ in W/mK
Stahlbeton	2,3
Mauerziegel	0,20 … 1,4
Fliesen	1,3
Polystyrol-Hartschaum	0,03 … 0,05
Zementputz	1,6
Gipsplatten	0,25

Wärmeleitzahlen einiger ausgewählter Baustoffe

2. Berechnen des Wärmedurchlasswiderstands *R*

Besteht ein Bauteil aus mehreren Schichten, haben die unterschiedlichen Baustoffe verschiedene λ-Werte. Je dicker das Bauteil ist, desto besser ist die Wärmedämmung. Dies wird durch den Wärmedurchlasswiderstand R berücksichtigt:

$$R = \frac{d_1}{\lambda_1} + \frac{d_2}{\lambda_2} + \frac{d_3}{\lambda_3} + \ldots \; [\text{m}^2\,\text{K/W}]$$

Je größer R, desto besser die Wärmedämmung. Dieser R-Wert darf dann einen in der DIN 4108 festgelegten Mindestwert nicht unterschreiten, um einen Schutz gegen Tauwasser zu bieten, z. B. gilt für Außenwände $R \geq 1{,}20\,\text{m}^2\,\text{K/W}$. Dieser Mindestwert ist jedoch für eine zeitgemäße Wärmedämmung nicht ausreichend.

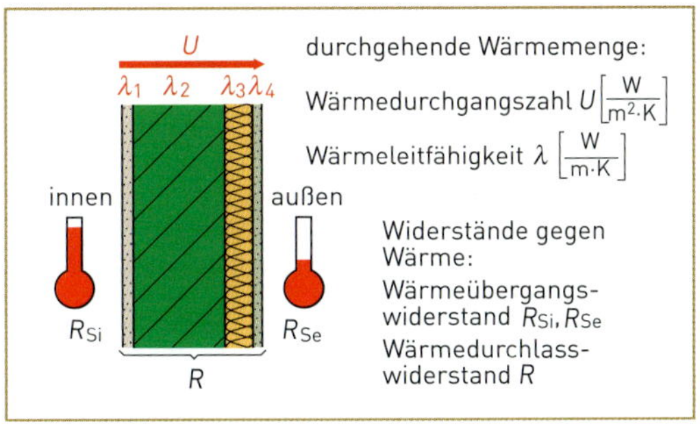

Kennwerte des Wärmeschutzes

Wärmeübergangswiderstand in m² K/W	Richtung des Wärmestroms		
	aufwärts	horizontal	abwärts
R_{si}	0,10	0,13	0,17
R_{se}	0,04	0,04	0,04

Wärmeübergangswiderstände nach DIN EN ISO 6946

3. Ermittlung des Transmissionswiderstands R_T

Aus der warmen Innenluft kann die Wärme nicht vollständig in das umschließende Bauteil gelangen. Ebenso gelingt es dem erwärmten Bauteil an der Außenseite nicht, die Wärme komplett an die Außenluft abzugeben. Deshalb werden zum R-Wert die Wärmeübergangswiderstände R_{si} und R_{se} addiert:

$$R_T = R_{si} + R + R_{se}$$

R_{si} = Widerstand innen
R_{se} = Widerstand außen (extern)

Geht die Wärme nach oben durch ein Bauteil, wie zum Beispiel bei einer Dachterrasse, ist der Übergangswiderstand geringer, da warme Luft nach oben drückt.

4. Berechnung der Wärmedurchgangszahl U

Der U-Wert wird dann über den Kehrwert von R_T ermittelt: $U = \frac{1}{R_T}$

Je kleiner der U-Wert, desto besser die Wärmedämmung. Anschließend vergleicht man U mit dem Maximalwert U_{max} des Gebäudeenergiegesetzes (s. Tabellenbuch).

Beispiel

Einbau eines neuen Estrichs auf Dämmschicht auf einer Geschossdecke über einem unbeheizten Keller

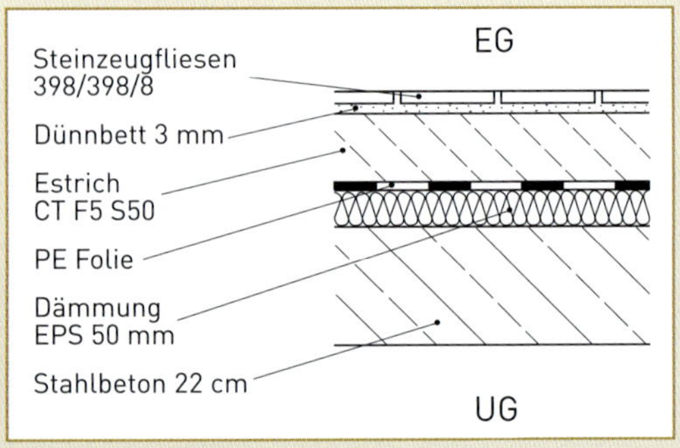

1. Wärmeleitfähigkeiten

Fliesen: $\lambda_1 = 1{,}3$ W/mK
Dünnbett (Zementmörtel): $\lambda_2 = 1{,}6$ W/mK
Zementestrich: $\lambda_3 = 1{,}4$ W/mK
Folie: geringe Dicke, kein Beitrag zur Dämmung
Dämmung EPS: $\lambda_4 = 0{,}03$ W/mK (bester Wert wird angenommen)
Stahlbeton: $\lambda_5 = 2{,}3$ W/mK

2. Wärmedurchlasswiderstand R

$$R = \frac{0{,}008\ \text{m}}{1{,}3\,\frac{\text{W}}{\text{mK}}} + \frac{0{,}003\ \text{m}}{1{,}6\,\frac{\text{W}}{\text{mK}}} + \frac{0{,}05\ \text{m}}{1{,}4\,\frac{\text{W}}{\text{mK}}} + \frac{0{,}05\ \text{m}}{0{,}03\,\frac{\text{W}}{\text{mK}}} + \frac{0{,}22\ \text{m}}{2{,}3\,\frac{\text{W}}{\text{mK}}}$$

$= 0{,}006 + 0{,}002 + 0{,}036 + 1{,}667 + 0{,}096\ [\text{m}^2\text{K/W}]$
$= 1{,}81\ \text{m}^2\text{K/W}$

Fliesen und Dünnbett tragen hier kaum zur Wärmedämmung bei.
$R > R_{min} = 0{,}9\ \text{m}^2\text{K/W}$ für Kellerdecken (DIN 4108)

3. $R_{si} = 0{,}17\ \text{m}^2\text{K/W}$ (Wärmestrom abwärts)
$R_{se} = 0{,}04\ \text{m}^2\text{K/W}$
$R_T = 0{,}17 + 1{,}81 + 0{,}04 = 2{,}02\ \text{m}^2\text{K/W}$

4. $U = \frac{1}{2{,}02} = 0{,}496\ \text{W/m}^2\text{K} < U_{max} = 0{,}5\ \text{W/m}^2\text{K}$ (Fußbodenaufbauten)

17.4.2 | Dämmstoffe

Allgemein: Wärmedämmstoffe haben eine geringe Wärmeleitfähigkeit (λ < 0,15 W/mK). Dies ist auf den hohen Luftporenanteil zurückzuführen, der eine geringe Dichte und geringere Masse bewirkt.

Wärmedämmstoffe sollen Wasser abweisend sein oder dürfen nicht der Feuchtigkeit ausgesetzt werden, da Wasser eine wesentlich höhere Wärmeleitfähigkeit hat als Luft (etwa 25-fach!) und die Wärmedämmfähigkeit wesentlich herabgesetzt wird. Als weitere Eigenschaft wird von den Dämmstoffen Witterungs- und Fäulnisbeständigkeit verlangt. Anorganische Dämmstoffe (z.B. Glaswolle) sind deshalb vorteilhafter als organische Dämmstoffe (z.B. Holzwolle-Platten). Bei gedämmten Fußböden müssen die Dämmstoffe je nach Belastung eine geringe Zusammendrückbarkeit c_p aufweisen (≤ 5 mm bei Wohnraumbelastung).

Arten nach der Lieferform

lose Dämmstoffe:

- Naturbims
- Hüttenschlacke
- Blähton
- Glasfaser und Steinwolle in loser Form
- schaumige Kunststoffe (z.B. Polystyrolschaum, Polyurethanschaum)
- Perlite

Verwendung: Füllstoff für Holzbalkendecken, Hinterfüllung bei zweischaligem Mauerwerk, Ausschäumen von Fertigteilen und Hohlräumen, Herstellung von Leichtbeton und Dämmputz.

Dämmmatten und Dämmplatten:

- Holzwolle-Platten
- Holzwolle-Mehrschichtplatten (Schaumkunststoff und Beschichtung aus mineralisch gebundener Holzwolle)
- Schaumkunststoffplatten aus Polystyrol (EPS expandiert, XPS extrudiert), zum Teil beschichtet (z.B. Metallfolien, Glasvlies)
- mineralische Faserdämmstoffe (Glaswolle, Steinwolle als Matten, Platten oder Filze, zum Teil mit einer elastischen Schicht (z.B. Bitumenpapier) versteppt
- pflanzliche Faserdämmstoffe (Kokosfasern, Holzfasern)
- Korkplatten

Wärmedämmung eines zweischaligen Mauerwerks

Wärmedämmung beim Dachgeschossausbau mit Dämmmatten

Verwendung: Dämmschicht der Außenwand, Flachdächer, Holzbalkendecken, Dachausbau, Zwischenschicht bei zweischaligem Mauerwerk, Fertigteil-Häuser, Estriche auf Dämmschicht.

Die Dämmstoffe werden nach ihren Anwendungsgebieten mit Kurzzeichen gekennzeichnet (DIN 4108-10).

Beispiele:

DAA	Außendämmung von Dach oder Decke, vor Bewitterung geschützt, Dämmung unter Abdichtungen
DES	Innendämmung der Decke oder Bodenplatte (oberseitig) unter Estrich mit Schallschutzanforderungen
WI	Innendämmung der Wand

17.4.3 | Ausführung

Bei den raumabschließenden Bauteilen (Decken und Wände) stellt sich die Frage, ob die Dämmschicht innen oder außen angeordnet werden soll.

Wird sie außen angebracht, können die Wände die Wärmeenergie speichern (und bei Bedarf wieder abgeben). Auch die Gefahr der Kondenswasserbildung ist bei dieser Lösung geringer.

Es ist häufig nicht möglich, die Wärmedämmung als Wärmedämmverbundsystem außen anzubringen, da dies der Denkmalschutz nicht zulässt, oder es wird nur eine Etage im Gebäude saniert und die Miteigentümer wünschen keine Fassadenveränderung.

In solchen Fällen muss eine innere Wärmedämmung ausgeführt werden, z. B. aus

- getrennt verklebten Dämmplatten und Gipsplatten,
- Verbundplatten (Dämmstoff im Verbund mit Gipsplatten, deren Rückseiten mit einer Beschichtung aus Alufolie versehen sind), die auf die Wand geklebt werden,
- Vorsatzschalen mit einer Unterkonstruktion (siehe 17.3).

Wichtig ist, dass eine Dampfbremse auf der warmen Seite des Dämmstoffes angeordnet und damit Tauwasserausfall in den Bauteilen vermieden wird. Bei höherer Luftfeuchtigkeit, z. B. in Küchen und Badezimmern, werden imprägnierte Gipsplatten Typ H oder mit Gewebe beschichtete Hartschaumplatten verwendet. Sie haben den Vorteil der Feuchtigkeitsbeständigkeit und bieten daher einen geeigneten Untergrund für die Fliesenverlegung.

Zu berücksichtigen ist auch das Problem der **Wärmebrücken**. Das sind geschwächte Gebäudeteile (z. B. Heizkörpernischen) oder Betonteile (z. B. Fenstersturz, Stirnseiten der Decken), die einen höheren Wärmeverlust haben und die zusätzlich gedämmt werden müssen, um Kondenswasserbildung und Schimmelbefall in diesem Bereich zu vermeiden.

Für die Dickbettverlegung ist die Wärmedämmschicht kein tragfähiger Verlegeuntergrund. Für Wandbeläge ist deshalb ein bewehrter Unterputz notwendig (z. B. keramische Fassaden oder Kühlräume).

Schimmel wegen fehlender Wärmedämmung

Innendämmung im kalten Keller/Lebensmittelkeller

17.5 | Feuchteschutz

Feuchte Räume sind oft nicht zweckgemäß benutzbar und werden zumindest als unbehaglich empfunden. Bei Dauerfeuchte im Bauteil kann gesundheitsschädlicher Schimmelpilz auftreten und der Baustoff zerstört werden. Trifft man bei Modernisierungsmaßnahmen von Altbauten auf Feuchteschäden, so müssen vor jedem weiteren Schritt die Ursachen dafür festgestellt und beseitigt werden.

Mögliche Feuchtequellen sind:
- defekte Rohrleitungen und Installationen,
- eindringender Regen oder Bodenfeuchte,
- mangelhaft gelüftete Nassräume,
- ungenügende Wärmedämmung der Außenbauteile mit Entstehung von Tauwasser.

Vor einer Sanierung sind Feuchteschäden und -ursachen zu beseitigen, da auf feuchten Oberflächen die Haftung schlecht ist und die neuen Bauteile innerhalb kurzer Zeit erneut geschädigt werden können.

17.5.1 | Entstehung von Tauwasser

In der Luft ist immer ein Anteil von Wasserdampf enthalten, der normalerweise nicht sichtbar ist. Ab einem bestimmten Wasserdampfgehalt ist die Luft gesättigt und kann nichts mehr aufnehmen. Zusätzlicher Wasserdampf ist dann als Nebel sichtbar. Warme Luft kann grundsätzlich mehr Wasserdampf aufnehmen als kalte (s. Bild). Der Wasserdampfgehalt wird durch die relative Luftfeuchte angegeben, das heißt, wie viel Prozent des maximal möglichen Wassergehalts in der Luft tatsächlich enthalten ist.

Beispiel: Sind bei 20 °C in einem m^3 Luft 8,7 g Wasserdampf vorhanden, beträgt die relative Luftfeuchte 8,7 g/17,3 g · 100 % = 50 %.

Im Winter haben wir folgende Situation: Die kalte Außenluft enthält viel weniger Wasserdampf als die warme Innenluft. Um dies auszugleichen, versucht der Dampf von innen nach außen zu gelangen (Diffusion). Es bildet sich ein Dampfdruck. Der Wasserdampf dringt deshalb in die Außenwände ein, wenn die Baustoffe durchlässig sind. Dabei kühlt er sich ab. Sinkt die Temperatur in der Wand zum Beispiel auf 5 °C, kann die Luft in den Wandporen nur noch einen Bruchteil des Dampfes aufnehmen als bei 20 °C Innentemperatur. Der überschüssige Wasserdampf wird im Bauteil zu Wassertropfen. Es entsteht Tauwasser.

Schimmelpilz in Altbau

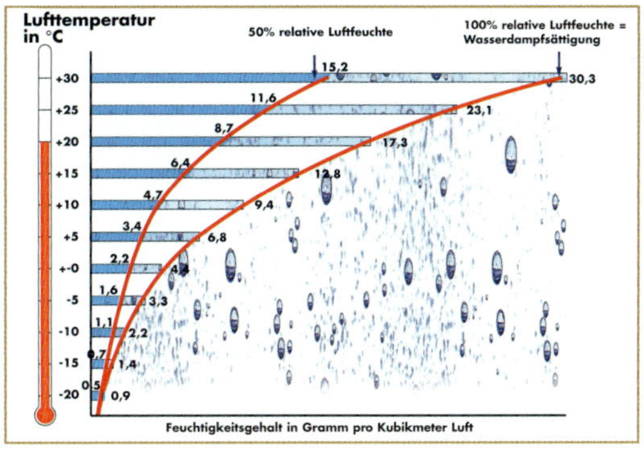

Luftfeuchte und Wassergehalt

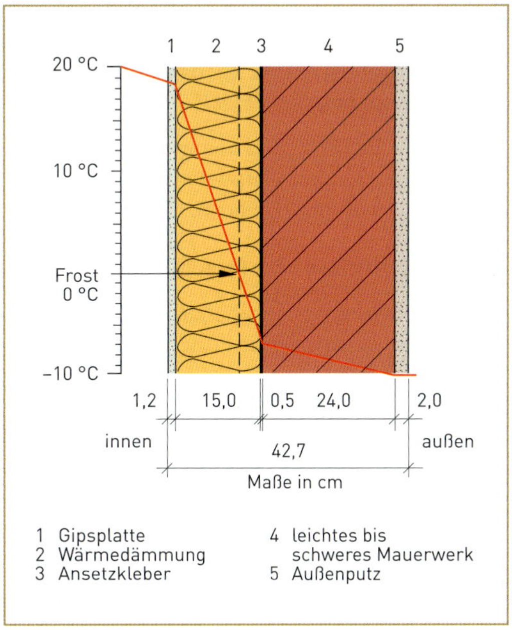

Temperaturverlauf in einer Außenwand

Wie viel Wasserdampf in das Bauteil eindringen kann, hängt von der Art des Baustoffes ab. Ist der Baustoff wie z.B. Holzfaserdämmplatten dampfdurchlässig, nennt man ihn „diffusionsoffen". Das Gegenteil davon ist „dampfsperrend" (z.B. Alufolie, Reaktionsharzabdichtung). Es ist durchaus möglich, dass ein Baustoff wasserdicht ist, aber Wasserdampf durchlässt, wie z.B. die Abdichtung im Verbund aus einer Kunstharzdispersion. Die Wasserdampfdiffusionswiderstandszahl μ (my) ist ein Maß für die Dichtigkeit eines Baustoffs. Je größer μ, desto dichter der Baustoff. Betrachtet man eine Wand aus verschiedenen Baustoffen, hängt es natürlich auch von der Dicke der einzelnen Wandschichten ab, wie viel Wasserdampf nach außen dringen kann. Dies berücksichtigt ein zweiter Kennwert, der s_d-Wert („wasserdampfdiffusionsäquivalente Luftschichtdicke"):

$s_d = \mu \cdot d$ (Bauteildicke in m)

Bauteile mit einem s_d-Wert kleiner als 0,5 m gelten als diffusionsoffen, mit einem Wert größer als 1500 m als dampfdicht.

Bei einer Innendämmung nimmt die Bauteiltemperatur nach außen hin schnell ab. Es kommt sehr schnell zu Tauwasserbildung, da der Wasserdampf nur wenige Zentimeter eindringen muss, um eine kritische Temperatur zu erreichen. Deshalb muss man mit einer Dampfbremse oder -sperre auf der Innenseite vermeiden, dass der Dampf überhaupt eindringen kann. Ist das Bauteil schlecht gedämmt, kann die Temperatur an der Innenoberfläche so niedrig werden (ab ca. 12 °C), dass sich Tauwasser an der Wandoberfläche bildet (s. Bild).

Bei einer Außendämmung kommt es erst viel weiter außen zu niedrigen Temperaturen, die Tauwassergefahr ist wesentlich geringer.

Baustoff	μ-Wert
Mauerziegel	5/10
Stahlbeton	80/130
Zementputz	15/35
Gipsputz	10
Fliesen	unendlich
Polystrol-Hartschaum (EPS)	20/100
Polystrol-Hartschaum (XPS)	80/250
Glaswolle	1
Alufolie	unendlich
PE-Folie	100 000

Diffusionskennwert ausgewählter Baustoffe

Altbau ungedämmt: Feuchteflecken an der Innenputzoberfläche bei 11,6 °C Oberflächentemperatur in einem unbeheizten Schlafraum

17.5.2 | Sanierung von Feuchteschäden

Vor der Sanierung muss vorhandener Schimmelbefall beseitigt werden, da die Pilzsporen zum Teil gesundheitsschädlich sind. Deshalb sollte bei der Beseitigung ein Mundschutz getragen werden. Der Schimmelpilz kann mit säurehaltigen Mitteln abgetötet werden. Schimmel bildet sich bei Luftfeuchten über 70 %. Bleibt die Luftfeuchte im Bauteil auf Dauer hoch, entsteht jedoch wieder neues Pilzwachstum. Um dies zu vermeiden, können innen alkalische Putze und Farben sowie Calciumsilikatplatten zur Feuchteaufnahme angebracht werden. Diese Systeme funktionieren aber nur, wenn sie offen bleiben und nicht durch Fliesen oder Abdichtungen abgedeckt werden. In diesen Fällen kann durch eine verbesserte Wärmedämmung die Tauwasserbildung verhindert werden.

Bei der Sanierung eines denkmalgeschützten Gebäudes ist eine Außendämmung oft nicht möglich. Hier sollte man darauf achten, innen vor der Wärmedämmung eine Dampfsperre oder Dampfbremse anzubringen. Grundsätzlich sollten Außenbauteile von innen nach außen immer diffusionsoffener werden, damit entstandenes Tauwasser im Sommer austrocknen kann.

17.6 | Schallschutz

Die Anforderungen an den Schallschutz waren früher wesentlich geringer als heute. Bei der Sanierung von Fußbodenaufbauten stellt man fest, dass oft gar keine Schalldämmschicht eingebaut wurde, insbesondere im Bad (s. Projekt am Anfang des Lernfelds). Für den Fliesenleger geht es darum, einen zeitgemäßen Trittschallschutz einzubauen.

17.6.1 | Kennwerte für den Trittschall, Schallpegel *L*

Schallwellen erzeugen einen Druck, der ab einer bestimmten Stärke vom menschlichen Ohr wahrnehmbar ist (Hörschwelle). Der Schallpegel wird ab diesem Grenzwert in Dezibel (dB) gemessen. Steigt der Schallpegel um 10 dB, kommt einem dies doppelt so laut vor. Hohe Töne erscheinen dem menschlichen Ohr lauter. Dies berücksichtigt der bewertete Schallpegel L_W.

Im Bild rechts sieht man verschiedene Schallquellen und den erzeugten Schallpegel. Andauernder Lärm führt zu Stress, ab einer bestimmten Höhe zu dauerhaften Hörschäden.

Norm-Trittschallpegel $L'_{n,w}$

Um den Norm-Trittschallpegel zu ermitteln, wird mit einem genormten Hammerwerk auf den Fußboden geklopft und im Raum darunter der Schallpegel in dB gemessen. Dabei wird also auch berücksichtigt, dass ein Teil des Schalls über die Seitenwände übertragen wird (Flankenübertragung). Da das Hammerwerk immer denselben Schall erzeugt, können mit diesem Versuch verschiedene Fußbodenkonstruktionen verglichen werden.

In der DIN 4109 (Schallschutz) werden Mindestanforderungen für den Trittschallpegel festgelegt. Außerdem sind dort Richtwerte für einen erhöhten Schallschutz genannt, die den heutigen Anforderungen eher entsprechen (s. Tabelle).

Trittschall- Verbesserungsmaß L_W

Das Trittschall-Verbesserungsmaß gibt an, um wie viele dB sich der Schallpegel verringert, wenn man eine bestimmte Schalldämmschicht einbaut.

17.6.2 | Ausführen der Schalldämmung

Bei der Ausführung eines Bodens mit harten Plattenbelägen gibt es grundsätzlich zwei Möglich-

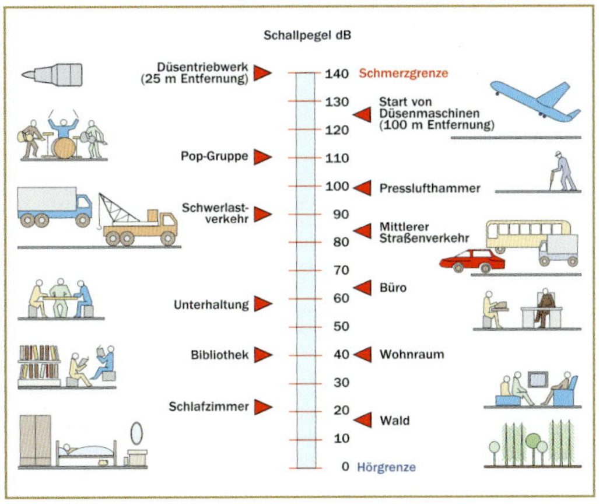

Schallpegel verschiedener Schallquellen

Bauteil	einfacher Schallschutz $L'_{n,w}$ dB	erhöhter Schallschutz $L'_{n,w}$ dB
Mehrfamilienhäuser:		
Wohnungstrenndecken	53	46
Treppen	58	46
Einfamilien-, Doppel- und Reihenhäuser:		
Decken	48	38
Treppen	53	48

Höchstwerte für den Trittschallpegel nach DIN 4109 (Auswahl)

Fußbodenschicht	Trittschall-Verbesserungsmaß ΔL_w in dB
Estrich auf Dämmschicht	20 … 30
PVC-Bodenbelag	13 … 16
Teppichboden	19 … 28 (je nach Dicke)

Trittschall-Verbesserungsmaße nach DIN 4109 (Auswahl)

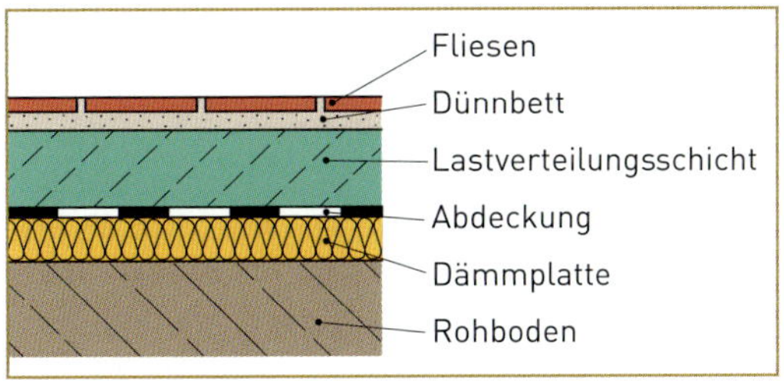

Fußbodenneuaufbau mit Estrich auf Dämmschicht

keiten zur Trittschalldämmung: einen Estrich auf Dämmschicht als Untergrund oder eine Entkopplungsplatte mit Dämmeigenschaften direkt unter dem Fliesenbelag.

Beim Estrich auf Dämmschicht werden die Schallwellen durch die weichfedernde Dämmschicht reduziert. Je weicher und je dicker die Schicht, desto besser der Trittschallschutz. Da der Estrich und die Fliesen aber bei zu weichen Dämmstoffen brechen, darf der Dämmstoff sich bei Wohnraumbelastung um höchstens 5 mm zusammenpressen lassen. Günstig wirkt außerdem die hohe Masse des Estrichs. Ein großer Nachteil bei der Sanierung ist allerdings die erforderliche Dicke des Bodenaufbaus von etwa 8 … 10 cm. Wenn vorher kein Estrich auf Dämmschicht vorhanden war, können sich an den Türschwellen Absätze ergeben. Auch der Aufwand für den Einbau ist beträchtlich. Eine Verringerung der Aufbauhöhe lässt sich durch sorgfältige Auswahl des Dämmstoffs sowie durch das entsprechende Estrichbindemittel erreichen. Gussasphalt- und Kunstharzestriche benötigen eine geringere Nenndicke.

Die Entkopplungsmatten haben je nach Ausführung eine Schichtdicke von 3 … 15 mm. Ihr Trittschall-Verbesserungsmaß ist wesentlich geringer und liegt laut Herstellerangaben zwischen 13 und maximal 20 dB. Der Einbau ist einfach (s. 17.3.1). Bei dickeren Entkopplungsplatten kann es sein, dass sich der Plattenbelag beim Begehen etwas hohl anhört.

Die tatsächliche Dämmwirkung dieser Maßnahmen lässt sich nur vor Ort überprüfen, da jedes Gebäude den Schall unterschiedlich leitet. Erfahrungsgemäß erreicht man mit Entkopplungsmatten kaum die oben genannten Verbesserungsmaße.

17.6.3 | Ausführungsfehler

Auf eine sorgfältige Ausführung der Dämmschichten ist unbedingt zu achten. Ist beim Estrich auf Dämmschicht der Randdämmstreifen nicht durchgehend verlegt oder sind die Dämmplatten nicht lückenlos gestoßen und mit Folie abgedeckt, entstehen durch den Estrichmörtel Schallbrücken zur Wand oder zur Rohdecke. Eine solche Schallbrücke erhöht den Schallpegel um etwa 8 dB. Das ist fast eine Verdoppelung der Lautstärke. Auch der Fliesenbelag und die Dünnbettmörtelschicht müssen von der Wand durch Randstreifen und elastische Fugen getrennt sein. Wird der Randdämmstreifen geklammert, sollte dies nicht auf der Höhe der Lastverteilungsschicht erfolgen.

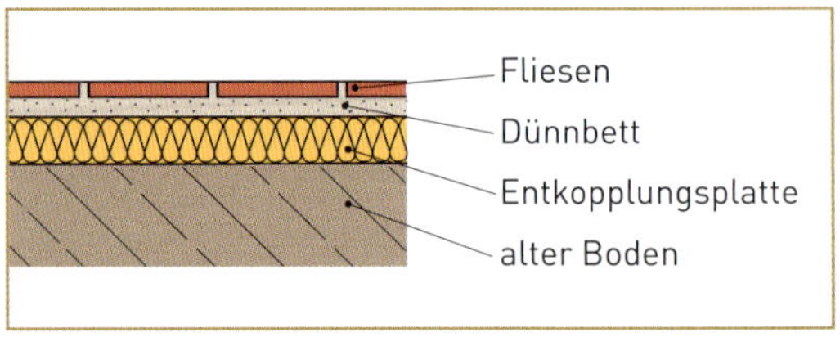

Fliesenverlegung auf dämmender Entkopplungsplatte/-matte

Schallbrücke zur Wand: fehlender Randdämmstreifen bei einem Heizestrich

Kantenriss der Fliese an einer Türschwelle durch zu weiche Entkopplungsmatte

Wird bei einer Fußbodensanierung bestehender Teppichboden durch einen Fliesenbelag ersetzt, verschlechtert sich der Trittschallschutz zunächst einmal erheblich. Hier sind weitere Maßnahmen auf jeden Fall nötig.

Entsteht durch den Aufbau mit Entkopplungsplatte an der Türschwelle ein Absatz, wird im Randbereich die Dämmplatte besonders stark druckbeansprucht. Dies kann zum Reißen der Fliesen führen, wenn die Dämmplatte zu stark nachgibt. Eine Schiene, die bis auf den tragenden Untergrund geht, kann hier Abhilfe schaffen.

17.7 | Baulicher Brandschutz

In den Landesbauordnungen ist der vorbeugende Brandschutz wie folgt vorgeschrieben:

> „Bauliche Anlagen sind so anzuordnen, zu errichten und zu unterhalten, dass der Entstehung und Ausbreitung von Schadensfeuer vorgebeugt wird und bei einem Brand wirksame Löscharbeiten und die Rettung von Menschen und Tieren möglich sind."

Alle Bauanträge werden auch von der Feuerwehr geprüft, um festzustellen, ob die Planer die gültigen Vorschriften des vorbeugenden Brandschutzes eingehalten haben. Die Bauleiter wachen über die Einhaltung der Auflagen seitens der ausführenden Firmen, was die Verwendung entsprechender Baustoffe, Konstruktionen und Detaillösungen anbelangt.

Durch die Sanierungsmaßnahmen an einem Gebäude wird der vorbeugende Brandschutz häufig verbessert. So werden z. B. zweite Rettungswege hergestellt oder Beplankungen von brennbaren Bauteilen ausgeführt. Das betrifft weniger den Fliesenleger als vielmehr die Rohbauunternehmer, Trockenbauer und Zimmerer, die in ihren Gewerken auf die Auflagen zu achten haben. Während der Bauausführung müssen aber die Handwerker aller Gewerke darauf achten, dass es nicht zu Brandfällen, Unfällen oder Explosionen kommt, z. B. bei Schweiß-, Abdichtungs- und Bodenlegerarbeiten.

1. **Ursachen für einen Brand:**
   - brennbare Stoffe,
   - Sauerstoff,
   - Entzündungstemperatur.
2. **Brandverlauf:**
   - Aufheizung des Raumes bis zur Grenztemperatur,
   - Feuerübersprung,
   - Vollbrand.
3. **Baustoffklassen nach DIN 4102:**
   A = nicht brennbare Baustoffe, z. B. Beton, Steine
      A1 = nicht brennbar, z. B. Glas
      A2 = nicht brennbar, enthält aber brennbare Bestandteile, z. B. GKB
   B = brennbare Baustoffe, z. B. Holz, Tapeten
      B1 = schwer entflammbar, z. B. Dämmstoffe
      B2 = normal entflammbar, z. B. Holz
      B3 = leicht entflammbar, z. B. Lösemittel

Beispiele für Brandschutzmaßnahmen

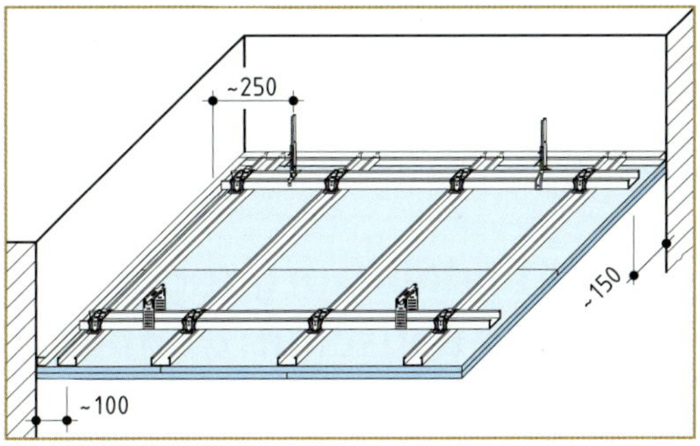

Fireboarddecke

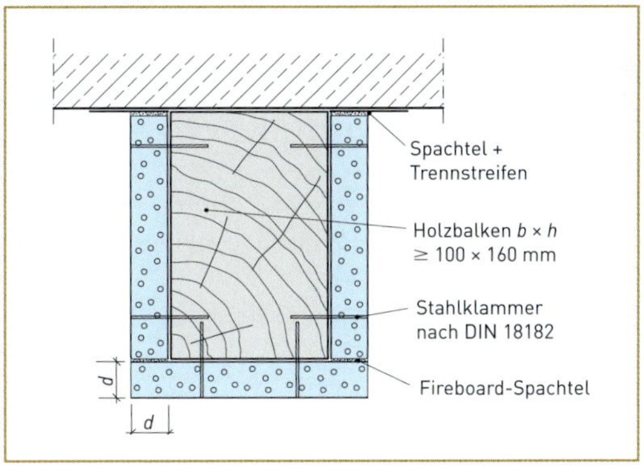

Holzbalkenbekleidung

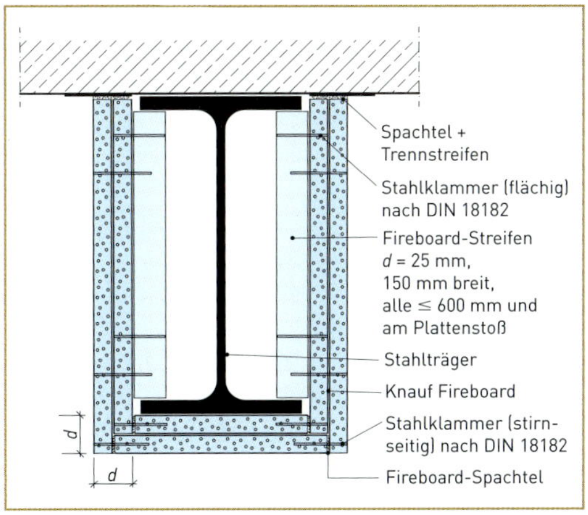

Stahlträgerbekleidung

4. Feuerwiderstandsklassen
   - F = für Wand- und Deckenbauteile, Stützen und sonstige Tragwerke
   - W = für Außenwände
   - T = Türen, Tore, Klappen
   - G = Brandschutzverglasungen
   - L = Lüftungsleitungen
   - E = elektrische Anlagen

17.8 | Abfallentsorgung und Bauschutttrennung

Bei der Sanierung fallen mehr Abfälle an als im Neubau, da auch das Abbruchmaterial zu entsorgen ist. Dabei ist im Bauvertrag zu klären:

- Hat der Unternehmer das Abbruchmaterial zu entsorgen („mitnehmen") oder wurde vereinbart, dass die Bauschuttentsorgung in einen auf der Baustelle bereitgestellten Container zu erfolgen hat?
- Werden die Abfälle/der Bauschutt sortiert entsorgt oder wurde ein Mischcontainer bereitgestellt?
- Wie kann der Abtransport erfolgen: durch das Gebäude bzw. das Treppenhaus oder über die Fenster der Außenwand in bereitgestellte Container (Schuttrohr)?
- Wie werden die angrenzenden Gebäudeteile während des Bauschutttransportes geschützt (z. B. durch Schaltafeln, Abklebungen usw.)?

Für die Abfall- und Bauschutttrennung und die Entsorgung gelten seit 1999 ganz konkrete Vorschriften (Europäischer Abfallkatalog), festgehalten in der Abfallverzeichnis-Verordnung (AVV). Es wird grundsätzlich zwischen

- gefährlichen Abfällen (besonders überwachungsbedürftig) und
- sonstigen Abfällen (nicht besonders überwachungsbedürftig)

unterschieden. Das Ziel dieser Verordnung ist es, die Umwelt zu schützen, möglichst viele Stoffe wieder zu verwerten und gefährliche Substanzen nicht in die Entwässerung und ins Grundwasser gelangen zu lassen.

Wieder verwertbare Baustoffe werden in Rückgewinnungsanlagen (Recyclinganlagen – Recycling = Wiederaufbereitung) zu neuen Baustoffen aufbereitet.

Eine Menge Bauschutt

Baustellenabfälle, **nicht verwertbar**:
- Isolier- und Leichtbaustoffe
- Leichtbauplatten, Gipsplatten, z. B. Rigips
- Holzleichtbauplatten, z. B. Heraklit-Platten
- Glas- und Steinwolle
- beschichtete Spanplatten
- Teer- und Bitumendachbahnen
- Dichtungs- und Gummimaterial abgehängter Decken
- fest mit Deckenelementen verbundenes Trägermaterial, z. B. Metallträger mit Gips
- Speisereste
- Tapetenreste
- Schaumstoffe, Kunststoff-Installationsrohre
- stark verschmutzte, mörtelbehaftete Abdeckfolie
- Fußbodenbeläge

Bauschutt, **wiederverwertbar**:
- bitumenhaltiger Straßenaufbruch
- Straßenunterbau
- Rand- und Pflastersteine
- unbewehrter und schwach bewehrter Beton
- Dachziegel, Klinker, Tonfliesen
- Zementestrich
- Kalkzementputz
- Mauerwerk aus Tonziegeln oder Hochlochziegeln
- Kalksandstein
- Zementhohlblockstein, Bruchstein

Kartonagen/Papier, **verwertbar**:
- Papier, Pappe
- Wellpappe
- Kartonagen
- Papiersäcke
- Papierverbundsäcke

Metalle, **verwertbar**:
- Umreifungsbänder aus Stahl
- Stahlträger, Stahlmatten
- Metallarmaturen
- Weißblech: Eimer, Kanister, Dosen, Tuben – ohne Restinhalt
- Elektroschrott (nach Absprache)
- Kabelreste

Bauschutttrennung

Beispiele für besonders überwachungsbedürftige Abfälle im Fliesen-, Platten- und Mosaikhandwerk (Sondermüll):
- Terpentin
- Nitro- und Waschverdünner
- unbrauchbare Reste von Bitumenspachtelmassen
- Dichtstoffe
- Klebstoffabfälle, die organische Lösemittel enthalten
- Verpackungen mit Rückständen gefährlicher Stoffe
- Versiegelungen
- Silikontuben
- Kartuschen aus Kunststoff
- verschmutzte Pinsel und Putzlappen
- Akkus für Maschinen

- Asbestzementplatten
- Fliesen und Platten mit schädlichen Verunreinigungen (z. B. Lacke, Öle)
- Gipsplatten, mit Öl oder Imprägniermittel verunreinigt
- Holzabfälle, mit Holzschutzmittel behandelt
- Steine, mit gefährlichen Stoffen durchtränkt
- Dämmmaterial aus Glas- oder Steinwolle, mit Öl oder mit Holzschutzmitteln verunreinigt.

Tipps für die Abfallvermeidung:
Viele Abfälle müssen gar nicht erst entstehen. Mit etwas Umsicht lässt sich eine Menge Müll vermeiden.

Zuerst Abfälle vermeiden, dann Abfälle entsorgen!

1. Bevorzugen Sie Lieferanten und Herstellerfirmen, die Ihnen
   - die geringstmögliche Verpackung anbieten,
   - die Verpackung zurücknehmen,
   - alternative Transportsysteme anbieten.
2. Verzichten Sie auf Einwegprodukte. Nutzen Sie die Möglichkeit von Recycling-Tonerkartuschen. Die Ausgabe neuer Tonerkartuschen erfolgt nur noch gegen Rückgabe der gebrauchten.
3. Verzichten Sie – soweit wie möglich – auf Einsatzstoffe, deren Entsorgung problematisch ist (z. B. halogenierte Kohlenwasserstoffe, Cadmium usw.).
4. Kaufen Sie nur die für einen überschaubaren Zeitraum notwendigen Mengen ein. Lassen Sie sich nicht durch Mengenrabatte zur Abnahme größerer Mengen verleiten, die dann doch nicht verbraucht werden.

17.9 | Vergabe- und Vertragsordnung für Bauleistungen (VOB)

In der VOB sind die Allgemeinen Bestimmungen für die Vergabe von Bauleistungen (Teil A der VOB), die Allgemeinen Vertragsbedingungen für die Ausführung (Teil B) und die Allgemeinen technischen Vertragsbedingungen (Teil C) enthalten. Teil A ist bei öffentlichen Auftraggebern verbindlich und enthält vereinbarte europäische Vergaberichtlinien; Teil B ist nur verbindlich, wenn dies vereinbart wurde; Teil C enthält Normen, welche die Ausführung regeln.

Die VOB kann nur auf Wunsch des Bauherrn bzw. dessen Architekten als Grundlage des Vertrags vereinbart werden. Sonst gilt bei Werkverträgen mit privaten Bauherren in der Regel das BGB.

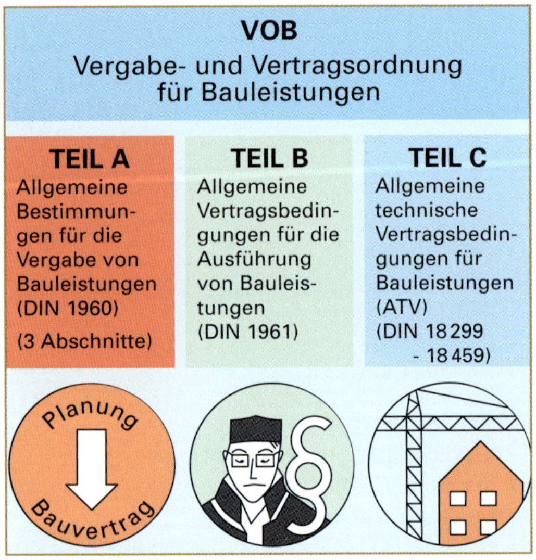

Gliederung der VOB

17.9.1 | Vergabe

Jeder Bauausführung geht die Vergabe voraus, wobei unter Vergabe nicht nur die Auftragserteilung, sondern das gesamte Verfahren zum Abschluss eines Bauvertrags verstanden wird.

Der Auftraggeber erstellt zuerst eine Leistungsbeschreibung, die die Grundlage für das Angebot des Unternehmers darstellt. Die Leistungsbeschreibung erfolgt meist durch ein Leistungsverzeichnis, in dem die gesamte Bauleistung in einzelne Teilleistungen aufgegliedert wird. Dies erleichtert das technische Verstehen der geforderten Leistung und damit die Kalkulation. Leistungsverzeichnisse werden heute meist aus standardisierten Textbausteinen mittels Computer erstellt. Im Leistungsverzeichnis werden über die Beschreibung der Teilleistungen hinaus alle besonderen Umstände angegeben, die die Preisgestaltung beeinflussen können.

Die Wertung der Angebote erfolgt nicht nur unter dem Gesichtspunkt des Preises. Es soll nicht der billigste, sondern der wirtschaftlichste Anbieter zum

Zuge kommen. Bei Abschluss des Bauvertrages sind verschiedene Vertragsarten möglich.

Beim Einheitspreisvertrag werden Preise pro Einheit (m, m², m³) der einzelnen Teilleistungen vereinbart und am Ende aufgrund der tatsächlich erbrachten Leistungen abgerechnet.

Beim Pauschalvertrag wird ein Pauschalpreis für die gesamte Bauleistung vereinbart; dies ist nur möglich, wenn die Bauleistung nach Art und Ausführung von vornherein genau bestimmt ist.

Ein Stundenlohnvertrag, bei dem die aufgewendeten Lohnstunden verrechnet werden, kommt nur bei Bauleistungen geringen Umfangs infrage, die überwiegend Lohnkosten verursachen.

Ausnahmsweise können Selbstkostenerstattungsverträge geschlossen werden, bei denen die Selbstkosten zuzüglich eines angemessenen Gewinnzuschlages abgerechnet werden. Dies ist nur dann üblich, wenn eine genaue vorherige Preisermittlung nicht möglich ist.

Die Vergabe von Bauleistungen umfasst Ausschreibung, Angebot und Vertragsabschluss. Ausschreibung und Vertragsart können den technischen Gegebenheiten angepasst werden.

17.9.2 | Allgemeine Vertragsbedingungen

Auftraggeber und Auftragnehmer tragen die Haftung für eigenes Verschulden und für das Verschulden der von ihnen beauftragten Personen. Der Auftragnehmer ist gegenüber dem Auftraggeber für die Einhaltung der Regeln der Technik (z. B. Normen) sowie der gesetzlichen, behördlichen und berufsgenossenschaftlichen Vorschriften verantwortlich. Etwaige Bedenken gegen die Art der Ausführung hat er dem Auftraggeber bzw. Architekten unverzüglich mitzuteilen.

Auch nach der Abnahme der Bauleistung durch den Auftraggeber muss der Auftragnehmer noch für seine Leistungen einstehen. Mit der Abnahme beginnt die Verjährungsfrist für Mängelansprüche, innerhalb der der Auftragnehmer durch ihn verschuldete Mängel kostenlos beheben oder hierfür Preisnachlass gewähren muss.

Nach VOB gilt für Bauwerke eine Verjährungsfrist für Mängelansprüche von 4 Jahren; nach dem Bürgerlichen Gesetzbuch (BGB) gilt für Bauwerke eine Verjährungsfrist für Mängelansprüche von 5 Jah-

Vertragsart	Anwendungsbeispiele
Einheitspreisvertrag	Regelvertrag, allgemein üblich 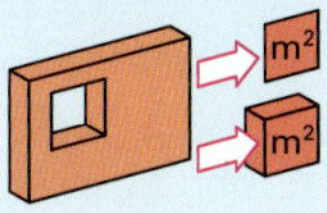
Pauschalvertrag	Bei genau erfassbarer Leistung, z. B. Fertiggaragen, Carports 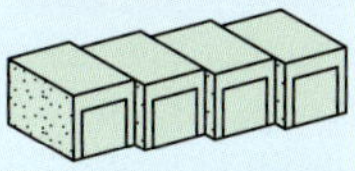
Stundenlohnvertrag	Bei kleinen und lohnintensiven Arbeiten, z. B. kleiner Fliesenspiegel hinter Küchenarbeitsplatte, kleine Fliesenflächen sind zu sanieren 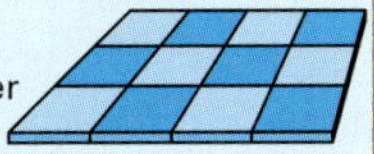
Selbstkostenerstattungsvertrag	Bei nicht vorhersehbaren Kosten, z. B. Olympiazeltdach 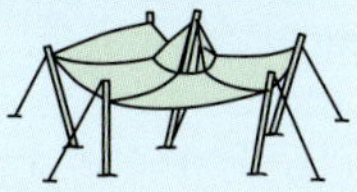

Anwendung der Vertragsarten

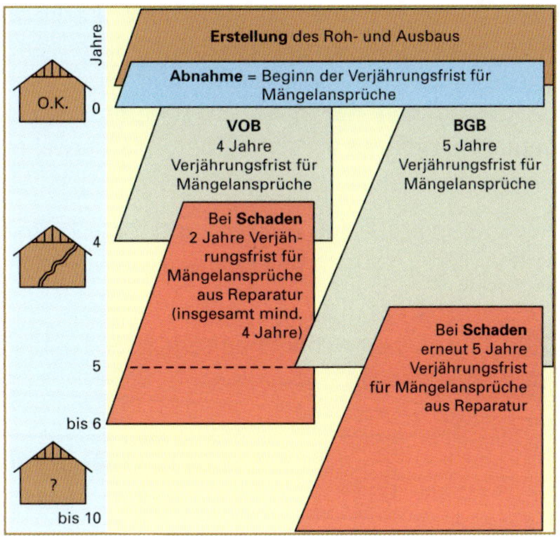

Verjährungsfristen für Mängelansprüche nach VOB und BGB

ren. Soll die Regelung nach VOB gelten, so muss dies im Vertrag festgelegt werden, sonst gilt das BGB.

Bauverträgen sollten die allgemeinen Vertragsbedingungen der Vergabe- und Vertragsordnung für Bauleistungen (VOB) zugrunde gelegt werden.

17.9.3 | Allgemeine technische Vertragsbedingungen (ATV)

Die Allgemeinen technischen Vertragsbedingungen (VOB TeilC) enthalten eine Sammlung von Ausführungsnormen für die verschiedenen Gewerke wie Erdarbeiten, Mauerarbeiten, Betonarbeiten usw. Für alle Gewerke geltende Regelungen sind in DIN 18299 – Allgemeine Regelungen für Bauarbeiten jeder Art – enthalten. Die Allgemeinen technischen Vertragsbedingungen für Fliesen- und Plattenarbeiten sind in DIN 18352 niedergelegt. In diesen Normen werden die Anforderungen an Werkstoffe und Arbeitsverfahren festgelegt. In den entsprechenden Kapiteln wird jeweils darauf Bezug genommen. Hinweise für die Leistungsbeschreibung sollen zur einheitlichen und eindeutigen Formulierung von Leistungsbeschreibungen beitragen. Um Streitigkeiten zu vermeiden wird ausdrücklich bestimmt, welche Arbeiten Nebenleistungen sind, die auch ohne ausdrückliche Erwähnung in der Leistungsbeschreibung unentgeltlich mit zu erledigen sind. Besondere Leistungen sind nur dann im Leistungsumfang enthalten, wenn sie im Vertrag besonders erwähnt sind.

Auch Grundsätze für Aufmaß und Abrechnung sind in diesen Normen geregelt.

Nebenleistungen sind z. B.:

- Auf-, Um- und Abbauen sowie Vorhalten von Gerüsten bis zu einer Arbeitshöhe von 3,50 m.
- Vorlegen von Oberflächen- und Farbmustern.
- Schutz der Bodenbeläge bis zur Begehbarkeit.
- Reinigen des Untergrundes.
- Maßnahmen zum Ausgleich von Unebenheiten.
- Beseitigen kleiner Putzüberstände.
- Anpassen von Belägen an angrenzende eingebaute Bauteile, z. B. an Zargen und Schwellen.
- Zubereiten des Mörtels.
- Reinigung der Beläge nach dem Verfugen.
- Aushändigung der Pflegeanleitungen.

Besondere Leistungen sind z. B.:

- Erstellen von Ansetz-, Fugen- und Verlegeplänen.
- Herstellen und Anbringen von Musterflächen.
- Beseitigen alter Beläge und Beschichtungen.
- Aufbringen von Haftbrücken.
- Stemmarbeiten für Installationen und Einbauteile.
- Abschneiden des Randdämmstreifens.
- Herstellen von Gehrungen an Fliesenkanten.
- Feuchtemessung des Untergrundes mittels Calciumcarbid-Methode (CM-Methode).

Nebenleistungen und besondere Leistungen nach DIN 18352 (auszugsweise)

Die Allgemeinen technischen Vertragsbedingungen regeln Beschreibung, Ausführung und Abrechnung der Bauleistungen.

DIN 18352 – Fliesen- und Plattenarbeiten
jeweils ergänzend zu ATV DIN 18299

Hinweise für Leistungsbeschreibungen
Zusätzliche Inhalte der Leistungsbeschreibungen

Stoffe, Bauteile
Verzeichnis der Normen für die gebräuchlichsten genormten Stoffe und Bauteile

Ausführung
Allgemeines; Ansetzen und Verlegen im Dickbett/Dünnbett; Fugen; Befestigen auf Unterkonstruktion; Fliesentrennwände

Nebenleistungen, besondere Leistungen
Aufzählung von speziellen Nebenleistungen und besonderen Leistungen

Abrechnung
Zusätzliche Hinweise für das Aufmaß; Abzüge

Inhaltsübersicht DIN 18352

Ergänzend zu ATV DIN 18299 – Allgemeine Regelungen für Bauarbeiten jeder Art – sind in DIN 18352 allgemeine technische Vertragsbedingungen für Ausschreibung, Ausführung und Abrechnung von Fliesen- und Plattenarbeiten niedergelegt.

Zusammenfassung

Die Vergabe von Bauleistungen umfasst Ausschreibung, Angebot und Vertragsabschluss.

Ausschreibung und Vertragsart können den technischen Gegebenheiten angepasst werden.

Bauverträgen sollten die allgemeinen Vertragsbedingungen der Vergabe- und Vertragsordnung für Bauleistungen (VOB) zugrunde gelegt werden.

Die Allgemeinen technischen Vertragsbedingungen der VOB regeln Beschreibung, Ausführung und Abrechnung der Bauleistungen. Ergänzend zu ATV DIN 18299 – Allgemeine Regelungen für Bauarbeiten jeder Art – sind in DIN 18352 allgemeine technische Vertragsbedingungen für Ausschreibung, Ausführung und Abrechnung von Fliesen- und Plattenarbeiten geregelt.

17.10 | Aufmaß nach VOB

Der Auftragnehmer (Fliesenlegerbetrieb) ist verpflichtet, seine Leistungen prüfbar abzurechnen. In der Baupraxis wird nach der Vergabe- und Vertragsordnung für Bauleistungen (VOB) abgerechnet. Die in Teil C der VOB enthaltene DIN 18352, „Fliesen- und Plattenarbeiten", schreibt die Regeln der Abrechnung vor. Die Leistungen des Fliesenlegers werden auf der Baustelle aufgemessen oder nach Zeichnungen ermittelt. Alle Massenberechnungen, Aufmaßblätter, Zeichnungen und Belege sind der Schlussrechnung beizufügen. Der Fliesenlegerbetrieb hat in sein Angebot die einzelnen Bauleistungen (Positionen) als Einheitspreise je m^2, m oder Stück eingesetzt. Dabei hat der Planer (Architekt) die Massen wie die Bodenfläche oder Sockellänge nur eingeschätzt. Abgerechnet werden aber nur die tatsächlich ausgeführten Bauleistungen. Diese werden beim Aufmaß ermittelt und mit den angebotenen Einheitspreisen multipliziert. Das Ergebnis ist die Abrechnungssumme der Schlussrechnung.

17.10.1 | Abrechnungseinheiten

Flächenmaß (m^2)	Längenmaß (m)	Anzahl (Stück)
• Vorbehandlung des Untergrundes • Ausgleichsschichten • Trennschichten • Dämmschichten • Bodenbeläge • Wandbekleidungen • Deckenbekleidungen • Fassadenbekleidungen • Bewehrungen • Abdichtungen • Verlegung im Gefälle	• Sockel und Kehlen • Stufen und Schwellen • Gehrungen an Fliesenkanten • Schrägschnitte • Profile aus Formstücken • Rinnen • Anschließen der Abdichtung an Rinnen • Roste • Schienen • Bewegungsfugen • Laibungen • Dichtbänder	• Stufen und Schwellen • Zwickel über Treppen • Säulen, Pfeiler • Einmauern von Badewannen • Anarbeiten der Beläge an Sanitärgegenstände • Anarbeiten der Beläge an Aussparungen > 0,1 m^2 Einzelgröße • Einbauen von Einbauteilen und Schienen • Einsetzen von Schaltern, Steckdosen, Sinkkastenaufsätzen u. a. • Herstellen von Löchern für Installationen • Türzargen • Dichtecken, Dichtmanschetten • Rohrdurchführungen

17.10.2 | Aufmaßregeln

Innenwandbekleidung auf Flächen mit begrenzenden Bauteilen (Innenecke):
Flächenmaß bis zu den begrenzenden, ungeputzten, ungedämmten Bauteilen **(Rohbaumaße)**.

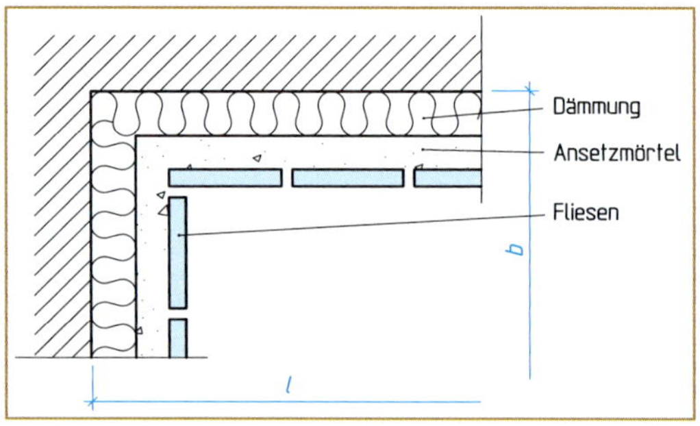

Innenwandbekleidung auf Flächen ohne begrenzende Bauteile (Außenecke):
Flächenmaß der zu bekleidenden Fläche (Dickbett: **Rohbaumaße**/Dünnbett: **verputzte Flächen**).

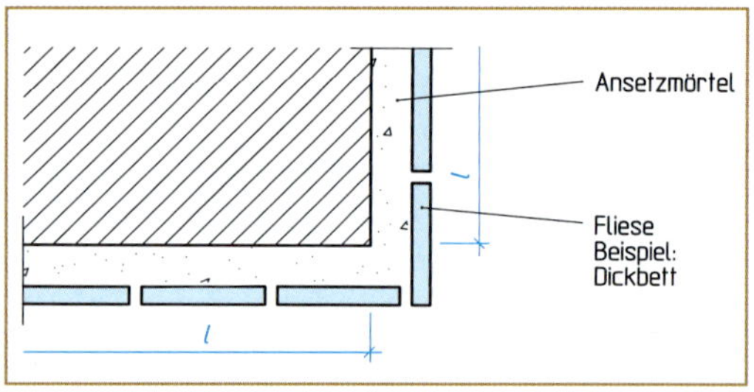

Wandbekleidungen mit einem Sockel: Flächenmaß ab **Oberkante Sockel**.

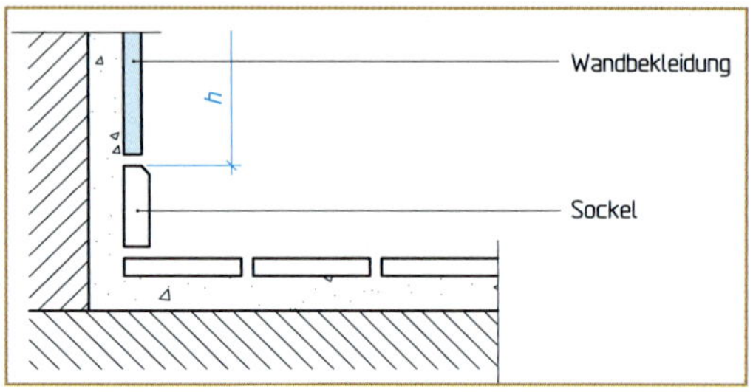

Wandbekleidungen ohne einen Sockel: Flächenmaß ab **Oberkante Bodenbelag**.

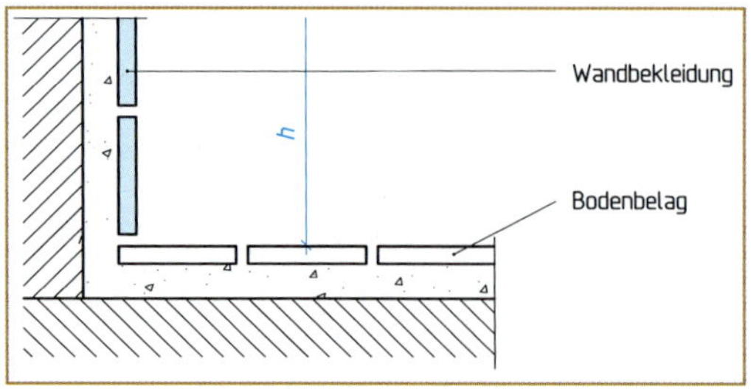

Bodenbeläge, Unterböden, Trennschichten, Dämmschichten:
Flächenmaß bis zu den begrenzenden Bauteilen **(Rohbaumaße)**.

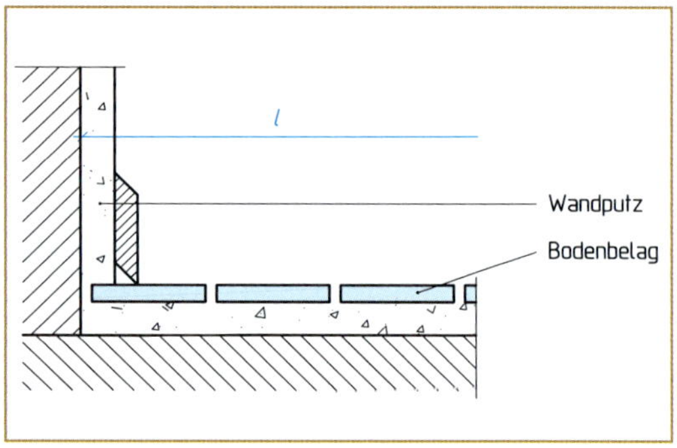

Innenwandbekleidung raumhoch:
Oberkante Wandbekleidung gleich **Rohbaumaß**.
Unterkante Wandbekleidung gleich **Oberkante Bodenbelag**, bei einem Sockel gleich **Oberkante Sockel**.

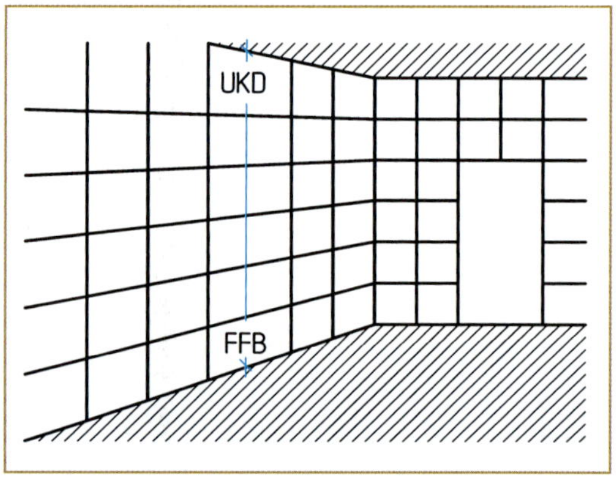

Innenwandbekleidung aus Schichten:
Ist die Höhe in der Leistungsbeschreibung durch Maßangabe festgelegt oder ist die Schicht höher als 30 cm, wird mit der **tatsächlichen** Höhe abgerechnet.

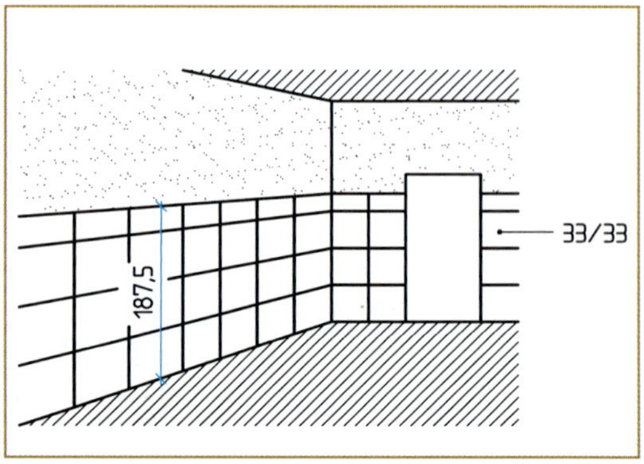

Innenwandbekleidung aus Schichten: Hat eine Schicht nicht die volle, jedoch mehr als die halbe Schichthöhe, wird sie mit der vollen Schichthöhe abgerechnet.

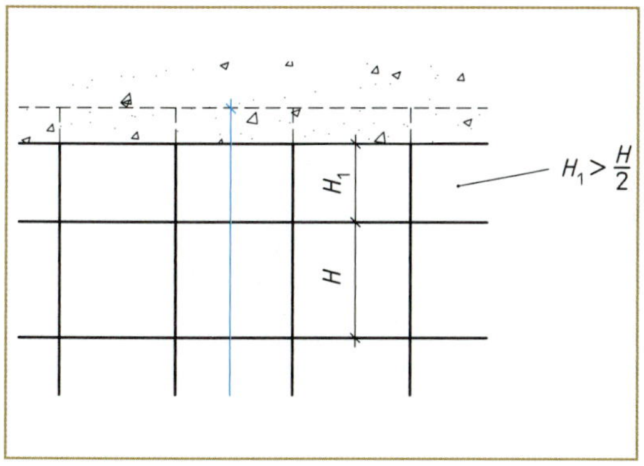

Außenwandbekleidungen:
Flächenmaß der Bekleidung **(Außenmaße)**. Überdeckungen bleiben dabei unberücksichtigt

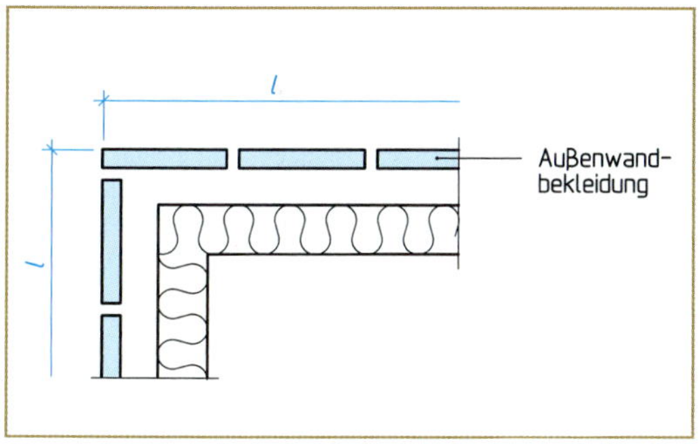

Stufenbeläge, Schwellen, Sockel, Gehrungen, Schrägschnitte:
Abgerechnet wird immer nach deren größten Maßen (rechtwinklig gemessen). Das entspricht dem kleinsten umschriebenen Rechteck.

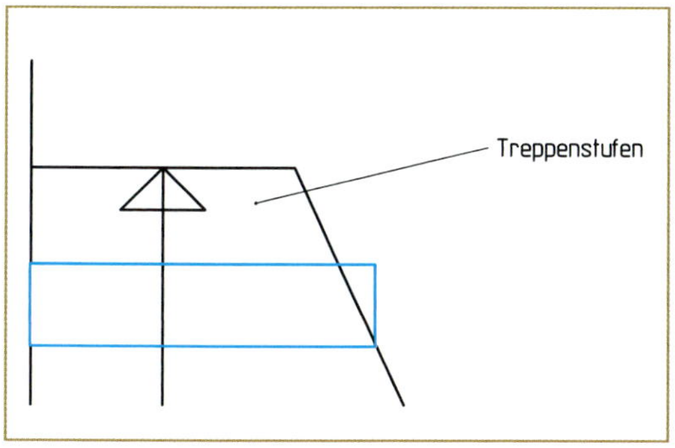

Fliesentrennwände:
Bei Fliesentrennwänden, die sich kreuzen oder ineinander einbinden, wird nur eine Wand berücksichtigt.

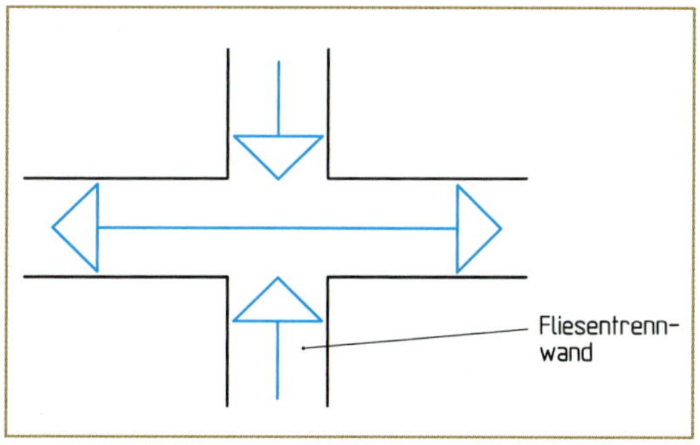

Aussparungen, Öffnungen:
Bis Einzelgröße 0,10 m² übermessen, über 0,10 m² abziehen.

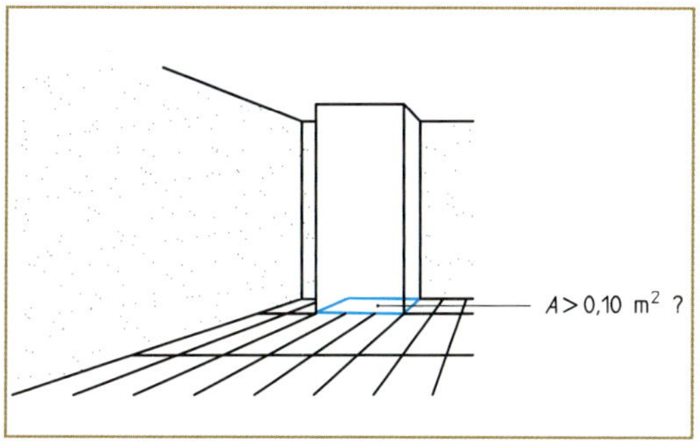

Unterbrechungen der Einzellängen:
Bei Abrechnung nach Längenmaß werden nur Längen über 1,00 m Einzellänge **abgezogen.**

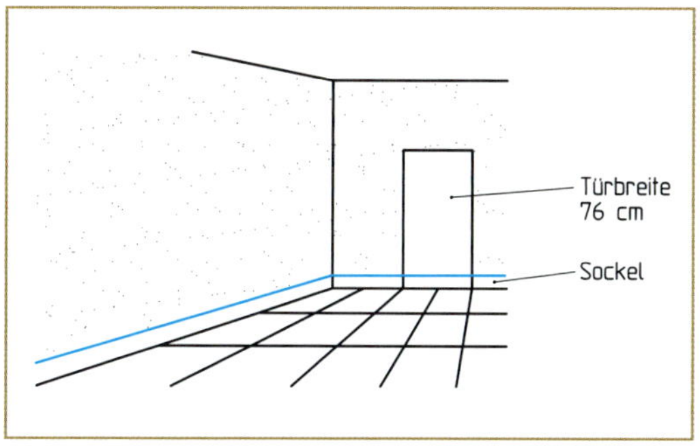

17.10.3 | Aufmaßblätter

In der Praxis wird das Aufmaß auf besonderen Aufmaßblättern erstellt. Die Aufmaßblätter sind der Schlussrechnung beizulegen, damit die Bauleitung die Maße prüfen kann. Häufig wird gemeinsam aufgemessen: Der Auftragnehmer (Fliesenlegerbetrieb) und die Bauleitung tragen die ermittelten Maße ein. Bei dieser Verfahrensweise entfällt die nachträgliche Prüfung der Aufmaßblätter.

Schema der Aufmaßblätter

Pos. Nr.	Bezeichnung	Stück		Abmessungen			Messgehalt	Abzug	Reiner Messgehalt
		+	–	lang	breit	hoch			

17.10.4 | Beispiel für das Aufmaß anhand einer Zeichnung

Auf der folgenden Seite ist der Grundriss eines Bauvorhabens abgebildet, bei dem der Fliesenleger mehrere Bauleistungen erbracht hat:

Windfang:	Bodenbelag, Pos. 3	(Steinzeug 20 × 20 cm)
	Sockel, Pos. 6	(Riemchen $h = 52$ mm)
	Wandbekleidung, Pos. 9	(Steingut 15 × 15 cm, wandhoch)
Büro 1:	Bodenbelag, Pos. 17	(Steinzeug 30 × 30 cm)
	Sockel, Pos. 30	(Steinzeug $h = 10$ cm)
Büro 2:	Bodenbelag, Pos. 45	(wie Pos. 17, jedoch diagonal)

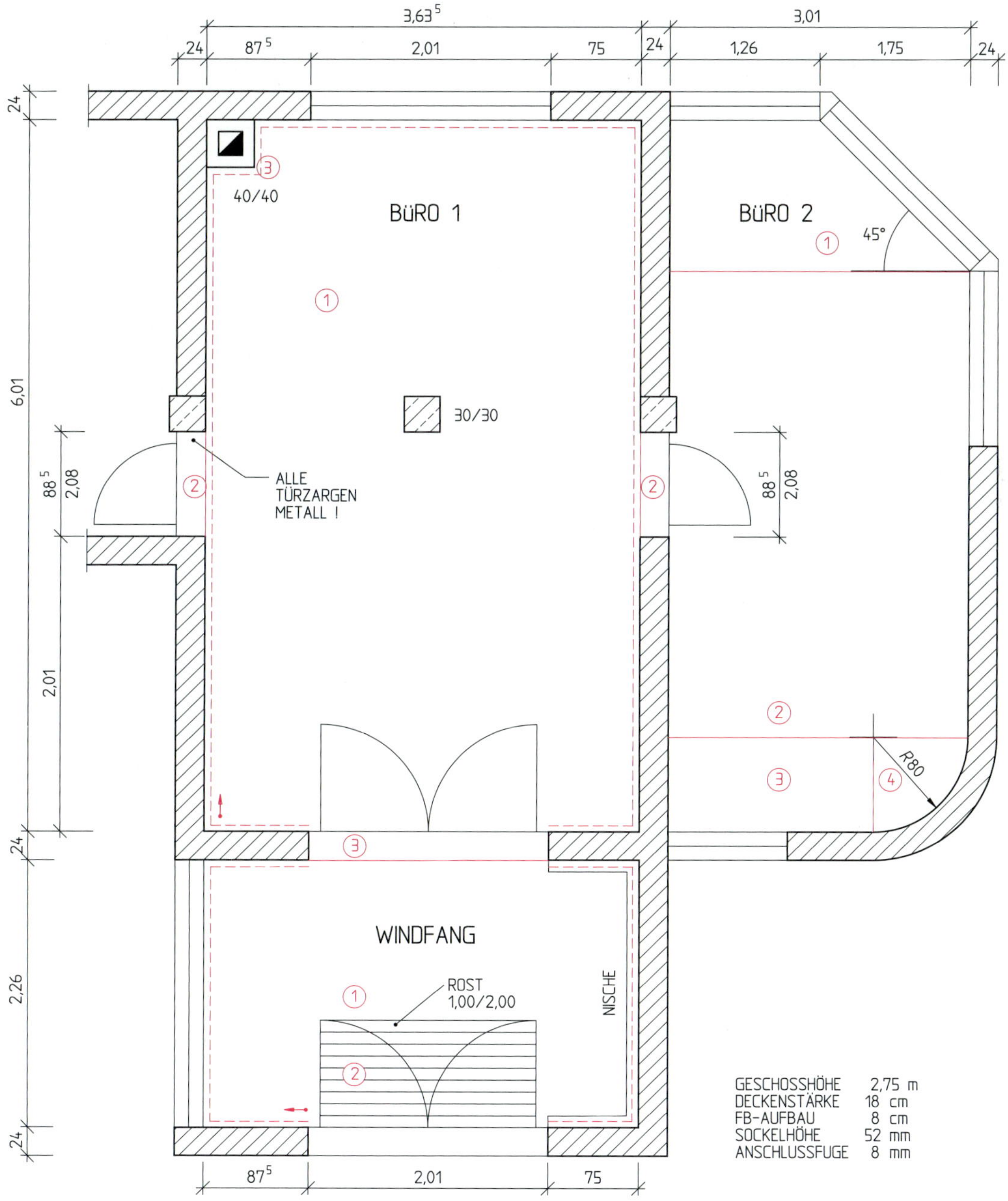
3,63 5
3,01
24
87 5
2,01
75
24
1,26
1,75
24
6,01
88 5
2,08
2,01
2,26
40/40
BÜRO 1
BÜRO 2
45°
30/30
ALLE
TÜRZARGEN
METALL !
R80
WINDFANG
ROST
1,00/2,00
NISCHE
GESCHOSSHÖHE 2,75 m
DECKENSTÄRKE 18 cm
FB-AUFBAU 8 cm
SOCKELHÖHE 52 mm
ANSCHLUSSFUGE 8 mm
87 5
2,01
75

Das Aufmaß soll, wie bereits erwähnt, prüfbar erstellt werden. Deshalb sind die Teilflächen zu kennzeichnen. Die Kennzeichnung der Teilflächen muss mit den Eintragungen in den Aufmaßblättern übereinstimmen. Nur so kann die Bauleitung schnell und sicher die Massen prüfen. Dies hat den Vorteil, dass die Schlussrechnung zügig an den Unternehmer angewiesen wird.

Pos. Nr.	Bezeichnung	Stück		Abmessungen			Messgehalt	Abzug	Reiner Messgehalt
		+	–	lang	breit	hoch			
Windfang EG:									
Pos. 3	*Boden 20/20 1*	*1*		*3,635*	*2,26*		*8,22*		
	(Rost) 2		*1*	*1,00*	*2,00*			*2,00*	
	(Schwelle)	*1*		*2,01*	*0,24*		*0,48*		*6,70 m²*
Pos. 6	*Sockel*	*2*		*0,875*			*1,75*		
		2		*0,75*			*1,50*		
		2		*2,26*			*4,52*		*7,77 m*
Pos. 9	*Wand 15/15*			*(0,75 + 2,26 + 0,75) x 2,43*					*9,14 m²*
Büro 1 EG:									
Pos. 17	*Boden 30/30 1*	*1*		*6,01*	*3,635*		*21,85*		
	(Schw.) 2	*2*		*0,885*	*0,24*		*0,42*		
	3		*1*	*0,40*	*0,40*			*0,16*	*22,11 m²*
Pos. 30	*Sockel*	*2*		*6,01*			*12,02*		
		1		*3,635*			*3,635*		
		1		*0,875*			*0,875*		
		1		*0,75*			*0,75*		*17,28 m*
Büro 2 EG:									
Pos. 45	*Boden 30/30 1*	*1*		$\frac{1{,}26 + 3{,}01}{2} \times 1{,}75$			*3,74*		
	2	*1*		*3,46*	*3,01*		*10,41*		
	3	*1*		*2,21*	*0,80*		*1,77*		
	4	*1*		$(0{,}80^2 \times \pi) : 4$			*0,50*		*16,42 m²*

17.11 | Geschichtliche Entwicklung der Fliese

17.11.1 | Begriffsbestimmung

Keramische Erzeugnisse werden auf verschiedene Weise in der Innenarchitektur dekorativ verwendet: als Boden-, Wandfliesen und als Ofenkacheln. Zwischen den Bezeichnungen „Fliese" und „Kachel" wird im Sprachgebrauch oft nicht unterschieden: nach wissenschaftlichen und handwerklichen Gesichtspunkten sollte aber eine entsprechende Trennung vorgenommen werden. Für Bodenbeläge und Wandbekleidungen wurden keramische Fliesen auf verschiedene Weise verziert:

Einzelfliesen		Verzierung auf jeder Einzelfliese
		Übergreifendes Muster über mehrere Fliesen
Fliesentableau	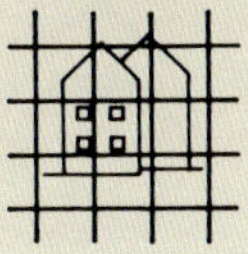	Bildmäßige Gestaltung

Die **Kachel** ist ein Bauelement des Ofens. Sie ist in der Hauptsache durch den rückseitigen Rumpf, auch Zarge oder Steg genannt, gekennzeichnet; bei Fliesen ist, abgesehen von einer gewissen Stärke, kein Rumpf vorhanden.

17.11.2 | Geschichtliche Entwicklung

Häuser aus luftgetrockneten und gebrannten Tonziegeln hat man schon in sehr früher Zeit (4000 v. Chr.) in **Ägypten** mit glasierten Ziegeln oder Fliesen mit blauer Kupferlasur geschmückt.

Als Weiterentwicklung wurden vor dem Glasieren Linien in den Ton geritzt, sodass sich ein Muster gegen einen andersfarbigen Hintergrund geheimnisvoll abhob (1300 v. Chr.). Die Fliesen weisen Menschenbildnisse, Fabeltiere, symbolische Zeichen und Ornamente auf. Im Euphrat-Tigris-Gebiet (Mesopotamien) entanden Keramiken mit weißblauen Streifenverzierungen, Stiftmosaik aus farbigen Stein- und Tonstiften, die in dicken Wandputz gesteckt wurden (4000–3000 v. Chr.).

600 v. Chr. erlebte **Babylon** den Höhepunkt einer kulturellen Entwicklung (babylonischer Turm). Es

Ägyptische Symbole mit farbiger Glasur (1180 v. Chr.)

entstanden Wandbilder mit großen figürlichen Motiven aus Glasurziegeln und farbig glasierten Relieffliesen. Die Entwicklung der Fliese wurde natürlich von **China,** dem großen Zentrum der Keramik, ebenfalls beeinflusst. Um 1500 v. Chr. entstand ein feines weißes Steingut mit der ersten chinesischen Glasur.

Eine neue keramische Tradition mit Einflüssen aus China entstand im **islamischen Reich** (800–1000) in Persien mit transparenten Glasuren und Mosaiken aus zerteilten gebrannten Fliesen. Die Fliesenkunst Persiens gelangte durch den Islam in die Mittelmeerländer, 711 nach **Spanien.** In der maurischen Baukunst war die Fliese ein Bauelement von überragender Bedeutung. In fast allen bürgerlichen und sakralen Bauwerken wurden die Sockel verfliest. Es entstanden farbenfreudige **geometrische** Ornamente mit Band- und Flechtwerkmuster. Im 13. und 14. Jahrundert erreichte die Fliesenkunst in Spanien ihre Blüte (Alhambra v. Granada, Alcázar von Sevilla).

Spanische Bodenfliese mit geometrischem Muster (16. Jahrhundert)

Sevilla war führend in der Fertigung von Fliesenmosaiken; hier wurden gesägte Fliesenstücke zu Mustern zusammengefügt. Als begehrter Ausfuhrartikel kam die spanische Fliese nach Italien, Frankreich, England und Holland. Die Insel Mallorca war

	Antike		Mittelalter	
Epoche	Griechenland 900 v. Chr.–200 n. Chr.	Rom 500 v. Chr.–476 n. Chr.	Romanik 800–1250	Gotik 1250–1530
Gesamteindruck	Gliederbau mit vertikal tragenden Säulen und horizontal lastendem Gebälk	Massenbau, ermöglicht durch die Verwendung von starken Mauern, Bögen und Wölbungen	Massige und wuchtige Bauwerke mit mächtigen Mauern und Gewölben; Gliederung durch Wandvorlagen und Nischen	Betonung der senkrechten Linie; Auflösung der Wandflächen zugunsten eines Stützen- und Gliederbaus (Strebwerk) 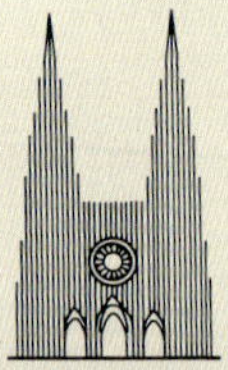
Stilelemente	Anwendung geometrischer Gesetze (goldener Schnitt)	Verbindung von Säule und Bogen als Grundelement	Rundbogen, Tonnen- und Kreuzgewölbe 	Spitzbogen Rippengewölbe  Maßwerkfenster
Bauwerke	Heiliger Bezirk in Delphi Sportarenen in Olympia  Akropolis in Athen	Kolosseum in Rom Wohnhäuser in Pompeji  Porta Nigra in Trier	Abteikirche Maria Laach Dome in Speyer und Worms  Klosterkirche Alpirsbach	Kölner Dom Straßburger Münster Stiftskirche Stuttgart  Ulmer Münster (1377–1529)

	Neuzeit			
Epoche	Renaissance 1530–1600	Barock und Rokoko 1600–1800	Klassizismus 1800–1850	Baukunst des 20. Jahrhunderts
Gesamteindruck	Bauelemente und Formen der Antike, Betonung der waagerechten Linie 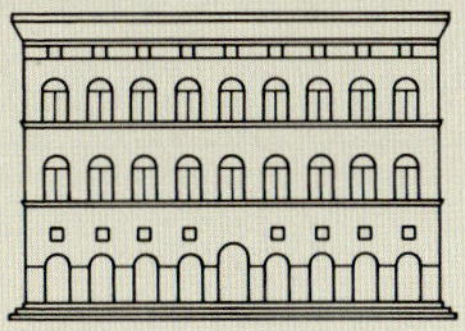	Gleiche Bauelemente wie in der Renaissance; sie werden in bewegten und geschwungenen Formen verwendet	Klassische Nüchternheit (Formen griechisch-römischer Baukunst) löst dekorative und verspielte Elemente ab	Funktion bestimmt Form des Bauwerks; Bedingungen der Technik bestimmen den Charakter der Architektur
Stilelemente	Dreiecks- oder Segmentgiebel 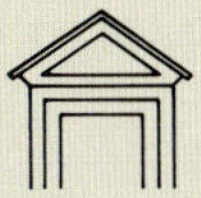 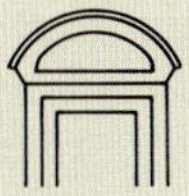	Sprenggiebel Stucküberladene Innenausstattung (Schnörkel, Schnecken) 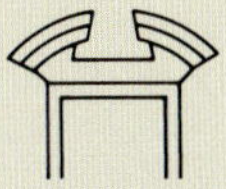 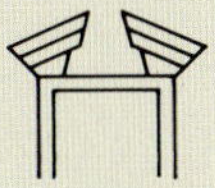	Fassade bleibt schmucklos	Betonung des Materials; Sichtbarmachung der Konstruktionsteile (Stahlbeton)
Bauwerke	Altes Schloss zu Stuttgart Rathaus Augsburg Schloss in Dresden  Ottheinrichsbau des Heidelberger Schlosses	Schloss in Ludwigsburg Klosterkirche Neresheim Frauenkirche Dresden Zwinger in Dresden  Würzburger Residenz	Schloss Rosenstein in Stuttgart Nikolaikirche in Potsdam  Brandenburger Tor	Olympiastadion München Fernsehturm in Stuttgart  Haus der Kulturen der Welt in Berlin

Hauptumschlagplatz spanischer Fliesen, darum benannte man später alle farbig glasierten Fliesen **„Majolika"**.

Die mittelalterliche Bodenfliese kam um das Jahr 1000 von Kreuzfahrern aus dem Vorderen Orient zuerst nach Frankreich. In Anlehnung an das Mosaik wurden erst **Schnittwerkfliesen** hergestellt. Über herausgearbeitete Figurenreliefs bei Natursteinplatten entwickelten sich verschiedene Techniken zur Herstellung von **Reliefflieseп**, z. B. wurde der Ton in ein Negativmodell eingeknetet, die vertieften Ornamente wurden oft mit Kreide oder neuem Pfeifenton gefüllt.

In St. Urban (Schweiz) entstanden um 1250 **Stempelfliesen.** Dabei wurde mit verschiedenen großen Stempeln (bis 18 cm Ø) das Negativ des Ornaments eingedrückt.

Den Stempelfliesen ähnlich waren die **Ritzfliesen.** Hierbei wurde das gewünschte Bild in den plastischen Ton eingeritzt.

Die Dekoration der Fliesen im Mittelalter konnte aus Lilien, Rosen, Fabelwesen, aus komprimierten Szenen von der Jagd, Geschichte und Sage bestehen; als Standardform wurde das Quadrat verwendet.

Viele Länder Nordeuropas gerieten durch den Renaissancestil unter **italienischen Einfluss.** Die Formen sind quadratisch, rechteckig und länglich, sechseckig. Die Bemalung war sehr kunstvoll – Tiere, Blüten – in hell- und dunkelblau, rotorange, gelb und grün. Bei der Herstellung wurde auf den Scherben eine undurchsichtige Zinnglasur geschmolzen, darauf wurde das Bild gemalt und zu seinem Schutz eine durchsichtige Bleiglasur verwendet. Diese Fliesen wurden nach der Stadt Faenza (westlich von Ravenna) als **„Fayence"** bezeichnet.

Die holländische Fliese

Die Entwicklung der Fliesenherstellung beginnt in Antwerpen um 1500, beeinflusst durch spanische Fayencen mit geometrisch bestimmten Dekoren, maurische Elemente und die Farbigkeit italienischer Fayencen. 1550 ließ sich in Antwerpen ein italienischer Fayencekünstler (Guido di Savino) nieder; er war der Begründer einer eigenen Fayenceproduktion. Anfänglich wurden nur Bodenfliesen hergestellt; später kamen Wandfliesen in Mode.

Holländische Fliese (1650)

Die Bemalung der Fayencen war bunt, erst um 1600 nahm die Buntfarbigkeit ab und man beschränkte sich auf kobaltblaue Bemalung auf weißem Grund (Delfter Fliesen). Bei dieser Entwicklung spielte der Import von chinesischem Porzellan mit blauem Dekor eine bestimmte Rolle. Auch im Dekor fanden Veränderungen statt. Das reine, streng ornamentale Muster mit Flechtwerk (Ende 16. Jahrhundert) wurde ergänzt durch wenig ornamentales Dekor in der 2. Hälfte des 17. Jahrhunderts.

Die Motive auf den holländischen Fliesen waren einfach. Bilder aus dem täglichen Leben, der Natur, Geschichten aus dem Theater, Prozessionen ... Die Fliesen waren entweder als Einzelbilder gedacht oder aber hatten Eckfüllungen, die für den Übergang zur nächsten gleichen Fliese gedacht waren. Fliesengemälde oder „Tableaus" wurden weiterentwickelt und gezielt als Hausschilder, Dekoration und Werbestücke eingesetzt.

Die technische Entwicklung der Fliesenherstellung wurde in **England** verbessert. 1750 entwickelten John Sadler und Guy Green in Liverpooler Manufakturen die Bemalung der Fliesen mit Abziehbildern, die als Schablonen dienten. Über 150 Muster dieser Liverpooler Druckfliesen sind bekannt. 1840 entwickelte Richard Prosser (Birmingham) die Trockenpresse, die handwerksmäßig hergestellte Fliese wurde mehr und mehr durch die Technisierung in den Hintergrund gedrängt.

Zusammenfassung

Die Geschichte der Fliese mit ihren Anfängen in Mesopotamien und Ägypten führt über die Entwicklung der islamischen und spanischen Fliesen zu den Fayencefliesen niederländischer Herkunft, die durch Menge, Qualität und Variantenreichtum im Mittelpunkt der Fliesenproduktion stehen. Niederländische Fliesen beeinflussen stark die weitere Produktion in allen Nachbarländern bis zur Gegenwart.

Aufgaben zu 17.3

1. | Beschreiben Sie den Arbeitsablauf beim Aufbringen einer selbstnivellierenden Zementspachtelmasse auf einen Zementestrich.

2. | Nennen Sie drei Bindemittel von Spachtelmassen und geben Sie jeweils an, für welchen Einsatzort diese geeignet sind.

3. | Warum muss bei einer Zementspachtelmasse die maximale Schichtdicke und die Wasserzugabe genau eingehalten werden?

4. | Sie sollen auf einem Dielenboden Fliesen verlegen. Dazu wird der Boden zunächst einmal mit einer Nivelliermasse bis zu 2,5 cm dick ausgeglichen. Wie bereiten Sie den Dielenboden für diesen Arbeitsgang vor?

5. | Der Spritzbewurf gehört zur fachgerechten Ausführung eines Wandbelages im Mörtelverfahren.
a) Welche Aufgabe hat er?
b) Wie soll er zusammengesetzt sein?

6. | Auf einer Holzfachwand mit einer Ausfachung aus Mauerziegeln soll ein Fliesenbelag aufgebracht werden. Welche Maßnahmen sind der Reihe nach notwendig, um einen homogenen, tragfähigen Untergrund zu schaffen?

7. | Beschreiben Sie die Wirkungsweise der Mörtelträger.

8. | Auf welchen Untergründen werden Mörtelträger angebracht?

9. | Begründen Sie, warum auf Mischmauerwerk Mörtelträger eingesetzt werden.

10. | Vergleichen Sie die Eigenschaften von Streckmetall mit denen von Rippenstreckmetall.

11. | Worin unterscheiden sich Gipsplatten von faserverstärkten Gipsplatten?

12. | Auf welche Weise werden bei der Herstellung von Wandtrockenputz Unebenheiten des Putzgrundes ausgeglichen?

13. | Wo bietet sich in unserem Projekt der Einsatz von Wandtrockenputz an? Begründen Sie.

14. | Nennen Sie in diesem Modernisierungsfall die wesentlichen Vor- und Nachteile eines Trockenputzes (einer Vorsatzschale) mit Gipsplatten gegenüber einer Ausbesserung des Altputzes.

15. | In einem Altbau soll ein Bad eingerichtet werden. Dafür wird ein kleines Zimmer umgebaut. Der Fußboden besteht aus einem Holzdielenboden, auf dem ein alter PVC-Belag liegt. Auf dem PVC-Belag befindet sich ein Teppichbodenbelag. Die Raummaße sind 3,00 × 3,50 m. Die maximale Fertigfußbodenhöhe des neuen Fliesenbelages soll nicht über 15 mm über der Höhe vor der Sanierung liegen. Beschreiben Sie die vorgeschlagene Ausführung mit den notwendigen Arbeitsschritten. Planen Sie auch eine alternative Lösung.

16. | Der Boden eines zu sanierenden Raumes besteht aus unterschiedlichen Materialien (Mischuntergrund). Gewünscht wird ein neuer keramischer Bodenbelag. Beschreiben Sie eine für diese Situation geeignete Konstruktion des neuen Bodenaufbaus und notieren Sie die gewählten Materialien und deren Konstruktionsdicke. Bitte berücksichtigen Sie bei der Lösung der Aufgabe, dass die Aufbauhöhe möglichst gering sein sollte.

Aufgaben zu 17.4

1. | Warum dürfen Wärmedämmschichten nicht durchfeuchten?

2. | Definieren Sie den Begriff „Wärmeleitzahl".

3. | Das Projektgebäude ist denkmalgeschützt. Somit darf die Fassade nicht verändert werden. Welche Wärmedämmung der Außenwände im 2. Obergeschoss schlagen Sie vor?

4. | **Decke über unbeheiztem Keller**

Berechnen Sie den Wärmedurchlasswiderstand *R* und vergleichen Sie diesen mit dem erforderlichen Grenzwert nach DIN 4108.

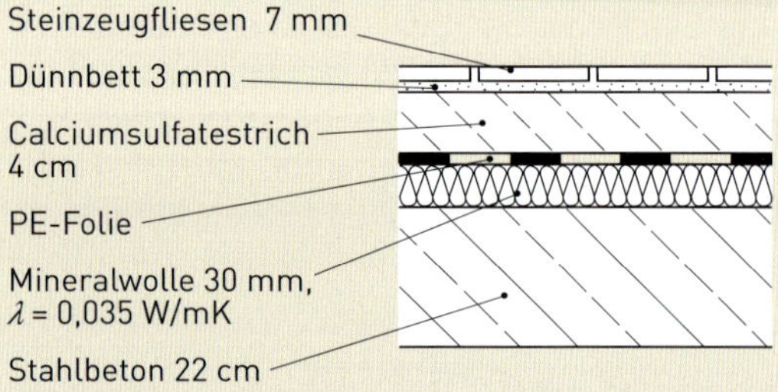

5. | **Sanierung eines Fußbodens**

In einem Wohnhaus wird in der EG-Wohnung der Fußboden saniert. Um den heutigen Wärmeschutzanforderungen zu genügen, möchte der Bauherr die Kellerdecke zusätzlich dämmen.

a) Berechnen Sie die Wärmedurchgangszahl *U* der Kellerdecke.

b) Ist die Konstruktion ausreichend gedämmt, um die Vorgaben des Gebäudeenergiegesetzes einzuhalten?

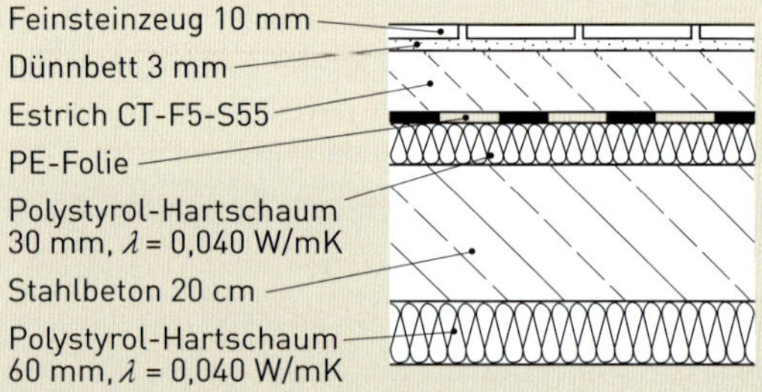

6. | **Einbau eines Bades**

In einem Altbau wird ein Bad neu eingebaut. Um die Unebenheiten der Wand auszugleichen, werden an der Außenwand zementbeschichtete Polystyrol- Hartschaumplatten als Träger für die Fliesen eingebaut.

a) Berechnen Sie die Wärmedurchgangszahl der Wand.
(Die Abdichtung im Verbund und das Dünnbett brauchen wegen ihrer geringen Dicken nicht berücksichtigt zu werden.)

b) Vergleichen Sie diesen Wert mit dem erforderlichen *U*-Wert aus dem GEG.

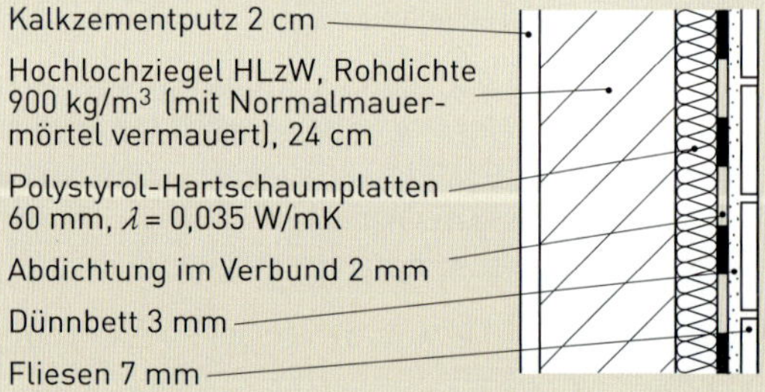

7. | **Dachterrasse**

a) Ermitteln Sie die Wärmedurchgangszahl *U* der Dachterrasse.
Für den Wärmeschutz dürfen nur Bauteilschichten berücksichtigt werden, die auf Dauer trocken bleiben.

b) Beurteilen Sie das Bauteil im Hinblick auf das Gebäudeenergiegesetz.

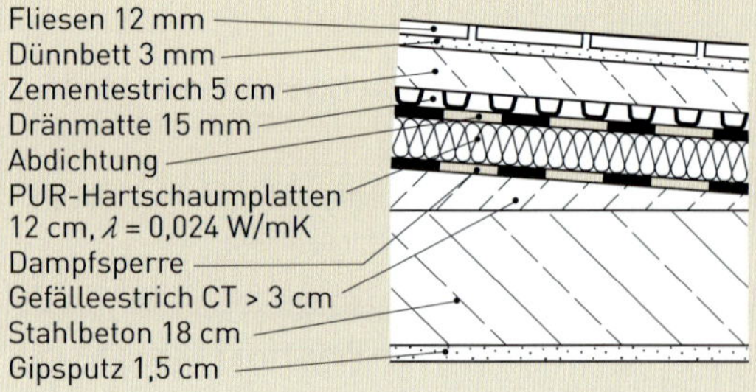

Aufgabe zu 17.5

1. | Eine Außenwand wurde bei einer Sanierung innen gedämmt. Erklären Sie, wie es zu Tauwasserbildung in der Wand kommt.

2. | Warum bildet sich bei langem, heißem Duschen Nebel im Bad?

3. | Wozu dient eine Dampfsperre?

4. | Nennen Sie je zwei Beispiele für einen diffusionsoffenen und einen diffusionsbremsenden Baustoff.

Aufgabe zu 17.6

1. | Nennen Sie drei Beispiele für eine Schallbrücke bei einem Estrich auf Dämmschicht.

2. | In einem Wohnraum wird ein Norm-Trittschallpegel von 50 dB gemessen. Erklären Sie, ob dieser Raum gut schallgedämmt ist.

3. | Erläutern Sie zwei Möglichkeiten der Trittschalldämmung bei der Sanierung eines Fußbodenaufbaus.

4. | Sie bauen einen Estrich auf Dämmschicht mit Natursteinbelag und Sockeln ein. Nach welchem Arbeitsgang schneiden Sie den Randdämmstreifen ab?

5. | Bei einer Renovierung in einem Wohnungsflur wird der alte Teppichboden ausgebaut und stattdessen Fliesen im Dünnbett auf dem noch brauchbaren Estrich verlegt. Welche Folge hat dies für den Schallschutz?

Aufgabe zu 17.7

Versuchsanleitung

Die unten näher bezeichneten Materialproben werden auf einen Metallblock gelegt und mit einem Lötbrenner 90 Sekunden in einem Abstand von ca. 10 cm beflammt. Bitte kreuzen Sie Ihre Beobachtungen in der unten abgebildeten Tabelle an.

Die Hinweise zur Unfallverhütung sind unbedingt einzuhalten!

Versuchsprotokoll

Nr.	Baustoff	entflammt schnell	entflammt langsam	entflammt nicht	schmilzt	bricht springt	starke Dämpfe	geringe Dämpfe	Klasse	
									A	B
01	Steingutfliese									
02	Mineralwolle									
03	Holz									
04	Holz mit Feuerschutzfarbe									
05	GKB									
06	GKF									
07	Polystyrol-Hartschaum									
08	Polystyrol mit Feuerschutzfarbe									
09	PVC Polyvinylchlorid									

Unfallverhütung:
- Der Lötbrenner muss beim Entzünden vom Körper weggehalten werden.
- Machen Sie keine hastigen Bewegungen.
- Achten Sie auf Mitschüler.
- Tragen Sie während der Versuche Schutzbrille und Handschuhe.
- Schließen Sie nach 90 Sekunden Versuchdauer das Brennerventil sorgfältig.
- Löschen Sie rauchende oder brennende Proben in einem geeigneten, mit Wasser gefüllten Gefäß.

Achtung: Die PVC-Proben dürfen nur gemeinsam mit dem Lehrer durchgeführt werden!

Gruppenauswertung

Zusammenfassung der Versuchsprotokolle

Tragen Sie die entsprechenden Begriffe ein.

Baustoffe Nr.	Gruppen A B C	**entflammen** schnell langsam nicht	**erlöschen** schnell langsam nicht	**schmelzen** schnell langsam nicht	**quellen** schnell langsam nicht	**entflammen** stark gering nicht	**springen** splittern brechen verformen	**qualmen** stark gering nicht	Klasse	
									A	B
01 Steingutfliese	A									
	B									
	C									
02 Mineralwolle	A									
	B									
	C									
03 Holz	A									
	B									
	C									
04 Holz mit Feuerschutz-farbe	A									
	B									
	C									
05 GKB	A									
	B									
	C									
06 GKF	A									
	B									
	C									
07 Polystyrol-Hartschaum	A									
	B									
	C									
08 Polystyrol mit Feuerschutz-farbe	A									
	B									
	C									
09 PVC Polyvinyl-chlorid	A									
	B									
	C									

Aufgaben zu 17.8

1. | Begründen Sie die Notwendigkeit der Bauschutttrennung.

2. | Zählen Sie fünf Beispiele für Sondermüllabfälle im Fliesen-, Platten- und Mosaikhandwerk auf.

3. | Wer trägt die Kosten der Abfallentsorgung?

Aufgaben zu 17.9

1. | Nennen Sie Anwendungsbeispiele für die verschiedenen Vertragsarten.

2. | Welche Vertragsart würde sich
a) für den Austausch von drei beschädigten Fliesen eines Wandbelages,
b) für unser Projekt anbieten?

3. | Welche Gewährleistungsfristen gelten nach VOB und nach dem BGB?

4. | Welche Bereiche regeln die „Allgemeinen technischen Vertragsbedingungen" für die verschiedenen Gewerke?

5. | Welche Mörtelbettdicke in mm gibt die DIN 18352 für das Dickbett bei Wandbekleidungen vor?

6. | Nennen Sie mindestens 3 Beispiele für Nebenleistungen (nicht zusätzlich vergütete Leistungen) entsprechend dieser Norm.

7. | Für welche Platten gilt die DIN 18352 nicht?

Aufgaben zu 17.10

1. | Für den abgebildeten Grundriss (unmaßstäblich) ist das Aufmaß zu erstellen. Tragen Sie die Teilflächen direkt in den Grundriss ein. Bezeichnen Sie alle Teilflächen und übertragen Sie Ihre Lösung in die zu fertigenden Aufmaßblätter.
Es wurden folgende Fliesenarbeiten durchgeführt:

Büro 1:	Bodenbelag, Pos. 1	(STZ GL 30 × 30 cm)
	Sockel, Pos. 10	(*h* = 7,5 cm aus Pos. 1, geschnitten)
Kiosk:	Bodenbelag, Pos. 11	(STZ UGL 20 × 20 cm: Die Standfläche des Ofens ist abzuziehen, das Anarbeiten mit der Pos. 9 abzurechnen)
Lager:	Bodenbelag, Pos. 11	(siehe oben)
	Wandbekleidung, Pos. 2	(STZ GL 20 × 20 cm, ringsum und raumhoch, ohne Sockel)
Büro 2:	Bodenbelag, Pos. 1	(siehe oben)
	Sockel, Pos. 10	(siehe oben)

Geschosshöhe: 2,95 m
Deckenstärke: 15 cm
FB-Aufbau: 7 cm

Alle Zargen: Stahlzargen

Schwellen entsprechend Bodenbelag

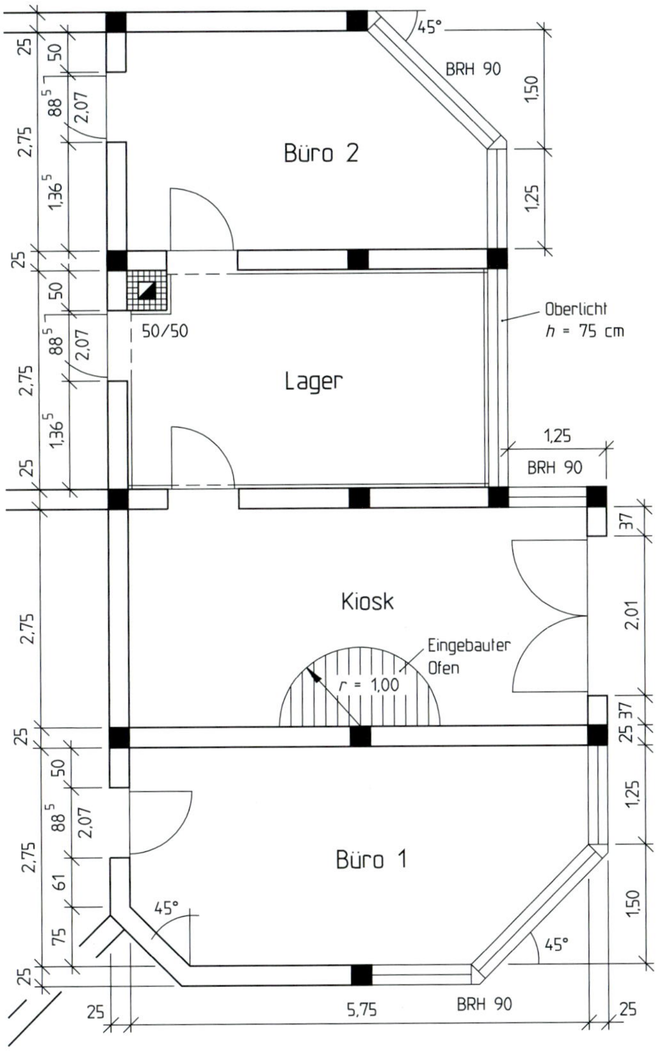

2. | Im Erdgeschoss eines Einfamilienhauses (siehe Grundriss) wurden folgende Fliesenarbeiten ausgeführt:

Flur:	Bodenbelag, Pos. 1	(STZ UGL 20 × 20 cm)
	Sockel, Pos. 10	(STZ-Riemchen)
WC:	Bodenbelag, Pos. 1	(STZ UGL 20 × 20 cm)
	Sockel, Pos. 10	(STZ-Riemchen)
Küche:	Bodenbelag, Pos. 2	(STZ GL 10 × 10 cm)
	Sockel, Pos. 11	(STZ GL)
	Wandbelag in der Nische/ Arbeitsplatte, Pos. 5	(STG GL 10 × 10 cm) 7 Schichten/Fugenbreite 3 mm
Bad:	Bodenbelag, Pos. 3	(STZ GL 20 × 20 cm)
	Wandbelag, Pos. 9	(STG GL 20 × 20 cm) alle Wände raumhoch

Fertigen Sie das Aufmaß entsprechend der Vorlage auf Seite 322.

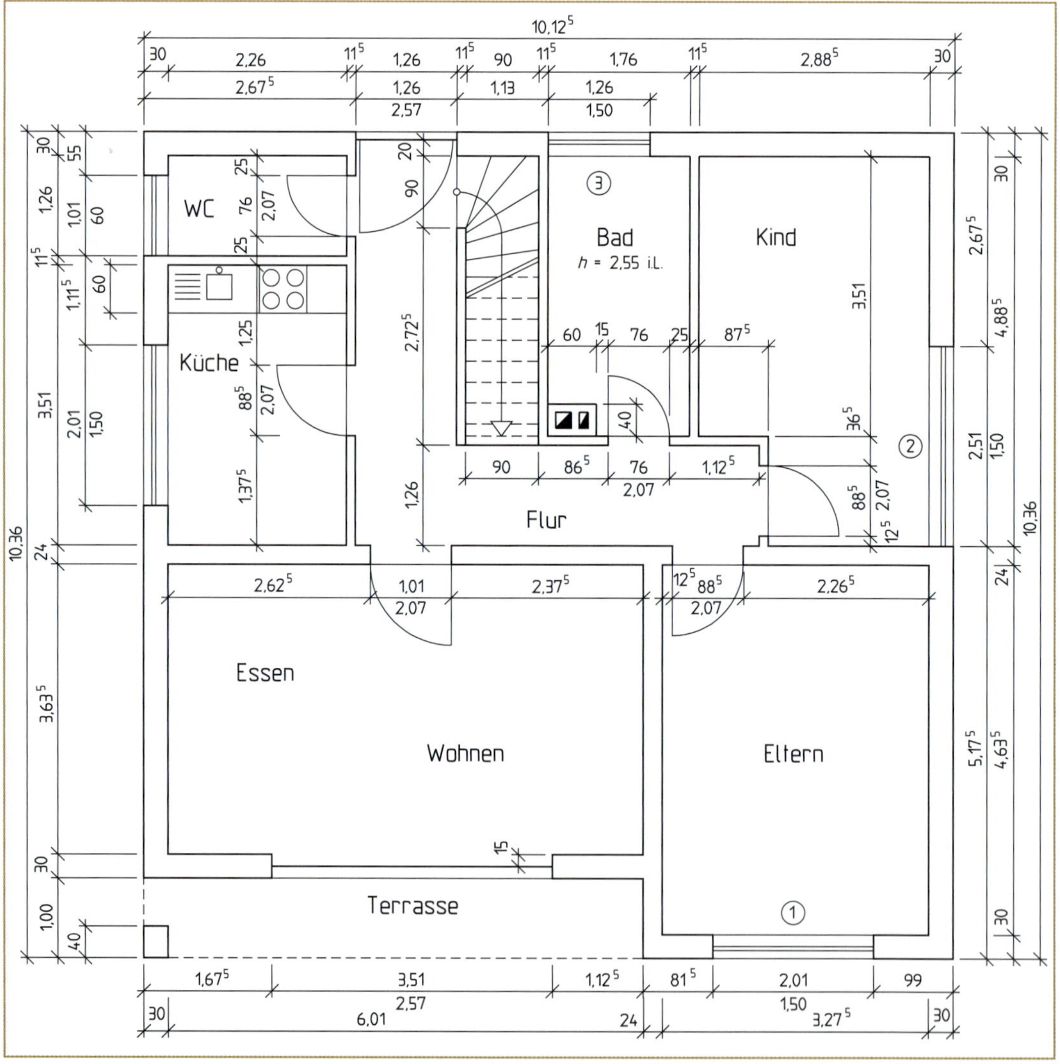

3. | Eine 3,74 m breite Küchenwand wurde mit Steingutfliesen 15 × 15 cm bekleidet, Fugenbreite 3 mm, Anschlussfuge Boden 10 mm. Welche Flächen tragen Sie in die Aufmaßblätter ein, wenn 11 Schichten und ein Streifen mit 12,8 cm ausgeführt wurden?

4. | Ein rechteckiger Stahlbetonpfeiler 40 × 60 cm soll im Dickbett mit Spaltplatten bekleidet werden. Besprechen Sie das Problem des Aufmaßes in solchen Fällen (aus der Sicht des Fliesenlegers) und fertigen Sie dazu eine Detailskizze.

5. | Beschreiben Sie die Vorteile des gemeinsam von Bauleiter und Fliesenleger durchgeführten Aufmaßes.

6. | Erstellen Sie für den Windfang, die Diele, das Gäste-WC und die Küche/Essplatz im EG des Projektes auf Seite 2 das Aufmaß für folgende Leistungen:

a) neuer Bodenbelag aus Feinsteinzeug *W* 300 × 300 × 8 mm
b) Estrich auf Dämmschicht
c) Wandsockel
d) Anschlussschienen
e) Silikonfuge

Bemerkung: Schornsteinabmessungen 60 × 60 cm.

- Das Aufmaß ist prüfbar zu erstellen.
- Alle Teilflächen sind zu kennzeichnen.
- Die im Leistungsverzeichnis vorhandenen Positionsnummern müssen auch für die Eintragungen in den Aufmaßblättern verwendet werden.
- Werden die Aufmaßregeln befolgt, kann die Bauleitung die Schlussrechnung prüfen und zügig die Schlusszahlung an den Unternehmer leisten.

Aufgaben zu 17.11

1. | Worin besteht der wesentliche Unterschied zwischen romanischer und gotischer Baukunst?

2. | Skizzieren Sie je ein typisches Stilelement der Romanik, Gotik und Renaissance.

3. | Welchen Einfluss hat die Technisierung auf die Baukunst der Neuzeit?

4. | Beschreiben Sie die geschichtliche Entwicklung der Fliese von der Antike bis in die Neuzeit.

5. | Das Projektgebäude (17.1) wurde 1905 erbaut. Welcher Epoche gehört es an und was sind die typischen Merkmale solcher Gebäude?

Aufgaben zum gesamten Lernfeld

Im Grundriss ist die Wohnetage einer Wohnung zu sehen. Die Wohnung soll saniert und modernisiert werden.

So sollen

- WC und Badezimmer erneuert werden,
- der Wohnraum durch Einbau einer leichten Trennwand unterteilt werden.

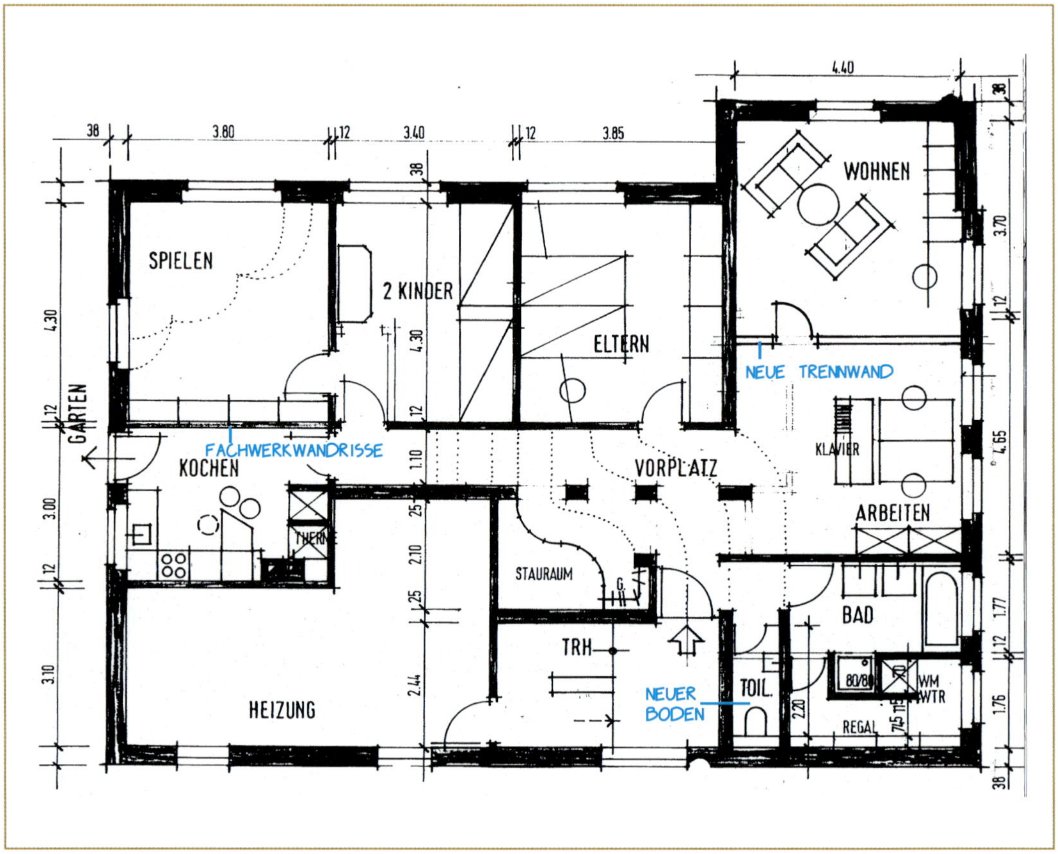

Alter Baugesuchsgrundriss

a) Der vorhandene Bodenaufbau ist ein Dielenboden auf einer Holzbalkendecke (Bild 1). Gewünscht ist ein Fliesenbelag aus Steinzeugfliesen *W* 300 × 300 × 8 mm. Machen Sie Vorschläge für verschiedene Konstruktionsmöglichkeiten des Bodenaufbaus (z. B. Einbau von Trockenestrich auf Dämmschicht, Aufbringen einer dünnen Entkopplungsschicht unter dem Fliesenbelag oder Veränderung der Deckenkonstruktion unter Beibehaltung der tragenden Deckenbalken). Fertigen Sie hierzu Systemskizzen an im Maßstab 1:2.

b) Eine verputzte Fachwerkwand ist vorhanden. Der Wandputz weist Risse im Bereich der Holzbalken auf (Bild 2).
Gewünscht wird ein Fliesenbelag auf dieser Fachwerkwand, Steingutfliesen *W* 200 × 250 × 6 mm im Dünnbett verlegt. Zeichnen Sie einen Horizontalschnitt durch den Wandaufbau im Maßstab 1:2.

c) Eine leichte Trennwand soll eingebaut werden (Bild 3). Zeichnen Sie einen Vertikalschnitt durch den Fußpunkt einer leichten Metalltrennwand im Maßstab 1:2.
Angaben: Schwimmender CT 45 mm, Trittschalldämmmatte 25/20. Aus schalltechnischen Gründen soll der vorhandene Estrich im Bereich der Trennwand unterbrochen werden und fachgerecht an die neu zu erstellende Wand mit einem Randstreifen angeschlossen werden.

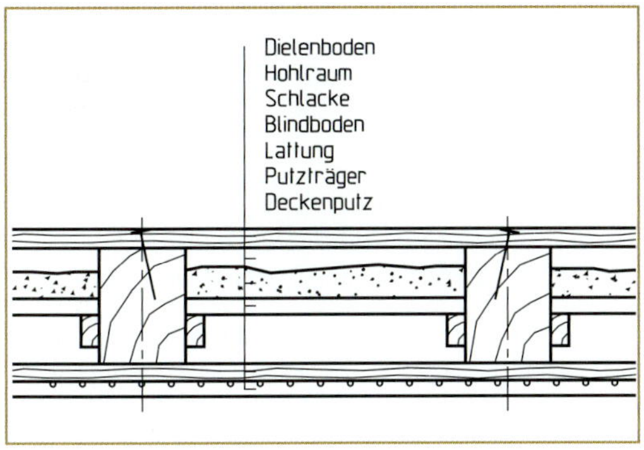

1 Bodenaufbau auf einer Holzbalkendecke

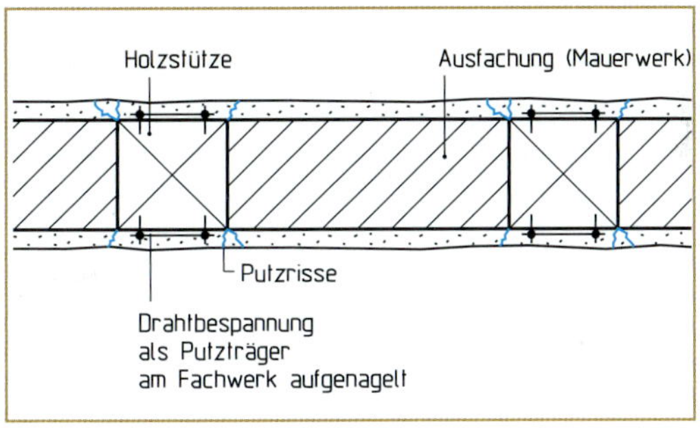

2 Fachwerkwand mit Putzrissen

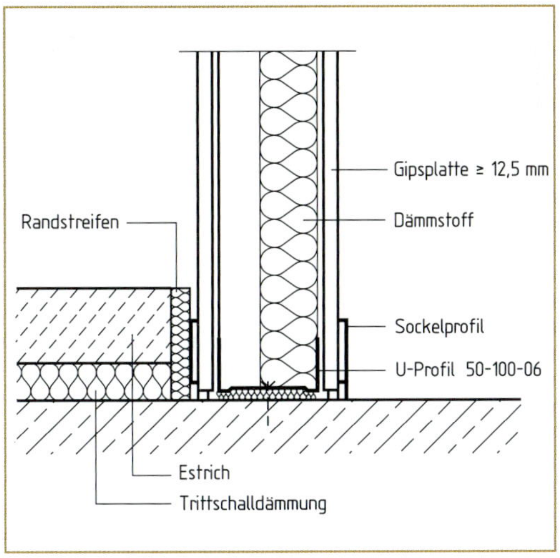

3 Einbau einer leichten Trennwand

Aufgaben zum Projekt „Haus", Seite 2

1. | Das Badezimmer der Eltern im Erdgeschoss soll neu eingerichtet werden. Die Anschlüsse können dafür versetzt werden. Zeichnen Sie das Badezimmer im Maßstab 1:20.
Ausstattungsgegenstände:

- Einzelwaschtisch
- Badewanne
- Duschwanne
- WC
- Bidet
- Badmöbel

Erforderliche Abmessungen entnehmen Sie den Tabellen.

2. | Das Badezimmer der Eltern im EG erhält einen zweiten Zugang vom Flur. Die Mindestbreite der Tür ist 76 cm, ihre Lage frei wählbar. Zeichnen Sie das Badezimmer im Maßstab 1:20. Die Ausstattung des Bades kann frei gewählt werden. Übliche Größen der Sanitärgegenstände und Mindestabstände sind einzuhalten.

3. Das Badezimmer für Gäste im Dachgeschoss erhält folgende Ausstattung:

- Einzelwaschtisch
- Duschwanne
- WC

a) Zeichnen Sie eine Grundrisslösung für das Raumprogramm im Maßstab 1:20.
b) Zeichnen Sie einen Schnitt mit der Dachschräge.

Der Kniestock ist im lichten Maß 1,60 m hoch, Dachneigung 30°. Lage und Breite der Tür können verändert werden, die Tür soll aber mindestens 63,5 cm breit sein.

Entkopplung von Untergrundspannungen

4. Der Einsatz von Fliesendämmplatten ermöglicht auch in besonders kritischen Bereichen das schadensfreie Verlegen von keramischen Belägen. Holzdielenböden oder Spanplatten sind meist instabil. Sie können sich durchbiegen oder anderweitig verformen. Ein starrer Keramik- oder Natursteinbelag kann diese Verformungen nicht aufnehmen, es kommt zu Schäden. Die Fliesendämmplatte – 9 mm oder 15 mm – erhöht die Biegefestigkeit, verteilt die Lasten und entkoppelt den Belag von Spannungen im Untergrund. Gleichzeitig wird die Trittschall- und Wärmedämmung erhöht.

Aufgabe:

a) Informieren Sie sich über die Fliesendämmplatten. Folgende wichtige Hinweise sind besonders zu beachten:
   - Untergrundvorbereitung,
   - Bearbeitung der Fliesendämmplatte,
   - Verlegung der Fliesendämmplatte,
   - Verlegung und Verfugung des keramischen Belags.
b) Skizzieren Sie den Bodenaufbau in die Schnittzeichnung ein. Beschriften Sie die einzelnen Schichten.

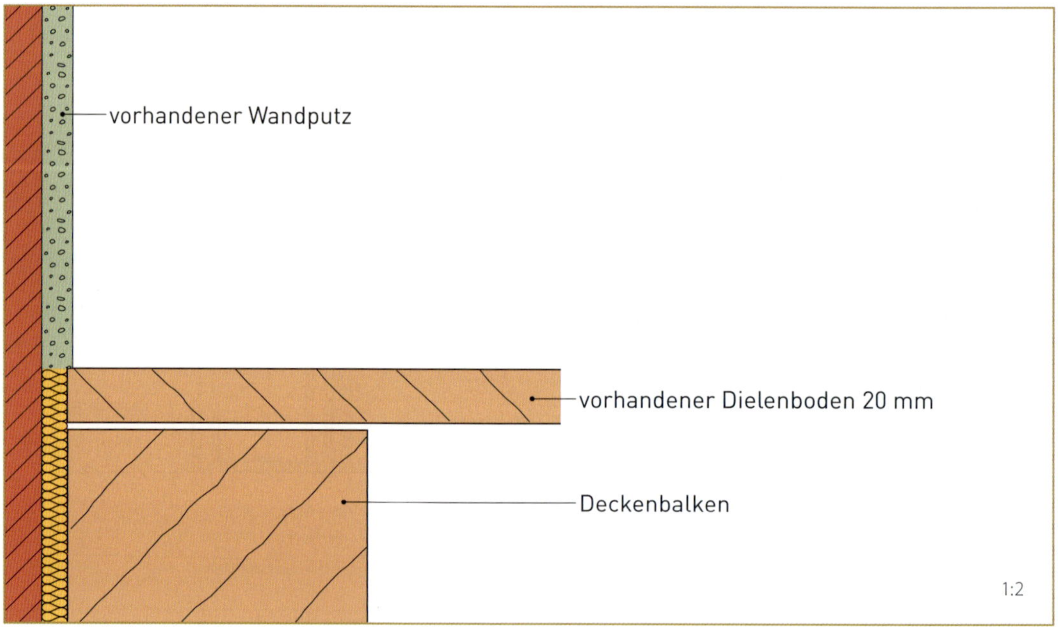

5. | **Keramischer Bodenbelag auf vorhandenem Dielenboden**

Der vorhandene Boden in der Diele und im Wohnzimmer/Küche soll eine neue Belagkonstruktion mit keramischen Fliesen erhalten. Für den Konstruktionsaufbau stehen höchstens 30 mm zur Verfügung.

a) Wählen Sie einen geeigneten Belagaufbau. Durch die gewählte Konstruktionsart soll sowohl die Biegefestigkeit als auch der Trittschallschutz verbessert werden. Beschreiben Sie in Stichworten die gewählten Materialien (keine Firmennamen) und die notwendigen Ausführungsschritte in der richtig nummerierten Reihenfolge. Begründen Sie Ihr Vorgehen.

b) Stellen Sie den gewählten Bodenaufbau im Maßstab 1:2 in einer Schnittzeichnung dar. Beschriften und bemaßen Sie die einzelnen Schichten.

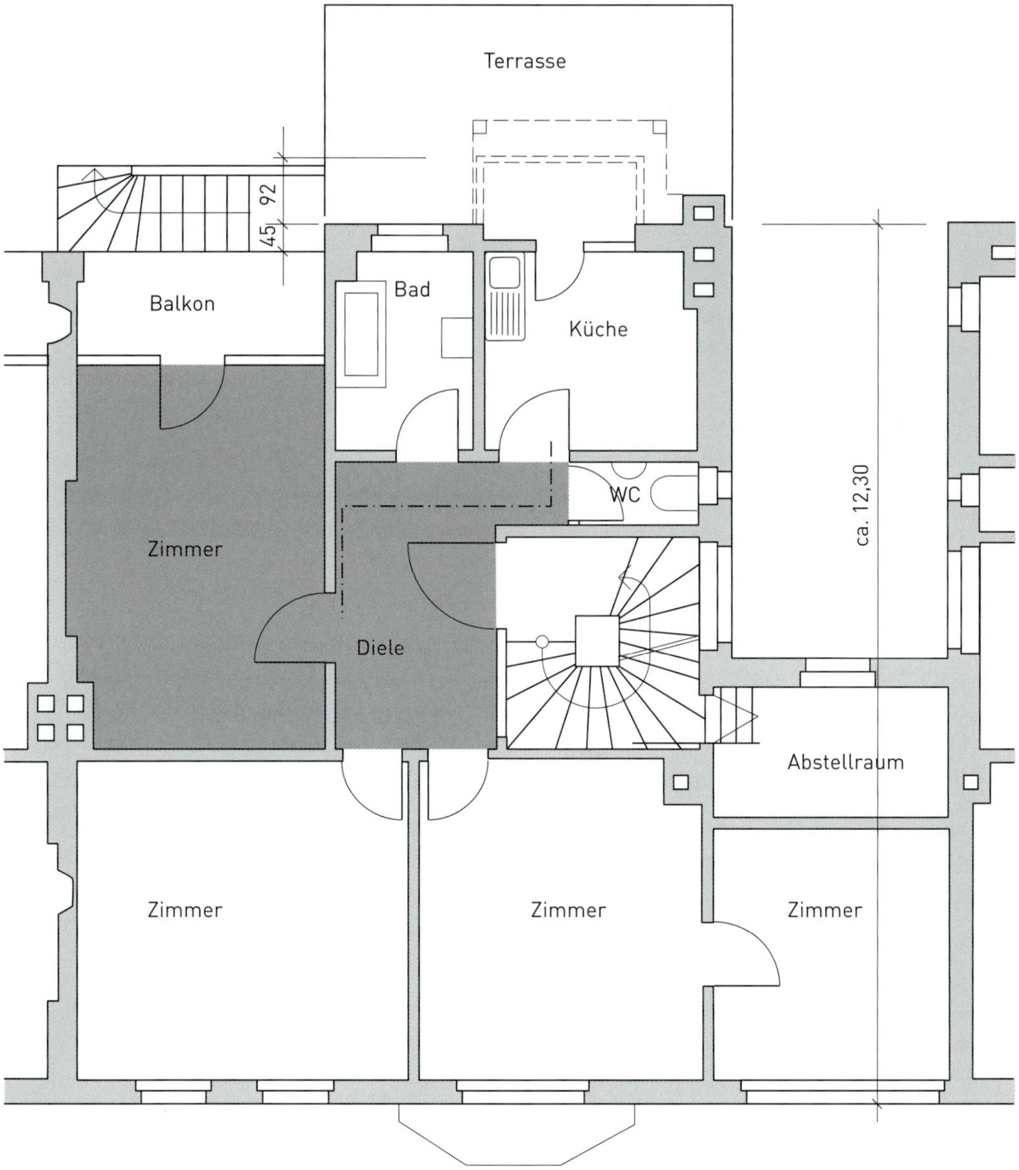

Sachwortverzeichnis

C

D

E

F

G

M

N

O

P

Q

T

U

V

W

Z

Bildquellenverzeichnis

Verfasser und Verlag danken den genannten Firmen, Institutionen und Privatpersonen für die Überlassung von Vorlagen und Abdruckgenehmigungen zu folgenden Abbildungen:

Abraxas Stone Experts GmbH, Giesen: Seite 228 (1)
AEDEX GmbH, Witten: Seite 119 (3)
Agrob Buchtal Architekturkeramik, Schwarzenfeld: Seiten 29 (3); 31 (1); 33 (2); 38 (1), 146 (1); 149 (1, 2, 3); 202 (5); 209 (3); 210 (2); 211 (1e, 2d, 2e, 3e); 214 (4); 245 (11)
Agrob Buchtal Architekturkeramik / www.agrob-buchtal.de: Seiten 37 (1©Fotograf Dr. Viviano Fogli, 3©Fotograf Burkhard Geisselbrecht), 185 (3, 4© Frigerio Design Group/Enrico Cano)
Alcalagres S.A., Madrid, Spanien: Seite 222 (4, 6, 7)
Altrad Lescha Atika GmbH, Burgau: Seite 23 (2b)
Rudolf Appenzeller, Rottenburg: Seite 81 (1, 2)
ARDEX GmbH, Witten: Seite 127 (1)
Argelith Bodenkeramik H. Bitter GmbH, Bad Essen: Seiten 37 (2); 96 (1, 2, 3, 4, 5); 97 (1, 2, 4, 5, 6)
Thomas Bergholz, Klosterkirche Alpirsbach: Seite 326 (6)
Berndorf Bäderbau | www.berndorf-baederbau.com | Wien, Österreich, Sonderkrankenanstalt Rosenhügel: Seite 146 (2)
bga Beratungsstelle für Gussasphaltanwendung e.V., Bonn: Seite 69 (1)
Blanke GmbH & Co. KG, Iserlohn: Seiten 252 (7); 254 (3)
Blastrac, Köln: Seite 119 (4)
Matthias Bräunlich, Hamburg, www.kristallin.de: Seite 227 (1)
© Bundesverband Kalksandsteinindustrie e.V.: Seite 311 (1)
BWM Fassadensysteme GmbH, Leinfelden-Echterdingen: Seite 185 (2)
Dallmer GmbH + Co. KG, Entwässerungssysteme, Arnsberg: Seiten 115 (3); 128 (6)
DS-Messwerkzeuge, Elz b. Limburg: Seiten 22 (1); 63 (5); 86 (2)
DURAL GmbH, Ruppach-Goldhausen: Seite 97 (3)
EnergieAgentur.NRW, Wuppertal: Seite 309 (2)
Dr. Horst Engelmann, (Fliesen & Platten 7/1995): Seite 87 (1)
euro-system Couwenbergs oHG, Karlsruhe: Seite 171 (1)
Fachverband Fliesen und Naturstein im Zentralverband des Deutschen Baugewerbes e.V., Berlin, Merkblatt Schwimmbadbau 8/2019: Seiten 143 (3); 144 (2)
Fliesenfachgeschäft Utsch e.K., Inh. Andreas Werner, Schorndorf: Seite 29 (2)
FORM+TEST Seidner&Co. GmbH, Riedlingen: Seiten 63 (1); 105 (3); 117 (1)
Franken-Schotter GmbH & Co. KG, Treuchtlingen-Dietfurt: Seite 228 (5)
GAIL Ceramics International GmbH: Seiten 142 (3); 148 (1, 2, 3)
Geberit Vertriebs GmbH, Pfullendorf: Seiten 110 (4, 5, 6, 7); 111 (1a–j)
GEBRÜDER JAEGER GmbH, Wuppertal: Seite 115 (4)
Joachim Gersdorff, Saint-Gobain Weber GmbH, Herzfelde: Seite 295 (1)
GUTJAHR Systemtechnik GmbH, Bickenbach: Seiten 115 (1, 2); 165 (1); 171 (3); 174 (1); 176 (1, 2, 3); 212 (4); 213 (1); 297 (1)
hagebau Handelsgesellschaft für Baustoffe mbH & Co. KG, Soltau: Seite 112 (3)
Halmburger GmbH, Sankt Wolfgang: Seite 84 (3, 4)
Hansa Armaturen GmbH, Stuttgart: Seite 109 (4)
HeidelbergCement AG, Marketing, Heidelberg: Seite 77 (3)
Hünnebeck Deutschland GmbH, Ratingen: Seite 189 (1)
IFF – FußbodenGutachter Gagewi, Ransbach-Baumbach: Seite 72 (3)
Industrieverband Hartschaum e.V., Heidelberg: Seite 71 (3)
J. König GmbH & Co, Karlsruhe-Durlach: Seiten 62 (3); 78 (3)
Thomas Jacob, Dohna: Seite 233 (1)
Joh. Sprinz GmbH & Co.KG, Grünkraut-Gullen: Seite 105 (2)
jonastone GmbH & Co.KG, Mannheim: Seite 228 (3, 6)
Karl Dahm & Partner GmbH, Seebruck: Seite 296 (2)
KEMMLIT-Bauelemente GmbH, Dusslingen: Seiten 142 (5); 158 (1)
Kiesel Bauchemie GmbH und Co. KG, Esslingen: Seiten 222 (2, 3); 236 (1, 2)
F. Kögel Naturstein und Chemie, Dettelbach: Seite 228 (4)
Knauf Gips KG, Iphofen: Seiten 82 (4); 313 (1, 2, 3)
Alfons Kohlmeyer, Menden: Seite 19 (1)
Korzilius GmbH & Co.KG, Mogendorf: Seite 114 (3)
LANXESS Deutschland GmbH, Köln: Seiten 68 (2); 78 (1)
Manetti Gusmano & Figli Srl, Greve in Chianti, Italien: Seite 38 (4)
MAPEI GmbH, Großostheim: Seiten 131 (1); 237 (4); 238 (2); 297 (2)

Marmor-Heinrich GmbH, Steinbach: Seite 228 (9)
Hans Günter Marx, Perl: Seiten 142 (2); 295 (2)
MEPA – Pauli und Menden GmbH, Rheinbreitbach: Seite 112 (2)
MIGUA Fugensysteme GmbH, Wülfrath: Seite 95 (1, 2)
Müller & Baum GmbH & Co. KG, Sundern: Seite 193 (2)
Multibeton GmbH, Troisdorf: Seite 82 (2)
P & K Flooringgroup GmbH, Nellmersbach: Seite 69 (2)
Fa. PCF, Luxemburg, Lieferant Fa. SSG, Solnhofen: Seite 227 (3)
PCI Augsburg GmbH, Augsburg: Seiten 73 (1, 2); 83 (1); 85 (3); 118 (1, 2, 3, 4, 5); 119 (1, 2); 120 (7); 129 (3); 132 (1, 2); 134 (1); 135 (1); 151 (1, 2); 212 (3); 234 (1)
Röben Tonbaustoffe GmbH, Zetel: Seite 183 (3)
Sachverständigenbüro Dr. Thomas Grunenberg, Welden: Seiten 222 (5); 237 (1, 2, 3); 238 (1)
Saint-Gobain Isover G+H AG, Ludwigshafen: Seite 307 (1, 2)
Saint-Gobain Weber GmbH, Düsseldorf: Seiten 144 (1); 150 (1); 153 (1); 295 (3); 297 (4)
Sanders-Immobilien e.K., Recklinghausen: Seite 294 (1)
Säurefliesner-Vereinigung e.V., Großburgwedel: Seite 147 (7)
Schlüter-Systems KG, Iserlohn: Seiten 66 (1, 2); 84 (1, 2); 94 (2, 3, 4, 5); 113 (4); 155 (1, 2); 175 (3); 212 (1); 297 (3)
Schöning GmbH & Co. KG, Lübeck - Kunstverlag Edm. V. König GmbH & Co. KG: Seiten 326 (7); 327 (4)
Shutterstock Images LLC; New York, USA: Seiten 111 (2©Mirage-studio); 142 (1©Med Photo Studio); 181 (1©eranicle); 221 (1©August_0802); 260 (1©LuckyPhoto); 294 (4©alexandre zveiger); 326 (4©Sergio Bertino)
Siebke Beton- und Natursteinwerk GmbH & Co. KG, Brieskow-Finkenheerd: Seite 209 (2)
Sika Deutschland GmbH, Rosendahl: Seiten 104 (3); 120 (1, 2, 3, 4, 5, 6); 129 (2); 133 (3); 152 (1, 2, 3); 171 (2); 296 (1); 312 (2)
SoNat Strobl GmbH & Co KG, Eichstätt: Seite 227 (4)
© SOPRO Bauchemie GmbH, Wiesbaden: Seiten 104 (2); 125 (1, 2, 3), 126 (2, 3, 4, 5); 128 (3, 4, 5); 129 (1); 144 (3); 214 (2); 234 (2); 299 (1, 2, 3)
Spanisches Generalkonsulat, Spanische Wirtschafts- und Handelsabteilung, Düsseldorf: Seiten 23 (4); 24 (1, 2, 3, 4); 25 (1); 32 (2); 36 (1); 46 (1, 2); 47 (3)
Walter A. Speidel, Zürich, Schweiz: Seite 294 (2)
Spezialprogramm Architekturkeramik für den Schwimmbadbau, Interbau-Blink Gruppe, Auflage 2018, www.interbau-blink.de: Seiten 145 (1, 2, 3); 147 (1, 2, 3, 4, 5, 6)
Steinwerkstatt Schlemper / Naturwerkstein, Steinmetz und Steinbildhauerhandwerk, Höhn: Seite 208 (1)
Steuler Fliesengruppe AG, Bremen: Seiten 29 (1); 62 (1); 245 (5)
stock.adobe.com: Seite 327 (7©Michael Neuhauß)
© www.stroeher.de: Seite 184 (2)
Tatoli Naturstein GmbH, Kalenborn: Seite 228 (2, 8)
Thumm & Co., 72622 Nürtingen: Seite 210 (1)
Tourist-Information Trier: Seite 326 (5)
© Uponor GmbH, Haßfurt: Seite 80 (3, 4)
© Villeroy & Boch Fliesen: Seite 143 (2)
Wachenfeld Natursteinwerk GmbH, Volkmarsen: Seite 209 (4)
Wagner Treppenbau GmbH, Mainleus: Seite 208 (2)
Wedi GmbH, Emsdetten: Seiten 113 (2); 127 (2); 159 (1, 2, 3, 4, 5, 6)
Welscheit GmbH, Drensteinfurt: Seite 210 (3)
Wilhelm Layher GmbH & Co.KG, Güglingen-Eibensbach: Seiten 188 (1); 194 (1, 2, 3); 195 (1, 2, 3)

Ein besonderer Dank für die Unterstützung geht auch an:

Natalie Schairer, Alexandra Hoh, Alexandra Meder, Andreas Bayer, Achim Oelschläger und Ferdinand Fügel